周期表

希ガス

9(Ⅷ)	10	11(Ⅰb)	12(Ⅱb)	13(Ⅲb)	14(Ⅳb)	15(Ⅴb)	16(Ⅵb)	17(Ⅶb)	18(0)
									0　　　2 ヘリウム **He** 4.002602(2) 2
				+3　　　5 ホウ素 **B** [10.806；10.821] 2-3	+2　　　6 ±4 炭素 **C** [12.0096；12.0116] 2-4	±1 +3 +5　　7 ±2 ±4 窒素 **N** [14.00643；14.00728] 2-5	-2　　　8 酸素 **O** [15.99903；15.99977] 2-6	-1　　　9 フッ素 **F** 18.998403163(6) 2-7	0　　　10 ネオン **Ne** 20.1797(6) 2-8
				+3　　　13 アルミニウム **Al** 26.9815384(3) 2-8-3	+2　　　14 ±4 ケイ素 **Si** [28.084；28.086] 2-8-4	±3 +5　　15 リン **P** 30.973761998(5) 2-8-5	+4 -2　　16 +6 硫黄 **S** [32.059；32.076] 2-8-6	±1 +7　　17 +5 塩素 **Cl** [35.446；35.457] 2-8-7	0　　　18 アルゴン **Ar** [39.792；39.963] 2-8-8
+2 +3　27 コバルト **Co** 58.933194(3) -8-15-2	+2 +3　28 ニッケル **Ni** 58.6934(4) -8-16-2	+1 +2　29 銅 **Cu** 63.546(3) -8-18-1	+2　　30 亜鉛 **Zn** 65.38(2) -8-18-2	+3　　31 ガリウム **Ga** 69.723(1) -8-18-3	+2 +4　32 ゲルマニウム **Ge** 72.630(8) -8-18-4	±3 +5　33 ヒ素 **As** 74.921595(6) -8-18-5	+4 -2　34 +6 セレン **Se** 78.971(8) -8-18-6	±1 +5　35 臭素 **Br** [79.901；79.907] -8-18-7	0　　36 クリプトン **Kr** 83.798(2) -8-18-8
+3　　45 ロジウム **Rh** 102.90549(2) -18-16-1	+2 +4　46 パラジウム **Pd** 106.42(1) -18-18-0	+1　　47 銀 **Ag** 107.8682(2) -18-18-1	+2　　48 カドミウム **Cd** 112.414(4) -18-18-2	+3　　49 インジウム **In** 114.818(1) -18-18-3	+2 +4　50 スズ **Sn** 118.710(7) -18-18-4	±3 +5　51 アンチモン **Sb** 121.760(1) -18-18-5	+4 -2　52 +6 テルル **Te** 127.60(3) -18-18-6	±1 +7　53 +5 ヨウ素 **I** 126.90447(3) -18-18-7	0　　54 キセノン **Xe** 131.293(6) -18-18-8
+3 +4　77 イリジウム **Ir** 192.217(2) -32-15-2	+2 +4　78 白金 **Pt** 195.084(9) -32-16-2	+1 +3　79 金 **Au** 196.966570(4) -32-18-1	+1 +2　80 水銀 **Hg** 200.592(3) -32-18-2	+1 +3　81 タリウム **Tl** [204.382；204.385] -32-18-3	+2 +4　82 鉛 **Pb** 207.2(1) -32-18-4	+3 +5　83 ビスマス **Bi** 208.98040(1) -32-18-5	+2 +4　84 ポロニウム **Po** 〔210〕 -32-18-6	±1 +7　85 アスタチン **At** 〔210〕 -32-18-7	0　　86 ラドン **Rn** 〔222〕 -32-18-8
109 マイトネリウム **Mt** 〔276〕 -32-15-2	110 ダームスタチウム **Ds** 〔281〕 -32-17-1	111 レントゲニウム **Rg** 〔280〕 -32-17-2	112 コペルニシウム **Cn** 〔285〕 (-32-18-2)	113 ニホニウム **Nh** 〔284〕 -32-18-3	114 フレロビウム **Fl** 〔289〕 -32-18-4	115 モスコビウム **Mc** 〔289〕 -32-18-5	116 リバモリウム **Lv** 〔293〕 -32-18-6	117 テネシン **Ts** 〔294〕 (-32-18-7)	118 オガネソン **Og** 〔294〕 (-32-18-8)

+3　64 ガドリニウム **Gd** 157.25(3) -25-9-2	+3　65 テルビウム **Tb** 158.925354(8) -27-8-2	+3　66 ジスプロシウム **Dy** 162.500(1) -28-8-2	+3　67 ホルミウム **Ho** 164.930328(7) -29-8-2	+3　68 エルビウム **Er** 167.259(3) -30-8-2	+3　69 ツリウム **Tm** 168.934218(6) -31-8-2	+2 +3　70 イッテルビウム **Yb** 173.045(10) -32-8-2	+3　71 ルテチウム **Lu** 174.9668(1) -32-9-2
+3　96 キュリウム **Cm** 〔247〕 -25-9-2	+3　97 バークリウム **Bk** 〔247〕 -27-8-2	+3　98 カリホルニウム **Cf** 〔252〕 -28-8-2	+3　99 アインスタイニウム **Es** 〔252〕 -29-8-2	+3　100 フェルミウム **Fm** 〔257〕 -30-8-2	+2 +3　101 メンデレビウム **Md** 〔258〕 -31-8-2	+2 +3　102 ノーベリウム **No** 〔259〕 -32-8-2	+3　103 ローレンシウム **Lr** 〔262〕 -32-9-2

[x；y]は原子量の変動範囲であり，その元素の原子量がx以上y以下の範囲内にあることを示している．また数字の末尾の（　）は原子量

21世紀のバイオサイエンス

実験農芸化学

東京大学大学院農学生命科学研究科
応用生命化学専攻・応用生命工学専攻 編

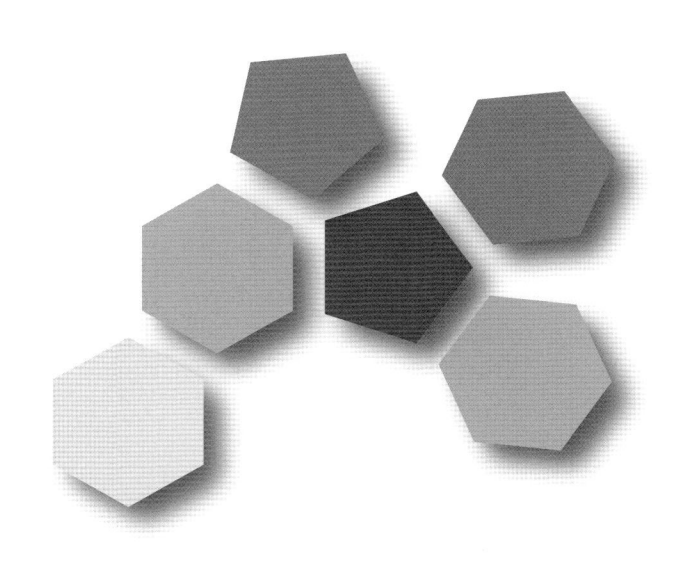

朝倉書店

序

　明治26（1893）年に帝国大学農科大学に農芸化学科が設置されてから今日にいたる1世紀余りの間，広い分野を包含する農芸化学領域で学ぶ学生たちの実験書として長く親しまれ，その進歩発展に寄与して来たのが，本書の前身である『農芸化学分析書』（明治41年刊行），『実験農芸化学』（昭和27年刊行），さらに『実験応用生命化学』（平成7年刊行）であった．

　大学院重点化改革により東京大学から農芸化学科の名称が消えたことに伴い，18年前に書名を変更して出版された『実験応用生命化学』は，農芸化学分野で学ぶ学部3年生に「化学と生物」を基本とした従来通りの幅広い教育を行う上で大いに貢献してきた．しかし，分子生物学の目覚ましい進展などを反映させるために行われた数年ごとの実験内容の改訂によって，今では実験書の内容と実験内容の乖離が指摘され，改訂版の出版が望まれるようになっていた．そこで，この学生実験に関わっている全教員の意見をふまえ，今回，書名を「実験農芸化学」として新しい実験書を刊行する運びとなった．生命・食糧・環境の問題を解決しなければならない21世紀のバイオサイエンスにおいて農芸化学の概念と技術はきわめて重要であり，「化学」と「生物」という2つの軸足をもつ農芸化学の十分な理解こそが不可欠であるという教員たちの総意が，あえて「応用生命化学」ではなく「農芸化学」という古くて新しい言葉を採用した理由である．

　本書は，実際に東京大学での学生実験でとりあげている項目を中心に，最新の実験手法が身につくようにまとめられた実験書である．実験に関連した基礎知識の解説も付されており，有機化学，食品，微生物，植物，動物等，幅広い分野で働く農芸化学の研究者にとっての包括的な教科書としても有用と思われる．また，コラム欄をもうけ，農芸化学から生まれた輝かしい歴史的成果や最新の研究成果も紹介するようにした．

　本書の出版にあたり，執筆者各位に感謝するとともに，『農芸化学分析書』初版と『実験農芸化学』初版の序文をあわせて再録し，1世紀余りにわたる恩師ならびに先輩の努力と苦心に対し，深い敬意を表するものである．

2013年2月

実験農芸化学編集委員会
北本勝ひこ・妹尾啓史・丸山潤一・黒岩真弓

農藝化學分析書

緒言

曩ニ當教室ニ於テ ドクトル ケルチル氏手記ニ係ル分析書ヲ印刷シ學生ノ參考ニ供シタリシガ爾來年ヲ經ルコト久シク之ヲ改版ノ必要ヲ感ズルコト切ナルヲ以テ茲ニ同書ニ改刷ヲ加ヘ邦文トナシ以テ學生及ビ一般希望者ニ頒ツコトヽナセリ惟フニ化學ノ進歩ハ近年ニ至リテ益々其度ヲ加ヘ昨ノ新説良法モ今ハ既ニ陳腐ニ屬スルモノ擧ゲテ數フベカラズ本書刊行ノ微意一ニ茲ニ在リ

本書第一編ニ於テハ土壤肥料農産物等直接農藝ニ關係アル物質ノ分析法ヲ記載セリ但シ此等ノ方法ハ各國皆一定ノ方式ニ據ラントシ公定法ナルモノヲ設ケ以テ比較對照ニ便ナラシメンコトヲ勉ム本邦ニ於テモ亦夙ニ其必要ヲ認メ農商務省農事試驗場ニ於テハ數年前公定分析法ヲ規定シタリシガ更ニ改正ヲ翼スルヲ以テ茲ニ同當局者ト協議シテ最モ適當ト認ムル方法ヲ蒐集シ廣ク世ニ普及セシメンコトヲ希圖セリ

又第二編ニ於テハ有機化合物及生理上必要ナル窒素化合物、脂油、糖類等ノ分離定量及研究法ニシテ庶ルベク廣ク世ニ行ハル、モノヲ撰ビ且ツ自ラ實驗シテ正確便利ナリト思惟セラル、モノヲ採用セントシテタリ

本書ハ匆卒ノ際印刷ニ附セシモノニシテ行文澁滯了解ニ苦シムモノ多カルベク撰譯誤謬モ亦尠ナカラザルベシ只之レヲ今後ノ補正ニ期ス

本書第一編土壤肥料及食品等ニ關スル各章ハ農事試驗場技師鴨下松次郎大工原銀太郎及山下脇人諸氏ノ助力ヲ仰ギタルモノ多ク又蠶業講習所技師辻暢太耶中村雅次郎兩氏ノ助言ヲ得タルモノ多シ茲ニ特筆シテ其勞ヲ謝ス

明治四十一年二月

東京帝國大學農科大學
農藝化學科職員

序言

「農藝化學分析書」は農藝化學に關する實驗書として，學界及び業界に長く親まれ，その進歩發展に著しい寄與をなして來たが，最近における實驗方法の急速な進歩はその內容全般に亙り，大いなる刷新を必要とするに至らしめた。

よつて農藝化學科職員は從來の「農藝化學分析書」が負つて來た役割を果し，且つ新しい要望に應えるべく，一同協力の下に增補改訂を加えて本書を編纂し，「實驗農藝化學」と改名の上發刊することとした。

このときにあたり，われわれは「農藝化學分析書」の緒・序言をここに再錄してその發展のあとをとどめ，恩師並びに先輩の苦心に對し深甚なる敬意を表する。

なおガス分析に關する事項は東京都立大學敎授野口喜三雄氏，赤・紫外線分光分析に關する事項は東京大學敎授水島三一郎氏の助力を仰いだ。記して謝意を表する。

1952 年 8 月 15 日

東京大學農學部農藝化學科職員

執筆者一覧

編集委員会

北本勝ひこ　現 日薬大
丸山潤一　農・寄付
妹尾啓史　農・応化
黒岩真弓　農・技センタ

執筆者（五十音順，*は編集幹事）

青野俊裕　生工センタ
朝倉富子　農・寄付
浅見忠男　農・応化
足立博之　農・応工
安保　充　現 明大・農化
新井博之　農・応工
有岡　学　農・応工
石井正治　農・応工
石神　健*　現 東農大・分生
石島智子　農・寄付
磯部一夫　農・応化
井上　順　現 東農大・農化
伊原さよ子　農・応化
大塚重人*　農・応化
大西康夫　農・応工
小川哲弘　農・応工
刑部祐里子　現 徳大・生資
加藤久典　農・応化
城所　聡　農・応化
葛山智久　農・応工
小島拓哉　前 農・応化
小林彰子　農・食センタ
作田庄平　現 帝京大・バイオ
薩　秀夫　現 前橋工大・生工
佐藤隆一郎　農・応化
角越和也　情報
清水　誠　現 東農大・栄科
舘川宏之　農・応化

田野井慶太朗*　農・放同施
田之倉優　農・寄付
戸塚　護*　現 日獣大・食科
富田武郎　生工センタ
中井雄治　現 弘前大・食料研
長澤寛道　前 農・応化
中嶋正敏　農・応化
永田宏次　農・応化
永田晋治　新領域・生科
中西友子　農・食センタ 兼 星薬大
中村周吾*　現 東洋大・情報
西山　真　生工センタ
野尻秀昭*　生工センタ
野田陽一　農・応工
八村敏志　農・食センタ
久恒辰博　新領域・生科
日髙真誠　農・応工
福田良一　農・応工
伏信進矢　農・応工
堀内裕之*　農・応工
三坂　巧　農・応化
宮川拓也　農・寄付
森　直紀　現 乙卯研
柳澤修一　生工センタ
依田幸司　前 農・応工
若木高善　前 農・応工
渡邉秀典　前 農・応化

執筆者一覧

所属略称： 農・応化：農学生命科学研究科　応用生命化学専攻
　　　　　農・応工：農学生命科学研究科　応用生命工学専攻
　　　　　農・寄付：農学生命科学研究科　寄付講座
　　　　　農・食センタ：農学生命科学研究科　食の安全研究センター
　　　　　農・放同施：農学生命科学研究科　放射性同位元素施設
　　　　　農・技センタ：農学生命科学研究科　附属技術基盤センター
　　　　　新領域・生科：新領域創成科学研究科　生命科学研究系
　　　　　生工センタ：生物生産工学研究センター
　　　　　情報：情報学環
　　　　　（以上は東京大学）

　　　　　明大・農化：明治大学　農学部　農芸化学科
　　　　　前橋工大・生工：前橋工科大学　工学部　生物工学科
　　　　　弘前大・食料研：弘前大学　食料科学研究所
　　　　　徳大・生資：徳島大学　生物資源産業学部
　　　　　東農大・栄科：東京農業大学　応用生物科学部　栄養科学科
　　　　　東農大・農化：東京農業大学　応用生物科学部　農芸化学科
　　　　　東農大・分生：東京農業大学　生命科学部　分子生命化学科
　　　　　東洋大・情報：東洋大学　情報連携学部　情報連携学科
　　　　　日薬大：日本薬科大学
　　　　　帝京大・バイオ：帝京大学　理工学部　バイオサイエンス学科
　　　　　日獣大・食科：日本獣医生命科学大学　応用生命科学部　食品科学科
　　　　　星薬大：星薬科大学
　　　　　乙卯研：乙卯研究所

目　　次

第1章　農芸化学実験基礎事項 ··· 1

- 1.1　実験室における心得 ················· 1
  - a. 学生実験の目的 ··················· 1
  - b. 実験室での心得・ルール ······· 1
  - c. 安全衛生 ···························· 1
  - d. 実験器具等の種類と扱い ······ 2
  - e. 実験後の廃棄物の片づけ ······ 2
  - f. 実験ノート・レポートの書き方 ······ 2
- 1.2　ガラス器具 ································ 3
  - a. ガラス器具の種類 ················ 4
  - b. ガラス器具の洗浄 ················ 4
- 1.3　加熱・乾燥器具 ························ 4
  - a. 加熱器具の種類 ··················· 4
  - b. 加熱の方法 ························· 5
  - c. 乾燥器具の種類 ··················· 5
  - d. 乾燥の方法 ························· 5
- 1.4　ガラス細工 ································ 5
  - a. ガラス細工の材料 ················ 5
  - b. ガラス細工の道具 ················ 5
  - c. ガラス細工の実施 ················ 5
- 1.5　試　薬 ·· 7
  - a. 試薬の純度 ························· 7
  - b. 標準物質 ···························· 7
  - c. 水 ······································ 7
  - d. 試薬の扱い方 ····················· 7
- 1.6　はかり（電子てんびん）············· 8
- 1.7　測　容　器 ································ 8
  - a. 測容器の種類・精度・使用法 ··· 8
  - b. 測容器の洗浄 ····················· 9
- 1.8　溶　液 ·· 9
  - a. 溶液濃度の表示法 ················ 9
  - b. 溶液の保存法 ····················· 9
- 1.9　液体中の沈殿，微小粒子の分離 ······· 10
  - a. 遠心分離操作 ···················· 10
  - b. 濾過・洗浄操作 ················· 10
- 1.10　データの統計解析 ···················· 11
  - 1.10.1　データの傾向の把握 ····· 11
    - a. ヒストグラム ··················· 11
    - b. 確率密度分布 ··················· 11
  - 1.10.2　平均・分散・標準偏差 ··· 12
  - 1.10.3　平均と分散の統計的推定 ··· 13
  - 1.10.4　真の値と測定誤差 ········· 14
  - 1.10.5　2群の関係の把握（相関係数）··· 15
  - 1.10.6　回帰直線 ······················ 16
  - 1.10.7　統計的検定 ··················· 17
    - a. 検定の基本概念と2標本t検定 ···· 17
    - b. 多重比較法 ······················ 19
  - 1.10.8　実験における分析誤差と有効数字 ······ 20
    - a. 精確さと信頼性 ················ 20
    - b. 有効数字 ························· 21
- 1.11　実験基本装置 ··························· 21
  - 1.11.1　分光光度計 ··················· 21
    - a. 吸光光度法 ······················ 21
    - b. 分光光度計 ······················ 21
  - 1.11.2　pHメータ ···················· 22
  - 1.11.3　顕微鏡 ·························· 22
    - a. 光学顕微鏡 ······················ 22
    - b. 位相差顕微鏡 ··················· 25
    - c. 微分干渉顕微鏡 ················ 25
    - d. 電子顕微鏡 ······················ 26
    - e. 蛍光顕微鏡 ······················ 26
    - f. 実体顕微鏡 ······················ 27
    - g. 顕微鏡の応用 ··················· 27

第2章　無機成分分析実験法 ·· 29

- 2.1　重量分析の基礎 ······················· 29
- 2.2　容量分析の基礎 ······················· 30
  - 2.2.1　酸塩基滴定 ··················· 30
  - 2.2.2　酸化還元滴定 ··············· 30

2.2.3　錯滴定…………………………31
2.3　錯体利用分析法………………………32
2.4　機器分析法……………………………33
　2.4.1　誘導結合プラズマ発光分析法……33
　2.4.2　原子吸光分析法…………………33
2.5　生物試料の前処理法…………………34
　2.5.1　乾式灰化法………………………34
　2.5.2　湿式灰化法………………………35
　2.5.3　超微量の無機成分測定用灰化法…35
2.6　主要無機成分定量法…………………36
　2.6.1　ナトリウム………………………36
　2.6.2　カリウム…………………………36
　2.6.3　カルシウム………………………36
　　a.　分離操作の一例………………………36
　　b.　EDTA-NN 法…………………………36
　　c.　フレーム分析法および原子吸光法…37
　2.6.4　マンガン…………………………37
　　a.　酸化還元法……………………………37
　　b.　吸光光度法……………………………37
　2.6.5　鉄…………………………………37
　2.6.6　アルミニウム……………………38
　　a.　アンモニアによる重量法……………38
　　b.　オキシン-吸光光度法………………38
　2.6.7　リン酸……………………………38
　2.6.8　硫酸イオン………………………39
2.7　無機成分混合液からの分離定量……40
　2.7.1　ケイ酸の分離……………………40
　2.7.2　Fe, Ti, Al, PO$_4$, Mn, Ca, Mg, K, Na の分離……………………40

第3章　土壌実験法……………………………42

3.1　土壌試料の採取と調製………………42
　3.1.1　土壌試料の採取…………………42
　3.1.2　試料の調製・保存………………42
3.2　化学的性質……………………………43
　3.2.1　水分………………………………43
　3.2.2　元素組成…………………………43
　3.2.3　遊離酸化物（活性酸化物）………43
　　a.　遊離（酸化）鉄………………………43
　　b.　易還元性マンガン……………………44
　3.2.4　有機物含量，全炭素含量………44
　　a.　強熱損失（灼熱損失）………………44
　　b.　簡易滴定法（ウォークリー・ブラック法）……………………44
　3.2.5　窒素含量…………………………45
　　a.　全窒素…………………………………45
　　b.　アンモニウム態窒素…………………45
　　c.　硝酸態窒素……………………………46
　3.2.6　腐植の分析………………………46
　3.2.7　陽イオン交換容量（塩基置換容量）……………………………47
　3.2.8　交換性陽イオン（置換性陽イオン）……………………………48
　3.2.9　pH，酸化還元電位（Eh）………48
　　a.　pH………………………………………48
　　b.　Eh………………………………………49
　3.2.10　交換酸度，加水酸度……………49
　　a.　交換酸度（置換酸度）………………49
　　b.　加水酸度………………………………49
　3.2.11　リン酸吸収力（リン酸吸収係数）……………………………49
　3.2.12　第一鉄……………………………50
3.3　物理的性質……………………………50
　3.3.1　粒径分析…………………………50
　3.3.2　容積重（仮比重）………………52
　3.3.3　孔隙率，最大容水量……………52
　　a.　全孔隙率………………………………52
　　b.　最大容水量（飽和容水量）…………52
3.4　土壌微生物の作用……………………53
　3.4.1　炭酸ガス発生量（畑状態土壌）…53
　3.4.2　酸素吸収能………………………53
3.5　実験例：湛水土壌の還元化過程と物質変化………………………………54
　3.5.1　Eh, pH, 二価鉄（Fe^{2+}）濃度測定……………………………54
　　a.　インキュベーション…………………54
　　b.　土壌の酸化還元電位測定……………54
　　c.　土壌の二価鉄生成量測定……………55
　　d.　pH 測定………………………………55
　　e.　観察……………………………………55
　3.5.2　メタンガス発生実験……………55

第 4 章　低分子有機化合物取扱い法 ……………………57

4.1 有機化合物の分離—種々の精製原理と
　　クロマトグラフィー ……………………57
　4.1.1 有機化合物の分離とは ……………57
　4.1.2 固体の溶解性に基づく分離 ………58
　　a. 固体抽出 ……………………………58
　　b. 光学分割 ……………………………58
　4.1.3 分配に基づく分離 …………………59
　　a. 分配に関する理論 …………………59
　　b. 溶媒抽出 ……………………………59
　　c. 溶媒抽出による解離性物質の分離 …59
　　d. 向流分配 ……………………………60
　　e. 分配クロマトグラフィー …………62
　4.1.4 吸着に基づく分離 …………………62
　　a. 吸着と溶出 …………………………62
　　b. 吸着剤 ………………………………62
　　c. 溶出液 ………………………………63
　　d. 吸着クロマトグラフィー …………64
　4.1.5 解離に基づく分離 …………………64
　4.1.6 分子の大きさに基づく分離 ………64
　4.1.7 蒸気圧に基づく分離 ………………65
　　a. 蒸気圧の理論 ………………………65
　　b. 単蒸留と分別蒸留 …………………65
　　c. 水蒸気蒸留 …………………………67
　　d. 昇　華 ………………………………67
　4.1.8 ペーパークロマトグラフィー ……67
　4.1.9 薄層クロマトグラフィー …………68
　4.1.10 ガスクロマトグラフィー …………69
　　a. 装置（ガスクロマトグラフ） ……70
　　b. キャリヤーガス ……………………70
　　c. 試料導入部 …………………………70
　　d. 充填カラム …………………………70
　　e. カラム加熱装置 ……………………70
　　f. 検出器 ………………………………70
　4.1.11 液体クロマトグラフィー …………71
　　a. カラム容器の選択 …………………71
　　b. カラムの調製法 ……………………71
　　c. 溶媒の選択 …………………………72
　4.1.12 高速液体クロマトグラフィー ……72
　　a. 装　置 ………………………………72
　　b. カラムと溶出液 ……………………73
　　c. 検出器 ………………………………74
　4.1.13 クロマトグラフィーの利用法 ……74
　　a. 物質の分離 …………………………74
　　b. 物質の同定 …………………………74
　　c. 物質の定量 …………………………75
4.2 有機化合物の同定—分析機器を用いた
　　化合物の構造決定 ………………………75
　4.2.1 同定にあたっての考え方 …………75
　4.2.2 各種分光学的手法のデータと特徴
　　　　 ………………………………………75
　　a. 質量分析法 …………………………75
　　b. 赤外（線）吸収スペクトル ………77
　　c. 可視・紫外吸収スペクトル ………79
　　d. 核磁気共鳴法 ………………………80
　　e. 旋光度，ORD，CD ………………86
　4.2.3 定性試験および官能基の確認 ……87
　　a. アルコール性水酸基 ………………88
　　b. フェノール性水酸基 ………………88
　　c. カルボニル基 ………………………88
　　d. カルボキシル基 ……………………88
　　e. アミノ基 ……………………………88
　4.2.4 融点による同定法 …………………88
　　a. 誘導体の調製 ………………………88
　　b. 再結晶 ………………………………88
　　c. 融点の測定 …………………………89
　4.2.5 スペクトルによる構造解析と同定法
　　　　 ………………………………………90
　　a. 各種のスペクトルの解析 …………90
　　b. 分子の絶対構造 ……………………90
　　c. スペクトルによる同定 ……………90
　4.2.6 クロマトグラフィーによる分離と
　　　　 同定 …………………………………91
4.3 有機化合物の分離・同定に関する実験例
　　 ………………………………………………91
　4.3.1 実験例1：未知試料の分画・精製，
　　　　 誘導体の調製および構造解析 …91
　　a. 溶媒分画操作 ………………………92
　　b. 誘導体の調整法と融点測定 ………92
　　c. ［操作1］：未知試料の分画・粗精製
　　　　 ………………………………………98
　　d. ［操作2］：中性化合物の官能基の
　　　　 特定および誘導体の調製 ………99
　　e. ［操作3］：中性化合物の誘導体の
　　　　 各種機器分析 ………………………99
　4.3.2 実験例2：ジベレリンの抽出・分画，
　　　　 クロマトグラフィーによる分離と
　　　　 生物検定 …………………………100
　　a. 天然材料からの精製 ……………100

b.	生物検定法……………………100	a.	反応の実施と生成物の単離………104
c.	植物生長調節物質………………100	b.	溶媒の精製………………………106
d.	ジベレリン………………………101	4.4.2	合成の実例………………………107
e.	［操作1］：ジベレリンの抽出・分画……………………101	a.	炭素–炭素結合の生成反応………107
f.	［操作2］：クロマトグラフィーによる分離……………………102	b.	酸化反応…………………………110
		c.	還元反応…………………………111
g.	［操作3］：ジベレリンの生物検定…102	d.	脱離反応…………………………111
4.4	有機化合物の合成……………………104	e.	芳香族置換反応…………………112
4.4.1	合成の基本操作…………………104	f.	脂肪族置換反応（ハロゲン化）…113
		g.	エステル化反応…………………113

第5章　食品由来成分実験法……………………………………………………………116

5.1	糖　　　質………………………………116	d.	ガスクロマトグラフィー………121
5.1.1	糖質の抽出法……………………116	e.	高速液体クロマトグラフィー……121
5.1.2	糖質の分離・精製法……………116	f.	機器分析…………………………122
5.1.3	糖質の定性・定量分析…………117	5.2.3	油脂一般試験法…………………122
a.	比色定量法………………………117	5.3	タンパク質………………………………122
b.	酵素法……………………………118	5.4	ビタミン・色素成分……………………122
c.	クロマトグラフィー……………118	5.4.1	ビタミン…………………………122
d.	機器分析…………………………119	a.	脂溶性ビタミン…………………122
5.1.4	多糖の抽出・構造解析法………119	b.	水溶性ビタミン…………………124
a.	抽　　出…………………………119	5.4.2	色素成分…………………………126
b.	構造解析…………………………119	a.	色素成分の種類…………………126
5.2	脂　　質………………………………119	b.	色素成分の抽出・分離・分析法…126
5.2.1	脂質の抽出法……………………120	5.5	実　験　例………………………………127
a.	溶媒による抽出…………………120	5.5.1	植物試料からの糖の分離・同定……………………127
b.	総脂質の抽出……………………120		
c.	総脂質の定量……………………120	5.5.2	大豆少糖類のクロマトグラフィーによる分離・分析……………127
d.	抽出操作および保存時の留意点…120		
5.2.2	脂質の分離・分析法……………120	5.5.3	大豆油の脂肪酸の同定と組成決定……………………………129
a.	溶媒分画法………………………120		
b.	薄層クロマトグラフィー………121	5.5.4	油脂中のトコフェロールの分離と定量………………………130
c.	カラムクロマトグラフィー……121		

第6章　タンパク質・酵素実験法………………………………………………………133

6.1	タンパク質………………………………133		…………………………………138
6.1.1	タンパク質の分離・精製法……133	h.	アフィニティクロマトグラフィー……………………………138
a.	塩　　析…………………………133		
b.	pH変化による分別沈殿…………134	6.1.2	タンパク質の定量・同定法……139
c.	有機溶媒による沈殿……………134	a.	定量法……………………………139
d.	膜分離……………………………134	b.	同定法……………………………142
e.	イオン交換クロマトグラフィー…135	6.1.3	タンパク質の立体構造決定法……149
f.	ゲル濾過クロマトグラフィー……136	a.	X線結晶構造解析法………………149
g.	疎水性相互作用クロマトグラフィー	b.	NMR溶液構造解析法……………150

- 6.1.4 タンパク質立体構造の in silico 解析 …………………………………… 151
  - a. タンパク質立体構造の構築原理 …… 151
  - b. 各アミノ酸の重要度の違い ………… 152
- 6.2 酵　　素 ………………………………… 153
  - 6.2.1 酵素反応速度論 …………………… 153
    - a. ミカエリス-メンテンの式 ………… 153
    - b. ミカエリス-メンテンの式の導出過程 …………………………………… 153
  - 6.2.2 酵素の阻害 ………………………… 154
    - a. 不可逆的阻害 ……………………… 154
    - b. 可逆的阻害 ………………………… 155
  - 6.2.3 酵素の活性測定における注意事項 …………………………………… 155
    - a. 失活を起こさない保存法 ………… 155
  - b. 初速度の測定と反応の経時変化 …… 156
  - c. pH の影響 ………………………… 156
  - d. 温度の影響 ………………………… 156
- 6.3 実　験　例 ……………………………… 157
  - 6.3.1 ゲル濾過クロマトグラフィーによるタンパク質の分離 …………… 157
  - 6.3.2 ウシ β-ラクトグロブリンの分離 …………………………………… 158
  - 6.3.3 好熱菌酵素の分離精製 …………… 159
  - 6.3.4 酵素実験：アルカリホスファターゼの反応動力学定数の決定 ……… 160
    - a. 基本操作 …………………………… 160
    - b. 酵素反応初速度の測定 …………… 161
    - c. ミカエリス定数と最大反応速度の測定 ……………………………… 161

第 7 章　応用微生物学実験法 ……………………………………………………… 163

- 7.1 応用微生物学実験法における特色と注意 ………………………………………… 163
- 7.2 基本的操作 ……………………………… 163
  - 7.2.1 滅菌操作 …………………………… 163
    - a. 無菌封入法 ………………………… 164
    - b. 火炎滅菌 …………………………… 164
    - c. 乾熱滅菌 …………………………… 164
    - d. 高圧蒸気滅菌 ……………………… 164
    - e. 薬剤による滅菌 …………………… 165
    - f. ガス，紫外線による滅菌 ………… 166
    - g. 濾過除菌 …………………………… 166
  - 7.2.2 無菌操作および植菌法 …………… 166
    - a. 無菌操作 …………………………… 166
    - b. 植菌法 ……………………………… 167
  - 7.2.3 純粋分離法 ………………………… 168
    - a. 試料懸濁液の調製 ………………… 168
    - b. 順次希釈液の調製 ………………… 168
    - c. 平板塗抹培養法 …………………… 168
  - 7.2.4 培　　　　地 ……………………… 169
    - a. 培地の種類と形状 ………………… 169
    - b. 培地素材 …………………………… 169
    - c. 寒　　天 …………………………… 170
    - d. 培地調製法 ………………………… 170
    - e. 各種培地組成 ……………………… 170
- 7.3 微生物の培養法 ………………………… 171
  - 7.3.1 培養の条件 ………………………… 171
    - a. 温　　度 …………………………… 171
    - b. 酸素供給 …………………………… 172
    - c. 接種菌の量および状態 …………… 172
  - 7.3.2 培養法の種類 ……………………… 172
    - a. 固体培養 …………………………… 172
    - b. 液体培養 …………………………… 172
    - c. ジャーファーメンターを用いる培養法 ……………………………… 173
  - 7.3.3 微生物の増殖測定法 ……………… 174
    - a. コロニー計数法による生菌数の測定 …………………………………… 174
    - b. 濁度による増殖の測定 …………… 174
  - 7.3.4 菌体の分離 ………………………… 175
    - a. 濾過による菌体の分離 …………… 175
    - b. 遠心による菌体の分離 …………… 175
- 7.4 微生物の性質と形態 …………………… 175
  - 7.4.1 主要微生物の種類と分離 ………… 175
    - a. 細　　菌 …………………………… 175
    - b. 放線菌 ……………………………… 178
    - c. 酵　　母 …………………………… 181
    - d. 糸状菌 ……………………………… 183
    - e. 粘　菌 ……………………………… 186
  - 7.4.2 微生物の検鏡標本の作製方法 …… 188
    - a. 器具と一般的注意 ………………… 188
    - b. 無染色標本作製操作 ……………… 189
    - c. 染色標本作製操作 ………………… 189
- 7.5 核　　　　酸 …………………………… 190
  - 7.5.1 核　　酸 …………………………… 190
    - a. DNA の調製 ……………………… 190
    - b. RNA の調製 ……………………… 191

c.	電気泳動	191
d.	核酸の定量	192

7.5.2 核酸の構成成分 193
    a. 分析試料の調製 193
    b. 分離 194
    c. 定量および同定 194

7.6 組換えDNA実験法 194
  7.6.1 カルタヘナ法による組換えDNA実験 194
  7.6.2 ベクター 195
    a. プラスミドベクター 195
    b. ファージベクター 195
  7.6.3 核酸関連酵素 196
    a. 制限酵素 196
    b. アルカリホスファターゼ 196
    c. ポリヌクレオチドキナーゼ 196
    d. DNAポリメラーゼ 196
    e. DNAリガーゼ 196
    f. 逆転写酵素 196
  7.6.4 組換えDNA実験法に用いられるその他の技法 197
    a. 各種のハイブリダイゼーション法 197
    b. PCR 197
    c. シーケンス解析 198
  7.6.5 変異体取得法 198
    a. *in vivo*の突然変異体取得法 199
    b. 試験管内変異体取得法 200

7.7 個別実験法 201
  7.7.1 大腸菌におけるβ-ガラクトシダーゼの誘導合成 201
  7.7.2 大腸菌におけるプラスミド取扱い法 202
    a. 大腸菌のコンピテントセルの調製と形質転換 203
    b. プラスミドDNAの調製 203
  7.7.3 大腸菌以外の系での形質転換法 204
    a. 酵母 204
    b. 麹菌 205
  7.7.4 酵母の性的接合実験 206
  7.7.5 アミラーゼを生産する微生物の単離 207
  7.7.6 土壌微生物の計数 207
    a. 希釈平板法 207
    b. 直接検鏡法（Jones-Mollison法） 208
  7.7.7 細胞性粘菌の生活環の観察 208
  7.7.8 大腸菌からの核酸の調製 209
    a. 大腸菌からの細胞性DNAの調製 209
    b. 大腸菌リボソームRNAの調製 210
  7.7.9 放線菌の抗生物質生産とバイオアッセイ 211
  7.7.10 ジャーファーメンターにおける酸素移動 211
    a. 酸素移動の理論 211
    b. 実験方法 212
  7.7.11 ジャーファーメンターを用いるグルタミン酸発酵実験 212
    a. 準備 213
    b. 発酵槽および通気ラインの殺菌（前殺菌） 213
    c. 培地の殺菌 213
    d. 前培養菌の準備と接種 214
    e. 本培養の発酵管理 214
    f. サンプリングと分析 214
    g. データの整理と解析 215

第8章 植物実験法 217

8.1 植物栽培法 217
  8.1.1 砂耕と土耕 217
    a. 容器 217
    b. 器具 217
    c. 栽培法 217
  8.1.2 水耕法 218
    a. 容器 218
    b. 通気 218
    c. 培養液 218
  8.1.3 寒天培地上での無菌栽培 219
    a. 寒天培地 219
    b. 播種 220

8.2 遺伝子組換え植物の作出法と解析法 220
  8.2.1 アグロバクテリウムを用いた形質転換植物の作出 220
    a. 遺伝子導入方法の原理 220
    b. 形質転換植物の作出実験の概要 221
  8.2.2 形質転換植物の解析法 222
    a. シロイヌナズナ形質転換体の選抜 222

b. 導入遺伝子の発現解析‥‥‥‥222
c. 遺伝子組換え植物の表現型の解析方法‥‥‥‥222
8.3 分子生物学的手法を用いた植物解析実験‥‥‥‥223
8.4 プロトプラストの単離と核の観察‥‥‥223
　8.4.1 プロトプラストの単離と観察‥‥‥224
　　a. プロトプラストの遊離‥‥‥‥224
　　b. プロトプラストの精製‥‥‥‥224
　8.4.2 細胞内DNAの観察‥‥‥‥224
　　a. プロトプラストの固定‥‥‥‥224
　　b. DAPIによる染色および蛍光顕微鏡観察‥‥‥‥225
8.5 実験例‥‥‥‥225
　8.5.1 PCRを用いたイネの品種検定‥‥‥225

第9章　動物および動物細胞実験法‥‥‥‥227

9.1 動物実験を行うにあたっての心構え‥227
9.2 飼料の調製と分析‥‥‥‥227
　9.2.1 飼料の調製‥‥‥‥227
　　a. タンパク質‥‥‥‥227
　　b. 炭水化物‥‥‥‥228
　　c. 脂質‥‥‥‥229
　　d. 無機塩類‥‥‥‥229
　　e. ビタミン‥‥‥‥229
　　f. 繊維‥‥‥‥229
　9.2.2 飼料の分析‥‥‥‥229
　　a. 試料の採取‥‥‥‥229
　　b. 試料成分の分析‥‥‥‥229
9.3 実験動物の取扱いと投与試験法および生体試料の調製‥‥‥‥229
　9.3.1 実験動物の飼育‥‥‥‥229
　　a. ラットの一般的特徴‥‥‥‥230
　　b. ラットの飼育環境‥‥‥‥230
　　c. ラットの飼育器具‥‥‥‥230
　　d. ラットの飼育作業‥‥‥‥231
　9.3.2 投与試験法‥‥‥‥231
　　a. 栄養試験法‥‥‥‥231
　　b. 薬物試験法‥‥‥‥232
　9.3.3 麻酔法‥‥‥‥233
　　a. 局所麻酔‥‥‥‥233
　　b. 全身麻酔‥‥‥‥233
　9.3.4 生体試料の調製‥‥‥‥233
　　a. 体重の測定および糞尿の採取法‥‥233
　　b. 採血法‥‥‥‥233
　　c. 各臓器の採取‥‥‥‥233
9.4 各種動物試験法と生体成分の分析‥‥234
　9.4.1 成長試験法‥‥‥‥234
　　a. 体重増加法‥‥‥‥234
　　b. 飼料効率および飼料要求率‥‥‥234
　　c. タンパク質効率比‥‥‥‥234
　　d. 正味タンパク質効率‥‥‥‥234
　　e. 体重回復法‥‥‥‥234
　9.4.2 出納試験法‥‥‥‥234
　　a. 消化試験法‥‥‥‥234
　　b. 代謝試験法‥‥‥‥235
　　c. 呼吸試験法‥‥‥‥235
　　d. 屠殺試験法‥‥‥‥236
　9.4.3 各種生体成分の分析‥‥‥‥236
9.5 動物細胞実験法‥‥‥‥236
　9.5.1 動物細胞の培養‥‥‥‥236
　　a. 無菌操作‥‥‥‥236
　　b. 培地の調製‥‥‥‥237
　　c. 細胞の保存と解凍‥‥‥‥237
　　d. 細胞数の計測‥‥‥‥237
　　e. 継代培養法‥‥‥‥238
　9.5.2 動物細胞の観察‥‥‥‥238
　　a. 顕微鏡の操作‥‥‥‥238
　　b. 細胞の染色‥‥‥‥238
　9.5.3 動物細胞を用いたプロモーター活性試験法‥‥‥‥239
9.6 実験例‥‥‥‥239
　9.6.1 飼料の調製および分析‥‥‥‥239
　　a. 種々のタンパク質を含む飼料の調製‥‥‥‥239
　　b. 分析‥‥‥‥240
　9.6.2 ラットの飼育および生体試料の採取‥‥‥‥241
　　a. ラットの飼育条件の設定‥‥‥241
　　b. 生体試料の採取‥‥‥‥241
　9.6.3 採取した生体試料の分析‥‥‥243
　　a. 飼料効率，タンパク質効率比および正味タンパク質効率の測定‥‥‥‥243
　　b. 消化率，生物価および正味タンパク質利用率の測定‥‥‥‥243
　　c. 血漿アミノ酸の測定‥‥‥‥243
　9.6.4 実験データの統計処理‥‥‥243

第10章　ラジオアイソトープ実験法 ·················· 245

- 10.1　ラジオアイソトープ実験における注意 ·················· 245
  - 10.1.1　ラジオアイソトープとは ········ 245
  - 10.1.2　アイソトープ施設における注意点 ·················· 246
    - a. RI実験室入室時 ·················· 246
    - b. RI実験室内での注意 ·················· 246
    - c. RI実験後の廃棄物の処理 ········ 247
    - d. 測定試料の移動 ·················· 247
  - 10.1.3　生命科学分野でよく利用されるアイソトープの種類 ·················· 247
- 10.2　RIの定量や汚染検査のための検出方法・検出器 ·················· 247
  - 10.2.1　ガイガーミュラー管 ·············· 247
  - 10.2.2　シンチレーションを利用した検出器 ·················· 248
    - a. NaI（Tl）シンチレーションサーベイメーター ·················· 248
    - b. NaI（Tl）ウェル型シンチレーションカウンター ·················· 248
    - c. 液体シンチレーションカウンター ·················· 249
    - d. チェレンコフ光測定法 ············· 251
  - 10.2.3　Ge半導体検出器 ·················· 252
    - a. 原理 ·················· 252
    - b. 特徴と使用上の注意 ·················· 252
- 10.3　オートラジオグラフィ ·················· 252
  - 10.3.1　X線フィルム法 ·················· 252
    - a. 原理 ·················· 252
    - b. 直線性と感度 ·················· 252
  - 10.3.2　輝尽性発光を利用した放射線検出方法：イメージングプレート法 ·················· 252
    - a. 原理 ·················· 252
    - b. 直線性とダイナミックレンジ ····· 253
- 10.4　実験例 ·················· 253
  - 10.4.1　大豆の^{32}Pの分布の可視化（ラジオグラフィ実験） ·················· 253
  - 10.4.2　イネの^{32}P吸収速度の算出（トレーサー吸収実験） ·················· 253
- 10.5　サーベイメーターによる汚染検査の方法 ·················· 254

第11章　生命科学データベースの概要 ·················· 256

- 11.1　キーワード検索 ·················· 256
  - 11.1.1　塩基配列データベース ·········· 256
  - 11.1.2　アミノ酸配列データベース ····· 258
  - 11.1.3　機能部位データベース ·········· 260
  - 11.1.4　立体構造データベース ·········· 261
  - 11.1.5　立体構造の二次データベース ··· 262
  - 11.1.6　文献データベース ·················· 263
- 11.2　ホモロジー検索 ·················· 264
  - 11.2.1　概要 ·················· 264
  - 11.2.2　BLASTによるホモロジー検索 ·················· 264

付　表 ·················· 267
索　引 ·················· 278

コ ラ ム

- 農芸化学の発展に貢献したガラス細工名人 …………………………………………… 6
- 足尾鉱毒問題と古在由直 ………………………………………………………………… 41
- 植物がつくる生理活性物質—ジベレリンの発見から受容体遺伝子の同定まで ……… 103
- 農芸化学における有機合成化学 ………………………………………………………… 104
- 動物がつくる生理活性物質—昆虫ホルモンの生物有機化学 ………………………… 114
- 鈴木梅太郎のビタミンB_1の発見 ……………………………………………………… 124
- うま味発見から機能性食品開発まで …………………………………………………… 131
- タンパク質の立体構造と機能解析 ……………………………………………………… 150
- アミノ酸・核酸発酵 ……………………………………………………………………… 178
- 微生物がつくる生理活性物質—火落酸，ツニカマイシン，スタチン等の発見 ……… 182
- ゲノムシーケンスがもたらす微生物研究の新展開 …………………………………… 198
- オミクス解析技術—農芸化学の強い味方 ……………………………………………… 244
- ラジオアイソトープの利用で明らかになった植物中の水循環 ……………………… 251

第1章

農芸化学実験基礎事項

1.1 実験室における心得

a. 学生実験の目的

　実験では，他の人が体験する様子を見ることに加えて，自らも実際に手を動かして体験することが，理解をより深める上で有効である．ただし，その効果については体験に至るまでに整えた準備の深さや本人の心構えによるところが大きい．担当教員や周囲から指示されるがまま体験したのでは頭が働いておらず，それほどの効果は期待できない．テキストに記載されている操作法など参照可能な情報を見てひたすら忠実にその指示に従うこと自体は，技術習得への第一歩であり重要なことに代わりないが，それだけで終わるのでは体験に伴う収穫に多くを望めず，それ以上の進歩も期待できない．体験中は一部始終をよく観察するとともに，各操作の意味や得られる結果について自問自答するようにして，十分に納得してから次に進むべきである．また，体験で得た結果についてはよく整理し，直接にその場にいなかった人でも読めば十分理解できるように丁寧かつ要領のよい報告を心がけるべきである．この点は特段，自然科学の分野に限らず今後のあらゆる活動においてしばしば要求されることである．学生実験ではそのトレーニングも行うため，実験単位ごとに体験した「実験のねらい，方法，結果，考察など」を指定される期日までにレポートとしてまとめ，担当教員からの評価・指導を受ける．このレポート提出をもって単位ごとに実験の全日程が終了する．

　学生実験を通じて目指す到達目標として以下4項目を掲げる．(1)原理を理解し，応用する．(2)絶えず細心の注意をもって観察し，論理的に考える習慣を身につける．(3)量的な取扱いに慣れる．(4)体験したことを整理・検討し，他人にも理解できるように工夫してまとめる．

b. 実験室での心得・ルール

　以下の項目はすべて，当たり前といえばそれまでであるが，改めての認識を促す．

　(1) 予習の必要性：　実験開始前から資料等にはよく目を通し，実験内容を理解しておく．

　(2) 相応しい服装：　室内では脱帽の上，白衣と名札の着用を義務づける．担当教員にとっては部外者の侵入がないかどうかの監視手段を兼ねており，例外なく私服での入室を禁ずる．

　(3) 清潔状態の維持：　実験台・棚・流し台・共通場所を常に清潔に保つ．秤量時に薬品をこぼした場合はただちにふきとる．床面には水をこぼさないよう注意する．「自分たちの環境は自分たちで維持する」姿勢で臨んでほしい．

　(4) 整頓状態の維持：　各自個人もちのガラス器具・薬品等は所定の場所に置き，必要に応じてすぐ使えるように整頓しておく．実験と関係ない物はもちこみを禁じる（特にギター等の大きな荷物）．衣類やカバン等は，実験台や床，椅子の上などに置かず，ロッカーに収納する．

　(5) 静粛な雰囲気の維持：　実験室では常に静かに行動する．飲食・喫煙が厳禁なのはいうまでもない．携帯電話による通話や着信音の発生も禁ずるが所持は認める．実験に関すること以外での使用は基本的に認めない．他の目的で使用するなら廊下へ出ることを要求する．また，当人の感覚ではなく，第三者が「強い匂いと感じる香料」の使用を控える．

　(6) 節約の励行：　ガス・電気・水道・試薬等の無駄づかいを避ける．不必要にハイグレードなものを使わない．濾紙や薬包紙を計算用紙に使うなど，本来の目的以外に使用しない．試薬は必要最小限の秤量を常に心がける．余ったからといって安易にもとの瓶に戻せないことを理解する．

　(7) 実験終了後：　器具を洗浄・整頓して翌日以降に備える．ほこりを立てぬよう適宜，室内を清掃する．ガス，水道を点検した後に退室する．

〔中嶋正敏〕

c. 安全衛生

　安全に実験を遂行するため，各人には強い責任感と細心の注意力を要求する．以下を励行すること．

　(1) 落下事故の防止：　ミュールやサンダル等の「足指が完全には隠れない履き物」は許可できない．

ハイヒールも転倒の可能性を考慮して許可しない．

　(2) 皮膚や目の保護：　必要に応じて適宜，保護めがね・プラスチック製手袋・軍手を着用する．

　(3) 誤飲事故の防止：　ピペット使用時の口からの吸引は厳禁．安全ピペッターを使用する．

　(4) ガラスによる裂傷防止：　欠けのあるガラス器具で負傷しないよう取扱い前に注意を払う．落下により破損した場合，周囲にも注意を喚起し，飛散したガラス片を適切に集め，ただちに廃棄する．

　(5) ガス漏れ防止：　ガスバーナー使用後は確実に元栓を閉める．複数人で閉栓を確認する．

　(6) 漏電/発火防止：　当面使用しない器具は電源を切り，コンセントプラグを抜いておく．

　(7) 危険物の情報取得：　各種の危険物（酸，アルカリ，酸化物，爆発性物質，引火性物質，毒物，巻末の付表7-2参照）を扱う際は細心の注意を払う．当該試薬の性状を詳しく知りたい場合は，備えつけの「化学物質安全データシート（(Material) Safety Data Sheets, (M)SDS）」を参照する（巻末の付表7-3参照）．

　(8) 引火事故の防止：　長髪は束ねる．アルコールやエーテルなど引火性の物質を扱う場合は，引火の危険性を下げるため周囲に火気がないことを確認する．許可がない限り，個人所有のライター使用は認めない．万一溶媒などに引火した際は，あわてずにガスバーナーや電熱などの火気を取り除き，周辺の可燃物を除去し，小火災ならば炭酸ガス消火器，大火災ならば粉末消火器で消火する．

　(9) 異臭蔓延の防止：　刺激性ガス発生など異臭・悪臭を伴う作業は必ずドラフト装置内で行う．

　(10) 症状拡大の防止：　火傷をした場合は，まず十分に該当箇所を水で冷やすことが最優先である．同様に，危険な試薬が皮膚に付着した場合や目に入った場合は，まず十分に該当箇所を水で洗うことが最優先である．それらを十分に終えてから担当教員に申し出る．

　(11) 緊急事態発生時への対応方針：　もし事故を起こした場合は，決して自分だけで，あるいは，仲間うちだけで処理しようとせず，ただちに担当教員へ申し出る（表1.1）．事故にとどまらず，急な発病や既往症の再発など緊急事態の発生をも想定した上で，日頃からそれらへの対応策を準備して臨む必要がある．そのため，「健康保険証コピーと学生証の常時携帯」を義務づけるとともに，「実験班内における連絡先情報（電話番号あるいはメールアドレス）の共有」を推奨する．また，学生教育研究災害傷害保険に加入しておくことが望ましい．

d. 実験器具等の種類と扱い

　器具は実験を行う上で必須の，大切に扱うべき道具である．学生実験では，想像以上に高価な器具も含まれるため，その紛失・破損は実験遂行上大きな支障をきたす．ガラス製器具については，甚だしいヒビ割れや欠けなどがない「使用上問題のないもの」が必要数確保されているかを確認する．

e. 実験後の廃棄物の片づけ

　大学構内のルールとして，廃棄物（ゴミ）排出時には細かい分別が要求される．注意点として，「一般家庭でも出るようなゴミと，研究施設であるがゆえに出るゴミとは基本的に区別しなければならない」点が挙げられる．いかなるものであってもそれを捨てることが環境に対して悪影響を与えていることを忘れてはならない．有害物質を含むものは絶対に指導教員の許可なく捨ててはならない（裏表紙の見返し参照）．

f. 実験ノート・レポートの書き方

　大学ノートサイズの専用実験ノートを用意する．筆記具は水や有機溶媒でにじまないものを使用する．実験中は常に経過の観察を行い，細大漏らさずメモする習慣をつける．あらかじめ調査して得た情報や参考文献から得た情報もノートに書いておく．実験中に思いついた考察ポイントや感想もそのつど書き留めておく．ノートは体験した実験内容をたどる唯一の記録であり，研究室配属後であれば公的な資料としても扱われる．それゆえ，他の人が見ても理解可能な記述を常に心がける．

　レポートの様式として，各担当教員から個別に指示された点はそれを最優先とするが，およそ以下の様式に沿って作成する．原則，A4サイズのレポート用紙や必要に応じて同サイズの方眼紙を使う．必ず表紙をつけ，実験タイトルの他に氏名・実験台番

表1.1　事故発生時の緊急対応（周りの者）

け が	①人を呼ぶ ②応急処置（止血・人工呼吸など） ③緊急連絡・通報 ④軽傷なら病院の救急受付へ	火 災	①人を呼ぶ ②スイッチ・ガス栓を止める ③緊急連絡・通報 ④可能なら消火器などで消火作業，大火災なら逃げる

号・学生証番号の個人識別情報を記入する．2ページ目から「研究の目的やねらい，実験方法，結果，考察，参考情報」の順に記述する．方法は自分が実際に行った事実情報のみを過去形で記述する．テキスト等の参照情報の丸写しでは全く評価されない．結果は「見ればわかるでしょ」という姿勢ではなく，丹念な記述を心がける．考察は得られた結果だけから直接に議論できる1次考察に始まり，他の参考情報を引用しつつ展開する2次考察まで，最も特徴が出せる箇所と認識すべきである．全体を通じ，体験していない人が読んでも理解できるように，記述・表現には注意を払う．当然，読み手が悩む誤字・脱字・乱字もない方がよい．実験期間中に担当教員から課題が出された場合，その回答はレポート末尾に含める．これが欠落したレポートは，「課題回答つきレポート」としての要求を満たさず，評価を大きく下げることになる．担当教員の指示には常によく耳を傾けること．

[渡邉秀典]

1.2 ガラス器具

実験にもっともよく用いられる器具の1つはガラス器具である．ガラスには，ソーダガラス（並ガラス），ホウケイ酸ガラス（硬質ガラス），石英ガラスなどの種類がある．ソーダガラスは軟化点が500〜700℃で細工しやすく，耐熱の必要がない器具に用いられ，製品は安価である．ホウケイ酸ガラスは800℃付近の軟化点を有し，熱膨張率が低いため加

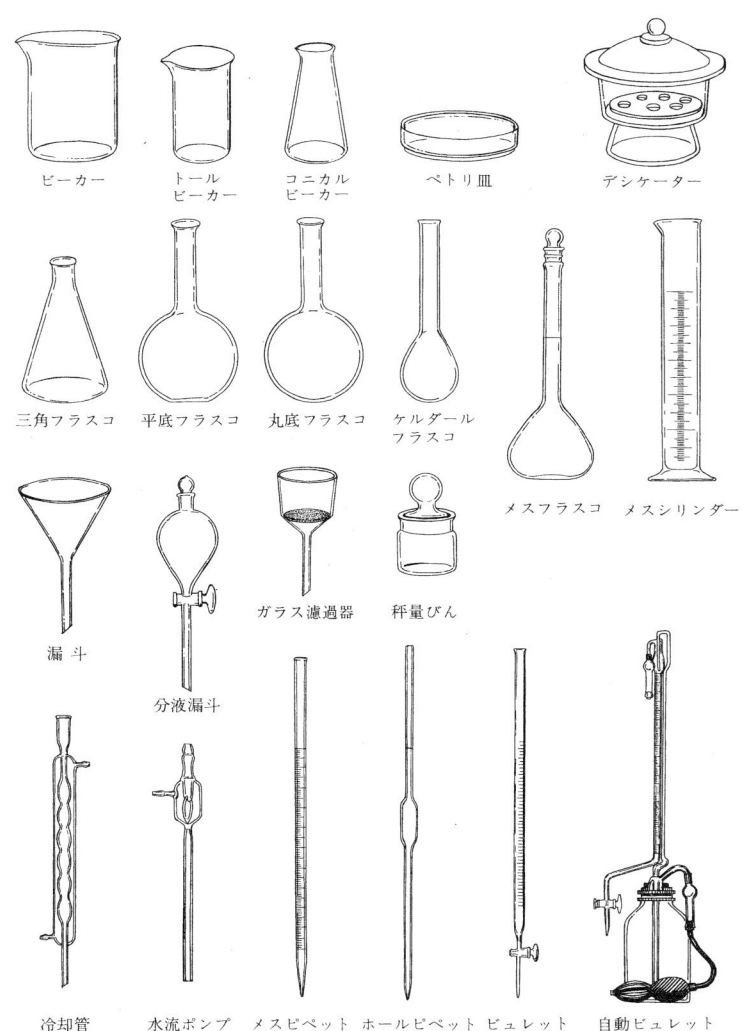

図1.1 ガラス器具

熱，耐熱の必要がある器具に用いられる．現在用いられている多くの実験用ガラス器具はこの種のガラスでつくられている．石英ガラスは高温用あるいは特殊な用途の器具に用いられる．

ガラス器具は，機械的および熱的衝撃に弱い．したがって，落としたり，ぶつけたり，急激に加熱したりしてはいけない．器壁のガラスの厚い器具は機械的衝撃には強いが，熱的衝撃には特に弱い．破損したガラス器具は，速やかに小片までも集め，ガラス用ゴミ捨てに入れる．ガラスの割れた面は刃物よりも鋭利である．実験を開始する前にガラス器具を点検し，傷がないことを確かめる．小さな傷があるガラス器具を使用すると破損して事故を起こすことがある．

a. ガラス器具の種類

普通に用いられるガラス器具はビーカー，フラスコ，試験管，試薬びん，ペトリ皿，デシケーター，メスシリンダー，冷却管，漏斗，分液漏斗，ガラス濾過器，水流ポンプ，ピペット，ビュレット，メスフラスコ，秤量びんなどである．これらの器具を図1.1に示す．

b. ガラス器具の洗浄

水でぬらしたときにガラスの表面が薄い水の膜で一様に覆われれば器具の洗浄は完全である．よごれの性質と器具の種類に応じて洗浄方法が異なる．器具の内面だけでなく外面も洗浄する．まず機械的によごれをとる．油，グリースなどは紙でふきとる．酸，アルカリ，塩などは水で洗う．とれなければブラシでこする．それでもとれなければブラシあるいはスポンジにクレンザーをつけてこする．よごれが油性の場合には有機溶媒（アルコール，アセトンなど）で溶解除去することを試みる．この際，用いる溶液の温度が高いほど効果的である．ただし測容器は，ブラシで強くこすって内表面に傷をつけたり，50℃以上の高温の状態に長時間放置してはならない．測容器の内面に付着している油性のよごれは，中性洗剤の水溶液に数十分〜数時間浸すか，よく水洗した後に約15％エタノール溶液を加え20〜30分間放置して溶解し，数回水洗を繰り返す．アルカリ洗剤の使用も有効である．

精密な無機分析に使用するガラス器具は1：2の硝酸溶液に一晩浸した後よく水洗し，ただちに脱イオン水ですすいで用いることがすすめられる．

〔安保　充〕

1.3　加熱・乾燥器具

a. 加熱器具の種類

都市ガスと電気が主要な熱源である．都市ガス（あるいはプロパンガス）用にはブンゼンバーナー（Bunsen burner），およびその改良型チリルバーナー（Tirril burner）が最も普通に使われる．メケルバーナー（Meker burner）は還元炎の接触を嫌う白金るつぼの加熱に適している．ブラストバーナー（blast burner）はふいごやコンプレッサーにつなぎ，ガラス細工に使用する（図1.2）．炎の温度はバーナーの構造，ガス・空気の供給量，ガスの品質などによって異なるが，LNG，天然ガスを主成分とする都市ガスの炎の中心部では1500〜1700℃である．炎は中側の青色を呈した還元炎と，外側の色がうすい酸化炎とからなる（図1.3(a)）．メケルバーナーでは還元炎の占める割合が低い（図1.3(b)）．一般的には，炎の最も幅の広い部分が最も温度が高い．強熱したい場合はこの部分を用いる．電熱用にはホットプレート，電気炉（マッフル炉），マントルヒーター，ウォーターバス，ホットスターラーなどが市販されている．ホットプレートは一定温度の加熱に適している．電気炉は有機物を含む物質の灰化，高温の加熱などに用いられる．マントルヒーターはフラスコに入った引火性の液体の加熱に適している．ウォーターバスは一定温度の保温に用いられ，ホットスターラーは過熱しながら溶液のか

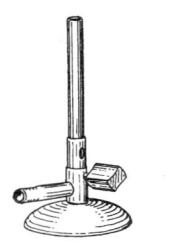

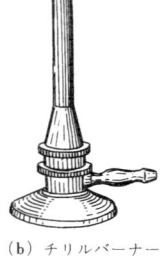

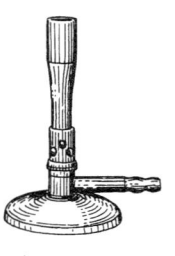

(a) ブンゼンバーナー　(b) チリルバーナー　(c) メケルバーナー　(d) ブラストバーナー

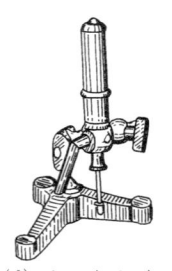

図1.2　バーナー

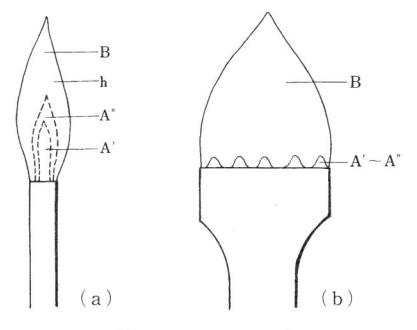

図 1.3 バーナーの炎

○内炎
　A′：未燃焼の燃料ガスおよび空気の混合物
　A″：燃料ガスが空気と作用して C, CO, CO_2, H_2 などを生ずる部分で，青色を呈し，還元炎と呼ばれる．
○外炎
　B：完全燃焼の行われている部分で，炎の色はうすく酸化炎と呼ばれる．
○一般に炎の最も幅の広い h 点の付近が最も温度が高いので，るつぼを強熱する場合は，この部分の炎を用いる．

くはんが可能である．

b. 加熱の方法

バーナーで加熱する際には，直火（ガラス細工，三角架上のるつぼ，バボー上の大型フラスコなど），金網の使用（ビーカー，小型フラスコなど），温浴，水蒸気浴，油浴，砂浴，塩浴，金属浴の使用のいずれかを実験の性質に応じて適宜選ぶようにする．加熱はしばしば事故の原因になるので，適切な装置と方法を選び，必要以上の加熱を避けるように心がける．また急激な加熱はしばしばガラス器具の破損を招くので，徐々に強めることが望ましい．

c. 乾燥器具の種類

固体の乾燥には電気定温乾燥器，デシケーターが，気体の乾燥には（塩化）カルシウム管，ガス乾燥塔，洗気びんが常用されている．デシケーターは，強熱した物質を吸湿させずに冷却させたり，物質を乾燥させたり，試料を乾燥状態に保存したりする場合に使用される．乾燥剤としては，ソーダ石灰，塩化カルシウム，水酸化ナトリウム，水酸化カリウム，シリカゲル，濃硫酸，過塩素酸マグネシウム，五酸化リンなどがある（吸湿力はほぼこの順で強い）．デシケーターにはシリカゲルを使用することが多い．シリカゲルには塩化コバルトが混入されており，乾燥能力が高い間は青く，吸湿すると赤くなる．赤くなったシリカゲルは 300℃ 以下で加熱し再生できる．電子レンジによる乾燥も効果的である．

d. 乾燥の方法

デシケーターは，縁のすり合わせ部分にグリース（あるいはワセリンでも可）をうすく一様につけ，気密に保たれるようにする．強熱した物質を高温のままデシケーターに入れてふたをすると，中の空気が膨張し，グリースがやわらかくなりすぎるので，ふたがもち上げられたり，すべり落ちたりすることがある．またこれが冷えると，内部が減圧状態になってふたがとれなくなることや，ふたをとったときに急激に空気が入り，中の物質を吹き飛ばすことがある．高温の物質をデシケーターに入れる場合には，少し冷却した後，デシケーターに移し，ある程度冷却してから密閉するとよい．乾燥しにくい物質を乾燥するには真空デシケーターが用いられる．デシケーターをもち運ぶときは必ず両手でふたと下部とを縁の部分でしっかりつかむ習慣をつける．気体の乾燥は乾燥剤を詰めた容器の中に気体を通す．乾燥剤は気体と反応しないものを選ぶ．（塩化）カルシウム管，ガス乾燥塔に詰める乾燥剤は 2 mm 程度の粒子が望ましい．

1.4　ガラス細工

通常市販されていないガラス器具が実験の実施に不可欠なことがある．そのようなガラス器具の中で，構造が複雑で細工が精密なものはガラス細工の専門家に製作を依頼しなければならないが，構造が単純なものや，細工が精密でなくてもさしつかえないものの中には実験者により自作可能な場合も多い．ここにはすべての実験者が知っていなければならない基本的な注意と，身につけていなければならない基本的な技術を記すことにする．

a. ガラス細工の材料

軟化しやすいソーダガラス製のガラス棒が主要な材料になる．製造が新しく，傷がないガラス管あるいはガラス棒を洗浄・乾燥してガラス細工に供する．

b. ガラス細工の道具

ガラス細工用バーナー，空気供給用コンプレッサー，やすり，工業用ピンセット，めがねなどを用意する．実験台に広いガラス細工専用の場所を確保する．材料となるガラス管，ガラス棒を収納する容器と廃ガラス片を捨てる容器を用意する．

c. ガラス細工の実施

i) 切り方　やすりをガラスの壁面にやや斜めに傾けて当て，強く前後に 1～2 回往復させて長さ 3 mm 程度の軽い傷をつける（図 1.4）．傷ができた部分をわずかに湿らせ，その箇所を上にしてガラス管を両手でもち，傷ができた部分の裏側に人指し指

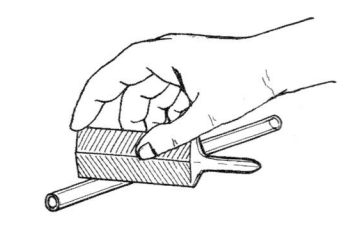

図 1.4 やすりのもち方（大内清海原図）

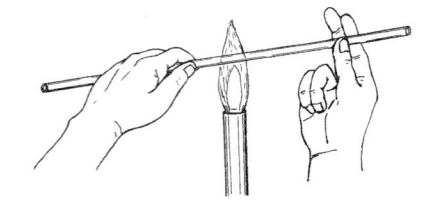

図 1.6 ガラス管のもち方と加熱の仕方（大内清海原図）

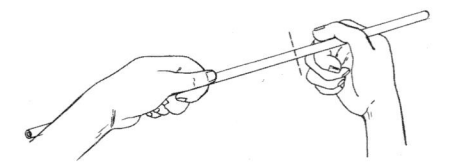

図 1.5 ガラス管の折り方（大内清海原図）

を当て，折るように力を加えつつ右手だけを横にやや引くと上手に切れる（図 1.5）．ガラスの切り口は鋭く危険なので，必ずやすりで軽くこするか，炎で熱しておく．

ii) 加熱の要領 適当な長さのガラス管の中ほどを左手の親指で支え，左手の他の指で軽くおさえるようにしてもつ．右手をガラス管に添え，親指，人指し指，中指の 3 本の指で支える．左手と右手の間にあるガラス管の部分をガスの炎で加熱する．加熱中はガラス管を左手で静かに前後に回転させる．この際，右手はガラス管を軽く支える程度にする（図 1.6）．ガラス管の加熱は常に炎の最も高温な部位で行う．加熱されてガラスが明らかに赤味を帯びてきたら炎から離し，加工を行うのが原則である．

iii) 伸ばし方 炎から出したガラス管を水平に保ち，ゆるく回転しながら左右にまっすぐに引っ張る．細く伸ばした部位の一部を炎で少し加熱し，もう一度左右に引くと毛細管が容易にできる．

iv) 閉じ方 引き伸ばして毛細管になった部位で折り，折り口を加熱すれば容易に一端が閉じたガラス管が得られる．このように，一端が細く引き伸ばされ閉じているガラス管は，扱いやすくガラス細工に便利である．また細く引き伸ばした部分を根もと近くで切り，その切り口を炎に入れ，ガラス管を静かに回しながら加熱すると，切り口が丸くなって閉じる．他端からときどき息を吹きこみ，形を整える．

v) 曲げ方 一端を閉じたガラス管の曲げたい部分を炎で加熱する．炎から離し，円を描くようにし

コラム： 農芸化学の発展に貢献したガラス細工名人

2008 年 9 月に東京大学弥生講堂において，実験用ガラス器具作成技術者の大内清海氏の米寿をお祝いする会が開催され，生源寺眞一研究科長より永年の研究と教育への貢献に対して感謝状が贈呈された．大内氏は終戦間もない 1946 年 2 月より東京大学農学部 2 号館の一室にて実験用ガラス器具の作成を開始し，独立して理化学機器業を営むようになってからも研究室に顔を出し，65 年の長きにわたり農芸化学の研究を支えてきてくださったガラス細工名人である．

既存のガラス器具ではうまく行えない実験のためにスタッフや学生たちと相談しながら工夫を重ねて開発した器具や装置は数多く，微生物培養で活躍している坂口フラスコ（図 7.5 参照）や，^{15}N 同位体の発光分光分析のための熊沢式試料調製装置など，大内名人が初めて作成したものは数多い．

振とう培養においてフラスコの綿栓が培地でぬれるのに困っていた，当時の坂口謹一郎教授の醸酵学研究室での研究者の要望から，大内名人がさまざまな形の肩のついたフラスコを製作し，現在の形のものが生まれたといわれている．そのときの貢献度からすれば，坂口フラスコではなく大内フラスコと呼ぶのがふさわしいかもしれない．微生物研究者で坂口フラスコのお世話になった人は数多いが，その他にもデシケーターなどのすり合わせが非常に優れた「真空擦り」など，細かいガラス器具を大内名人につくってもらって，世界的な研究成果をあげた人も少なくない．

現在，農芸化学分野の実験は，洗練された分析機器とキット化された試薬セットなどを用いて行うことが主流となっている．しかし，世界の研究者がインターネットで研究情報を収集し，共通のキットと機器で研究を行うという"金太郎飴"現象が起こっている状況では，ますます，ガラス細工のような特注の器具を考案し使用できることが，世界をリードする研究成果をあげられるかどうかの鍵を握っているといえよう．

［北本勝ひこ］

て管を曲げ，ガラス管の開いている一端を口に当て，注意しながら息を吹きこみ，曲がりの部分の外側がなめらかな曲線になるようにする．

vi) 接ぎ方 2つのガラス管を接ぐ場合には，太さだけでなく同質のガラスどうしを選ばなければならない．両方のガラスを同時に炎で加熱し，ついで炎を弱くして，炎の中で両者を接合する．接合部位を細い炎で加熱し，両者の接合を完全にする．この際，ガラス管の一端をあらかじめ閉じておき，ときどき口で吹くと接合部位がなめらかになる．

［中嶋正敏］

1.5 試 薬

a. 試薬の純度

試薬の純度は試薬規格で規定されている．実験に使用されている試薬は，一般試薬，特殊用途試薬，標準試薬に分類される．

一般試薬は通常の実験で広く一般的に使用されている試薬である．きわめて汎用性の高い試薬に関してはJISが設定され，品質の規格化がなされている．試薬特級，試薬1級の区別がある．JISに規定されていない試薬は生産業者の社内規格で規定されている．表1.2に代表的な酸，アルカリの濃度と比重を表す．特殊用途試薬には生化学用試薬，分析用試薬，環境汚染物質測定用試薬などがある．これらは用途に適合する品質を規定しているアミノ酸分析用試薬，高速液体クロマトグラフ用試薬，残留農薬試験用試薬などである．標準試薬は機器分析装置などの検定を行うための試薬で，きわめて高い純度と精度が要求される．

規格の内容を心得ていて，実験の目的に応じて必要な純度の試薬を実験に選定すべきである．また試薬は長期間保存したり，取扱いが悪かったりすると変質，分解，汚染などをうけ，元来の規格に合わなくなっていることがある．

表1.2 常用する酸，アルカリの濃度と比重

	重量%	比重	規定度 N	モル濃度 M
濃塩酸	35～37% HCl	1.18	11.5	12
濃硫酸	96% H$_2$SO$_4$	1.84	36.0	18
濃硝酸	60～61% HNO$_3$	1.38	13.4	13
濃アンモニア水	28～30% NH$_3$	0.90	14.8	15

市販品の中にはその濃度が表の値に必ずしも一致していないものがある．

b. 標準物質

標準物質は，物性標準データ測定用，測定器検定用，測定値比較正用，化学分析標準用などの目的のために，物性あるいは組成が確定されている物質である．組成が確定されている物質には高純度物質と標準試料がある．重量分析用の標準試料は特にないが，容量分析の標準液または規定液の標定に用いる物質がJIS容量分析用試薬である．この標準物質には，精製しやすく，安定で，当量値が大きく，化学反応が定量的な物質が選ばれ，特級以上の高純度に精製され，独立行政法人製品評価技術基盤機構が品質試験を行い，その純度値を表示したものが試薬製造業者等から販売されている．比色分析の検量線用標準物質は通常99.5%以上の純度の物質で十分であるが，上述した容量分析用標準試薬と同様の性質を備えていなければならない．

c. 水

実験に使用する水の純度は重要な意味をもつ．水道水には無機イオン，固体微粒子，有機物質，微生物などの不純物が含まれており，実験の目的に応じてこれらを取り除く必要がある．蒸留，イオン交換，活性炭処理，フィルターなどの方法を単独あるいは複数組み合わせてこれを行う．

蒸留水の純度は，沸騰時に生ずる原水のしぶきや原水中の揮発性物質の混入，器具の材料からの溶解物質の混入などの程度で異なる．普通の化学分析には銅，ステンレスなどの金属製蒸留装置を使用して1回蒸留したものでさしつかえない．さらに高純度の蒸留水が必要な場合には精製した水を硬質ガラスの器具（できれば石英ガラス製）を用いて蒸留し，中間留分をとり，これを再蒸留する．イオン交換樹脂による精製も有効であり，通常はこれとフィルター，蒸留，活性炭処理などを組み合わせて精製水をつくる．イオン交換法でつくった精製水は脱イオン水と呼ばれる．最近では逆浸透膜，限外濾過膜などの高機能の膜素材の開発により純度の高い精製水を効率よくつくることが可能になった．前述した方法と組み合わせて超純水の製造が行われている．

つくられた純水には空気中，容器などから常時不純物が混入する．使用の直前につくり，長期の保存は避けるべきである．

d. 試薬の扱い方

試薬の純度を低下させてはならない．試薬が液体の場合には，一度他の容器にとり分け，余りをもとの試薬容器に戻さない．試薬が固体の場合には，試薬容器を傾けて他の容器にとり分け，それからさじ

でとる．さじの材質には，合成樹脂，ステンレススチール（Fe・Cr・Ni 合金）などがある．水分，炭酸ガス，アンモニアなどを吸収しやすい試薬は密栓して保存する．保存容器，ふた，シールはガラス，合成樹脂，テフロンなど多種類の材質のものがあり，それぞれの試薬，保存法に適したものを選ぶ．光分解する試薬は暗所に，変質しやすい試薬は冷所に保存する．

試薬の中には火災，爆発，毒性などの危険度が高いものが多いので，この点についての知識も十分に身につけてから，試薬の取扱い，保存を行わなければならない．

1.6 はかり（電子てんびん）

はかりは機構が精密なので，機械的な衝撃，腐食性のガスとの接触，日光の直射などを避けなければならない．振動しない丈夫な台の上にはかりを置き，脚のねじを動かして水準器を見ながら水平にする．除震台の使用も有効である．扉の開閉などすべての操作を慎重に行う．測定する物体の温度がはかりの温度と等しくないと，空気の対流が生じ，正確な結果が得られない．はかりの皿はもちろん，箱の内部は清潔に保たなければならない．試料や試薬は必ず適当な容器（秤量びんなど）に入れて皿にのせ，万一皿に試料や試薬がこぼれたらただちにハケで払い落とし，皿をさびさせるおそれのあるときはよくふきとる．

電子てんびんは両端が電磁力によって常に一定の位置を保つような構造になっている．試料の重量によって生じるてんびんの不つりあいをもとに戻す電磁力を発生させる電流値を検出し，試料の質量に換算する．電子てんびんは重力による校正が必要である．また磁石の温度係数が比較的大きいため，室温ならびにてんびん本体の温度にも注意を払う必要がある．自動風袋消去機構，測定値の印字，コンピューターとの接続などの便利な機能を有しているものもある．

1.7 測容器

a. 測容器の種類・精度・使用法

よく用いられる測容器（volumetric glassware）にはメスフラスコ，ピペット，ビュレット，およびメスシリンダーがある．計量法に基づいて，化学用体積計の各目盛りは，20℃において同一温度の純水のそれぞれの体積に対応している．ただし排出水量が規定容積になるように目盛ってある場合（出容）と，満たした水量が規定容積になるように目盛ってある場合（受容）がある．前者には TD（to deliver）の記号を，後者には TC（to contain）の記号をつけることがある．ビュレット，ピペットは出容として目盛られ，メスフラスコは普通受容として目盛られている．

i) **メスフラスコ** 常用されているメスフラスコの種類と検定公差は表 1.3 のとおりである．栓は紛失しやすいから，メスフラスコの本体にひもでつないでおく（栓で本体を割らないように注意）．多数のメスフラスコを使用する際には本体にナンバーを記しておくと便利である．

ii) **ピペット** ガラス製のピペットにはホールピペット，メスピペット，駒込ピペットなどがあり，この順に精度が低下している．ホールピペットの種類と検定公差は表 1.4 のとおりである．

ホールピペットを用いる場合には，液を目盛り線よりも少し上まで吸い上げ，人指し指の先でピペットの上端をおさえ，ピペットを垂直に保つ．指のおさえをゆるめ液を徐々に下降させ，液面が目盛り線に一致したら指のおさえを強くして液の下降を止める．濾紙片などで先端部の外側に付着している液を吸いとる．液をうけるビーカーあるいはフラスコの壁面にピペットの先端を軽く当て，ピペットを垂直に保って液を自然に流出させる．流出が終了後数秒たってからピペットをとりさる．あるいは流出が終了したら，ピペットの上端を一方の指でおさえ，他方の手でピペットのふくらんでいる部分をにぎって

表 1.3 メスフラスコの種類と検定公差

全量〔ml〕	10 以下	25 以下	50 以下	100 以下	250 以下	500 以下	1000 以下
公差〔ml〕	0.025	0.04	0.06	0.1	0.15	0.25	0.4

表 1.4 ホールピペットの種類と検定公差

全量〔ml〕	0.5 以下	2 以下	10 以下	25 以下	50 以下	100 以下
公差〔ml〕	0.005	0.01	0.02	0.03	0.05	0.1

表 1.5　ビュレットの種類と検定公差

全量〔ml〕		2以下	10以下	25以下	50以下	100以下	200以下	200以上
公差〔ml〕	全量の1/2以上	0.01	0.02	0.04	0.05	0.1	0.2	0.3
	全量の1/2未満	0.005	0.01	0.02	0.025	0.05	0.1	0.15

残存している液を押し出す．使用がすんだピペットは逆さにし，先端部分から水が入るようにして水道水で洗い，ついで蒸留水で外側，内側の順に洗う．

他に，ガラス製ではないがマイクロピペット，オートピペットもある．精度は±1％程度である．

iii) ビュレット　ビュレットの種類と検定公差は表1.5のとおりであるが，全容50mlと25mlのものが最もよく用いられる．なおビュレットには自動ビュレットやピストンビュレットなどもあり，目的に応じて用いられる．

ビュレットの下端についている活栓にはグリース（ワセリンも可）をうすく一様に塗り，栓がなめらかに動くようにする．小さな漏斗を上端におき，ビュレットに液を入れ，入れ終わったら漏斗をとりさる．活栓近くに残存している気泡は活栓を全開して液を急速に流し出して除く．ビュレットをビュレット台に垂直に保ち，活栓を回して液面のメニスカス（色の濃い液体では液面の上端）をゼロ線に合わせる．1～2分間放置して液面がゼロ線に一致していることを確認してから滴定を開始する．滴定の際には流出速度が0.5ml/s以内になるように活栓を調整する．活栓の調整は左手で行い，右手は滴定容器内の液のかくはんに用いる．ビュレットの先端についている液を滴定容器の壁，あるいはかくはん棒に移し，反応液に加えて滴定を終了する．滴定がすべて終わったら液を流し出し，ビュレットを水洗し，活栓のグリースをぬぐいとり，逆さに吊るして乾かす．活栓の栓はひもでビュレットの本体につないでおく．

b. 測容器の洗浄

測容器の洗浄の一般的注意は1.2.b項を参照してほしい．水洗が完了した測容器はほこりを避けて風乾，保存する．ピペット，ビュレット，メスシリンダーは，使用に先立ち，少量の測定する液で壁面全体をぬらし，液を捨てることを二，三度繰り返す．

1.8　溶　　　液

a. 溶液濃度の表示法

質量/容量％（weight per unit volume, ％（w/v））　たとえばKCl 2.0gを水に溶かして100mlの溶液を得たとき2.0％（w/v）と表す．これは20g/l，20mg/mlと表すこともできる．

質量％（percentage by weight, ％（w/w））　たとえばHClガスの水溶液は，「質量％濃度（％（w/w））35.4％の塩酸（比重：d 1.2）」のように表す．この塩酸1mlは1.2gの重量があり，1.2×0.354gのHClガスを溶解していることになる．

容量％（percentage by volume, ％（v/v））　たとえば25mlの純アルコールが水に溶けて100mlの溶液になったとき25％（容量：v）と表す．

モル濃度（molarity, mol/l, M）　溶質1グラム分子量が溶液1l中に溶けているときの濃度が1モルである．

規定度（normality, N）　溶質1グラム当量が溶液1l中に溶けているときの濃度が1規定である．

百万分率（parts per million, ppm, 10^{-6}）　溶液1l中の溶質のmg数である（他に，ppb（parts per billion, 10^{-9}），ppt（parts per trillion, 10^{-12}）がある）．

比重（specific gravity, d）　濃度と比重との関係が既知の場合には比重で濃度を表すことがある．

ファクター（力価）　一定の濃度溶液を正確に作製することは困難であり，実際に調製した溶液の濃度は，調製すべき溶液の濃度と異なっている．その差を補正するために用いる数値をファクター（f）と呼ぶ．ファクターをかければ正確な濃度が求められる．

b. 溶液の保存法

調製した試薬はびんに入れて保存するが，保存中に変質，濃度変化が起こらないように注意しなければならない．溶液の中には変質が早く，保存しにくいものがあるが，その場合には実験のつど，溶液を新たに調製する必要がある．保存中に生じる溶液の変質，濃度変化としては，（光）化学変化，微生物増殖，大気からのCO_2, NH_3, H_2Oなどの吸収，大気への溶液成分の気散，びん成分の溶出などが考えられる．溶液の性質を十分に考慮して，びんの選択，密栓の方法，保存場所の選択などを工夫すべきである．

1.9 液体中の沈殿，微小粒子の分離

液体中の沈殿あるいは微小粒子は，通常濾過と遠心分離によって液体から分離される．

a. 遠心分離操作

試料を遠心分離管に8分目ほど入れ，すべての遠心分離管の重さが等しくなるようにはかりを用いて液量を調節する．遠心分離管を遠心分離機に入れ，必要とする回転数で必要時間遠心分離する（回転数を多くし，回転時間を短くする方がよい）．回転は自然に止まるのを待ち，手でおさえて早く止めようとしてはいけない．回転が完全に止まったらただちに遠心分離管を取り出し，上澄み液を用意しておいた容器に移す．遠心分離管の底に集まっている沈殿を洗浄したい場合には，洗浄用の液を遠心分離管に加え，かくはん棒で沈殿を十分に分散させ，再び遠心分離を行う．

b. 濾過・洗浄操作

化学実験では濾材として濾紙，ガラスフィルター，濾過るつぼ，メンブレンフィルターなどが用いられる．

i) 濾 紙 化学分析用濾紙はリンターを原料とし，機械的処理，アルカリ処理，酸処理などの後に成形されたものである．濾紙の種類，性質，特徴を表1.6に示す．定性濾紙（定性分析用）は定量濾紙（定量分析用）よりも多量の灰分を含んでいる．定性分析にはNo.2がよく使われる．定量分析にはJIS規格6種または5種Bが最も普通に用いられる．$BaSO_4$のような微細な沈殿は沈殿保持性のよいNo.5Cを用い，$Fe(OH)_3 \cdot nH_2O$，$Al(OH)_3 \cdot nH_2O$のようなゲル状沈殿は沈殿保持性の悪いNo.5Aを用いる．No.4は酸，アルカリにおかされにくく，丈夫で濾紙の繊維が脱落しないので，吸引濾過したり，沈殿を回収したりする際にも便利である．なお，ガラス繊維，合成繊維などでつくられた濾紙も目的に応じて使用される．

ii) ガラスフィルターおよび濾過るつぼ 有機物を含む沈殿を焼かずに乾燥して秤量する場合，あるいは濾紙をおかす液を濾過する場合にはガラスフィルター，磁製濾過るつぼ，グーチるつぼを用いる．ガラスフィルターは大きさのそろったガラス細粒子を板上に押し固め，半溶融し，それをガラス器具に融着したものである．ガラスフィルターの種類を表1.7に示す．ガラスフィルターを400℃以上に加熱してはいけない．実験終了後に濾過した沈殿を溶解除去できない場合には，そのガラスフィルターを再使用できないので，溶解できない沈殿の濾過にガラスフィルターを用いてはいけない．

iii) ガラス漏斗による濾過 ガラス漏斗は広がりの角度が60±1°で，脚が長さ10 cm以内，内径3〜5 mmのものがよい．円形濾紙を漏斗にあてる際には，まず濾紙を四つ折にして漏斗に軽くあて，接触状態を調べ，濾紙錐の上縁を漏斗に密着させたときにその頂点が漏斗に密着しないでわずかに空間

表1.7 ガラスフィルターの細孔の大きさ

細孔の記号	細孔の大きさ〔μm〕	用 途
G 1	120〜100	
G 2	50〜40	迅速定量用
G 3	30〜20	一般用
G 4	10〜5	硫酸バリウムおよび水銀用

表1.6 濾紙の種類

	品 名 東洋濾紙	JIS	濾水時間*〔s〕	灰分**〔mg〕	特 徴
定性濾紙	No. 1	1種	60		一般定性用
	No. 2	2種	80	3.0	標準定性用
	No. 101		60		培養液濾過用
	No. 131	3種	240		半硬質定性用
定量濾紙	No. 3		120		簡易定量用
	No. 5 A	5種A	55	0.16	迅速定量用
	No. 5 B	5種B	195	0.16	一般定量用
	No. 5 C	5種C	570	0.16	硫酸バリウム用
	No. 6	6種	300	0.08	標準定量用
	No. 7		200		最高級定量用
硬質濾紙	No. 4	4種	1200	3.0	細密耐圧平面平滑定性用

* $10 cm^2$の濾紙面において100 ml，20℃の蒸留水が水柱10 cmの圧力で濾過される時間．

** 径11 cmの円形濾紙1枚分．

を残すように四つ折の角度を調節する．次に水を加えて濾紙の上縁を指でおさえて密着させ，濾過時に漏斗と濾紙の上縁のすきまから空気が入らず，濾液が脚を満たして水柱をつくるようにする．濾紙の上縁は漏斗の上縁よりも 1～2 cm 下になければならない（巻末の付表 4 参照）． ［安保　充］

1.10　データの統計解析

実験によって得られるデータには，ほとんどの場合測定誤差が含まれている．また生命科学分野では，限られた数のサンプル（標本）データをもとに，その背後にある母集団の傾向を推定することが多い．これらのデータから正しい結論を導くためには，正しい統計解析をすることが必須である．統計解析では，ともすると機械的に公式を当てはめてしまったり，表計算ソフトウェアが出した結果をそのまま鵜呑みにしてしまいがちであるが，求める統計量が，自分が把握したいことに適しているか，前提条件や限界は何か，などを常に意識することが大切である．

各統計量の詳細やその導出などは，統計解析に関する多数の参考書に譲り，本節では代表的な統計解析法を，その考え方を中心に概説する．

1.10.1　データの傾向の把握
a.　ヒストグラム

次のようなデータの傾向を把握するために適した統計処理を考える．

　　［データ 1］
あるグループのメンバーの身長〔cm〕
170, 161, 162, 162, 171, 164, 157, 157, 165, 164, 154, 163, 165, 164, 157, 164, 168, 163, 168, 165, 155

データを視覚化すると，数字の羅列を単に眺める

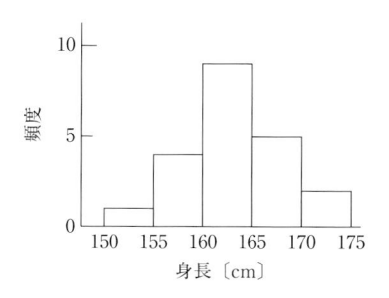

図 1.7　データ 1 のヒストグラム

よりも，データの傾向を格段に把握しやすくなる．データの分布の様子を確かめるためには，ヒストグラムが適している．ヒストグラムは，x 軸を区画（binと呼ぶ）に区切り，その間に入ったデータの数（度数）を y 軸に示したものである（図 1.7）．データ 1 においては，160～165 cm 付近の値をとりやすく，データはその左右にばらついているが，ばらつきは左右均等ではなく身長が高い方にやや偏っている，などが容易に見てとれる．

なお，データ総数に比べて区画の幅を広くとりすぎると，ごく大まかな分布の様子しかわからなくなるし，逆に細かくしすぎると，ピーク位置がわからなくなることもある．データ総数に合わせて適当な幅に設定することが大切である．

b.　確率密度分布

ヒストグラムの各区画において，y 軸の値を（データ総数×区画幅）で割ると，ヒストグラムの形状はそのままで，各区画の長方形の面積が「データがその区画に入る確率」を表すようになる．さらにデータ総数が十分大きいとき，区画の幅を次第に小さくしていくと，グラフはなめらかな曲線に近づく．これを確率密度分布（あるいは単に「分布」）と呼ぶ（図 1.8）．確率密度分布のグラフでは，データが x 軸のある範囲に入る確率は，その範囲のグラフの面

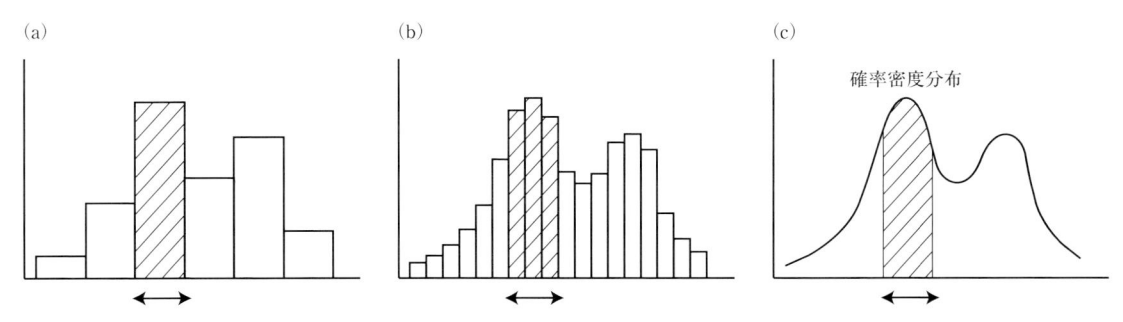

図 1.8　確率密度分布の概念図
矢印で示した範囲にデータが入る確率は斜線部の面積に等しい．

積と等しい（図 1.8 の斜線部）．またデータのとりうる全範囲（定義域）で積分すると 1 になる．

最も重要な確率密度分布は，次式で表される正規分布（ガウス分布）である．

$$f(x) = \frac{1}{\sigma\sqrt{2\pi}} e^{-\frac{(x-\mu)^2}{2\sigma^2}} \tag{1.1}$$

理論的な取扱いが容易であり，また正規分布とみなせる分布は現実のさまざまな状況で現れる．たとえば，一般にランダムな測定誤差は正規分布となることが知られている（1.10.4 項参照）．統計理論の多くが，正規分布を前提として組み立てられている．

正規分布の形状は，式に含まれる 2 つの定数 μ と σ で決まる．μ はこの分布の平均で，グラフのピークの位置に対応する．σ はこの分布の標準偏差で，グラフの平均周辺での広がりの大きさを表す．平均と標準偏差については，1.10.2 項で説明する．図 1.9 に正規分布の例を示す．なお，平均が μ，分散（標準偏差の 2 乗）が σ^2 の正規分布を $N(\mu, \sigma^2)$ と表記することもある．

1.10.2 平均・分散・標準偏差

平均と分散は，ひとかたまりのデータ群の傾向を表す代表的な数値として，非常によく用いられる．平均は，データがどの値付近に多いか，また分散は，データが平均の周辺でどのくらいの範囲でばらついているかを表す．

n 個のデータ $x_1, x_2, ..., x_n$ が得られたとき，その平均 $\bar{x}$ は次式で表される．

$$\bar{x} = \sum_{i=1}^{n} \frac{x_i}{n} \tag{1.2}$$

また分散には，母分散 σ^2 と不偏分散（標本分散）s^2 の 2 種類がある．

$$\sigma^2 = \sum_{i=1}^{n} \frac{(x_i - \bar{x})^2}{n} \tag{1.3}$$

$$s^2 = \sum_{i=1}^{n} \frac{(x_i - \bar{x})^2}{n-1} \tag{1.4}$$

これらの正の平方根を，それぞれ母標準偏差（σ），標本標準偏差（s）と呼ぶ．

母分散は，データ群そのもののばらつきの大きさを求めるとき，不偏分散は，データ群がサンプルとして抽出されたもとの集団（母集団）のばらつきの大きさを推定するときに用いる．この違いの詳細については 1.10.3 項を参照のこと．なおデータ総数 n が大きくなると，母分散と不偏分散はほとんど同じ値となる．

データが平均 μ，分散 σ^2 の正規分布に従ってば

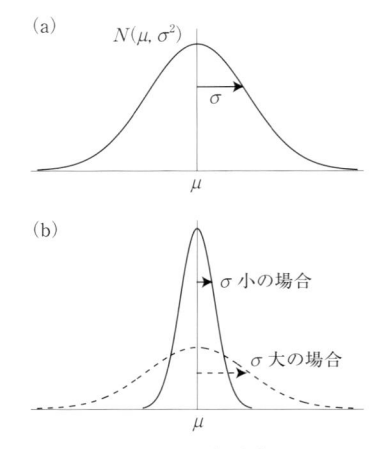

図 1.9 正規分布
(a) 形状，(b) 標準偏差が小さい場合（実線）と大きい場合（破線）．

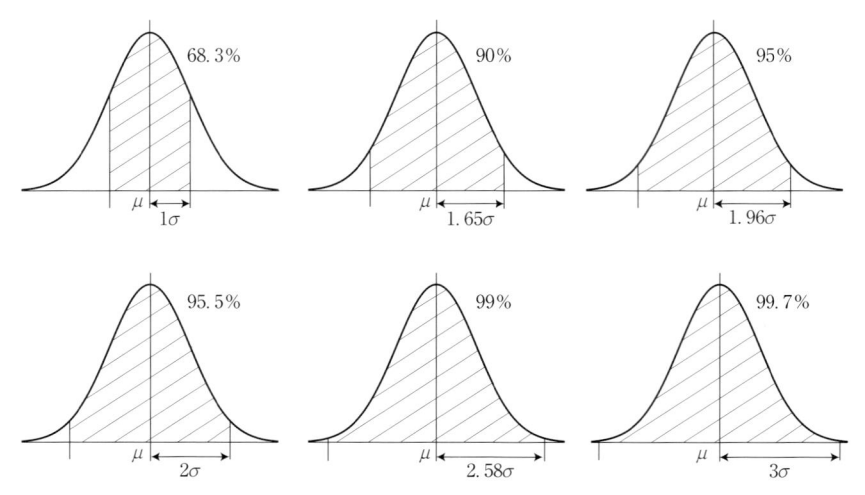

図 1.10 正規分布の標準偏差と面積（確率）の関係

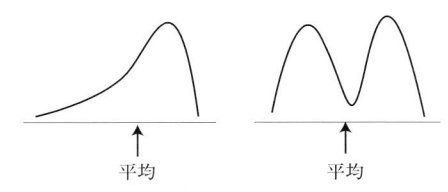

図 1.11 平均がピークからずれる分布の例

らついている場合，データが平均 μ から $\pm 1\sigma$，$\pm 1.65\sigma$，$\pm 1.96\sigma$，$\pm 2\sigma$，$\pm 2.58\sigma$，$\pm 3\sigma$ の範囲におさまる確率は，それぞれおよそ 68.3%，90%，95%，95.5%，99%，99.7% である（図 1.10）．

データの分布が平均の周辺で左右対称でない場合，あるいは複数のピークをもつような場合は，平均・分散がデータ群の代表的な数値として適当でないこともある（図 1.11）．可能な限りヒストグラムなどを描いて分布を確認することが望ましい．

また平均に代わるものとして，中央値（メディアン）や最頻値（モード）がある．中央値は全データを大きさの順に並べたときに中央の順位にくる値，最頻値はデータ群の中で最も多く出現する値である．これらは，はずれ値の影響を受けにくいという利点があるが，中央値はデータの並べ替え作業が必要，最頻値は複数の同じ高さのピークがあるときに決定できない，などの欠点もある．目的によって使い分けること．

1.10.3 平均と分散の統計的推定

次のデータ 2, 3 の平均と分散について考えてみる．

［データ 2］
部員が5人のある陸上部における，各部員の 100 m 走のベストタイム〔秒〕
10.09, 10.03, 10.20, 10.02, 10.35

［データ 3］
ある条件で飼育した5匹のラットの 10 日間での体重増分〔g〕
78, 68, 60, 75, 69

どちらのデータ群についても，その傾向をつかむために平均と分散を求めることが多く行われる．しかしその意味は両者で異なり，特に分散としては，データ 2 では式(1.3)で定義された母分散，データ 3 では式(1.4)で定義された不偏分散を用いるのが適当であると考えられる．以下にその理由を述べる．

データ 2 において平均と分散は，部のおおよその成績と内部でのばらつきを把握するために求められる．興味のある対象はこの5人のみである．こういった場合は，分散として式(1.3)で定義された母分散を用いる．このように母分散は，解析対象としているデータ群そのもののばらつきの大きさを表す．

一方，データ 3 においては，興味の対象はこの5匹そのものではなく，「この条件で飼育すると，ラットの体重はどのくらい増えるものなのか？ 体重増分の個体差によるばらつきはどのくらいか？」であることが多いだろう．つまり，この条件で飼育された無数のラットを仮想的に考え（これを母集団と呼ぶ），5匹はそこからたまたまランダムにサンプリングされた標本であると考える．ではどのようにすれば，これらの少数の標本データから母集団の傾向，たとえば平均や分散を最もうまく推定できるだろうか．

ここで非常に重要となるのは，中心極限定理と呼ばれる定理である．

中心極限定理（さまざまな言い換えがある）
「平均 μ，分散 σ^2 の任意の分布をもつ無限母集団（要素が無限個の母集団）から n 個の標本をランダムに[*1]抽出して，その標本データの平均 $\bar{x}$ を計算する」という試行を何度も繰り返すと，得られる $\bar{x}$ の確率密度分布は，平均 μ，分散 σ^2/n の正規分布に近い分布となる．n が大きくなればなるほど正規分布に近づく．

この定理と正規分布の形状から，「n 個の標本を1回ランダムに選んでその平均 $\bar{x}$ を計算すると，標本の選ばれ方によって $\bar{x}$ はさまざまな値になる可能性があり，母集団の平均 μ と完全に一致はしないかもしれない．しかし母集団の平均 μ に近い値になる確率が高く，μ から大きくはずれることはまれである」ということがわかる（図 1.12）．つまり

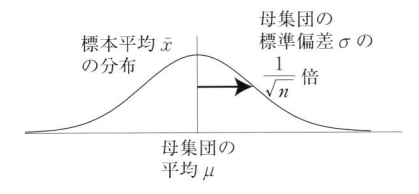

図 1.12 n 個の標本の平均の確率密度分布と，母集団の平均と分散の関係（中心極限定理）

[*1] 標本を「ランダム」に抽出する，ということは，中心極限定理においてきわめて重要である．たとえば母集団から，値が大きめの標本ばかりを意図的に抽出した場合は，標本平均 $\bar{x}$ から母集団の平均を見積もることは不可能である．

標本の平均 $\bar{x}$ は母集団の平均 μ の最良推定値である．また n が大きくなると $\bar{x}$ の分散 σ^2/n（標準偏差 $\sigma/\sqrt{n}$）が小さくなることから，標本数 n を増やすほど，標本の平均が母集団の平均からはずれる確率が低くなる，すなわち標本の平均による母集団の平均の推定の精確さが増すことがわかる．これが，データ 3 のような実験を行うときに「できるだけ多くの標本データを集めて平均をとり，母集団の平均の推定をする」ことの統計理論による裏づけである．

では母集団の分散はどのように推定すればよいだろうか．平均の場合と同様に「母集団から n 個の標本をランダムに抽出して，式 (1.3) の母分散の式に従って標本の分散 σ_x^2 を計算する」という試行を何度も繰り返すと，σ_x^2 が一番とりやすい値は，母集団の分散 σ^2 ではなく，$\{(n-1)/n\}\sigma^2$ となることが知られている．そこで標本の分散を計算するときに，式 (1.3) の母分散ではなくその $n/(n-1)$ 倍を求めれば，得られる分布のピークは母集団の分散 σ^2 と一致するようになる．これが式 (1.4) の不偏分散である．すなわち母集団の分散 σ^2 の最良推定値は標本の不偏分散 s^2 であり，このためデータ 3 では不偏分散を求めるのが適当である．

母集団の分散 σ^2 を，推定値である標本の不偏分散 s^2 に置き換えると，標本の平均から母集団の平均を推定する際の精確さを見積もることができる．標本数 n が十分大きく，標本の平均 $\bar{x}$ の分布を平均 μ，分散 s^2/n の正規分布と考えてよいとすると，a をある定数としたときに

$$\mu - a \times \frac{s}{\sqrt{n}} \leq \bar{x} \leq \mu + a \times \frac{s}{\sqrt{n}}$$
$$\Leftrightarrow \bar{x} - a \times \frac{s}{\sqrt{n}} \leq \mu \leq \bar{x} + a \times \frac{s}{\sqrt{n}} \quad (1.5)$$

となる確率は，1.10.2 項で述べたように，たとえば a が 1 のときは 68.3%，1.96 のときは 95% である．このことから，標本の平均 $\bar{x}$ を求めたときに，母集団の平均 μ がたとえば $[\bar{x} - 1.96 \times s/\sqrt{n}, \bar{x} + 1.96 \times s/\sqrt{n}]$ の範囲に入る確率は 95% であることがわかる．この範囲を「母集団の平均 μ の信頼度 0.95（信頼水準 95）の信頼区間」と呼ぶ．また $s/\sqrt{n}$ は標準誤差と呼ばれ，データ 3 のようなデータ群を代表値とばらつきの大きさで表記するときは，$\bar{x} \pm s/\sqrt{n}$ とすることが多い．これは信頼水準 68.3% の信頼区間を示していることに相当する．

なお標本分散を「（母集団ではなく）標本データに対して式 (1.3) によって計算された分散」という意味で用い，標本標準偏差はその正の平方根とする場合もある．また，単に分散あるいは標準偏差というときに，母分散とその正の平方根，不偏分散とその正の平方根のどちらを指すかは，本やソフトウェアによってまちまちである．前述のように，データ総数 n が大きくなると母分散と不偏分散の値はほとんど同じになるが，どの定義が使われているかに常に注意すること．

1.10.4 真の値と測定誤差

ある瞬間における 1 匹のラットの体重は，ある真の値があるはずである．しかし実際は，測定値に誤差が含まれるために測定値が真の値そのものになることはほとんどなく，何度か体重を測定すれば，そのたびに異なる値が得られることもあるだろう．このような場合には，統計処理によってデータから真の値をできるだけうまく推測し，真の値が存在しそうな範囲とともに表記することが必要となる．

測定 1 回 1 回が独立で[*2]，測定誤差はランダムに発生するとする．このとき誤差の確率密度分布は，0 を中心とした正規分布になることが知られている．すなわち，たまたま真の値からはずれることはあっても大きくはずれる確率は低く，真の値に近いデータほど高い確率で観測される．

ここで，誤差を含んだ n 回の測定データを，真の値を中心とした正規分布に従う母集団からランダムに抽出された n 個の標本であると考えると，1.10.3 項の内容がそのままあてはまる．すなわち，母集団の平均 μ（＝真の値）の最良推定値は標本（＝測定データ）の平均 $\bar{x}$ であり，標本数 n（＝測定回数）を増やすほど推定の精確さが増す．真の値の推定値は，標準誤差を用いて $\bar{x} \pm s/\sqrt{n}$ と表記できる．また真の値が存在しそうな範囲（＝信頼区間）は，たとえば信頼水準を 95% と決めると $[\bar{x} - 1.96 \times s/\sqrt{n}, \bar{x} + 1.96 \times s/\sqrt{n}]$ と求めることができる．

なお，たとえば前項のデータ 3 に示したような標本データの値 1 つ 1 つにも測定誤差が含まれているので，正確を期すならそれらも考慮して解析を行うべきである．しかし前述のように，測定誤差は測定を繰り返して平均をとることで減らすことができるし，標本間のばらつきの大きさに比べると 1 つ 1 つの標本の測定値に含まれる誤差は無視できることも

[*2] 測定 1 回 1 回が独立というのは，ある測定が別の測定に依存しないということである．たとえば，たまたま真の値よりも大きな値の測定結果となったときに，それに引きずられて次の測定も大きな値になりやすい，というような傾向があれば，それらの測定は独立ではない．

多い.

グラフ上で誤差の範囲を示す場合はエラーバーをつける.また標準誤差は,誤差の大きさの数値そのものであるが,測定値の平均（真の値の推定値）に対する誤差の大きさの割合を示した方が適切な場合もある.このような誤差の示し方を相対誤差と呼ぶ（これに対応して,標準誤差を絶対誤差と呼ぶこともある）.たとえば標準誤差が測定値の2%であった場合,相対誤差による表記は「平均±2%」である.

測定器の目盛りがずれていた,などの場合は,誤差がランダムでなく,たとえば真の値よりも大きくずれることがほとんど,というようなことが起きる.このような誤差を系統誤差と呼ぶ.系統誤差が無視できないくらい大きい場合は,測定誤差の分布は正規分布からはずれてしまう.系統誤差の見積もりや解析は,一般に非常に困難である.系統誤差の取扱いについての議論は,参考文献[1]を参照のこと.

1.10.5 2群の関係の把握（相関係数）

次のデータ4について考えてみる.A群,B群の間には何か関係があるだろうか.

［データ4］
月間降雨量〔mm〕とその月のある作物の収穫量〔kg〕の関係

降雨量 (A)	16	85	39	26	48
収穫量 (B)	3.3	13.2	6.4	4.9	8.2

1.10.1項で述べたように,データを視覚化するためにグラフを描いてみる.A群とB群で対応するデータの組が与えられているので散布図にしてみると,降雨量と収穫量がおよそ比例関係にあることが一目瞭然である（図1.13(a)）.

では,図1.13(b)あるいは(c)の場合に,A群とB群の間に関係があるといえるだろうか.図1.13(d)になると,両者に関係があると結論するのは困難だろう.また図1.13(e)のように,反比例に近い場合もあるだろう.このことから,2群のデータ間の関係を表すときには,その程度を示す何らかの指標が必要であることがわかる.このような指標の代表例がピアソン（Pearson）の相関係数である.

n個のデータの組$(x_1, y_1), (x_2, y_2), ..., (x_n, y_n)$に対して,ピアソン相関係数$r_{xy}$は次式で定義される.

$$r_{xy} = \frac{D_{xy}}{\sqrt{D_x}\sqrt{D_y}} \quad (1.6)$$

ただし,

$$\bar{x} = \sum_{i=1}^{n} \frac{x_i}{n}, \bar{y} = \sum_{i=1}^{n} \frac{y_i}{n} \quad (1.7)$$

$$D_x = \sum_{i=1}^{n}(x_i - \bar{x})^2, D_y = \sum_{i=1}^{n}(y_i - \bar{y})^2,$$

$$D_{xy} = \sum_{i=1}^{n}(x_i - \bar{x})(y_i - \bar{y}) \quad (1.8)$$

である.式(1.7)の$\bar{x}, \bar{y}$はそれぞれA群$x_1, ..., x_n$およびB群$y_1, ..., y_n$の平均であり,式(1.8)のD_xとD_yは変動,D_{xy}は共変動と呼ばれる.なお,変動をデータ数nで割ると式(1.3)の母分散になる.

ピアソン相関係数は-1から1までの値をとり,正の値のときはA,B群の間に正の相関（A群の値が増えたら対応するB群の値も増える傾向）,負の値のときはA,B群の間に負の相関（A群の値が増えたらB群の値は減る傾向）があり,0のときはA,B群の間は無相関（B群の値はA群の値の大小に関係なし）ということを意味する.1のときが最も強い正の相関（比例）,-1のときが最も強い負の相関（反比例）である.一般に,ピアソン相関係数の絶対値が0.2以下であれば相関はほとんどなし,0.3〜0.4付近であればある程度の相関,0.5〜0.7付近であればかなり強い相関,0.7以上であれば強

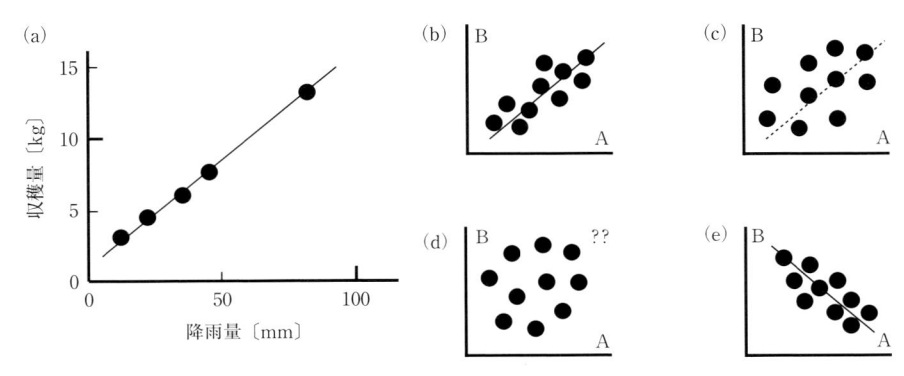

図1.13 2群の関係
(a)データ4の散布図.(b)〜(e)A群とB群の間の関係のさまざまな強さ.

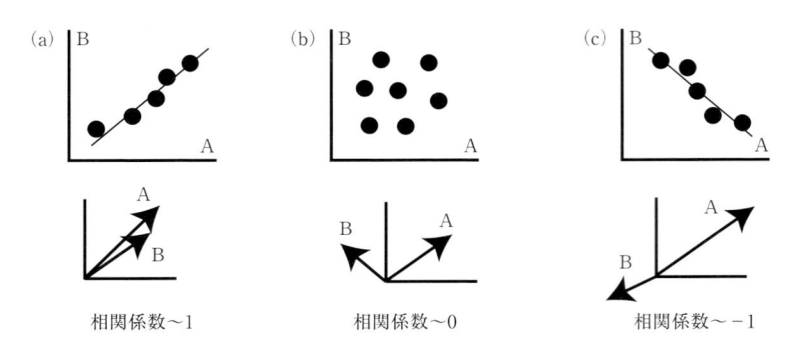

図 1.14 ピアソン相関係数と偏差ベクトルの間の角度の関係

い相関,というのが目安とされている.

ここでピアソン相関係数の意味を考えてみる.A, B 群について,n 個のデータの「平均からのずれ(偏差)」を n 次元ベクトルにした

$$(x_1-\bar{x}, x_2-\bar{x},..., x_n-\bar{x}), (y_1-\bar{y}, y_2-\bar{y},..., y_n-\bar{y}) \quad (1.9)$$

を考えると,式(1.8)より,共変動 D_{xy} はこの2つのベクトルの内積,$\sqrt{D_x}$ と $\sqrt{D_y}$ はそれぞれのベクトルの長さであることがわかる.したがって式(1.6)の相関係数 r_{xy} は,2つの偏差ベクトルの内積を,それぞれの偏差ベクトルの長さで割ったもの,つまり偏差ベクトルの間の角度の余弦(コサイン)である.各群において,平均からのずれパターン(偏差ベクトルの方向)が似ている,すなわち偏差ベクトルの間の角度が小さいほどコサインは1に近く,両群のデータには強い正の相関があると考えられる.逆に偏差ベクトルの向きが逆方向(コサインが−1付近)だと負の相関,偏差ベクトルが直交していれば(コサインが0付近)無相関,となる(図1.14).また,各群のデータに定数を加えたり定数をかけたりしても,ピアソン相関係数は不変という性質があるが,これらの操作は偏差ベクトルの向きを変えず,したがって偏差ベクトル間の角度が変わらないことから明らかである.

1.10.6 回帰直線

図1.13(a)には,散布図に2群のデータの関係を示す直線を描き入れてある.この直線はどのように求めればよいだろうか.

直線を $y=a+bx$ とし,散布図にプロットされているデータ点群の「なるべく真ん中」を通るように a と b を決めればよいと考えられる.「なるべく真ん中」を実現するためには,各データ点の x 値に対して,y 値と直線の差(図1.15の点線)の2乗和 S を最小にすればよさそうである.

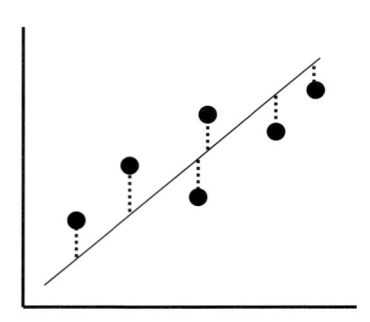

図 1.15 2群の関係を表す回帰直線

$$S = \sum_{i=1}^{n}\{y_i - (a+bx_i)\}^2 \to \min \quad (1.10)$$

この条件を満たす a と b を決める方法を最小2乗法と呼び,求められた直線を回帰直線と呼ぶ.

S を最小にするための必要条件として,$\partial S/\partial a = 0$ および $\partial S/\partial b = 0$ が得られ,これを解くと,

$$a = \frac{\left(\sum_{i=1}^{n} y_i\right)\left(\sum_{i=1}^{n} x_i^2\right) - \left(\sum_{i=1}^{n} x_i y_i\right)\left(\sum_{i=1}^{n} x_i\right)}{n\left(\sum_{i=1}^{n} x_i^2\right) - \left(\sum_{i=1}^{n} x_i\right)^2},$$

$$b = \frac{\left(\sum_{i=1}^{n} y_i\right)\left(\sum_{i=1}^{n} x_i\right) - n\left(\sum_{i=1}^{n} x_i y_i\right)}{\left(\sum_{i=1}^{n} x_i\right)^2 - n\left(\sum_{i=1}^{n} x_i^2\right)} \quad (1.11)$$

となる.この式(1.11)を用いて,データ群から a と b を求めればよい.なおデータ群に回帰直線がどのくらいうまくあてはまっているかを示す量として決定係数がある(寄与率とも呼ばれる).決定係数 r^2 は次式で表され,ピアソンの相関係数の2乗に等しい.

$$r^2 = \frac{\sum_{i=1}^{n}(a+bx_i-\bar{y})^2}{\sum_{i=1}^{n}(y_i-\bar{y})^2} \quad (1.12)$$

決定係数 r^2 は0から1までの値をとり,データ点がすべて回帰直線上に乗る,すなわち y_i が $a+bx_i$ で完全に説明できる場合は1,全く説明できない場合は0となる.

1.10.7 統計的検定
a. 検定の基本概念と2標本 t 検定

次のデータ5を考える．

［データ5］
以下は，A，Bの2通りの食餌条件でラットを1週間育てたときの体重増分〔g〕である．
A群：29, 33, 32, 32, 30, 38
B群：6, 11, 6, 7, 5, 5
これらのデータから，食餌条件の違いによって体重増分に有意差がある，としてよいだろうか（解析例は本項の末尾）．

何をもって「有意差あり」と判断するかはさまざまに考えられるが，多くの場合，(1.10.3項と同様に)これらの標本はそれぞれの食餌条件に対応する母集団からランダムに抽出された互いに独立なサンプルだと考え，標本の背後にある母集団の平均（母平均）に差があれば「2群は有意差あり」と判断する．

標本の平均が十分に違えば「母平均に差あり」とできそうであるが，「十分に」をどのように評価すればよいだろうか．図1.16に示すように，2群の平均の差が同じでも分散（ばらつき）が小さいほど，差は有意であると判断するのが適当だと考えられる．

ここで t 統計量と呼ばれる量を定義する．

$$t = \frac{\bar{x} - \bar{y}}{\sqrt{V\left(\frac{1}{n_x} + \frac{1}{n_y}\right)}} \quad (1.13)$$

$\bar{x}, \bar{y}$ はそれぞれA群，B群の標本平均，V は，A群，B群の不偏分散 s_x^2, s_y^2 と自由度 $n_x + n_y - 2$（n_x, n_y はそれぞれA群，B群の標本数）から次式によって計算される合併分散と呼ばれる量である．

$$V = \frac{(n_x - 1)s_x^2 + (n_y - 1)s_y^2}{n_x + n_y - 2} \quad (1.14)$$

式(1.13)をみると，平均の差が分子に，分散が分母に含まれているので，平均の差が大きければ，また分散が小さければ t 統計量の絶対値が大きくなる．したがって，t 統計量の絶対値が大きいほど「標本の平均の差は有意」したがって「母平均に差あり」としてよさそうである．

では，t 統計量がどのくらい大きければ「有意差あり」としてよいだろうか．「差がある」ケースにはさまざまな場合が考えられるので取扱いが難しい．一方「差がない」ケースは限られているので，統計理論はこのときに何が起こるかについて答えることができる．両標本群は実は平均が同じ母集団から抽出されたが，標本の選ばれ方によってたまたま平均値が異なってみえている，という状況では，いくらばらつきがあるとはいえ，両者の平均値が大きく異なることはなく，したがって t 統計量の絶対値はそれほど大きくはならないだろう，と想像できる．一般に，標本データA群，B群それぞれが抽出されたもとの母集団が

- ともに正規分布（多少ずれていてもよい）
- 分散が互いに等しいことがわかっている，あるいは等分散の検定の結果，等分散を仮定してもよいとわかった

という条件を満たしているとき，両群の母集団の平均に差がなければ，t 統計量は「自由度 $n_x + n_y - 2$ の t 分布」に従うことが知られている．

図1.17(a)に t 分布の例を示す．母平均に差がなくても，標本のとり方によっては2群の標本平均は異なるかもしれない．しかし起きる確率が高いのは標本平均の差が大きくない，すなわち t 統計量（x の値）が0付近にくる場合で，絶対値が大きくなるにつれて t 統計量がそのような値をとる可能性は小さくなることがわかる．自由度が大きい場合は，さらに t 統計量が0付近からずれる確率が小さくなる．ここで，ある確率（たとえば5%）を定めると，図1.17(b)に示すように，自由度 $n_x + n_y - 2$ の t 分布の外側の面積が両側で2.5%ずつになる限界値，すなわち「t 統計量の絶対値がこの値を超える可能性は5%」という限界値を決めることができる．そこで，まず「母平均には差がない」という仮定（これを帰無仮説と呼ぶ）をおき，標本データから式(1.13)によって t 統計量を求める．その絶対値が限界値よりも大きければ，確率5%以下のめったに起こりえないはずのことが起きたので，最初に仮定し

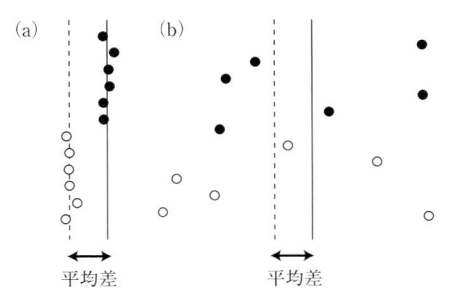

図 1.16 有意差とばらつきの関係．黒丸の群の平均を実線，白丸の群の平均を破線で示す．(a)と(b)は平均の差は同じであるが，データのばらつきが小さい(a)の場合は2群の平均に有意差があると判断するのが妥当であり，データのばらつきが大きい(b)の場合は2群の平均に有意差があると判断するのは難しいと考えられる．

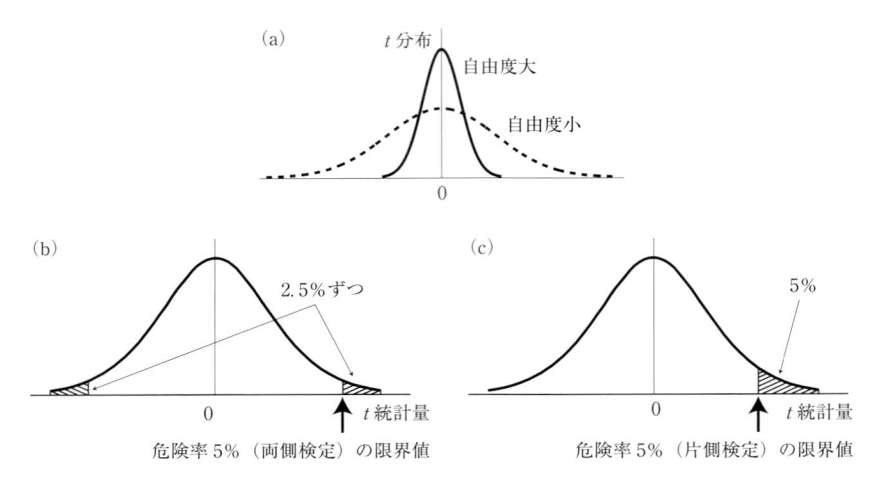

図 1.17 t 分布と t 検定
(a) t 分布の例,(b) 両側検定の限界値,(c) 片側検定の限界値.

た「母平均には差がない」という帰無仮説が間違いだろうと考え,帰無仮説を棄却し「2群の母平均に差あり」と判断する.この方法が,2群間の母平均の差の検定で広く使われているスチューデント (Student) の t 検定である.

「めったに起こりえない」かどうかは,「起こりうる確率が 5% 以下(または 1% 以下)」という基準を用いることが多い.この 5% や 1% を危険率または有意水準と呼ぶ.危険率 5% の検定においては,有意差ありとしたときに,その結論は実は間違いで本当は母平均には差がないという確率が 5% ある.この間違いを第 1 種の過誤と呼ぶ.しかしこの 5% の間違いは十分小さいと考えるのである.危険率を小さくすると,差がないのに間違って有意差ありと結論する危険は減るが,逆に有意差があっても「有意差があるとはいえない」と結論してしまう可能性(この間違いを第 2 種の過誤と呼ぶ)が高くなってしまう.このため,5% の危険率がバランスがよいとしてよく用いられる.なお,帰無仮説が棄却できない(帰無仮説を採択する)という結論になった場合は,この第 2 種の過誤の見積もりが困難なため,「有意差がない」と積極的に結論することはできないことに注意すること.たとえば,ある事件の容疑者が犯人である証拠が 1 つでも見つかれば「犯人である」と結論するのは自然であるが,証拠が見つからないときに「犯人でない」とただちに結論できないのと同様である[2].

2群のどちらの母平均が大きいかわからない場合は,t 統計量が正・負いずれになる可能性もあるので,前述のように片側が 2.5% の面積となる値を限界値とする(両側検定,図 1.17(b)).一方の母平均が必ずもう一方よりも大きくなることがあらかじめわかっている場合には,t 統計量は正または負のどちらか一方しかとらない.このときは片側が 5% の面積となる値を限界値として用いる(片側検定,図 1.17(c)).

以下に,スチューデントの t 検定の具体的な方法を述べる.

(1) 帰無仮説 H_0 を立てる:「2群が抽出されたもとの母集団の平均には差はない」.
(2) 各群の標本平均と不偏分散を求める.
(3) t 統計量を求める.
(4) 自由度 $n_x + n_y - 2$ と危険率 α から t 統計量の限界値を求める.
(5) t 統計量の絶対値が (4) で求めた限界値より大きければ帰無仮説 H_0 を棄却し,両群の母平均には差があると結論する.

(4) で,自由度 $\nu = n_x + n_y - 2$ と危険率 α を与えたときの t 統計量の限界値は,t 分布表(巻末の付表 1)を用いて知ることができる.またコンピューターの表計算ソフトウェアなどを用いて算出することもできる(たとえば Excel では TINV 関数を用いる).表計算ソフトウェアには,2群のデータから t 検定結果を直接求める機能を備えているものもあるが,検定の原理をよく理解してから用いることが大切である.

なお,t 検定は母集団が正規分布であることが前提となっているが,正規分布からのずれには頑強である.また両群の母分散が等しいということをあらかじめ知るのは容易ではないが,2群の標本数が等

しければ検定結果を間違えないことが知られている[2]．厳密に検定を行うときは，あらかじめ母集団が等分散であるかどうかの検定を行ったり，等分散を仮定しないウェルチ（Welch）の検定を用いることもできる．これらの方法の詳細は参考文献[3]を参照のこと．

［データ 5 の解析例］

母集団は正規分布であり，また母分散は等しいとして危険率 5% で t 検定を行う．

帰無仮説は「両群が抽出されたもとの母集団の平均には差はない」．

A 群の標本平均： $\bar{x} = \dfrac{29+33+32+32+30+38}{6}$
≈ 32.3

A 群の不偏分散： $s_x^2 = \dfrac{1}{6-1}\sum_{i=1}^{6}(x_i-\bar{x})^2 \approx 9.87$

B 群の標本平均： $\bar{y} = \dfrac{6+11+6+7+5+5}{6}$
≈ 6.67

B 群の不偏分散： $s_y^2 = \dfrac{1}{6-1}\sum_{i=1}^{6}(y_i-\bar{y})^2 \approx 5.07$

合併分散： $V = \dfrac{(6-1)\times 9.87 + (6-1)\times 5.07}{6+6-2}$
≈ 7.47

t 統計量： $t = \dfrac{32.3 - 6.67}{\sqrt{7.47 \times \left(\dfrac{1}{6}+\dfrac{1}{6}\right)}} \approx 16.2$

t 分布表などより自由度 $\nu = (6+6-2) = 10$，両側検定なので危険率 $\alpha = 0.025$ の限界値を求めると 2.228．t 統計量の絶対値 16.2 がこの限界値よりも大きいので，帰無仮説を棄却し，両群の体重増分の母平均には差あり，と結論する．

b． 多重比較法

今度はデータ群が 3 つ以上である場合に，とりうるすべての 2 群の組み合わせの中で有意差があるものはどれか，ということを調べる．データ 5 にさらに 1 群が追加された場合を考える．

［データ 6］

以下は，A, B, C の 3 通りの食餌条件でラットを 1 週間育てたときの体重増分である〔g〕．
A 群：29, 33, 32, 32, 30, 38
B 群：6, 11, 6, 7, 5, 5
C 群：32, 18, 27, 35, 27, 35
体重増分に有意差がある 2 群の組み合わせはどれだろうか（解析例は本項の末尾）．

検定の基本的な考え方は 2 群の場合と変わらない．しかし単純に「すべての 2 群の組み合わせ 1 つ 1 つについて t 検定を行って有意差の有無を検定する」としてはならない．仮に A, B, C の 3 群すべての母集団の平均に差がないとする．(A, B)，(B, C)，(C, A) の合計 3 回の t 検定を行う場合，危険率を 5% に設定すると，間違って「有意差あり」と結論してしまう確率は 1 回あたり 5% ずつである．そうすると「少なくとも 1 つのペアについて結論を間違える」確率は，$1 - 0.95^3 \approx 0.143$ であり，設定した危険率の 3 倍近くになってしまう．全体として結論を間違える危険率を 5% 以下とするためには，t 統計量と比較する限界値を 2 標本 t 検定とは異なる値に調節することが必要である．このためのさまざまな方法（多重比較法）が考案されているが，ここでは広く用いられているテューキー（Tukey）の多重比較法の手順を説明する．この方法は 2 標本 t 検定の自然な拡張になっている．t 検定と同様，母集団はすべて正規分布に従い，また分散はすべて等しいという仮定をおく．群の数（水準数と呼ぶ）を m，第 i 群の標本数を n_i とする．

(1) 帰無仮説群（ファミリーと呼ぶ）を立てる：すべての 2 群 (i,j) の組み合わせについて「第 i 群と第 j 群が抽出されたもとの母集団の平均は等しい」（$H_{(i,j)}$）．

(2) 各群の標本平均 $\bar{x}_i$ と不偏分散 s_i^2 を求める．

(3) 誤差自由度 $\nu = \sum_{i=1}^{m} n_i - m$ および誤差分散 V_E
$= \dfrac{\sum_{i=1}^{m}(n_i-1)s_i^2}{\nu}$ を求める．

(4) すべての (i,j) の組み合わせについて，t 統計量 $t_{ij} = \dfrac{\bar{x}_i - \bar{x}_j}{\sqrt{V_E\left(\dfrac{1}{n_i}+\dfrac{1}{n_j}\right)}}$ を求める．

(5) 誤差自由度 ν と危険率 α から，t 統計量の限界値 $q(m,\nu;\alpha)/\sqrt{2}$ を求める．この $q(m,\nu;\alpha)$ は「スチューデント化された範囲の上側 100α% 点」と呼ばれ，m, ν, α に対応する点を巻末の付表 2-1 または 2-2 から読みとることで求められる．

(6) t 統計量の絶対値が (5) で求めた限界値より大きければ帰無仮説 $H_{(i,j)}$ を棄却し，「第 i 群と第 j 群が抽出されたもとの母集団の平均には差がある」と結論づける．

$q(m,\nu;\alpha)$ が付表になく，ν の前後となる ν_1 と ν_2 ($\nu_1 < \nu < \nu_2$) に対応する $q(m,\nu_1;\alpha)$ および $q(m,\nu_2;\alpha)$ が付表にある場合は，以下の式で補間して

求める.

$$q(m, \nu;\alpha) = \frac{1/\nu - 1/\nu_2}{1/\nu_1 - 1/\nu_2} q(m, \nu_1;\alpha)$$
$$+ \frac{1/\nu_1 - 1/\nu}{1/\nu_1 - 1/\nu_2} q(m, \nu_2;\alpha) \quad (1.15)$$

なお上の手順は,各群の標本数 n_i が異なってもよい一般的な方法で,「テューキー・クレーマー(Tukey-Kramer)の方法」あるいは「テューキーのHSD(honestly significant difference)検定」と呼ばれることもある.

多重比較法においては,「すべての母集団の平均が同じであるにもかかわらず,誤ってペアの1つを『有意差あり』と判断してしまう可能性(第1種の過誤に対応)を,設定した危険率以下にする」ことを重視して理論が組み立てられているため,実際には有意差があるペアについても「有意差なし」と結論してしまう可能性(第2種の過誤に対応)は2標本 t 検定よりも高くなってしまう.このため,帰無仮説が棄却できないときには,2標本 t 検定の「帰無仮説を採択する」よりもさらに消極的に「帰無仮説を保留する」と結論するのが適切である.

多重比較法はさまざまなものが考案されている.それぞれの方法には長所と短所,限界があり,自分の問題に合致する方法を正しく選択して用いる必要がある.さらなる詳細については,参考文献[2]を参照のこと.

[データ6の解析例]

すべての母集団は正規分布であり,分散はすべて等しいと仮定して,危険率5%でテューキーの多重比較法を適用する.

各群の標本平均:

$$\bar{x} = \frac{29+33+32+32+30+38}{6} \approx 32.3$$

$$\bar{y} = \frac{6+11+6+7+5+5}{6} \approx 6.67$$

$$\bar{z} = \frac{32+18+27+35+27+35}{6} \approx 29.0$$

各群の不偏分散:

$$s_x^2 = \frac{1}{6-1}\sum_{i=1}^{6}(x_i - \bar{x})^2 \approx 9.87$$

$$s_y^2 = \frac{1}{6-1}\sum_{i=1}^{6}(y_i - \bar{y})^2 \approx 5.07$$

$$s_z^2 = \frac{1}{6-1}\sum_{i=1}^{6}(z_i - \bar{z})^2 \approx 42.0$$

誤差自由度:

$$\nu = n_x + n_y + n_z - m = 6+6+6-3 = 15$$

誤差分散:

$$V_E = \frac{\sum_{i \in \{x,y,z\}} (n_i - 1)s_i^2}{\nu}$$
$$\approx \frac{(6-1)\times 9.87 + (6-1)\times 5.07 + (6-1)\times 42.0}{15}$$
$$\approx 19.0$$

$q(3,15;0.05)$ の値は付表にないので,前後の値から補間する.

$$q(3,15;0.05) \approx \frac{1/15 - 1/16}{1/14 - 1/16} q(3,14;0.05)$$
$$+ \frac{1/14 - 1/15}{1/14 - 1/16} q(3,16;0.05)$$
$$\approx 0.46667 \times 3.7014 + 0.53333$$
$$\times 3.6491 \approx 3.6735$$

よって t 統計量の限界値は $q(3,15;0.05)/\sqrt{2}$ ≈ 2.5976 となる.

t 統計量:$t_{x,y} = \dfrac{32.3 - 6.67}{\sqrt{19.0 \times \left(\dfrac{1}{6} + \dfrac{1}{6}\right)}} \approx 10.2$

$$t_{y,z} = \dfrac{6.67 - 29.0}{\sqrt{19.0 \times \left(\dfrac{1}{6} + \dfrac{1}{6}\right)}} \approx -8.87,$$

$$t_{z,x} = \dfrac{29.0 - 32.3}{\sqrt{19.0 \times \left(\dfrac{1}{6} + \dfrac{1}{6}\right)}} \approx -1.31$$

以上から,t 統計量の絶対値が限界値(2.5976)を上回っている(A, B),(B, C)の組み合わせについては,帰無仮説は棄却され,母集団の平均には差があると判断される.(C, A)については,母集団の平均に差があるとはいえない(帰無仮説を保留).

1.10.8 実験における分析誤差と有効数字

a. 精確さと信頼性

実験(定量分析)によって得られた数値には必ず誤差が含まれている.1.10.4項では,誤差を含んだ測定値から真の値をできるだけうまく推定する方法と,誤差の表記の仕方について述べた.実験の誤差の大小は「精確さ(accuracy)」という概念で表され,精度(precision)と真度(trueness, 正確さとも呼ばれる)で規定される.

精度は,ある測定法で同一試料を何度も測定したときの,独立な測定結果の間の一致の程度(ばらつきの小ささ)を表し,標準偏差などで表される.一連の分析実験の精度は,その中の精度が最も低い操作によって決まる.たとえば試料採取など,最初の操作の精度が低ければ,その後の操作の精度をより

高くすることには意味がない．

真度は，1.10.4項で触れた系統誤差と同じ概念であり，ある測定法で同一試料を無限回測定したときのデータの平均値と真の値の差と考えることができる．かたより（bias）も同様の概念を表す．

精度が高くても，すなわちデータのばらつきが小さくても，真度が低い，すなわちデータが真の値からはずれたところに集中してしまっていては，精確な実験とはいえない．また，測定器の数値の読み間違いや実験器具の操作の間違いがあると，測定値の信頼性（reliability）が低くなってしまう．一般に実験においては，熟練と注意，および統計に関する正確な知識によって，精確さや信頼性を可能な限り高める努力が必要である．一方で，分析の目的によっては，精確さよりも簡単，迅速，安価などが優先して要求される場合もあり，それらを総合的に考慮しながら実験方法を選択しなければならない．

b. 有効数字

有効数字を何桁にするか，すなわち測定値を何桁まで求め，また測定値を統計処理するにあたって何桁まで採用するかは，分析誤差と密接な関わりがある．学生実験においては，得られた数値の有効数字はせいぜい2〜3桁であることがほとんどである．各操作において，有効数字がどの程度であるかを把握した上で実験を行うことが望ましい．また，電卓や表計算ソフトなどを用いて計算する場合は，計算途中に値を四捨五入で丸めることはせず，表示された数値をそのまま用い，最終的に得られた数値を有効数字の桁数にそろえるようにする． ［中村周吾］

1.11 実験基本装置

1.11.1 分光光度計（spectrophotometer）[4]

a. 吸光光度法

紫外，可視光の光エネルギーは，分子中の電子エネルギーの遷移に必要なエネルギー領域に相当し，その分子が励起する際，特定のエネルギーの光のみを吸収する．この現象を利用し，試料溶液の吸光の強度からその分子の濃度を定量する方法を吸光光度法という．

いま，単色光がI_0の強度で試料溶液を通過し，その透過光強度をIとするとき，その光の減少比率を透過度t（transmittance），また百分率で表したものを透過率T（percent transmittance）と呼ぶ．透過度の常用対数をとり，マイナスの符号をつけたものが吸光度A（absorbance）である．

$$A = -\log \frac{I}{I_0} = -\log t \qquad (1.16)$$

なお，吸光度0から1と，1から2では，検出器で測定する光量が一桁違うことになり，分析精度の問題から，吸光度0から1.5程度で測定することが望ましい．

吸光度は，測定する試料セルの長さlに比例し（Lambertの法則），試料の濃度Cに比例する（Beerの法則）．以上の関係をあわせてLambert-Beerの法則と呼び，以下の式で表す．

$$A = alC \qquad (1.17)$$

ここで比例定数aは吸光係数と呼ばれ，特にlを1 cm，Cを1 mol/lとした場合にモル吸光係数ε（molar extinction coefficient）と呼ばれ，化合物，波長に特有の値をとる（4.2.2.c項参照）．

b. 分光光度計

分光光度計の概略を図1.18に示す．光源，分光器，吸光セル，検出器，出力装置で構成される．光源として紫外部は重水素ランプ（D2ランプ），可視部にはタングステンランプなどが用いられ，測定する波長によってランプの切り替えが行われる．光源の光は回折格子を使って目的の波長の光に分光され，試料に入射，試料セルを通って検出器で計測される．1本の光のみを試料に入射させる単光束型分光光度計（single beam spectrophotometer）と，2本の光を2つのセルにそれぞれ入射させる複光束型分光光度計（double-beam spectrophotometer）がある．図1.18は後者を示しているが，1本の光を対照液（目

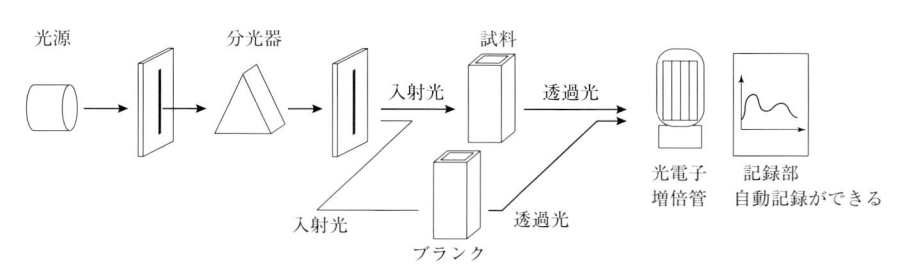

図 1.18 分光光度計の光路図[4]

的成分以外を含む溶液）に，もう1本の光を試料液（目的成分を含む溶液）に通し，その差を測定することで，試料に由来する吸光度を測定する．

通常，目的成分の濃度既知の溶液を複数準備し，濃度と吸光度の関係から検量線を作成する．Beerの法則に従うならば，濃度と吸光度は比例関係を示すため，この検量線から目的物質を定量することができる．

なお，測定上の注意点としては，380〜780 nmの可視領域の測定には，ガラスセル，プラスチックセルで問題ないが，紫外領域の測定（190〜380 nm）には石英セルを用いる必要がある． ［安保 充］

1.11.2 pHメータ（pH meter）[4]

ガラス薄膜の両側に水素イオン濃度の異なる溶液が存在すると，膜電位が発生する．この膜電位とプロトン濃度を関係づけ，溶液中のプロトン濃度を測定する装置がpHメータである．膜電位を測定するには，標準電極，ガラス電極が必要であり，また温度の影響を受けるため，感温素子が付属した複合電極が一般に用いられている（図1.19）．電極としては銀–塩化銀電極が用いられており，標準電極の電極液にはKCl溶液が用いられている．標準電極は，液絡と呼ばれるセラミックなどの細孔により外部の溶液と接するような構造をとっている．

pHメータは必ずpH標準液を用いて校正を行ってから使用する．通常は2点校正を行ってから使用する．

ガラス電極の場合，ガラス薄膜が乾かないように注意する必要がある．

［安保 充・大塚重人・磯部一夫］

1.11.3 顕微鏡（microscope）[5-7]

a. 光学顕微鏡（optical microscope）

i）（拡大されて見える）原理 一般的な生物顕微鏡の構造を図1.20に示す．生物の観察を行う光学顕微鏡の観察系は，対物レンズと接眼レンズ（それぞれ収差の補正などのため複数枚のレンズからなる）から構成される．照明光を受けた試料AB（図1.21）に起因する光線は対物レンズを通過後，レンズの反対側に集められてA′B′位置に拡大された倒立の実像を結ぶ．実はこの位置は接眼レンズの前側焦点F2の内側に位置するようになっているため，

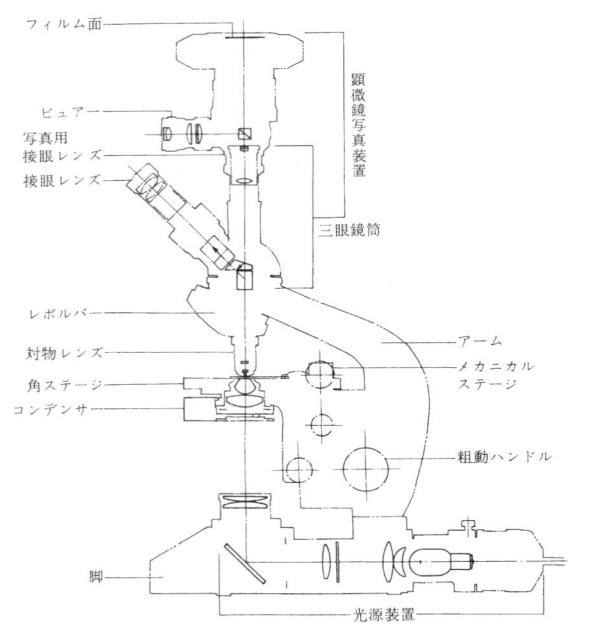

図1.20 光学顕微鏡の構造

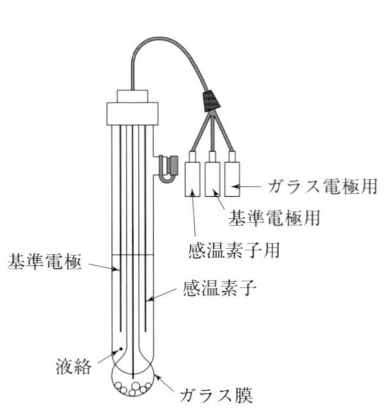

図1.19 pHメータ[4]

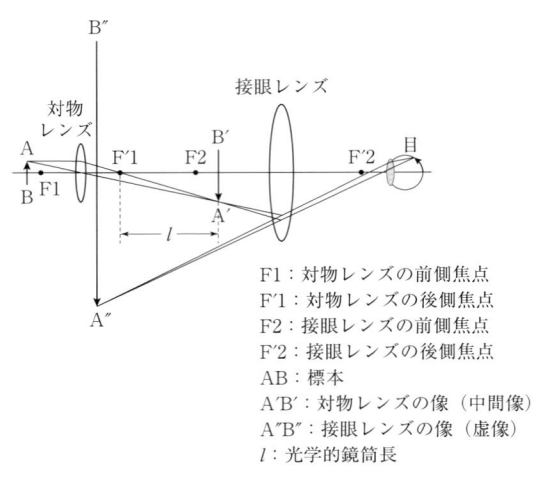

図1.21 顕微鏡の光学系

F1：対物レンズの前側焦点
F′1：対物レンズの後側焦点
F2：接眼レンズの前側焦点
F′2：接眼レンズの後側焦点
AB：標本
A′B′：対物レンズの像（中間像）
A″B″：接眼レンズの像（虚像）
l：光学的鏡筒長

虫眼鏡でものを拡大しているのと同様の原理で，対物レンズの実像が，接眼レンズによりさらに拡大された「虚像」A″B″として網膜に映ることとなる．基本的にはこれが顕微鏡で試料を拡大して観察する原理である．実像はスクリーンなどを置くことにより像を写し出すことができるが，虚像は，レンズの焦点の内側からの光がレンズの反対側で集まることができないために観察される正立像であり，スクリーンなどを置いても映し出すことはできない．

顕微鏡には通常低倍率から高倍率の複数の対物レンズが備わっており，レボルバーを回転させ対物レンズを切り替えて倍率を変化させる．このとき各レンズの焦点距離の違いにより（規定の倍率を達成するため），対物レンズの後側焦点から対物レンズによりつくられる像面（接眼レンズから特定の距離に結ばれる必要がある）までの距離（図 1.21 の l =光学的鏡筒長）が異なっている．対物レンズを切り替えるだけで，この距離が確保され，また同時にピントもほぼ合う（同焦点という）ように各対物レンズの鏡胴の長さが設計されている．ただし現在の多くの研究用光学顕微鏡では，無限遠補正光学系（infinity-corrected microscope）を採用しており，対物レンズからの光は平行光線となり，結像レンズ（tube lens）により像を形成する．そのため光学的鏡筒長，機械的鏡筒長（対物レンズを取りつけるレボルバーの下面から接眼レンズの取りつけ面までの距離）を比較的自由に設定することができる．

分解能（resolving power）は顕微鏡の性能を示す最も重要なファクターの1つである．試料の1点から出た光もレンズを通して集められると，ある広がりをもった円（airy disc）として観察される．そのため近接する2点を顕微鏡で拡大観察すると，2点が近づくにつれ，分離が困難になってくる．分解能とはこの試料の2点が2点として識別される最小の距離として定義される．波動方程式から計算される円の半径から，分解能は $0.61 \times \lambda / n \sin \alpha$（Rayleigh の定義）として表すことができる．ここで λ は光線の波長，n は対物レンズと標本の間の媒質の屈折率，α は対物レンズに入る光線の垂直軸から見た最大角である（図 1.22）．重要なのは，この式には顕微鏡の倍率は含まれていない，すなわち分解能は倍率によらず，倍率をいくら上げてもある値以上には分解能は改善されないということである．これは無効拡大（empty magnification）と呼ばれ，観察像の質を低下させる．また $n \sin \alpha$ は顕微鏡の諸性質に関連する開口数（numerical

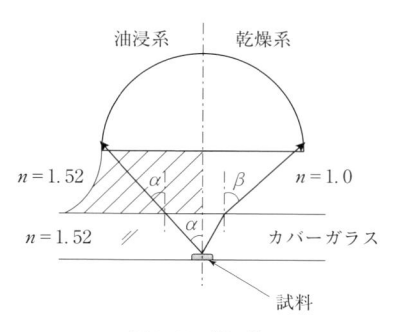

図 1.22 開口数

aperture, N.A.）という重要な値である．分解能を低い値にするには λ（光線の波長）を短くし，開口数を大きくすればよいことが式からわかる．$\sin \alpha$ は最大で1を超えることはないので，開口数を上げるには媒質の屈折率を高くするのがよい．そのための簡便な工夫として，試料（カバーガラス）と高倍率の対物レンズ（の front lens）との間を屈折率が空気より高いオイルで満たす油浸という操作を通常行う．油浸はどの対物レンズでも可能というわけではなく，後に述べるように油浸用の対物レンズと記されたものを使わなければならない．像の明るさは開口数の2乗に比例し，開口数が大きくなると焦点深度（焦点の合う z 軸の範囲）は浅くなり，また作動距離（焦点が合ったときの対物レンズと試料面の距離）も開口数と連関している．このように開口数は顕微鏡の性質に強く関与する重要な値であるといえる．

ii）（光学顕微鏡の）光学系

照明系（ケーラー照明の方法） 基本的には，明視野顕微鏡における試料の照明法としては，ドイツ人 August Köhler により開発されたケーラー照明が最も優れており，現在ほぼすべての光学顕微鏡で採用されている（図 1.23）．ケーラー照明のポイントは，(1) 光源のフィラメント像は，コンデンサーレンズ（集光レンズ）の開口絞り面（＝コンデンサーレンズの前側焦点面）と対物レンズの後側焦点面で結像していること，(2) 視野絞り像が，標本面にきちんと結像していること，である．(1) により，標本面は並行光線で照らされるため，ムラのない明るい光で照らされる．(2) は，標本に必要な適切な量の光を供給し，フレアなどの観察に影響する現象を極力減らすために重要となる．またコンデンサーレンズ（以下コンデンサー）は照明光の集光の役割を果たすのみならず，対物レンズの能力を引き出すための重要な光学系である．対物レンズと同様に，

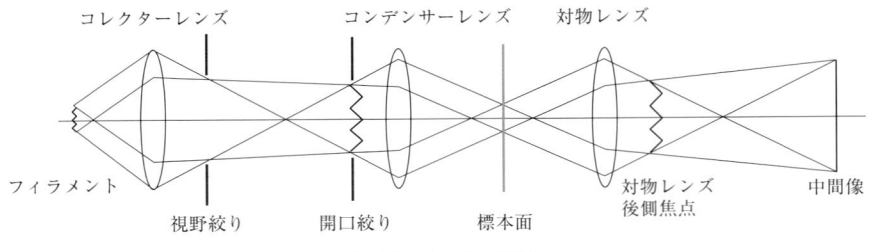

図 1.23　ケーラー照明

　コンデンサーにも開口数が存在し，対物レンズの能力をフルに発揮させるためには対物レンズと同程度の開口数をもつコンデンサーを用いることが望ましい．開口絞りはコンデンサーの開口数を調節する絞りである．絞りを開くと観察像の分解能は上昇するが，焦点深度とコントラストは低下する．実際の観察では対物レンズの開口数に対するコンデンサーの開口数の比を 0.7〜0.8 程度に調節するとバランスのとれた観察像が得られることが多い．

　観察系　対物レンズは，試料からの光を集め最初の像（中間像）を形成し，顕微鏡の種々の特性を決定する最も重要な部品である．対物レンズの鏡胴にはその性能を示すさまざまな情報が記されている（図 1.24）．開口数，倍率，カバーガラスの厚さ，油浸用（oil あるいは HI, homogenous imersion）レンズである否か，収差の補正方式，などが記されている．収差（aberration）というのは，球面をもつレンズの性質と光の性質から本質的に発生する，理想の結像状態との「ずれ」である．たとえば色収差（chromatic aberration）は，白色光を構成するさまざまな波長の光が，その波長による屈折率の違いのために，レンズを通った後に異なる面に集光されるために起きる色づきである．また単色の収差（ザイデルの五収差）としては，球面収差（spherical aberration），コマ（coma），非点収差（astigmatism），像面湾曲（field curvature），歪曲（distortion）がある．現在用いられている顕微鏡ではこれらの収差を対物レンズのレベルで取り除く工夫がなされている．アクロマートレンズでは 2 波長の光線の色収差の補正と，1 波長の球面収差の補正が施されている．さらにプラン（plan）という言葉が頭についた対物レンズでは，像面湾曲に対する補正がなされている．最も上位に位置する（そして高価な）プランアポクロマートレンズでは，下位の対物レンズに比べてさらに多くの波長における色収差と球面収差に対する補正，像面歪曲に対する補正がなされており，そのため 2, 3 枚のレンズの組からなるレンズのユニッ

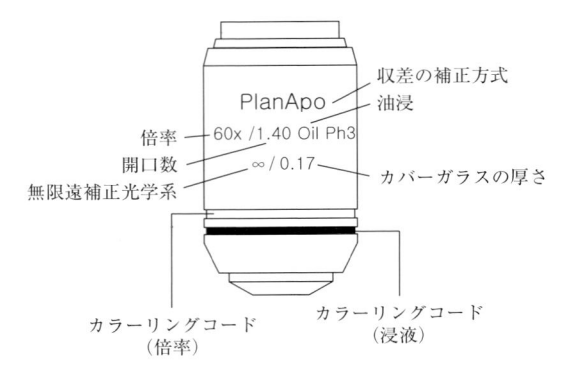

図 1.24　対物レンズの例

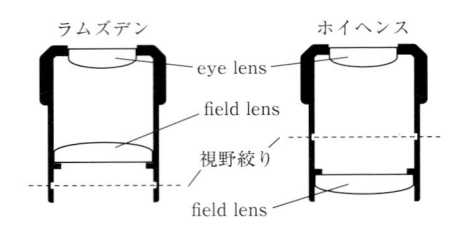

図 1.25　接眼レンズの構造

トが複数装備され，全部で 20 枚近い枚数のレンズが鏡胴の内部に組みこまれている．

　接眼レンズは文字通り観察者が目でのぞきこむ双眼のレンズである．対物レンズでつくられた実像を拡大して網膜に投影する役割をもつ．最も簡単な接眼レンズは 2 枚のレンズ（eye lens と field lens）から構成されている（図 1.25）．接眼レンズはレンズと視野絞り（対物レンズによる中間像が結像する面にあたる）の位置関係から大きく 2 つのタイプに分けられる．1 つ目は絞りが 2 枚のレンズの間に位置するタイプでネガティブと呼ばれる（最も簡単なものはホイヘンス型）．2 つ目は絞りが field lens の外側（下）に位置するタイプでポジティブと呼ばれるものである（最も簡単なものはラムスデン型）．後者は絞りがレンズの外にあるので，レチクル（reticles，接眼ミクロメーター，十字や目盛りが刻まれた透明な板）の視野絞り位置への着脱が

容易である．対物レンズで発生する収差，特に倍率色収差（chromatic aberration of magnification or lateral chromatic aberration）の補正を，等量の反対の収差を発生させることによりキャンセルさせる（compensating）接眼レンズが存在し，ペリプランと呼ばれる製品では，倍率色収差に加えて，像面湾曲も除かれるようにデザインされている．しかし，組み合わせる対物レンズが制限されることなどから，現在では対物レンズあるいは結像レンズ（チューブレンズ）のみで補正できる顕微鏡も開発されている．対物レンズと同様に鏡筒の横には，視野数（field number），倍率やコンペンセーションの方式などの情報が印字されている．

b. 位相差顕微鏡（phase contrast microscope）

i) 原理 人間の目は，色のついていない物体，明暗の差がない物体を識別することができない．細胞など生物の顕微鏡サンプルは無色，透明なものが多く，光の波長や振幅の変化が起きないため，そのまま拡大しても，微細な構造を観察することが困難である．しかしこのような試料でも光が屈折率の異なる部分を通過すれば，光が波の性質をもつために回折し，同時にその波の位相が変化する（このような物体を位相物体と呼ぶ）．一方，対物レンズでつくられる倒立正像はサンプルを通り抜けた直接光と，上記のように回折して位相の変化した光が干渉して合成されたものである．

位相差顕微鏡での観察の要となるのは，直接光と回折光に異なる光学的処理（直接光を弱めると同時に直接光あるいは回折光の位相をずらす）を施すことにより，直接光と回折光が干渉して形成される観察像において，位相の差から明暗の差（コントラスト）をつくり出すことである．この際，観察対象となる細胞などの微細構造による回折光は直接光と比較して約1/4波長位相が遅れているということを利用している．

ii) 光学系 位相差観察に必要な装置と，観察の原理について簡単に解説する（図1.26）．まず照明光の光路（コンデンサーの開口絞りの位置）にリング絞りが設置され，光源からの光が絞られる．これはサンプルからの直接光と回折光の光路を分離するために必要である（直接光のみが下で述べる位相板のリング状の領域を通る）．標本の構造に当たって色々な方向に回折した光は，試料をそのまま通過した直接光とともに，対物レンズにより集められ，最終的には規定の場所で干渉し像を結ぶ．位相差顕微鏡では，照明光光路のリング絞りと共役の位置に

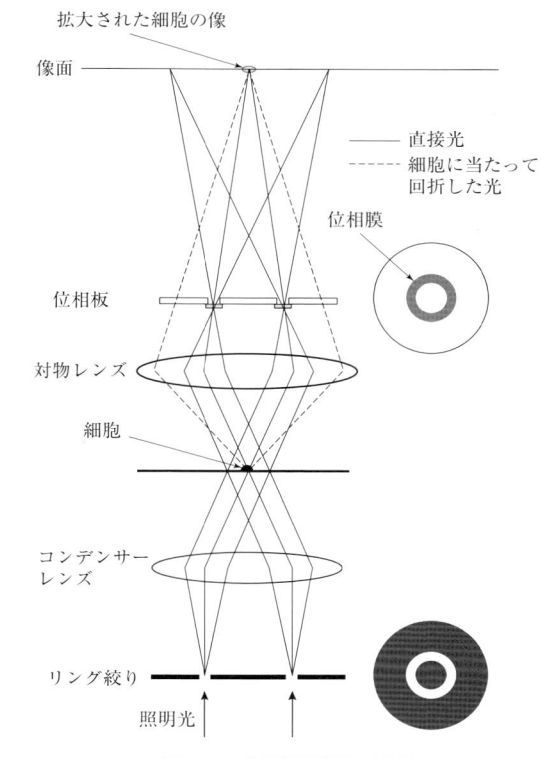

図1.26 位相差顕微鏡の原理

位相板（対物レンズの中）が設置されており，直接光は位相板上のリング状の領域を通るが，標本で回折した光はそれ以外の領域を通るようになっている．このリング状の領域には位相を1/4波長分遅らせる位相膜と光量を弱める減光フィルターが設置されている．位相膜により直接光の位相と回折光の位相差が0になり，また直接光は回折光より明るいので減光フィルターを用いて暗くすることにより両者の振幅を近くして干渉の効果を大きくし，両者が強め合い試料が背景よりも明るくなった像が得られる（ブライトコントラスト）．また同じく直接光を減光し，今度は回折光の位相を1/4波長遅らせて，両者の位相差を1/2波長にすると，直接光と回折光が弱めあい試料が周辺より暗くなる（ダークコントラスト）．位相差顕微鏡の開発に大きく貢献したオランダのZernikeは「位相差現象の発見と位相差顕微鏡の発明」により1953年度のノーベル物理学賞を受賞している．

c. 微分干渉顕微鏡（differential interference contrast, DIC）

微分干渉顕微鏡（あるいはノマルスキー顕微鏡と呼ばれる）は位相差顕微鏡と同じく無色透明の細胞

などの標本を可視化するために用いられる顕微鏡である．回折光を利用する位相差顕微鏡とは異なり，光が通過する物体の厚みや傾きの差，屈折率の差に起因する位相差を明暗の差として取り出して可視化する．ある方向に陰のついたように見える，擬似的に立体的な像が得られる．簡単な原理としては，ポーラライザーという偏光板で照明光から一方向に振動する光を取り出し，それを1枚目のWollaston（Nomarski）prismで振動面が90度異なりかつ進行する角度の少し異なる2つの光に変換する．その後コンデンサーでお互いに非常に近く平行で，試料面に対して垂直な光線とする．試料に当たった2本の光はそれぞれ通る部分の厚みや屈折率の違いにより，異なる位相をもつ光となる．対物レンズによりそれらの光は後側焦点面に集められ，その位置に設置された2枚目のWollaston（Nomarski）prismにより1つの光に合成され（まだ振動面が直交しているので干渉しない），その後アナライザーという偏光板で2つの光の振動面がそろえられ干渉し，明暗の差として検出される．微分干渉観察では，位相差顕微鏡で見られるハローのようなartifactが発生しない点が利点であり，蛍光顕微鏡観察時の細胞像の観察などに広く用いられている．

d． 電子顕微鏡（electron microscope）

電子顕微鏡は可視光の代わりに波長の非常に短い電子線（光の10万分の1以下）を用い，ガラスレンズの代わりに磁界型の電子レンズを用いて，光学顕微鏡と同じ原理で，分解能をはるかに高めた（0.1 nm程度まで可能）顕微鏡である．電子顕微鏡には試料を透過した電子線による像を投影レンズで拡大して写す透過型（transmission electron microscope, TEM）と，細く絞られた電子線が試料表面を走査し，そのとき発生する二次電子や反射電子などの信号を画像化する走査型（scanning electron microscope, SEM）がある．

e． 蛍光顕微鏡（fluorescence microscope）

蛍光顕微鏡とは，蛍光試薬で標識した細胞内の構造やオルガネラ，間接蛍光抗体法やGFP（green fluorescent protein）融合タンパク質を用いた特定のタンパク質の細胞内の局在や動態を観察する目的で用いられる顕微鏡である．超高圧水銀灯やキセノンランプ，レーザー光でサンプルを照射し，発せられる「蛍光」を観察する．蛍光顕微鏡の基本の仕事は，照射光と比較して非常に弱いサンプルからの蛍光（光源から出た光と比較して100万分の1程度）を照射光と分離して，目あるいは検出器に送ることで

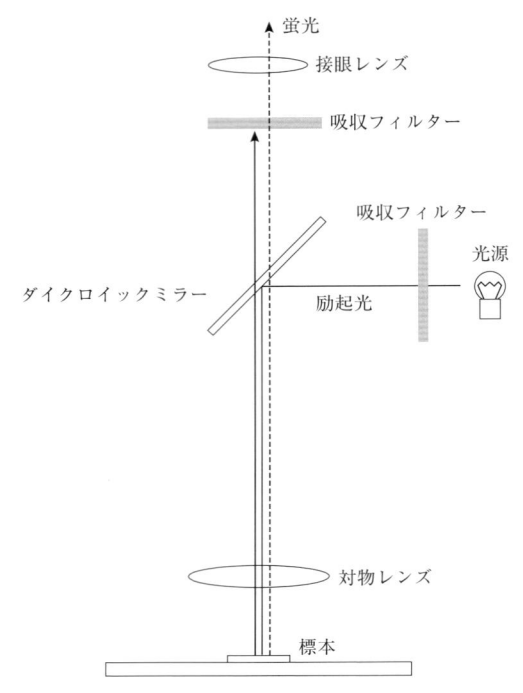

図1.27 蛍光顕微鏡の模式的な構造

ある．現在の主流である落射型蛍光顕微鏡の模式的な構造を図1.27に示す．ダイクロイックミラーは一種の干渉フィルターで，45度の角度で光を当てるとある波長以下の光は反射して，ある波長以上の光はそのまま通すという性質をもっており，蛍光顕微鏡の光学系に欠かせない部品である．光源からの光はダイクロイックミラーで反射され，サンプルを照射する．サンプルから発せられた蛍光は対物レンズを通過後，ダイクロイックミラー（各蛍光物質の波長に適合する分光特性のダイクロイックミラーを選択する）に到達．励起光より波長が長いため，そのまま通過して，像を結ぶ．サンプルから反射された励起光もダイクロイックミラーに到達するが，こちらは大部分が反射されるため，観察者は蛍光のみを検出することができる．ただ一部の励起光はダイクロイックミラーの分光特性により，ダイクロイックミラーを通過するため，検出器の前に励起光を減光するフィルターが設置されている．

水銀灯で励起する従来型の広視野（widefield）の蛍光顕微鏡は，z軸方向の分解能が非常に悪いという欠点をもつ（焦点面の上下からの蛍光も検出器に入ってしまい，コントラストや分解能を低下させ，詳細な構造の観察を困難にする）．その欠点を克服し，代わりに近年非常に多く使われるようになっ

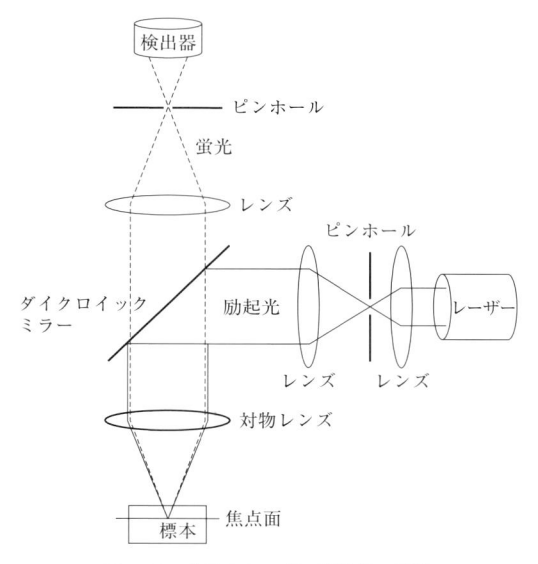

図 1.28 共焦点レーザー顕微鏡の原理

たのが，共焦点レーザースキャン顕微鏡（confocal laser scanning microscope）である（以下，共焦点顕微鏡と呼ぶ）．蛍光観察の基本的な原理は従来型の蛍光顕微鏡と同様であるが，共焦点顕微鏡では励起光として位相のそろった（coherent），高輝度なレーザー光を回折限界まで高度に集光し，焦点面を点で走査する．共焦点顕微鏡で鍵となっているのが，焦点面の上下から発せられた余計な蛍光を除く手法であるが，これはピンホールを用いて行われる（図1.28）．光源から発せられたレーザー光は，光源の前のピンホールを通って，ダイクロイックミラーで反射された後，対物レンズで集光されて，焦点面を走査する．蛍光物体から発せられた蛍光は，ダイクロイックミラーを通過後，検出器の前のピンホールに集光される．通過した光はフォトマル（光電子増倍管）で電気信号に変換され，コンピューターで処理される．この光源の前のピンホール，焦点標本面，検出器の前のピンホールは，共役の位置（conjugate planes，共焦点の位置関係）にある．このことは，標本中の焦点面の上下からの余計な蛍光は，検出器の前のピンホールをほとんど通ることができないということを意味しており，そのために鮮明な画像を得ることができる．レーザー光の焦点面の走査法に関しては，1点走査方式のraster走査（ガルバノミラーによる）に比較して，はるかに高速で走査することが可能な多焦点走査方式のNipkow disc（spinning disc）方式の走査法が一般的になりつつある．高感度のカメラと組み合わせることにより，生細胞におけるタンパク質の動態を非常に詳細に追跡することも可能になってきている．共焦点の基本的な原理自体は，1950年代にMinskyにより発案された．その後の，光源や高感度の蛍光検出装置等のハードウェア，画像解析の技術やソフトウェア，種々の蛍光色素や非常に多種類の蛍光タンパク質の開発により，共焦点レーザー顕微鏡は広く普及するに至り，生物学の研究に欠かせないツールとなっている．

f. 実体顕微鏡（stereomicroscope）

実体顕微鏡はプレパラートをつくる必要がなく，標本を「そのまま」見ることのできる顕微鏡である．両目で物を見るときと同じ原理で，両目に入る像の角度による違いで，サンプルを立体的に見ることができる．倍率は一般的には2〜30倍と比較的低いが，現在では100倍を超える倍率を得られる実体顕微鏡も販売されている．ズーム機構により，対物レンズを交換せずに連続的に倍率を変えられる機種も多い．一般の光学顕微鏡と比べて，焦点深度がかなり深く，作動距離（working distance）が長いため，解剖などで拡大観察しながら標本へアクセスすることが容易である．照明は，落射型照明が主であるが透過型照明装置を備えた機器もある．一般の顕微鏡と同じ原理で得られる倒立の拡大像を，双眼鏡と同じようにプリズム（erecting prism）により上下を逆転させることにより，サンプルと同じ向き（正立）の像が観察者の目に届く．実体顕微鏡はガリレオ式とグリノー式に大きく分けられる．前者は対物レンズが1つで，その後の2本の無限焦点の光学系が互いに平行に配置されており，光学ユニットの追加など拡張性に優れている．後者は対物レンズから接眼レンズまでが同一の2つの独立した光学系（対物レンズが2つ）になっていて，下（対物レンズ）から上（接眼レンズ）方向に向けて，少し広がっていく傾きがついており，より立体感のある像を得られるという特徴をもっている．一概にどちらが優れているとはいえず，価格や用途，重視する特性を考慮して選択することになる．

g. 顕微鏡の応用

i) 血球計算盤（hemacytometer，図1.29）　酵母や細菌の溶液中（培養液中）の菌体数を数える簡便な方法として，血球計算盤を用い，顕微鏡下で細胞数を数えるという方法がある．スライドガラスの上につくられた凹凸のある構造の一部分に一定の間隔で目盛りが刻まれており，さらにカバーガラスを正しくのせることにより，0.02〜0.1mmの決めら

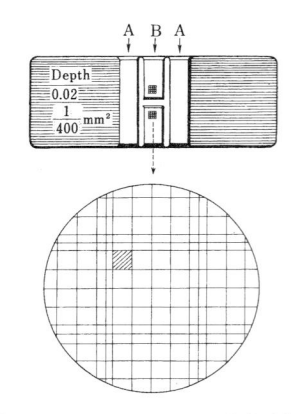

図 1.29 Petroff-Hausser の菌数計算盤

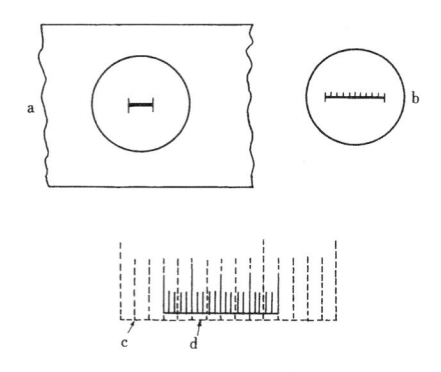

図 1.30 ミクロメーター
a：対物ミクロメーター，b：接眼ミクロメーター，
c：a の目盛り，d：b の目盛り．

れた深さをもつ部屋（計算室）がつくられるように設計されている．測定は，適切な細胞密度になるように希釈した細胞浮遊液を，計算室に入れ静置した後，各区画の中にある細胞の数を，細胞の種類（大きさ）に応じて，200 倍（酵母など）から 400 倍（細菌など）の倍率で顕微鏡下で数えることにより，もとの溶液に存在する細胞の数（密度）を算出する．計測する細胞の種類により異なる深さ，目盛り（すなわち異なる計算室の単位体積）をもつトーマ，ビルケルチュルクと呼ばれる計算盤や，バクテリア計数用の計算盤が販売されている．血球計算盤を用いるときは，計算室を正しく形成するために，専用の面精度の高いカバーガラスを使用する．また測定に際しては，メーカーから提供される各製品に適した計測方法に留意して行うようにする．

ii) ミクロメーター（micrometer，図 1.30）
拡大観察している標本の長さ，サイズの計測には接眼ミクロメーターと対物ミクロメーターを用いた方法が簡便である．接眼ミクロメーターは透明な丸い板に，定規のような目盛りや方眼様の目盛りが一定の間隔で刻んであり，片目の接眼レンズのハウジングを開けて，視野絞りの位置にある棚にのせるようにして装着する．一方，対物ミクロメーターにはスライドグラスの中央に，決められた間隔（たとえば 0.01 mm）をもつ目盛りが，やはり直線，あるいは方眼に刻んである．使用法は，まず通常の観察サンプルと同様に対物ミクロメーターをステージにのせて目盛りにピントを合わせる．次に接眼ミクロメーターの入っている接眼レンズを回転させて，対物ミクロメーターの目盛りと接眼ミクロメーターの目盛りが平行になるようにし，さらにステージを前後左右に微調整し，接眼ミクロメーターのある目盛り数と，対物レンズのある目盛り数がぴったり一致する箇所を見つける．たとえば 1 目盛り 0.01 mm の対物ミクロメーターの 4 目盛りが接眼ミクロメーターの 10 目盛りにあたるのであれば，接眼ミクロメーターの 1 目盛りは 4 μm ということになる．各倍率の対物レンズで，接眼ミクロメーターの 1 目盛りが標本面での何マイクロメートルにあたるかを求めておくことにより，実際のサンプルの長さを接眼ミクロメーターの目盛りを用いて計測することができる．

［野田陽一］

参考文献および URL

1) J. R. Taylor 著（林 茂雄，馬場 凉訳）：計測における誤差解析入門，東京化学同人，2000
2) 永田 靖，吉田道弘：統計的多重比較法の基礎，サイエンティスト社，1997
3) 東京大学教養学部統計学教室編：統計学入門（基礎統計学），東京大学出版会，1991
4) 飯田 隆ら編：イラストで見る化学実験の基礎知識 第 3 版，丸善，2009
5) オリンパステクノラボ：生物顕微鏡テキスト 2008 年版
6) オリンパスホームページ（http://www.olympusmicro.com/）
7) ニコンホームページ（http://www.microscopyu.com/）

第2章

無機成分分析実験法

本実験では，無機成分の分離・分析法の習得を目的とし，基礎的な重量分析，容量分析に加え，応用生命化学・工学実験に必要とされる無機成分分析法について，機器分析，試料の調製法なども含めて解説する．

2.1 重量分析の基礎

重量分析とは，目的成分を純粋な化合物として分離し，その重量を秤量して試料中の含有量を求める分析法である．(1)試料溶液に適当な沈殿剤を加えて一定化合物を沈殿秤量する，(2)加熱あるいは他の方法で目的成分のみを除去させて重量減を測定する，(3)揮発成分を吸収剤に吸収させて重量増を測定する方法などが利用されている．

これらの方法は標準溶液などが入手できないとき，理論計算により測定できるが，あまり微量成分には用いられない．

(1)の方法では沈殿を完成させることが第一に大切で，酸性溶液から沈殿させる場合でも，水溶液のpHの大小により，沈殿の完成が難しい場合がある．硫酸バリウムは酸に対して比較的難溶性であるが，表2.1に示すように酸性度により溶解度が大となる．また水酸化鉄などではアルカリ性が大となると一般に沈殿が不完全となる．

沈殿剤の添加量 定量的に沈殿を生成させるためには，沈殿剤が理論量よりも不足であってはならない．沈殿の溶解度積が非常に小さい場合は理論量で目的を達成できるが，一般には溶解度積の大きい場合もあるので，少し過剰に加える必要がある．しかし，大過剰は避けなければならない．生成する沈殿が錯塩をつくる場合は，特にこの点に注意を払う．

溶液の加熱 沈殿の粒子を大にして，濾過をしやすくする必要がある．溶液の熱いうちに沈殿剤を加えたり，沈殿生成後に煮沸を続けるのは粒子を大きくするためである．すなわち，溶液中の小粒子は大粒子より溶解度が大であるため，小粒子の溶解により生成された溶液濃度は大粒子に対しては過飽和溶液となり，結晶が大粒子上に析出し，いよいよ大粒子となる．小粒子は反対に溶解度を増加し，ついには消失する．

沈殿の濾過および洗浄操作 沈殿を濾過する際にはまず傾斜法を行う．すなわち沈殿を沈降させて上澄みだけ濾紙上に移す．ついで洗浄液をビーカーに加えてかきまぜ，沈殿が沈降してから再び上澄みを濾紙上に移す．これを3～4回繰り返し，最後に沈殿を洗浄液とともに濾紙上に移す．ビーカーに残った沈殿は洗浄びんから洗浄液を射出して洗い落とす．ビーカーの壁についたものはポリスマンでこすって洗い落とす．

濾紙上の沈殿は放置することなくただちに洗浄しなければならない．一定量の洗浄液で洗浄の効果をあげるには，次の式(2.1)で示されるように毎回の洗浄液量を少なくして回数を多くする．実際は沈殿による溶質の吸着などがあるので，洗浄回数は式(2.1)から計算されるよりも多くしなければならない．

$$W_n = vC_n = \left(\frac{v}{V+v}\right)^n vC_0 \qquad (2.1)$$

ここで，W_n：n回の洗浄後に沈殿とともに残る溶質の量，C_n：n回の洗浄液中の濃度，C_0：母液中の溶質の濃度，V：毎回の洗浄液量，v：沈殿とともに濾紙上に残る液量である．

沈殿の強熱 沈殿を濾紙とともに湿ったままあらかじめ強熱秤量した磁器または白金るつぼに入れる．このとき濾紙の上縁を折りまげて沈殿が直接外部に露出することのないように，また加熱に際して水分が濾紙を通じて静かに蒸発するように注意する．次にるつぼを三角架の上にやや斜めにのせ，るつぼぶたで半ば覆い，小さい炎をるつぼに近づける

表2.1 硫酸バリウムの酸濃度に対する溶解度 (26℃)

酸の濃度	純水	1 N HCl	2 N HCl	2 N HNO₃
溶解1 l 中に溶解するBaSO₄ [mg]	3.0	89	101	170

か，低い温度で加熱して徐々に内容物を乾燥させる．
このとき，水分の急激な蒸発によって内容物が飛び
出すことがあるから注意を要する．

　濾紙が炭化し始めたら，徐々に炎をるつぼの底に
移動し，濾紙が炎をあげて燃えることのないように
注意しながら炭化させる．炭化が終わったら，ふた
をずらして空気をよく通しながら加熱して灰化す
る．炭素の黒点を全く認めないようになったら，る
つぼぶたを覆い，炎を強めて所定の温度で強熱する．
濾紙の灰化を急ぐあまり，初めからるつぼを強熱す
ることはよくない．もし沈殿が融解しやすいもので
ある場合には，融解物の中に炭素が閉じこめられて，
その後いかに強熱しても消失することがない．また
炭素とともに強熱されると沈殿が還元されることも
ある．

2.2　容量分析の基礎

　試料溶液を標準溶液で滴定して，この場合に起き
る化学変化の終点，あるいは平衡点までに使用した
両溶液の容量を測定して，試料中に含有されている
化学種の量を算出する方法が容量分析法である．測
定の終点は試料溶液あるいは標準溶液の色の変化，
pH あるいは電位などの物理化学的性質の変化が利
用される．そのほか第三の微量物質（指示薬）の色
変化なども利用されている．重量分析に比較して操
作が簡便迅速であるので広く用いられている．

　この分析法では，常に基本となるものは容量であ
るので，メスフラスコ，ピペット，およびビュレッ
トの誤差と取扱いには，1.7 節で記述したことに注
意しなければならない．

2.2.1　酸塩基滴定

　酸性試料溶液を塩基標準液で，あるいは塩基試料
溶液を酸標準液で滴定する場合，反応の終点つまり
当量点は pH メーターで検出することもあるが，一
般には指示薬の変色点で行う．原則として，指示薬
の変色 pH と滴定の当量点における pH とが一致す
るものを選択しなければならない．次に示すように，
酸および塩基の強弱により当量点が変化するので，
表 2.2 に示した指示薬を選んで滴定を行うべきであ
る．

　（1）強酸と強塩基の滴定：　当量点における pH
はほとんど 7 で，また当量点前後における pH の変
化は非常に大きいので，滴定許容誤差が 0.1% なら
pH 4〜10 で変色する指示薬のうちどれを使用して

表 2.2　酸塩基滴定用指示薬の変色点ならびに色調

指示薬	色調および変色範囲〔pH〕
チモールブルー（酸性側）	赤 1.2〜2.8 黄
ジメチルイエロー	赤 2.9〜4.0 黄
ブロモフェノールブルー	黄 3.0〜4.0 青紫
メチルオレンジ	赤 3.1〜4.4 橙黄
コンゴーレッド	青 3.0〜5.0 赤
ブロモクレゾールグリーン	黄 3.8〜5.4 青
メチルレッド	赤 4.2〜6.3 黄
ブロモクレゾールパープル	黄 5.2〜6.8 青紫
ブロモチモールブルー	黄 6.0〜7.6 青
フェノールレッド	黄 6.8〜8.4 赤
クレゾールレッド	黄 7.2〜8.8 赤
チモールブルー（アルカリ側）	黄 8.0〜9.6 青
フェノールフタレイン	無色 8.3〜10.0 紅色
チモールフタレイン	無色 9.3〜10.5 青

もよい．

　（2）弱酸と強塩基の滴定：　滴定によって生成す
る塩（たとえば酢酸ナトリウム）の加水分解により，
当量点の pH は 7 以上で弱アルカリ性を示し，その
程度は弱酸の解離定数，生成塩の濃度によって異な
る．通常 pH 7〜10 で変色する指示薬が選ばれる．

　（3）弱塩基と強酸の滴定：　滴定によって生成す
る塩（たとえば塩化アンモニウム）の加水分解によ
り，当量点の pH は 7 以下で弱酸性を示し，その程
度は弱塩基の解離定数，生成塩の濃度によって異な
る．通常 pH 7〜4 で変色する指示薬，たとえばメ
チルオレンジなどを使用しなければならない．

　（4）弱酸と弱塩基の滴定：　この場合の当量点
における pH は酸および塩の解離定数により定まり，
当量点前後における pH の変化は小さく，指示
薬は pH 7 近くで変色し，かつ鋭敏でなければなら
ない．しかし，このような指示薬はあまりないので，
標準溶液を弱酸あるいは弱塩基とすることは避ける
べきである．

2.2.2　酸化還元滴定

　酸化剤または還元剤の標準溶液で滴定して，測定
成分を酸化または還元し，反応が終わるまでに用い
た標準溶液の容積から含有成分量を算出する定量分
析法で，非常に広く利用されている．

　酸化剤として過マンガン酸カリウムは酸化力が強
く，また安価であり，特別の場合以外は指示薬を必
要としないので大変便利である．ヨウ素は比較的弱
い酸化剤であるが，他の物質を酸化して自身はヨウ
素イオンになる．ヨウ素がデンプンと作用すると特
有の濃青色となり，これをチオ硫酸ナトリウム標準
溶液で滴定するとヨウ素が還元されて青色が消失

し，滴定の終点を判定できる．酸化性物質にヨウ化カリウムを作用させて遊離したヨウ素を還元剤のチオ硫酸ナトリウム溶液で滴定，あるいは還元性物質をヨウ素標準溶液で滴定する方法をヨウ素定量法といい，容量分析法のうち最も微量まで測定でき，その感度は機器分析法にも匹敵するほどである．

過マンガン酸滴定 $KMnO_4$ の酸性液中での反応は次式で示される．

$$MnO_4^- + 8H^+ + 5e^- \rightleftharpoons Mn^{2+} + 4H_2O$$

$$E = E_0 + \frac{0.058}{5} \log \frac{[MnO_4^-][H^+]^8}{[Mn^{2+}]} \quad (18℃)$$

$$\frac{KMnO_4}{5} = \frac{158.03}{5} = 31.606 \text{ g}$$

したがって，3.1606 g/l が 0.02 M $KMnO_4$ 溶液に相当する．

〔試薬〕 0.05 M シュウ酸ナトリウム溶液（一次標準溶液）の調製： 特級シュウ酸ナトリウムを 120～130℃ に 1～2 時間加熱乾燥させ，デシケーター中に保存する．$Na_2C_2O_4/20 = 6.7000$ g をはかりとり，1 l に希釈して，0.05 M $Na_2C_2O_4$ 溶液を調製する．

0.02 M $KMnO_4$ 溶液（二次標準溶液）の調製： $KMnO_4$ 3.25 g を蒸留水 500 ml に溶かし，約 50℃ で約 2 時間湯煎上で加熱した後，ガラスフィルター（3G）で濾過，濾液を 1 l に希釈，少なくとも一昼夜は暗所に放置した後，濃度を標定する．

〔操作〕 シュウ酸ナトリウム溶液による標定： 0.05 M シュウ酸ナトリウム溶液 25 ml をビーカーにとり，希硫酸（1：3，約 5 M）を 20 ml 加え，湯煎上で（または湯浴中で）60～70℃ に加温し，これを $KMnO_4$ で速やかに滴定する．滴定溶液が微紅色を数分間保持する点を終点とする．

〔注 1〕 $KMnO_4$ 標準溶液の保存： よく洗浄した褐色びんに入れ，冷暗所に保存する．

〔注 2〕 $KMnO_4$ 溶液と接触したガラス器具の洗浄： $KMnO_4$ 溶液に触れたガラス器具は次第に褐色を帯びてくる．これは $KMnO_4$ 溶液から生じた MnO_2 が沈着したものである．この沈殿は除去しにくいが，硫酸酸性の硫酸第一鉄アンモニウム溶液（モール塩約 5 g を約 1.5 M の希硫酸 100 ml に溶かす）を用いれば速やかに溶解除去できる．

2.2.3 錯滴定

錯体の生成反応を利用する錯滴定法は，1945 年 Schwarzenbach らがエチレンジアミン四酢酸（EDTA）などのポリアミノカルボン酸およびポリアミン類について研究を行い，これらが金属イオンと非常に安定なキレート化合物を生成し，滴定試薬として優れていることを見出した．また終点を判別する鋭敏な金属指示薬も研究され，従来滴定法を利用できなかった多くの元素の定量が可能となり，分析化学上きわめて重要な方法の 1 つとなった．

表 2.3 EDTA のキレート生成定数 (20℃，イオン強度 $\mu = 0.1$)

金属	log K	金属	log K
Mg^{2+}	8.69	Cu^{2+}	18.80
Ca^{2+}	10.70	Al^{3+}	16.13
Mn^{2+}	13.79	Fe^{3+}	25.1
Fe^{2+}	14.33		

EDTA による滴定 EDTA は四塩基性酸で，1 分子に対し二価および三価の金属 1 原子の割合で金属キレート化合物をつくる（表 2.3）．その立体構造は下図のようであろうと考えられている．

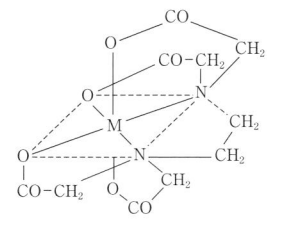

EDTA はある種の金属イオンの特異的試薬ではなく，すべての二価，三価の金属とキレートをつくり，その定量に利用される．したがって他の金属が共存すれば目的金属イオンの定量は妨害される．

反応の終点を知るには金属指示薬を用いるのが普通であるが，分光光度滴定もできる．たとえば Mg 定量の場合は，金属指示薬としてエリオクロムブラック T（BT）なるアゾ色素が用いられる．これは pH 10 で青色を呈するが，Mg^{2+} があればこれとキレートをつくって濃赤色を呈する．EDTA が加えられて Mg^{2+} がことごとく結合されると，MgBT が解離して遊離の BT の青色が現れる．滴定は pH 10 前後で行わなければならない．アルカリ性にしすぎると $Mg(OH)_2$ の沈殿が生じ，アルカリ性が弱いと MgBT が不安定になる．なお遊離の BT は酸性溶液では赤色を呈する．

〔試薬〕 緩衝液（pH 10）： NH_4Cl 70 g，濃アンモニア水（d 0.90）570 ml を水に溶かして 1 l とする．

BT 指示薬： エリオクロムブラック T 0.5 g，塩酸ヒドロキシルアミン 4.5 g を無水アルコール 100 ml に溶かす．ヒドロキシルアミンは Fe, Al, Cr に対する陰蔽剤である．

0.01 M EDTA 標準液： $EDTA \cdot Na_2 \cdot 2H_2O$ 3.723 g を水に溶かして 1 l とする．

〔注1〕 精製した EDTA Na$_2$・2H$_2$O を 80℃で乾燥し，精密にはかりとって調製したものをそのまま標準液とするか，あるいは市販の試薬を用いてつくり，力価を標定する．保存中に徐々に力価が低下するから，長期間保存した場合は標定しなおさなければならない．

〔注2〕 EDTA 標準液の力価の標定： 標準物質を精密にはかりとって溶液とし，定量の操作と同様にして EDTA で滴定する．標準物質としては純品の得られやすい炭酸カルシウム，金属亜鉛，硫酸マグネシウム七水塩，酸性リンゴ酸カルシウムなどが使用される．

〔注3〕 BT 指示薬は Mg, Zn に鋭敏であるが，Ca, Ba などには終点の変色が明瞭でない．そこでこれらをはかるときはあらかじめ EDTA 標準液に Mg 塩を EDTA 当量の 1/20 程度に加え，その後に遊離の EDTA を標定して力価とすることも行われる．

〔操 作〕 Mg として 0.12～12 mg を含有する試料をとり，NaOH または HCl で中和し，溶液 100 ml に対して緩衝液（pH 10）2 ml と BT 指示薬 2～4 滴を加え，0.01 または 0.001 M EDTA で滴定する．

〔注1〕 キレート生成反応は中和反応のように速くないから，反応終点に近づいたならば，1 滴ずつゆっくり加えなければならない．

〔注2〕 微量の Cu^{2+}, Co^{2+}, Ni^{2+}, Fe^{3+} の妨害は 5% 硫化ナトリウムあるいは 5% KCN 溶液を数滴緩衝液とともに添加するとおさえることができる．

2.3 錯体利用分析法

錯体生成反応を利用した分析法は錯滴定のほか，種々知られている．たとえば，ニッケルジメチルグリオキシムは Ni^{2+} に特異的に反応して桃赤色の沈殿を定量的につくるため，重量分析法などに古くから利用されている．また，Ni^{2+} と Co^{2+} の混合溶液を 8 M HCl 酸性にすることにより $[CoCl_4]^{2-}$ 錯イオンに変換させ，コバルトイオンのみを陰イオン交換樹脂に吸着させて分離する方法などもある．

現在最も普及しているこの分野の分析法として，金属イオンが有機配位子と結合することにより特異的な色を呈し，特定波長の吸光度あるいは蛍光強度により微量まで定量する方法がある．

また有機錯体は，無機イオンが分子の中心に，外側を有機物質で取り囲むため，多くの金属イオンや無機陰イオンを水と溶け合わない有機相へ抽出することができる．もちろん水に不溶性となるため，多量に存在するときは沈殿となる．溶液における光学的性質は非常に微量まで検出でき，また有機相にのみ溶解性をもつため非常に多量の水相から少量の有機相に濃縮することが可能となる．そのため，非常に多種類の有機錯体-溶媒抽出-吸光光度法の分析法

表 2.4 オキシン錯体の定量的抽出 pH 範囲，吸収極大波長，μg あたりの吸光度および定量範囲

金属イオン	pH 範囲	吸収極大波長〔nm〕	μg あたりの吸光度	定量範囲〔μg〕
Al	4.5～10.7	390	0.0250	2～50
Cr(III)	6.0～8.0	420	0.0140	3～80
Co	7.3～8.2	420	0.0147	3～80
Cu	2.8～	410	0.0088	6～140
Fe(III)	2.4～	470 / 580	0.0105 / 0.0071	5～100
Pb	8.2～11.0	400	0.0025	20～450
Mn	9.0～10.5, 12.0～	395	0.0188	3～70
Mo(VI)	2.0～5.6	373(380)*	0.0083	6～100
Ni	5.5～8.8	380	0.0095	5～100
Nb	4.8～10.5	385	0.0105	5～120
Ti(IV)	4.0～9.0	385	0.0147	3～100
Ti-(H$_2$O$_2$)	3.8～5.4	425	0.0105	5～100
U(VI)	7.0～9.0	377(380)*	0.0030	17～400
V(V)	3.2～5.1	370(550)*	0.0067	7～170

( )*：測定波長，吸収極大ではない．
1% 試薬 3 ml, 50 ml 水溶液から 10.0 ml の CHCl$_3$ で抽出，定量範囲の下限は吸光度約 0.05 とした．

表 2.5 ジエチルジチオカルバミン酸（DDTC）を用いる金属イオンの抽出法

金属	抽出条件と溶媒	金属	抽出条件と溶媒
Ag(I)	pH 11 (0.5%EDTA)； 四塩化炭素	Mn(II)	pH 6～9（EDTA は妨害）； 四塩化炭素
	pH 2.6～5； 四塩化炭素	Mo(VI)	pH 酸性； 酢酸エチル
As(III)	pH 3～6； 四塩化炭素	Ni(II)	pH 5～11（EDTA, CN$^-$ は妨害）； 四塩化炭素
Cd(II)	pH 5～11； クロロホルム	Pb(II)	pH 4～11（EDTA は妨害）； 四塩化炭素
	pH 11（クエン酸ナトリウム）； 四塩化炭素，メチルイソブチルケトン		pH 11（クエン酸＋CN$^-$）； 四塩化炭素
		Sb(III)	pH 4～9.5； 四塩化炭素
Co(III)	pH 4～11； 四塩化炭素，クロロホルム		pH 8～9.5（EDTA, CN$^-$）； 四塩化炭素
Cu(II)	pH 4～6； 四塩化炭素	Se(IV)	pH 4～6.2； 四塩化炭素
	pH 8.5～10（EDTA，クエン酸ナトリウム）； 四塩化炭素	Sn(IV)	pH 4～6.2（EDTA, CN$^-$）； 四塩化炭素
			pH 5.5（酒石酸塩）； クロロホルム
Fe(III)	pH 4～11； 四塩化炭素	V(V)	pH 3～6； 四塩化炭素
	pH 4.5（酒石酸）； クロロホルム		pH 3； クロロホルム，酢酸エチル
Hg(II)	pH 4～11（EDTA）； 四塩化炭素	Zn(II)	pH 4～11； 四塩化炭素

が確立されており，その方法のみで成書が作成できるほどである．一例として表 2.4 にオキシン錯体を示した．

しかしながら表 2.4 からもわかるとおり，比較的性質の似た金属イオン間（たとえば Cr(III) と Co 間）では特記すべき性質の差がみられず，しばしば大きな分析誤差を引き起こす．したがって，最近ではある程度の選択性と濃縮過程および簡便さをもつ錯体生成-溶媒抽出の方法と，極度に選択性の優れている機器分析法，たとえば原子吸光法，フレーム分析法，蛍光 X 線法，発光分光分析法，固体質量分析法などが組み合わされ，ppb（10^{-9}）および ppt（10^{-12}）までの超微量分析に利用されている．広く利用されている抽出法の 1 つの例を表 2.5 に示した．

2.4 機器分析法

金属分析によく用いられる機器分析法として，原子内の電子の遷移による光の吸収あるいは放射を利用する原子スペクトル分光法がある．具体的にはフレーム原子吸光分析法，グラファイト炉原子吸光分析法と誘導結合プラズマ発光分析法（ICP-OES/AES），誘導結合プラズマ質量分析法（ICP-MS）などである．ここでは，多元素を広い濃度範囲で測定可能な ICP 発光分析法，装置が比較的安価で汎用されるフレーム原子吸光分析法について述べる．

2.4.1 誘導結合プラズマ発光分析法
(inductively coupled plasma (ICP)-optical/atomic emission spectrometry (OES/AES))

プラズマは多くのプラスとマイナスの荷電粒子が共存して，全体として電気的に中性になっている電離気体の状態であり，その温度は 6000〜10000 K にも達する．このエネルギーを熱源とし，試料中に含まれる原子あるいはイオンを励起させ，それが基底状態に戻る際に放射する光から，元素の同定，定量を行う方法がプラズマ発光分析法である．現在，最も広く用いられているのは，誘導結合プラズマ発光分析法である．プラズマトーチ（図 2.1）および ICP 発光分析装置の概略図（図 2.2）を示す．試料はネブライザーによって霧状にされ，プラズマに導入される．白く見える不透明な部分はアルゴンの原子線で，この部分は分析には利用できず，このすぐ上部を測光する．回折格子で分光し，各元素の発光

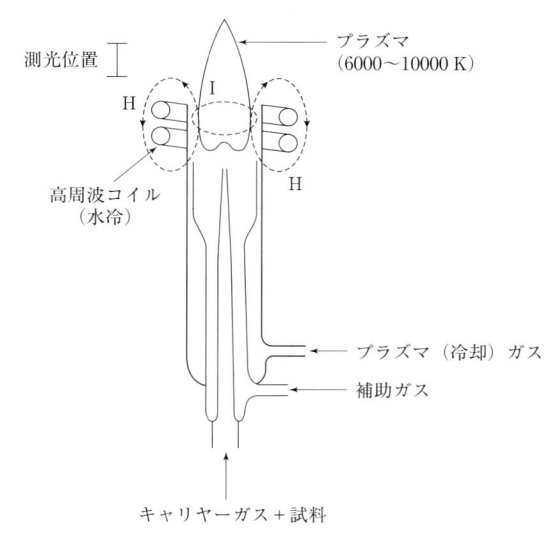

図 2.1 プラズマトーチ

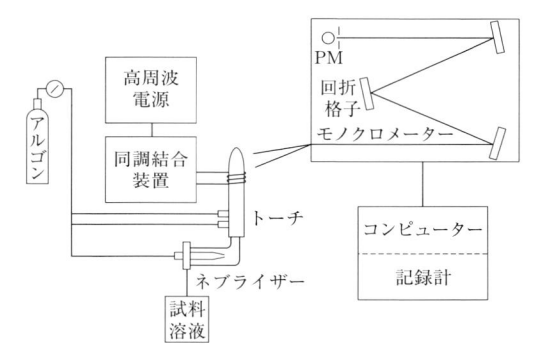

図 2.2 ICP-OES の概略図

線の波長から定量分析を行う．プラズマが高温であるため，高い原子化効率が得られる．

定量分析では，そのつど検量線を作成して行う．検量線の直線性が 3〜6 桁に及び，広い濃度範囲の試料を測定できる．検出限界は一般に ppm から ppb のオーダーである．

検出感度の点では，プラズマを質量分析のイオン源として用いた ICP-MS の方が優れており，その場合，検出限界は ppb オーダー以下になる．

2.4.2 原子吸光分析法（atomic absorption spectrometry, AAS）

原子はその電子軌道のエネルギー状態に特有の遷移エネルギーをもっており，基底状態にある電子に，その原子に特有の波長の光を照射すると，エネルギーを吸収し高いエネルギー準位へ励起する．そ

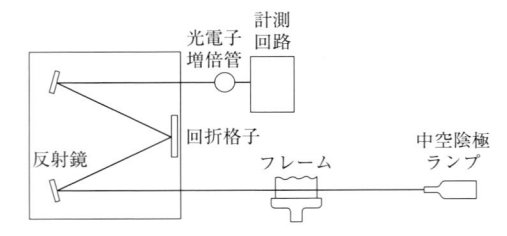

図 2.3 原子吸光装置の概略

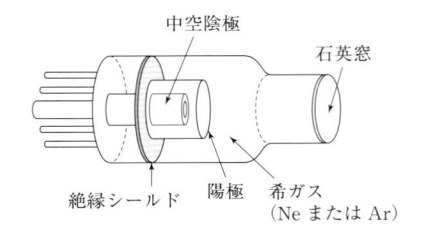

図 2.4 中空陰極ランプ

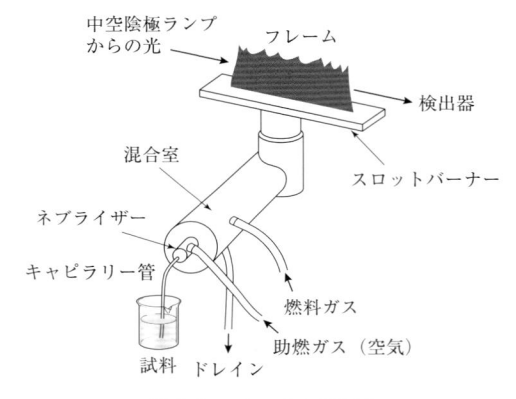

図 2.5 フレームと光路図

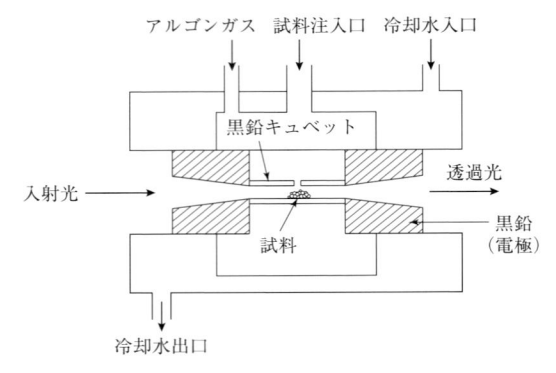

図 2.6 グラファイト炉概略図

の際に吸収されたエネルギーから原子を定量する分析法が原子吸光分析法である．

装置の概要を図 2.3 に示す．光源からの光を試料原子化部分（フレームあるいはグラファイト炉の中心）に通し，回折格子で分光した光を検出器で検出する．吸収された光の量から目的元素を定量する．

光源には，測定しようとする元素でできた中空陰極ランプを用いる．図 2.4 に示すように，中空の陰極をもち，中には低圧で不活性ガス（Ar, Ne など）が封入されている．電圧をかけると，不活性ガスが陽極でイオン化され，それが陰極に衝突した際に，陰極金属が気化される．この蒸気に電子が衝突すると金属原子が励起され，その元素特有の波長の光を放射する．この分析法では，測定する元素によってランプを切り替える必要がある．

原子化法には，大きく分けてフレーム法とフレームレス法がある．フレーム法ではアセチレン-空気が一般的に用いられる（図 2.5）．一方，フレームレス法ではグラファイト炉（graphite furnace）と呼ばれる電気抵抗のある発熱素子を含んだ中空のグラファイトの管に，両端から電圧をかけることによって加熱，原子化する（図 2.6）．

定量分析では，そのつど検量線を作成してから試料の定量分析を行う．検量線の直線性がよくないため，複数の標準試料を測定する必要がある．

検出感度は，フレーム法で ppm オーダー，フレームレス法で ppb オーダーである．なお，フレームレス法では試料溶液量が 1 回に 20 μl 程度と少量で分析できる．

2.5 生物試料の前処理法

生物試料中の金属成分などの無機成分を測定しようとするときは，主成分である有機化合物の存在は非常に大きな分析誤差を引き起こす．特に微量成分の測定の場合は，試料の分解は分析過程のうち非常に重要な部分である．

現在生物試料中の有機成分の分解除去法には大別して 2 種ある．1 つは乾式灰化法であり，もう 1 つは湿式灰化法である．どちらの方法を選択するかは測定成分，生物試料の種類，用いる分析方法により考慮しなければならない．

2.5.1 乾式灰化法

利用すべき分析方法の感度に応じて，試料を 200 mg（原子吸光法の場合など）ぐらいから数十 g（重量・容量分析法の場合など）まではかりとり，磁製，石英あるいは白金のるつぼに入れる．試料量の多いときはパイレックスのビーカーあるいはトールビーカーに入れ，110℃の定温乾燥器で乾燥

後，電気炉に入れ，1時間70～80℃の割合で昇温し，450～500℃で一昼夜以上灰化を行う．炭素粒が残存する場合は，冷却後塩酸，硝酸あるいは過塩素酸を少量加え，熱板上で乾固してから灰化する．

冷却後1M硝酸あるいは塩酸10～25 ml を加え，時計皿でふたをして熱板あるいは湯浴上で数分加温溶解し，1Mの酸で洗いながら50 ml 定容とする．不溶性のケイ酸などが目立つときは濾過してから定容とする．同時に，全く同様にして空実験溶液（ブランク）も作製する．

2.5.2 湿式灰化法

パイレックスのビーカー，トールビーカー（ビーカー類の場合は時計皿を必要とする）あるいはケルダールフラスコに試料を目的，分析法に応じて適当量はかりとり，2gまでは10 ml，それ以上の分は1gにつき4 ml の割合で硝酸を加え，全体が湿ってから，小さい炎あるいは低温の熱板上で加温するか，一夜室温に放置する．硝酸を加えたときただちに反応する場合は，反応が穏やかになるのを待って温度を徐々に上げて加熱し，さらに反応を進める．(1)冷却後過酸化水素水を加える，(2)硫酸と硝酸を加える，(3)過塩素酸と硫酸(4:1)混液を加えるなど，目的に応じて種々の酸ならびに酸化剤の組み合わせを行って加え，加熱分解を続け，分解液が無色または非常に透明な溶液となったら，時計皿を用いている場合は時計皿を洗いこみ，沸騰しないように加熱蒸発して，ほとんど乾固近くまでもっていく（もし炭化物があるようなら再び酸と酸化剤を加えて加熱を繰り返す）．

冷却後，硝酸あるいは塩酸を加えて湿った残渣を溶解させて，容器および時計皿などを洗い，50 ml に定容して試料とする．加える酸，酸化剤は，常に全体で一定量とならなければならない．

最近ではテフロン製の密閉容器を用いた湿式灰化が行われている．密閉容器内で分解するため外部からのコンタミネーションを防ぐことができる．さらに微量成分の分析では，テフロン容器内に試料カップを入れ，そのカップ内に試料を，カップ外に酸を入れることで，酸蒸気による分解を行い，酸に含まれる微量不純物からの汚染も防ぐことができる．図2.7に容器を示すが，加熱によりテフロン容器の内圧が上がるため，テフロン容器をステンレスの外容器の内側にセットして行う．

また，テフロン容器内の酸をマイクロ波を用いて加熱し，試料を分解する方法も用いられている．

2.5.3 超微量の無機成分測定用灰化法

灰化過程において，超微量無機成分では次のようなことが重要な問題となる．(1)揮散，(2)灰化容器への吸着，(3)酸不溶物への吸着などである．特にHg, Cd, Pb, Zn, As, Sb, Se などでは金属および塩化物は蒸気圧が大きく，灰化中の損失が報告されている．このような無機成分測定のための灰化法，特に水銀に対しては，図2.8に示すような冷却器をつけたフラスコを用い，硫酸-過酸化水素，硫酸-過マンガン酸カリウム，硫酸-硝酸などを用いて加熱分解する方法がよい．

また，前項で述べた密閉系のテフロン容器を用いた分解法は，コンタミネーションや吸着を避けることができ，原子吸光法，ICP発光分析法，ICP-MS

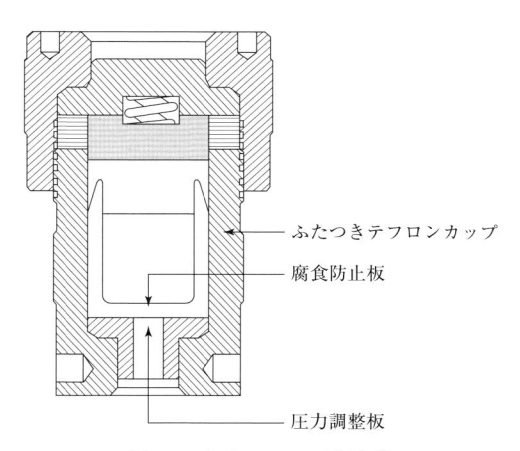

図2.7 高圧テフロン分解容器

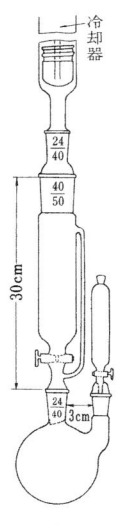

図2.8 水銀測定用試料分解装置

2.6 主要無機成分定量法

2.6.1 ナトリウム

Naの定量には主として原子吸光法，およびフレーム分析法が利用されている．簡便な方法としてNaイオン濃度計を用いる方法がある．

フレーム分析法および原子吸光法 空気-アセチレンなどのフレーム中における589 nmの原子線の発光強度，あるいは中空陰極ランプよりの光の吸光度により定量を行う．

〔操 作〕（JIS K 0101，K 0102）供試液20 mlを白金皿にとり，蒸発乾固し，塩酸（1:1）5滴および水5 mlを加え，加温して溶解し，100 mlにうすめポリエチレンびんに入れ保存する．この溶液濃度が1～10 ppm程度になるようにうすめ，589 nmの発光強度を測定する．あらかじめ数点の濃度既知の標準溶液より作成した検量線と比較してNa量を求める．水道水，河川水では浮遊物，懸濁物を除去するだけで直接測定できる．原子吸光法では中空陰極ランプよりの589 nmの光の吸光度から，全く同様の操作により測定できる．

2.6.2 カリウム

多量のKの定量には重量法の利用が可能であるが，希釈して微量定量法に準じてもよい．

フレーム分析法および原子吸光法 微量のK定量にはフレーム分析法，原子吸光法が一般的である．766.5 nmの原子線の発光強度およびKランプよりの光の吸光度により，検量線を用いて定量する．

〔操 作〕（茶葉中のカリウム定量分析例）飲用のお茶の葉約0.2 gを正確にはかりとる．これを磁製のるつぼ中で，弱い炎を用いて灰化する．灰化終了後，放冷し，全体が十分に冷えた後，脱イオン水で灰全体を湿らす．約0.1 Mの塩酸を用い灰分を溶解し100 mlのメスフラスコ中に洗いこむ．沈殿が残るようならNo.5Cの濾紙で取り除く．100 mlに定容した後，空気-アセチレン炎を用いたフレーム分析法によりKを定量する．

2.6.3 カルシウム

キレート滴定法，フレーム分析および原子吸光法が用いられている．キレート滴定法は常量の測定法に有効であるが，選択性に注意して分別滴定をすべきである．フレーム分析および原子吸光法では微量の場合には有効であるが，共存成分，たとえばリン酸およびケイ酸の影響をうけやすいので注意する必要がある．ICP発光分光法による分析がよく用いられている．この方法はきわめて高い検出感度を有している．

a. 分離操作の一例

〔操 作〕（アンモニア性アルカリ法）供試液50 ml（Caとして10～100 mgを含む）を250 mlのビーカーにとり，水50 mlと5%（NH_4）$_2$（COO）$_2$・H_2O溶液10～15 mlとを加える．Mgを含む溶液の場合はMgの全量をも結合するに足るだけのシュウ酸アンモニウムを加える．白濁したら，溶液を温め，かきまぜながら塩酸（1:3）を徐々に滴下して沈殿を完全に溶解させる．次に，メチルレッド指示薬[*1]を数滴加え，金網上で加熱して沸点近くになったとき，アンモニア水（1:10）を滴下し，最初の白濁を認めた後は溶液を沸騰させつつ，かつガラス棒でかきまぜ続けながら徐々にアンモニア水（1:10）を滴下し，指示薬の色が全く橙色を失い黄色となるに至って止める．次にビーカーを時計皿で覆い，なお1～2分間煮沸した後，砂皿または湯浴上で30分間温めて沈殿を熟成させる．

〔注〕このとき，もし溶液の色が褐色または赤色を帯びるに至ったときにはアンモニア水を滴下して再び完全に黄色にすることが必要である．

さらに1～2時間放置して冷やしてから濾過する．沈殿を0.1%シュウ酸アンモニウムで洗浄する．

多量のマグネシウムを含む試料の場合は再沈殿を行う．すなわち濾紙の底に穴をあけて沈殿をもとのビーカーに洗い落とし，熱塩酸（1:1）20 mlを注いで濾紙に残留する沈殿を溶かし，熱水で十分洗浄する．沈殿を完全に溶かした後，水を加えて100～200 mlとし，指示薬およびシュウ酸アンモニウム2 mlを補い，前と同様にして沈殿させる．過マンガン酸カリウム法が後に続く場合は，冷水を用いて傾斜法で2～3回洗った後，沈殿を濾紙上に移し冷水で洗浄する．

〔注〕洗浄が過度になると無視できない程度の損失が生ずる．重量法の場合はシュウ酸アンモニウムで洗浄する．

b. EDTA-NN法

〔操 作〕供試液50 mlに8 M KOH溶液を加えて，pHを約13に調整し，Mg^{2+}が共存するときは数分放置し，Mg(OH)$_2$の沈殿を完成させる．重金属をマスキングするため，5% KCN溶液を数滴滴

[*1] 0.2%メチルレッド溶液： メチルレッド0.1 gをアルコール30 mlに溶解し，水を加えて50 mlとする．

下し，2-ヒドロキシ-1-(2-ヒドロキシ-4-スルホ-1-ナフチルアゾ)-3-ナフトエ酸（NN 指示薬）希釈粉末約 0.1 g を添加し，M/100 EDTA（2.2.3 項を参照）標準溶液で赤から青に変わる点の滴定量より測定する．

c. フレーム分析法および原子吸光法

Ca の測定はフレーム分析法が有効である．423, 554, 622 nm の原子線が用いられる．フレーム組成は空気-アセチレンあるいは酸化二窒素-アセチレンで多燃料の還元的なものがよい．Ca のイオン化により発光強度の低下が起きる場合には，NaCl を Ca 量の約 100 倍添加すると取り除くことができる．リン酸やケイ酸などが共存の場合は，N_2O-C_2H_2 フレームでバーナー高さを 15〜20 mm と高くして測定すると，感度は減少するが，干渉を除去することができる．La 添加法も同様の効果が報告されているが，La 中の Ca 量に注意する必要がある．リン酸が多い場合は効果がうすい．原子吸光法は中空陰極ランプよりの 423 nm の光の吸光度を利用するが，原子化条件はフレーム分析法と同様である．

2.6.4 マンガン

比較的多量の Mn 定量には酸化還元滴定法が最も広く利用される．キレート滴定法も迅速簡便である．微量 Mn の定量は MnO_4^- 吸光光度法が利用されているが，原子吸光法が簡単で感度よく，比較的共存物質の影響が少なくて優れた方法である．

a. 酸化還元法

〔操 作〕 Mn 量 5〜15 mg になるように試料を精秤して 500 ml のビーカーに入れ，硫酸（1:5）30 ml および硝酸（1:3）10 ml を加えて加熱分解する．煮沸して酸化窒素を出し，水約 150 ml を加え，さらに硝酸銀溶液（2％）5 ml，リン酸 5 ml を加え全容積を約 200 ml にうすめる．これに過硫酸アンモニウム約 2 g を加えて煮沸し過マンガン酸とする．

$2Mn(NO_3)_2 + 5(NH_4)_2S_2O_8 + 8H_2O$
 $\rightarrow 2HMnO_4 + 5(NH_4)_2SO_4 + 5H_2SO_4 + 4HNO_3$

過剰の過硫酸アンモニウムの分解による小さい気泡が，煮沸による大きい気泡に変わってから約 2 分間煮沸し，$(NH_4)_2S_2O_8$ を完全に分解する．水により 30℃ 以下に冷却，0.1 M 硫酸鉄(II)アンモニウム（硫酸第一鉄アンモニウム）標準[*2]液を加えて過マンガン酸を還元し，赤紫色が消失してからなお 10 ml 過剰に加え，使用した硫酸鉄(II)アンモニウム標準液全量を記録しておく．ただちに 0.02 M 過マンガン酸カリウム標準液（2.2.2 項の酸化還元滴定を参照）で残留している硫酸鉄(II)アンモニウムを逆滴定し，次式で Mn 量を算出する．

$$Mn[\%] = \frac{\left[\left(\frac{N}{10}Fe(NH_4)_2(SO_4)_2 \text{使用量}[ml]\right) - \left(\frac{N}{10}KMnO_4 \text{使用量}[ml]\right)\right] \times 0.1099}{\text{試料}[g]}$$

b. 吸光光度法

〔操 作〕 酸化還元法の硫酸鉄(II)アンモニウムを加える前まで同一操作をし，冷却後 250 あるいは 500 ml にして，一部を 10 mm のガラスセルに移し 525 nm の吸光度を測定する．

あらかじめつくった $KMnO_4$ 標準溶液数点による検量線より算出する．Cr が共存するときは 575 nm で測定するか，525 nm 吸光度測定後 10％ $NaNO_2$ を滴下して脱色後再び吸光度を測定，前後の吸光度差より算出する．

2.6.5 鉄

比較的多量の定量には容量法，$KMnO_4$ 滴定法または EDTA 滴定法が用いられ，微量の場合は o-フェナントロリンによる吸光光度法が用いられる．

o-フェナントロリンによる吸光光度定量 o-フェナントロリンは二価鉄と結合して赤色の錯化合物（下図）をつくる．この色は 0.1〜6.0 ppm，pH 2.0〜9.0 の間で安定し，数ヶ月以上たっても変化しない．試薬が適当量なら Beer の法則によく合う．

三価の鉄を定量する際にはヒドロキノンまたはヒドロキシルアミンを還元剤とする．ピロリン酸，シュウ酸，酒石酸，青酸，EDTA など鉄の陰蔽剤によって発色が妨害される．ただし pH の調節によって妨害を避けられる場合もある．クエン酸は妨害しない．

〔試 薬〕 o-フェナントロリン： 0.25％水溶液，$C_{12}H_8N_2 \cdot H_2O$ を温水に溶かし，褐色びんに入れ冷暗所に貯える．

標準鉄溶液： 特級 $FeSO_4(NH_4)_2SO_4 \cdot 6H_2O$ 0.702 g を 0.2％ HCl で溶かして 1 l にする．検量線

[*2] 結晶硫酸鉄(II)アンモニウム（$FeSO_4 \cdot (NH_4)_2SO_4 \cdot 6H_2O$）を上皿化学はかりで 20 g とり，ビーカー中に水約 200 ml および硫酸（1:1）50 ml を加えて溶解した後，水を加えて 500 ml とする．標定はこの溶液 20〜25 ml をピペットによりとり，水約 50 ml を加えた後に 0.02 M 過マンガン酸標準液で滴定，力価を算出する．

作成の際に水で10倍にうすめて使用する．

〔操 作〕 50 ml のメスフラスコに供試液 10 ml（Feとして 0.02～0.2 mg を含む）をとり，2.5%ヒドロキシルアミン塩酸塩溶液 1 ml を加えて 15 分間おく．次に o-フェナントロリン 2 ml を加えてよくまぜる．次に pH を約 3.5 に調節するのに必要な量の 25% クエン酸ナトリウム溶液を加える．加えるべきクエン酸ナトリウムの量は，別に供試薬 10 ml を三角フラスコにとり，ブロモフェノールブルーを指示薬[*3]として，その黄色が淡緑色になるまでクエン酸ナトリウムで滴定して定める．

水で 25 ml に満たし 20℃ 以上に 1 時間放置し，鉄標準液を同様に処理したものと直接比色するか，あるいは緑色フィルターを用いるか，または波長 510 nm において，吸光度を測定し，あらかじめ作成した検量線と比較して鉄の量を求める．

検量線は標準鉄溶液の 0～0.1 mg/50 ml の数点について，上と全く同様にして吸光度を測定して作成する．

〔注〕 発色は完全に Beer の法則に従う．

2.6.6 アルミニウム

多量の Al の定量には Al_2O_3 による重量法，EDTA，オキシン法などの容量法が用いられる．微量の場合には吸光光度法や蛍光分析法が用いられる．モリン法，ポンタクロムブルー法，サリチリデン-o-アミノフェノール法，ルモガリオン法などが用いられ，非常に高感度である．原子吸光法や ICP 発光分光法も利用される．

a. アンモニアによる重量法

アルミニウムを含む酸性溶液にアンモニアを加えて中和，$Al(OH)_3$ のゲル状沈殿を得る．Al は Fe と異なり両性電解質の性質を示す．$Al(OH)_3$ は pH 4 付近から，初めは $Al(OH)Cl_2$，$Al(OH)_2Cl$ を経て純粋の $Al(OH)_3$ に変わり，pH 6.5～7.5 では定量的に $Al(OH)_3$ となる．さらに pH 8 付近より $K_2H_4Al_2O_6$，$K_4H_2Al_2O_6$ として溶解し始め，pH 10 においてはその程度がきわめて著しくなる．

溶液中での適量の塩化アンモニウムや硝酸アンモニウムの共存は，pH の緩衝作用を生じて，マグネシウムの分離を容易にし，またゲルの凝固促進の効果がある．

〔操 作〕 供試液 50 ml（Al 5.4～54 mg を含む）

[*3] ブロモフェノールブルー溶液：ブロモフェノールブルー 0.1 g を 20 ml のエチルアルコールに溶かし，水でうすめて 100 ml とする．

を 300 ml ビーカーにとり，水 100 ml，NH_4Cl 結晶 4 g またはそれと当量の塩酸を加え，数滴のメチルレッド指示薬を加えて加熱し沸騰させる．次に溶液をかきまぜながらアンモニア水（1:3）を滴下して指示薬の色が明らかに黄色になるに至って止める．

〔注〕 長くガラスびんに貯えたアンモニア水はケイ酸を溶かしているため，それがアルミニウムの沈殿中に混ずることがある．

時計皿で覆い 1～2 分間煮沸する．このとき指示薬が沈殿に吸着されて，その色調が明らかでない場合には，さらに数滴の指示薬を上澄みに加えてアンモニアが十分であることを確かめる必要がある．熱いうちに No.5A の濾紙を用いて濾過し，2% NH_4NO_3 または NH_4Cl の熱溶液で洗浄する．

沈殿は濾紙とともに白金または磁器るつぼに入れ，低温で乾燥，炭化，灰化を行い，最後にるつぼぶたで覆い 10 分間強熱して Al_2O_3 として秤量する．恒量になるまで強熱，秤量を繰り返す必要がある．

〔注 1〕 $Al(OH)_3$ を完全に脱水するには，ブラストバーナーで 1200℃ に 5～10 分間強熱する必要がある．ブンゼンバーナーでは脱水不完全のために過大な値を得がちである．

〔注 2〕 秤量に際しては吸湿性が強いので，ふたをして手早く秤量することが大切である．

b. オキシン-吸光光度法

酸性試料溶液（2～50 μg Al^{3+} 含有）約 35 ml に，1% オキシン酢酸溶液 3 ml を加えてよく振とう後，2 N 酢酸アンモニウム溶液と NH_4OH 水で pH 4.8～5.4 とする．分液漏斗に移し全容を約 50 ml とし，$CHCl_3$ 10 ml で抽出し，$CHCl_3$ 溶液の 390 nm の吸光度を測定，あらかじめ標準溶液で測定して作成した検量線より算出する．Fe^{3+} も pH>2.4 で抽出されるので，Fe^{3+} 共存では $CHCl_3$ 溶液を 470 nm の吸光度より鉄の量を知り，390 nm の吸光度を補正しながら両成分を同時定量する．Fe^{3+}，Ti^{4+} は 2-メチルオキシンであらかじめ $CHCl_3$ 抽出により除去する．

2.6.7 リン酸

比較的多量の PO_4^{3-} の重量法としては，$NH_4MgPO_4 \cdot 6H_2O$ として沈殿させ，これを強熱して $Mg_2P_2O_7$ として秤量する方法がよく用いられる．容量法としては，モリブドリン酸アンモニウムとして沈殿後，沈殿を溶解するのに用いた水酸化ナトリウム量を酸塩基滴定で定量する方法がある．また Mg^{2+} を加えて PO_4^{3-} と反応させ，過剰の Mg イオンを EDTA 滴定する方法もある．

微量の PO_4^{3-} は酸性溶液中でモリブデン酸と反応

してモリブドリン酸を生じ，適当な還元剤で処理すると青色を呈する．リン酸量に比例して発色する．また PO_4^{3-} はバナジン酸塩を含む酸性溶液にモリブデン酸塩溶液を加えて黄色のバナドモリブドリン酸をつくり定量できる．この方法はヒ酸およびケイ酸塩の妨害がない．

モリブデンブルー吸光光度法

〔試 薬〕 モリブデン試薬： モリブデン酸アンモニウム 15 g を 300 ml の温水に溶かし，要すれば濾過し，冷却後 350 ml の濃塩酸を加え，冷却後 1 l に満たす．

塩化第一スズ溶液： $SnCl_2 \cdot 2H_2O$ 10 g を濃塩酸 25 ml に溶かし，着色びんに貯える．

〔注〕 使用前 8 時間以内にその 1 ml を 332 ml の水でうすめて使用する．

〔操 作〕 供試液（P として 0.005〜0.05 mg）を 50 ml のメスフラスコにとる．

〔注〕 Fe^{3+} の含量が 3 mg 以下ならば前処理をする必要がないが，それより多量に含有される場合は，あらかじめ還元しておく必要がある．

約 30 ml にうすめ，2,4-ジニトロフェノール[*4]（変色域 pH 2.0〜4.7）またはキナルジンレッド[*5]（変色域 pH 1.4〜3.2）を指示薬として微赤色を呈するようにアンモニア水あるいは塩酸で調節する．20〜30℃ に保ち，35 ml 弱までうすめ，モリブデン試薬 10 ml を加えてふりまぜ，次に塩化スズ 5 ml を加えてふりまぜ，水を加えて 50 ml に満たす．4〜20 分後に比色する．比色は標準液を同時に発色させて直接比較するか，または 650 nm で吸光度を測定して，あらかじめつくられた検量線と比較する．

2.6.8 硫酸イオン

硫酸イオンの定量としては硫酸バリウム重量法が普通である．容量法には，塩化バリウム標準液を加えて $BaSO_4$ を沈殿させ，過剰の Ba^{2+} を EDTA で滴定する方法がある．

硫酸バリウム重量法 難溶性の硫酸バリウム $BaSO_4$ として硫酸イオンを沈殿させ定量する．$BaSO_4$ の室温における溶解度積は 1.0×10^{-10} である．中性はもちろん微酸性においてもなお難溶性であるから，$BaCO_3$，$BaHPO_4$ などの沈殿を避け，Ba$(OH)_2$ の共沈を少なくするため，また比較的大きいこしやすい沈殿をつくるために微酸性で沈殿させる．

$BaSO_4$ として沈殿させるときに生じる誤差として，主なものは次のものがある．

（1）$BaSO_4$ 沈殿中に $BaCl_2$ が吸蔵されるための誤差： 硫酸塩溶液に $BaCl_2$ 溶液を加えるときには，$BaCl_2$ の吸蔵は多くない．しかし沈殿剤の加え方によって吸蔵の程度が異なる．硫酸塩溶液をかきまぜながら $BaCl_2$ 溶液をできるだけ少量ずつ滴下すべきである．

（2）$BaSO_4$ の沈殿の溶解度が増加するために起こる誤差： 溶液の希釈度が過大である場合や酸性が強すぎる場合には，$BaSO_4$ の溶解度が増加して分析結果を低くさせる．ことにクロムおよび鉄塩の影響がはなはだしい．たとえば $Cr_2(SO_4)_3$ の熱溶液からは $BaCl_2$ の添加によってわずかに 1/3 の硫酸イオンが沈殿するにすぎない．

〔操 作〕 供試液 10 ml（SO_4 約 100 mg を含む $CuSO_4$）を 300 ml ビーカーにとり，脱イオン水で 5 倍に希釈する．メチルレッドを指示薬としてアンモニア水 (1:3) を加えて中和し，さらに塩酸 (1:3) を 0.5〜1.0 ml 加え微酸性とする．この溶液を金網上で加熱し煮沸し始めたときに，あらかじめ別に沸点近く加熱しておいた 5〜10% $BaCl_2$ 溶液を滴下し，生ずる $BaSO_4$ の白色沈殿をたえずガラス棒でかきまぜる．$BaCl_2$ の滴下が終わってから数分間煮沸を継続する．沈殿がほぼ沈降したとき数滴の $BaCl_2$ を追加して新たに白濁を生ずるかどうかをみて，沈殿剤の十分なことを確かめたら，ビーカーを時計皿で覆い，金網または砂皿上で 30〜60 分間温めて沈殿の熟成をはかる．次に，初めは傾斜法によって熱湯で洗浄し，後には沈殿を濾紙上（No.5C がよい）に移して熱水で洗浄する．濾液の数滴をとって 5% 硝酸銀を加え塩化銀の白濁を生じなくなるまで洗浄する．洗浄を終えたら，沈殿がこぼれないよう十分注意しながら濾紙を折りたたんで，るつぼに移す．るつぼを三角架の上にやや斜めにのせ，るつぼぶたを半ば覆い，小さい炎で遠くから熱して乾燥させる．徐々に炎を大きくして近づけ，濾紙が炎をあげて燃えることのないように注意しながら炭化させる．炭化が終わったらふたをずらして空気をよく通しながら加熱して灰化する．灰化が終わって炭素粒を認めなくなったらるつぼを完全にふたで覆い，10〜15 分間バーナーで強熱する[*6]．最後にるつぼをシリカゲルを入れたデシケーターに移し，30〜60 分間天秤室で冷やしてから秤量する．こうして得られた重量から濾紙の灰分重量を引いて $BaSO_4$ の重量とす

[*4] 2,4-ジニトロフェノール 0.1 g を 50 ml のエチルアルコールに溶かし，水でうすめて 100 ml とする．
[*5] キナルジンレッド 0.1 g を 50 ml のエチルアルコールに溶かし，水でうすめて 100 ml とする．

BaSO₄の重量×0.4116＝SO₄の重量
BaSO₄の重量×0.1374＝Sの重量

〔注〕 銅イオンを含む廃液の処理： 硫酸イオンの定量に使用した供試液は多量の銅イオンを含有し，排水基準値（3 mg/l）を上回るので直接流しに捨てることはできない．したがって次のように処理すると同時に，銅の定量を行う．硫酸イオンの定量に用いた溶液で比較的多量にCuイオンが含まれる溶液は，すべて所定の廃液容器内に入れ保存する．

(1) 沈殿を洗浄した液は1回目の洗液のみをとればよい．
(2) ピペットをすすいだ試料液および試料の残りも同容器に捨てる．

重量分析終了後，各自の廃液より1 mlを正確にとり，銅濃度が1～10 ppmとなるように希釈し，A液とする．残液に10% NaOH水溶液を少量ずつ加え，pH試験紙でpH 10に調製し，これを3日以上放置した後，上澄みを約50 mlとり，B液とし保存する．

沈殿はNo.5A濾紙を用いて濾過し，乾燥後ビニール袋などに入れて処理する．濾液は，希塩酸で中和して捨てること．A，B両液は後の原子吸光実験の試料とし，銅濃度を測定し，銅の回収率を求めるのに使用する．

(3) NaOH液による液量の変化は無視するものとする．

2.7 無機成分混合液からの分離定量

多数の成分の混合液より各成分を分離定量する方法は，分離の方法，順序，各成分の定量法の組み合わせによって多数の方法が考えられる．しかし，いかなる組み合わせがよいかは，分析の対象中に含まれている各成分の割合によって決定されるべきもので，水，植物，土壌，肥料などの分析を全く同じ方法で行うのは誤りである．ここでは，主として岩石・土壌などと成分割合の類似した混合液の多量成分を念頭において組み立てられた方法を記述する．

微量成分に対してこの方法を利用すると，操作の途中で他成分の沈殿などに吸着され大きな誤差をまねくので注意しなければならない．また吸光光度法，原子吸光法などの機器分析法は感度が優れており，希釈し，適当な干渉除去手段をとれば，分離せず，比較的少量の試料溶液で多くの成分を定量できる．この方法のほか有機溶媒抽出法，イオン交換法などの分離法もあるので，目的に応じて分離の実施，方法の選択を決定する必要がある．

2.7.1 ケイ酸の分離

供試液50 mlをなるべく底の広い磁製の蒸発皿にとり，約5 mlの濃塩酸，3～5 gのNaCl，約0.2 gの塩素酸カリウムを加えて溶解させた後，湯浴上で蒸発乾固する．結晶が析出したらガラス棒で粉砕し，蒸発を続け完全に塩酸を追い出してからさらに1時間継続する．

蒸発皿が冷却後，溶解成分の多少に応じて濃塩酸5～10 mlを少しずつ注ぎ，よくかきまぜながら30分間ほどかけて溶解させる．ついで蒸留水50 mlを少量ずつ加え，ケイ酸以外の塩化物を溶解させて試料溶液とする．

2.7.2 Fe, Ti, Al, PO₄, Mn, Ca, Mg, K, Naの分離

酸化物の分離法は，アンモニア法と塩基性酢酸塩法の2種類が行われる．前者は微アルカリ性で沈殿させる方法で，後者は微酸性で沈殿させる方法である．鉄，チタン，アルミニウムは，pH 4～5で酸の塩基性塩として沈殿する．通常この付近でpH緩衝能の強い酢酸と酢酸ナトリウム（またはアンモニウム）の溶液から塩基性酢酸塩（たとえばFe(OH)₂CH₃COO）として沈殿させる．マンガン，カルシウム，マグネシウムはこの酸性で塩基性塩として沈殿することがないから，分離は完全である．アンモニア法は微アルカリ性から沈殿させるから，pHの調節を厳重に行わないとMg, Caなどの混入が多くなる．ことにMnが多量に存在するときには，1回目に塩基性酢酸塩法で分離し，アンモニア法で再沈殿するのがよい．

アンモニア法 2.7.1項で調製した試料溶液50 mlを500 mlのビーカーまたは300 mlのコニカルビーカーにとり，150～200 mlにうすめる．もし二価鉄がある場合は，臭素水を加えて二価鉄を酸化して三価鉄とする．煮沸して過剰の臭素を駆逐した後，塩酸（1：1）20 ml（中和後全液量に対し約2.5%のNH₄Clを生ずる量）と数滴のメチルレッド指示薬を加える．金網上でほとんど煮沸近くまで熱する．かきまぜながらアンモニア水（1：3）を滴下して，上澄みの指示薬の色が黄色になるようにする．さらにビーカーを時計皿で覆い1～2分間煮沸する．アルミニウム定量法に準じて，沈殿を濾過洗浄する．

〔注〕 Fe^{2+}の酸化には硝酸を用いてもよいが，過剰の硝酸のためメチルレッドが分解脱色されてしまう欠点がある．

濾紙上の沈殿の大部分を熱湯でビーカーに吹き落とし，残りに熱塩酸（1：1）20 mlを濾紙の上から加えて沈殿をことごとく溶かし，続いて上記に準じて再沈殿を行う．

---

*⁶ 濾紙の炭素の残存している間に強熱すると，硫化バリウムが生成して分析結果を低くするおそれがある．このような場合にはるつぼの冷却を待って1～2滴の硫酸（1：3）を加え，初めは低温で乾燥させ漸次強熱して硫化バリウムをことごとく硫酸バリウムに変化させることが必要である．

コラム： 足尾鉱毒問題と古在由直

古在由直

古在由直（1864〜1934）は足尾銅山の鉱毒調査に科学者としての良心において積極的に力を注ぎ，日本の環境科学の先駆けとなる功績を残した農芸化学者である．

栃木県，渡良瀬川の最上流部に位置する足尾銅山は1610年に開山し，1877（明治10）年に民営化されて日本最大の銅山となった．しかし採鉱，選鉱，精錬の過程からの重金属を含んだ酸性排水が渡良瀬川に流入し，また，乱伐や精錬過程で発生する亜硫酸ガスにより周辺の山林が荒廃して度重なる洪水がもたらされた．下流域における漁獲量激減，作物の生育不良が目立ち始め，1890（明治23）年8月の大洪水では有害重金属を含む鉱泥が渡良瀬川に大量に流れこみ，栃木，群馬の田畑約1万haが鉱毒水につかり，農作物は全滅した．

被害は大きな社会的政治的事件となった．1891（明治24）年，農民代表は公平無私な科学者として評判の高かった帝国大学農科大学（現在の東京大学農学部）の古在由直を訪ねて土壌と水の分析を依頼した．政府と県からの調査依頼もまた古在に届いた．古在はただちに調査分析を行い，被害の原因は銅の化合物にあると結論し公表した．

古在の調査結果に力を得て，農民や代議士田中正造らが問題解決に奮闘したが政府は鉱山側をかばう姿勢であった．1902（明治35）年に政府が設けた鉱毒調査委員会の委員に古在は命じられた．古在は渡良瀬川沿岸一帯の徹底的な調査を主張したが認められなかったため，弟子や学生の応援を得て自ら調査を行った．地図に碁盤の目状に線を引き，一目ずつから試料を採取する客観的，公正な調査であった．土壌，作物，水が鉱毒の害を受けていることを示す調査結果は，事態を進捗させる大きな契機となった．

古在由直は教授として農芸化学科農産製造学講座を担当するかたわら旧農事試験場の場長を兼任し，後に東京帝国大学の総長を務めた．足尾鉱毒問題のみならず，広く研究，教育，農業技術の各分野にはかりしれない功績を残した偉大な先達である．

[妹尾啓史]

濾紙上の沈殿は，Fe, Ti, Al, PO_4 を含む．これを熱塩酸20 mlに溶解し，熱湯で濾紙を洗浄して200〜250 mlのメスフラスコに満たす．これを各成分の定量の試料とする．

1回目の濾液と再沈殿の濾液にはMn, Ca, Mg, K, Naが含有されている．再沈殿の濾液をそのまま合併すると，以下の操作で塩化アンモニウムが過量になるから，湿式または乾式法でその大部分を駆逐しておいて，残渣に塩酸（1:1）数滴を加えて溶解し，これを1回目の濾液と合併し，各成分の定量の試料とする．

塩化アンモニウムの駆逐法

（1）湿式法： NH_4Cl を含む溶液をビーカーにとり，塩酸を加えて微酸性とし，砂皿上で加熱し，NH_4Cl の結晶が析出し始めるまで濃縮する．次にドラフト内において NH_4Cl 1 gに対し約3 gの割合で濃硝酸を加え，時計皿で覆い湯浴上で温める．ガスの泡が全く出なくなった後，時計皿の裏側を水で洗い落とし，湯浴上で蒸発乾固して過剰の硝酸を駆逐する．

（2）乾式法： 溶液を濃縮した後，白金または磁器蒸発皿に移し，湯浴上で蒸発乾固する．皿をるつぼばさみでもちながら炎の上で加熱するが，なるべく低温で塩化アンモニウムを揮散させる．白煙を認めないようになるまで加熱する．

[安保 充]

参 考 文 献

1) 作物分析法委員会編：栄養診断のための栽培植物分析測定法，養賢堂，1975
2) 平野四蔵：工業分析化学実験，上下，共立出版，1963
3) 日本分析化学会北海道支部編：分析化学実験，化学同人，1971
4) 日本分析化学会編：分析化学データブック 改訂第5版，丸善，2004
5) 日本分析化学会編：分析化学便覧 改訂第5版，丸善，2001
6) 山口政俊ら編：分析化学II 改訂第5版，南江堂，2002
7) C. Vandecasteele, C. B. Block 著（原口 紘ら訳）：微量元素分析の実際，丸善，1995
8) 飯田 隆ら編：イラストで見る化学実験の基礎知識 第3版，丸善，2009

第3章

土壌実験法

　土壌は，母材となる鉱物粒子等に気象や生物の影響が加わって生成するものであり，地域によって種類は異なる．また，同一場所でも地表からの深さにより性質が変動する．土壌の性質は，構成する鉱物や有機物等の種類や量によって大きく左右され，また，そこに生息する微生物の種類や機能の影響をうける．この土壌微生物の働きにより，土壌は陸域における物質循環の主要な場となっており，地球上のすべての生物の生存に直接・間接に関与している．よって，土壌の物理的・化学的・生物学的性質を明らかにすることは，その土地の生物生産性や環境保全機能を理解し，評価し，利用あるいは修復するために重要である．ここでは，そのような土壌の諸性状を解析するための基本操作のうち代表的なものを紹介する．

3.1 土壌試料の採取と調製

3.1.1 土壌試料の採取

　土壌試料を採取する際には，地形，地質，植生などを記録しておく．農地ならば耕作者から耕作・肥培法や作物の種類・生育状況などを聞き，記録するとよい．

　土壌試料は目的に応じて移植ごてや採土器（図3.1）などを用いて採取する．施肥，栽培方法などが作土に及ぼす影響を調べる場合には，採土器で圃場全体から数点〜十数点の土壌コア（円筒状土壌試料，その高さは作土の厚さに等しい）を採取する．土壌微生物を調べる場合には殺菌した採土管を用い，密封し，冷蔵でもち帰る．採取した試料はビニール袋に入れ，地点名，圃場名，採取期日，土層名などを記入する．

3.1.2 試料の調製・保存

　実験室にもち帰った土壌試料はただちにそのまま実験に供することもあるが，通常目的に応じた一定の処理をほどこし，保存した後に実験に供する．土壌の一般的な分析の多くは風乾細土を用いて行われる．採取した土壌試料を，直射日光の当たらない清潔な室内で，ほうろう引きのバットなどにうすく広げ，大きな土塊は砕いて速やかに風乾する．風乾した試料を大型磁性乳鉢に移し，乳棒を用いて粒団を砕いた後，2 mm の円孔のあるふるいを通過させる．ふるい上に残った土塊は乳鉢に戻し，砕いて再びふるいを通す．こうして得られた土壌を風乾細土と呼ぶ．風乾細土は広口びんに入れ，密栓し（できれば冷暗所に）保存する．びんには採取地，採取年月日，土層名，土層の深さ，採取者名などを記入したラベルをはり，棚に順序よく並べておく．

　少量（目安として 5 g 以下）の風乾細土を採取するとサンプリングエラーが大きくなる．少量の試量を分析する場合には風乾細微土を実験に供する．風乾細微土は風乾細土を乳鉢と乳棒ですりつぶし，そのすべてを孔径 0.5 mm のふるいに通したものである．

　pH や無機態窒素の測定などには，風乾すること

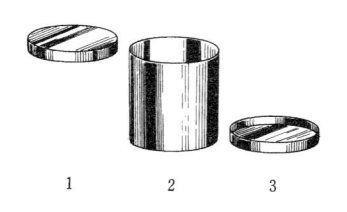

実容積測定用試料円筒
1：上蓋　2：本体　3：下蓋

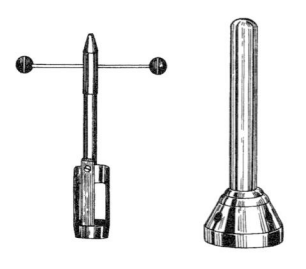

実容積測定用採土器

採土補助器

図 3.1　土壌採集用器具

なく土壌を用いることもある．湿潤状態にある土壌試料は採取時の性質を変えずに長期間保存することが困難である．短時間の保存ならば密封して冷蔵庫に収納する．特殊な目的の場合には凍結してフリーザー中で保存する．

3.2 化学的性質

3.2.1 水　　分

風乾細土の場合には，5〜10 g を精秤し（a），105℃に保たれている空気浴中におき，連続5時間加熱した後の乾土の重量（b）をはかり，減量（a−b）をもって水分量とする．湿潤土の場合には，20〜50 g を精秤し，まず風乾状態に近くなるまで乾かし，ついで風乾土の場合に準じて水分量を測定する．水分量の％は，原土あたりの水分 = $100 \times (a-b)/a$（含水率）と乾土あたりの水分 = $100 \times (a-b)/b$（含水比）の2種類の方法のどちらで表示してもよいが，どちらの表示法を採用しているかを記載しなければならない．また土壌の多くの性質は通常，乾土 100 g あたりで表示される．

3.2.2 元素組成

土壌の元素組成は母岩・母材の種類と風化の程度によって決められているところが大きいので，従来は主に土壌生成・分類の分野で利用されていた．近年は，微量元素，土壌汚染などと関連しても，土壌の元素組成が注目されている．土壌の元素組成の測定は，土壌試料をそのまま実験に供し，発光分析，蛍光 X 線分析などを行う方法と，土壌試料をいったん溶解・浸出して，その溶液を分析に供する方法とに大別することができる．土壌の溶解・浸出法としては土壌試料に炭酸ナトリウムを加え，加熱溶融し，ついで溶融物を溶解する方法と，土壌試料を硝酸−過塩素酸，フッ化水素酸−過塩素酸などで加熱分解する方法とが比較的広く用いられている．また，土壌中に含まれている風化成分の元素組成を定量することを目的として，土壌試料を熱塩酸で浸出する方法も古くから広く用いられている．ここでは，硝酸−過塩素酸分解法について述べる．なお微量元素の分析が目的の場合には，野外で土壌試料の採取を行う際や実験室内で風乾土を調製するなどの際に微量元素が混入しないように注意する（たとえば金属製ではなくプラスチック製の 2 mm のふるいを使用する）．

硝酸−過塩素酸分解法
〔試　薬〕
・脱イオン蒸留水（または再蒸留水）
・1 N 塩酸溶液： 特級塩酸を 1:1 に希釈し，定沸点（1 気圧 110℃）蒸留して得た精製塩酸をうすめて 1 N とする．

〔操　作〕 分解浸出： 風乾細土 5 g を 200 ml 容コニカルビーカーに秤取し，濃硫酸 1 ml，濃硝酸約 5 ml および過塩素酸 20 ml を加え，時計皿でふたをしてホットプレート上で3時間加熱分解する．分解中に過塩素酸の追加を必要とする場合には，必ずビーカーをホットプレート上からおろして冷却した後に添加する．有機物が多量で分解が困難な場合は硝酸を追加する．分解終了後，時計皿を除き，内容物がシロップ状になるまで加熱濃縮する．次に放冷後，温めた 1 M 塩酸 30 ml および熱水 50 ml を加えて，急速に加熱して煮沸寸前まで温める．No. 5B 濾紙を用いて 200 ml 容メスフラスコ中に上澄み液を流しこむ．濾紙を少量の 1 M 塩酸で数回傾斜洗浄する．次に熱水でビーカー中の残渣および濾紙を数回洗浄する．放冷後，水で 200 ml の定容にする．

溶解成分の測定： 200 ml 容のメスフラスコから一定量をとり，カルシウム，マグネシウム，マンガン，カドミウム，亜鉛，鉛，銅，ヒ素，リン酸などの分析を行う（個々の要素の分析法は第2章参照）．

〔注〕 本分解法は必ずドラフト内で行い，ドラフト窓は開放しておかなければならない．またドラフト内面は分解作業の前後に水でよく洗浄する必要がある．

3.2.3 遊離酸化物（活性酸化物）

土壌には，結晶性のケイ酸塩にとりこまれておらず，反応性の高い鉄，アルミニウム，マンガンなどが少なからぬ量含まれている．これらの物質はしばしば遊離酸化物あるいは活性酸化物と呼ばれる．ここでは遊離（酸化）鉄と易還元性マンガンの測定法について述べる．

a. 遊離（酸化）鉄
〔試　薬〕
・ヒドロサルファイトナトリウム（$Na_2S_2O_4$，ジチオナイト）
・0.02 M EDTA（エチレンジアミン四酢酸）溶液
・1% 塩化ナトリウム溶液
・0.1% o-フェナントロリン溶液

・5％塩酸ヒドロキシルアミン溶液
・酢酸塩緩衝液：　無水酢酸ナトリウム172gを蒸留水に溶かし，500mlに希釈する．冷却後氷酢酸6mlを加える．

〔操　作〕　抽出：　風乾土0.5～2.0gを精秤し，200ml容三角フラスコにとり，ヒドロサルファイトナトリウム3gとEDTA溶液100mlを加える．これを湯浴内でときどきかくはんしながら70℃で15分間加温する．加温が終了したら，まず上澄み液を濾過し，濾液を250ml容メスフラスコに移す．ついでフラスコ中の土壌試料のすべてを1％塩化ナトリウム溶液で上澄み液を濾過した濾紙上に移し，さらに1％塩化ナトリウム溶液でこれを3回洗浄する．洗浄液もすべて250mlメスフラスコに移し，蒸留水で定容し，よく混合する．

鉄の定量：　250mlメスフラスコから一定量の溶液（0.1～0.8mgの鉄イオンを含む）を25ml容メスフラスコにとり，5％塩酸ヒドロキシルアミン溶液1ml，0.1％ o-フェナントロリン溶液2mlおよび酢酸緩衝液1.5mlを加え定容する．30分以上室温に放置後508nmで第一鉄イオンを比色定量する．

b.　易還元性マンガン

〔試　薬〕

・1M中性酢酸アンモニウム溶液：　1M中性酢酸アンモニウム溶液の調製は，陽イオン交換容量測定溶液の場合（3.2.7項参照）に準じて行う．

・0.2％ヒドロキノンを含む1M酢酸アンモニウム溶液（pH7）：　ヒドロキノンは使用直前に酢酸アンモニウム溶液に加える．

〔操　作〕　抽出：　風乾土10gを200ml容三角フラスコにとり，0.2％ヒドロキノンを含む酢酸アンモニウム溶液100mlを加える．これとは別に乾土10gを200ml容三角フラスコにとり，1M酢酸アンモニウム溶液100mlを加える．両者を振とう機で30分間振とうし，さらにときどき手で振とうしながら6時間室温に放置する．上澄み溶液を濾過して透明な浸出液を得る．前者の浸出液は易還元性マンガン，交換性マンガンおよび水溶性マンガンを，後者の浸出液は交換性マンガンと水溶性マンガンを含んでいる．なお，3.2.8項で述べる交換性陽イオンの測定の際に中性酢酸アンモニウム浸出液中のマンガンが測定されていれば，後者の浸出を行う必要はない．

マンガンの測定：　原子吸光分析法（2.4.2項参照）を用いる．すなわち浸出液を適宜希釈して，そのまま原子吸光分析に供する．ただし，検量線を作製するためのマンガン標準液は，供試液と同一濃度の酢酸アンモニウムとヒドロキノンを含んでいる必要がある．

計算：　両浸出液中に含まれているマンガン量の差から易還元性マンガンの量を算出する．

3.2.4　有機物含量，全炭素含量

土壌を低温で加熱し，有機物だけを分解除去し土壌の減量（強熱損失）を測定する方法，土壌を強力な酸化剤で処理し，消費された酸化剤の量（ウォークリー・ブラック法，チューリン法）あるいは生成した炭酸ガスの量（重量法，容量法，ガスクロマトグラフィー）を測定する方法などがしばしば用いられている．ここでは簡便な方法2種について述べる．

a.　強熱損失（灼熱損失）

風乾土5gを大型るつぼに入れ，105～110℃の空気浴中で連続5時間加熱し水分を除去する．これを精秤し乾土の量を求め，ついで375±5℃の電気炉中で16時間加熱する．炭酸塩を含んでいない土壌では，乾土を電気炉で加熱したために生じた減量（x）と土壌の全炭素含量（y）との間に，

$$y = 0.458x - 0.4 \qquad (3.1)$$

の関係が成り立つ．

b.　簡易滴定法（ウォークリー・ブラック法）

〔試　薬〕

・1N重クロム酸カリウム標準溶液：　特級 $K_2Cr_2O_7$ 49.04gを精秤し，水を加えて1lにする．

・濃硫酸

・85％リン酸

・フッ化ナトリウム

・ジフェニルアミン指示薬：　ジフェニルアミン約0.5gを水20ml，濃硫酸100mlに溶かし，滴びんに入れる．

・0.5N硫酸第一鉄アンモニウム溶液：　特級 $Fe(NH_4)_2(SO_4)_2 \cdot 6H_2O$ 196.1gを濃硫酸20mlを含む蒸留水800mlに溶かして1lにうすめる．

〔操　作〕　有機物の酸化：　風乾土500mg～1gを精秤し，500ml容三角フラスコに入れる．次に1N $K_2Cr_2O_7$ 液を正確に10ml，土壌試料に加え混合させる．これに濃硫酸20mlを加え，1分間おだやかにふりまぜる．

〔注〕ふる際には，土壌粒子が飛び上がってフラスコ壁面につき試薬との反応が妨げられないように注意する．20～30分間静置する．

逆滴定：　三角フラスコの内容物を水で200ml

にうすめる（三角フラスコの外壁にあらかじめ200 mlの刻線をつけておく）．これに85% リン酸10 ml，フッ化ナトリウム 0.2 g，ジフェニルアミン指示薬 30 滴を加え，0.5 N 硫酸第一鉄アンモニウム溶液を用いて残存している $K_2Cr_2O_7$ を滴定する．反応液の色は，滴定の初期にはクロム酸イオンの暗緑色を呈しており，滴定が進むと濁った青色に変わるが，終点では最後の1滴で澄んだ緑色に変わる．もしも最初に加えた $K_2Cr_2O_7$ 液 10 ml のうち，8 ml 以上が有機物の酸化に消費されていたならば，土壌試料の採取量を減少させて定量をやりなおす．

ブランク試験： 土壌試料だけを入れずに上述した操作を実施し，ブランクの滴定値を求める．

計算： 次式により土壌有機物含量を算出する．

$$\text{有機物含量}〔\%〕= \left(1 - \frac{T}{S}\right) \times \frac{6.7}{m} \quad (3.2)$$

ただし，S：ブランク滴定値（第一鉄溶液の ml），T：土壌試料滴定値（第一鉄溶液の ml），m：土壌試料供試量（乾土としての重量 g）である．

〔注〕 塩素イオン，第一鉄イオン，反応性の高いマンガン酸化物などを含む土壌では，それらの影響を回避する方法を講じなければ誤差を生じる．また式(3.2)は，土壌有機物が酸化分解される割合を 77%，土壌有機物の炭素含量を 58% と仮定して求めたものである．

3.2.5 窒素含量

a. 全窒素

土壌試料を湿式分解し（ケルダール法（6.1.2.a 項参照）），有機態窒素をアンモニアに変えて定量する方法と，乾式酸化し（デュマ法），有機態窒素を窒素分子に変えて定量をする方法が通常用いられている．乾式酸化法を利用した全窒素分析機は市販されている．

b. アンモニウム態窒素

浸出されたアンモニウム態窒素の定量には蒸留法や吸光光度法（インドフェノールブルー吸光光度法）が用いられる．近年は吸光光度法が多く用いられ，参考文献に詳しい[3,4]．

i) 蒸留法
〔試 薬〕
・2 M 塩化カリウム溶液
・2% ホウ酸溶液および濃硫酸： 6.1.2.a 項参照．
・酸化マグネシウム： 重質 MgO を電気炉で 600〜700℃，2 時間加熱．これを水酸化カリウム粒を乾燥剤としてデシケーター中に入れ，放冷，冷却後広口びんに入れ密栓する．

〔操 作〕 浸出・濾過： 乾土 10 g 相当量の未風乾土を振とうびんにとり，浸出液が 100 ml になるように 2 M 塩化カリウム溶液を加える．続いて往復振とう機にのせ，60 分間振とうする．振とうびんは実験台上にしばらく静置し，その上澄み液を濾過し透明な濾液を得る．

蒸留・滴定： 濾液を一定量採取し，全窒素の定量法に準じて蒸留，滴定を行う．ただし，この場合は水酸化ナトリウムの代わりに酸化マグネシウム懸濁液を用いる．

ii) 吸光光度法（インドフェノールブルー吸光光度法）
〔試 薬〕
・フェノール-ニトロプルシッドナトリウム溶液： フェノール 7 g およびニトロプルシッドナトリウム（$Na_2Fe(CN)_5NO \cdot 5H_2O$）34 mg に蒸留水を加えて全量を 100 ml とする．遮光して冷蔵保存する．

・次亜塩素酸溶液： 水酸化ナトリウム 2.96 g およびリン酸ナトリウム（$Na_2HPO_4 \cdot 7H_2O$）9.96 g を蒸留水約 60 ml で溶解する．そこに次亜塩素酸ナトリウム（NaClO，5%）溶液 10 ml を加える．NaOH を用いて pH を 13 に調整し，蒸留水を加えて全量を 100 ml とする．測定する日に調整する．

・EDTA 溶液： エチレンジアミン四酢酸ジナトリウム塩（Na_2EDTA）6 g に蒸留水を加えて全量を 100 ml とする．

・アンモニウム標準溶液： 乾燥した硫酸アンモニウム（$(NH_4)_2SO_4$）0.4717 g を蒸留水で溶解，1 l に定容し，100 mg-N/l アンモニウム標準溶液を作成する．冷蔵で保存する．測定する日に希釈標準溶液として 2 mg-N/l アンモニウム標準溶液を作成する．

〔操 作〕 浸出・濾過： 乾土 10 g 相当量の未風乾土を振とうびんにとり，浸出液が 100 ml になるように 2 M 塩化カリウム溶液を加える．続いて往復振とう機にのせ，60 分間振とうする．振とうびんは実験台上にしばらく静置し，その上澄み液を濾過し透明な濾液を得る．

呈色： 濾液を一定量（通常 3 ml 以下）採取し，25 ml 容のメスフラスコに入れる．EDTA 溶液 1 ml を加え，混合する．フェノール-ニトロプルシッドナトリウム溶液 2 ml を加え混合した後，蒸留水を加え全量を約 20 ml とする．次亜塩素酸溶液を 2 ml 加え，蒸留水で 25 ml に定容する．30 分間放置し呈色させ，波長 636 nm で比色定量する．

アンモニウム濃度と吸光度の検量線の作成には

アンモニウム 0, 2, 4, 6, 10, 20 μg-N を含む希釈標準溶液を用いる．まず試料と等量の 20% 塩化カリウム溶液を 25 ml 容のメスフラスコに入れ，さらに 2 mg-N/l の希釈アンモニウム標準溶液を 0, 1, 2, 3, 5, 10 ml 加える．その後は試料と同様の操作を行い，呈色させる．作成した検量線から試料中のアンモニウム量を算出する．

c. 硝酸態窒素

浸出された硝酸態窒素の定量にはフェノール硫酸法が広く用いられている．その他にも，還元-水蒸気蒸留法や還元-比色法が用いられる．ここではフェノール硫酸法について述べる．

〔試　薬〕

・フェノール硫酸溶液：　フェノール 25 g を濃硫酸 150 ml に溶解し，発煙硫酸（SO_3 13〜15% を含む）75 ml を加え，100℃で 2 時間加熱する．

・標準硝酸塩溶液：　特級硝酸カリウム（110℃で 2〜3 時間乾燥）0.7218 g を蒸留水に溶かし 1 l にする．この液 1 ml には窒素 0.1 mg が含まれている．

・アンモニア水：　濃アンモニア：蒸留水 = 1：2

〔操　作〕　浸出：　乾土 50 g 相当量の未風乾土を 500 ml 容振とうびんにとり，1/50 N 硫酸銅溶液 250 ml を加え 10 分間振とうする．供試土壌が強酸性でない場合および浸出液が無色な場合には，土壌懸濁液に水酸化カルシウム 0.4 g および炭酸マグネシウム 1 g を添加し，5 分間以上振とうし，ついで濾過し，最初の濾液 20 ml は捨てる．供試土壌が強酸性であるか浸出液が着色している場合には，まず 10 分間振とうし，しばらく静置してから傾斜法により上澄み液 125 ml をフラスコに移し，水酸化カルシウム 0.2 g および炭酸マグネシウム 0.5 g を添加し，5 分間振とう濾過する．供試土壌の塩素含量が 15 ppm 以上ある場合には，この塩素量に当量の硫酸銀を含む 1/50 N 硫酸銅溶液で土壌試料を浸出する．浸出，濾過の方法は強酸性土壌の場合に準じて行う．

比色：　濾液 10 ml（硝酸含量 10 ppm 以下のときは 25 ml あるいはそれ以上）をピペットで直径 7.6 cm の蒸発皿にとり，湯浴上で蒸発乾固させ，冷却後フェノール硫酸溶液 2 ml を直接蒸発皿の中央に速やかに注ぐ．ついで蒸発皿を回転して蒸発残留物を完全に潤す．10 分間放置してから冷水 15 ml を加え，ガラス棒でかきまぜて残留物を溶解する．冷却後アンモニア水を少しずつ加え，液を弱アルカリ性とする．液の黄色が最も濃くなったら，50 ml のメスフラスコに移し定容にする．標準硝酸塩溶液の一定量を蒸発皿にとり，土壌浸出液と同一の処理を行い，検量線の作製に用いる．一方で土壌試料を加えない試料だけのブランク実験を行い，両者を 420 nm 付近の波長で比色する．

3.2.6 腐植の分析

土壌に含まれている有機物は，いくつかの異なる観点から調べることができる．土壌有機物の主要な構成物質が暗色，無定形な腐植物質であるとの観点に立って，腐植物質の質，量，存在形態（無機成分との結合状態など）などについて知見を得ようとするものがいわゆる腐植の形態分析である．土壌が各種の生体成分から構成されているとの観点に立った研究としては，Waksman らの近似分析，Bremner らの有機態窒素の分画定量法などが知られている．ここでは，わが国でしばしば用いられている Simon 法を多少変更した腐植の形態分析法について述べる．

〔試　薬〕

・0.5% 水酸化ナトリウム溶液および 0.1 M ピロリン酸溶液

・0.1% 水酸化ナトリウム溶液

・0.1 N 過マンガン酸カリウム溶液

・0.1 N シュウ酸ナトリウム溶液

〔操　作〕　浸出：　有機態炭素の総量が約 200 mg に相当する量の風乾土を 100 ml 容三角フラスコに入れ，0.5% 水酸化ナトリウム溶液あるいは 0.1 M ピロリン酸ナトリウム溶液 60 ml を加え，沸騰している湯浴内で 10 分間に 1 回振とうしながら 30 分間加熱する．この際，三角フラスコの口からの溶液の蒸発濃縮は防ぐ．湯浴から取り出し放冷後，上澄み液を 7000 rpm，20 分間程度遠心分離し，透明な腐植浸出液（浸出部）を得る．遠心分離によって透明な浸出液を得にくいときは，浸出液に固体の硫酸ナトリウムを 3% 加えてから再び遠心分離する．

浸出液の分画：　浸出液 20〜40 ml を 50〜100 ml 容ビーカーにとり，濃硫酸 0.2〜0.4 ml（浸出液 100 ml に対し 1 ml）を加え，ガラス棒で約 30 秒間激しくかきまぜ，約 1 時間放置し，黒褐色の沈殿がほぼ完全に沈降した後に，漏斗と乾燥濾紙を用いて濾過し，濾液（フルボ酸部）をフラスコにうける．ついで濾紙上の沈殿を希硫酸（1：1000）で数回洗浄後，漏斗を 50〜100 ml のメスフラスコ上に移し，これに 0.1% 水酸化ナトリウム溶液を少量ずつ加え，沈殿を完全に溶解し，メスフラスコ中に入れ，

同溶液で定容とする（腐植酸部）.

吸光度測定：　定容にした腐植酸溶液（腐植酸部）を（必要があれば0.1％水酸化ナトリウム溶液で正確に希釈し），2時間以内に分光光度計を用いて，波長220〜700 nm について吸光曲線を測定する．浸出液（浸出部）の吸光度が必要な場合には，腐植酸部と同様な方法で測定する．

酸化滴定：　腐植酸部，フルボ酸部，浸出部のそれぞれ一定量を100 ml 容三角フラスコにとり，0.1 N 過マンガン酸カリウム溶液 12.5 ml を正確に加え，さらに 4 N 硫酸 5 ml を加えた後，全液量を蒸留水で 50 ml とし，三角フラスコの口に小型漏斗をのせ，激しく沸騰している湯浴中に正確に 15 分間浸漬する．湯浴から取り出したらただちに 0.1 N シュウ酸ナトリウム溶液 12.5 ml を正確に加え，1〜2 分間湯浴上で温めて脱色させた後，0.1 N 過マンガン酸カリウム溶液を用いて液が淡紅色になるまで滴定し，その消費量を求める．この消費量が 1.5〜3.5 ml の範囲外の場合には，試料採取量を増加あるいは減少させて実験をやりなおす．またブランク実験として，試料だけを加えないで蒸留水と硫酸について上述した実験を行う．

〔分析結果の整理〕

(1) 沈殿部割合（PQ）：　浸出された腐植中で腐植酸部が占める割合を示す値．次式により算出する．

$$PQ = \frac{a-b}{a} \times 100 \qquad (3.3)$$

ここで，a：浸出部 1 ml あたりの 0.1 N 過マンガン酸カリウム消費量〔ml〕，b：フルボ酸部 1 ml あたりの 0.1 N 過マンガン酸カリウム消費量〔ml〕である．

(2) 相対色度（RF）：　腐植の単位量あたりの色の濃さを示す値．次式によって算出する．

$$RF = \frac{c}{d} \times f \qquad (3.4)$$

ここで，c：600 nm における吸光度，d：吸光度を測定した液 30 ml あたりの 0.1 N 過マンガン酸カリウム溶液消費量〔ml〕，f：2247（Simon の原法に準じた値．この値を 1000 として RF が算出されていることがあるから，どちらの値を用いたかを明記する必要がある）である．

(3) 色調係数（$\Delta \log k$）：　腐植溶液の吸光曲線を $\log k$–λ（k：吸光度，λ：波長）で図示すると，長波長から短波長に向かって上昇する直線に近い形状となる．この直線の勾配を示す値が $\Delta \log k = \log k_{400} - \log k_{600}$（$k_{400}$：400 nm における吸光度）である．

(4) 腐植浸出割合：　浸出された腐植の量が土壌試料中に含まれていた有機物の量に対する割合を示す値．次式によって算出する．

$$腐植浸出割合 = \frac{a \times h}{m} \times l \times 100 \qquad (3.5)$$

ここで，h：浸出部の全液量〔ml〕，m：土壌試料に含まれている有機態炭素量〔mg〕，l：0.1 N 過マンガン酸カリウム溶液 1 ml に相当する腐植炭素の mg（ここでは 0.45 と仮定するが，研究者によって異なるから注意する必要がある）である．

3.2.7　陽イオン交換容量（塩基置換容量）

陽イオン性物質の吸着や交換は，土壌の重要な機能の 1 つである．この能力は土壌粒子が陰荷電を帯びていることに起因している．陰荷電の数は，通常陽イオン交換容量（乾土 100 g あたりの me 数（ミリグラム当量，現在は cmol(+)kg^{-1} で表示される））で表示される．交換容量は pH，イオンの種類と濃度，温度など多くの因子によって変動するので，測定値には測定方法を付記しなければならない．ここではよく用いられている Schollenberger の酢酸アンモニウム法について述べる．

〔試　薬〕

・1 N 酢酸アンモニウム溶液（pH 7）：　比重 0.90 の水酸化アンモニウム 68 ml と 99.5％ 酢酸 57 ml とを約 800 ml の蒸留水に溶かし，冷却後 1 l にする．酢酸あるいは水酸化アンモニウムを加えて pH 7 に調節する．吸湿していない特級酢酸アンモニウムを蒸留水に溶かし，pH 7 に調節してもよい．

・80％ メチルアルコール：　特級メチルアルコールを蒸留水で希釈する．

・10％ 塩化カリウム溶液

〔装　置〕　土壌浸出装置：　装置の概要を図 3.2 に示した．浸出管は長さ 4 cm，内径 0.3 cm の足と，長さ 12 cm，内径 1.3 cm の浸透管からできている．洗浄液容器は 100 ml 容で 10 ml ずつ目盛りがあり，図のように浸出管に連結している．洗浄液は洗浄液容器よりコックを通って滴下し，浸出管中の土壌を浸透して受器に入るようになっている．

アンモニウム蒸留装置：　6.1.2 項参照．

〔操　作〕　準備：　浸出管の下部に脱脂綿の小片を軽く詰め，その上に濾紙パルプを約 5 mm の厚さにおき，平らな濾紙面をつくる．

〔注〕　濾紙パルプは，濾紙を細かく切って湯の中で煮沸して繊維を分散させたものであるが，煮沸の途中で濾紙を乳鉢で

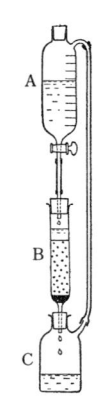

図3.2 土壌浸出装置
A：洗浄液容器，B：浸出管，C：受器．

すりつぶすと容易に作製することができる．

洗浄操作と定量： 浸出管に受器を結合し，受器の側管にピンチコックで閉めたゴム管をつけ，浸出管に酢酸アンモニウム溶液を加え，そこにあらかじめ正確にはかりとっておいた風乾土を気泡が入らないように少量ずつ落とし，その厚さが約 8 cm になるようにする．風乾土の量は無機質土壌では 8〜10 g，有機物の多い土壌では 4〜6 g である．洗浄液容器を浸出管に結合し，受器の側管と浸出液容器の側管とをゴム管でつなぎ，ピンチコックを外す．酢酸アンモニウム溶液 100 ml を洗浄容器に入れ，コックで滴下速度を調節して，4〜20 時間程度かけて土壌を洗浄する．この洗浄液を 250 ml 容メスフラスコに完全に移し，定容し，交換性陽イオンの定量に用いる．洗浄完了後，洗浄液容器をとりさり，80% アルコールで浸透管の内側上部を洗い，さらに 80% アルコール 50 ml で浸透管内の土壌層を洗浄して過剰の酢酸アンモニウムを除く．こうして得られたアンモニウム飽和土壌を，次に 10% 塩化カリウム溶液 100 ml で洗浄してアンモニウムを浸出し，洗浄液を 250 ml 容メスフラスコに完全に移し，定容し，それに含まれているアンモニウムの量を定量する（たとえば，蒸留法を用いる）．

〔注〕 最初の洗浄液として用いた酢酸アンモニウム溶液が最後の洗浄液としての塩化カリウム溶液に少量でも混入すると大きな誤差を与えるので，この点に留意して実験を行う．なお，アンモニウムイオンを固定する能力が高い土壌では，酢酸アンモニウムの代わりに酢酸ナトリウム，酢酸カルシウム，酢酸バリウムなどを用いるが，その場合には使用した酢酸塩の種類を明記しておく．

3.2.8 交換性陽イオン（置換性陽イオン）

土壌粒子の陰荷電に吸着されており，容易に陽イオン交換反応を行う陽イオンが交換性陽イオンである．野外におかれている土壌が吸着保持している交換性陽イオンの種類，数などは，土壌の性格を表す重要な指標である．交換性陽イオンの中でカルシウム，マグネシウム，カリウム，ナトリウムなどは，一括して交換性塩基と呼ばれている．測定についても各種の方法が提案されているが，ここでは上述した陽イオン交換容量の測定と組み合わせて実施できる方法について述べる．

〔操 作〕 前処理： 陽イオン交換容量測定のときに得られた土壌の酢酸アンモニウム浸出液の一定量を蒸発皿に移し，湯浴上で蒸発乾固し，冷却後時計皿でふたをして，濃硝酸 10 ml と濃塩酸 2 ml を皿の口から徐々に加える．湯浴上で温めてからふたをとり，時計皿の内面を少量の水で洗い，内容物を蒸発乾固する．冷却後塩酸（1:1）3 ml を加え，再び乾固し，105〜110℃で 1 時間乾燥する．冷却後少量の塩酸（1:1）でうるおし，熱水を加えてビーカーに移し，しばらく温めてケイ酸を分離し濾過する．濾液をメスフラスコに移し，定容し，交換性陽イオンの定量に用いる．なお，この液にアンモニアを加えて妨害物質を沈殿除去する必要があるときは，その一定量をビーカーにとり，メチルレッドを指示薬として 1〜2 滴加え，加温し，希アンモニア水を注意して加え中和する．その後数分間加熱を続け，濾別する．これらの前処理をほどこした液は，塩基の各種の定量法に用いることができるが，定量法の種類によってはこのような前処理を省略してもよい．たとえば，原子吸光光度法でカルシウム，マグネシウムなどを測定したり，炎光光度法でカリウム，ナトリウムを測定したりする場合には，酢酸アンモニウムを適宜希釈してそのまま実験に供することができる．

陽イオンの測定： 2.6.1〜2.6.8 項参照．

分析結果の表示： 通常それぞれのイオンにつき乾土 100 g あたりの me(cmol(+)kg^{-1}) で表示する．

3.2.9 pH，酸化還元電位（Eh）

a. pH

土壌の pH は土壌の状態と測定条件によってかなり異なった値となるので，測定値にはこれらの点を必ず付記しなければならない．pH の測定にはガラス電極 pH 計が通常用いられている．

i) 風乾ないし未風乾土壌の pH 乾土 10 g 相当量の未風乾土あるいは 10 g の風乾土を 50 ml 容ビーカーにとり，蒸留水あるいは 1 N 塩化カリウム溶液 25 ml を加え，ガラス棒でかきまぜ，室温に 1 時間

以上放置する．測定前に軽くかきまぜ懸濁した後，ガラス電極を液中に浸し，約30秒以上静置して値が安定したらpH値を読む．ガラス電極の位置を変えてpH測定を3回繰り返し，その平均値を求める．蒸留水を用いた場合にはpH(H_2O)と記し，塩化カリウム溶液を用いた場合にはpH(KCl)と記す．

ii) 湛水状態土壌のpH 湛水状態にある土壌試料の場合は，その約20gをただちに50ml容ビーカーにとり，ビーカーを机上で軽く叩いて表面を平らにし，その上に少量の蒸留水を静かに加え，土壌試料を蒸留水で覆う．ガラス電極を泥状部に挿入し，pHを測定する．

b. Eh

土壌のEhも土壌の状態と測定条件によってかなり異なった値を与えるので，測定値にはこれらの点を必ず付記しなければならない．Ehの測定は，通常，ガラス電極pH計に付属している電位差計によって測定され，不反応電極として白金電極，比較電極として飽和銀塩化銀電極が用いられている．白金電極には各種の型が目的に応じて使用されているが，一般的には白金電極の面積が広い方が好結果を与える．湛水状態土壌のEh測定には，スパイラル状に巻いた太さ0.5mm，長さ8cmの白金線をガラス管の先端に封入した白金電極が適している．

白金電極の表面には酸素が吸着するため，使用前に十分に洗浄し，検定しておかなければならない．電極の形が単純な場合には，細かいエメリー研磨紙で磨くのがよい．白金電極の検定は，既知のEhを示す溶液を測定し，理論値からはずれた値を示す電極を除外する．Eh既知の溶液としては，0.1M塩化カリウム液中にフェリシアン化カリウムとフェロシアン化カリウムとをそれぞれ1/300Mになるように溶解した溶液が用いられている（この溶液のEhは，tを液温〔℃〕としてEh=0.428-0.0022(t-25)と表される）．

電位差計の指示値は比較電極との間の電位差である．標準水素電極に対する白金電極の電位（土壌のEh）は以下の式によって算出される．

$$Eh = \pi_0 + \pi \quad (3.6)$$

ここで，π_0：標準水素電極に対する比較電極の電位差（$\pi_0 = 0.245 - 0.00076(t-25)$，$t$：液温〔℃〕），$\pi$：比較電極に対する土壌の酸化還元系の電位差である．

EhはpHの上昇に伴って低下するので，Ehの測定とpH測定とを同一土壌試料について行い，両測定値を併記しておかなければならない．

〔操 作〕 畑土壌の場合は100ml容広口びんに土壌試料約20gをとり，無酸素水を最大容水量よりやや過剰に加える．水田土壌の場合は広口びんに土壌を加える．ただちに白金電極2～3本を備えたゴム栓をし，白金の部分を土壌試料中（土壌中のEhを測定したい位置）に入れ，動かないように固定する．畑土壌の場合は30分後，水田土壌の場合は所定期間保温静置後，ゴム栓に開けてある穴から寒天橋を入れ，その先端を上水に浸し，他端を飽和塩化カリウム溶液に浸し，2～3本の白金電極のEhを測定し，平均値とばらつき（範囲）とを算出する．

〔注〕 比較電極は直接上水中に入れるよりも，飽和塩化カリウム溶液の入った容器に入れ，この塩化カリウム溶液と上水との間を飽和塩化カリウム寒天橋で連絡する方が望ましい．飽和塩化カリウム寒天橋は，次のようにして作製する．すなわち寒天3～4gを蒸留水100mlに加え，加熱して完全に溶かす．これに塩化カリウム30～40gを加え，加熱かくはんして溶かす．シリコンチューブの一端を寒天溶液に浸し，他端から寒天溶液を吸引して管内に満たす．冷却後，飽和塩化カリウム溶液中に浸漬して保存する．実験に際しては寒天橋を取り出し，蒸留水で寒天橋の外側に付着している過剰の塩化カリウム溶液を除く．

3.2.10 交換酸度，加水酸度

a. 交換酸度（置換酸度）

風乾細土20gを100ml容三角フラスコにとり，1M塩化カリウム溶液50mlを加えて密栓し，振とう機で1時間振とうする．乾燥した定性濾紙で上澄み液を濾過し，最初の濾液数mlを捨て，その後の濾液を保存する．濾液10mlを50ml容三角フラスコにとり，煮沸して液中の炭酸ガスを追い出した後，フェノールフタレインを指示薬として0.1Mあるいは0.02M水酸化ナトリウム溶液で滴定する．この滴定値から塩化カリウム抽出液25mlの中和に要する0.1N水酸化ナトリウム溶液の量〔ml〕を算出し，交換酸度とする．

b. 加水酸度

交換酸度の測定法に準じて行う．ただし，この場合には1M塩化カリウム溶液の代わりに1M酢酸カルシウム溶液を用い，抽出液を滴定する前に煮沸を行わない．

3.2.11 リン酸吸収力（リン酸吸収係数）

土壌はリン酸イオンを特異的に強く吸着保持する能力をもっており，施用したリン酸肥料を作物に吸収されにくくしている．そのリン酸吸着能は，土壌粒子の基本的な性質に根ざしており，他の多くの性質と密接な関係があることが認められている．この

ため土壌のリン酸吸収力の研究は古くから行われており，多数の測定法が提案されている．ここでは，わが国の土壌調査に一般的に用いられている方法を述べる．

〔試　薬〕　2.5％リン酸アンモニウム溶液：　リン酸アンモニウム 25 g を蒸留水 1 l に溶かし，アンモニウム溶液（濃アンモニア：水＝1：1），またはリン酸溶液（85％リン酸：水＝1：1）を用いてリン酸溶液の pH を正確に 7.0 に調節する．

〔操　作〕　リン酸の吸収：　風乾細土 50 g を 200 ml 容三角フラスコにとり，リン酸アンモニウム溶液 100 ml を加え，ときどき振とうしながら 30℃で 24 時間放置，濾過する．原液と濾液のリン酸含量をバナドモリブデン酸法で比色定量する．

リン酸吸収量の測定：　リン酸アンモニウムの原液中に含まれているリン酸の量と，濾液中に含まれているリン酸の量の差を，土壌試料が吸収したリン酸の量とする．リン酸吸収量（リン酸吸収係数）は乾土 100 g あたりの P_2O_5 mg で表示される．

3.2.12　第　一　鉄

第一鉄は土壌中で水溶性，交換性，不溶性（硫化物，炭酸塩，リン酸塩，ケイ酸塩など）など各種の形態で存在しており，Eh，pH，共存物質の種類と量などによって各形態の存在量が変動する．特に湛水と落水に伴う Eh の大きな変動は，第一鉄の量に重大な変化をもたらす．第一鉄の全量および各存在形態の量を測定する方法が多数提案されているが，ここでは湛水状態における第一鉄の量を測定するために広く用いられている方法について述べる．

〔試　薬〕
・酢酸緩衝液：　酢酸ナトリウム 2.5 M 溶液 400 ml に 2.5 M 塩酸溶液 380 ml を加えた後，2.5 M 塩酸溶液を滴加しながら pH を 2.8〜3.0 に調節する．蒸留水で正確に 1 l にうすめる．
・0.1％ o-フェナントロリン溶液

〔操　作〕　乾土 1〜4 g 相当量の湛水土壌を，約 40 ml の酢酸緩衝液を含むメスフラスコ中に移す．5 分間振とうした後，定容し，乾燥濾紙で濾過する．濾液の一定量（1〜2 ml）を 25 ml メスフラスコにとり，0.1％ o-フェナントロリン 2 ml を加え，第一鉄を比色定量する．

水田圃場あるいはポットに湛水されている土壌中に含まれる第一鉄を迅速に定量する場合には，あらかじめ秤量してある三角フラスコに湿潤土壌約 10 g をとり，再び秤量して，土壌採取量を求める．これに酢酸緩衝液 100 ml を加え，振とう機で 15 分間振とう後，しばらく静置して，その上澄み液を乾燥濾紙で濾過し，濾液を比色定量に供する．湿潤土の水分を測定し，浸出液量の補正と，乾土あたりの供試土壌の量を求める．第一鉄量は通常 100 g あたりの Fe mg で表示する．

3.3　物理的性質

土壌の物理的構成（三相分布，団粒，粒径組成，孔隙，微細構造など），熱的特性（温度，熱伝導，熱容量など），力学的特性（硬度，コンシステンシーなど），土壌気相・液相の物理的特徴などが土壌の物理性として研究されている．ここでは，その中で基本的な事項に触れる．

3.3.1　粒径分析

無機質土壌の性質は，その主要な構成物質である無機質粒子の粒径組成によって大きく規制されている．無機質粒子の多くは，相互に，あるいは有機物を介して結合し，大小さまざまな集合体を形成している．粒径組成測定には，この集合体を崩壊し，無機質粒子を完全に分散する操作と，分散状態になった無機質粒子を粒径群ごとに定量する操作が必要である．両操作のそれぞれ，その組み合わせには多種類のものが提案されている．ここではわが国でしばしば用いられる方法について述べる．

〔試　薬〕
・6％，30％ 過酸化水素水
・4％ カルゴン溶液（ヘキサメタリン酸ナトリウムと炭酸ナトリウムとの混合物）

〔操　作〕　有機物の分解除去：　風乾細土 10 g を正確にはかりとり，500 ml 容トールビーカーに入れ，これに 6％ 過酸化水素水約 50 ml を加え，時計皿でビーカーの口を覆い，ホットプレート上で加温する．

〔注〕　発泡が激しい場合は，ビーカーをホットプレートからおろし，泡に伴って土壌粒子がビーカーの外に出ないようにする．

発泡がほぼおさまったら，30％ 過酸化水素水約 5 ml を加え加温する．眼で見て有機物の分解が不完全ならば，再び 30％ 過酸化水素水約 5 ml を加え加温する．有機物が完全に分解除去されたら，2 時間加温して過剰の過酸化水素を除去する．冷却後蒸留水 100 ml を加え，よくかくはん後放置し，透明な上澄み液を除く．この操作を数回繰り返して可溶

性物質を除去する（可溶性物質を完全に除くために遠心分離を行ってもよい）．

粗砂の分離・測定： トールビーカー中の土壌粒子を0.2 mmのふるい上に洗いこみ，80℃以上の熱湯約200 ml を洗びんから強く吹きつけて洗う．集合体がすべて押しつぶされ，ふるいを通過する水が無色になるまでこの操作を繰り返す．ふるい上の土壌粒子は蒸発皿に移し，105℃で乾燥後，秤量し，粗砂の重量とする．ふるいを通過した部分は懸濁液に戻す．

分散： 0.2 mmのふるいを通過した懸濁液は，1 l 容沈底びんに集め，4%カルゴン溶液10 ml を正確に加え，さらに蒸留水を加えて全量を約500 ml にする．これをゴム栓で密栓し，水平往復振とう機で4時間以上振とうし，蒸留水を加え液量を1 l とする．

〔注〕 集合体が発達している火山灰土壌では，振とうの代わりに超音波処理を行う必要があること，土壌の種類によってはカルゴンの代わりに塩酸を用いなければならないことなどが知られている．

シルト・粘土の定量： 土壌懸濁液が入っている沈底びんを，温度が一定している室内にあるしっかりした台上に置く．液温と室温が平衡に達したら，液温を測定する．沈底びんを1分間反転振とうを繰り返した後，台上に置き，ゴム栓をはずす．所定時間（液温20℃ならば4分48秒，その他の液温ならば表3.1を参照）後に，10 cmの深さから20 ml の吸引用ピペットを用いて懸濁液を採取する．この際，まず吸引用ピペットを沈底びんの口の中央に位置するように置き，ピペットの先端が液面の直上にくるようにセットする．次にピペットの先端が液面下10 cmにまでおろせるようにピペット台を調節し，所定時刻の約20秒前にピペットを液中に垂直に静かにその位置までおろし，懸濁液20 ml をゆっくりと約20秒間吸引採取する．採取した懸濁液はあらかじめ乾熱後秤量してある30 ml 容秤量管にとり，湯浴上で蒸発乾固し，ついで105℃で20分間以上乾燥後，デシケーター中で放冷し秤量する．この重量が恒量に達するまで乾燥，放冷，秤量を繰り返す．ここで得られた測定値がシルトと粘土の合量である．沈底びんを再び1分間反転振とうし，所定時間（液温が20℃ならば8時間，液温がその他の温度ならば表3.1を参照）後に，上述した方法に準じて，深さ10 cmから懸濁液20 ml を採取し，乾燥，秤量する．この測定値が粘土の重量である．また4%カルゴン溶液2 ml を秤量管にとり，上述した方法に準じて，乾燥，秤量し，分散媒の乾燥重量を求める．この測定値を上で求めた2種類の測定値から差し引く．

細砂の測定： 沈底びんを1分間反転振とうし，所定時間（液温が20℃ならば4分48秒，液温がその他ならば表3.1を参照）静置後に，深さ10 cmまでの液をサイフォンで除去する．蒸留水を加えて1 l に戻し，この操作を繰り返し（通常6回），深さ10 cmまでの液が完全に透明になるようにする．沈底びんに残存している土壌粒子を蒸発皿に移し，乾燥，秤量する．この測定値が細砂の重量である．

〔分析結果の整理〕 粗砂，細砂，シルト，粘土の測定： 各画分の含量は乾土に対する百分率で示す（風乾土に対する百分率，有機物を除いた乾土に対する百分率などで表示されることもある）．それぞれの値は次式によって算出する．

$$粗砂〔\%〕=\frac{a}{m}\times 100 \qquad (3.7)$$

表3.1 土壌粒子の沈降速度

温度〔℃〕	10 cmの沈降に要する時間				各温度で沈降する深さ (20℃で10 cmを沈降するとき)
	シルト (0.02 mm)		粘土 (0.002 mm)		
	分	秒	時間	分	
5	7	13	12	2	6.6 cm
6	7	0	11	41	6.8
7	6	48	11	20	7.1
8	6	36	11	0	7.3
9	6	25	10	41	7.5
10	6	14	10	23	7.7
11	6	3	10	6	7.9
12	5	54	9	49	8.1
13	5	44	9	34	8.4
14	5	35	9	19	8.6
15	5	27	9	5	8.8
16	5	19	8	51	9.0
17	5	10	8	37	9.3
18	5	3	8	24	9.5
19	4	55	8	12	9.8
20	4	48	8	0	10.0
21	4	41	7	48	10.3
22	4	34	7	37	10.5
23	4	28	7	26	10.8
24	4	22	7	16	11.0
25	4	15	7	6	11.3
26	4	10	6	56	11.5
27	4	4	6	47	11.8
28	3	59	6	38	12.1
29	3	54	6	29	12.3
30	3	48	6	21	12.6
31	3	43	6	12	12.9
32	3	39	6	4	13.2
33	3	34	5	57	13.4
34	3	30	5	50	13.7
35	3	26	5	43	14.0

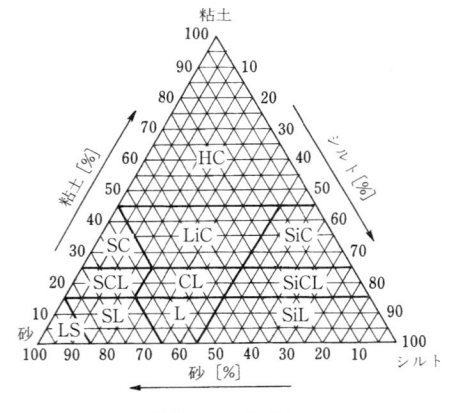

図 3.3 土性区分

$$細砂〔\%〕 = \frac{b}{m} \times 100 \quad (3.8)$$

$$粘土〔\%〕 = \frac{d \times 50}{m} \times 100 \quad (3.9)$$

$$シルト〔\%〕 = \frac{(c-d) \times 50}{m} \times 100 \quad (3.10)$$

ここで，m：風乾細土供試量〔g〕(乾土あたりで表示することもある)，a：粗砂の測定値〔g〕，b：細砂の測定値〔g〕，c：懸濁液 20 mlなかのシルトと粘土の含量〔g〕，d：懸濁液 20 mlなかの粘土の重量〔g〕である．

土性の決定： 粗砂，細砂，シルト，粘土の含量を 100 とし，各粒径画分の百分率を算出する．また粗砂と細砂とを合わせて砂含量を求める．ついで図3.3 を用いて実験に供した土壌の土性を決める．

3.3.2 容積重（仮比重）

土壌の比重には真比重（土壌粒子の比重）と容積重（容積比重：単位容積あたりの土壌の重量）とが認められている．また容積比重としては自然の構造を維持している土壌試料について測定されたもの（現地容積重）と，風乾細土について測定されたもの（風乾土容積重）とがともに用いられているが，ここでは現地容積重についてのみ述べる．

〔操 作〕 **土壌試料の採取：** 未撹乱の土壌を採取する必要がある．まず，土壌試料を採取する土層の水平面，あるいは垂直面を平らにけずり，容積が既知（通常 100 ml）の実容積測定用円筒をその面にあて，土壌が圧縮されないように注意しながら徐々に垂直に押しこむ．ナイフあるいは移植ごてで円筒の形に土壌をけずりながら円筒を押しこむと良好な不撹乱土壌を採取できる．土壌が硬い場合には，円筒の上の面に採土補助器をあてがい，鎚で軽く叩きながら円筒を押しこむと，速やかに不撹乱土壌を採取できる（図 3.1）．移植ごてを用いて円筒を掘り出し，円筒からはみ出している土壌試料をナイフあるいは移植ごてを用いて切り落とし，円筒にふたをして，テープで密封する．1 つの土層から 3 個の円筒で土壌試料を採取し，その測定値の平均値を求める．

秤量・乾燥： 円筒内の土壌試料をあらかじめ乾燥，秤量してある蒸発皿に完全に移し，ただちに秤量して湿潤土の重量を測定する．これを清浄な室内で風乾後，105℃に保たれた空気浴中に連続 5 時間以上おき，乾土の重量を測定する．この乾土の重量が再び 105℃ に加熱しても減量しないことを確かめる．

計算： 上述した方法によって容積比重とともに水分含量（3.2.1 項参照）を求めることができる．

$$容積比重 = \frac{s}{v} \quad (3.11)$$

ここで，s：乾土の重量〔g〕，v：円筒の容積〔ml〕である．また，水分含量〔%〕=$\{(w-s)/s\} \times 100$，w：湿土の重量〔g〕となる．

3.3.3 孔隙率，最大容水量

土壌中に存在する大小さまざまな孔隙は，気体，液体，さらには生物が移動したり，存在したりする場である．孔隙については全孔隙率，孔隙径分布，孔隙の形状などの測定が行われており，水分については pF-水分曲線の作製，各種の水分恒数，透水性などの測定が行われている．ここでは比較的容易に測定できる全孔隙率と最大容水量（飽和容水量）について述べる．

a. 全 孔 隙 率

土壌の容量の中で孔隙の容量が占める割合が全孔隙率であり，次式によって算出される．

$$全孔隙率〔\%〕 = \left(1 - \frac{d_0}{d}\right) \times 100 \quad (3.12)$$

ここで，d_0：容積重，d：真比重（真比重が実測されていないときは，有機物含量が 1% 以下の土壌では 2.65 を，有機物含量が 1% 以上（$a\%$）の土壌では $2.65 - 0.02 \times a$ を用いることができる）である．

b. 最大容水量（飽和容水量）

土壌が水によって飽和され，孔隙がすべて水によって占められた場合の乾土 100 g あたりの水の重量が，最大容水量（飽和容水量）である．以前は風乾細土を試料としていたが，現在は不撹乱土壌を試料とすることも多い．ここでは，風乾細土に水を加

えて保温静置するときなどに現在でも用いられる，最大容水量の測定法について述べる．

〔操 作〕 深さ1cm，直径5.6cm，容積25mlの真ちゅう円筒に，1mmの円孔を4mmの間隔で開けた底板をつけた容器を作製し，その重量を測定しておく．容器の内径よりもやや小さい径の円形に定性濾紙を切りとる．この濾紙を容器の底板の上面に敷く．これを秤量してから，風乾細土を充填し，平らにすり切り，机上で1分間軽く叩き，生じた空所に風乾細土を補充して平らにすり切り，さらに1分間机上で軽く叩いて再び生じた空所に風乾細土を補充して平らにすり切ってから秤量し，容器に充填された風乾細土の重量を求める．次に深さ2～3mmに蒸留水を入れた大型ペトリ皿に容器を静かに置き，土壌試料の表面が水で湿ってから1時間室温に放置する．

〔注〕 この間容器中の水位が下がらないように，ときどき蒸留水を補充する．

容器を取り出し，ぬれたガーゼ上に置き，ペトリ皿のふたをかぶせ，蒸発を防いで10分間放置し，過剰の水分を除去する．さらに乾いた濾紙で容器の外側をふき，ただちに秤量する．同一の容器を用いて風乾細土を充填しないで上述した操作を行い，ブランク実験の測定値とする．ブランク実験の測定値を差し引いて水で飽和された土壌試料の重量を求め，これと実験に供した土壌試料の重量（乾土としての重量）とから最大容水量を算出する．

3.4 土壌微生物の作用

土壌中の物質変換の多くは，土壌に生息する多種多様な微生物の活動の結果である．土壌微生物の活動のうち，ここでは土壌微生物活性の指標となる炭酸ガス発生量と酸素吸収能とについて述べる．

3.4.1 炭酸ガス発生量（畑状態土壌）

〔操 作〕 発生炭酸ガスの吸収： 最大容水量の60%の水分を含む土壌試料50～150gを500ml容広口三角フラスコにとる．この三角フラスコに適した大きさのゴム栓に針金を差しこみ，その針金の先を輪にして20ml容小型ビーカーを吊るす．このビーカーに0.1N水酸化ナトリウム溶液10mlを加えた後，ゴム栓で三角フラスコを密栓し，パラフィンで封じる．このとき，三角フラスコの内部に小型ビーカーが吊り下げられた状態になっている．これを所定の定温器内に保温静置する．土壌試料だけを加えずに上述した操作を行い，ブランク実験とする．

炭酸ガスの測定： 保温静置1～3日おきにフラスコの栓をあけ，小型フラスコに3N塩化バリウム溶液1mlを加え，水酸化ナトリウムに吸収された炭酸ガスを炭酸バリウムとして沈殿させる．これにフェノールフタレイン溶液を1滴加え，液をガラス棒でおだやかにかきまぜながら0.1N塩酸溶液で徐々に滴定し，液の赤色が消失したところを終点とする．ブランク実験についても同様の操作で0.1N塩酸溶液の滴定値を求める．

計算： 以下の式により炭酸ガス生成量を算出する．

$$W = (V_0 - V_1) \times F \times \frac{100}{m} \quad (3.13)$$

ここで，W：炭酸ガス生成量（乾土100gあたりのCO_2 mg），V_0：ブランク実験の滴定値（0.1N塩酸溶液 ml），V_1：滴定値（0.1N塩酸溶液 ml），F：CO_2当量値（2.2 mg CO_2/0.1N塩酸溶液1ml），m：供試土壌量（乾土相当量g）である．

3.4.2 酸素吸収能

〔操 作〕 畑土壌の場合： 最大容水量の60%になるように風乾細土（4g）あるいは湿潤土（<2mm）の水分量を調節してワールブルグ検圧計の測定容器主室に入れる．側室には折ってひだをつけた濾紙片を入れ，そこに20%水酸化カリウム溶液0.2mlを加える．この容器を30℃の恒温槽に入れ，静置する．生成される炭酸ガスは，側室の濾紙片に吸収させるため，酸素吸収能は乾土1gあたりのμl/hで示される．

水田土壌の場合： 一定量の湿潤土を，適量な殺菌水で希釈しながら乳鉢で手早く混和して土壌懸濁液を作製する．この懸濁液5mlを，先端を切り落としたピペットでとり，測定容器の主室に入れ，140回/minで1分間振とうし，土壌試料中に含まれている第一鉄，硫化物などの還元性物質をあらかじめ空気酸化する．ついで副室に20%水酸化カリウム溶液を加え，140回/minで振とうし，酸素吸収能の測定を行う．

RQ（呼吸商）の測定： AとBの2本の圧力計を用意し，上記の酸素吸収能の測定の場合と同様に，主室に土壌試料を入れ，Aの容器には炭酸吸収のための20%水酸化カリウム溶液0.2mlを，Bの容器には水酸化カリウム溶液の代わりに蒸留水0.2mlを入れる．Aで酸素吸収量が測定でき，Bで酸素吸収量と炭酸ガス生成量が測定できる．この

両測定値を用いて，ワールブルグの直接法により，RQ すなわち（単位時間あたりの二酸化炭素排出量）÷（単位時間あたりの酸素消費量）を算出することができる．

3.5 実験例：湛水土壌の還元化過程と物質変化

水田土壌は，水稲を作付けする灌漑期間は湛水下にあり，田面水によって大気から隔てられている．分子状酸素の水中拡散速度は気相の約1万分の1以下であることから，湛水下の水田土壌では畑地土壌に比べて酸素の供給が大きく制限されている．その結果，土壌微生物群は有機物の酸化分解から嫌気的分解に進まざるをえなくなり，畑土壌とは著しく異なった還元的環境が発達する．

水田土壌を湛水条件下で保温静置すると，経時的に還元過程が進行する．その指標として土壌の Eh ならびに土壌 pH を，物質変化の指標として二価鉄（Fe^{2+}）濃度とメタンガスの発生量を測定する．また土壌の酸化層と還元層の分化や土色の変化を観察することにより還元過程の発達を視覚的にとらえる．

3.5.1 Eh, pH, 二価鉄（Fe^{2+}）濃度測定

まず，非密閉容器にて土壌をインキュベーションし，メタンガス発生量の測定以外の測定や観察を行う（3.5.1項）．メタンガス発生量の測定のためには，密閉容器を用いたインキュベーションを別途行う（3.5.2項）．

a. インキュベーション

〔器 具〕 中型試験管，試験管立て，パラフィン紙，輪ゴム，白金電極，ゴム栓

〔供試土壌〕 水稲を栽培していない時期の水田の作土から土壌を採取する．採取した土壌はただちに3.1.2項の方法に従って風乾細土に調製し，保存しておく．

〔方 法〕 試験管に風乾土 10 g と蒸留水 15 ml を入れて湛水状態の土壌モデル実験系を作製する．この際，あらかじめ試験管に蒸留水を入れておき，それに土壌を少量加え，かくはん棒でかきまぜる．この操作を繰り返して気泡が残らないようにする．洗浄びんより蒸留水を吹きつけガラス管および試験管の内壁に付着した土粒を洗い落とす．試験管の口をパラフィン紙で覆い，輪ゴムで緩くとめる．

これとは別に，Eh 測定用の土壌モデル実験系を次のように作製する．試験管の口に合うゴム栓を用意し，中央部に白金電極を差しこむ穴を，その脇に寒天橋が入る穴をコルクボーラーで開けておく．白金電極の先端部が土壌層の中間に挿入されるように電極を差しこんだゴム栓で試験管に栓をする．電極は実験期間中動くことがないように注意する．寒天橋用の穴はパラフィン紙などで軽く栓をしておく．

これらの試験管を 30℃ の恒温器中で 4 週間インキュベーションし，経時的に以下の測定と観察を行う．

b. 土壌の酸化還元電位測定 （3.2.9項参照）

土壌の還元状態の発達は，Eh の変化によって追跡できる．Eh は，微酸性から中性の pH 領域下で，$+700 \sim -300$ mV の範囲にある．湛水下の水田の作土の Eh は $+300 \sim -200$ mV である．

Eh 測定用の土壌モデル実験系を用い，3.2.9.b項に従って，Eh を測定する．

〔装置・試薬〕

・Eh メーター（pH メーターに付属の電位差計）
・飽和カロメル電極
・Eh 標準液： 0.1 N KCl 溶液中にフェリシアン化カリウムとフェロシアン化カリウムをそれぞれ M/300 になるように溶解したもの
・飽和塩化カリウム寒天橋（3.2.9項参照）
・飽和塩化カリウム溶液
・白金電極

〔操 作〕

(1) Eh 標準液を用いた Eh メーターの調整

① 飽和カロメル電極を飽和塩化カリウム溶液に，白金電極を Eh 標準液につける．

② 飽和塩化カリウム溶液と Eh 標準液との間を寒天橋で連結する（寒天橋の両端に気泡が入らないように注意する）．

③ Eh メーターの値を，
$$Eh = 0.183 - 0.00144(t-25) \ [V] \quad (t：液温〔℃〕) \tag{3.14}$$
に調整する（この値が飽和カロメル電極に対する Eh 標準液の酸化還元系の電位差）．

(2) Eh の測定

① (1)で用いた白金電極を Eh メーターからはずし，土壌モデル実験系の土壌に挿入してある白金電極とつなぎ代える．

② 飽和塩化カリウム溶液と土壌モデル実験系の表面水（試験管内）との間を寒天橋で連結する．

③ Eh メーターが安定してから電位〔V〕を読みとり，π の値とする（飽和カロメル電極に対する土

壌の酸化還元系の電位差).

④ 土壌の Eh は，標準水素電極に対する土壌の酸化還元系の電位差として，式(3.6)にπの値を代入して算出する．

(3) pH の変動に伴う Eh の補正： 酸化還元系を含む溶液の pH が変化すると，酸化態および還元態のイオン化の程度が変わり，Eh が変化する．したがって，土壌の Eh を表示する場合には pH を併記するか，pH 7 または 6 の場合の値 Eh 7，Eh 6 に換算する．換算する場合にはいくつかの $\varDelta Eh/\varDelta pH$ 値が提案されているが，ここでは $\varDelta Eh/\varDelta pH = -0.06$ V を用いる．

c. **土壌の二価鉄生成量測定**（3.2.12 項参照）

土壌の還元状態が発達すると，三価鉄が還元され二価鉄が生成する．二価鉄の溶解度は大きいため，土壌中の二価鉄イオン（Fe^{2+}）濃度が増大する．本実験では，還元過程の発達と Fe^{2+} の関係，特に Fe^{2+} 量と Eh の関係をみる．

〔試　薬〕
・酢酸緩衝液（3.2.12 項参照）
・0.25% o-フェナントロリン溶液

〔操　作〕
（1）インキュベーションした試験管から輪ゴムとパラフィン紙をとりさる．
（2）試験管全体の重量を測定して試験管内の水の重量（x）を求める．
（3）$(100-x)$ ml に相当する酢酸緩衝液をメスシリンダーにとる．
（4）ガラス棒で試験管中の土壌をペースト状にし，ポリエチレンびんに入れる．
（5）試験管にメスシリンダー内の酢酸緩衝液を少量加え，ガラス棒でかきまぜ，試験管内に存在する土壌粒子を 200 ml ポリエチレンびんに入れる．この操作を繰り返して土壌をすべて移す．
（6）往復振とう機で 10 分間振とう抽出する．
（7）No. 6 の乾燥濾紙を用いて濾過する．
（8）濾液の一定量をとり，鉄の比色定量法（2.6.5 項参照）に準じて第一鉄を定量する．

〔注 1〕 土壌抽出試料の第一鉄の比色定量においては，ヒドロキシルアミン塩酸塩は加えない．
〔注 2〕 土壌抽出試料は o-フェナントロリンで発色させたらその日のうちに定量を行うこと．
〔注 3〕 ただちに測定しない場合，土壌抽出試料はポリエチレンびんに入れて冷凍保存する．

d. **pH 測定**

湛水土壌の pH と Eh との間には密接な関係がある．酸化状態で安定な Mn(IV)，Fe(III)，NO_3，SO_4 よりも還元状態で安定な Mn(II)，Fe(II)，NH_3，H_2S などの方がより塩基性であるため，還元状態にある土壌および土壌溶液の pH は高まるからである．測定操作は 3.2.9.a 項の ii) に従う．

e. **観　察**

湛水による還元過程の進行に伴って，土壌は湛水直下の酸化層とその下の還元層に分化する．酸化層は 1～2 mm のうすい層で灰褐色を呈し，Fe^{3+} および NO_3^- を含み，Eh は $+400$～$+500$ mV を示す．その下の還元層は黒褐色あるいは青灰色を呈し，Fe^{2+}，NH_4^+，Mn^{2+}，S(II) および CH_4 を含み，Eh は -100～-250 mV を示す．特に有機物含量の多い土壌では還元層での CH_4 の生成により，土壌中に気泡が発生する．また，易分解性有機物に富むわらや根などの植物遺体の周囲には硫化鉄が沈着し黒色を呈する．

還元過程の進行に伴う酸化層・還元層の分化，土色の変化，気泡の発生および硫化鉄による黒色の生成などを観察し，スケッチする．土色は土色帳（『新版標準土色帖』，農水省農林水産技術会議事務局監修）を用いて表示する．

3.5.2　メタンガス発生実験

湛水した水田土壌の還元層においては，メタン生成菌と呼ばれる偏性嫌気性（絶対嫌気性）の古細菌群の活動によりメタンが発生する．大まかにいえば，メタンは，水素による二酸化炭素の還元，および酢酸のメタンと二酸化炭素への分解によって生成される．

本実験では，ガラスバイアル内に湛水した水田土壌を密封し，インキュベーションする．湛水には脱イオン水もしくは酢酸ナトリウム水溶液を，またバイアル内の気相には空気もしくは純窒素を用い，これらの条件の組み合わせがメタンガスの発生に及ぼす影響を検証する．

〔器具・試薬〕
・ガラス製スクリューキャップバイアル
・穴あきスクリューキャップ
・ブチルゴム栓
・注射針
・横穴式針を装着したガスタイトシリンジ
・30 mM 酢酸ナトリウム水溶液
・純窒素ガス（ガスボンベ）
・標準メタンガス（99.99%）

〔装　置〕 ガスクロマトグラフ（4.1.10 項参照，検出器：水素炎検出器（FID），キャリヤーガス：

ヘリウムまたは窒素，充填カラム：低分子気体の分離に優れる固定相（SHINCARBON ST など）が充填されたもの）

〔操 作〕

(1) 土壌の充填および観察

① 3 g の土壌を，12 本の 30 ml 容ガラスバイアルにそれぞれ入れる．

② 6 本のバイアルに 10 ml の脱イオン水を加え，残りの 6 本のバイアルには 10 ml の 30 mM 酢酸ナトリウム水溶液を加える．

③ バイアルにブチルゴム栓を装着し，穴あきスクリューキャップで閉めることでバイアルを密封する．

④ 脱イオン水もしくは 30 mM 酢酸ナトリウム水溶液を加えた 6 本のバイアルのうち，それぞれ 3 本については次のように気相交換する．まず，ブチルゴム栓に注射針を刺し，確実に通気できる状態にした後，窒素ガスボンベにつながっている注射針をさらに刺し，窒素ガスをバイアルに流しこむことで，バイアル内の気相を交換する．30 秒ほどしたら，ガスボンベにつながっている注射針を抜き，続いてもう 1 つの注射針を抜く．

〔注〕 逆の順で抜くと非常に危険である．

⑤ バイアルを 30℃ のインキュベーターに入れ，ガスクロマトグラフィーで分析するまで 4 週間程度静置する．ときどき，バイアルをインキュベーターから出し，土壌の還元状態を観察する．

(2) ガスクロマトグラフィーによる気体分析

① 検量線を作製する．1 点検量線法を用いる場合，100 μl の標準メタンガス（99.99%）をガスクロマトグラフへ導入し，クロマトグラムをとり，メタンの検出までの保持時間とピーク面積を確認する．

〔注〕 バイアル内の気体の捕集とガスクロマトグラフへの導入には，横穴針が装着されたガスタイトシリンジを用いる．

② 各土壌サンプルバイアル内の気体を分析する．500 μl の気体をはかりとり，ガスクロマトグラフへ導入し，クロマトグラムをとる．

③ クロマトグラムで得られるピーク面積から，各土壌から発生したメタンの量を計算する．また，用いた土壌の乾燥重量もあらかじめ計算しておく．メタン発生量は nmol/kg（土壌乾燥重量）等で表記する．

　　　　　　　　　　　〔大塚重人・磯部一夫・青野俊裕〕

参 考 文 献

1) Soil Survey Division Staff：Soil Survey Manual, U.S. Department of Agriculture, 1993
2) Soil Survey Division Staff：Soil Survey Laboratory Methods Manual, U.S. Department of Agriculture, 2004
3) D. L. Sparks et al. (ed.)：Methods of Soil Analysis Part 3―Chemical Methods (SSSA Book Series 5), Soil Science Society of America and American Society of Agronomy, 1996
4) 日本土壌肥料学会：土壌環境分析法，博友社，1997
5) 農林省農林水産技術会議事務局，土壌養分測定法委員会：土壌養分分析法，養賢堂，1994
6) 土壌微生物研究会：新編 土壌微生物実験法，養賢堂，1994
7) 宮﨑 毅，西村 拓：土壌物理実験法，東京大学出版会，2011
8) 山根一郎：水田土壌学，農山漁村文化協会，1982

第4章
低分子有機化合物取扱い法

本章は，低分子有機化合物の分離・精製法，同定法，クロマトグラフィー，化学合成法および基礎的な実験技法の習熟を目的としており，次の4部から構成される．
(1) 有機化合物の分離
(2) 有機化合物の同定
(3) 有機化合物の分離・同定に関する実験例
(4) 有機化合物の合成

初めに，本章において用いられる方法を含め，低分子有機化合物の基本的な取扱い法について以下に解説する（以下低分子有機化合物を単に有機化合物と記す）．

4.1 有機化合物の分離―種々の精製原理とクロマトグラフィー

4.1.1 有機化合物の分離とは

有機化合物の取扱いの中で，物質の分離はきわめて重要な基本操作の1つである．天然界には実に多数の有機化合物が存在するが，それらを有機化学的な立場から取り扱う研究分野を天然物有機化学と称している．これら天然の有機化合物の中には，ホルモンやビタミンのように生物にとって重要な役割を果たすものが多く，それらの化学的研究は農芸化学の分野において，古くから活発に行われてきており，最近は，生物学にもまたがる重要な研究分野となっている．

多数の有機化合物が混合された状態の中から目的の化合物を取り出すことが，天然物有機化学の研究における出発点といっても過言ではない．このような混合系から目的の化合物をできるだけ純粋な状態で分離して取り出そうとする過程を精製と呼び，首尾よく目的化合物だけを取り出せた場合を単離と呼ぶ．

化合物の有機合成においても，反応により生成した混合物の中から目的物を分離することなしには，合成の目的が達せられたとはいいがたい．また，ある化合物の正確な分析値を得たい場合や，生理作用を厳密に測定したい場合には，不純物をできるだけ除去する必要があり，このような場合に行われる操作も分離・精製にほかならない．

有機化合物の数はきわめて多いが，それらを分離・精製する手法は主として化合物の物理的・化学的性質を利用したもので，次項以下で紹介する6つの原理のいずれかに基づく．各分離法を適用しようとする際は，それぞれがどのような原理に基づくかをあらかじめ十分に理解しておくことが肝要であり，また，分離したい化合物の性質をできるだけ知っておく必要がある．なぜならば，その化合物に最も適した分離法を適用することにより，最大の分離効果を期待できるからである．

有機化合物の分離・精製に際して，1回の操作で目的とする化合物が単離できることはまれであり，効果的な精製手法の構築は過去の経験に基づく情報や長年培われてきた勘によるところが大きい．特に微量成分の単離には，多段階の分離操作を組み合わせて適用することが必要であるため，このような場合にはなるべく性質の異なる分離操作を組み合わせて適用することが望ましい．たとえば，後述するように分配(4.1.3項)，吸着(4.1.4項)，解離(4.1.5項)，分子の大きさ（4.1.6項）の各原理に基づいて化合物を分離しようとする場合，分離は一般に担体と呼ばれる固定相と移動相との間で進行し（これをクロマトグラフィーと呼ぶ），ある化合物を精製するためにカラムクロマトグラフィー（担体を円筒状のカラムに詰めて行うクロマトグラフィーのこと）を2回実施しようとする場合でも，同じ吸着剤を担体として用いる吸着クロマトグラフィーを2回繰り返すよりも，違った種類の吸着剤を用いて2種の吸着クロマトグラフィーを組み合わせる方が効果的である．さらに，同じ2回でも吸着クロマトグラフィーと分配クロマトグラフィーを組み合わせる方が，一層優れた分離結果が得られる場合が多い．

ある分離法を適用すると，通常いくつかの画分が得られる．どの画分に目的物質が存在するかを判断するためには，各画分に対し，機器分析や生物検定などを利用した定性・定量試験を適宜行う．特に，微量活性物質を生物試料から単離する場合には，精

製造上においてこの活性物質の挙動を追跡する手段（検定系）の開発が精製の成否を大きく左右する．また，目的化合物が分離操作中に何らかの化学的変化を受けて性状を変化させることがあるが，それを回避するため，分離操作を行う際の条件設定には十分注意を払う必要がある．次項以降では，主に低分子有機化合物を対象としてその分離法を述べる．

4.1.2 固体の溶解性に基づく分離
a. 固体抽出
固体を溶媒で処理して可溶物と不溶物に分けるのは，最も簡単な分離法といえる．この方法は多くの場合，大量の原料を処理し，目的の化合物を含む抽出液を得たい場合などに用いられる．操作法そのものは単純であるが，たとえば以下の点などに留意が必要である．

i) 溶媒の選択 固体抽出に用いられる溶媒としては，目的物をよく溶かすが，他の夾雑物をあまり溶かさないものが望ましい．一般的にいえば，目的物と同程度の"極性"を有する溶媒を用いればよい．また，最初に目的物が溶けにくい溶媒で夾雑物だけを抽出した後，目的物をよく溶かす溶媒で抽出することもある．一般に，天然の原料からなるべく広範な種類の低分子有機化合物を抽出しようとする場合には，含水メタノールや含水アセトンを用いることが多い．

ii) 試料の破砕 抽出効率を高めるためには，溶媒と固体試料との接触面積をできるだけ大きくする必要がある．そのため，試料はできるだけ細かくしておくことが望ましい．

iii) 加熱 一般に溶解度は温度依存性であり，温度が高いほど溶解度は大きくなることから，加熱して溶媒抽出を行うことが多い．有機溶媒を用いて加熱・抽出する際は，還流冷却器を用いて抽出しなければならない．他方，熱に不安定な物質に対して加熱・抽出操作は適用できないので，室温あるいは低温で溶媒に長時間浸漬することにより抽出する．

iv) 抽出の反復 通常，1回の抽出操作のみで目的物を完全に抽出することはまれで，溶質を含まない溶媒を用いて何回か反復して行う必要がある．そのような機能を備えた装置としてSoxhlet連続抽出器（図4.1）がある．この抽出器では通常，ジエチルエーテルのような沸点の比較的低い溶媒が用いられる．

b. 光学分割
立体構造が左右の掌のように互いに鏡像の関係にある一対の光学活性体は，旋光性などの光学的性質を異にする他は，全く同じ物理的・化学的性質を有する．これら一対の光学活性体の等量混合物をラセミ体と呼び，それらを互いに分離することを光学分割と呼ぶ．通常の分離法ではラセミ体の分割は不可能である．しかし，ラセミ体の各々の光学活性体に別種の光学活性な化合物を結合させると，生じた生成物は対称性を失い物理的性質が異なるので，その差異を利用して分割することができる．たとえば，ラセミ体にD体の化合物を作用させるとD-D体と

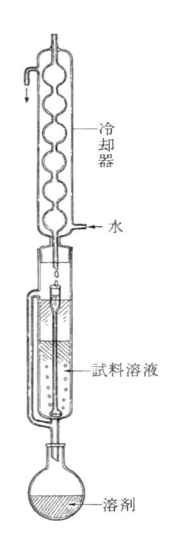

図4.1 Soxhlet液体抽出装置

表4.1 酸および塩基の光学分割に用いられる光学活性物質

酸の光学分割に用いられる光学活性塩基	(−)-strychnine, (−)-cinchonidine, (+)-cinchonine, (−)-brucine, (−)-quinine, (+)-quinidine, (+)-cinchonicine, (+)-quinicine, morphine, dehydroabietylamine, (−)-menthylamine, (−)-ephedrine, (R)-(+)-1-phenylethylamine, (R)-(+)-1-(1-naphthyl)ethylamine
塩基の光学分割に用いられる光学活性酸	(+)-tartaric acid, (−)-malic acid, (+)-camphor-10-sulfonic acid, (−)-methoxyacetic acid, (+)-glutamic acid, (−)-pyrrolidonecarboxylic acid, (+)-α-bromocamphorsulfonic acid

（森　謙治：有機化学II，養賢堂，1988より）

D-L体の誘導体が生じ，それらは光学的に対称でないために，物理的に異なった性質を示すことが期待される．これらの分割には通常分別結晶が用いられる．すなわち，光学活性物質と結びつくことによって対称性を失った2つの化合物のうち，溶解度のより小さいものが結晶として分離される．その際，結晶母液にはもう一方の成分がより多く残ることになるが，それを単離する必要がある場合には，その成分の溶解度が小さくなるような溶媒か，あるいは他の分割用の光学活性試薬を用いなくてはならない．最近では，特殊な充填剤を用いた光学分割用のカラムが開発され，高速液体クロマトグラフィー（4.1.12項参照）により光学分割を行うこともある．表4.1に，酸および塩基の光学分割に使用される代表的な光学活性物質を挙げておく．

4.1.3　分配に基づく分離
a.　分配に関する理論

互いに自由にまざり合わない2種の溶媒（たとえばジエチルエーテルと水など）の混合液に，溶質を加えてよくふりまぜると，溶質は両溶媒に対する親和性に従い分配される．このとき，もし溶質濃度が十分希薄ならば，両溶媒における溶質の濃度比は一定となる．これは分配の法則と呼ばれ，式(4.1)で表される．

$$K = \frac{C_b}{C_a} \quad (4.1)$$

C_a, C_b はそれぞれ，上層および下層における溶質濃度であり，K は溶質，溶媒系，温度が同じであれば定まった値を示し，分配係数と呼ばれる．分配係数が0および無限大の物質は，それぞれ上層，下層に一方的に溶けることから，このような物質を含む混合物では溶媒分画により容易に分離できることがある．しかし，互いに近似の分配係数をもつ物質どうしの場合には，単純な溶媒分画によっては分離されない．そのような物質を分離するには分配係数のわずかな差を利用できる分配クロマトグラフィーや向流分配の適用が必要で，それらの分離技術は精製法として重要な位置を占めている．

b.　溶媒抽出

溶液中に溶けている物質，あるいは微細な液体や固体の粒子として混在する物質を，別の溶媒で抽出することは，物質の分離操作として最もよく行われるものの1つである．溶媒による抽出は，通常分液漏斗を用い，互いに自由にはまじり合わない2種類の溶媒をふりまぜた後，両溶媒を分離して行われる．

溶媒抽出は，非常に極性の異なる2種の溶媒に対する溶質の溶解性の差を利用した分離法であり，できれば抽出に用いる溶媒に溶質が一方的に溶ける溶媒系を選ぶことが望ましい．しかし，そのような場合でも，前項に述べたような分配係数を考慮しながら操作を行わなくてはならない．たとえば，ジエチルエーテルのような有機溶媒を用いて水溶液中に存在する脂溶性物質を抽出する場合，分液漏斗を用いて1回の抽出操作を行っただけでは，分配係数が0でない限り溶質の一部が水相に残ることが避けられない．一般に，用いた有機溶媒への分配が小さければその分だけ水相に残りやすいことから，操作を何回か繰り返して，抽出回数を増やさなくてはならない．前出のとおりそのような場合には，Soxhlet連続抽出器がしばしば用いられる（4.1.2.a項）．この装置を用いて長時間連続抽出を行えば，有機溶媒に対する分配が比較的小さい物質でも効率よく抽出することができる．

溶媒抽出には，n-ヘキサン，ベンゼン，クロロホルム，ジエチルエーテル，酢酸エチルなどの有機溶媒を，水溶液と組み合わせることが多い．ここに示した溶媒は，ほぼ極性の低い順に並べられている．構造の中に水酸基や解離性の基を含まない低極性の物質ほど極性の低い溶媒によって抽出されやすいが，糖類のように多数の水酸基を構造中に含む極性の高い物質は，一般にほとんどの有機溶媒に分配されず，それらを用いて水溶液から抽出することはできない．一方，糖類と脂溶性のアグリコンとが結合した配糖体（グリコシド）や，ペプチドのようなかなり極性の高い物質の抽出には n-ブチルアルコールがしばしば用いられる．構造中に解離基を含む物質は，水溶液のpH変化により分配係数が著しく変化しうる．この性質を利用した解離性物質の系統的分画法については次項で述べる．

c.　溶媒抽出による解離性物質の分離

一般に有機化合物は，解離性基をもたない中性物質，カルボキシル基や，フェノール性水酸基あるいはエノール性水酸基（C=C-OH）を有する酸性物質，アミノ基などを有する塩基性物質，また酸性・塩基性両方の解離性基をもつ両性物質（アミノ酸など）に大別される．解離性の物質は溶液のpHに応じて異なった解離状態を示し，2種類の溶媒間での分配係数もpHに応じて変化する．したがって，異なるpH環境下で溶媒抽出を行うと溶媒間での分配状況も変化する．物質の解離に関する理論は4.1.5項を参照してほしいが，ここではその理論を効率よ

```
                          試料水溶液
                       pH 3. 有機溶媒抽出
              ┌──────────────┴──────────────┐
            水相                           有機相
      pH 12. 有機溶媒抽出              pH 9. 緩衝液抽出
                                    (5%NaHCO₂ 水溶液)
        ┌────┴────┐              ┌──────┴──────┐
       水相      有機相          水相          有機相
                               pH 3.         pH 13.
     ┌──────┐ ┌──────┐      有機溶媒抽出    緩衝液抽出
     │強極性物質│ │塩基性物質│    ┌───┴───┐    ┌───┴───┐
     │両性物質 │ │(アミン) │   水相   有機相  水相   有機相
     └──────┘ └──────┘         ┌──────┐ pH 6. ┌──────┐
                               │強酸性物質│ 有機 │中性物質│
                               │(カルボン酸│ 溶媒 └──────┘
                               │ など) │ 抽出
                               └──────┘
                                     ┌───┴───┐
                                   水相    有機相
                                        ┌──────┐
                                        │強酸性物質│
                                        │(フェノール│
                                        │ など) │
                                        └──────┘
```

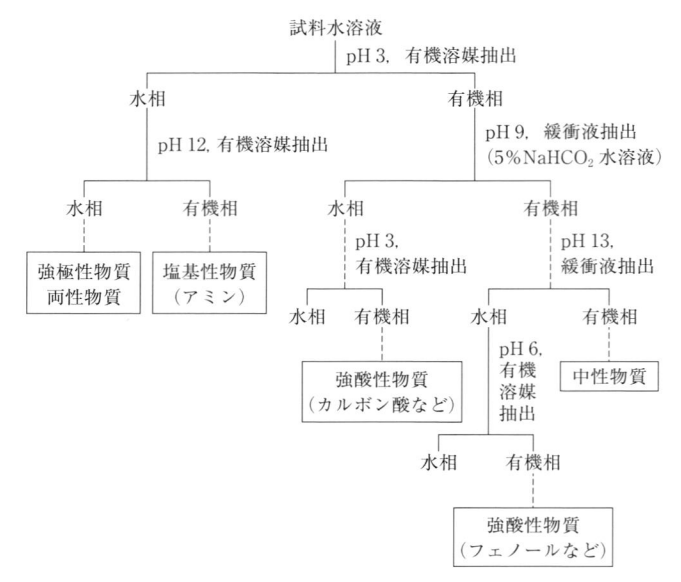

図 4.2 試料水溶液からの溶媒抽出による分画法

い溶媒抽出にいかに適用させるかについて述べる．前項でも触れたように，極性の高い基を多く含む物質の有機溶媒に対する分配係数は小さいのが普通である．ある pH の水溶液中で，解離性基が解離してイオンとなった物質は，水に対する親和力が大きく，有機溶媒による抽出を試みてもあまり分配されないと考えられる．しかし，pH を変化させ，解離平衡を非解離状態に戻すことができれば，極性が低く維持されるため有機溶媒中に分配されやすくなる．

後述の物質の解離に関する理論に従えば，カルボキシル基を含む物質（pK_a 4～5）は，pH 2 の水溶液中ではほとんど非解離型で存在し，ジエチルエーテルなどの有機溶媒で抽出されやすいが，pH 9 の水溶液中ではほとんどが解離型となり，有機溶媒では抽出されにくい．また，フェノール性水酸基を含む物質（pK_a〜10）は，pH 9 でも多くが非解離型であり，有機溶媒で抽出されやすい．そして，pH 12 付近では多くが解離型となり有機溶媒に分配されにくくなる．他方，アミノ基などを有する塩基性物質は pH 2 で解離型，pH 12 では非解離型として主に存在するため，溶媒抽出の操作に対して酸性物質とは逆の挙動を示す．また，両性物質であるアミノ酸などは，すべての pH 領域で解離型として存在するため，有機溶媒によってはほとんど抽出されない．以上のような原理に基づき，有機化合物を溶媒抽出により，強酸性物質（カルボン酸，ピクリン酸などの強酸性フェノール），弱酸性物質（フェノール類），

塩基性物質（アミン類），中性物質に分画することができる．水溶液中に存在する有機化合物の溶媒抽出による系統的な分画法を図 4.2 に示す．また，解離性など諸性質が判明している特定の化合物を溶媒分画により精製する場合は，目的化合物が分画される画分だけを選択的に得る分画法が用いられる（たとえば，4.3.2 項を参照）．

d． 向 流 分 配

向流分配は，それぞれの化合物が有する分配係数の差を利用し，分配・抽出操作を繰り返し行うことによって，分離を行うものである．向流分配の理論および操作の概要について図 4.3 に示す．図中，1, 2, 3, ... および 1′, 2′, 3′, ... は，2 種類の互いに自由にはまじり合わない等量の溶媒を示す．もし，それら 2 相の溶媒系における分配係数が 1 である溶質を溶媒 1 あるいは溶媒 1′ に溶かし，両溶媒をよくふりまぜて分離すると，溶質は上層と下層とに等量ずつ分配される．この状態を移行回数 0 とする．次の移行回数 1 においては，溶媒 1 を新たな溶媒 2′ と，溶媒 1′ を新たな溶媒 2 とふりまぜる．その結果，溶質は画分 No. 1（溶媒 1 + 溶媒 2′）に 1/2，画分 No. 2（溶媒 2 + 溶媒 1′）に 1/2 ずつ存在することになる．同様に移行回数 2 では，溶媒 1 と新たな溶媒 3′，溶媒 2 と溶媒 2′，新たな溶媒 3 と溶媒 1′ をふりまぜた結果，溶質は No. 1 から No. 3 の 3 画分にそれぞれ 1/4, 1/2, 1/4 ずつ含まれる．同様の移行操作を n 回繰り返してできる（$n+1$）個の各画分に存在する

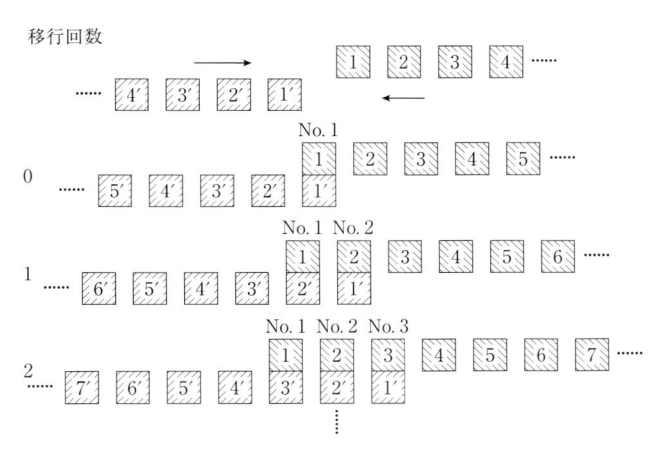

4.1 有機化合物の分離—種々の精製原理とクロマトグラフィー

図4.3 向流分配の操作

溶質の量は，全量を1として次の展開式(4.2)によって示される．

$$\left(\frac{1}{2}+\frac{1}{2}\right)^n = 1 \qquad (4.2)$$

すなわち，一連の操作により得られる画分のうち，中央に位置する画分に最も多くの溶質が含まれることになる．以上は分配係数が1の場合であるが，さらに一般化して分配係数がKの物質について同操作を行うと，移行回数nの場合における各画分の溶質は，展開式(4.3)で示される．

$$\left(\frac{K}{1+K}+\frac{1}{1+K}\right)^n = 1 \qquad (4.3)$$

また，r番目の画分に含まれる溶質量$T_{n,r}$は次式(4.4)により算出される．

$$T_{n,r} = {}_nC_r \cdot \left(\frac{K}{1+K}\right)^n \cdot K^r,$$
$$\text{ただし } {}_nC_r = \frac{n!}{r!(n-r)!} \qquad (4.4)$$

このように，混在する溶質は分配係数の違いによって分離されるが，分配係数の異なる2成分を分離するのに必要な移行操作回数は，それぞれの分配係数の比によって決まる．すなわち，2成分の各分配係数を$K_1, K_2 (K_1 > K_2)$とするとき，$K_1/K_2 > 10$ならば，10〜12回の移行操作を行うことによって両物質は完全に分離される．しかし，$K_1/K_2 < 2$の場合には，両者の分離のために移行操作を100回以上行う必要がある．このように多数回の移行操作を繰り返すことにより，分配係数が近接した2成分でも完全に分離することができる．

向流分配の操作は溶媒分画の操作と同じと考えてよく，移行操作が10〜20回程度であれば，分液漏斗と操作で得られる画分の保管容器があれば簡単に行える．しかし，多数回の移行操作を行う場合には，向流分配用の特別な装置を用いなくてはならない．そのような装置には種々の型があるが，いずれも原理としては分液漏斗を多数個つなぎ合わせたようなものであり，上層と下層の溶媒の振とうによる混和，静置による2層の分離，上層の移行という各操作を連続的に繰り返し行うもので，通常はプログラムにより自動制御されている．

向流分配において用いられる溶媒のうち，極性の高い溶媒として通常は水が用いられるが，解離性物質の分離には，適当な分配係数を設定するために一定のpHに調整した緩衝液が用いられる．非解離性物質の分離を行う場合においても，水相の極性をより高くする目的と，有機溶媒とふりまぜたときのエマルジョン化防止のために，高濃度の中性無機塩水溶液を用いることもある．また極性の低い物質を分離する場合には，n-ヘキサン（あるいは四塩化炭素）–95%含水メタノールの系も用いられる．いずれの場合も，溶媒どうしをあらかじめよくふりまぜ，互いに飽和させたものを用いなくてはならない．

向流分配法は，適用の仕方によってきわめて効果的な分離結果が得られるが，それを行うにあたっては，分離すべき物質に適当な分配係数を与える溶媒系の選択が最も重要である．もし適当な溶媒系が選ばれ，分配係数がわかっているなら，向流分配における分離状況を理論的に計算・予測することが可能であり，制御の観点においてきわめて都合がよい．また向流分配は温和な条件で行うことにより，不安定な物質の分離に適すること，分離すべき物質の完全回収が可能なこと，かなり大量の物質の処理にも適用可能なこと，など多くの利点を有する．反面，非常に極性の高い物質や無極性物質の分離・精製に

は適さず，移行回数が多くなると扱う画分数が増大して操作が繁雑になる，などの欠点も有している．向流分配は，分離・精製の他に，試料の分析や純度測定に適用されることがあるが，そのような場合には各画分において分配の法則が成立するように試料濃度をなるべく低くし，かつ温度を一定に保つなどの注意を払わなくてはならない．

e. 分配クロマトグラフィー

分配クロマトグラフィーは，理論的には前項で述べた向流分配と同じと考えてよい．担体によって保持された固定相を充填したカラムと，これを通過する溶出溶媒は，それぞれ向流分配における下層と上層に相当する．すなわち，カラムを細かく区切って考えるならば，それぞれの区分において，両溶媒の接触による溶質の分配（分配の法則）が成立し，それら1つ1つが向流分配における各分画操作に相当する機能を示すとみなすことができる．もし，試料を少量の溶出溶媒に溶かし，カラムの上端に加え，溶出溶媒を下方に移動させて展開を行うと，試料中の各物質は溶出液と固定相間の分配係数に従って移動に差を生じ，溶出液に大きく分配されるものから順次分離されてカラムの外に溶出される．分配クロマトグラフィーは，向流分配と同様に，固定相のpHを適切に調整することによって解離性物質の挙動を制御でき，また温和な条件下で分離操作が行える利点を有する．さらに，物質の回収が完全に行われる点も，不可逆的な吸着により損失が起こりやすい吸着クロマトグラフィー（次項参照）よりも優れているといえる．

4.1.4 吸着に基づく分離

有機化合物を精製したり濃縮したりする場合に，吸着現象が広く利用される．すなわち，バッチ方式による物質の濃縮，薄層クロマトグラフィー，カラムクロマトグラフィーなど種々の形態で吸着現象が利用される．

a. 吸着と溶出

吸着は，吸着剤の表面と，溶質および溶媒を構成する分子との分子間力の相互作用によって生ずるものである．物理的な相互作用によって生ずる物理吸着と，化学的な力によって生ずる化学吸着とに大別される．一般に後者による吸着は，前者による吸着よりも強固であって，場合によっては不可逆的である．したがって有機化合物の精製，分離や濃縮には前者の物理吸着現象を利用することが多い．吸着現象は，吸着剤と吸着をうける溶質，それに溶媒の性

表 4.2 官能基の極性

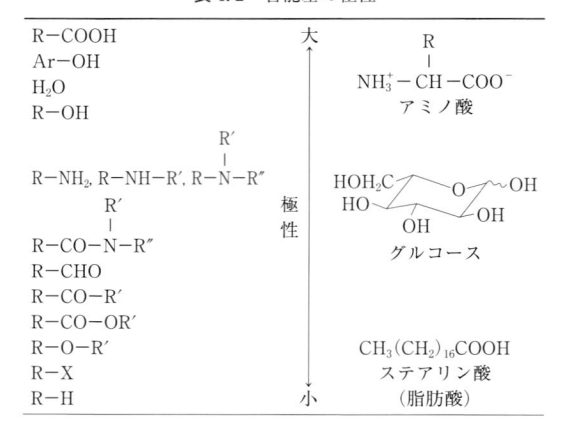

R-COOH	R
Ar-OH	NH$_3^+$-CH-COO$^-$
H$_2$O	アミノ酸
R-OH	
	R'
R-NH$_2$, R-NH-R', R-N-R''	HOH$_2$C〜O〜OH
	HO〜OH
R'	グルコース
R-CO-N-R''	
R-CHO	
R-CO-R'	
R-CO-OR'	
R-O-R'	CH$_3$(CH$_2$)$_{16}$COOH
R-X	ステアリン酸
R-H	（脂肪酸）

（縦軸：極性　大↔小）

質に影響をうけるが，この点に関する理論的体系は必ずしも確立しているとはいえない．定性的かつ経験的には，吸着を支配する要素として物質の極性が問題にされる．有機化合物の極性は，その分子に含まれる極性官能基の種類，配置，数と分子の大きさなどによって決定される．表4.2に官能基の極性の大小を示す．

ところで，ある物質の溶液に吸着剤が加えられた場合，溶媒分子と溶質分子は，吸着剤に対する親和性の点で互いに競合的と考えられる．すなわち，後述するシリカゲルやアルミナのような，極性の高い分子に親和性を示す吸着剤では，溶質の吸着は極性の比較的低い溶媒を用いた場合に生じやすい．また吸着された物質を溶出する力は極性の高い溶媒の方がより強力となる．このように，吸着剤を溶液中に加えた場合に生ずる吸着は，吸着剤，溶媒，溶質との間における親和性の競合関係に基づくもので，そこでは一定の吸着平衡が成立していると考えられる．

b. 吸　着　剤

通常，有機化合物の分離に利用される吸着剤は，活性炭，アルミナ，シリカゲルなどであって，これらの吸着力の強さの順序はおよそ表4.3に示すとおりである．これらはもとより経験的な情報であって理論的なものではない．次に，通常よく利用される吸着剤について，その性質を簡単に説明する．

i）シリカゲル　シリカゲル（silica gel）は，シリカ（silica），ケイ酸（silicic acid）とも呼ばれ，非イオン性の有機化合物の分離・精製に適した吸着剤である．シリカゲルを120〜180℃で18〜24時間加熱・乾燥して完全に水分を除いたものは吸着力がきわめて強い．一般には3〜12%の水分を含むもの

が利用される．200℃以上に長時間熱せられると，かえって吸着力が低下するといわれる．通常酸性の吸着剤であり，酸性条件に不安定な試料が分離操作中に分解することもある．また塩基性物質は不可逆的に吸着される可能性があるため，これらの化合物の分離・精製にシリカゲルを用いる際には，そうした危険性はないか確認するための十分な予備実験が必要となる．

ii) **アルミナ** アルミナ（alumina）もまた，一般的な吸着剤の1つである．通常クロマトグラフィー用として市販されているものは若干のアルカリを含んでおり，塩基性アルミナとも呼ばれる．塩基性アルミナは，酸性化合物を不可逆的に吸着する場合があり，また塩基性条件において不安定な化合物では分解のおそれがある．180～200℃に数時間加熱して，完全に乾燥したものが最も吸着力が強いが，通常数％の水分含量のものが利用しやすい．アルミナを酢酸エチルに浸漬し，24時間以上放置した後，酢酸エチルを濾別し，さらにメタノールで洗浄後に風乾して溶媒を完全に除去する．このようにして得られたアルミナを加熱活性化すれば，いわゆる中性アルミナが得られ，これは塩基性アルミナを用いたのでは不安定となる化合物の精製に利用可能である．

iii) **活性炭** 活性炭は非極性物質，とりわけ芳香族化合物に対する吸着性が強いのが特色であり，水溶液のような極性の高い溶媒中で，水よりも極性の低い有機化合物を吸着する．また若干の分子ふるい効果を有することが知られており，オリゴ糖などでは分子量の小さいものから順に溶出される．なお，活性炭は不純物として重金属を含んでおり，そのため溶質の不可逆的吸着や酸化を生ずる場合がある．重金属を含まないようにその使用にあたっては若干の前処理（活性炭を濃酢酸中で加熱し，濾別する操作を数回繰り返し，酸性を呈さなくなるまで水洗した後，5％シアン化カリウム溶液で煮沸して濾別，水洗後は乾燥）を要するが，これらの処理をあらかじめ施した市販品が購入可能となっている．

c. 溶 出 液

用いる溶媒の溶出力は，吸着剤に対する溶媒の親和性，溶質に対する溶解力などによって左右される．吸着剤に対する溶媒の親和性が大きければ溶出力は大きくなり，また溶質に対する溶解力が大きいことも溶出力を大きくする．吸着剤ごとの各種溶媒との

表4.3 各種吸着剤と吸着力

吸着剤	吸着力
ショ糖 デンプン イヌリン クエン酸マグネシウム 炭酸ナトリウム	弱 ↓
炭酸カリウム 炭酸カルシウム ○リン酸カルシウム 炭酸マグネシウム マグネシア 消石灰	中 ↓
○シリカゲル ○ケイ酸マグネシウム（フロリジル） ○アルミナ ○活性炭 活性マグネシア	強 ↓

○印：利用度の高い吸着剤．表の下に行くほど吸着力が強い．

表4.4 吸着剤に対する各種溶媒の親和性

	アルミナ	シリカゲル	フロリジル	マグネシア	活性炭
小 親 和 性 （溶 出 力） 大↓	n-ペンタン シクロヘキサン 1-ペンテン 四塩化炭素 ジイソプロピル 　エーテル トルエン ベンゼン ジエチルエーテル クロロホルム アセトン 酢酸エチル ジメチルスルホキ 　シド アセトニトリル ピリジン エタノール	シクロヘキサン n-ペンタン 四塩化炭素 トルエン ベンゼン クロロホルム ジイソプロピル 　エーテル 酢酸エチル アセトン エタノール 水 酢酸	n-ペンタン 四塩化炭素 ベンゼン クロロホルム 二塩化メチレン ジエチルエーテル	石油エーテル n-ヘキサン n-ヘプタン シクロヘキサン 四塩化炭素 ジエチルエーテル トリエチルアミン アセトン ベンゼン ピリジン	水 メタノール エタノール アセトン 1-プロパノール ジエチルエーテル 酢酸エチル n-ヘキサン ベンゼン

親和性（溶出力）の順を，表4.4に示した．

d. 吸着クロマトグラフィー

最初，溶出力の小さな溶媒に試料を溶かし，これを吸着剤に加えると，試料は吸着剤に吸着される．続いて，溶出力のやや大きな溶媒で処理すると，吸着されにくい溶質から順に溶出され，次に溶出力の大きな溶媒で処理すれば，先に溶出されなかった吸着されやすい溶質まで溶出されるようになる．このような操作を連続的に能率よく行うのが吸着クロマトグラフィーである．実際のクロマトグラフィーにおいては，これら溶媒を単独で用いるより，混合溶媒として用いる場合が多い．これは，混合溶媒とすることにより，単一の溶媒では得がたい微妙な溶出力の調整が可能となるからである．

4.1.5 解離に基づく分離

酸性，塩基性または両性化合物は，水溶液中では一般に解離した状態，すなわち電荷を有する状態で存在する．酸，塩基については種々の定義があるが，ここではBrønstedの定義に従うのが便利であろう．それによれば酸とはプロトンを放出し，塩基はプロトンをうけ入れる能力を有する物質である．一般に酸，塩基の解離は，種々の溶媒中で起こりうるものであるが，ここでは簡単のために水溶液の場合について説明する．

水の中で酸（HA）は，式(4.5)のような解離平衡の状態にある．

$$HA + H_2O \rightleftharpoons A^- + H_3O^+ \quad (4.5)$$

このときの解離定数（K_a）は式(4.6)で表される．

$$K_a = \frac{[A^-][H_3O^+]}{[HA]} \quad (4.6)$$

$$pK_a = -\log K_a = \log \frac{[HA]}{[A^-]} - \log[H_3O^+]$$
$$= \log \frac{[HA]}{[A^-]} + pH \quad (4.7)$$

またK_aの逆数の常用対数をとったpK_aという指標もよく用いられる．解離定数は，解離の起こりやすさ，すなわち酸の強さを表し，pK_aが小さいほど強い酸である．なお，式(4.7)から明らかなように，酸が1/2解離状態にあるときの水溶液のpHが，その酸のpK_aに等しいことになる．

塩基（B）の解離平衡および解離定数（K_b）は式(4.8)，(4.9)で表される．

$$B + H_2O \rightleftharpoons BH^+ + OH^- \quad (4.8)$$

$$K_b = \frac{[BH^+][OH^-]}{[B]} \quad (4.9)$$

ところで，塩基の解離によって生じたBH^+は，Brønstedの定義によれば一種の酸と考えられる．このような場合BとBH$^+$とは互いに共役（conjugate）しているといわれ，BH$^+$はBの共役酸（conjugate acid）と呼ばれる．BH$^+$について，酸として解離を考えると式(4.10)，(4.11)が成立する．

$$BH^+ + H_2O \rightleftharpoons B + H_3O^+ \quad (4.10)$$

$$K_a = \frac{[B][H_3O^+]}{[BH^+]} \quad (4.11)$$

したがって式(4.9)，(4.11)より，式(4.12)，(4.13)が導かれる．

$$K_a \cdot K_b = [H_3O^+][OH^-] \simeq K_w \simeq 10^{-14} \quad (4.12)$$

$$pK_a + pK_b = pK_w \simeq 14 \quad (4.13)$$

すなわち，塩基の塩基解離定数と，その共役酸の酸解離定数の積は，水の自己解離定数と等しく一定である．酸についても，全く同様のことがいえる．つまり，酸・塩基の強さは，対応する共役塩基や共役酸の解離定数で表すことができる．そこで一般には，酸についてはそれ自体のpK_a値で，塩基ではその共役酸のpK_a値を用いて，解離性の強弱を表すことにしている．強酸はpK_a値が小さく，逆に強塩基はpK_a値が大きい．pK_aは物質に含まれる解離基の種類およびそれを取り巻く構造的環境によって左右される．またpK_aは理論的な値であり，実験的に求めた値はpK_a'で表す．

さて，式(4.7)から，酸をそのpK_a値より2高いpHの水溶液に溶かすと，非解離状態と解離状態（アニオン）との比は1:100となり，大部分がアニオンとして存在することがわかる．このように，pK_a値と水溶液のpHとは，解離基の解離状態を知る上で重要である．

このような解離状態を利用して化合物の分離・精製を行う方法としてイオン交換法（6.1.1.e項参照）が知られている．

4.1.6 分子の大きさに基づく分離

われわれが扱う有機化合物は，その大きさからみると，分子量にして数十から数百万もの広範囲に及ぶ．これらの化合物を分子の大きさの違いを利用して分離する方法は何種類かあるが，その原理は異なる．すなわち，透析やゲル濾過は，膜孔やゲルの三次元網目構造の通過性に基づく分子のふるい分けであり，限外濾過は，ふるい分け効果と分子の拡散速度を利用したものである．6.1.1.f項には，高分子化合物の分離法としてゲル濾過の原理・実用につい

4.1.7 蒸気圧に基づく分離
a. 蒸気圧の理論

液体を密閉容器に入れて空間を残しておくと、液体表面から液体分子が蒸発して空間に拡散する。他方、蒸気となった分子は凝縮して液化する。この蒸発、凝縮の量が等しくなったとき、すなわち平衡状態に達したとき、蒸気の示す圧力を蒸気圧という。蒸気圧は温度が高くなるほど増大し、液体表面からの蒸発はより活発になるが、外圧に等しくなると、液体内部においても気化が起こる。この状態を沸騰といい、そのときの温度を沸点という。液体の場合と同様に、固体表面からも分子が空間に離れていくが、この現象を昇華という。昇華によって生じる蒸気も一定の温度で一定の圧力を示し、昇華圧と呼ばれる。

以上述べたように、物質は一定の温度でそれぞれ固有の蒸気圧を示し、また一定の外圧条件において固有の沸点を有する。したがって、蒸気圧の差を利用して、物質の分離、精製を行うことが可能であり、単蒸留、分別蒸留、水蒸気蒸留、昇華などの方法が広く利用されている。

b. 単蒸留と分別蒸留

単蒸留が、比較的夾雑物の少ない液体の分離、精製の際に用いられるのに対し、分別蒸留は留出蒸気の沸点に従って、混合物の各成分を分離するものである。

i) 単蒸留 比較的不純物の少ない液体や、市販の有機溶媒を精製する際に用いられる。装置は図4.4に示すようなものである。精製すべき液体は丸底フラスコに入れ、油浴やマントルヒーターによって加熱する。沸騰によって生じた蒸気は、蒸留管を通過した後、冷却器によって液化し、捕集される。この際、気体-液体の平衡状態を連続的につくることにより、一定沸点のものを留出させる装置が蒸留管である。蒸留管には図4.5に示すような種々の型のものがある。常圧下での蒸留に際しては沸石を入れる必要がある。沸石としては素焼板を破砕したものや、灼熱溶融したガラス棒を練り合わせて空気と混ぜ、細く引き伸ばしたものを短く折って使う。沸石を入れ忘れて加熱を始めてしまった際は、一旦冷却してから沸石を入れる。熱い間に入れると内容物が突沸し、蒸留に失敗することがある。加熱温度は沸点より20〜30℃高くし、激しい沸騰はなるべく抑えるように注意しなくてはならない。留出した液体のうち、初期の留出分（初留）は除き、蒸留管上部においた温度計で所定の沸点を示す留出分のみを集める。また蒸留フラスコ内の液体は全部留出させず、一部を残すようにしなくてはならない。蒸留によって一定の沸点を示す留出分が、必ずしも単一物質からなるとは限らない。すなわち、2種以上の化合物で、一定比率になると最後までその比率を保ちながら蒸留されるいわゆる共沸混合物の場合もあるので注意を要する。また、蒸留は密閉系で行ってはいけない。受器部分のどこかを開放して圧の逃げ口

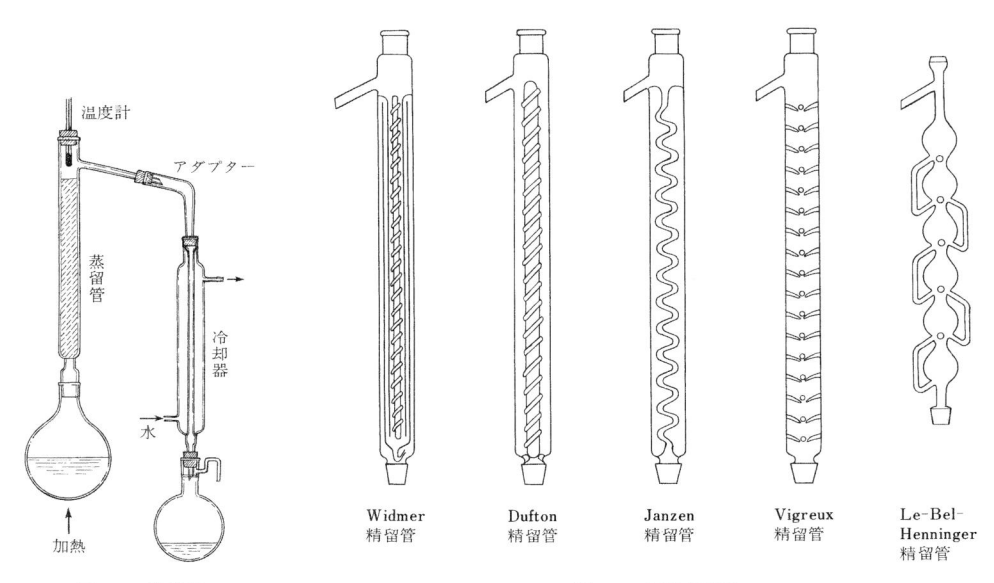

図 4.4 単蒸留

図 4.5 各種蒸留管
（Widmer 精留管、Dufton 精留管、Janzen 精留管、Vigreux 精留管、Le-Bel-Henninger 精留管）

図 4.6 減圧蒸留装置

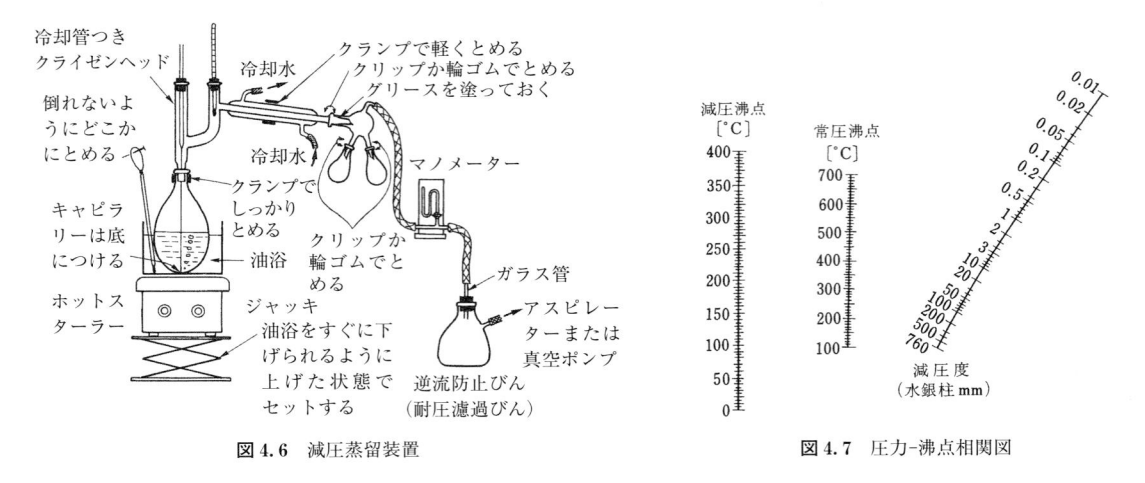

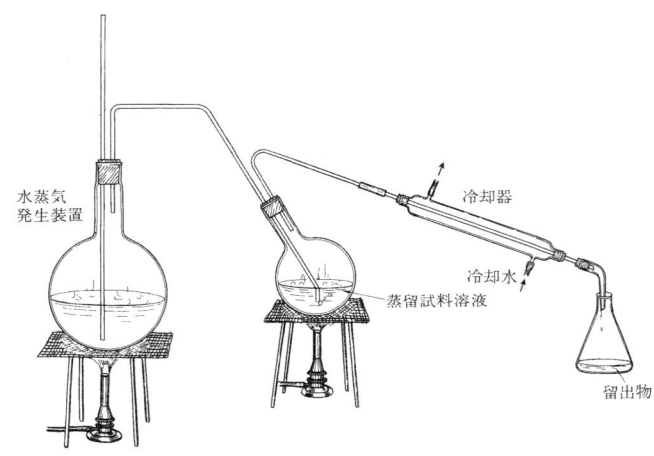

図 4.7 圧力-沸点相関図

図 4.8 水蒸気蒸留装置

を設けないと危険である.

ii) 分別蒸留 分別蒸留の装置は,単蒸留と原理的には同じであるが,各成分の留出液を分離するためのフラスコを数個備えた受器が用いられる.分別蒸留は,沸点が低くかつ安定な物質には常圧で行うが,沸点が高い物質や,高温では分解するおそれのある物質には,減圧条件で行う必要がある.減圧蒸留の装置は図 4.6 に示したようなものであり,分別蒸留装置に水流ポンプ(15〜30 mmHg)や真空ポンプ(0.5 mmHg 以下)による減圧装置,圧力を測定するマノメーター,沸石の働きをするキャピラリーなどが付属する.各接続部は気密を保つよう注意する必要がある.蒸留フラスコ内のキャピラリーは,ゴム栓に差しこんだガラス管を引き伸ばしてつくる.先端を十分細くし,加熱せず減圧状態にした際,粟粒大の気泡が生じるようにする.蒸留時にキャピラリーから入る空気により酸化,分解が起こるのを防ぐ必要のある場合は,キャピラリーより窒素ガスを通じさせる.減圧度を測定する水銀マノメーターは高価である上,水銀は有毒なので,壊さぬよう注意して扱う.マノメーターのコック部分にはグリースを塗って使うが,圧の測定時以外はコックを閉めておく.加熱には通常油浴を用いるが,十分な減圧度に達してから昇温を開始する.高温になった状態で急に減圧すると内容物が一挙に沸騰し,蒸留がうまくいかない.蒸留に際しては,加熱温度,留出物の温度,圧力に注意しつつ,同じ沸点の留出分を得る.蒸留が終わったら温度を室温まで戻し,マノメーターのコックが閉まっていることを確認してから,受器に最も近い所で耐圧ゴム管をはずして常圧に戻す.マノメーターのコックが開いたままだと,水銀柱が急に上昇してガラス管の上部を突き破ることがある.また受器から離れた所で耐圧ゴム管を抜くと,ゴム管内のごみや異物が受器内に飛びこ

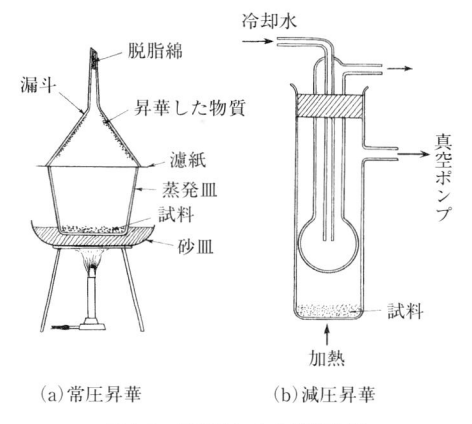

図4.9 昇華法による精製装置
(a) 常圧昇華　(b) 減圧昇華

むことがある．図4.7は，圧力変化における沸点の変動を示したものである．たとえば，常圧における沸点がわかっている物質の減圧条件下での沸点は，図4.7における中央と右側の各該当目盛を直線で結び，左へ外挿した際の左側直線との交点から予測できる．

c. 水蒸気蒸留

沸点が高いため蒸留しにくい物質，あるいは高温では分解しやすいような物質が，もし100℃付近において，ある程度の蒸気圧を有するならば，水蒸気蒸留が分離法としてしばしば効果を発揮する．すなわち，ある温度で水の蒸気圧と当該物質の蒸気圧の和が1気圧になれば，両者が混合物として留出する．水蒸気蒸留の装置は図4.8に示すようなものである．蒸留後，留出した水との混合物は溶媒分画を行うなどして，目的物を有機相に分配すればよい．水蒸気蒸留は，天然抽出物中の精油成分や，有機合成における比較的蒸気圧の高い反応生成物の分離にしばしば用いられる．

d. 昇　　華

昇華圧が高い物質は，昇華法により分離，精製することができる．たとえば，ヨウ素やカンファーは，昇華法によって容易に精製される．昇華法による分離や精製は，図4.9(a)に示すような簡単な装置によっても行うことができる．昇華させるための加熱はできるだけ弱くし，蒸気の散逸を防いで捕集効率をよくするとともに，ヨウ素のように蒸気が有毒なものを扱う際には十分注意を払うことが必要である．常圧では高い昇華圧をもたない物質でも，減圧条件下で昇華するならば，分離，精製を行える．減圧昇華法の装置には，図4.9(b)に示すようなものがある．

4.1.8　ペーパークロマトグラフィー（paper chromatography, PC）

ここまで，6つの原理に基づく化合物の分離法を紹介した．中でも常套的によく用いられる分離技術について手法別に触れておく．有機化合物の分析や分離に適用されるペーパークロマトグラフィーは，原理的には主に分配に基づくクロマトグラフィーの一種といえる．PCに用いる展開溶媒の多くは水を含むものであるが，この水がPCに用いられる濾紙のセルロースに吸着されて固定相となり，その水相と濾紙を毛管現象に従って移動する溶媒相との間の分配により分離が行われる．展開後，分離した化合物は，それぞれの化合物に適した種々の検出法により，濾紙上にスポットとして検出される（検出法については表4.5を参照）．展開溶媒は，分離する化合物によって選択するが，代表的なものを表4.6に示す．

PCにおいて，最初に化合物の置かれた濾紙上の位置（原点）から検出されたスポットまでの移動距離 L_s と，展開溶媒の移動距離 L との比を R_f 値（rate of flow の略，$R_f = L_s/L$）と呼ぶ．各化合物はそれぞれ固有の R_f 値を有することから，R_f 値ならびに呈色反応の情報に基づき同定を行ったり，化合物に関する構造上の知見を得ることができる．しかし R_f 値は，同じ組成の展開溶媒を用いても，種々の条件の影響をうけて必ずしも一定の値を示すとは限らない．したがって，PCによって化合物の同定を行う際には，同一の濾紙に試料物質と標準物質を並べてスポットし，展開後の両 R_f 値を比較することが望ましい．

R_f 値が比較的小さく，しかも分離しにくい物質のPCにおいては，展開後濾紙を乾かし，さらに展開する操作を何回か繰り返す多重展開法が好結果をもたらすことがある．あるいは溶媒を展開滴下させる下降法を行って，移動しにくい化合物を適当な位置まで移動させることもできる．また，試料中に含まれる何種類もの成分を同時に検出・同定しようとする場合には，正方形の濾紙を用い，いったん展開したのち，さらに別の溶媒を用いて90°回転させて展開を行う二次元展開法が便利である．以上述べたいずれの場合においても，PCは密閉した容器内で行うことが必要で，また濾紙は展開前に飽和状態にある溶媒蒸気に十分さらすことが望ましい．PC用に使われる濾紙には，大きさ，厚さなどの点で異なる種々のタイプがあり，目的に応じて選択することができる．PCは簡単に行える分析法，分離法として重要であるが，次項で触れる薄層クロマトグラ

表 4.5 PC・TLC で用いられるスポット検出試薬の例

試薬	調製および使用法	適用化合物	呈色
濃 H_2SO_4	噴霧後 100～110℃で数分加熱	有機化合物一般	黒色スポット
H_2SO_4-$Na_2Cr_2O_7$	$Na_2Cr_2O_7$ 3 g を水 20 ml に溶かし,濃 H_2SO_4 10 ml を加えて調製した溶液を噴霧後 100～110℃で数分加熱		黒色スポット
H_2SO_4-$K_2Cr_2O_7$	H_2SO_4 に $K_2Cr_2O_7$ を飽和した溶液を噴霧後 100～110℃で数分加熱		黒色スポット
H_2SO_4-HNO_3	H_2SO_4 に HNO_3 を 5% 加えたものを噴霧後 100～110℃で数分加熱		黒色スポット
$HClO_4$	25%水溶液を噴霧後 150℃まで加熱		黒色スポット
I_2	I_2 の 1%メタノール溶液の噴霧または I_2 を入れた箱に入れる		褐色スポット
$KMnO_4$	5% $KMnO_4$ 溶液を噴霧する		赤紫のバックに黄褐色スポット
MoO_3	リンモリブデン酸の 5%(w/v)エタノール溶液に浸し加熱	(有機化合物一般)	青～灰色スポット
アニリンフタレート	溶液:アニリン 0.93 g,フタル酸 1.66 g を水飽和 1-ブタノール 100 ml に加える 溶液を噴霧後 105℃で 10 分間加熱	還元性をもつ糖	種々の色
アニスアルデヒド-H_2SO_4-AcOH	溶液:アニスアルデヒド 0.5 ml,濃 H_2SO_4 0.5 ml,95% EtOH 9 ml,AcOH 数滴 溶液を噴霧後 105℃で 25 分間加熱	炭水化物	種々の色調の青
三塩化アンチモンの $CHCl_3$ 溶液	溶液:アルコールを除去した $CHCl_3$ に $SbCl_3$ を飽和させて調製 溶液を噴霧後 100℃で 10 分間加熱,続いて日光または UV 下でスポット検出	ステロイド,ステロイドグリコシド,脂肪族リピド,ビタミン A,その他	種々の色
ブロムクレゾールパープル	EtOH の 0.1%濃度溶液を NH_4OH または NaOH でわずかにアルカリ性にしたものを噴霧	a. $F^⊖$ を除くハロゲンイオン b. ジカルボン酸	紫のバックに黄色スポット
ブロムクレゾールグリーン	H_2O-MeOH(20:80)の 0.3%溶液 100 ml に 30% NaOH 8 滴を加えたものを噴霧	カルボン酸	緑のバックに黄色スポット
2,4-ジニトロフェニルヒドラジン(2,4-DNPH)	2N HCl に試薬を 0.5%濃度に加えたものを噴霧	アルデヒドおよびケトン	黄～赤色スポット
Dragendorff 試薬	溶液 A:硝酸ビスマス 1.7 g を H_2O-AcOH(80:20)100 ml に溶かす 溶液 B:KI 40 g を水 100 ml に溶かす A 液 5 ml+B 液 5 ml+AcOH 20 g+H_2O 70 ml の混液を噴霧	一般にアルカロイド,有機塩基	橙色
塩化第二鉄	試薬の 1%水溶液を噴霧	フェノール類	種々の色
ニンヒドリン	溶液:試薬の 0.2% BuOH 溶液 95 ml に 10% AcOH 水溶液 5 ml を加える 溶液を噴霧後 10～15 分間に 120～150℃まで加熱	a. アミノ酸 b. アミノホスファチド c. アミノ糖	青～赤紫色

(Bobbitt, Schwarting, Gritter(原昭二,渡部烈訳):入門クロマトグラフィー,pp.79-81,東京化学同人,1971 より一部改変)

フィーに比べると展開速度が遅く,また適用可能なスポットの検出法も限られる.なお実験例については 4.3 節を参照のこと.

4.1.9 薄層クロマトグラフィー(thin layer chromatography, TLC)

薄層クロマトグラフィーは,ガラス板やアルミホイル,ポリエステルフィルムなどに展着したゲルを固定層として,ペーパークロマトグラフィーと同様に展開槽を用いて溶媒で展開する.TLC は,原理的には吸着,分配,イオン交換,ゲル濾過など各種のクロマトグラフィーが可能であるが,ここでは,最も一般的な順相の吸着クロマトグラフィーを TLC として実施する場合について述べる.

4.1　有機化合物の分離－種々の精製原理とクロマトグラフィー

表4.6　ペーパークロマトグラフィー用展開液

親水性物質用	a) 2-プロパノール-アンモニア-水（9:1:2） b) 1-ブタノール-酢酸-水（4:1:5, 上層） c) 水飽和フェノール
弱親水性物質用	d) ホルムアミド/クロロホルム（ホルムアミドを用いる系においては，いずれの場合もホルムアミドの40%エタノール溶液で濾紙を処理する） e) ホルムアミド/ベンゼン-クロロホルム（1:9〜9:1） f) ホルムアミド/ベンゼン g) ホルムアミド/ベンゼン-シクロヘキサン（9:1〜1:9）
疎水性物質用	h) ジメチルホルムアミド/シクロヘキサン（ジメチルホルムアミドの50%エタノール溶液で濾紙を処理） i) ケロシン/70%イソプロパノール（ケロシンの10〜20%石油エーテル溶液で濾紙を処理） j) パラフィンオイル/ジメチルホルムアミド-メタノール-水（10:10:1）（パラフィンオイルの10%ベンゼン溶液で濾紙を処理）

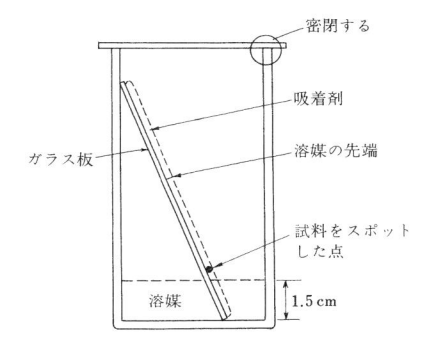

図4.10　薄層クロマトグラフィーの展開方法

吸着剤としては，シリカゲル，アルミナ，けいそう土，セルロースなどTLC用のものを用いる．これらを水性懸濁液として，薄層調製用のアプリケーターを用いて調製することができるが，今日では，市販の薄層プレート（分析用の薄層の厚さは0.25 mm，調製用は0.5〜2.0 mm）を用いることが多い．一般的によく用いられる市販のシリカゲルプレートでは，検出時に用いる波長（254 nmが通常用いられる）のUV光照射に伴い蛍光を発する指示薬をシリカゲルに混在させた状態で薄層を展着しているため，展開後にUV光照射を行うと指示薬由来の蛍光発光によってプレートの全域が発色する．この状況において，照射したUV光に対する吸収能をもつ化合物が存在する箇所では，その吸収に伴い指示薬の蛍光が生じないため，周囲より黒く際立つ．したがって，UV光照射により標的化合物自体が「暗く」発色しているのではなく，こうした黒色部分を一般に吸収スポットと称している．

試料は適当な溶媒に溶かし，内径約0.2〜0.5 mmのガラス製毛細管を用いて薄層下端から約1.5〜2.0 cmの位置にスポットする．これを図4.10に示すように約1.0〜1.5 cmの深さまであらかじめ展開溶媒を入れておいた展開槽に入れ，上昇法で展開する．展開後，溶媒の先端位置を記録してから風乾し，展開された化合物はUV光照射に伴う吸収スポットの出現確認や，他の適当な試薬を用いて検出し，その位置を記録する．試料のR_f値（前項参照）を算出し，化合物同定の指標に用いる．TLCにおける有機化合物の主な検出法は前出のとおりである（表4.5）．なお，展開後の薄層プレートをヨウ素の入った密閉ガラス容器に入れると多くの有機化合物は褐色のスポットとして検出される．

低分子有機化合物の分離・同定実験では，分離がうまく行われたか，誘導体がうまく調製できているかを分析用シリカゲルのTLCを用いて確認する．出発原料と反応生成物を並べてスポットし，n-ヘキサンと酢酸エチル（3:1〜1:3）の混合溶媒を展開溶媒として用いる．薄層上端から約1 cmの位置まで展開したら，薄層を取り出して溶媒先端の位置をマークして風乾後，UV光（254 nm）照射により吸収スポットを確認してマークする．次に，原料化合物の官能基の検出が可能な試薬をスプレーし，その発色により位置を確認する．いずれもその移動距離をもとにR_f値を算出する．

4.1.10　ガスクロマトグラフィー（gas chromatography, GC）

通常の分配クロマトグラフィーは2液相間における分配を利用したものであるが，液相-気相間の分配を利用したクロマトグラフィーもあり，ガスクロマトグラフィーと呼ばれる（GCには吸着クロマトグラフィーもあるが，ほとんどは分配クロマトグラ

表4.7 ガスクロマトグラフィーで分析できる試料

- 揮発性物質
  - 無機ガス
  - 炭化水素（脂肪族炭化水素，芳香族炭化水素，ハロゲン化炭化水素）
  - 低級脂肪酸
  - エステル化合物
  - アルコール化合物
  - フェノール化合物
  - アルデヒド・ケトン化合物
  - アミン化合物
- 不揮発性物質（エステル化，シリル化あるいはアセチル化などの誘導体化が必要）
  - 高級脂肪酸
  - 有機酸
  - アミノ酸
  - ステロイド化合物
  - 糖

（ジーエルサイエンス（株）カタログを参照）

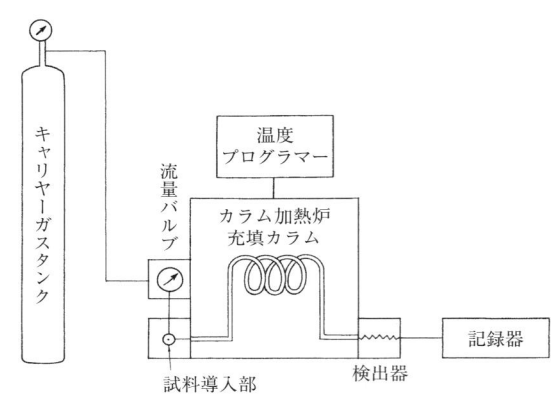

図4.11 ガスクロマトグラフの構造

フィーであるといってよい）．通常の分配クロマトグラフィーは簡単な器具や装置を用いて行われるが，GCでは専用の測定器（ガスクロマトグラフ[*1]）が用いられ，微量試料での測定が可能である．測定可能な化合物の例を表4.7に示す．GCは，有機化学，生化学，食品化学，医学，薬学，環境科学など広汎な領域において利用されている．

a. 装置（ガスクロマトグラフ）

ガスクロマトグラフの概略を図4.11に示す．2液相間における分配カラムに相当するものは充填カラムであり，これは加熱炉の中で定温条件におかれる．試料は導入部からカラムに注入され，気化した後，キャリヤーガスによってカラム中を移動して排出される．排出された試料はそのまま検出器に入り，検出・記録される．以下各部分について説明する．

b. キャリヤーガス

キャリヤーガスは2液相間の分配クロマトグラフィーにおける移動相（溶出液）に相当するものであり，窒素，ヘリウム，水素などのガスが用いられる．

c. 試料導入部

試料は適当な溶媒に溶かし，小型注射器（ミクロシリンジ）によって試料導入部から注入する．試料導入部の温度は試料が十分に気化するように，付属の加熱器を用いて，カラム温度より30～60℃高く保つことが必要である．

d. 充填カラム

GC用カラムはステンレススチール製のものとガラス製のものがある．スチール製のものは堅牢であるが，試料の熱分解を促進する場合がある．ガラス製のものは破損しやすいが，熱分解は起きにくい．ガラス製カラムの形状としてはU字型，らせん型などがあり，長さ1～2m，内径3mmのものが最も一般的である．充填剤は，粒状の担体を不揮発性の液相で覆ったものであり，担体に対する液相の割合によって高液相（10～30%）と低液相（1～5%）に分けられる．充填剤として多くの種類が市販されているが，実験室においても調製は可能である．充填剤は，分析しようとする試料に応じて適当なものを選択しなくてはならない．どのような充填剤があるかは専門書や各社カタログを参照してほしい．以上述べた充填カラムの他に，内径約0.25mm，長さ30m以上の金属製あるいはガラス製キャピラリーの内壁を液相で覆ったカラムもあり，きわめて高い分解能を示す．

e. カラム加熱装置

用いるカラム周辺の温度条件を一定に保つことができれば，ある物質のGCカラムからの保持時間（retention time，試料を注入してからピークとして検出されるまでの時間）はカラムの劣化など他条件の変化がない限り物質固有の値を示す．このカラム周辺の温度制御のため，電熱により加熱する装置がカラム加熱装置である．カラムの温度条件として温度を一定に保つ測定法の他に，温度を一定の割合で上昇させる方式がある．このための装置として，加熱器に付属する温度プログラマーがある．カラム温度を上昇させつつ測定を行う方式は，昇温ガスクロマトグラフィーと呼ばれ，各ピークの形をそろえるとともに，測定時間を短縮するという利点を有する．

f. 検出器

カラムにより分離された各成分は，検出器におい

[*1] 一般に「クロマトグラフィー」は方法，「クロマトグラフ」は装置，「クロマトグラム」は測定で得られるチャートを示す．

て検出される．GC検出器として代表的なものに触れておく．

i) 熱伝導度型検出器（thermal conductivity detector, TCD） 感度は低いが，キャリヤーガス以外のすべての化合物に応答する汎用性の高い検出器である．検出器セル内部には定電流を流すことにより加熱されたフィラメントがある．このフィラメントにおける熱損失は，そこを流れるガスの熱伝導度によって変化するので，熱伝導度の低い試料成分がキャリヤーガスにのって流れてくるとフィラメントの温度が上昇し，フィラメントの電気抵抗が変化する．電気抵抗の変化に伴う電圧変化を記録すれば，試料成分の通過を検出できる．

ii) 水素炎検出器（flame ionization detector, FID） カラムを通ったキャリヤーガスの出口に水素炎を置き，それに高電圧をかけた電極を接触させたものである．もしキャリヤーガスに可燃性物質が含まれると電流が急激に変化するが，これを電気的に増幅，記録するものである．水素炎検出器は，熱伝導度型検出器の1000倍もの感度を有し，最も広範囲に用いられる．この型の検出器には，リンや硫黄に特別に高感度を示すものもある．

iii) 電子捕捉検出器（electron capture detector, ECD） ^{226}Ra, ^{90}Sr, ^{3}H, ^{63}Ni などを内蔵した検出器である．すなわち，これらの核種から放出される放射線により放射線電離が起こり，そこから生じる電子がキャリヤーガス中に含まれる物質によって捕捉され，その結果生じる電流変化を感知するものである．電子捕捉検出器は，ハロゲン，硫黄，リンなどの原子を含む物質には特に鋭敏で，水素炎検出器の100倍以上もの感度を有する．

4.1.11　液体クロマトグラフィー（liquid chromatography, LC）

円筒形のカラムに固定相を充填し，移動相として液体（水溶液，有機溶媒）を用いるものをカラムクロマトグラフィーと総称する．分離の機構は，用いる充填剤（固定相）と移動相によって異なり，Sephadexなどの分子ふるい効果を利用したゲル濾過クロマトグラフィー，イオン交換充填剤を用いたイオン交換クロマトグラフィー，アルキル基などの疎水性基を結合した樹脂による疎水性クロマトグラフィーや逆相クロマトグラフィー（4.1.12.b項参照）などさまざまである．各クロマトグラフィーの原理については4.1.3項，4.1.4項，6.1.1項を参照のこと．カラムのサイズを大きくすれば多量の試料を

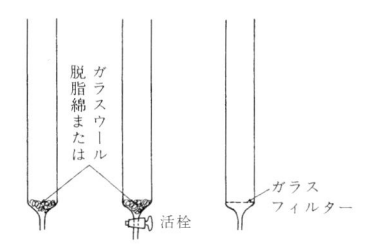

図4.12 種々のクロマト管

処理できるので，生体成分の分離・精製における比較的初期のステップとして利用されている．以下に吸着クロマトグラフィーを例にとり説明する．

a. カラム容器の選択

吸着剤を，カラムに充填して均一な柱状とし，溶質を上部から吸着させ，適当な溶媒で展開し，順次異なった吸着帯を形成させて物質の分離を行うのが吸着カラムクロマトグラフィーである．一般に，図4.12に示すようなガラス製のカラム（クロマト管）を使用する場合が多い．吸着剤の塔（カラム）の大きさは，通常長さが直径の10倍程度のものが使われる．ときには100倍もある細長いカラムを使用する場合がある．長さと直径の比は，主として分離の難易度によって左右され，大まかな分離には長さと直径の比の小さなカラムで十分である．使用する吸着剤の粒子の大きさも，クロマトグラフィーの分離能を決定する重要な因子であるが，普通は100メッシュ前後のものが利用しやすい．粒子の大きさはできるだけ均一なものが望ましく，粒子の細かいものほど分離能に優れている．カラムを作成するのに要する吸着剤の量と分離すべき試料の量との比は，普通数十倍から数百倍である．

b. カラムの調製法

カラムへの固相担体（固定相を結合した担体のこと）の充填法としては，乾式法と湿式法がある．前者は，吸着剤を少量ずつクロマト管に入れて上から軽くおしつけ，クロマト管を軽く叩いて吸着剤を均一に充填する．この場合，充填を終えた後，溶出操作に使用する溶媒でカラムを洗ってから使用する．後者は，吸着剤を溶媒でかゆ状にしたのち，クロマト管に注ぎこむ．吸着剤が沈降したら過剰の溶媒を流出させ，足りなければさらにかゆ状の吸着剤を加えて所定の長さの柱状固定相を作成する．この場合，溶出操作で最初に使用する溶媒を使用することが望ましいが，それ以外の溶媒を使用したときはクロマトグラフィーに先立ち溶媒の置換を行わなければならない．湿式法の別法として，クロマト管にあ

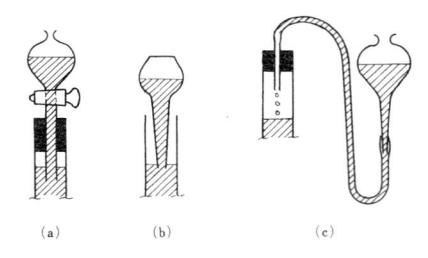

図 4.13 各種の溶媒だめ

らかじめ溶媒を入れておき，次に漏斗を用いて乾燥した吸着剤を細い流れとして加えながら，クロマト管を軽く叩いて充填する方法もある．この場合，吸着剤を一気に充填すると分離性能のよいカラムができる．

c. 溶媒の選択

溶出に使用する溶媒の選択は，クロマトグラフィーの成否を決定する重要な要因であり，吸着剤の性質，溶質の性質を考慮して決める必要があることはすでに述べた．溶出にあたっては，普通溶出力の弱い溶媒から強い溶媒へと，溶出力を順次変えていくことが行われる．この場合，段階的に溶出力を変える段階溶出法と，連続的に溶媒の溶出力を変える濃度勾配（グラディエント）溶出法とがある．大まかなクロマトグラフィーや大量の処理には，操作が簡単であることから段階溶出法が用いられる．この場合，図4.13に示すような溶媒だめを利用すると便利である．なお，濃度勾配溶出法を行うために各種の装置が工夫されているが，それらについては成書を参照してほしい．

4.1.12 高速液体クロマトグラフィー（high performance liquid chromatography, HPLC）

密閉されたステンレス製あるいはガラス製のカラムに固相担体を充填し，ポンプを用いて 4000 psi（ポンド/平方インチ，$281\,\mathrm{kg/cm^2}$）までの圧力，またはそれ以上の注入圧力のもとで移動相をカラム内部に送りこみ，短時間のうちに分離を行えるようにしたカラムクロマトグラフィーを高速液体クロマトグラフィーと呼ぶ．また近年では，さらに高圧力をかけて担体の充填を行う技術が発達し，従来のHPLCと比較してより短時間での分離が行える超高速液体クロマトグラフィー（ultra high performance liquid chromatography, UHPLC）と呼ばれるものまで登場している．

HPLC（UHPLCも）の分離機構自体は従来のカラムクロマトグラフィーと特に異なるものではないが，高圧の送液は，LCでは実現できない微粒子の充填剤の使用を可能にし，小口径のカラムでの短時間分離を実現した．この結果，HPLCではLCよりも格段によい分離効率が得られる．また，HPLCには，生体成分を分離するにあたって，高い分離能以外にも次のような利点があるとされる．(1)分析が速い．(2)検出感度が高い．(3)操作が簡単である．(4)分離，定性，定量のいずれも可能である．(5)多種類の成分（ほとんどすべての生体成分といってもよい）に適用できる．(6)熱に不安定な成分にも適用できる．(7)固定相，流速，温度，移動相などの条件をさまざまに変化させることができる．(8)カラムを繰り返し使用できる．

a. 装　　置

最も簡単なシステムは，図4.14(a)に示したような，一定組成の移動相を流し続けるタイプのもの（アイソクラティック溶出）である．注入口（インジェクター）から注入された試料は，高性能のポンプで送り出される移動相によってカラム内に入る．カラムを通過した試料の分離状況は，検出器（c項にて後述）を通して記録計あるいはデータ処理器（インテグレーター）にインプットされる．分離・精製が目的の場合は，溶出液をフラクションコレクターで分取する．2液あるいは3液を混合して，溶出液の組成を徐々に変化させる場合（グラディエント溶出）には，図4.14(b)あるいは(c)のような装置を用いる．これらのシステムでは，ポンプが2台（(b)の

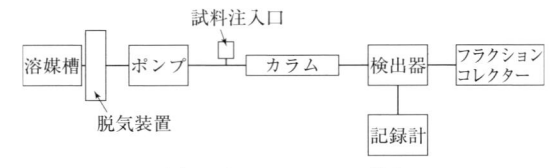

(a) アイソクラティック溶出

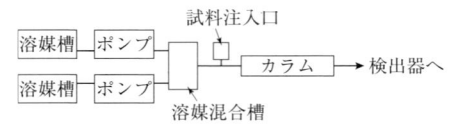

(b) グラディエント溶出（2ポンプによる高圧混合システム）

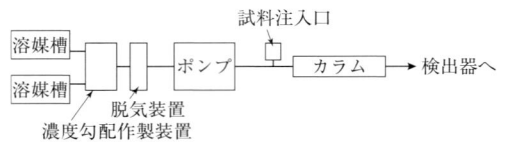

(c) グラディエント溶出（1ポンプによる低圧混合システム）

図 4.14　代表的な HPLC システムの概要

場合), あるいは濃度勾配作成装置((c)の場合) が必要となる他, さらにそれらをシステムとして連動させるための制御部分(システムコントローラー)が必要なので, LC と比較すれば装置は高価になる.

b. カラムと溶出液

どのような物質をどのようなシステムで分離したいかによって, カラムに充填する固相担体と移動相の組み合わせが変わる. 現在, ゲル濾過, イオン交換, 吸着, 逆相分配などをはじめとしてさまざまなタイプ, さまざまなサイズの充填済みカラムが多くのメーカーから入手可能である. どのようなカラムがあるのかは, 各社カタログを参照して研究してほしい. イオン交換や逆相のカラムクロマトグラフィーでは, 溶出に際して, 溶出液(移動相と同意)の組成を変化させることが必要となる場合が多い. このようなときには, 先に述べたようなグラディエント溶出が可能な装置を用いて分離・分析することになる. ここでは, 低分子有機化合物の分離・分析にしばしば用いられる逆相系カラムを用いた HPLC について触れておく.

i) 逆相系カラムの選択肢 固定相と比較して用いる移動相の極性が低い場合を順相と呼ぶ. これに対して, 移動相と比較して固定相の極性が低い場合, 上記順相とは逆の関係にあることから逆相と呼ばれる. したがって, 逆相での HPLC を行う場合, 用いるカラムの固定相はたとえば直鎖の炭素が連なり脂溶性を増したオクタデシル(C_{18})基やオクチル(C_8)基, あるいはブチル(C_4)基が担体に結合したものや, フェニル基やフェネチル基といった芳香族環をもち担体に結合したものなどが一般的に用いられる. また, 担体としては粒径をそろえたシリカゲルビーズが広く知られ, オクタデシル基をこのビーズに結合させたものは, その頭文字をとって ODS(オクタデシルシリカまたはオクタデシルシリル)カラムと称される. 直鎖炭素数が大きいほど固定相の極性は低くなるため, いわゆる脂溶性の高い化合物, 言い換えれば低極性環境に高い親和性を示す化合物は, 一般に C_8 カラムや C_4 カラムなどと比較して, ODS カラムを用いた場合により強く結合すると予想される. なお, シリカゲル担体において, 上記固定相を形成する C_{18} や C_8 などの官能基が結合していない箇所では, シラノール基(Si-OH)が高極性官能基として残存することになる. このシラノール基の存在はカラムの分離性能に大きく影響しうるため, シラノール基に対する保護基導入処理を行い, それらの及ぼす高極性効果を封じたものが市販されている. これをエンドキャップ処理と呼ぶ. 近年では, シリカゲル担体の他に, ポリマー樹脂を担体とするカラムも販売されており, シリカゲル担体の欠点とされるアルカリ条件下での逆相

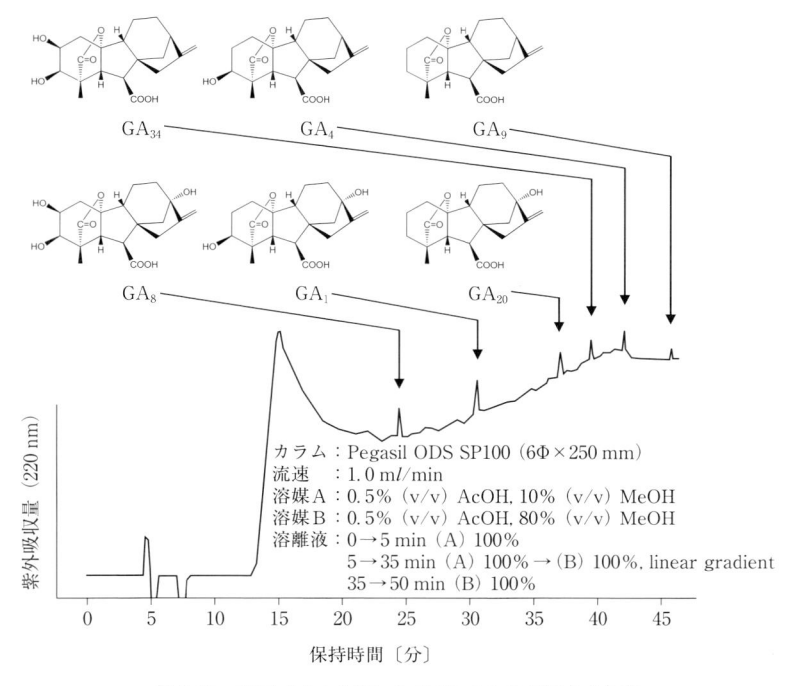

図 4.15 ODS カラムを用いたジベレリンの HPLC 分析例

HPLC を可能にする他，より高い再現性やカラム寿命の長さを特長とするものが多い．

ii) 逆相 HPLC で用いる溶出液 逆相 HPLC の溶出液（移動相）として，水，アセトニトリル，メタノールの他，アセトンやイソプロピルアルコール，ジオキサンなどが用いられる．その中から2種以上を混液として，たとえば任意の割合で混合した水-アセトニトリル系や，水-メタノール系などが一般的に用いられる．この場合のグラディエント溶出においては，水の比率を高めた混液を開始時の溶出液として用い，アセトニトリルあるいはメタノールの混合比率を順次高めて溶出させる．また，解離性化合物を対象とする場合，一般に逆相系 HPLC においては解離した状態よりも非解離状態の方がカラムに対する保持効果が高いと考えられることから，水の代わりに適切な pH 環境を維持する緩衝液を用いる場合がある．たとえば，カルボキシル基を有する化合物の逆相 HPLC を想定した場合，水の代わりに酸性に調節された緩衝液を用いれば，対象化合物はより非解離状態のカルボキシル基をもちやすく，その分だけカラムに保持されやすくなることが期待される．

分析の一例として，図 4.15 に植物ホルモンの一種，ジベレリンのいくつかを ODS カラムを用いた HPLC で分離したケースを示す．各ジベレリンの構造と保持時間を対比させると，部位によりその影響度が大きく異なるものの，概ね水酸基の数が増えるにつれて保持時間が短くなる傾向が理解できる．すなわち，水酸基のような化合物の極性を高める官能基の導入により，カラム固定相のオクタデシル基に対する親和性が低下した結果，カラムに保持されにくくなり，その分だけ保持時間が短くなるのである．

c. 検 出 器

どのような成分を分析するかにより用いる検出器は異なる．HPLC で用いられる検出器としては次のようなものがある．

i) 紫外線吸収検出器 芳香族環，C=O，N=O，N=N などの官能基をもった化合物は紫外領域の光（UV 光）を吸収する．生化学的に重要な化合物の多くは紫外線を少なくとも多少は吸収するので，紫外線吸収検出器は有用である．特に 220 nm 以下の波長領域において化合物の多くは紫外線吸収能をもつため，高い感度での測定が可能である．紫外線吸収検出器は，溶媒の温度変化，流速，脈流などの影響をあまり受けないので，溶媒自身が紫外線吸収をもつ場合を除けば，各種生体成分の分離分析に最も利用しやすい検出器といえる．

ii) 示差屈折率検出器（RI（refractive index）detector） 紫外部の吸収がない化合物には使用できない紫外線吸収検出器と異なり，溶質の組成変化により必ず溶液の屈折率が変わることを利用した示差屈折計はほぼ万能型の検出器である．ただし，紫外線吸収検出器に比べると感度は2～3桁低い．また，溶出液の組成が分析中に変化すると，その変化を検知してしまうために，グラディエント溶出には使用することが難しい．さらに，脈流の発生や温度変化などの影響もうけやすいといった欠点がある．

iii) 蛍光検出器（fluorescence detector） 蛍光特性を有する化合物の検出に用いられる．特異性が高く，また強い蛍光を発する物質の場合は，ごく微量で検出できる．それ自体が蛍光をもたない化合物でも，いわゆる蛍光物質を用いて化学的に修飾することによって検出が可能になる．アミノ酸の微量分析，糖質の微量分析などには，蛍光検出器を接続した HPLC システムがよく用いられる．最近はレーザー蛍光検出器によって，フェムトモルレベルの超高感度検出も可能になった．

iv) 蒸発光散乱検出器（evaporative light scattering detector） 溶出液を噴霧・蒸発させて移動相を除去後，残る溶質に光を照射してその散乱光を検出する．このため，紫外線吸収検出器では検出できないものでも本装置を使えば検出できる点と，RI 検出器の欠点であるグラディエント溶出でも適用可能な点が大きな利点となっている．ただし，揮発性が高い溶質の場合には，溶出液蒸発の際に一緒に喪失する可能性が高く，利用には不向きである．近年の技術進歩による感度の向上が目覚ましく，示差屈折率検出器よりも 10 倍程度の高感度を達成している．

4.1.13 クロマトグラフィーの利用法

a. 物質の分離

以上のクロマトグラフィーは，分析のみならず，物質の分離のために欠くことのできない方法となっている．PC や GC では，あまり多量の試料を分離することはできないが，HPLC では，大型の充填カラム（分取用カラムとして分析用とは別に市販されていることも多い）を用いることによって多量の試料を分離することができる．

b. 物質の同定

GC や HPLC において，測定条件（充填剤の種類，カラムのサイズ，移動相の組成や流速，温度など）

を一定にした場合，各化合物の保持時間は一定である．したがって，保持時間を比較することによって化合物の同定が行える．PC や TLC では，移動度を比較すればよい．ただし，異なった化合物でも，ある条件下では同一保持時間あるいは移動度を示すことがあるので，複数の条件下での比較が必要である．PC や TLC では，得られたスポットを異なった各種の発色法で発色させることによって化合物の性質を知ることができる．また，GC や HPLC では，分離された化合物のピークをそのまま他の測定機器に導いて分析することも行われる．たとえば GC と質量分析計（MS，4.2.2 項参照）の連結による GC/MS や，HPLC と質量分析計を連結した LC/MS などが用いられている．

c. 物質の定量

TLC では，スポットをかきとってそこから抽出した化合物を比色法などで定量する．デンシトメーターでスポットの濃度をそのまま測定することも可能である．一方，GC や HPLC では，チャート上の化合物のピークの面積あるいは高さを測定することによって定量する．ピーク面積の測定は，データ処理器（インテグレーター）があれば容易であるが，記録計のチャート上のピークを切りとって紙の重量を測る方法でも定量は可能である．

4.2 有機化合物の同定－分析機器を用いた化合物の構造決定

4.2.1 同定にあたっての考え方

4.1 節で述べたいろいろな分離方法によって単一となった化合物について，その化学構造を決定する手順を述べる．一般に，化学構造を決める作業を構造決定と称するが，そのうち，既知の化合物との同一性を証明することを同定という．現在では，各種分光学的手法から得られるスペクトルデータの解析や比較によって新規な化合物の構造決定あるいは同定が行われる．同定では，未知試料のスペクトルの解析により構造を推定し，推定化合物のスペクトルデータが未知試料のものと同じであることを確認する．現在既知化合物の核磁気共鳴等のスペクトルデータは SciFinder Scholar 等のデータベースから容易に入手でき，同定のために既知化合物を入手してスペクトルを直接比較する必要はほとんどない．新規化合物の構造決定においては，質量スペクトル，核磁気共鳴スペクトルを中心に解析を行うことで，多くの場合正しい構造を導き出すことが可能である．

分光学的手法が発達する以前の構造決定あるいは同定では，既知化合物との直接比較が基本であった．その際には，各種の物性値が指標となるが，その中で重要なものに融点がある．有機化合物の結晶は固有の融点をもつばかりでなく，標品と混合しての融点測定（混融試験）という方法により，それが試料および標品単独と同一の融点を示せば，2 つの結晶の同一性をより厳密に証明できたと考える．こうしたことから，融点測定は，有機化学において，同定のための基本的な手法として認められてきた．

学生実験にあたっては，分光学的手法による構造解析と結晶性誘導体の調製・融点測定の両方を経験することが望ましく，以下これらの方法について詳述する．

4.2.2 各種分光学的手法のデータと特徴

初めに，同定にあたって使用される分光学的手法と，それぞれのスペクトルの特徴，有機化合物のどのような部分の構造を反映しているのかを概説する．紙面の都合で十分には述べられないので，必要に応じて専門書を参考にしてほしい[1-5]．

a. 質量分析法 (mass spectrometry, MS)[6-8]

分子や原子をイオン化し，生じたイオンを高真空中でその電荷あたりの質量数（m/z）に応じて分離して検出する方法が質量分析法である．元来，^{16}O と ^{18}O，あるいは ^{14}N と ^{15}N のような安定同位元素の分離，分析に用いられたが，近年種々の手法の発展により，質量分析法は低分子有機化合物の構造解析のみならずタンパク質等の生体高分子の分析にも利用され，有機化学，生命科学研究に必須の分析法となっている．質量分析法の大きな特徴として，装置や試料の性質にもよるが，ごく微量の試料量（pg 〜ng オーダー）で測定が可能であることが挙げられる．

質量分析計（mass spectrometer）には種々のタイプがあるが，いずれの装置も基本的には，試料をイオン化し加速する部分，イオンを大きさ（m/z）によって分離する部分，イオンの質量と量を検出・記録する部分からなる．測定データは横軸に m/z を整数値の質量単位（マスユニット，mass unit）で目盛り，縦軸にイオンの相対強度を目盛った質量スペクトル（mass spectrum）として表示される．質量スペクトルでは，分子イオン（M^+）あるいは擬分子イオン（$(M+H)^+$，$(M+Na)^+$ 等）のピークとそれらイオンの開裂によって生じた種々のフラ

グメントイオンピークが観測される．分子イオンおよび擬分子イオンピークからは分子量に関する情報が得られ，またフラグメントイオンピークからは分子の化学構造，部分構造に関する情報が得られる．

分子量に関する情報は最も重要であり，イオン化しやすい低分子脂溶性物質から，イオン化の難しい高分子極性物質のイオン化へと，種々のイオン化法が開発されてきた．初期の質量分析法では，気化した試料に電子衝撃を与えてイオン化させる電子イオン化法（electron ionization, EI）が用いられた．EI法では分子から電子1個が失われたラジカルカチオンである分子イオン（M^+）が生じるが，生成した分子イオンは高エネルギー状態にあり，フラグメントイオンへの開裂が容易に起こる．そこで，メタン等の反応ガスをまず電子衝撃によりイオン化し，生じた反応ガス由来のイオンと試料との電荷交換反応により擬分子イオン（$M+H)^+$を生じさせる化学イオン化法（chemical ionization, CI）が開発された．CI法は，EI法に比べてフラグメントイオンへの開裂が起こりにくいソフトイオン化法としての最初の手法となった．

ソフトイオン化法としてその後，エミッターと称される電極上の試料を高電圧によりイオン化する電解脱離法（field desorption, FD），高速のXe等のガスの衝撃によりイオン化する高速原子衝撃法（fast atom bombardment, FAB），レーザーによりイオン化するレーザー脱離イオン化法（laser desorption ionization），溶液試料を真空高電圧下にスプレーすることでイオン化するエレクトロスプレー法（electrospray ionization, ESI），コロナ放電によりイオン化する大気圧化学イオン化法（atmospheric pressure chemical ionization, APCI）などが開発された．これらソフトイオン化法では，M^+イオンが検出されるのは特別な試料の場合であり，多くの場合$(M+H)^+$，$(M+Na)^+$，$(M+K)^+$等の擬分子イオンが観測される．特に，測定環境中に存在するNa^+の影響で$(M+Na)^+$が観測される場合が多い．FAB法ではグリセロール等のマトリックスと試料を混合して測定するため，（M+H+グリセロール）$^+$等の擬分子イオンピークも観測される場合がある．レーザー脱離イオン化法の中で，レーザー光を吸収するシナピン酸等の有機マトリックスを使用する方法をMALDI（matrix-assisted laser desorption ionization）法と呼び，タンパク質等の生体高分子の分析に応用されている．ESI法およびAPCI法は，液体クロマトグラフィーに質量分析装置を接続したLC/MSでのイオン化に適しており多くの装置で用いられている．ソフトイオン化法ではフラグメントイオンは生じにくい．フラグメントイオンの解析が必要な場合は，イオン化によって生じたイオンにガスを吹きつけ，フラグメントイオンを発生させる衝突誘起解離法（collision-induced dissociation, CID）が用いられる．フラグメントイオンの解析例は6.1.2.b項v)（ペプチドのアミノ酸配列解析の項）を参照のこと．

イオンをm/zによって分離する質量分析部には，磁場セクター型，飛行時間型，四重極型およびイオンサイクロトロン共鳴型がある．磁場セクター型は初期の装置から用いられており，扇形磁場中でイオンが運動するときに，m/zの大きさに応じた軌道半径で運動することを利用してイオンを分離する．飛行時間型は，加速されたイオンはmの小さいものほど速度が速いことを利用した分離方法で，高分子領域でも分解能が低下しない大きな利点を有する．四重極型は，4本の棒状電極を用いた軌道安定性に基づく分離方法で，簡便性，安定性と定量性に優れており，LC/MSに多用される．イオンサイクロトロン共鳴型は，一定強度の磁場中でのイオン固有の周波数を利用した分離で，非常に高い分解能が得られ通常フーリエ変換によりスペクトルへと変換される．質量分析部を直列につないだ装置は，タンデム質量分析装置（MS/MS）と呼ばれる．MS/MSでは，より高感度での構造解析，定量分析等の測定が可能となりきわめて有用である．現在の質量分析装置は，異なる型の質量分析部を連結したハイブリッド型の装置が主流となっている．

EI法は最も初期より用いられたイオン化法であり，種々の化合物のEIマススペクトルが測定され，分子イオンやフラグメントイオンへの開裂様式に関する研究が数多くなされてきた．一般に，芳香族，二重結合，三重結合を多くもつ化合物，また，環の数が多い化合物ほど，分子イオンピークを与えやすく，分枝構造，カルボキシル基，水酸基などの官能基を多く有するものは分子イオンピークを与えにくい．フラグメントイオンでは，たとえば，m/z 91の強いピークはベンジル基の存在を示唆し，M^+-15, M^+-18のピークはそれぞれ，メチル基，水酸基の存在を示唆している．開裂様式と構造との関係は経験的に得られたものが多く，解析にあたっては，多くの類縁化合物の例を参考にすることが必要である．

一般に有機化合物の分子イオンピークは単一のシ

グナルからなることはなく，その高質量側に強度の弱いピークを伴っている．これらは，化合物の含む同位体元素によるものであることが多い．たとえば炭素については，^{12}C が天然の 98.9％を占めるのに対し，^{13}C が 1.1％存在する．これらの同位体元素は統計的に分布するため，炭素 10 個からなる化合物の場合，モノアイソトピック質量（最大存在比同位体の同位体質量）由来の分子イオンピーク M^+ の 11％ほどの強度の $(M+1)^+$ のイオンが存在することになり，スペクトルにもそれが反映する．さらに炭素数が 100 個以上になると $(M+1)^+$ のイオンピークが M^+ のイオンピークより大きくなる．また，表 4.8 に示したように，臭素や塩素においては 2 マス単位離れた同位体がかなりの割合で存在することから，そうした元素の存在とその数をスペクトルから明確に知ることが可能である．たとえば，CH_3Br の分子イオンピークは m/z 94, 96 のほぼ等しい強度を有する二重線として現れる．また，CH_2Br_2 の分子イオンピークは m/z 172, 174, 176 に相対強度 1:2:1 の三重線として現れる．このように，化学的質量としての CH_3Br の分子量は 95 と計算されるが，質量分析法でいう質量数とは，個々の分子ごとの質量数とその分布をいい，95 という平均的な質量数は観測されないことに注意する必要がある．こうした同位体ピークの存在は当然，フラグメントイオンにも認められるが，この場合，水素の数が異なるような元素組成の異なるイオンも，同時に存在することに留意する必要がある．

その他，質量スペクトルを比較する際には，次のような点に注意する必要がある．

（1）D 体，L 体，DL 体はいずれも同じスペクトルを与える．

（2）立体構造の違いはスペクトルに反映されにくい．

（3）非常に脱離しやすい部分がある化合物と，その部分が化学的に脱離して生じる化合物は，ほぼ同じスペクトルを与えることがある．

（4）二重結合の位置だけ異なる構造異性体は酷似したスペクトルを与えることがある．

（5）分析法の違い，測定法の違いにより，同一物質でも異なるスペクトルを与えることがある．

質量分析計における質量数の測定精度をマス単位にしたものを低分解能分析あるいはユニット分析という．磁場セクター型，飛行時間型あるいはイオンサイクロトロン共鳴型の装置では，この測定精度を 1/1000 マス単位以上にあげることが可能である．こうした測定法は高分解能分析あるいはミリマス分析と呼ばれる．N_2, CO, C_2H_4 の組成を有するイオンはいずれも m/z 28 のイオンであり，低分解能分析では同じところに現れ，区別することはできない．しかし，各元素の質量数は表 4.8 に示したように整数値ではなく，基準である炭素 12 以外は小数点以下の端数がある．そのため，N_2, CO, C_2H_4 のイオンは実際には少しずつ異なる質量数を有しており，それは高分解能分析によって区別することができる．このような測定法により，分子イオン（擬分子イオン）ピークやフラグメントイオンピークの元素組成を一義的に決定することができる．この高分解能マススペクトルによる分子式の決定は，核磁気共鳴スペクトル等との整合性をとることが必要であるが，従来の元素分析法にとって代わり，現在では分子式決定のための第一番目の手法となっている．

b．赤外（線）吸収スペクトル（infrared spectroscopy, IR）[9]

分子の内部エネルギーのうち，振動エネルギーに基づくスペクトルが赤外線吸収スペクトルである．分子中の多数の原子はお互いに微小な範囲で伸縮したり，折れ曲がったりして，周期的な振動を行っている．この分子振動のエネルギーは紫外線に比べ小さく，赤外線領域の光のエネルギーに相当する．すなわち分子は分子振動と同じレベルの振動数をもつ赤外線吸収領域の光を照射すると，基準エネルギー準位のレベルで振動していた分子が，一段上の準位に遷移し，大きな振動となる．このとき照射した赤外線は吸収される．

赤外線吸収スペクトルの測定に際しての試料容器（セル）の材質としては，赤外線吸収領域の光に吸

表 4.8 有機化合物の質量分析における主要な元素の質量と存在比

各種	質量	存在比〔％〕
^1H	1.007825	99.985
^{12}C	12.000000	98.892
^{13}C	13.003355	1.108
^{14}N	14.003074	99.635
^{16}O	15.994915	99.759
^{19}F	18.998415	100
^{31}P	30.973764	100
^{32}S	31.972073	95.0
^{34}S	33.967864	4.22
^{35}Cl	34.968851	75.53
^{37}Cl	36.965898	24.47
^{79}Br	78.918329	50.52
^{81}Br	80.91629	49.48
^{127}I	126.904470	100

収をもたない NaCl（17 μm まで），KBr（25 μm まで）などの単結晶板が用いられる．液体試料は2枚のセルにはさんで測定する．また固体試料の場合，めのう乳鉢を用いて粉末とした後，流動パラフィン（nujol）とよく練り合わせ，ペースト状にして2枚のセルにはさむ．あるいは，KBr 粉末に試料粉末を混合した後，圧力をかけ，ディスク状に成形して測定する．nujol を用いた場合，CH に関する情報は nujol の吸収と重なりわからなくなる．また，

KBr ディスクの場合，吸湿性が強いため，試料の OH の吸収が不明となることがある．

通常，赤外線吸収スペクトルは他のスペクトルと異なり，習慣的に吸収の強さは上から下に表される．また，縦軸は光の透過率（0〜100％）が用いられ，横軸は波数（cm^{-1}，カイザー）で目盛られている．

多くの化合物は赤外線吸収スペクトルを示し，その吸収波数から原子団，官能基の推定が可能となる．これらのものには，(1) CH, OH, NH などの水素と

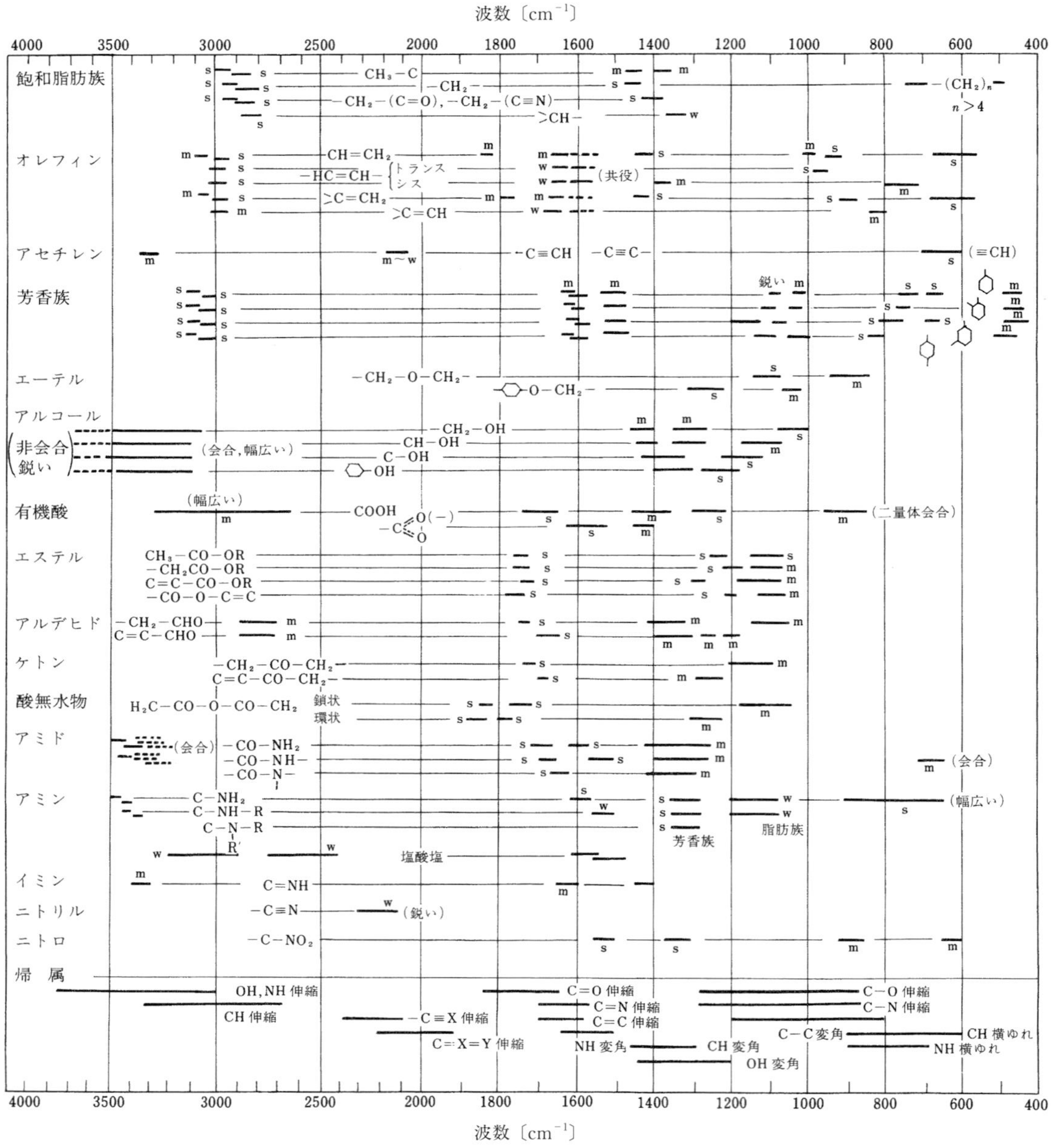

図 4.16 各原子団の赤外吸収スペクトルの特性波数表
IR スペクトル強度：強 (s)，中 (m)，弱 (w)．

結合している原子団の伸縮振動，(2) C=O，N=O，C=N，C=C などの多重結合の伸縮振動，(3) その他振動の対称性が特異なもの，たとえばベンゼン環や二重結合などの平面に対する面外変角振動，など特徴的な吸収を示し，それらの判別が可能である．

図 4.16 は有機化合物の特性吸収帯を示した図で，化学構造と吸収帯との関係を図解的に表している．この表からわかるように波数 1300 cm^{-1} 以下の側では多くの吸収帯が重なり，原子団の推定には補助的な役割を果たす．しかし分子の骨格振動による吸収が主で，周囲の影響をうけやすく，ちょうど指紋と同じようにみることができる．こうした指紋領域は化合物の同定のためには有用である．これに対して，1300 cm^{-1} 以上の波数においては原子団に特有の吸収が多く，官能基の推定に用いることが可能である．

赤外線吸収スペクトルの解析は決まった方式がなく，経験によって既知のスペクトルと比較して行うので，原子団や，官能基の同定は比較的容易である．しかし，全くの未知試料の場合，赤外線吸収スペクトルから構造を決定するのは大変難しく，他のデータとともに行うことが必要である．これまでに多くのデータが蓄積，公表されており，推定された化合物と既知化合物のデータを比較して同定する方法が便利である．

c. 可視・紫外吸収スペクトル（ultraviolet-visible spectroscopy, UV-Vis）[10)]

分子のもっている内部エネルギーは電子エネルギー，振動エネルギー，回転エネルギーとから成り立っている．紫外・可視部の光が関与するものはこれらのうち，電子エネルギーの遷移に基づくもので，基底状態のエネルギーと励起状態のエネルギーの差 ΔE と光との間には次の関係が成り立つ．

$$E' - E = \Delta E = h\nu = h\frac{c}{\lambda} \quad (4.14)$$

ここで，h：Planck の定数（6.625×10^{-27} erg·s），ν：光の振動数，c：光速（2.988×10^{10} cm/s），λ：光の波長である．

一度光の吸収により励起された分子は，高いレベルの振動状態から，熱または衝突などによりエネルギーを消費して，最低振動準位の励起状態から種々の振動準位をもつ基底状態へと遷移が起こる．このとき，エネルギー差に相当する光を放出する．それが蛍光である．

光により励起される電子は分子の結合にかかわっている σ，π 電子，ならびにヘテロ原子に存在する孤立電子対（n）である．それぞれの結合状態から，反結合状態への遷移がある．これらのうち，σ→σ*および，n→σ* による吸収は 110～190 nm の真空紫外吸収領域にあり，しかも分子構造を特徴的には示さない．したがって，一般に取り扱われる吸収は π→π* および n→π* で，しかも共役系をもつものが主である．

いま，一定濃度（C）の溶液に，ある波長の光が強さ I_0 で当たったとき，その溶液を通過した光の強さを I とすると，溶液の吸収の強度は次の値で示される．

$$\frac{I}{I_0} = t \text{（透過度）}, \quad -\log t = A \text{（吸光度）} \quad (4.15)$$

また，このとき Lambert-Beer の法則と呼ばれる次の式が成立する．すなわち，吸光度 A は溶液層の厚さ l に比例し，溶液の濃度 C に比例する．

$$A = \varepsilon \cdot l \text{[cm]} \cdot C \text{[mol/}l\text{]} \quad (4.16)$$

このとき，ε をモル吸光係数と呼ぶ．ε は化合物，波長に特有である（1.11.1.a 項参照）．

測定にあたっての溶媒は水，エタノール，メタノール，n-ヘキサン，シクロヘキサンなどである．容器（セル）は可視部のみの測定ではガラス製でよいが，紫外吸収領域まで測定する必要があるときは石英製のものを用いる．

横軸に波長〔nm〕，縦軸に吸光度（A）を目盛ったときのカーブを可視・紫外吸収スペクトルと呼ぶ．スペクトルに存在する極大吸収位置の波長とモル吸光係数を λ_{max} nm 値（ε あるいは $\log \varepsilon$）で表す．極大吸収が存在せず短波長側になるほど吸光度が増加する場合を末端吸収と呼ぶ．

有機化合物の場合，化学構造により，吸収位置，強度，形などが変化し，そのうち，共役系ではその大きさの推定が可能である．特に芳香族系の判定に

表 4.9 縮合環芳香族化合物の吸収位置と強度

化合物（環数）	λ_{max}〔nm〕($\log \varepsilon_{max}$)		
ベ ン ゼ ン （1）	178 (4.86)	200 (3.65)	255 (2.35)
ナフタレン （2）	220 (5.05)	275 (3.75)	314 (2.50)
アントラセン （3）	250 (5.20)	380 (3.90)	
ナフタセン （4）	280 (5.10)	480 (4.05)	
ペンタセン （5）	310 (5.50)	580 (4.10)	

は微細構造を伴った吸収帯，いわゆるベンゼノイドバンドの出現が利用される．また，芳香環上の置換基によってこれらの吸収帯，強度は変化する．

表 4.9 に縮合芳香族化合物の化学構造と吸収との関係を示した．こうした芳香族化合物以外にも，共役ジエン，共役エノンなどの共役系化合物も紫外（UV）吸収をもち，構造と関連づけることが可能である．

d. 核磁気共鳴法（nuclear magnetic resonance, NMR）[11-16]

有機化合物の主要な元素である水素核（^{1}H）や，^{12}C の同位体である ^{13}C は核スピンをもっており，このような原子核に磁場を作用させると，そのスピン状態はスピン量子数 I に応じて，$(2I+1)$ 個のエネルギー準位に分裂する．^{1}H や ^{13}C 核はスピン量子数が 1/2 であり，それぞれ磁場の作用のもとでは2つのエネルギー準位に分裂することになるが，低エネルギー準位に存在する核の割合がやや多い（10^5〜10^6 個あたり 1 個程度．磁場強度が強くなるほど多くなる）．こうしてできるエネルギー準位の間隔は，ちょうどラジオ波領域の電磁波のエネルギーに相当し，この領域の電磁波を当てると，エネルギーを吸収して準位間の遷移が起こり2つのエネルギー準位の核数が等しくなる（飽和，saturation）．飽和が起こった後，高エネルギー準位にある核がエネルギーを放出して低エネルギー状態に戻り（緩和，relaxation），もとのエネルギー状態の核の分布となる．これら一連の過程が核磁気共鳴である．核が吸収する電磁波の周波数（共鳴周波数）の大きさは核の磁気回転比に比例する．^{1}H 核の磁気回転比は ^{13}C 核の約 4 倍であり，約 11.74 T の磁場では，^{1}H 核の共鳴周波数は 500 MHz で，^{13}C 核の場合，約 125 MHz となる．

原子核は裸の核ではすべて同一の波長の電磁波を吸収するが，同一分子に含まれる同じ核どうしでも，化学的に異なる環境下にあると，周辺の電子による誘導磁場のために，外部磁場とはそれぞれ微妙に異なる磁場環境下におかれることになる．その結果，異なる化学的な環境下にある原子核はそれぞれ，異なる周波数の電磁波で共鳴する．こうした共鳴電磁波の周波数と化学構造との関係から，それぞれの原子核のおかれた状態，すなわち，原子の結合状態が推定されることになる．こうした方法を核磁気共鳴分光法（NMR spectroscopy）といい，NMR 分光法で用いられるスペクトルを NMR スペクトルという．図 4.17 および図 4.18 に酢酸エチルの ^{1}H および ^{13}C NMR スペクトルを示した．以下に，NMR スペクトルの測定や解析に関する基本的な事項を説明する．

i) 装置と測定 NMR スペクトルの測定装置には，磁場，あるいは周波数を掃引し，吸収周波数を記録する CW-NMR（continuous wave NMR）と，パルス電磁波を照射し，すべての核を励起状態にした後，核スピンが熱平衡に達する際の自由誘導減衰（free induction decay, FID）をフーリエ変換し，スペクトルを得る FT-NMR（Fourier transform

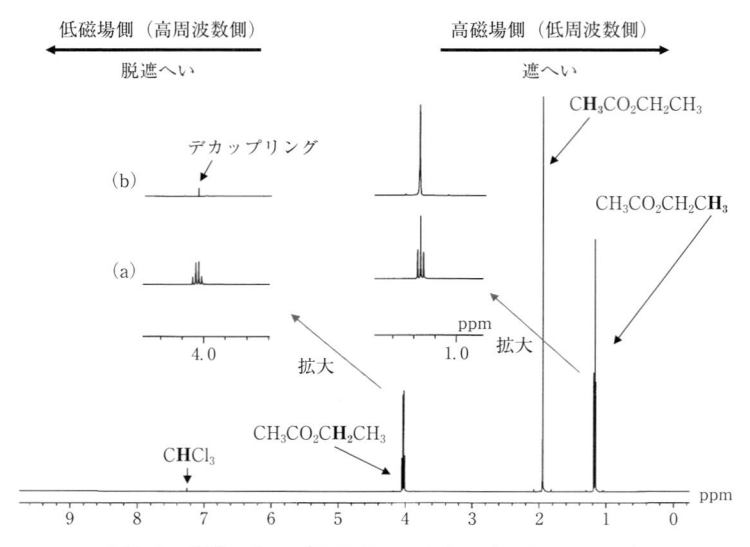

図 4.17 酢酸エチルの ^{1}H NMR スペクトル（CDCl$_3$, 500 MHz）
(a) 通常のスペクトル，(b) メチレンプロトンをデカップリング．

NMR）の2種があるが，現在前者はほとんど用いられず，後者の方法で測定が行われる．FT-NMRでは，1回あたりの測定時間が短く，繰り返し測定が容易であるため，低濃度試料や感度の低い核の測定が可能である．また後述の，種々のパルスシーケンスによる二次元 NMR スペクトルが開発され，現在の構造解析では二次元 NMR スペクトルを用いる方法が一般的である．磁場の強さは，永久磁石や電磁石を用いた 2 T 程度のものから，超伝導磁石を用いた磁場強度 23.48 T のものまである．後者のものが現在最強磁場であり，^{1}H 核は 1000 MHz の共鳴周波数を示す．こうした強磁場を有する装置を用いることにより，低エネルギー準位に存在する核の割合が増加するため感度が高まるばかりでなく，小さい化学シフトの違いを明瞭に識別し観測することができる．

NMR の測定は，NMR チューブに 0.5 ml 程度の試料溶液を入れ，チューブを 10 Hz 程度の速度で回転させながら行う．試料を溶かす溶媒には通常重水素化溶媒（重クロロホルム（$CDCl_3$），重メタノール（CD_3OD），重水（D_2O），重ジメチルスルホキシド（CD_3SOCD_3）等）が用いられる．重水素化溶媒を用いることで，^{1}H NMR スペクトルにおいて溶媒由来のプロトンシグナルが，重水素化率が高くなるほど小さくなる．^{13}C NMR スペクトルにおいては溶媒由来の ^{13}C のシグナルは溶媒シグナルとして検出される．試料溶液に不溶物が混入すると分解能が低下するため，チューブに入れる際には，脱脂綿等で溶液を濾過する．試料量は ^{1}H NMR スペクトルの測定では数 mg で十分であるが，^{13}C NMR スペクトルをその量で測定するには数時間の積算を要する．FT-NMR の測定で，シグナルとノイズの比（S/N 比）を 2 倍に上昇させるためには 4 倍量の試料が必要である．

ii）化学シフト　分子中の個々の核がうける遮へいの量は外部から与えた磁場の 10^{-6} から 10^{-5} 程度の変化にすぎない．そのため，実際の測定においては遮へいの程度の絶対値を測定することはなく，基準物質の特定の核との相対的な値として観測する．すなわち，遮へいの相対値は基準物質の共鳴周波数と，試料の共鳴周波数との差 $\Delta \nu$ として表される．しかし，遮へいの大きさが外部磁場の強さに比例する周波数単位で表されることは不都合である．そこで，一定の外部磁場のもとでの基準共鳴周波数で割った値の δ が遮へいの大きさを表す数値として用いられる．この値で表した遮へいの大きさは，次元のない無名数であり，外部磁場の強さに無関係である．ふつう，この δ 値は ppm 単位で表され，化学シフト（ケミカルシフト，chemical shift）と呼ばれる（^{1}H 核の共鳴周波数が 500 MHz の場合，$\Delta \nu$ = 500 Hz のとき化学シフトは 1.00 ppm あるいは δ 1.00 と表す（δ 1.00 ppm は不可））．

基準物質としてはふつう，^{1}H 核および ^{13}C 核に対してはテトラメチルシラン（TMS）のメチル基が使用される．このメチル基はケイ素原子の遮へいをうけて，ふつうのどの核よりも低周波数あるいは高磁場（外部磁場は一定であるので磁場が変化するような表現は適切でないが，前述の外部磁場を変化

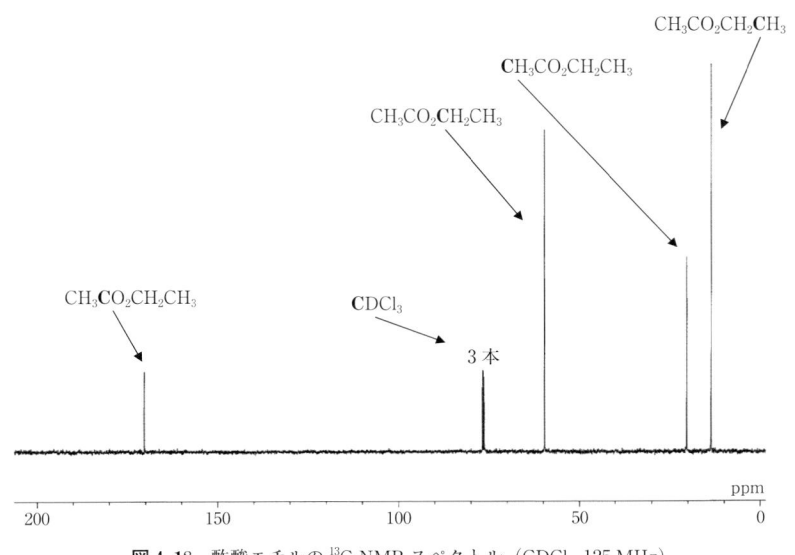

図 4.18　酢酸エチルの ^{13}C NMR スペクトル（$CDCl_3$，125 MHz）

させて測定する装置が用いられていた名残で，現在も図4.17に示した意味での高磁場・低磁場の言葉が低周波数・高周波数よりもより一般的に用いられる）で共鳴する．

化学シフト値の違いは着目した原子核の遮へいの状態，すなわち，電子状態の差異によることになり，その成因としては，(1)原子核の電子密度，(2)隣接原子またはグループの磁気異方性，(3)ベンゼン環などの環構造部分の電子に由来する環電流，(4)水素結合などによる電子雲の変形，などが挙げられる．図4.17に示したように，標準状態より低磁場側に共鳴周波数をシフトさせることを脱遮へいといい，その逆を遮へいという．

表4.10 メチル基，メチレン基，メチン基の化学シフト
(a) 飽和炭化水素の化学シフト〔ppm〕

CH_4	$-CH_3$	$-CH_2-$*	$\overset{\mid}{-CH-}$
0.233	~1.0	1.0~1.5	1.5

* 例外としてシクロプロパンのCH_2は約0.2となる．

(b) 官能基Xをもつメチル基，メチレン基，メチン基の化学シフト〔ppm〕
(R：アルキル，Ph：アリール)

	X	CH_3X	$-CH_2X$	CHX
ハロゲン	F	4.3	4.4	
	Cl	3.1	3.4	4.0
	Br	2.7	3.3	4.1
	I	2.2	3.1	4.2
アルコール	OH	3.4	3.6	3.9
エーテル	O-R	3.3	3.4	3.5
エステル	O-Ph	3.7	3.9	
	OCO-R	3.7	4.1	5.0
	OCO-Ph	3.9	4.2	5.1
カルボニル	CHO	2.2	2.2	2.4
	CO-R	2.1	2.4	2.5
	CO-Ph	2.6	2.8	
	COOH	2.1	2.3	2.6
	COOR	2.0	2.1	
アミン	NH_2	2.2	2.5	2.9
アミド	NHR		2.7	
ニトロ	NO_2	4.3	4.4	4.7
その他	Ph	2.3	2.6	2.9

（日立製作所パンフレットより）

図4.19と表4.10に^{1}H NMRスペクトルでの主な^{1}H核の典型的な化学シフトを示した．これらの図表をもとに，あるシグナルについて，その化学シフトからどのような隣接元素群の構造をもつ水素核であるのかおおよそを予想することができる．図4.17の酢酸エチルの^{1}H NMRスペクトルでは3種のシグナルが観測されるが，1.170，4.032，1.952 ppmのシグナルは表4.10よりそれぞれCH_3，$O-CH_2$，$OCO-CH_3$のシグナルに容易に帰属される．

図4.18の酢酸エチルの^{13}C NMRスペクトルのように，通常，^{13}C NMRスペクトルとは完全デカップリング法で測定されたスペクトルのことをいい，1つの^{13}C核が1本のシグナルとして観測される．完全デカップリング法では^{13}C核とそれに結合した^{1}H核のスピン-スピン結合をすべてデカップリングして測定する（スピン結合とデカップリングについては後述する）．^{13}C核どうしのカップリングは^{13}Cの天然存在比が1.1%と低いことより通常考慮の必要はない．^{13}C NMRスペクトルでは化学シフト値は約200 ppmに広がって分布することより，等価の核以外にシグナルが偶然重なり合うことは少なく，シグナルの数を数えることで炭素の数を決めることは比較的容易である．図4.20に有機化合物における炭素の化学シフトの値を示した．この図4.20より図4.18の各シグナルは容易に帰属することができる．なお，170.4 ppmのエステルカルボニル炭素のシグナルは他のシグナルに比べて小さい．これは水素の結合した炭素は後述の核オーバーハウザー効果（nuclear Overhauser effect, NOE）によって強度が増加して観測されることによるもので，4級炭素は相対的に小さいシグナルとして検出される．

化学シフト値には置換基をもとにした加成性が成り立つことから，特定の構造のそれぞれの^{1}Hあるいは^{13}C核の化学シフトは，それぞれの置換基の加成因子と基準値をもとにしてある程度予測することができる．表4.11にベンゼン環の^{1}Hおよび^{13}C核

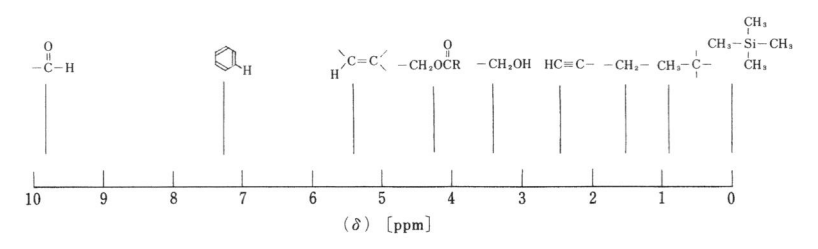

図4.19 主な水素核の化学シフト

の化学シフトの加成性を示した．化学シフトの実測値と表を用いた計算値を比較することにより，置換基がわかっている場合は，それらの結合位置を決定することが可能である．詳しくは成書を参考にしてほしい[11,17]．

iii) スピン-スピン結合（spin-spin coupling）
磁気モーメントを有する核のスピンの状態が結合電子を媒介として，他の核のスピンの状態に影響を与えることをいう．水素核のような $I=1/2$ の核の場合，それとスピン-スピン結合している核の共鳴吸収は2本に分裂する．一般的には観測している核が核スピン I をもった n 個の等価な核とスピン結合するとき，共鳴線の本数（分裂の数）S は $S=2nI+1$ で与えられる．影響の程度はスピン結合定数（spin coupling constant）J で表され，大きな J 値は強い相互作用を示している．J 値は通常 Hz 単位で表され，磁場の強さに無関係である（^{1}H の共鳴周波数が 500 MHz と 100 MHz の装置で測定した ^{1}H NMR スペクトルを比較した場合，1 ppm の間隔が前者では 500 Hz，後者では 100 Hz であり，たとえば 10 Hz の J 値をもつ二重線のシグナルの線幅は，前者では 0.02 ppm，後者では 0.1 ppm の幅に相当し，線幅に5倍の違いが生じる．すなわち強磁場になるほどシグナルの分離がよく，解析が容易となる）．J

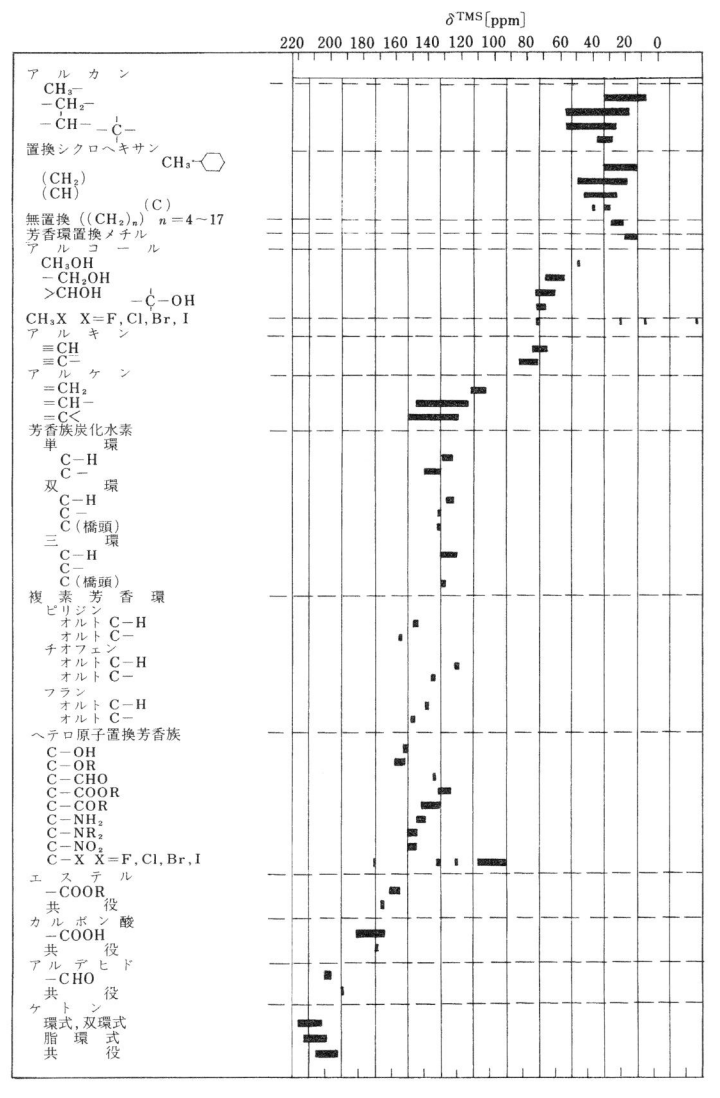

図 4.20 有機物における炭素の化学シフト
(K. K. Jensen and L. Petrakis : *J. Magn. Resonance*, **7**, 105, 1972)

表 4.11 ベンゼン環プロトンおよび ^{13}C 核の化学シフトに対する置換基の影響

H_i の化学シフト：$\delta_{H_i} = 7.26 + \Delta\delta_{H_i}$
C_i の化学シフト：$\delta_{C_i} = 128.5 + \Delta\delta_{C_i}$

置換基 X	$\Delta\delta_{H_i}$			$\Delta\delta_{C_i}$			
	H_2	H_3	H_4	C_1	C_2	C_3	C_4
CH$_3$	−0.20	−0.12	−0.22	9.3	0.6	0.0	−3.1
F	−0.26	0.00	−0.20	35.1	−14.3	0.9	−4.4
Cl	0.03	−0.02	−0.09	6.4	0.2	1.0	−2.0
Br	0.18	−0.08	−0.04	−5.4	3.3	2.2	−1.0
I	0.39	−0.21	0.00	−32.3	9.9	2.6	−0.4
OH	−0.56	−0.12	−0.45	26.9	−12.7	1.4	−7.3
OCH$_3$	−0.48	−0.09	−0.44	30.2	−14.7	0.9	−8.1
OCOCH$_3$	−0.25	0.03	−0.13	23.0	−6.4	1.3	−2.3
CHO	0.56	0.22	0.29	9.0	1.2	1.2	6.0
COCH$_3$	0.62	0.14	0.21	9.3	0.2	0.2	4.2
COOH	0.85	0.18	0.27	2.4	1.6	−0.1	4.8
COOCH$_3$	0.71	0.11	0.21	2.1	1.2	0.0	4.4
NH$_2$	−0.75	−0.25	−0.65	19.2	−12.4	1.3	−9.5
NO$_2$	0.95	0.26	0.38	19.6	−5.3	0.8	6.0

表 4.12 スピン-スピン結合定数 J [Hz]

	J_{ab}
>C<H$_{(a)}$H$_{(b)}$	12〜15
−C(H$_{(a)}$)−C(H$_{(b)}$)− (鎖状)	3〜10
>C=C<H$_{(a)}$H$_{(b)}$	0〜3.5
H$_{(a)}$>C=C<H$_{(b)}$ (cis)	6〜14
H$_{(a)}$>C=C<H$_{(b)}$ (trans)	11〜18
>C=C<CH$_{(a)}$H$_{(b)}$	4〜10
H$_{(a)}$>C=C<CH$_{(b)}$	0.5〜2.0
ベンゼン環 H$_{(a)}$-H$_{(b)}$	o 7〜10 m 2〜3 p 1

値は，核の磁気モーメントおよび原子の結合状態により左右され，立体構造ならびに原子の結合状態を知ることができる．スピン-スピン結合は電子を媒介としているため，多くの結合を隔てた場合には弱くなる．^{1}H 核の場合，2 ボンドあるいは 3 ボンドの結合が問題とされる．

スピン-スピン結合定数 J の典型的な値を表 4.12 に示した．隣りあった炭素に結合したプロトンの結合定数は両プロトンの二面角によって変化する．これによって，固定した立体構造を有する構造でのプロトン相互の角度を知ることができ，立体構造の解明に役立つ．

スピン-スピン結合による分裂の様式は原則的には次のようになる．

(1) 磁気的に等価である場合には，スピン結合による分裂はみられない．たとえば，CH$_3$ 基の 3 つの水素は等価であり，その間でのカップリングによる分裂はみられない．

(2) スピン-スピン結合している等価のプロトンの数を m とすると，シグナルは $(m+1)$ 本に分裂する．

(3) スピン-スピン結合しているお互いの分裂線の間隔は等しく，それらのスピン結合定数となる．

(4) 分裂線の強度は対称であり，その中心が化学シフトになる．分裂の相対強度は $(a+b)^n$ の展開式の係数項により与えられる．すなわち，二重線 (doublet) は 1:1 であり，三重線 (triplet) は 1:2:1，四重線 (quartet) は 1:3:3:1 となる．図 4.17 の酢酸エチルのエチル基では典型的なメチルの triplet，メチレンの quartet のシグナルが観測される．

しかし，化学シフトが近接したプロトンどうしのカップリングによる分裂では，分裂線の対称性は失われる．その際の化学シフト値は重心で計算する．共鳴周波数が 500 MHz 以上の装置で測定した低分子有機化合物のスペクトルでは，ほとんどの場合，個々のプロトンの分裂様式の解析は容易である．

このように，スピン-スピン結合はプロトンの配列を通じて，化学構造に関する重要な情報を与える．どのプロトンどうしが互いにスピン-スピン結合しているかを調べるために，スピン-スピン結合を消去する手法が用いられる．すなわち，スピン-スピン結合している一方の共鳴周波数の電磁波を照射し，そのプロトンを飽和状態として，その核のスピンの影響のない状態でスペクトルを観測する．これが二重共鳴法と呼ばれるデカップリング手法である．図 4.17 の場合，CH_2 の共鳴周波数の電磁波を照射して CH_3 基を観測すれば，それは一重線 (singlet) として観測される．

^{13}C と ^1H のカップリングによる J 値は，1 ボンド ($^{13}C-^1H$) では大きな値 (〜130 Hz) であり，2 ボンド ($^{13}C-C-^1H$) および 3 ボンド ($^{13}C-C-C-^1H$) で数 Hz の小さな値となる．1 ボンドのカップリングは炭素の種類（メチル，メチレン，メチン，4 級炭素）を決定する測定方法 (INEPT 法, DEPT 法) に利用される．2 ボンドおよび 3 ボンドのカップリングは後述の HMBC スペクトルで容易に観測することができ，構造解析を行う上で有用な情報を与える．

iv) シグナル強度 NMR の特徴の 1 つに，すべてのシグナルは分子内の特定の原子に 1 対 1 で対応して帰属できることが挙げられる．プロトンの場合，さらにシグナルの強さ，すなわち面積強度は，正確に，それぞれの化学シフトをもつプロトンの数に比例している．たとえば，2 種の混合物の場合，シグナル強度の比はそれらのモル比を表すことになり，不純物が存在すればその存在比率も推定できる．また，試料が糖のアノマーのように互変異性を示す場合には，両異性体の存在比率に応じた強度をもつシグナルを与える．^1H NMR スペクトルでの面積強度は一般には積分値としてチャート上にシグナルとともに記載される．

^{13}C NMR スペクトルでのシグナル強度は，前述のように，通常の測定方法では炭素の数に比例しない．

v) 交換性プロトンと溶媒由来シグナル 化合物中に存在するカルボン酸 (−COOH)，水酸基 (−OH)，アミン (−NH_2, −NH)，アミド (−CONH−) 等の交換性プロトンは，重水 (D_2O) や重メタノール (CD_3OD) などの交換性重水素をもつ溶媒中では重水素に置換され，^1H NMR スペクトルにおいてシグナルは検出されない．アプロティック溶媒である重ジメチルスルホキシド (CD_3SOCD_3) 中で測定すると，交換性プロトンのシグナルを検出することができる．重クロロホルム ($CDCl_3$) 中では観測される場合とされない場合がある．カルボン酸や水素結合したフェノールなどのプロトンは 10 ppm 以上の低磁場で観測される．交換性プロトンのシグナルはブロードで明白なカップリングは観測されないことが多く，また試料濃度や測定温度による化学シフト値のシフト幅が大きい．

通常の NMR 用溶媒の重水素化率は 99.8% 程度であり，重クロロホルムであればわずかに $CHCl_3$ が含まれる．したがって $CDCl_3$ 中で測定した ^1H NMR スペクトルには 7.25 ppm 付近に $CHCl_3$ のシングレットシグナルが観測される（図 4.17）．また，少量の試料で測定する場合には，試料に残存する水由来のシグナルがスペクトル中に検出されることが多くあり，その化学シフトは溶媒に特有である．$CDCl_3$ 中であれば H_2O のシグナルは 1.6 ppm 付近にみられる．前述のように ^{13}C NMR スペクトルでは溶媒由来のシグナルが，試料量が少なくなる程相対的に大きなシグナルとして観測される．$CDCl_3$ では 77 ppm 付近に 3 本線として現れる．3 本に分裂するのは重水素のスピン量子数が 1 であることによる．NMR スペクトルの解析では，使用するそれぞれの重水素化溶媒について同様の注意が必要である．

vi) 核オーバーハウザー効果 スピン結合が結合電子を介した相互作用であるのに対し，NOE は空間的に隣接する核の双極子相互作用によるものであり，ある核をデカップリングの場合と同様に照射し飽和状態とすると，その核と双極子相互作用のある核（空間的に隣接する核）ではエネルギー準位の分布が変わり，その結果シグナル強度が変化することをいう．この双極子相互作用はスピン結合の有無に関係ない．完全デカップリング法で測定する ^{13}C NMR スペクトルでのシグナル強度の増加が ^1H 核の照射により ^{13}C 核で観測される NOE であることは前述したが，^1H 核どうしの NOE はそれらの空間的な配置を明らかにすることができ，環構造や二重結合の立体構造を決定する際に利用される．

vii) 二次元 NMR これまで述べてきた一次元

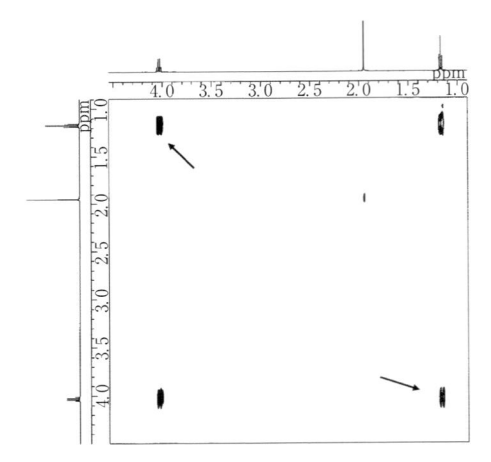

図 4.21 酢酸エチルの ^{1}H-^{1}H COSY スペクトル
縦軸横軸ともに ^{1}H NMR スペクトル．矢印のクロスピークがメチルプロトンとメチレンプロトンのスピンカップリングを示す．

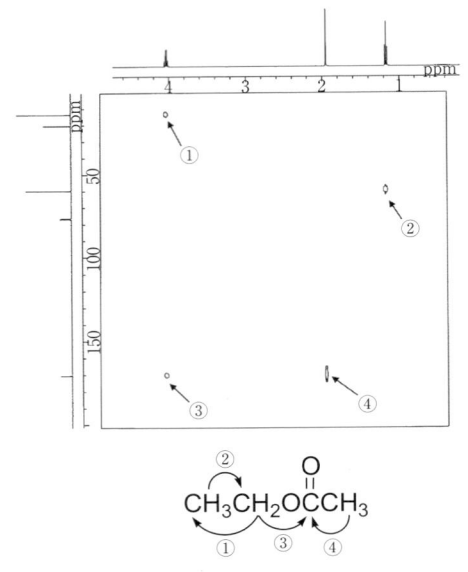

図 4.22 酢酸エチルの HMBC スペクトル
横軸が ^{1}H NMR，縦軸が ^{13}C NMR スペクトル．①〜④のクロスピークは，構造式に示したプロトンとカーボンの2ボンド，あるいは3ボンドのカップリングを示す．

NMR スペクトルは，パルスを照射し核スピンを励起した状態からもとのスピン状態に戻るときに観測される FID をフーリエ変換することで得られる．二次元 NMR では最初にパルスを照射した後，展開期と呼ばれる時間帯を設け，その後再度パルスを照射しデータを取得する．展開期の時間を連続的に変化させてデータを取得すると，得られるデータは時間領域の第二の FID とみなすことができる．この展開期より得られる FID をフーリエ変換したものと，通常のスペクトルを得る場合と同じ FID によるデータを二次元に展開したものが二次元 NMR スペクトルである．二次元 NMR では，たとえばある化合物に存在するすべてのプロトンについてのスピン結合に関する情報を得る場合，一次元の場合のように1つ1つのプロトンをデカップリングする操作は必要なく，1回の測定ですべてのカップリング情報を取得することができる．また二次元に展開することで，一次元で問題となるシグナルの重なり等の問題が克服でき，スピン結合をもつプロトンどうしがより明確に示される．現在種々のパルスシークエンスの二次元 NMR が開発され，それらは構造解析に不可欠である．図 4.21 および図 4.22 に二次元 NMR スペクトルの例として酢酸エチルの ^{1}H-^{1}H COSY（correlation spectroscopy）および HMBC（heteronuclear multiple bond coherence）スペクトルを示した．^{1}H-^{1}H COSY スペクトルからプロトンのカップリング情報が得られる．縦軸，横軸ともに ^{1}H NMR スペクトルであり，カップリングしている CH_2 と CH_3 のプロトン間にはクロスピークが観測される．HMBC スペクトルでは ^{1}H と ^{13}C の 2 ボンドあるいは 3 ボンドのカップリングが観測される．縦軸が ^{13}C NMR スペクトル，横軸が ^{1}H NMR スペクトルでありカップリングしている ^{1}H と ^{13}C の間にクロスピークが観測される．HMBC スペクトルはプロトンをもたない4級炭素の結合を証明する際に特に有効であり，酢酸エチルの場合では，エステルカルボニル炭素と CH_3 および CH_2 のプロトンとの間のカップリングが観測されている．

e．旋光度，ORD，CD[18)]

光の振動面が一定方向をもつ光を偏光といい，方解石などでつくられたプリズム（偏光子）を通すことによりつくられる．その平面偏光は，光の進行方向の周りにらせん状に右回り，左回り（右円偏光，左円偏光）している磁気成分（電気成分）のベクトル和である．平面偏光が光学活性試料溶液を通過すると，左右円偏光の速度に差が生じ，平面偏光が回転する．これを旋光性あるいは光学活性という．光源に向かって見た場合，偏光面が時計回りに回転するものが右旋性，反時計回りのものが左旋性である．天然有機化合物の中には旋光性をもつ化合物が多い．旋光性が起こるためには，分子の中に(1)光を吸収する原子団，200 nm 以上の紫外・可視領域で $\pi \to \pi^*$ および $n \to \pi^*$ による吸収を起こしうる原子団（c 項参照）をもち，かつ(2)不斉炭素などの

光学に活性な構造をもっていることが必要である.

平面偏光が光学活性試料溶液を通過した際に回転する角度を旋光度といい,時計回りの回転をプラスの値として表す.旋光度の大きさは試料層の長さ,濃度,および光の波長に関係する化合物特有の値であり,t〔℃〕,波長 λ〔nm〕における比旋光度 $[\alpha]_\lambda^t$ は,次の式(4.17)で表される.

$$[\alpha]_\lambda^t = \frac{100\alpha}{lc} \quad (4.17)$$

ここで,α は実測した旋光度,l は試料層の長さ〔dm〕,c は試料濃度で 100 ml 中のグラム数である.一般にはナトリウムの D 線（589.3 nm）を用い,比旋光度は $[\alpha]_D$ で表す.

旋光度 α は波長により異なるので,紫外・可視領域にわたり測定すれば,化合物の特性としてより明確なものになる.光の波長と旋光度の関係を示したものを旋光分散曲線（optical rotatory dispersion curve, ORD）と呼ぶ.また,左右両回りの偏光の吸光度差,あるいは楕円偏光の楕円率と波長との関係を示したものを円偏光二色性（circular dichroism, CD）と呼ぶ.

紫外吸収スペクトルと ORD, CD 曲線とは,図4.23 に示すように関連性がある.吸収極大点付近における ORD は異常分散を示し,図4.23 の実線のように,短波長側に極小,長波長側に極大をもつ現象を正のコットン効果といい,点線のように短波長側に極大を示す場合を負のコットン効果と呼んでいる.

CD 曲線は ORD 曲線と相関しており,正のコットン効果のときは CD 曲線も同様に正を示す.CD の縦軸は左右両円偏光の吸光係数の差（$\Delta\varepsilon = \varepsilon_l - \varepsilon_r$）あるいはモル楕円率 $[\theta]$ で表されるから,両者には次の関係がある.

$$[\theta] = 2.303\left(\frac{4500}{\pi}\right)(\varepsilon_l - \varepsilon_r) \quad (4.18)$$

これらの ORD, CD 曲線から,主に既知化合物との比較により,分子の絶対構造を決定することが可能である.また,類似した UV 吸収を有する官能基が近接してある場合には,それらの相互作用により,分裂した CD 曲線を与えることが知られている.これらもまた,絶対構造の決定に有用である.

UV 吸収の極大値が 200 nm 以上にない化合物の場合,CD スペクトルでは特徴的なコットン効果を示す吸収は現れない.しかし,ORD 曲線は通常左上がりあるいは左下がりの曲線を与える.前者は正のプレーン曲線,後者は負のプレーン曲線と呼び,どちらも不斉炭素の絶対配置と関連している.

このように比旋光度,CD あるいは ORD のデータは光学活性をもつ化合物の物性として重要であり,新規化合物においては必ず記載が必要である.

4.2.3 定性試験および官能基の確認

分離された化合物を同定あるいは構造決定する際,初めに検討すべき項目は,それぞれがどのような官能基を有しているかである.単純な化合物をいわゆる溶媒分画法によって分離した場合（4.1.3.c 項参照），それぞれの画分には,次のような化合物が含まれることになる.

・中性化合物：　アルコール,アルデヒド,ケトン,エステル,炭化水素,ハロゲン化物,芳香族ニトロ化合物,酸アミド,メルカプタン,エーテルなど
・強酸性化合物：　カルボン酸,陰性置換基を有するフェノール（ピクリン酸など）
・弱酸性化合物：　フェノール,オキシム,イミド,脂肪族ニトロ化合物
・塩基性化合物：　アミン
・強極性化合物・両性化合物：　アミノカルボン酸,アミノフェノール,糖など

このように,大部分の化合物群は溶媒分画の結果から,その官能基を推定することが可能である.しかし,アルコール類とカルボニル化合物はともに中性化合物画分に分画されるため別の識別法が必要である.

これまでに官能基を確認するための定性反応や誘導体が工夫されてきた.しかし,最近では分光学的な手法によって官能基を決定することが主流となり,従来の方法は補助的な手段となってきた.試薬による識別法は鋭敏であり,不純物の存在する場合,

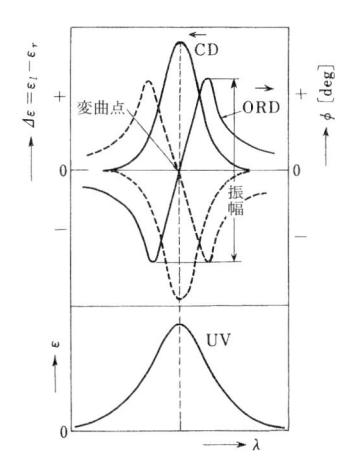

図 4.23 ORD/CD/UV の関係

誤った結論を引き出す可能性があることに留意する必要がある．ここでは，アルコール性水酸基，フェノール性水酸基，カルボニル基の定性反応あるいはスペクトルによる識別，およびカルボン酸，アミンについてのIRスペクトルの特徴を記す．

a． アルコール性水酸基

アルコール性水酸基の判定に用いられるIRスペクトルにおける吸収帯は ν_{O-H}（3700〜3200 cm^{-1}）と ν_{C-O}（1200〜1000 cm^{-1}）である．ν_{O-H} の領域にはアルコール性水酸基の他に，ν_{N-H}（3500〜3200 cm^{-1}）の吸収も現れる．また，結晶水を含んでいる場合，試料が湿っている場合にも水分子由来の ν_{O-H} の吸収が現れるので，注意が必要である．

b． フェノール性水酸基

IRスペクトルにおいて，フェノール類は ν_{O-H} の吸収とともに，芳香核の吸収を1600 cm^{-1} および1500 cm^{-1} 付近に示す．芳香族の存在は，IRスペクトルの他にも，UVスペクトル，NMRスペクトルによっても示される．弱酸性の化合物の大部分はフェノール性水酸基を有する可能性が高い．

フェノール性水酸基は，塩化第二鉄の溶液によって種々の色の錯体を生成するので，塩化第二鉄溶液はフェノール性水酸基の定性確認に利用される．

c． カルボニル基

IRスペクトルにおけるカルボニル基の $\nu_{C=O}$（1800〜1600 cm^{-1}）は，強度も大きく特徴的でカルボニル基の定性的確認法として欠くことのできないものである．また，アルデヒド基の場合には，^{1}H NMRスペクトルにおいて，アルデヒドの炭素に結合したプロトンのシグナルが，NMRスペクトルにおいてきわめて特徴的な化学シフト値（δ 10付近）をもっているので，容易に確認できる．

カルボニル基の化学的な定性確認法としては，2,4-ジニトロフェニルヒドラジンとの反応が簡便である（4.3.1.b項参照）．

d． カルボキシル基

カルボキシル基を含む化合物は一般には強酸性化合物として分画される．しかし，フェノール類でもピクリン酸のように強酸性のものもある．

酸性を示し，かつ，IRスペクトルにおいて $\nu_{C=O}$（1880〜1600 cm^{-1}）の吸収を有し，さらに ν_{O-H}（3000〜2500 cm^{-1}）の吸収を有していれば，カルボキシル基を有する可能性がきわめて高い．

一方，長鎖脂肪酸やアミノ酸のように，カルボキシル基を含んでいても強酸性化合物の画分にはこないものもある．

e． アミノ基

塩基性を示す化合物はアミン性化合物である可能性がきわめて高い．1級アミンおよび2級アミンは，IRスペクトルで ν_{N-H}（3500〜3300 cm^{-1}）の吸収を示す．3級アミンの場合にはIRスペクトルによる識別は困難である．

4.2.4 融点による同定法

a． 誘導体の調製

先に述べたように，物性値のうち融点は結晶とその結晶形に固有の値であり，他の物性値のように室温，圧力などによって変化することはない．また，融点は，少量の不純物の存在によって著しく低下することから，結晶の純度を表す指標でもある．

融点を用いる同定法を利用しようとするとき，結晶性の化合物を除いては，結晶性の誘導体を作成することが必要である．また，結晶化は物質の純度を高める1つの方法でもあり，こうして得られた結晶について各種のスペクトルを測定することがよく行われる．誘導体の調製は4.2.3項で述べたそれぞれの官能基を利用して調製する．このような誘導体の調製は，各種の官能基の存在の化学的な確認法ともなる．

誘導体調製の具体的な方法については，4.3節で詳述するが，以下のような誘導体が結晶性のよい誘導体として知られている．カルボン酸の場合は p-ブロモフェナシルエステル，アニリド，アルコール性物質の場合は3,5-ジニトロベンゾエート，フェニルウレタン，カルボニル化合物の場合は2,4-ジニトロフェニルヒドラゾン，セミカルバゾン，オキシム，アミンの場合は p-トルエンスルホンアミド，フェニルチオ尿素，フェノール性物質の場合はブロム誘導体である．

b． 再 結 晶

結晶とは同一の原子あるいは分子が一定の規則に従って，空間に配列したものである．したがって，結晶化した物質は通常純粋なものとみなされる．しかし，初めに得られた結晶性化合物，あるいは結晶性誘導体の結晶は多くの不純物を含んだ形で結晶化してきており，そこから不純物を取り除き，物質の純度を高める精製操作が必要である．こうした操作を再結晶といい，結晶をいったん溶液として溶解し，そこから結晶を再び析出させることによって，純粋な結晶を得る操作である．結晶化の操作は有機化合物の精製法として古くから行われている重要なものの1つである．結晶化の操作を何度か繰り返すこと

により，結晶はより純粋なものになっていく．再結晶を繰り返し，結晶の純度があがってくるに従い，融点は次第に上昇するのが一般的であり，これが一定の値を示すようになったならば，結晶は純粋なものとみなすことができる．

再結晶には大別して次のような方法がある．

(1) 温度による溶解度の差を利用する方法： まず，試料をやや難溶性の溶媒にできるだけ高濃度になるように加熱して溶かし，次に溶液を冷却することによって結晶を析出させる．冷却するときは室温で冷却する他に冷浴を用いたり，冷蔵庫や低温室に長時間放置したりする．

(2) 溶解性の異なる2種の溶媒を利用する方法：試料を少量の溶媒に溶かし，次にその溶媒と任意に混ざりあうが，試料は難溶性の溶媒を少しずつ加えて，結晶を析出させる．

(3) 溶液より溶媒を次第に蒸発させ，試料濃度をあげて結晶を析出させる方法．

再結晶に使用する溶媒としては，

・試料に対する溶解性が熱時に大きく，冷時に小さい，

・比較的低沸点の化合物である，

・化学的に安定である，

といった条件が必要とされるが，溶質の性質により適当に選択しなくてはならない．実際には，試料溶液に難溶性溶媒を加えて，加熱-冷却というように，上述の(1)と(2)の方法を組み合わせながら結晶化させることが多い．

有機化合物の中にはきわめて結晶化しにくいものもある．これらの結晶化においては，経験と忍耐が要求されるが，まず，次のような操作を試みることも有効である．第一に，結晶母が手元にあれば，その少量を結晶溶液に加えることにより結晶化を進行させることができる場合がある．

結晶母がないときは，溶液を冷却するか難溶性溶媒を加えて，溶液がわずかに濁った状態におき，溶液の入った容器の内壁をガラス棒で激しくこすると，結晶化が起こることがある．

いずれの場合も溶液中の不純物はできるだけ除いておくことが望ましい．有機化合物の結晶形成速度は無機化合物のそれに比べると遅く，過飽和溶液においても結晶の析出が完了するまでにはかなりの時間を要する．したがって，純粋な結晶を得るためには，冷却や難溶性の溶媒の添加は長時間をかけ徐々に行うことが望ましい．さらに，いったん結晶が析出した後で，結晶を溶液中にそのまま放置して，結晶の熟成を行った方がよい．

c. 融点の測定

一般に，純粋な化合物の結晶は一定の融点を示す．これは物質の基本的な物性値として物質の確認・同定に利用される．

融点測定装置については各種のものが市販されているが，Kofler型のものが最も広く使用されている．Kofler型の装置に用いられる加熱台（heating stage）の一例を図4.24に示す．加熱台の内部にはニクロム線が装備されており，温度計の球部は台の中心に達している．測定に際しては，加熱台の上に厚さ1mm程度のガラス板を置き熱の発散を防止する．

試料となる結晶は微粉末とした後，カバーグラスの間にはさんで融点測定装置の加熱台にのせて，温度を次第に上昇させ結晶の融解する状態を観察し，結晶の溶け始めの温度と溶け終わりの温度を記録する．この際，予想融点の20℃くらい下の温度からは，

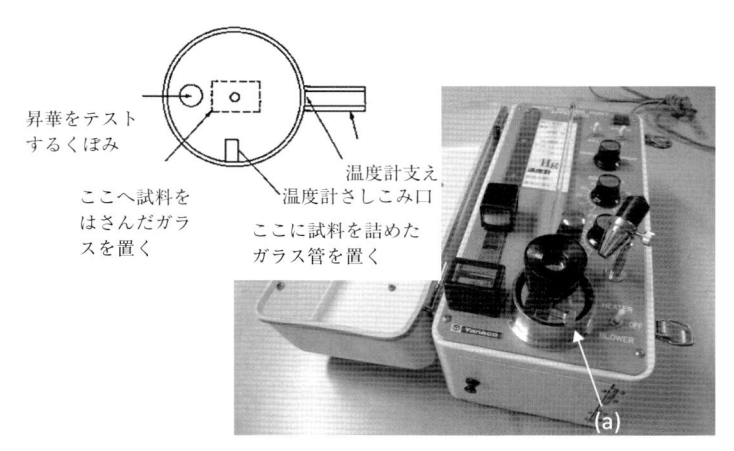

図4.24 融点測定装置と加熱台(a)

1～2℃/min 程度でゆっくり上昇させることが必要であり，そのためには，スライダックの目盛りと温度上昇の関係をテストして知っておく必要がある．このような測定で，結晶の溶け始めから溶け終わりの温度の差が1℃程度であれば，その結晶はかなり純粋であると考えられる．また，融点が再結晶によって変化しなくなるまで，再結晶を繰り返すことが必要である．

さらに混融試験によって結晶の同一性を確認する際には，2種の結晶を少量ずつ時計皿にとり（なるべく1:1の割合に），よく砕いて混合する．このようにして得た混合物と，試料および標品の3種，あるいは混合物と試料か標品のいずれか一方の2種を同時に融点測定して，融点が同一であることを確認することが必要である．

4.2.5 スペクトルによる構造解析と同定法
a. 各種のスペクトルの解析

有機化合物の構造決定あるいは同定に関して，各種の分光学的なデータを測定した後，それらから構造式を推定する確立した方法はない．それぞれのデータには，4.2.2項で述べたように，それぞれ得意な分野と不得意な分野があって，得意な分野のデータを利用して推定構造を提出することになる．しかし，推定された構造によって，すべてのスペクトルが合理的に解釈できることを確認することも必要である．もし，どれかのスペクトルが推定構造と矛盾する場合には，構造を推定した過程に問題点があると考え，もう一度初めから考え直す必要がある．

一般的な解析の手順は以下のようになる．なお，各種のスペクトルのそれぞれの意味，解析法については，4.2.2項を参考にした上，詳細は成書を参照してほしい．

i) データの整理
（1）質量スペクトルから分子量を決定する．
（2）^{1}H NMR から水素の数を決定する．
（3）^{13}C NMR から，炭素の数と，それらが何級の炭素であるかを決定する．
（4）上記以外に，元素組成にかかわる情報（NやSの存在）をMSやNMRから得る．
（5）UVスペクトルがあれば，それから分子吸光係数を算出する．

ii) 官能基，部分構造の推定
（1）IRスペクトルから，カルボニル基，水酸基，NH，CNなどの存在を推定する．
（2）MSスペクトルでの典型的なフラグメントイオンから，次のような部分構造の有無を決定する．
$C_6H_5CH_2-$，CH_3CO-，CH_3-
（3）UVスペクトルから，共役系や芳香環の存在を確認する．
（4）^{1}H NMR スペクトルから，CH_3CH_2-，CH_3-，芳香環のプロトン，交換性のプロトンなどを推定する．

iii) 部分構造を書き出し，それらの質量数を合計し，分子量と比較する．もし，分子量が不足しているときは，その不足分の質量数から未知の部分構造を推定する．対称の構造をもつ分子であるときには，この時点で判明する．

iv) 部分構造を組み合わせる．この際，部分構造の「手」が1つであるか，2つであるか，3つであるかに注意する．1つのもの，たとえばCH_3-などは，分子の末端にくる．また，可能な組み合わせは1つとは限らない点に注意し，可能なものはすべて書き出してみる．可能性のある組み合わせのうちどれが正しいかについては，^{1}H NMR でのカップリングや共役系の存在についての情報が結論を与えてくれる．

v) 最終的に提出された構造から，逆に，すべてのスペクトルの特徴を合理的に説明する．特に，MSでの開裂様式，NMRの化学シフトやスピン-スピン結合の状態を解析する．

b. 分子の絶対構造

有機化合物の構造は立体的に理解することが重要である．これまでのいろいろなスペクトルの解析によって，相対的な立体化学は提出することができる．しかし，絶対構造の決定にはそれでは十分ではなく，そのためにはさらに異なった手法をとる必要がある．簡単な既知化合物の場合，絶対構造は，分子の旋光性によって決定されるので，比旋光度 $[\alpha]_D$，CDスペクトルなどを測定することが必要である．

c. スペクトルによる同定

上で述べた手順は，それぞれのデータから独自に構造決定する場合のものであるが，対象となる化合物との同一性を確認するためには，もう少し簡単な手続きですむ．基本的には，標品のデータと未知試料のデータが一致することが必要であるが，その際，測定条件の違いを考慮に入れる必要がある．NMRスペクトルでは，すべてのシグナルが基本的には帰属可能であり，同一物質は同じ測定条件（溶媒など）では同じスペクトルを与える．

一方，IRスペクトルはすべての吸収を特定の部分構造に帰属することは困難であり，特に波長

1500～600 cm^{-1} の吸収はいくつもの吸収の重なりが現れ，きわめて複雑となるところから指紋領域と呼ばれ，化合物に固有のスペクトルを与える．したがって，この部分の吸収も含めて同一の吸収スペクトルを示せば，同一物質である可能性がきわめて高い．なお，IR スペクトルは，D 体と L 体は同じスペクトルを与えるが，DL 体はこれとは異なったスペクトルを与えることがあるので注意が必要である．

MS スペクトルでは，スペクトルのパターン，すなわち，フラグメントイオンの強度などは測定条件により微妙に変化することがあり，その比率が異なっても異なる化合物であるということにはならない．逆に，構造異性体，あるいは，幾何異性体などはしばしば同一のスペクトルを示すことがあり，同定のためのデータとしては注意が必要である．また，スペクトルから不純物によるピークを識別することは困難であり，一方でピーク強度は含まれている不純物の量とはまったく相関しない．微量でもイオンとして安定な化合物のピークは大きなピークとして記録されるので注意が必要である．

UV スペクトルも使用する溶媒で異なることが多いので，比較するには同一溶媒で測定する必要がある．

4.2.6 クロマトグラフィーによる分離と同定

すでにクロマトグラフィーの利用法（4.1.13 項）のところで述べたように，各種のクロマトグラフィーにおける挙動によっても物質の同定が可能な場合がある．たとえば，薄層クロマトグラフィーやペーパークロマトグラフィーにおいて，試料の R_f 値と標品のそれが一致すること，あるいは試料と標品とを同時にクロマトグラフィーを行い，互いに分離しないことも同一性を示す 1 つの証拠となる．同様の目的で，ガスクロマトグラフィーにおける保持時間，高速液体クロマトグラフィーにおける溶出時間なども同定のための指標とされる．しかし，これらの場合，いくつか異なる条件（固定相・種類，展開溶媒など）を用いて確認することが要求される．さらにガスクロマトグラフィーや高速液体クロマトグラフィーにおいては保持時間や溶出時間の比較に加えて，それらのピークについて，マススペクトルや赤外線吸収スペクトルを連続的に測定するいわゆる GC/MS，GC/IR，LC/MS などの手法が発達してきており，これによって，同定の精度を高めることができる．こうした分離機器と分析機器を結合した手法を用いれば，構造決定あるいは同定すべき試料は純粋な単一物質である必要はなく，混合物のまま分析を行うことが可能である．また，この際，同定と同時に定量も可能となってきており，近年発達の著しい手法である．これらについては成書を参考にしてほしい．

4.3 有機化合物の分離・同定に関する実験例

通常，有機化合物を同定，さらにはその化学構造を決定する際には，まず，試料混合物，あるいは天然由来の粗抽出物から特定の物質を精製，ときには単離を行い，各種分析機器にて構造を解析する．未知試料，あるいは天然物から目的の化合物を精製する場合は，目的の化合物に対して適した溶媒で抽出した後，溶媒分画でさらに粗精製し，各種クロマトグラフィーなどを用いて，目的化合物の純度を高める．単離した化合物，あるいはある程度の純度が確保された化合物の化学構造は，NMR や MS などの機器分析を用いることにより，解析することができる．さらに詳細に解析を行うためには，目的化合物に含まれる官能基を利用した誘導体を得て，その構造解析を行うような工夫が必要となる．最終的には，各種分析機器により得られた測定結果から，明らかになった部分構造や分子量の情報を統合して，測定結果に矛盾のない構造を導き出す．

なお，目的化合物を精製する際には，化合物に関するある程度の予備知識を求められる．たとえば，化合物の解離性や溶媒に対する溶解性などである．また，生理活性物質を精製する際には，化合物の物性の他に，生物活性を指標として精製する必要がある．

以下に，試料混合物の分離（実験例 1：未知試料の分画・精製，誘導体の調製および構造解析），および天然物からの生理活性物質の分離と生物検定（実験例 2：ジベレリンの抽出・分画，クロマトグラフィーによる分離と生物検定）を，実際に行う精製および構造解析の技術習得のための基礎実験の一例として示す．

4.3.1 実験例 1：未知試料の分画・精製，誘導体の調製および構造解析

低分子有機化合物を取り扱う際には，目的化合物の物性を理解した上で操作することが望まれる．ある混合物から目的化合物を分離する場合，溶媒分画による粗精製が効果的である．具体的には，解離性

化合物と中性化合物とは溶媒分画で大雑把に分離することが可能である．また，化合物の極性によっても抽出する溶媒などを選ぶことにより混合物から目的化合物を大雑把に分離することができる．

以下に示す実験例1においては，未知試料の分離操作を習熟するために，解離性化合物と中性化合物が含まれている未知試料の混合物から，各成分を溶媒分画により取り出し，その構造解析を試みる（溶媒分画の操作は，図4.25に従い行う）．低分子有機化合物の構造解析の際には，目的化合物の官能基を利用した結晶性誘導体に導くと構造解析が容易になる場合がある．ここでは，解離性化合物を誘導体へと導き，再結晶により，より純粋な誘導体を得た後，各種機器分析による構造解析を行う．構造解析に際して機器分析には，IR, NMR, MSを用い，それらのスペクトルの解析法も習得する．

以下，a, b項で溶媒分画，官能基を利用した誘導体の調製方法を解説した後，実際の操作をc〜e項に記す．抽出，分離，分析機器の原理に関しては，4.1, 4.2節を熟読し十分に理解した上で実際に操作すること．

a. 溶媒分画操作

溶媒分画の操作では，混合物に含まれている目的化合物に応じて，用いる溶媒やpHを変えて抽出する．溶媒抽出の原理については，4.1.2, 4.1.3項を参照のこと．実際の操作では，基本的に図4.25に従う．強酸性の化合物を分画する際は，酸性条件下（2M塩酸水溶液など）で有機溶媒に分配されてくる化合物を分画する．強塩基性の化合物を分画する際は，塩基性条件下（5％炭酸水素ナトリウム水溶液など）で有機溶媒に分配されてくる化合物を分画する．塩基性化合物を溶媒分画する際は，塩基性条件下で安定な溶媒を用いる必要がある．たとえば，酢酸エチルは，塩基性条件下で加水分解されることなどを念頭において操作をする必要がある．

また，実際の操作中は，自分が取り扱っている解離性化合物がどの画分に含まれているか想定しながら分画操作を行うとよい．図4.25中の各分画操作において，数回の分液を繰り返すが，目的の化合物の挙動を考えた上で，どの画分を目指して抽出すべきかを決める．なお，化合物が溶媒分画後のどの抽出区に含まれているか，あるいは溶媒分画が目的どおり行われているかは，薄層クロマトグラフィーを用いれば簡便に確認できる．

b. 誘導体の調製法と融点測定

分離後の目的化合物を構造解析する際，化合物に含まれる官能基を利用した誘導体を調製すると構造解析が容易になる場合がある．ここでは，アルコール，カルボニル，カルボン酸，アミンを有する化合物の誘導体化の方法を具体的に述べる．調製後の誘導体は，常温で固体となるものを選択すると，再結晶による精製や融点測定などを行うことが可能となる．さまざまな化合物のそれぞれの誘導体の融点を表4.13〜4.16に参考として示す．

調製した誘導体の再結晶には，n-ヘキサン-酢酸エチル系など極性の異なる有機溶媒の組み合わせを

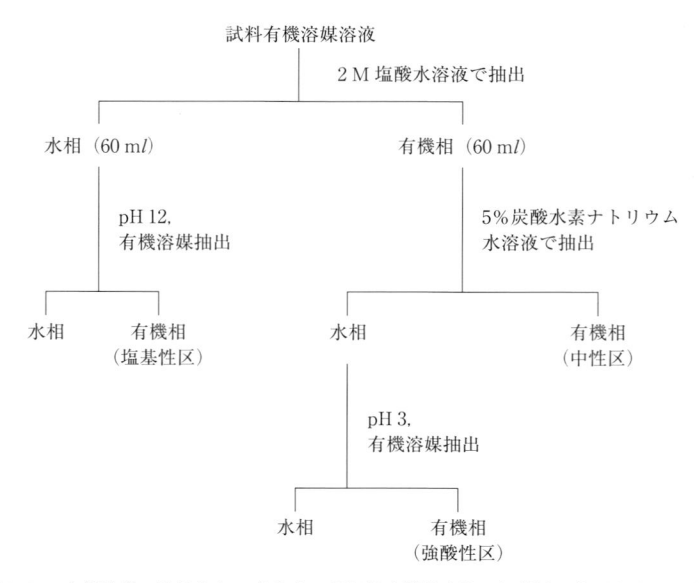

図4.25　有機溶媒の溶液として存在する低極性有機化合物の解離性に基づく分画の手順

表 4.13 カルボン酸およびその誘導体の沸点あるいは融点

(a)

カルボン酸（液体）	沸点〔℃〕	誘導体（融点）〔℃〕	
		アニリド	p-ブロモフェナシルエステル
formic	101	47	135
acetic	118	114	85
propionic	140	103	63
isobutyric	155	105	77
n-butyric	163	95	63
ethylmethylacetic	176	110	55
isovaleric	176	109	68
n-valeric	186	63	75
isocaproic	195	111	77
n-caproic	205	95	72
n-heptoic	224	71	72
capric	270	62	67

(b)

カルボン酸（固体）	融点〔℃〕	誘導体（融点）〔℃〕	
		アニリド	p-ブロモフェナシルエステル
oleic	16	41	40
DL-lactic	18	59	112
undecanoic	29	71	68
capric	30	62	67
levulinic	33	102	84
lauric	43	76	76
myristic	59	84	81
palmitic	62	90	86
stearic	69	93	90
phenylacetic	76	117	89
phenoxyacetic	96	99	148
glutaric	97	224	137
L-malic	100	197	179
citric（hydrated）	100	199	148
pimelic	105	155	137
azelaic	106	185	131
o-toluic	108	125	57
m-toluic	113	125	108
benzoic	121	160	119
maleic	130	187	168
sebacic	133	198	147
cinnamic	133	153	145
malonic	133 d.	224	—
suberic	144	187	144
adipic	152	235	154
salicylic	157	134	140
α-naphthoic	162	161	135
p-toluic	181	140	153
β-naphthoic	185	173	—
succinic	188	226	211

用い，その混合比を変化させたり，温度を調節したり，調製した誘導体の溶解度を考慮して，再結晶化を行う（4.2.4.b項参照）．析出した結晶は，目皿漏斗を用いて濾別すると，誘導体化の際に用いた過剰試薬などが除かれた結晶を得ることができる．

また，誘導体の融点測定も，化合物を同定する上で有用な情報となる．複数種の誘導体を調製し，それらの融点を測定することは，より効果的な化合物同定の判断材料となる．

c項以降の実際の操作の説明では，低極性の強酸

表 4.14 アルデヒド，ケトン類およびその誘導体の沸点あるいは融点

(a)

アルデヒド（液体）	沸点〔℃〕	誘導体（融点）〔℃〕		
		オキシム	セミカルバゾン	2,4-ジニトロフェニルヒドラジン
formaldehyde	−21	liq.	169	166
acetaldehyde	21	47	162	
propionaldehyde	50	40	89	154
			154	
glyoxal	50	178	270	328
acrolein	52		171	165
isobutyraldehyde	64		125	182
α-methylacrolein	73		198	206
n-butyraldehyde	74		104	122
isovaleraldehyde	92	48	107	123
n-valeraldehyde	103	52		106
crotonaldehyde	103	119	199	190
n-caproaldehyde	128	51	106	104
n-heptaldehyde	156	57	109	108
furfural	161	89	202	229
		74		
benzaldehyde	179	35	222	237
phenylacetaldehyde	194	103	156	121
salicylaldehyde	196	57	231	252 d.
m-tolualdehyde	199	60	204	194
o-tolualdehyde	200	49	212	193
p-tolualdehyde	204	79	234	234
		110		
citronellal	206	liq.	82	77
citral	228 d.	liq.	164	116
anisaldehyde	247	α 45	210	254 d.
(p-methoxybenzal-		α' 64		
dehyde)		β 133		
cinnamaldehyde	252	138	215	255 d.

(b)

アルデヒド（固体）	融点〔℃〕	沸点〔℃〕	誘導体（融点）〔℃〕		
			オキシム	セミカルバゾン	2,4-ジニトロフェニルヒドラジン
piperonal	37	263	110	230	266 d.
veratric aldehyde	58	285	95	177	265
β-naphthaldehyde	60		156	245	270
vanillin	80	285 d.	117	229	271 d.
m-hydroxybenzal-dehyde	105		88	199	260 d.
p-hydroxybenzal-dehyde	115		72	224	280 d.

(c)

ケトン（液体）	沸点〔℃〕	誘導体（融点）〔℃〕		
		オキシム	セミカルバゾン	2,4-ジニトロフェニルヒドラジン
acetone	56	59	187	126
isopropyl methyl ketone	94		113	117
metyl n-propyl ketone	102	58	110	144
diethyl ketone	102	69	139	156
pinacolone	106	74	157	125
isobutyl methyl ketone	119	58	135	95
diisopropyl ketone	125	34	160	95

(c) 続き

ケトン（液体）	沸点〔℃〕	誘導体（融点）〔℃〕		
		オキシム	セミカルバゾン	2,4-ジニトロフェニルヒドラジン
n-butyl methyl ketone	129	49	122	106
cyclopentanone	131	56	205	142
di-n-propyl ketone	145		133	75
n-amyl methyl ketone	151		127	89
cyclohexanone	155	90	166	162
2-methylcyclohexanone	163	43	195	137
diisobutyl ketone	168	210	121	92
4-methylcyclohexanone	169	37	199	130
methyl cyclohexyl ketone	180	60	177	140
cycloheptanone	181	23	163	148
acetophenone	200	59	198	250
L-menthone	207	59	187	146
benzyl methyl ketone	216	70	198	
propiophenone	218	53	174	191
carvone	225	72	142	193

性，中性の有機化合物の混合物を対象とした溶媒分画の実験例について示している．

i) アルコールの誘導体

フェニルウレタン誘導体

アルコール約 0.5 g を試験管にとり，約 0.25 m*l*（およそ 10 滴）のフェニルイソシアネートを加え，アルミホイルで水分が入らないようにしっかりふたをして，70～80℃の湯浴上で 5 分間温め反応させる．反応終了後，氷冷し，ガラス棒かスパーテルで試験管の内壁をこすり結晶を析出させる．粗結晶を集め，数 m*l* の n-ヘキサン-酢酸エチル系で再結晶させる．なお，水分が混入すると，副産物が生成し反応はうまく進行しない．また，フェニルイソシアネートは催涙性のため，使用はドラフト内で行うこと．

3,5-ジニトロベンゾエート誘導体

アルコール 1 m*l* と 3,5-ジニトロベンゾイルクロリド約 0.5 g を試験管中でまぜ，オイルバスで 130℃，5～7 分間反応させる．ついで 10 m*l* の蒸留水を加え，氷冷して生成物を固化させる．沈殿を集め 10 m*l* の 2% 炭酸ナトリウム水溶液で洗い，含水エタノールから再結晶させる．

表 4.15 にアルコールの沸点，あるいは融点，および各種誘導体の融点を示す．

ii) カルボニル化合物の誘導体

2,4-ジニトロフェニルヒドラジン誘導体

2,4-ジニトロフェニルヒドラジン 0.4 g を 30 m*l* の三角のフラスコにとり，2 m*l* の濃硫酸を加える．これに 3 m*l* の水を加え，振とうして完全に溶解させる．この温溶液に 95% エタノール 10 m*l* を加えて試薬溶液とする．

約 0.5 g のカルボニル化合物を 20 m*l* の 95% エタノールに溶かす．これに上記 2,4-ジニトロフェニルヒドラジン溶液を徐々に加える．一般に 5～10 分間のうちに 2,4-ジニトロフェニルヒドラジンが，黄色あるいは橙赤色の難溶性結晶として析出してくる．結晶を集め，含水エタノール，酢酸エチルなどを用いて再結晶を行う．概して 2,4-ジニトロフェニルヒドラジンの再結晶による精製は他の誘導体に比べるとやや困難であり，融点の測定値は文献記載の値より低くなる傾向がある．また，2,4-ジニトロフェニルヒドラジンの融点は分解点を意味することがあるため，混融試験はあまり有効ではない．なお，この試薬による定性確認では，ある種の酸化されやすいアリールアルコールでは陽性を示すことがあるので，注意が必要である．

オキシム誘導体

カルボニル化合物 0.5 g，塩酸ヒドロキシルアミ

表 4.15 アルコールおよびその誘導体の沸点あるいは融点

(a)

アルコール（液体）	沸点 [℃]	誘導体（融点）[℃]		
		α-ナフチルウレタン	フェニルウレタン	3,5-ジニトロベンゾエート
methyl alcohol	66	124	47	107
ethyl alcohol	78	79	52	93
isopropyl alcohol	83	106	88	122
t-butyl alcohol	83	101	136	142
allyl alcohol	97	109	70	48
n-propyl alcohol	97	80	51	74
s-butyl alcohol	99	97	65	75
t-amyl alcohol	102	71	42	117
i-butyl alcohol	108	104	86	86
n-butyl alcohol	116	71	57	64
i-amyl alcohol	130	67	55	62
4-methyl-2-pentanol	131	88	143	65
n-amyl alcohol	138	68	46	46
cyclopentanol	140	118	132	115
n-hexyl alcohol	156	59	42	58
cyclohexenol	160	128	82	112
furfuryl alcohol	170	129	45	80
4-methylcyclohexanol	174	160	125	130
n-heptyl alcohol	176	62	68	47
2-octanol	179	63	114	32
n-octyl alcohol	192	66	74	61
ethylene glycol	197	176	157	169
benzyl alcohol	205	134	78	112
n-nonyl alcohol	215	65	62	52
trimethylene glycol	216	164	137	164
β-phenylethyl alcohol	219	119	79	108
n-decyl alcohol	231	71	60	57
cinnamyl alcohol	250	114	90	121
glycerol	290 d.	191	180	

(b)

アルコール（固体）	融点 [℃]	誘導体（融点）[℃]		
		α-ナフチルウレタン	フェニルウレタン	3,5-ジニトロベンゾエート
cyclohexanol	16	128	82	112
lauryl alcohol	24	80	74	60
cinnamyl alcohol	33	114	90	121
α-terpineol	35	147	112	78
(−)-menthol	43	128	111	55[*1]
cetyl alcohol	50	82	73	66
benzohydrol	69	136	140	88[*1]
(−)-cholesterol	148	160	168	150[*1]
(+)-borneol	208	132	138	137[*2]

[*1]: benzoate, [*2]: p-nitrobenzoate

ン 0.5 g, ピリジン 2.5 ml, エタノール 2.5 ml の混合物をフラスコに入れ，湯浴上 2 時間加熱還流させる．溶媒を留去し，残渣を冷水 2.5 ml とよく混和し濾過する．得られたオキシムの粗結晶は，エタノール，メタノールなどを用いて再結晶させる．

セミカルバゾン

$$H_2N-CO-NHNH_2 + RCOR' \longrightarrow$$
$$H_2N-CO-NH-N=CRR' + H_2O$$

カルボニル化合物約 0.5 ml を 5 ml のエタノールに溶かし，濁りの生じないときは 5 ml の水を加える．もし水溶性のカルボニル化合物であれば 5 ml

の水に溶かして用いる．0.5gのセミカルバジド塩酸塩と約0.7gの酢酸ナトリウムを供試カルボニル化合物溶液に加え，熱水浴中で激しく振とうさせながら数分間保ち，その後徐々に冷却させる．ついで氷冷し，器壁をガラス棒かスパーテルでこすり，結晶を析出させる．粗結晶を濾別して集め，n-ヘキサン-酢酸エチル系，または水/エタノール系を用いて4.2.4.b項の要領で再結晶させる．

表4.14にカルボニルの沸点，あるいは融点，および各種誘導体の融点を示す．

iii) カルボン酸の誘導体
p-ブロモフェナシルエステル誘導体

$$Br-C_6H_4-COCH_2Br + RCOONa \longrightarrow$$
$$Br-C_6H_4-COCH_2OCOR + NaBr$$

小フラスコに0.5gのカルボン酸化合物をとり，2.5mlの水を加え，5%水酸化ナトリウム水溶液で中和する．pH試験紙を用いて正確に中和した後，痕跡量の酸を加えて微酸性とし，0.5gのp-ブロモフェナシルブロミドを5mlのエタノールに溶かした溶液を加え（正しくは，中和に要した水酸化ナトリウムの量から計算して当量のブロミドを加えることが望ましい），混合液を1時間（モノカルボン酸の場合），または2時間（ジカルボン酸の場合）加熱還流させる．反応液を冷却させるとブロモフェナシルエステルが結晶として析出してくる．濾過して結晶を集め，エタノールから再結晶させる．

なお，カルボン酸のナトリウム塩が得られるときは，塩0.5gを2.5〜5mlの水に溶かして同様に処理すればよい．

アニリド誘導体

$$R-COOH + SOCl_2 \longrightarrow R-CO-Cl + HCl + SO_2$$
$$R-CO-Cl + C_6H_5-NH_2 \longrightarrow$$
$$R-CO-NH-C_6H_5 + HCl$$

試験管にカルボン酸化合物0.5gを入れ，1mlの塩化チオニルを加え，小還流冷却器をつけて30分間加熱還流させる．冷却してから0.5〜1gのアニリンを15mlのベンゼンに溶かした溶液に加え，湯浴中で2分間加温する．ベンゼン層を傾斜して分液漏斗に移し，水5ml, 5%塩酸5ml, 5%水酸化ナトリウム水溶液5ml，水5mlの順で洗浄し，ベンゼンを留去すればアニリドが得られる．これを含水エタノールから再結晶させる．これと同様にしてアミド，p-トルイド，ブロムアニリドなどの誘導体がつくられる．

表4.13に主要なカルボン酸の融点あるいは沸点，および各種誘導体の融点を示す．

iv) アミンの誘導体
ベンズアミド誘導体

$$C_6H_5-COCl + RNH_2 \longrightarrow C_6H_5-CONHR + HCl$$

アミン0.5gを5mlの乾燥ピリジンに溶かし，10mlのベンゼンを加え，これに0.5mlの塩化ベンゾイルを滴下する．混合液を60〜70℃に30分間加熱した後，100ml の水中に注ぐ．ベンゼン層を分取し，水層はベンゼンで抽出する．ベンゼン溶液を合し，希塩酸，水，炭酸ナトリウム水溶液で洗い，無水硫酸ナトリウムを加えて脱水する．濾過後，ベンゼンを留去して3〜4mlにまで濃縮し，20mlのn-ヘキサンを加え，析出する結晶を濾別して集める．粗結晶は，含水エタノールなどから再結晶させる．

p-トルエンスルホンアミド誘導体

$$H_3C-C_6H_4-SO_2Cl + RNHR' \longrightarrow$$
$$H_3C-C_6H_4-SO_2NRR' + HCl$$

アミン0.5gと20%水酸化ナトリウム水溶液6mlを三角フラスコにとり，p-トルエンスルホニルクロリド1gを加えて激しく振とうした後，数分間冷却静置する．反応液に50mlの水を加えて煮沸する．残渣を濃縮，冷却すると，アルカリ不溶の第2級アミンのスルホンアミドが得られる．これを濾別し，濾液を酸性にすれば第1級アミンのスルホンアミドが析出する．第3級アミンはp-トルエンスルホニルクロリドとは反応しない．粗スルホンアミドの結晶は，エタノールなどから再結晶させる．

フェニルチオ尿素誘導体

$$C_6H_5-N=C=S + RNHR' \longrightarrow C_6H_5-NH-\underset{\underset{S}{\|}}{C}-NRR'$$

等量のアミンとフェニルイソチオシアネートを試験管に入れ，2分間振とうする．反応しないときは3分間直火で加熱する．ついで冷却し，固形物を粉砕し，n-ヘキサンと50%エタノールで洗って未反応試薬を除く．残渣をエタノールなどによって再結

表 4.16 アミンおよびその誘導体の沸点あるいは融点

(a)

1級および2級アミン (液体)	沸点 〔℃〕	誘導体（融点）〔℃〕		
		ベンズアミド	p-トルエンスルホンアミド	フェニルチオ尿素
methylamine	−6	80	75	113
dimethylamine	7	41	79	135
ethylamine	19	71	63	106
n-propylamine	49	84	52	63
diethylamine	55	42	60	34
s-butylamine	63	76	55	101
isobutylamine	69	57	78	82
piperidine	105	48	96	101
ethylenediamine	116	249	160	102
n-hexylamine	128	40		77
morpholine	130	75	147	136
cyclohexylamine	134	149		148
1,3-diaminopropane	136	147	148	
aniline	183	160	103	154
benzylamine	184	105	116	156
o-toluidine	199	143	108	136
m-toluidine	203	125	114	94
N-ethylaniline	205	60	87	89
o-anisidine	225	60	127	136

(b)

1級および2級アミン (固体)	融点 〔℃〕	沸点 〔℃〕	誘導体（融点）〔℃〕		
			ベンズアミド	p-トルエンスルホンアミド	フェニルチオ尿素
p-toluidine	45	200	158	117	141
α-naphthylamine	50	300	160	157	165
diphenylamine	54	302	180	141	152
p-anisidine	57	243	154		
β-naphthylamine	112	300	162	133	129

晶させる．

表 4.16 にアミンの沸点あるいは融点および各種誘導体の融点を示す．

c. ［操作 1］：未知試料の分画・粗精製

実験例 1 として，供試の中性物質と酸性物質を含む未知試料の混合物から各化合物を溶媒分画により分離し，誘導体を調製後，その構造を解析する．まずは，溶媒分画による操作を説明する．

(1) 供試の中性物質と酸性物質を含む未知試料の酢酸エチル溶液に，さらに酢酸エチルを加え約 20 ml にする．この未知試料の酢酸エチル溶液は (5) の TLC に用いるため，ごく少量（0.5 ml 程度）を供試試料溶液の入っていた試験管にとり分けておく．少量をとり分けた残りの酢酸エチル溶液を分液漏斗に移し，そこに 5% 炭酸水素ナトリウム溶液（20 ml）を加え，分液漏斗をよくふり，有機相と水相との間で分配を行う．2 層に分かれたうちの，水相をビーカーなど別の容器に移す[*2]．分液漏斗に残った有機相に，5% 炭酸水素ナトリウム溶液（20 ml）を加え分配操作をもう一度行う．水相を回収し，1 回目に分配した水相に合わせる．さらにもう一度，5% 炭酸水素ナトリウム溶液（20 ml）を残った有機相に加え分配し，水相を取り出す．3 回の分配操作で回収した水相は，およそ 60 ml となる．得られた水相は，強酸性区を得るために (3) 以降の操作を行う[*2]．

(2) (1) の操作で得られた有機相は，中性区として新たな三角フラスコに移し，無水硫酸ナトリウムを加え一晩静置し乾燥する[*3,4]．

[*2] この際，水相は，分液漏斗の下側から取り出す．

[*3] 無水硫酸ナトリウムの量は，およそ 10 g 使えば十分であるが，分配操作で分離しきれていない水の量に応じ，その量を増やす．三角フラスコを軽くふって，加えた無水硫酸ナトリウムがサラサラしていれば十分である．

[*4] 酢酸エチル溶液の入った三角フラスコの口は，アルミホイルでふたをして酢酸エチルが揮発しないようにする．なお，揮発性溶液の入った容器はゴム栓でふたをしないこと．

(3) (1)で得た水相のpHを2M塩酸を用いて2〜3に調整する[*5,6]。

(4) (3)でpHを酸性に調整した水溶液を分液漏斗に移し，そこに約20 mlの酢酸エチルを加え分配操作を行う。水相を分液漏斗の下側から別容器へ取り出し，残った有機相を分液漏斗の上側から取り出す。水相を分液漏斗に戻し，そこに約20 mlの酢酸エチルを加え，もう一度分配操作を行う。1回目の分配操作と同じ要領で，この2回目の有機相を1回目の有機相に加えとっておく。さらに，もう一度酢酸エチルによる分配操作を行い，合計3回分の有機相（約60 ml）を強酸性区として回収する。この有機相に(2)の要領で無水硫酸ナトリウムを加え，一晩乾燥する。

(5) (1)〜(4)で行った溶媒分画による分離の様子を，薄層クロマトグラフィー（TLC）を用いて確認する。(1)でとり分けた未知試料溶液，(2)の中性区，(4)の強酸性区をそれぞれTLCプレートにガラスキャピラリーを用いてスポットする（4.1.9項参照）。スポットの位置と展開後の溶媒先端の位置は鉛筆で印をつけておく[*7]。UV照射によりスポットを検出した後，リンモリブデン酸により発色するスポットを検出する。UVおよびリンモリブデン酸により検出されたスポットの様子は実験ノートにすぐにスケッチする。検出されたスポットのそれぞれのR_f値を計算する[*8]。なお，数種の極性の異なる展開溶媒を用いてTLCを行い，得られたR_f値の違いについて考察する。

d.　[操作2]：中性化合物の官能基の特定および誘導体の調製

c項の溶媒分画により分離した中性化合物および酸性化合物をそれぞれ濃縮し，中性化合物に関しては，IRスペクトルによる官能基の同定を行う。また，同定した官能基を利用して，中性化合物の誘導体化を試みる。調製後の誘導体は，再結晶により純度を高め，e項で行う構造解析の準備をする。

(6) 乾燥後の各画分は菊型濾紙を用い，硫酸ナトリウムを濾別する。濾紙上に残った硫酸ナトリウムは，10 ml程度の酢酸エチルで洗浄する。洗液を最初の濾液と合わせて，ナス型フラスコ[*9]に移し，ロータリーエバポレーターを用いて減圧下で濃縮する[*10,11]。

(7) (6)で溶媒を留去した中性物質のIRスペクトルを測定し，カルボニル化合物であるか，アルコールであるかを判定する（4.2.3項参照）[*12,13]。

(8) (7)で同定した中性化合物に含まれる官能基を利用して前述（b項参照）のとおり誘導体を調製する。ここではカルボニル化合物の場合はセミカルバゾン誘導体を，アルコールの場合はフェニルウレタン誘導体を調製することとする。

(9) (8)で得られた誘導体の粗結晶を，目皿漏斗を用いて回収する。この粗結晶の純度を高めるため，再結晶（4.2.4.b項参照）を行う。再結晶はn-ヘキサン-酢酸エチル系を用いて行う[*14,15]。

(10) (9)で調製した中性化合物誘導体の結晶を，目皿漏斗を用いて集める。濾紙上に回収された結晶を，素焼き板に移し，ミクロスパーテルの平らな部分などを使ってこすりつけ，溶媒を素焼き板に吸収させて結晶を乾燥させる。その結晶は，別の容器にとっておく。

(11) (8)〜(10)で行った誘導体化反応を薄層クロマトグラフィーにより確認する。もとの中性化合物と誘導体の酢酸エチル溶液のTLCを行い，それぞれのR_f値を比較し，誘導体がうまく調製されたかを判断する。

e.　[操作3]：中性化合物の誘導体の各種機器分析

d項で調製し，再結晶した中性化合物の誘導体を用いて，NMRおよびMSによる構造解析を行う。構造解析は，4.2節の分析機器の原理および解析法をよく理解した上で行う。

[*5] 塩酸を加えることにより，炭酸ガスが発生し泡が吹き出すので，pH調整用の容器にはビーカーを用い，また塩酸は少量ずつ注意深く加える。

[*6] 水溶液のpHは，ミクロスパーテルの裏側やガラス棒を使って，小さく切ったpH試験紙に少量をつけ確認する。

[*7] シリカゲルのプレートには蛍光剤が含まれているため，展開後にUV照射によりスポットを検出し鉛筆でスポットの位置をマークする（4.1.9項参照）。

[*8] R_fの計算にはスポットの重心の位置を用いる。

[*9] 収量を計算するために空のフラスコの重量を秤量しておくこと。

[*10] エバポレーターの湯浴はときどきかきまぜ，温度は40℃程度に保つこと。

[*11] 酢酸エチルが残存しないようにするため，酢酸エチルの量が減っても酢酸エチルの匂いがしなくなるまで，しばらくは減圧濃縮を続ける。

[*12] IRを測定する際，岩塩板に試料をはさみ測定する。その際，岩塩板の試料をはさむ面を素手で触らないようにする。

[*13] 試料に水が含まれていると，カルボニル化合物かアルコールであるかの判断がつかなくなる可能性がある。

[*14] 供試化合物により，再結晶の調製方法は異なるが，物質の溶媒への溶解性を考慮し4.2.4.b項を参考にしながら行うとよい。

[*15] 結晶はガラス棒などで容器の壁面をこすると析出しやすい。

(12) ESI-TOF/MS により，中性化合物誘導体の分子量を測定する（4.2.2.a 項参照）[*16]．

(13) 誘導体結晶の ^{1}H および ^{13}C NMR スペクトルを測定する．質量スペクトルから得られた分子量と NMR スペクトルから，誘導体およびもとの中性化合物を同定する．

(14) (5)の酸性画分に含まれる化合物を秤量し，その収率を求める[*17, 18]．得られた酸性化合物を HPLC で分析し純度を調べる．また，^{1}H および ^{13}C NMR スペクトルを測定し，構造を同定する．

4.3.2 実験例2：ジベレリンの抽出・分画，クロマトグラフィーによる分離と生物検定

実験例1では，目的化合物のおよその化学構造がわかっている場合に，その物性を指標として目的化合物を溶媒分画・精製した．天然物に含まれる有機化合物の構造を解析する場合は，目的物質が微量である場合が多い．そのため，効率よく抽出，精製を行うことが重要となる．特に，生理活性物質を天然の原料から抽出し，精製する際には，生物検定の結果を指標として目的化合物の精製を進める．その際に，天然物の抽出方法，生物検定法を理解して行わなくてはならない．また，目的とする化合物の生理学的な特性も理解する必要性がある．

e〜g 項で示した実際の実験操作では，植物生長調節物質の1つであるジベレリンを天然の植物材料から抽出し，シリカゲルカラムクロマトグラフィーにより精製し，粗精製画分を対象として生物検定を行うことにより，ジベレリンが含まれる画分を見出す．ちなみに，この実験に関する抽出方法や生物検定法などをはじめとする各段階の操作は，歴史的に吟味された方法であることを留意してほしい．

実験例2の各段階の操作を行うにあたって重要と思われる抽出法，精製法，生物検定法に関する補足説明を以下の a, b 項に示す．また，実験例2ではジベレリンを目的化合物とするが，植物生長調節物質およびジベレリンに関する補足説明を以下の c, d 項にそれぞれ示す．

a. 天然材料からの精製

材料である植物からの抽出には，目的物質であるジベレリンがカルボキシル基を有する酸性物質であることを考慮する．すなわち，実験例2の場合では，植物材料からジベレリンが溶解するような溶媒（ここではメタノール）で抽出後，溶媒分画により酸性区を粗精製すると，大まかにジベレリンを含む画分を得ることができる．出発材料である植物由来の酸性区にはジベレリン以外のさまざまな化合物が混在している．そこで，酸性区をさらに精製するために，ここではシリカゲルクロマトグラフィーを用いて分離する．

実際に，天然物由来の抽出物を出発材料としてジベレリンの化学構造を決定する場合は，ここで行った粗精製で得られたジベレリン画分から，高速液体クロマトグラフィーなどを用いてさらに分離し，純度を高める必要がある．最終的には，機器分析に必要な分量の目的化合物を単離し，他の低分子有機化合物の構造決定と同様に，NMR や MS などの分析機器を用いて構造解析し，目的化合物の化学構造を決定する．

なお，新規に生理活性物質を見出すためには，精製する際に指標とする，生物検定系を確立する必要性がある．ある特定の生理現象に基づき確立した生物検定法を評価系として用いて，さまざまな性質を利用した各種クロマトグラフィーなどを組み合わせて精製，さらには単離をすることにより，生理活性物質の構造解析が可能となる．対象の物質がホルモンのように微量である場合は，構造解析に必要な量を回収するために，精製効率を上げたり出発材料を増やしたりする工夫が必要となる．

b. 生物検定法[19]

a 項のように，天然の出発材料から生理活性物質を精製しようとする場合，生物材料を用いて行える特定の生理現象に着目した生物検定法を指標として，精製を進めることができる．実際に行う生物検系には，簡便であること，微量での検定が可能であること，再現性が高いこと，特殊な技術に頼らず誰が行っても同様の結果が期待できること，などの性質が備わっていることが望ましい．実験例2で紹介するジベレリンの生物検定系は，そういう意味において非常に優れた生物検定系であるといえる．

c. 植物生長調節物質

植物生長調節物質には，植物ホルモンをはじめとする天然の生理活性物質に加えて，各種合成品の生長調節剤がある．カビが生産する二次代謝産物などの場合を除き，天然の植物生長調節物質は植物体内において微量にしか存在しないことが一般的であ

[*16] 質量スペクトルの測定に要する試料の量は約 1 µg で十分である．
[*17] 未知試料に含まれていた酸性化合物は，0.1 g である．
[*18] 酸性化合物の秤量は，(5)で濾液を回収するナス型フラスコをあらかじめ秤量した結果と，減圧濃縮後に秤量した結果との差分から求められる．

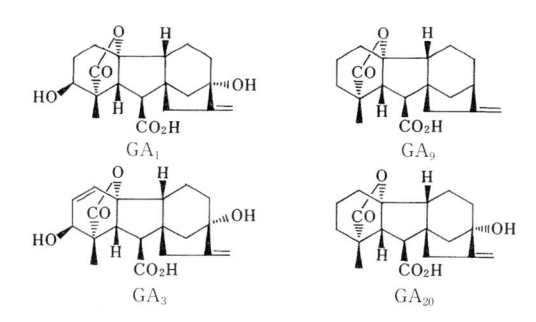

図 4.26 GA_1, GA_3, GA_9, GA_{20} の構造

る．また，植物体からの粗抽出物には，植物ホルモンの作用に対して抑制的に働く物質が含まれることがある．そのため，生物検定で生長調節物質の生理活性を検出するときには，植物体からの抽出物を分離・精製する必要がある．実験例2では，エンドウの未熟種子に含まれるジベレリンの簡便な精製，活性検定法を取り上げた．オーキシン，サイトカイニン，アブシジン酸など他の植物生長調節物質の検定法については，成書[20]を参考にしてほしい．

d．ジベレリン

ジベレリンは植物ホルモンの一種であり，種子の発芽過程，茎葉の伸長，花器官の分化・誘導をはじめとする植物のさまざまな生理現象を制御している．もともとイネの幼苗を徒長・枯死させるイネ馬鹿苗病菌（*Gibberella fujikuroi*）の代謝産物として単離・構造決定された物質であるが，その後高等植物に普遍的に存在する植物ホルモンであることが明らかにされた．ジベレリンは2011年現在で130種以上もの同族体が天然から単離されている．なお，高等植物のジベレリン含有量は一般にきわめて少ないが，マメ科，ウリ科などの植物の未熟種子中には比較的多く含まれる．

なお，ジベレリンの構造を図4.26に示す．

e．[操作1]：ジベレリンの抽出・分画

植物材料からジベレリンを抽出後，溶媒分画により粗精製を行う．上述のとおり，ジベレリンがカルボン酸を有する化合物であることに留意し溶媒分画を行うことが望ましい．本実験例2で用いる植物材料には，構造解析に至る量のジベレリンは含まれていない．そのため，目的のジベレリンが含まれていると想定される画分をなるべく丁寧に分離・精製することがこの実験のうまくいくポイントとなる．

（1）実験材料のエンドウ未熟種子約20 g を250 ml 容のポリエチレン製広口びんに入れ，これにメタノール80 ml を加え，ミキサー（polytron）

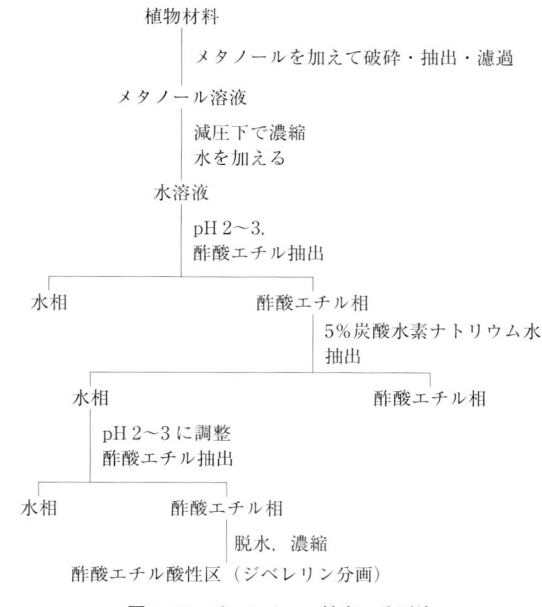

図 4.27 ジベレリンの抽出・分画法

で破砕する[*19]．

（2）メタノールとの破砕混合物をブフナー漏斗と耐圧吸引びんを用いて濾別する．濾紙上の残渣は，20〜30 ml のメタノールで再度洗浄する．

（3）（2）の濾液を集め，200 ml 容のナス型フラスコに移し，ロータリーエバポレーターを用いて減圧下で濃縮する[*20]．

（4）得られた濃縮液を図4.27の要領に従って溶媒分画を行う．実際の操作は，まず濃縮液に30〜50 ml の水を加えた後，2 M の塩酸でpH 2〜3に調整し，100 ml 容の分液漏斗に移す．濃縮液が入っていたナス型フラスコに酢酸エチル約20 ml を加えて残存物をよく溶かし，これも分液漏斗に移し，よくふりまぜて抽出する．水相を先のナス型フラスコにとり，有機相（酢酸エチル相）を別の容器にとる．新しい酢酸エチルを用いて，この抽出操作を2回繰り返す．

（5）よく水洗した分液漏斗に3回分の酢酸エチル相（約60 ml）を移し，5％炭酸水素ナトリウム水溶液約20 ml で3回抽出し，抽出液は100 ml 容ビーカーに合わせてとる．

[*19] 小規模の場合，破砕は乳鉢中で少量のメタノールで行ってもよい．

[*20] メタノールがほとんど留去し，少量の水が残っている状態になったときに濃縮をやめる．メタノール含量が少なくなると，泡が出やすくなり濃縮が困難になることがある．そのような場合は，消泡剤として数滴のイソアミルアルコールやオクチルアルコールを加えるとよい．

(6) 水相（炭酸水素ナトリウム抽出液）を 2 M 塩酸で pH 2〜3 に調整し，よく水洗した分液漏斗に移し，酢酸エチル 20 ml を用いて 3 回抽出する．

　〔注〕　塩酸で pH 調整を行う場合，炭酸ガスが多量に発生する．一度に多量の塩酸を加えると発泡して吹きこぼれることがあるので，注意を要する．また，分液漏斗をふる際も，炭酸ガス残存のため発泡のおそれがあるので，発泡がみられる間は頻繁にガス抜きを行う．

　(7) 酢酸エチル抽出液を合わせて，200 ml 容の三角フラスコに入れる．これに乾燥のため 20〜30 g の無水硫酸ナトリウムを加え数時間から一晩放置する．

　(8) 酢酸エチル溶液を濾別して，濾液を得る．濾紙上に残った硫酸ナトリウムは，酢酸エチルで洗浄する．洗液を最初の濾液と合わせて，ナス型フラスコに移し，ロータリーエバポレーターを用いて減圧下で濃縮乾固する．

　(9) 濃縮した試料を少量のアセトンに溶かし，あらかじめ 50 ml 容のビーカーにとっておいた 0.5 g の吸着材（セライト）の上にピペットで少しずつ滴下する．試料が入っていたナス型フラスコは，少量の新しいアセトンで洗い，同様にセライトの上に滴下する[*21]．セライトはスパーテルでよくかきまぜた後，ドラフト中で一晩風乾するか，あるいは，デシケーター中減圧下でアセトンの匂いがしなくなるまで乾かす．

f.　〔操作 2〕：クロマトグラフィーによる分離

　e 項で溶媒分画により粗精製したジベレリン画分をさらに精製するため，ここではシリカゲルクロマトグラフィーによる分離を行う．

　(10) シリカゲルカラムクロマトグラフィーにより，分離・精製を行う．以下の要領（①〜④）で調製したシリカゲルカラムを用いて，極性の異なる移動相による段階溶出にて，(9) においてセライトに吸着させた試料を分離する（⑤）．なお，カラムから溶出される各画分は生物検定を行うため濃縮し移動相を留去する．

　〔シリカゲルカラムの調製法とシリカゲルカラムクロマトグラフィーの要領〕

　①クロマトグラフィー用カラム（内径 1.7 cm）のコックを閉じ，n-ヘキサンを約 20 ml 入れ，少量の脱脂綿を，ガラス棒などを用いてカラムの下端部に詰める[*22]．

　②吸着クロマトグラフィー用シリカゲル 4 g を 50 ml 容のビーカーにとり，n-ヘキサンを約 20 ml 加え，薬さじでよくかきまぜた後，気泡が入らないようにしてカラムに流しこむ．ビーカーやカラムの器壁についたシリカゲルも n-ヘキサンを用いてカラム下方に流しこむ．

　③シリカゲルが沈んだら，コックを開けて，n-ヘキサンを流し，液面をシリカゲル上端まで落とす．その後，新たに n-ヘキサンを 20 ml，シリカゲルの上面を乱さないように静かに加える．

　④試料を吸着させたセライトをスパーテルで細かく砕いた後，漏斗を用いてカラムに入れ，シリカゲルの上部に重層する．コックを開いて n-ヘキサンを滴下させ，液面がセライトの上部約 1 cm のところまで来たらコックを閉じる．

　⑤n-ヘキサン-酢酸エチル（60：40, v/v）混合液 30 ml を駒込ピペットを用いて静かにカラムに入れる．コックを調節して流速毎分 1〜2 ml になるように溶出し，溶出液は別の容器にうける．カラム内の移動相がセライトの上部約 1 cm のところまで来たら，酢酸エチル濃度をあげた新しい移動相を 30 ml 静かに加え同様に溶出を続ける．

　こうして酢酸エチル濃度をあげながら順次溶出を行う．酢酸エチル濃度は以下 50, 60, 70, 80, 90, 100 % とする[*23]．

　(11) シリカゲルクロマトグラフィーによって得られた各画分の溶液を，ナス型フラスコに移し，ロータリーエバポレーターを用いて減圧下で濃縮乾固する．

　(12) 各画分の濃縮物を 0.5 ml のアセトンに溶かす．この溶液を，パスツールピペットなどを使って，小さな容器（1.5 ml の遠心チューブなど）に移す．

g.　〔操作 3〕：ジベレリンの生物検定

　f 項でシリカゲルクロマトグラフィーにより分離した各溶出画分のうち，どの溶出画分にジベレリンが含まれているかを生物検定法により見きわめる．前述のとおり，ここで紹介した分量の出発材料から精製したジベレリンでは，その構造を解析することは，現在の分析技術の精度と感度が向上したとはいえ不可能である．そのことを考えると，ここで用いるジベレリンの生物検定系は，微量のジベレリンで活性を見出すことができる高感度で優れた評価系であることを体感してほしい．

[*21]　この場合，アセトンの量をなるべく少なくする．

[*22]　このとき，脱脂綿に気泡が入らないようにする．

[*23]　n-ヘキサン-酢酸エチル混合液で溶出する場合，0.1 % の酢酸（あるいはギ酸）を含む混合液を用いると，よりよい分離ができる．しかしながら，この場合，生物検定時に酢酸が試料中に残っていると，残存分の酢酸が生物活性に影響することがあるので，溶出液を濃縮乾固した後，酢酸の匂いがしないことを確かめる必要がある．

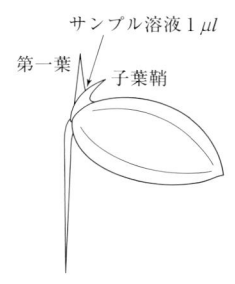

図 4.28 ミクロドロップ法(1)

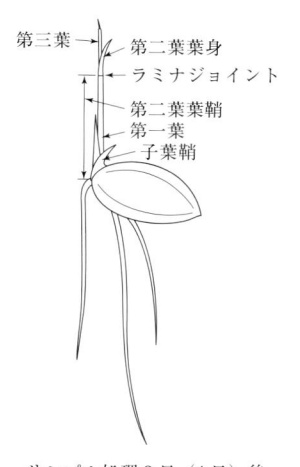

図 4.29 ミクロドロップ法(2)

(13) 以下のとおりの生物検定法（ミクロドロップ法：①～⑤）を用いて，(12)で調製した各カラム溶出画分中のジベレリンの検出を行う[*24]．クロマトグラフィーで得られた画分の他にコントロール（蒸留水），ジベレリンの標準試料についても，同様に処理し生物活性を検討する．

〔ジベレリン活性の生物検定法（ミクロドロップ法）〕

① 発芽した短銀坊主を 0.8% 寒天に植え，30℃明所下で 2 日生育させる[*25]．

②(12)で調製した各カラム溶出画分を，アセトン：水＝1：1 となるように調製し，溶解したものを検定溶液とする．

③ ミクロピペッターで各試料溶液 1 μl を子葉鞘にのせる（図 4.28）．検量線作成用のジベレリン標準溶液（0～1 mM，5 段階）も同様にのせる．検定試料 1 つあたり 12 粒以上のイネを用いることとする．

④ 試料処理後，イネを 30℃明所下で 3～4 日間生育させる．

⑤ 生育後に，図 4.29 の矢印部分で示す第二葉の葉鞘の長さ（第二葉鞘長：子葉の付け根からラミナジョイントまでの長さ）を測定する．

(14) 各試料ごとに，測定値の平均と標準誤差（あるいは標準偏差）を計算する．ジベレリンの標準試料から得られた結果に基づき，片対数グラフを用いて検量線を作成し，各画分に含まれるジベレリン量

コラム：　植物がつくる生理活性物質—ジベレリンの発見から受容体遺伝子の同定まで

　ジベレリンは発見から生合成経路の解明や受容体の発見に至るまで，日本の科学者，特に東京大学の農芸化学の諸先生の貢献が大きい植物ホルモンである．1926 年に旧台湾総督府農事試験場勤務の黒沢英一が，イネ馬鹿苗病菌（*Gibberella fujikuroi*）が植物を徒長させる物質を生産していることを報告したことをうけて，1935 年東京大学農芸化学の藪田貞治郎教授はこの物質を培養液から単離し，ジベレリンと命名した．後任の住木諭介教授らはジベレリンの構造決定に大きな役割を果たしただけでなく，1958 年にアメリカで植物からジベレリンの単離が報告されたのとほぼ同時の 1959 年，温州ミカンからのジベレリン単離を報告している．以上の成果によりカビから発見されたジベレリンが植物ホルモンであると考えられるようになった．その後，田村三郎教授の研究室，そしてジベレリン研究を引き継いだ高橋信孝教授の研究室では，多様な植物からの多様なジベレリンの単離と構造決定に関する成果を挙げると同時に高感度な分析法を開発し，ジベレリン変異体や阻害剤の性状解析を可能にした．1990 年代になると室伏旭教授の研究室ではジベレリン受容体の追究を開始した．受容体タンパク質の同定には多くの困難が伴ったが，後を継いだ山口五十麿教授らは熱意をもって取り組むことによりジベレリン結合タンパク質に関する各種知見を蓄積し，名古屋大学の松岡信教授が解析・同定していた *gid1* 変異体の原因遺伝子について共同研究を行い，GID1 タンパク質がジベレリン受容体であることを 2005 年の Nature 誌に共著として報告した．その後山口教授らはシロイヌナズナのジベレリン受容体を世界に先駆けて報告している．学生実験ではジベレリン研究の一端に触れることができるはずである．今後これら世界的な研究成果をさらに発展させる強い意志をもった若者が現れることを期待している．　　　［浅見忠男］

[*24] 検体には矮性イネ「短銀坊主」の芽生え（1～2 mm 程度の芽が出ているものが望ましい）を用いる．

[*25] 正常に芽生えたイネのみを実際の検定に用いる．

を，GA$_3$当量として算出する．

[作田庄平・中嶋正敏・永田晋治]

4.4 有機化合物の合成

有機合成実験には手際のよいことが必要とされる．同一の反応でも違う人が行うと収率に大きな差がみられることがあるのはそのためである．本節に記載した練習実験はすでに確立された反応例ばかりであるので，適当な注意さえ怠らなければ必ず成功する．

有機合成実験にはしばしば危険が伴う．可燃性物質は火気に近づけないのはもちろんのこと，溶媒は揮発しないように栓をした上で転倒させないように安全な場所におく．危険な実験は保護めがねをかけて行うとともに，有害物質を扱う際には保護手袋を着用する．有機合成実験法の成書は多数あるが，初心者に適したものを章末に挙げておく[21-23]．

4.4.1 合成の基本操作
a. 反応の実施と生成物の単離

i) 反応の実施 合成反応の実施に際し必要なことは，(1)内容物をよくかくはんして均一な状態で反応させること，(2)必要な原料や試薬を適当な順に添加すること，(3)温度を一定の条件下に保つこと，の3つである（不活性気体下での反応が必要となる場合もあるが，それについては4.4.2.a項のWittig反応の際に述べる）．

通常の合成反応は，図4.30のように三つ口フラスコを用いた反応装置を組んで行う．かくはんはマグネチックスターラーを用い，磁気かくはん子をフラスコ内に入れ回転させる．円滑にかくはんされるように装置をまっすぐに組み，クランプを用いてしっかり固定する．装置が曲がっていたり，クランプが緩んでいたりするとかくはん子が飛び跳ねてフラスコを突き破り，器具の破損や実験の失敗だけでなく，大きな事故につながる場合もある．試薬の添加は滴下漏斗から行う．滴下漏斗のコックが緩んだり抜け落ちたりしないよう注意する．加熱して反応を行う場合は，原則としてバーナーでなくホットプレートつきスターラーを用いる．100℃以下の反応温度で湿気を嫌わない反応では水浴，100℃以上での反応は油浴を用いて加熱する．反応容器の内温だけでなく浴温も測定し，温度調節に注意する．氷冷して反応を行う場合は氷水浴で冷やす．氷だけでは隙間ができ，氷と空気で冷やしていることになるので効率が悪い．無水条件下の反応では器具の乾燥に注意する必要がある．特に湿気を嫌うGrignard反応やWittig反応などを行う際は，器具を乾熱器に入れて十分乾燥する．無水条件下の反応を行う際は，塩化カルシウム管をつけて外からの湿気の侵入を防ぐ．その際，脱脂綿や塩化カルシウムを固く詰めす

コラム： 農芸化学における有機合成化学

農芸化学における有機化学研究は，生物活性を有する天然有機化合物の「単離・構造決定」とそれら天然有機化合物の「化学合成」を車の両輪として発展してきた．東京大学農学部農芸化学科に有機化学講座が設けられたのは1953年のことであるが，それ以降現在に至るまで，主として生物活性天然有機化合物の化学合成研究が行われている．

中でも，世界中でその合成が競われていた殺虫性植物成分であるロテノン（1960年，松井正直・宮野真光）や，植物ホルモンであるジベレリンA$_4$（1968年，松井正直・森謙治）が世界に先駆けて全合成されたことは特筆に値する．また森謙治は，1974〜95年にかけて数多くの光学活性昆虫フェロモンの合成を行い，必ずしも1つの立体異性体がフェロモン活性を有するのではなく，立体異性体がフェロモン活性を阻害したり，種や雌雄によって異なる立体異性体を使い分けているなど，立体化学とフェロモン活性の間に多様で複雑な関係があることを見出した．

他大学の農芸化学分野においても，フグ毒であるテトロドトキシン（1972年，名古屋大学，岸義人），タンパク質リン酸化・脱リン酸化酵素阻害剤であるオカダ酸（1986年，名古屋大学，磯部稔）やトートマイシン（1994年，北海道大学，市原耿民）などが世界で初めて全合成され，農芸化学における有機合成は世界の天然物化学を牽引してきたといえる．

天然物やその類縁体の合成は，構造-活性相関や医農薬への実用化など，基礎から応用まで幅広く役立ってきたが，最近のケミカルバイオロジーにおいても標的タンパクや結合様式の同定，作用機構の解明に重要な役割を果たしている．天然物合成ではバラエティーに富んだ色々な反応を組み合わせて段階的に化合物を組み上げていくが，それらの反応の基本的操作は共通する部分が多い．その基礎となる実験技術を「有機化合物の合成」において習得することができる．

[渡邉秀典]

4.4 有機化合物の合成

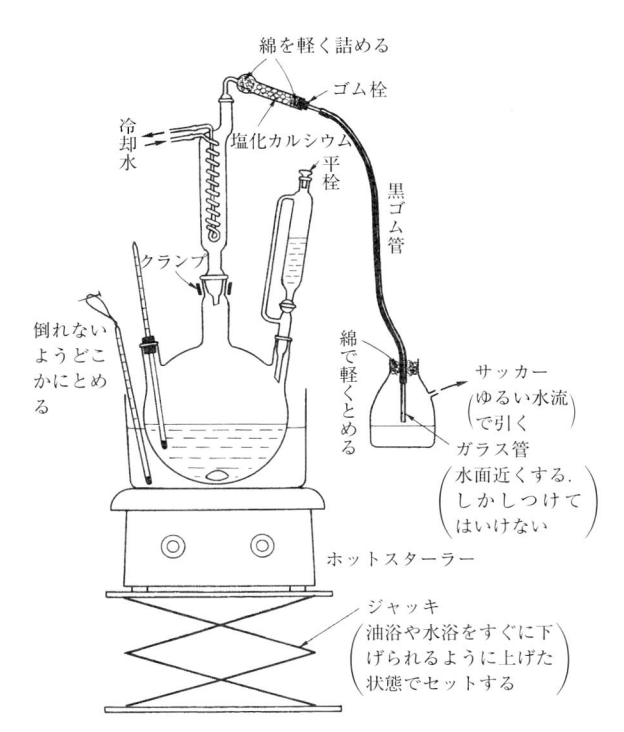

図 4.30 反応装置

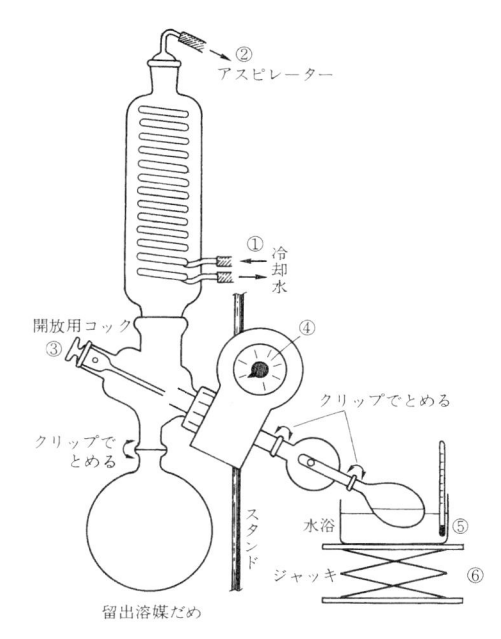

図 4.31 ロータリーエバポレーター装置（溶媒の留去に用いる）

開始時
① 冷却水を流す，② アスピレーター ON，③ コック閉，④ 回転開始，⑤ 水浴電源スイッチ ON，⑥ ジャッキを上げる．

終了時
⑥→① の順に逆の操作を行う（③ の前に ② を切ると水が逆流するので注意）．

ぎると反応容器内が密閉状態となり，昇温膨張や気体の発生による内圧の上昇で滴下漏斗や平栓などが吹き飛び，内容物の損失や器具の破損だけでなく大きな事故を招くこともあるので注意する．

　反応中は席を離れず反応の様子をたえず観察する．フラスコ内の温度，色などの状態の変化は，反応の進行具合を知る重要な情報となる．やむをえず一時席を離れる際は，共同実験者など周囲の者にその旨を告げ実験の観察を依頼する．無人の際に反応が暴走したり，火災などの災害が起きたりすると特に危険である．

　ii) 生成物の単離　反応終了後のフラスコ内に生成物が結晶として析出してくることがある（たとえば p-ブロモフェナシルブロミド（4.4.2.f 項参照））．この場合は析出した生成物の結晶をブフナー漏斗で濾過して集めればよい．しかしそのような例は少ないので，通常は反応混液を水中にあけ，析出する結晶を濾取するか，析出する油状物をエーテルなどの溶媒で抽出する．

　結晶の濾取は，ブフナー漏斗を耐圧濾過びんにとりつけて行う（吸引濾過）．濾紙が漏斗に密着していることを確認してから濾過しないと，結晶が漏れ出してしまう．漏斗上の結晶は，共栓ガラスびんのふたなど扁平なもので十分に押しつぶしながら吸引

し，母液を完全に濾過する．最後に少量の洗液で洗った後，紙の上にうすく広げて空気中で乾燥（風乾）するか，真空デシケーター中で硫酸などの乾燥剤上で乾燥（真空乾燥）する．必要があれば再結晶（4.2.4.b 項参照）で精製する．

　抽出は分液漏斗で行う．エーテルなど引火性の溶媒で抽出する際は，周囲の火気に注意する．抽出の際は，溶媒の気化やガスの発生による内圧の上昇に注意する．手のひらで栓をおさえて逆さにし，こまめにコックを開けて内部の圧力を開放する．内圧が高まると栓やコックが吹き飛び，内容物を失う恐れがある．抽出液は乾燥剤とともに静置して水を除去する．用いるべき乾燥剤は抽出される物質や用いた溶媒により異なるが，無水硫酸ナトリウムや無水硫酸マグネシウムは汎用性が高い．酸性物質や反応性の高いハロゲン化物以外には無水炭酸カリウムもよい乾燥剤である．三角フラスコに入れた抽出液に乾燥剤を適当量（1 l あたり 30〜50 g くらい）加え，適当時間（30 分〜一晩）放置する．乾燥後の抽出液は吸引濾過し，乾燥剤は抽出と同じ溶媒を少量用

いて洗浄し，濾別する．この濾液と洗液をロータリーエバポレーター（図4.31）で濃縮すると，粗生成物が結晶もしくは油状物として得られる．

ロータリーエバポレーターなどで集められた使用済み廃溶媒は流しに捨ててはいけない．エーテル類，ハロゲン系溶媒，エーテル類以外の非ハロゲン溶媒に分けて回収するのが一般的であるが，これらは各大学の方針に従って処理すること．濃縮後の粗生成物が結晶であった場合は再結晶により精製し，油状物であった場合は蒸留により精製する（4.1.7.b項参照）．蒸留に際しては生成物の沸点や安定性などを考慮し，常圧下もしくは減圧下で行う．減圧下での蒸留は図4.6の装置を用いる．

生成物の純度を知るためには，結晶の場合は融点が，油状物の場合は沸点が重要である．純品ほど沸点や融点の幅が小さい．合成では生成物の純度とともに収量も重要であり，きれいなものをたくさん得るのが望ましい．実際の収量が理論収量の何％であるかを収率と呼び，合成がうまくいったかどうかの尺度となる．沸点・融点・収量・収率は必ずレポートに記載すること．

b. 溶媒の精製

有機合成実験には無水条件下で行う反応が多く，その際には無水の溶媒を準備する必要がある．本書記載の実験に用いるいくつかの溶媒について乾燥精製法を記す．

i) ベンゼン C_6H_6 （ブロモベンゼンの合成で用いる（4.4.2.e項参照））；bp 80.1℃，mp 5.5℃，d_4^{20} 0.877　蒸留フラスコにベンゼンと沸石を入れ加熱する．ベンゼンは水と共沸するので，ベンゼン中の少量の水は初留として除くことができる．受器に溜まるベンゼンは，初め水が混入して濁っているが，そのうち透明になる．全量の5～10％を初留として除き蒸留を止めれば，蒸留フラスコ内に残留しているベンゼンはほぼ無水となり，通常の反応に用いるにはこれで十分である．厳密に無水にしたいときは，初留を除いた後さらに蒸留を続け，得られた再留ベンゼンにナトリウムワイヤーを入れて放置すればよい．ナトリウムワイヤーはエーテルの乾燥にも用いるが，金属ナトリウムをナトリウムプレス（図4.32）の細孔部から絞り出してつくる．

ii) エタノール C_2H_5OH （マロンエステル合成で用いる（4.4.2.a項参照））；bp 78.5℃，mp −114.1℃，d_4^{20} 0.789　大型還流冷却器をつけた2 l ナス型フラスコに塩化カルシウム管をつけ，マグネシウム箔（5 g）と無水エタノール（60 ml）を入れる．

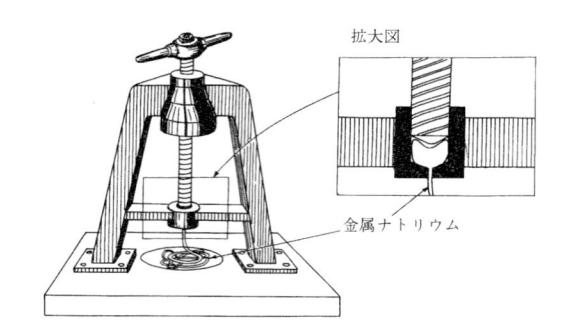

図4.32 ナトリウムプレス

これにヨウ素（0.5 g）を加えてしばらく加熱すると激しく反応し，溶けたマグネシウムが $Mg(OC_2H_5)_2$ となって白色に固化する[*26]．次に99％エタノール（900 ml）を加え3～4時間加熱還流させれば，水分は $Mg(OH)_2$ となる．最後に還流冷却器をとりはずし，蒸留して無水エタノールを得る．無水エタノールは吸湿性が高いので，蒸留中の受器には塩化カルシウム管をつけ，蒸留後は密栓して保存し，なるべく早く使用する．

iii) ジエチルエーテル $C_2H_5OC_2H_5$ （Grignard反応で用いる（4.4.2.a項参照））；bp 34.6℃，mp −116.3℃，d_4^{20} 0.713　ジエチルエーテルは引火性大で，消防法により特殊引火物に指定されている．自分の火気はもちろん，数mも離れた他人の火気から引火することもあるので注意する．市販のエーテルを三角フラスコに入れ，ナトリウムプレス（図4.32）で絞ったナトリウムワイヤーをエーテル1 l に対して15 g程度入れる[*27]．濾紙でくるんだゴム栓をして2～3日放置後[*28]，上澄みを無水エーテルとして用いる．ナトリウムは水分によりしだいに水酸化ナトリウムになるが，不用になった際は冷却したメタノールに少量ずつ投げこみ，残存しているナトリウムを分解してから廃棄する．厳密に無水にしたいときは，ナトリウムで乾燥したエーテルに水素化アルミニウムリチウム（$LiAlH_4$）を加え，1～2時間加熱還流してから蒸留し，ただちに用いる．

[*26] 無水エタノールが手元になく，また得られる無水エタノールに少量のメタノールが混入してもかまわない場合は，この段階の無水エタノールの代わりにメタノールを使ってもよい．エタノールの場合よりも速く，激しい反応が始まるので，激しすぎる場合は水浴でフラスコを冷却する．

[*27] ナトリウムの必要量は市販エーテルの純度により異なるので，激しい水素の発生がみられなくなるまで少しずつ適当量を入れる．

[*28] ゴム栓のみで密栓すると水素の発生で内圧が上がり危険である．

iv) **ジメチルスルホキシド** CH_3SOCH_3（DMSO, Wittig 反応で用いる（4.4.2.a 項参照））; bp 189℃, 80℃(16 mmHg), mp 18.6℃, d_4^{20} 1.110

還流冷却器をつけた 2 l ナス型フラスコに塩化カルシウム管をつけ，市販の DMSO（1 kg）を入れる[*29]．これに乳鉢で粉砕した水素化カルシウム（CaH_2, 10〜15 g）を加え，マグネチックスターラーでかくはんしながら数日間室温に放置するか，または数時間 80〜90℃に加熱する．次に減圧蒸留して無水の DMSO を得る．高温で蒸留すると部分的な熱分解によりジメチルスルフィドとジメチルスルホンが生成することがあるので，沸点が 90℃以下になるように減圧度を調整する．減圧に水流ポンプを用いる際は，ポンプと受器の間に塩化カルシウム管をつなぎ湿気の侵入を防ぐ．無水 DMSO は吸湿性が高いので，モレキュラーシーブ 4A を少量入れ，褐色びんに密栓して保存する．蒸留フラスコ中に残存した CaH_2 は，少量ずつ大量の水中に注意深く投入し，分解してから廃棄する．この際，水と激しく反応して水素を発生するので，絶対に水をフラスコに注いではならない．

以上が本書記載の実験に用いられる無水溶媒の調製方法であるが，溶媒の精製および無水条件下での反応については成書を参考にしてほしい[21, 22, 24, 25]．

4.4.2 合成の実例

a. 炭素-炭素結合の生成反応

i) Friedel-Crafts 反応―*p*-ブロモアセトフェノンの合成

Br—C₆H₄— + $(CH_3CO)_2O$ $\xrightarrow{AlCl_3}$

Br—C₆H₄—$COCH_3$ + CH_3CO_2H

〔**注意**〕無水条件下の反応．塩化水素の発生が少しある．

〔**製法**〕300 ml の三つ口フラスコに磁気かくはん子を入れ，温度計，滴下漏斗，塩化カルシウム管つき還流冷却器をつける[*30]．器具は十分乾燥しておく．ブロモベンゼン（28.0 g, 18.7 ml, d 1.495, 0.18 mol）とテトラクロロエタン（100 ml）とをフラスコに入れる．次に粉末にした無水塩化アルミニウム（53.5 g, 0.40 mol）を加えて[*31]，湯浴上で内温を約 40℃にまで加熱し，約 1 時間かくはんして粉末を溶解させる．冷水浴で約 20℃にまで冷却し，かくはんを続けながら滴下漏斗より無水酢酸（15.0 g, 13.9 ml, d 1.080, 0.15 mol）をゆっくりと滴下する．滴下には約 30 分かけ，その間内温は 25〜30℃に保つ．滴下終了後 40℃に加熱し，さらに 1 時間かくはんする．次に，内温を室温にまで下げてから，約 150 g の氷を入れたビーカーに，ガラス棒でかきまわしながら内容物を少量ずつ注入する．もやもやした水酸化アルミニウムの沈殿ができるので，かきまぜながら少しずつ塩酸（約 1 ml）を加えて沈殿を溶かす．混液を 500 ml の分液漏斗に移して静置すると生成物のテトラクロロエタン溶液が下層に分離する[*32]．下層を分けとり，10％水酸化ナトリウム水溶液で洗った後，水で 2 回洗う．テトラクロロエタン層を分離した母液は，50 ml ずつのエーテルで 2 回抽出し，抽出液を 10％水酸化ナトリウム水溶液，次に水で洗う．テトラクロロエタン溶液とエーテル抽出液とを合わせ，粒状塩化カルシウムを加え，ふりまぜたのち静置して乾燥する．吸引濾過して乾燥剤を除き，エーテル，テトラクロロエタンをロータリーエバポレーターでできるだけ減圧留去（図 4.31）してから，残渣を減圧で蒸留する．初留として残っていたテトラクロロエタンが留出してくる．次に，bp 129〜130℃（15 mmHg），117℃（7 mmHg），mp 49〜50℃，収量 25〜27.5 g, 収率 70〜77％で *p*-ブロモアセトフェノンが得られる．融点が室温より高いため，冷却管内で蒸留された生成物が固化してつまってしまうことがある．そのときは冷却水を流すのを止め，蒸留フラスコの側管をドライヤーなどで温めて，つまった生成物を溶かし蒸留を続行する．

[*29] 気温が低く凍っている場合は，湯浴でびんを温め，溶かしてから入れる．

[*30] 塩化カルシウム管の端にはガラス管をつけたゴム栓をつけ，さらにガラス管には黒ゴム管をつけ少量発生する塩化水素を水面上に導いて吸収させる．図 4.30 の反応装置図を参照．

[*31] 無水塩化アルミニウムはきわめて吸湿しやすい．貯蔵中にびん内で吸湿していることがある．良質のものは黄色ないしは灰白色発煙性の固い塊である．白色粉末の部分は使わないこと．塊が残ったままだと溶解に時間がかかり，収率が低下する．塊をよく乾いた乳鉢で手早く粉砕してただちに反応に用いる．粉砕に時間がかかると吸湿し，反応が全く進行しないことがあるので，手際よく扱うこと．

[*32] テトラクロロエタン $CHCl_2CHCl_2$ は不燃性ではあるが，身体によくないのでこぼしたり蒸気を吸入したりしないよう注意する．bp 146.5℃, d_4^{25} 1.587.

ii) マロンエステル合成—エチルマロン酸ジエチルの合成

$$C_2H_5Br + CH_2(CO_2C_2H_5)_2 \xrightarrow{NaOC_2H_5} C_2H_5CH(CO_2C_2H_5)_2$$

〔注　意〕　無水条件下の反応．ナトリウムは水に触れると発熱して水素を発生するので危険．

〔製　法〕　300 ml の三つ口フラスコに磁気かくはん子を入れ，温度計，滴下漏斗と塩化カルシウム管つき還流冷却器をつける．フラスコ内に金属ナトリウム（4.6 g, 0.20 mol）を入れ[*33]，滴下漏斗から無水エタノール（75 ml）を少しずつ滴下する．発熱しながらナトリウムは溶けて水素を発生する．エタノールを少量ずつ加え，内温を十分高くなるよう注意しておけば，ナトリウムはエタノールを加え終わるころに溶け終わる．溶け残ったまま内温が下がってきたら，かくはんして溶かす．場合によっては加熱還流させて溶かす．ナトリウムが溶け終わったら冷却して内温を50℃くらいにまで下げ，かくはんしながらマロン酸ジエチル（33.0 g, 31.3 ml, d 1.055, 0.21 mol）[*34] を急速に滴下する．内容がよく冷えているとマロンエステルのナトリウム塩の白色固体が析出してくる．次にかくはんしながら臭化エチル（25.0 g, 17.1 ml, d 1.461, 0.23 mol）[*35] を少しずつ滴下し，2〜3時間湯浴上で加熱還流させる．反応混合物を50℃以下に冷却後，内容物を300 ml のナス型フラスコに移し，ロータリーエバポレーターを用いて減圧下エタノールを留去する．残渣に冷水（300 ml）を加え，500 ml の分液漏斗に移し，100 ml ずつのエーテルで3回抽出する．エーテル抽出液は水と飽和食塩水で洗い，無水硫酸ナトリウムで乾燥後濾過する．濾液を濃縮して得られた残渣を油浴上で蒸留する．bp 206〜208℃，収量 30 g，収率 77%．

[*33] 金属ナトリウムは，消防法により第3類危険物に指定されており，水と激しく反応し，発火するので石油系溶媒中に棒状で保存されている．使用の際はピンセットでつまみだし，濾紙上で手早く適当な大きさに刃物を使って切断し，新しい金属面を露出させ（周囲は変質して黄白色のことが多い），秤量して使う．残りはもとのびんに戻し，刃物や濾紙についたナトリウムの切り屑はメタノールで分解する．決して流しの水中に捨ててはいけない．以上の操作は手早くしないと，梅雨時などは空気中の湿気により分解発熱して大変危険である．

[*34] 市販品をそのまま使ってよい．bp 198〜199℃．

[*35] 市販品をそのまま使う．bp 38.4℃．大変揮発しやすいので，秤量後放置すると減ってしまう．

iii) Grignard反応—ジメチルフェニルカルビノールの合成

$$CH_3I + Mg \longrightarrow CH_3MgI$$

〔注　意〕　無水条件下の反応．器具をよく乾燥して使う．無水エーテルは引火性大であるので取扱いに注意する．

〔製　法〕　200 ml の三つ口フラスコに，温度計，塩化カルシウム管つき還流冷却器（特に還流冷却器は水分が残りやすいのでアセトン洗浄後ドライヤーでよく乾燥させる）と滴下漏斗をつけ，中には磁気かくはん子を入れておく．フラスコにGrignard反応用マグネシウム片（3.0 g, 0.13 mol）を入れ，無水エーテル（5 ml）で覆う．これとは別にヨウ化メチル（20.0 g, 8.8 ml, d 2.279, 0.14 mol）の無水エーテル（40 ml）溶液を用意しておく．ここで装置や試薬の準備について指導員のチェックを受けること．ヨウ素の小片一片を反応容器に入れ，滴下漏斗からヨウ化メチル（1.3 g, 約0.6 ml, 0.0092 mol）[*36] を加える．マグネチックスターラーでかくはんを開始すると，反応の開始とともにヨウ素の黄色が消失し，反応液が白濁する．ただちに滴下漏斗より，先に調製したヨウ化メチルの無水エーテル溶液（ヨウ化メチルの合計は 21.3 g, 0.15 mol）を少しずつ滴下し[*37]，反応熱によるエーテルの還流を持続させる．還流が激しすぎるときは，反応容器を冷水浴で冷却する．全部加え終わってエーテルの還流がおさまるころには，マグネシウムはほとんど溶解し，少し灰色をおびた透明なGrignard試薬ができる．

次に安息香酸エチル（7.5 g, 7.1 ml, d 1.050, 0.050 mol）の無水エーテル（25 ml）溶液を準備し，反応容器を水冷しながら滴下漏斗よりゆっくりと滴

[*36] この少量のヨウ化メチルは滴下漏斗に直接はかりとり，ただちに滴下する．さもないと揮発してなくなってしまう．

[*37] 反応の暴走を防ぐため，氷水浴を用意しておくこと．

下する．滴下後，室温で 15 分間かくはんし，内容物を氷冷した飽和塩化アンモニウム水溶液（100 ml）を入れた 500 ml ビーカーに注意深くあけ[*38]，生成したマグネシウムアルコキシドを分解する．ビーカーの内容物を 300 ml の分液漏斗に移し，エーテル層を分取する．水層を 50 ml のエーテルで 2 回抽出する．合わせたエーテル層を水，5％チオ硫酸ナトリウム水溶液，飽和炭酸水素ナトリウム水溶液，飽和塩化ナトリウム水溶液の順に洗い，三角フラスコに移して無水硫酸マグネシウムで乾燥する．吸引濾過して乾燥剤を除き，濾液を減圧濃縮して目的物を得る．

これにスパチュラ大一杯の無水炭酸カリウムを加えて減圧蒸留し，純粋なジメチルフェニルカルビノールを得る．

bp 96～98℃（14 mmHg），収量 5.8～6.5 g，収率 85～95％（安息香酸エチルを基準として）．冷所では結晶化する．mp 35～37℃（prism）．

生成物の赤外吸収スペクトルを測定し，あらかじめ配布した安息香酸エチルの赤外吸収スペクトルと比較する．

iv) **Wittig 反応**—メチレンシクロヘキサンの合成

$(C_6H_5)_3P + CH_3Br \longrightarrow [(C_6H_5)_3P-CH_3]^+Br^-$

$CH_3SOCH_3 + NaH \longrightarrow CH_3SOCH_2Na + H_2\uparrow$

$[(C_6H_5)_3P-CH_3]Br + CH_3SOCH_2Na \longrightarrow$

$(C_6H_5)_3P=CH_2 + NaBr$

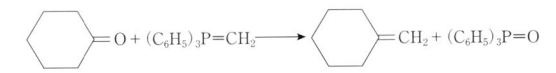

〔注意〕 無水条件下，不活性気体下の反応．
〔製法〕
（1）メチルトリフェニルホスホニウムブロミド：300 ml のナス型フラスコにトリフェニルホスフィン（55.0 g, 0.21 mol）を入れ，無水ベンゼン（45 ml）に温めて溶かす．この溶液を氷浴でよく冷却後，臭化メチル（25 ml，約 0.3 mol）の市販アンプルをドライアイス-アセトン浴で冷やしてから開封し[*39]，フラスコ内に一気に加える．ゴム栓をして氷浴中に 2～3 時間放置後，室温にて 2 日間放置する．白色結晶が多量に析出するのでブフナー漏斗上に集める．フラスコはベンゼンですすぎ，ブフナー漏斗上の結晶はベンゼンで洗う．約 74 g（収率 99％）のホスホニウム塩（mp 232～233℃）が得られる．風乾後，真空デシケーター中で五酸化リンを乾燥剤として十分に乾燥する．

（2）メチレンシクロヘキサン： 300 ml の三つ口フラスコに，側管つき滴下漏斗（上部にゴムのセプタムをつけておく），温度計と乾燥した冷却管（上部に三方コックつきの窒素入り風船をつけておく）をつける（図 4.33）．フラスコに水素化ナトリウム（4.8 g, 鉱物油中に 50％濃度で分散されているものとして 0.10 mol）を入れる[*40]．次に磁気かくはん子と石油エーテル（50 ml）を入れてかくはんする．鉱物油は石油エーテルに溶けるので，かくはんをやめ，水素化ナトリウム粉の沈降を待つ．次に温度計をはずし，駒込ピペットで石油エーテルを除去する[*41]．滴下漏斗に無水 DMSO（50 ml）を入れ，温度計を再びつけた後，三方コックを利用して水流ポンプでフラスコ内を減圧にする．三方コックを切り替えて風船からフラスコ内に窒素を流し，容器内を窒素で置換する[*42]．次に無水 DMSO を滴下漏斗から加え，窒素雰囲気下，75～80℃で約 45 分間加熱・かくはんする．この間に水素が発生する（約 2～3 l）ので，ときどき三方コックをあけて水素を反応系外へ放出する．水素化ナトリウムは溶けてメチルスルフィニルカルバニオンが生成し，溶液は無色ないしはうすい灰色となる．緑色や緑黒色の場合はつくり直す．

フラスコを氷浴で冷やし，メチルトリフェニルホスホニウムブロミド（35.7 g, 0.10 mol）の無水 DMSO（100 ml）溶液（温めて溶かした後，室温に冷却する）を注射器で滴下漏斗に入れ滴下する．滴下終了後 10 分間室温でかくはんすると橙赤色のイリドの溶液ができる．次にシクロヘキサノン（10.8 g, 11.4 ml, d 0.948, 0.11 mol）を注射器で滴下漏斗に入れ滴下し，室温で 30 分間かくはんする．最後に滴下漏斗，冷却器，温度計をはずし，クライゼンヘッドをつけて減圧蒸留する．メチレンシクロヘ

[*38] 反応混合物をビーカーにあけるとき，未反応の Grignard 試薬および生成したアルコキシドが激しく水と反応し発熱・発泡する．保護めがねをかけた上，顔を近づけないよう注意する．

[*39] 臭化メチルは bp 4.5℃で，20℃では 1420 mmHg の蒸気圧を有するので，アンプルは十分冷却してから開封すること．

[*40] 水素化ナトリウムは吸湿して分解・発熱するので手早く秤量して用いること．

[*41] 取り出した石油エーテルはビーカーに入れ，少量のエタノールを少しずつ加えて，懸濁している水素化ナトリウムの微粒子を分解してから捨てること．

[*42] 減圧と窒素流入を 2～3 回繰り返し，フラスコ内を完全に窒素で置換する．Wittig 試薬は酸素の存在下で分解するからである．

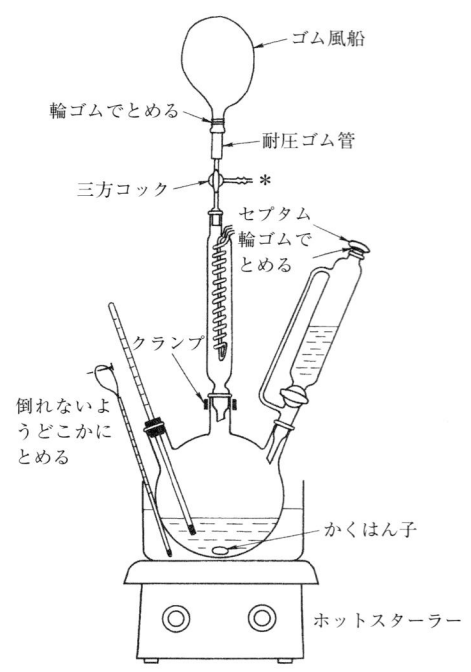

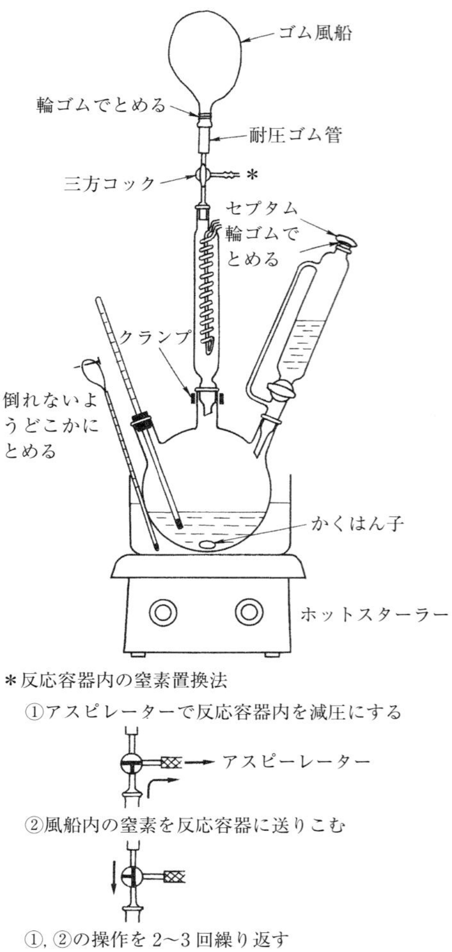

図の説明（左側）:
- ゴム風船
- 輪ゴムでとめる
- 耐圧ゴム管
- 三方コック　＊
- セプタム　輪ゴムでとめる
- クランプ
- 倒れないようどこかにとめる
- かくはん子
- ホットスターラー

＊反応容器内の窒素置換法
①アスピレーターで反応容器内を減圧にする
　　アスピレーター
②風船内の窒素を反応容器に送りこむ
①，②の操作を2〜3回繰り返す

図4.33 窒素雰囲気下での反応装置（Wittig反応）

キサンは bp 約50℃（140 mmHg）で留出する．収量約3〜8 g，収率33〜85％．本法により得た製品はさらに分留で精製して純品とする．bp 99〜101℃（740 mmHg）[43,44]．

b. 酸化反応

i) クロム酸酸化—シクロヘキサノンの合成

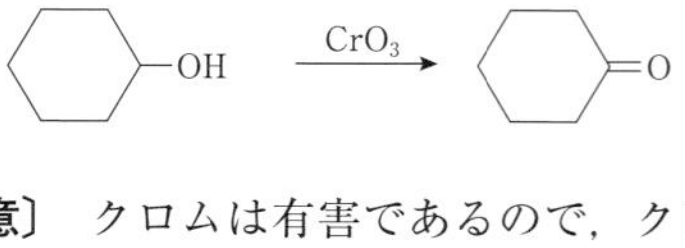

$$\text{C}_6\text{H}_{11}\text{OH} \xrightarrow{\text{CrO}_3} \text{C}_6\text{H}_{10}\text{O}$$

〔注　意〕 クロムは有害であるので，クロムイオンを含む廃液は，各大学の廃棄物処理の指針に従って処理すること．

---

[43] 本法での製品にはベンゼンが少量含まれているので，分留でさらに精製する．
[44] 蒸留の際，長い冷却管を用い冷水を通すこと．収率をあげるためには，留出物をドライアイス-アセトン浴で冷却した受器で捕集するとよい．

〔製　法〕
（1）Jones のクロム酸試薬の調製： 三酸化クロム（26.7 g）を水（40 ml）に溶かし，かきまぜながら濃硫酸（23 ml）を加える．全体を水でうすめ100 ml とする．これは2.67 M クロム酸溶液で，活性酸素に関し8規定の溶液である．

（2）シクロヘキサノン： シクロヘキサノール（16.0 g, 0.16 mol）を1 l の三角フラスコに入れ，アセトン（150 ml）を加えて溶かす．これを氷浴で氷冷し，片手でよくふりまぜながら，駒込ピペットを用いて Jones のクロム酸試薬を滴下する．初めのうちはただちに赤色が消え，緑色沈殿を生ずる．徐々に赤色の消え方は遅くなり，ついには橙色が残存するに至る．ここが反応の終点である．クロム酸の必要理論量は 40 ml であるが，通常 48〜56 ml を要する．5分間室温で放置後，2〜4 ml のメタノールを加えて過剰のクロム酸を分解する．橙色が残存せず完全に緑色となったのを確かめてから，10％食塩水（600 ml）を加えてよくふりまぜ，硫酸クロムの沈殿を溶かす．1 l の分液漏斗に移し 100 ml のエーテルで3回抽出する．抽出液を水洗後，飽和炭酸水素ナトリウム水溶液，飽和食塩水で洗い，硫酸マグネシウムで乾燥する．濾過して乾燥剤を除き，濾液を常圧で濃縮後，残渣を蒸留する．bp 152〜157℃，収量 10〜12 g，収率 60〜75％．水層は3価のクロムイオンを含むので，直接流しに捨ててはいけない．

ii) 過酸酸化—シクロヘキサン-*trans*-1,2-ジオールの合成

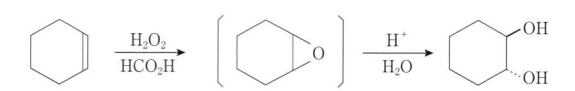

$$\text{シクロヘキセン} \xrightarrow[\text{HCO}_2\text{H}]{\text{H}_2\text{O}_2} \text{エポキシド} \xrightarrow[\text{H}_2\text{O}]{\text{H}^+} \text{trans-1,2-ジオール}$$

〔注　意〕 過酸化水素もギ酸も皮膚をおかすので手などにつけないよう注意する．

〔製　法〕 300 ml のナス型フラスコに99％ギ酸（105.0 g, 86.1 ml, d 1.220）と30％過酸化水素水（13.0 g, 11.7 ml, d 1.11, 0.12 mol）を入れておき，シクロヘキセン（8.0 g, 9.9 ml, d 0.810, 0.097 mol）を加える．還流冷却器をつけてしばらくかくはんすると，初め二層に分かれていた内容物は発熱してほぼ均一になる．発熱がおさまったら，湯浴上で2時間 65〜70℃ に加熱する．うすい褐色の反応液をロータリーエバポレーターで減圧濃縮し，ギ酸を除去する．残渣に 6 N 水酸化ナトリウム水溶液（50 ml）を加え，沸騰水浴上で 45 分間加熱する．溶液を冷却後，塩酸で正しく中和し，減圧下で濃縮乾固す

る．酢酸エチル（50 ml ずつ 3 回繰り返す）を加え，少し温めながら残渣をこね回しては，ひだつき濾紙で濾過する．酢酸エチル溶液を濃縮し，残渣を減圧蒸留するとすぐ固化する．bp 128～132℃ (15 mmHg)，収量 10 g，収率 80%．融点が高いため冷却管内で固化しやすいので，空気冷却のみでよい．アセトンから再結晶すると，mp 102～103℃ のシクロヘキサン-trans-1,2-ジオールが得られる．収量 7.5～7.9 g，収率 65～70%．なお，蒸留を省略して得られる結晶は mp 80～90℃ である．

c. 還元反応

i) 水素化アルミニウムリチウム還元—デカン-1,10-ジオールの合成

$$C_2H_5O_2C(CH_2)_8CO_2C_2H_5 \xrightarrow{LiAlH_4} HO(CH_2)_{10}OH$$

〔注 意〕 無水条件下の反応．水素化アルミニウムリチウムは水にふれると発火する．軽い粉末なのでこぼさないよう注意．こぼしたときは指導員を呼ぶこと．

〔製 法〕 300 ml の三つ口フラスコに磁気かくはん子を入れ，温度計，塩化カルシウム管をつけた還流冷却器と共栓をつけた滴下漏斗をとりつける．フラスコ内に水素化アルミニウムリチウム（2.7 g, 0.071 mol）を入れ，氷冷下，滴下漏斗から無水エーテル（100 ml）を加える．かくはんして内容物をよく冷却し，滴下漏斗からセバシン酸ジエチル（13.0 g, 13.5 ml, d 0.965, 0.050 mol）の無水エーテル（50 ml）溶液を滴下する．発熱するので注意して少しずつ加える（内温 10～15℃）．滴下終了後，室温で 1 時間かくはんする．次に塩化カルシウム管をはずし，よく氷冷してかくはんしながら 10 ml の水を注意深く 1 滴ずつ加える．過剰の還元剤の分解により水素が発生し，水素ガスとともにエーテルも揮散するので，火気は厳禁である．泥状の反応液を 3 M 硫酸（100 ml）と氷を入れたビーカーにかきまぜながら注ぎ，無機物を溶かす．フラスコ内は 100 ml 以下の少量の水で洗って完全にビーカーに移す．500 ml の分液漏斗に移してエーテル層を分取し，母液は 50 ml ずつのエーテルで 3 回抽出する．エーテル溶液を合わせ，飽和食塩水で洗い，硫酸マグネシウムで乾燥する．乾燥剤を濾別し，濾液を濃縮するとデカン-1,10-ジオールの結晶が得られる．mp 72～74℃，収量 7.0～7.5 g，収率 80～86%．結晶化しない場合は一度蒸留すればよい．bp 192℃ (20 mmHg)．希アルコールから再結晶すると mp 74℃ の針状晶が得られる．

iii) 水素化ホウ素ナトリウム還元—シクロヘキサノールの合成

シクロヘキサノン $\xrightarrow{NaBH_4}$ シクロヘキサノール

〔製 法〕 300 ml のナス型フラスコにシクロヘキサノン（5.1 g, 5.4 ml, d 0.948, 0.052 mol）の 99% エタノール（75 ml）溶液を入れ，氷冷下かくはんしながら，水素化ホウ素ナトリウム粉末（1.0 g, 0.025 mol）を少しずつ加える（水素が少し発生して発泡することがある）．室温で 2～3 時間放置してから希塩酸を加えコンゴ赤試験紙酸性にする．ロータリーエバポレーターで低温下減圧濃縮した後，水（100 ml）を加え，300 ml の分液漏斗に移し，50 ml ずつのエーテルで 3 回抽出する．エーテル溶液は水，飽和食塩水で洗い，硫酸マグネシウムで乾燥する．乾燥剤を濾別し，濾液を濃縮後，残渣を蒸留すると bp 161.5℃ のシクロヘキサノールが得られる．収量 3.0～4.6 g，収率 62～90%．シクロヘキサノールは mp 23～25℃ なので冷却管内で固化することがある．その際は冷却水を止めて，少し熱して結晶を溶かす．

d. 脱離反応

i) 脱水—シクロヘキセンの合成

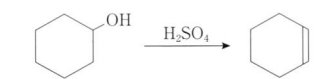

シクロヘキサノール $\xrightarrow{H_2SO_4}$ シクロヘキセン

〔製 法〕 100 ml のナス型フラスコにシクロヘキサノール（40.0 g, 0.40 mol）と濃硫酸（1.2 ml）を入れ，クライゼンヘッド，やや長めのリービッヒ冷却器，氷浴中に浸した受器をつける．140～145℃ の油浴中で分解蒸留を行い，フラスコ内が極少量の残留物になるまで加熱を続ける．最後は浴温を 150℃ にまで上げる．浴温を上げすぎると未分解のシクロヘキサノールまで留出してしまうので注意する．留出物を食塩で飽和後，水層からシクロヘキセンを分離し，塩化カルシウムで乾燥する．乾燥剤を濾別し，濾液を蒸留する．bp 80～82℃，収量 19～26 g，収率 58～79%．純品を得るためには，粗製品を分留管つきの装置で 2 回ほど分別蒸留するが，通常の目的には十分な純度である．

ii) 脱炭酸—n-酪酸の合成

$$C_2H_5CH(CO_2C_2H_5)_2 \xrightarrow[2)\ HCl]{1)\ KOH} C_2H_5CH(CO_2H)_2$$

$$C_2H_5CH(CO_2H)_2 \xrightarrow[-CO_2]{加熱} C_2H_5CH_2CO_2H$$

〔注 意〕 n-酪酸は悪臭を有するのでこぼさないこと．

〔製 法〕 200 ml のナス型フラスコに水酸化カリウム（15.0 g, 0.27 mol）の水（12 ml）溶液を入れ，冷却しかくはんしながらエチルマロン酸ジエチル（19.0 g, 18.9 ml, d 1.006, 0.10 mol）を少しずつ加えると，内容物が固化する．還流冷却器をつけ，沸騰水浴上で2時間加熱し（初めは発熱する），冷却すると，油層はなくなり均一となる．次に氷冷して6N塩酸をコンゴ赤試験紙酸性になるまで加え，析出した塩化カリウムはできるだけ少量の水で溶かす．溶液を分液漏斗に移し，25 ml ずつのエーテルで5回抽出する．抽出液は無水硫酸ナトリウムで乾燥し，濾過する．濾液からエーテルを留去した残渣は冷却すると結晶化する．収量 12.9 g, 収率 90%. 結晶はベンゼンから再結晶すれば mp 110℃ となるが，再結晶の際加熱すると脱炭酸が起こるので，精製せずにそのまま次の反応に用いる．

上記のエチルマロン酸を 50 ml のナス型フラスコに移し，還流冷却器をつけて油浴中で 180℃ に加熱すると激しく発泡して脱炭酸する．約30分で発泡がやむので，還流冷却器をクライゼンヘッドにつけ替え蒸留し，bp 160～165℃ で n-酪酸を留出させる．収量 5.8～7.7 g, 収率 69～90%.

e. 芳香族置換反応

i) ブロモ化—ブロモベンゼンの合成

$$\text{C}_6\text{H}_6 + Br_2 \xrightarrow{Fe} \text{C}_6\text{H}_5Br + HBr$$

〔注 意〕 臭化水素が大量に発生するので，還流冷却器の上端の塩化カルシウム管に黒ゴム管をつけ，耐圧濾過びんの水面上に臭化水素を導いて水に吸収させる（図 4.30 の反応装置図参照）．ゴム管は水面につけてはいけない（水が装置内に逆流するおそれがある）．臭素は臭く有毒であるから取扱いに注意する．万一手についたら，ただちにチオ硫酸ナトリウム水溶液で洗浄し，ついでよく水洗すること．さもないと皮膚が黄白色におかされる．

〔製 法〕 200 ml の三つ口フラスコに，磁気かくはん子を入れ，温度計，滴下漏斗，塩化カルシウム管つき還流冷却器をつける．フラスコに無水ベンゼン（65 ml, 0.73 mol）と鉄粉（1.0 g, 0.018 mol）を入れる．滴下漏斗には臭素（122.0 g, 39.1 ml, d 3.123, 0.76 mol）を入れる[*45]．かくはんしながら臭素を1～2g程度滴下し，臭素によるベンゼンの着色がうすくなり塩化カルシウム管末端から臭化水素の白煙が出るのを待つ[*46]．反応が始まったらかくはんしながら残りの臭素をゆっくり加える．発熱して臭化水素が発生するので，温度を 30～40℃ 以下に保つよう水で冷却する．臭素の滴下終了後，30分間 50℃ に加熱して反応を完結させる．冷却後，内容物を分液漏斗に移し水洗する．下層がブロモベンゼンのベンゼン溶液であるので，下層を分取し，塩化カルシウムで乾燥後濾過する．濾液を分別蒸留すれば bp 150～156℃ のブロモベンゼンが得られる．収量 60～70 g. 使った臭素に対し，収率 50～58%. 初留として未反応のベンゼンが，また蒸留残渣として p-ジブロモベンゼンの不純な褐色結晶が得られる．

ii) ニトロ化—2,4-ジニトロクロロベンゼンの合成

$$\text{C}_6\text{H}_5\text{Cl} \xrightarrow[H_2SO_4]{HNO_3} \text{2,4-(NO}_2)_2\text{C}_6\text{H}_3\text{Cl}$$

〔注 意〕 発煙硝酸は皮膚を激しくおかして黄色くするので，絶対に手につけないこと．手についたら水でよく洗うこと．

〔製 法〕 200 ml の三つ口フラスコに磁気かくはん子を入れ，温度計と滴下漏斗と還流冷却器をつける．フラスコに発煙硝酸（25.0 g, 16.2 ml, d 1.544, 0.40 mol）[*47] を入れ，次に濃硫酸（25.0 g, 13.6 ml, d 1.84, 0.25 mol）を入れる．氷浴（または氷-食塩水浴）で冷やし，かくはんして 0～10℃ に保ちながら，滴下漏斗からクロロベンゼン（19.0 g, 17.2 ml, d 1.107, 0.17 mol）をゆっくりと滴下する．滴下終

[*45] 臭素はドラフトの中で，メスシリンダーを用いて体積ではかる（d 3.123）．ドラフト内で滴下漏斗に移すこと．滴下漏斗のテフロンコックにごみがはさまっていると臭素がもれるので注意すること．

[*46] 反応がなかなか始まらないことが多い．そのときは少し加熱するか，1滴の濃硫酸または少量の良質な無水塩化アルミニウムを加えて加熱し，かくはんを続けると反応が始まる．

[*47] 発煙硝酸は，ドラフト中で体積ではかる．

了後，5～10℃で1時間，さらに50℃に加熱して1時間かくはんする[*48]．次に濃硫酸（58.0 g, 31.5 ml, d 1.84, 0.59 mol）を滴下漏斗から滴下し，油浴上で30分間内温を115℃に保つ．冷却後，内容物をビーカー中の氷水（1 l）に注ぐ．析出する結晶をブフナー漏斗で濾取し，水洗後風乾する．黄白色の結晶として mp 50℃の粗2,4-ジニトロクロロベンゼンを得る．収量 27～29 g，収率 82～86%[*49]．

iii) 求核置換—2,4-ジニトロフェニルヒドラジンの合成

〔製　法〕 200 ml の三角フラスコにヒドラジン硫酸塩（18.0 g, 0.14 mol）を入れ，水（63 ml）に懸濁させる．無水酢酸カリウム（43.0 g, 0.44 mol）を加えて10分間沸騰水浴上で加熱する．50℃まで冷却後，99%エタノール（40 ml）を加えてブフナー漏斗で吸引濾過し，漏斗上の無機塩は，99%エタノール（40 ml）で洗う．濾液と洗液を合わせ，ヒドラジン溶液として次の反応に使用する．

500 ml のナス型フラスコに磁気かくはん子と細かく粉砕した[*50] 2,4-ジニトロクロロベンゼン（25.0 g, 0.12 mol）を入れ，99%エタノール（25 ml）を加えて溶解する（溶けにくい場合はドライヤーなどで温める）．これに上記ヒドラジン溶液を加え，還流冷却器をつけて湯浴上で1時間煮沸還流させる．かくはんを続けながら十分冷却した後，2,4-ジニトロフェニルヒドラジンの結晶をブフナー漏斗上に集め，約60℃に温めた99%エタノール（60 ml），ついで熱水（25 ml）で洗う．こうして得られるものはほとんど純粋な目的物である．赤色結晶, mp 190～192℃（分解），収量 15 g[*51]．母液を約1/2の体積にまで濃縮し冷却すれば，やや不純な目的物がさらに得られる[*52]．この二番結晶は n-ブチルアルコールから再結晶する．合計収量 20～21 g，収率 80～84%．本反応で合成した2,4-ジニトロフェニルヒドラジンはカルボニル化合物の誘導体合成や同定に用いる（4.3.1.b 項参照）．

f. 脂肪族置換反応（ハロゲン化）—p-ブロモフェナシルブロミドの合成

Br—⟨C₆H₄⟩—COCH₃ + Br₂ ⟶

Br—⟨C₆H₄⟩—COCH₂Br + HBr

〔注　意〕 臭素の取扱いに注意すること．

〔製　法〕 300 ml の三つ口フラスコに磁気かくはん子を入れ，滴下漏斗，温度計と還流冷却器をつける．反応中は臭化水素が発生するので，還流冷却器の上端の塩化カルシウム管に黒ゴム管をつけ，耐圧濾過びんの水面上に臭化水素を導く（図 4.30 の反応装置図参照）．フラスコに p-ブロモアセトフェノン（10.0 g, 0.050 mol）を入れ，氷酢酸（無水酢酸ではない，30 ml）に溶かす．室温で激しくかくはんしながら，臭素（8.0 g, 2.6 ml, d 3.123, 0.050 mol）を滴下漏斗から，2, 3滴加える．反応が開始すると臭素の赤色がうすくなるが，反応が開始しない場合はドライヤーで加熱する（冷やしすぎると反応が開始せず，また，酢酸が凍ることもある）．残りの臭素を30℃以下で滴下する[*53]．反応が終了したら，氷水で十分冷却の後，かくはんしながら水（20 ml）を滴下する．生成物は結晶として析出するのでブフナー漏斗上に吸引濾過して集め，50%エタノール（20 ml）で洗う．結晶を風乾すれば mp 106～108℃ の目的物 11～12 g が得られる．これを99%エタノールから再結晶すれば，mp 108～109℃の針状晶として p-ブロモフェナシルブロミド 9.6～10 g が得られる．収率 69～72%．本反応で合成した p-ブロモフェナシルブロミドはカルボン酸の誘導体合成や同定に用いる（4.3.1.b 項参照）．

g. エステル化反応—シュウ酸ジエチルの合成

$$\begin{array}{c} CO_2H \\ | \\ CO_2H \end{array} + 2C_2H_5OH \longrightarrow \begin{array}{c} CO_2C_2H_5 \\ | \\ CO_2C_2H_5 \end{array} + 2H_2O$$

〔製　法〕 200 ml のナス型フラスコに，シュ

[*48] 反応中に発生する窒素酸化物は有害なので，水流ポンプで軽く減圧にした耐圧濾過びん中の水面上に導いて吸収させる．

[*49] 粗生成物はエタノールより再結晶すれば，mp 51～53℃ の結晶になる．

[*50] 塊のまま使うと結晶がエタノールに完全に溶けきらずに，表面だけが反応して中に未反応の2,4-ジニトロクロロベンゼンが残ってしまう．

[*51] n-ブチルアルコールから再結晶すると mp 198℃ の深赤色結晶となる．

[*52] 濾液を完全に濃縮してしまうと未反応の2,4-ジニトロクロロベンゼンが混入してくる．

[*53] 反応温度が高いとジブロモ体を副生することがあるので注意する．

コラム： 動物がつくる生理活性物質—昆虫ホルモンの生物有機化学

　昆虫の脱皮変態の大まかな内分泌機構は1950年代に明らかになってきた．脱皮変態は，前胸腺から分泌される脱皮ホルモン（molting hormone）とアラタ体から分泌される幼若ホルモン（juvenile hormone）の2つの低分子ホルモンによって制御されている．脱皮するためには脱皮ホルモンが必要であるが，そのとき幼若ホルモンが存在すると，幼虫は幼虫脱皮し，幼若ホルモンが少ないかあるいはほとんどないと幼虫は蛹へ，蛹は成虫へ変態する．前胸腺は脳から分泌されるタンパク性の前胸腺刺激ホルモン（prothoracicotropic hormone）の刺激によって初めて脱皮ホルモンの合成を開始する．

　これらのホルモンの化学的実体の解明はなかなか進まなかった．ようやく1960年代になって，脱皮ホルモンはドイツのA. Butenandtによって，また，幼若ホルモンはアメリカのH. Röllerによってそれぞれ単離され，構造が決定された．残る前胸腺刺激ホルモンの精製と構造解析は日本でなしとげられた．1950年代後半に蚕糸試験場の小林勝利らは前胸腺刺激ホルモンの生物検定法を確立し，それを用いてカイコの脳からこのホルモンの精製を開始した．一方，京都大学理学部の市川衞・石崎宏矩はエリサンを用いた生物検定法を用いてカイコの脳の中にホルモン活性を認め，精製を開始した．両グループの先陣争いの決着はつかず，後に石崎と共同で精製を行った東京大学農芸化学科の田村三郎・鈴木昭憲らによって前胸腺刺激ホルモンがカイコの頭部から単離され，109アミノ酸からなる糖タンパク質のホモ二量体であることが明らかにされた．養蚕業を背景にして約2000万匹という大量のカイコを実験に供することができたという日本の利点が充分に生かされた結果といえる．これをきっかけに，昆虫ペプチドホルモン研究は日本が世界をリードすることになった．

[長澤寛道]

ウ酸二水和物（$(CO_2H)_2 \cdot 2H_2O$, 25.0 g, 0.20 mol），99％エタノール（50 ml），ベンゼン（70 ml），濃硫酸（0.3 ml）を加え，沸石を入れる．反応中に生ずる水を反応系外に除去するためDean-Starkの水分離器（通常H管という）をつけ，その上に還流冷却器をつける（図4.34）．油浴上で浴温を90〜100℃にして加熱還流すると，共沸混合物として気化上昇した水が水分離器内で分離して下層にたまる．水の分離をよくするため，分離器内には細かく切ったガラス管を入れておく．ときどきコックを開いて下層をメスシリンダー内に流出させる．これは水とエタノールの約1：1の混合物である．反応がほぼ終わって水が生成分離しなくなったら（計算量の水がほぼ出るはずである），さらに8 mlの99％エタノールを加えて30分間加熱を続ける．新たに水が分離してこないことを確認したら加熱をやめ放冷する．還流冷却器と水分離器をとりはずし，フラスコに冷却管つきクライゼンヘッドをつけてエタノールとベンゼンを留去し，最後に残渣を減圧蒸留する．シュウ酸ジエチルはbp 106〜107℃（25 mmHg）の油状物として得られる．収量22〜24 g，収率80〜82％．

[石神　健・森　直紀]

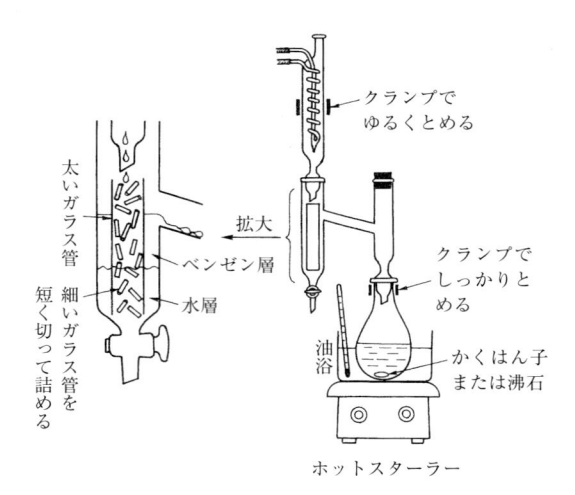

図4.34　水分離器をつけた反応装置

参　考　文　献

[分析機器を用いた構造決定]
1) 田中誠之，飯田芳男：基礎化学選書7 機器分析 三訂版，裳華房，1996.
2) 竹内敬人：化学モノグラフ31 有機化合物の構造をきめる，化学同人，1982.
3) 後藤俊夫ら：有機化学実験の手引き2 構造解析，化学同人，1989.
4) 泉　美治ら：機器分析のてびき 第2版，化学同人，1996.
5) R. M. Silversteinら著，荒木　峻ら訳：有機化合物のスペクトルによる同定法 第7版，東京化学同人，2006.
6) F. W. McLafferty著，上野民夫訳：マススペクトルの解釈と演習，化学同人，1978.
7) 松田　久編：マススペクトロメトリー，朝倉書店，1983.
8) J. H. Gross著，日本質量分析学会出版委員会訳：マススペクトロメトリー，シュプリンガー・ジャパン，2007.
9) 中西香爾ら：赤外線吸収スペクトル 定性と演習 第24

10) C. N. R. Rao 著,中川正澄訳:紫外・可視スペクトル（現代化学シリーズ 23）第 2 版,東京化学同人,1970.
11) 竹内敬人ら:初歩から学ぶ NMR の基礎と応用,朝倉書店,2005.
12) 斉藤 肇ら:NMR 分光学―基礎と応用―,東京化学同人,2008.
13) 日本分光学会編:分光測定入門シリーズ 8 核磁気共鳴分光法,講談社サイエンティフィク,2009.
14) J. W. Akitt 著,広田 穣訳:NMR 入門 第 3 版,東京化学同人,1994.
15) A. Rahman 著,通 元夫,広田 洋訳:最新 NMR,シュプリンガー・フェアラーク東京,1988.
16) T. D. W. Claridge:High-Resolution NMR Techniques in Organic Chemistry, Elsevier Science, 1999
17) E. Pretsch ら著,中西香爾ら訳:有機化合物スペクトルデータ集,講談社サイエンティフィク,1982.
18) 原田宣之,中西香爾著:円二色性スペクトル―有機立体化学への応用,東京化学同人,1982.

［生物検定法］

19) 長澤寛道:生物有機化学―生理活性物質を中心に―,東京化学同人,2008.
20) 高橋信孝編:植物化学調節実験法,全国農村教育協会,1989.

［合成実験全般］

21) J. J. Li ら著,上村明男訳:研究室ですぐに使える 有機合成の定番レシピ,丸善,2009.
22) 後藤俊夫ら編:有機化学実験のてびき 3・4 合成反応［I・II］,化学同人,1990.
23) 化学同人編集部編:続 実験を安全に行うために 第 3 版,化学同人,2007.

［合成実験溶媒精製］

24) W. L. F. Armarego, C. Chai:Purification of Laboratory Chemicals, 6th ed., Butterworth-Heinemann, 2009.
25) 有機合成化学協会編:有機合成実験法ハンドブック,丸善,1990.

第5章

食品由来成分実験法

　食品とは，ヒトがその生命を維持するために摂取するものである．また，ヒトは食品に美味しさを感じ，その適切な摂取により健康が維持される．食品には各種の栄養素，香り・味・色などの嗜好成分，また「非栄養素」ではあるが生体を調節する機能を有する成分が含まれる．食品由来成分とは，すなわち他の生物体の構成成分に由来する物質である．それらを原料として調理・加工する過程で生じる成分も食品には含まれるが，食品由来成分の取扱い法は，さまざまな生体成分の取扱い法と基本的に同一である．

　本章では，主要栄養素である糖質，脂質，微量栄養素であるビタミン，食品の色を決める色素成分の取扱い法について解説する．主要栄養素の1つであるタンパク質については，酵素と合わせてその取扱い法を第6章で，微量栄養素であるカルシウム，マグネシウムなどのミネラル，すなわち無機成分の取扱い法については第2章において詳述されているので，そちらを参照してほしい．

5.1 糖　　　質

　糖質とは，一般的には $C_x(H_2O)_y$ の構造をもつ有機化合物，すなわち炭水化物と同義であり，栄養学的には糖類（単糖類と二糖類），オリゴ糖，多糖類（食物繊維を除く），糖アルコールを合わせたものとして定義される．ご飯やパンなどの主食の主成分は多糖類の1つであるデンプンであり，これはヒトの主要なエネルギー源となる．また，甘味受容体を介して甘味を感じさせるのは主に糖類や一部の糖アルコールである．

　糖質には単糖から多糖まで種々の重合度のものが存在する．構成糖も多種多様であり，単糖にも C_3 のトリオースから C_8 のオクトースまで多種類存在する．その分布も，特に高濃度で存在することは少ないが，ほとんどすべての生物に存在するものから，特定の生物あるいは組織だけに存在するものまである．したがって，特定の糖質ごとに，それぞれの化合物に合わせた調製法や解析法が研究されている．個々の方法の詳細については成書[1-5]を参考にしてほしい．

5.1.1 糖質の抽出法

　一般に単糖，二糖，オリゴ糖は水に可溶であり，多糖は水に不溶であるため，まずこの両者をグループとして分けることができる．生体試料から炭水化物を抽出する際には，抽出操作中に変化をうけないよう十分注意することが必要である．強い酸，アルカリを抽出溶媒として用いることは，やむをえない場合の他は避けた方がよいし，また酵素作用をうける可能性も考えておかなければならない．

　生体試料から単糖やオリゴ糖を抽出するのに普通に用いられているのは，試料を細かくして熱80％エタノールで抽出する方法である．植物試料は酸性を呈することが多く，その酸によって抽出中にショ糖が加水分解されることがあるので，少量の $CaCO_3$ を加えておいた方がよい．可溶性糖を完全に抽出するには，熱80％エタノール抽出を数回繰り返す必要がある．アルコールを除去した抽出液には多糖，タンパク質，核酸はほとんど含まれてこないが，アミノ酸，塩類が抽出されてきて，これが以後の分離を邪魔するので，除去する必要がある．このためにはイオン交換樹脂がよく用いられ，カチオン交換樹脂とアニオン交換樹脂の混合物を，バッチ法あるいはカラムの形で用いる（6.1.1.e項参照）．

　デンプンは植物の細胞壁を破壊して，中に蓄積されているデンプン粒を抽出する．デンプン粒は種皮や胚を除いた穀物，イモ類を粉砕し，水に懸濁したものから遠心分離により分別することにより得られる．食物繊維のセルロースは非常に水に溶けにくい性質を利用して，セルロース以外の成分を溶解し，これらを濾過により除去して調製する．その1つの方法として，アルカリ性塩化ナトリウム溶液で植物残渣を処理する方法がある．

5.1.2 糖質の分離・精製法

　糖混合物試料から個々の糖を分離するのには，種々の方法が用いられている[6-8]．調製目的で大量

の糖をまず単糖，オリゴ糖といった重合度別のグループに分離するには，活性炭-セライトカラムなどを用いた吸着クロマトグラフィーが用いられる（4.1.4項参照）．ゲル濾過クロマトグラフィーでは，分子ふるい効果により，単糖，オリゴ糖を分子サイズの違いによって分画することができる（6.1.1.f項参照）．

イオン交換樹脂カラムは酸性糖，アミノ糖，中性糖の分別に用いられる．陰イオン交換樹脂はホウ酸塩の形で中性糖の分離に用いられる．ホウ酸は中性糖の2つの水酸基と結合し，糖-ホウ酸複合体は弱い酸性を呈する．この酸性の強さは糖によって異なるため，これを利用して陰イオン交換クロマトグラフィーが可能である（6.1.1.e項参照）．

一定の糖構造を特異的に認識する糖結合タンパクであるレクチンは，植物，動物，微生物から多種類のものが見出され，その主なものは市販されている．これらを固定化したゲルを用いたアフィニティークロマトグラフィーも，オリゴ糖をはじめとする複合糖質の分離によく利用されている（6.1.1.h項参照）．

5.1.3 糖質の定性・定量分析

すべての単糖類の定量，定性分析に適した単一の分析方法はない．単糖の混合物の定量分析には，高速液体クロマトグラフィー（HPLC）やガスクロマトグラフィー（GC）が用いられる．定量を必要としない組成分析などの定性分析の場合には，薄層クロマトグラフィー（TLC）や，ペーパークロマトグラフィー（PC）が用いられる．また，個々の単糖は質量分析（MS），赤外吸収（IR），核磁気共鳴分光法（プロトンNMR，^{13}C NMR）で同定できる（4.1.8〜4.1.13, 4.2.2項参照）．また，比色定量法や，それぞれの糖に特異的な酵素を用いた方法などでも定量することが可能である．

a. 比色定量法

糖の化学的性質を利用した比色定量法としては，糖の還元力を利用する方法と，糖の酸処理を基本とする方法，すなわち糖を強酸と加熱して生成する化合物とフェノール類，アミノ化合物などとの呈色反応を利用する方法がある．

i) 糖の還元力を利用する方法　銅試薬（ソモギ-ネルソン法など），鉄試薬（パーク-ジョンソン法など），ニトロ試薬（3,5-ジニトロサリチル酸法，3,4-ジニトロ安息香酸法など）を用いた方法がある．アルカリ性銅試薬を還元糖と加熱すると，糖はCu^{2+}を還元するとともにアルカリで分解され，その分解産物がさらにCu^{2+}を還元する．したがって，反応は化学量論的には起こらないが，反応条件を一定にすれば，糖の量とCu_2Oの生成量には比例的な関係が成立することが経験的に知られている．また，鉄試薬（赤血塩，ferricyanide, $K_3Fe^{III}(CN)_6$）と還元糖をアルカリ性溶液中で加熱すると，黄血塩（ferrocyanide, $K_4Fe^{II}(CN)_6$）を生ずる．この反応は残存した赤血塩からも，生成した黄血塩からも測定できる．残存赤血塩でKIを酸化し，生成したI_2を$Na_2S_2O_3$で滴定する方法や，残存赤血塩を直接分光分析する方法が用いられている．3,5-ジニトロサリチル酸や3,4-ジニトロ安息香酸をアルカリ性溶液中で還元糖と加熱すると，ニトロ基が還元されてアミノ基になり，着色化合物になる．この呈色反応を吸光度で定量することで，糖の定量を行う．

ii) 糖の酸処理を基本とする方法　糖を強酸と加熱すると脱水されてフルフラールあるいはヒドロキシメチルフルフラールなどのフルフラール誘導体を生ずる反応を利用する．これらの生成物は各種のフェノール誘導体やアミノ化合物と反応して呈色する．酸の種類，呈色試薬の種類，および反応条件によって，各種の糖にある程度特異的な呈色反応となることがある．一方，場合によっては糖の種類によらない一般的な全糖の定量法となることもあり，適用の範囲が広い方法である．強酸と加熱するため多糖は加水分解と脱水をうけるので，あらかじめ単糖にまで加水分解しておく必要がなく，多糖のままで全糖の測定に用いることができる．

(1) 全糖の定量法

フェノール硫酸法　強酸として硫酸，呈色試薬にフェノールを用いる方法で，全糖の簡便な定量法として一般的な方法である．糖タンパク質中の糖量の測定にも用いることができる．一方，アミノ糖ではこの呈色反応が起こらないことに注意が必要である．

〔試　薬〕　80％または5％フェノール液（w/w），濃硫酸

〔操　作〕　太さのそろった内径16〜20 mmの試験管に試料2.0 ml（グルコースとして10〜70 μg）と80％フェノール液0.05 ml，または試料1.0 mlと5％フェノール液1.0 mlをとり，ピペットから濃硫酸5 mlを液面に直接当たるように勢いよく加える．10分間そのまま放置した後よく混合し，10〜20分後に490 nmの吸光度を測定する．

〔注〕　呈色は数時間安定である．本法では硫酸の希釈熱によって反応が行われるので，試験管の内径，厚さ，硫酸の添

表 5.1 各種の糖に特異的な比色定量法

糖	比色定量法
ケトース	システイン-カルバゾール-硫酸法
	レゾルシノール-塩酸法
	レゾルシノール-Fe^{3+}-塩酸法
ペントース	オルシノール-Fe^{3+}-塩酸法
2-デオキシペントース	ジフェニルアミン-酢酸法
ウロン酸	ナフトレゾルシノール-塩酸法
	カルバゾール-硫酸法
アミノ糖	Elson-Morgan 反応
	(アセチルアセトン-N,N-ジメチル-p-アミノベンズアルデヒド)
シアル酸	チオバルビツール酸法

加速度を一定にするのが望ましい.

アンスロン硫酸法 呈色試薬としてアンスロンを用い,フルフラール誘導体との青色縮合体を比色定量する方法で,これも全糖の定量に用いられる.

〔試 薬〕 アンスロン試薬: 蒸留水 100 ml に濃硫酸 250 ml を冷却しながら加え,この希硫酸 100 ml にアンスロン 0.20 g を溶かす.

〔操 作〕 試験管にアンスロン試薬 2.5 ml をとり氷水で冷却する.試料溶液 0.5 ml を管壁にそって徐々に加え重層させる.氷水中で十分冷却した後氷水中のままで混合し,煮沸湯浴中で正確に 10 分間加熱後,冷水で約 3 分間冷却し,620 nm の吸光度を測定する.

(2) 各種の糖に特異的な方法: 酸処理を基本とする方法は,呈色試薬および反応条件を適当に選択することにより,各種の糖に割合特異的な比色定量となる.主要な方法の名称を表 5.1 に示した.詳しい方法については成書[1,3]を参照してほしい.

b. 酵 素 法

一般に酵素は基質に関して特異性が高いので,適当な酵素が得られる場合には,特異性の高い定量法となりうる.グルコースの定量についてはグルコースオキシダーゼ(GOD 法),あるいはグルコースデヒドロゲナーゼ(GDH 法)を利用した定量キットがすでに市販されており,臨床検査をはじめとして広く用いられている.グルコースオキシダーゼはグルコースを酸化し,グルコノラクトンと過酸化水素を生じる反応を起こすが,GOD 法ではこの際生じる過酸化水素を測定する.GDH 法では,グルコースデヒドロゲナーゼがグルコースと反応しグルコノラクトンを生成する過程で電子が生じ,この電子によって引き起こされる反応を指標として測定する.GDH 法の一部(ピロロキノリンキノン(PQQ)を補酵素として用いる方法)は,マルトースなどグルコース以外の還元糖にも反応してしまうため,注意が必要である.

また,ヘキソキナーゼ(HK)およびグルコース-6-リン酸デヒドロゲナーゼ(G6PD)を用いる方法(HK-G6PD 法)では,HK はグルコースをリン酸化してグルコース-6-リン酸(G6P)を生じ,さらに,G6P からは G6PD により 6-ホスホグルコン酸と NADH が生じる.後者の反応で生じた NADH を紫外線吸光で測定する.この方法では HK により試料中の他のヘキソース(マンノース,フルクトースなど)もリン酸化される.試料中のグルコース濃度を測定した後,このリン酸化されたヘキソースを,それぞれに特異的な酵素(ホスホマンノイソメラーゼ,ホスホグルコイソメラーゼなど)を加えて G6P に変換することで,定量することが可能である.また,デンプン,ショ糖も,それぞれグルコアミラーゼ,インベルターゼで酵素消化して単糖に変換することで定量が可能である.

c. クロマトグラフィー

薄層クロマトグラフィーおよびペーパークロマトグラフィーは,簡便に糖の同定や,糖混合物の組成分析を行う方法として有効である.基本的には定性分析に用いるものであるが,呈色試薬で発色させデンシトメーターで分析することにより半定量解析も可能である.

ガスクロマトグラフィーは,微量で分析でき,かつ分離能のよい方法である.普通,メチル化,アセチル化,あるいはトリメチルシリル(trimethylsilyl,TMS)化した糖の形で分析に供されるが,アルドースの TMS 化物は α-および β-の 2 つのアノマーに分離され,同定に便利である反面,他の糖と重なる危険性がある.アルドースを還元して得られるアルジトールの TMS 化物は単一のピークを与えるが,同一の還元生成物が 2 つの糖からできることが

ある.したがって,糖そのままと還元生産物を両方ともTMS化し,ガスクロマトグラフィーでの溶出パターンを比べて同定することも有効である.

高速液体クロマトグラフィーも,微量で分解能のよい方法としてよく用いられている.主にイオン交換樹脂を基本とした糖分析用カラムが各社から市販されている.また,単糖やオリゴ糖を2-アミノピリジンを用いてピリジルアミノ化することで蛍光標識し,蛍光検出逆相HPLCを用いて高感度分析する手法も開発されている.

これらの分離法の一部については,第4章に理論を含めた基礎的な内容が記載されている.また,一般的な参考書としては多数の成書[9-11]がある.

d. 機器分析

糖質の解析において,質量分析,核磁気共鳴,赤外吸収などの機器分析は強力な解析手法である.これらの手法の原理,実験手法についても第4章に記載されているので参照してほしい.

5.1.4 多糖の抽出・構造解析法
a. 抽 出

多糖類は単純多糖(ホモ多糖)や複合多糖(ヘテロ多糖)のような糖のみから構成されるものと,糖タンパク質,糖脂質およびペプチドグリカンのような糖以外の物質との複合体である複合糖質とに分けられる.複合糖質から糖鎖を分離するためには,ヒドラジン分解,トリフルオロアセトリシスなどの化学的切り出し,エンドグリコシダーゼ群,グリコペプチダーゼ,N-グリカナーゼ,エンドグリコセラミダーゼなどを用いた酵素的切り出しを行う.ポリマービーズを用いて糖鎖のみを選択的に捕捉する方法(グライコブロッティング法)[12]が開発されており,多種多様な物質の混合物である生体試料から簡便に糖鎖のみを抽出することが可能である.この方法を自動化した装置も開発されており,多検体の迅速な解析が可能となっている.

b. 構造解析

構造解析にあたっては,抽出・精製した多糖を部分アセトリシスすることで生成するオリゴ糖の構造解析を行い,単糖の組成と配列順序(一次構造)を決定する.さらにメチル化あるいはスミス分解などにより各単糖の炭素位の解析をするというのが一般的な方法である[13].各種エキソグリコシダーゼ,グリコシルトランスフェラーゼなどの酵素を用いた加水分解および修飾による方法,蛍光標識やトリチウム標識後,HPLCにより分析する方法なども用いられている[14,15].

2種類あるいは3種類のHPLCカラムを組み合わせることにより行われる二次元/三次元糖鎖マップ法[14]は,オリゴ糖をきわめて効果的に分離することが可能であり,構造分析の手段としても有効である.ピリジルアミノ化した糖鎖を2~3種類のHPLCカラムを用いてマッピングしたデータも公開されている[16].2-アミノベンズアミド化した糖鎖を同様に解析する方法もある[17].

近年高分解能NMR装置を用いたプロトンNMRや二次元NMRも糖鎖の構造研究に利用されるようになってきた.将来的にあらゆるオリゴ糖のNMRスペクトルのデータが集積されれば,この方法は糖鎖構造の解析法として大変有効な方法となることが期待される.またMALDI-TOF/MSを用いた質量分析とNMR解析を組み合わせた方法も糖鎖構造解析に用いられている(4.2.2.a項参照)[18].

5.2 脂 質

脂質は水に不溶で,エーテル,クロロホルム,メタノールなどのいわゆる有機溶媒に可溶の物質群としてかなり漠然と定義され,単純脂質,複合脂質,誘導脂質に大別される.単純脂質は脂肪酸とアルコールがエステル結合だけで結合したもの,複合脂質は脂肪酸,アルコールに加え,リン酸,糖,タンパク質などが結合したもの,誘導脂質は脂肪酸など,脂質の加水分解によって誘導されるものをいう.また,脂肪(油脂,中性脂肪)とはグリセロールに脂肪酸が3つエステル結合した構造をもつトリアシルグリセロール(トリグリセリド)を示し,一般に常温で液体のものを油(脂肪油),固体のものを脂肪と呼ぶ.

エネルギー源となるトリアシルグリセロール,生体膜の構成成分であるリン脂質やコレステロール,生理活性脂質として働くステロイドホルモンやプロスタグランジンなど,脂質に分類される物質の種類は多く,またそれらの性質も多岐にわたる.したがって,一般に脂質の分析実験においては,分析の対象とする脂質の種類,分析目的などにより実験操作はかなり異なったものとなる.ここでは脂質の分離,分析・同定,定量を行う場合の一般的な操作法について述べる.脂質のそれぞれの分離・分析法の詳細については成書[19-24]を参照してほしい.

5.2.1 脂質の抽出法
a. 溶媒による抽出

　一般に中性脂肪などの単純脂質はエーテル，クロロホルムなどの非極性溶媒で抽出され，膜結合脂質などの抽出にはエタノール，メタノールなどの極性溶媒が使用される．また，水分除去効果の点からはアセトン，水溶性非脂質成分除去の目的では炭化水素系溶媒も用いられる．したがって，抽出に際してはこれらの組み合わせ，たとえばアセトン→エーテル→クロロホルム→メタノールの順で抽出する方法などが用いられている．しかし，通常このようにして得られる抽出液中には非脂質水溶性成分が混入してくるので，何らかの方法でそれを除去する必要がある．

　〔注1〕　一般に抽出溶媒は多量に使用するため，微量の不揮発性成分でも濃縮されることになり，分析・同定の際に好ましくない結果を与える可能性がある．そのため，抽出には不揮発性物質含量0.001%以下の十分精製した溶媒を使用すべきである．アルコール，エーテル，塩素系溶媒は貯蔵中にそれぞれアルデヒド，過酸化物，ホスゲンを生ずる場合が多いので，できるだけ使用前に精製し，褐色びん中に保存する．ただし，長期保存は避けた方がよい．石油エーテル，ベンゼン，アセトンなどは比較的安定である．

　〔注2〕　操作中における夾雑物の混入を最小限にするためには，脂質実験に用いる器具の材質についても注意すべきである．たとえば，ゴム栓，ビニール管，ポリエチレン管など有機溶媒可溶性物質の使用は避けるべきであり，分液漏斗，カラムなどのすり合わせにグリースを用いることやコルク栓の使用も好ましくない．テフロン製の管や栓は使用してよい．

b. 総脂質の抽出

　食品や生体成分からの総脂質の抽出には，Folch法（CM法ともいう）[25]がよく用いられている．クロロホルム-メタノール（2：1）混液中に試料を投入して脂質を抽出した後，抽出液を水中（0.5%食塩水溶液中）に放置し，混在する非脂質水溶性成分を水中に拡散させて除去する方法である．この方法は若干の，特に水溶性の大きいリン脂質が水中に失われる可能性もあるが，脂質と非脂質成分とを比較的定量的に分ける方法として広く利用されている．簡便法として，最初の抽出液から遠心あるいは濾過操作で不溶物を除き，その後溶媒を除去するだけの方法も用いられる．非脂質成分の除去には上述の分配以外に，イオン交換樹脂カラムを用いる方法などもある．

　Folch法の改良法であるBligh-Dyer法[26]も総脂質を抽出する方法としてよく用いられ，水溶性成分と脂溶性成分の分離に用いられる．クロロホルム，メタノール，水を一定の比率で混合したものに試料を添加してボルテックスし，遠心分離すると2層に分離し，上層に水とメタノールに微量のクロロホルムが溶解したもの，下層にクロロホルムとメタノールに微量の水が含まれるものがくる．脂質は下層の有機溶媒層に含まれ，有機溶媒をエバポレーター等で除去することで回収できる．

c. 総脂質の定量

　総脂質の量は脂質の定義とも関連があり，それほど明確に規定できる量ではない．通常，総脂質の定量法としては，抽出されやすい形にした試料を上述のFolch法，Bligh-Dyer法などにより抽出し，溶媒留去，乾燥後，秤量して求める重量法が使用されている．すなわち，あらかじめデシケーターの中で恒量になるまで乾燥した秤量用容器に試料抽出液の少量をとり，デシケーター中で減圧・乾固し，恒量に達するまで微量直示天秤で秤量を繰り返すことで総重量を算出する．

d. 抽出操作および保存時の留意点

　抽出操作を行う際に留意すべき点は，抽出過程における脂質の変質を最小限にすることである．そのため，できるだけ穏和な条件下で抽出し，できれば室温以下で操作することが望ましい．また，酸素との接触による自動酸化などを防ぐため，抽出操作は不活性ガス（窒素）気流中で行うことが望ましい．必要に応じて遮光したり微量の抗酸化剤を加えることも有効である．

　抽出した試料を保存する場合は，蒸留した新鮮なクロロホルム-メタノールに溶解し，共栓フラスコの口まで溶媒を満たし，フリーザー中（−20℃）で保存する．ただし，長期の保存は避けるべきである．乾燥状態での脂質の保存は，小型デシケーターに乾燥用シリカゲル，若干量の五酸化リンとともに試料を入れ，真空にしてから窒素充填する操作を2〜3回繰り返す．これを塩化カルシウムおよび少量のピロガロールを入れた大型真空デシケーターに入れ，同様に窒素充填後，低温室に保存する．溶液状での保存の場合は，0.5〜1%程度の無水エタノール溶液がよく使用されている．

5.2.2 脂質の分離・分析法
a. 溶媒分画法（4.1.3.c項参照）

　脂質の有機溶媒に対する溶解度の差を利用した分画法であるが，組成含量比に大きい差異がある場合はあまり有効でない．単純脂質とリン脂質の分離によく用いられるアセトン沈殿法の他に，熱ピリジン分画法，向流分配法などがある．種々の溶媒を組み合わせた分画法の例を図5.1に示した．

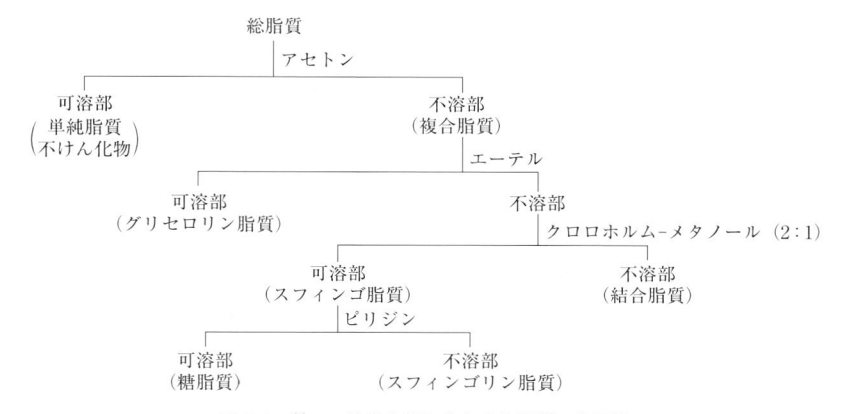

```
                    総脂質
                      │アセトン
          ┌───────────┴───────────┐
        可溶部                    不溶部
      (単純脂質)                (複合脂質)
      (不けん化物)                  │エーテル
                       ┌───────────┴───────────┐
                     可溶部                    不溶部
                  (グリセロリン脂質)               │クロロホルム-メタノール (2:1)
                               ┌───────────┴───────────┐
                             可溶部                    不溶部
                          (スフィンゴ脂質)             (結合脂質)
                               │ピリジン
                    ┌──────────┴──────────┐
                  可溶部                  不溶部
                (糖脂質)            (スフィンゴリン脂質)
```

図 5.1 種々の溶媒を組み合わせた脂質の分画法

b. 薄層クロマトグラフィー（4.1.9 項参照）

薄層クロマトグラフィーはトリグリセリド，リン脂質，糖脂質，不けん化物などの分離・精製の手段として使用されてきた．一般に溶媒分画法，カラムクロマトグラフィーなどにより分画された各区分より個々の脂質成分を単離するのに使われることが多いが，場合により総脂質そのものを単離用試料とすることも可能である．

吸着剤としてはケイ酸（シリカゲル）が圧倒的に多いが，不飽和度の異なる同種脂質の相互分離には硝酸銀添加プレートもよく使用される．展開溶媒としては単純脂質の場合は石油エーテル（またはヘキサン）-エーテル系など，複合脂質の場合はクロロホルム-メタノール系などが多用されている．二次元展開することによりスポットの分離を改善することが可能である．

分離した脂質全般のスポットの検出は，ヨウ素蒸気法や，感度の高い炭化法（硫酸法）で行う．スポットから脂質を抽出する際には，展開後，スポットを非破壊的な方法（水，ヨウ素蒸気など）で検出するか，薄層の一部を発色させて位置を確認し，かきとって抽出する．炭化法は，脂質を炭化分解して発色する破壊的な方法であることに留意が必要である．抽出には，非極性脂質に対してはエーテルや石油エーテル，極性脂質に対してはクロロホルム-メタノール系溶媒を用いる場合が多い．

スポットの同定には，未知試料の R_f 値を，同時に展開した標準品の R_f 値と比較して同定を行うが，各脂質成分に特異的な呈色試薬の噴霧による発色も同定の一助となる．

c. カラムクロマトグラフィー（4.1.11 項参照）

脂質の分離・分析によく使用されるのはケイ酸およびDEAEセルロースカラムである．前者は主として単純脂質，リン脂質，糖脂質相互間の分離・分析，後者は主として単純脂質，複合脂質間の分離，複合脂質の分析などに用いられている．たとえばケイ酸カラムによるリン脂質の分離の場合，クロロホルム-メタノールの展開溶媒系でメタノール濃度を段階的に増すことにより，単純脂質，強酸性リン脂質，ジアシルグリセロリン脂質，スフィンゴミエリンの順で溶出される．

d. ガスクロマトグラフィー（4.1.10 項参照）

同定は，同一条件下で分析した未知試料と標品の保持時間（t_R）を比較することにより行うが，これは特にキャピラリーカラムなどの分離能のよいカラムを用いた場合には有力な同定手段である．トリグリセリドやコレステロールエステルのようにそのままの形で分析可能なものもあるが，大部分はトリメチルシリル（TMS）誘導体やアセチル誘導体にしてから分析する．定量はチャートのピーク面積の比較で行う．

e. 高速液体クロマトグラフィー（4.1.12 項参照）

高速液体クロマトグラフィーは分析時間が短く，分離能もよいので，トリグリセリド，脂肪酸（エステル），ステロイド，脂溶性ビタミン，リン脂質，糖脂質などの分析に広く用いられている．一般的にはケイ酸カラムを用い，順相および逆相クロマトグラフィーを行う．検出には，水素炎イオン化検出器，示差屈折計，紫外線検出器，蒸発光散乱検出器が用いられる．また，コロナ荷電化粒子検出器（カラム溶出液から移動相を揮発させ，残った不揮発性成分粒子に正電荷をもたせて電気的に検出する装置）などの脂質の検出に有効な検出器も開発されている．同定は，同一条件下で分析した未知試料と標品の

保持時間（t_R）を比較することにより，また定量はチャートのピーク面積の比較で行う．

f. 機器分析

分離精製した脂質を同定するためには，通常，機器分析によってその構造解析を行う．機器分析としては，紫外スペクトル法，赤外スペクトル法，核磁気共鳴法，電子スピン共鳴法，質量分析などが用いられるが，脂質研究でもっともよく用いられるのは，赤外スペクトル分析と質量分析（マススペクトル分析）である．質量分析については，ガスクロマトグラフあるいは HPLC と質量分析計（マススペクトロメーター）を直結した装置を用いて，分離された物質をそのまま分析する GC-MS 法，LC-MS 法がしばしば用いられる．

5.2.3 油脂一般試験法

食品工業や化学工業において油脂の性状を評価するための物理的あるいは化学的試験法は多数あるが，これらを一括して油脂の一般試験法と呼んでいる．たとえば，油脂の化学的性質を大まかに表現する係数として，構成脂肪酸の平均分子量を示す「けん化価」，油脂の不飽和度を示す「ヨウ素価」，油脂中の遊離脂肪酸量を示す「酸価」，油脂の過酸化の程度を示す「過酸化物価」（初期段階における酸敗度），油脂の酸化度を示す「TBA（チオバルビツール酸）価」（後期の酸化度）などがある．油脂の一般試験法の詳細については，成書[24, 27]を参照してほしい．

けん化価およびヨウ素価は，同種の油脂でほぼ一定の値を示すもの（化学的特数）であり，前者は「油脂1gを完全にけん化（アルカリ存在下でのアルコールと脂肪酸への加水分解）して生じる脂肪酸を中和するのに要する水酸化カリウムの mg 数」，後者は「試料 100 g に対し反応するハロゲン化ヨウ素の量をヨウ素（I_2）のg数で表した値」として示される．

酸化価，過酸化物価および TBA 価は，油脂の変質の度合いを示すもの（化学的変数）であり，それぞれ，「油脂1gに含まれる遊離脂肪酸を中和するのに要する水酸化カリウムの mg 数」，「試料1kg中に含まれる過酸化物の mg 当量」および「油脂3g中，酸敗により生成したアルデヒドと TBA 試薬との反応生成物（赤色色素）の 530 nm における吸光度（あるいはこれを 100 倍した値）」として示される．

5.3 タンパク質

食品中のタンパク質は，炭水化物，脂質と並ぶ3大栄養素の1つであり，アミノ酸の供給源となる．また，タンパク質が加水分解されて得られるペプチドには，さまざまな生理調節機能が見出されてきている．一方で，タンパク質は食品に固有の物性や構造を与える役割を担っており，食品のテクスチャーや加工特性の形成にも重要な働きをしている．

実験対象としてのタンパク質は，食品由来のものであっても，その取扱い方法は他の生物由来のものに対する方法と基本的に違いはない．第6章でタンパク質の一般的な取扱い方法について詳細に述べられており，牛乳から乳清タンパク質である β-ラクトグロブリンを分離する実験例（6.3.2 項）も示されているので，参照してほしい．また，食品タンパク質の物性，機能特性に関する実験は成書[28, 29]でも取り上げられているので参考にしてほしい．

［戸塚　護］

5.4 ビタミン・色素成分

5.4.1 ビタミン

ビタミンとは，生物の生存・生育に微量が必要な有機化合物で，動物体内でつくることが困難な物質の総称である．したがって，生物種ごとにビタミンとなる物質は異なることになり，食物から摂取する必要がある．ビタミンはその溶解性により，大きく脂溶性ビタミンと水溶性ビタミンの2つに分類され，ヒトのビタミンとしては，4種の脂溶性ビタミンと9種の水溶性ビタミンが認められている．

ビタミンの定量法には，各化合物の化学的特徴を利用した方法と，微生物の栄養要求株の生育を指標とする生物学的方法が用いられている．一般の食品中のビタミン量を測定する場合には，目的ビタミンを抽出するとともに反応阻害物を除去するなど，各試料に応じた方法が必要となる．各ビタミンの抽出法と測定法を表 5.2 にまとめた．それぞれの方法の詳細については成書[30, 31]を参照してほしい．

a. 脂溶性ビタミン

i) **ビタミン A（レチノール）**　ビタミン A は，レチノール，レチナール，レチノイン酸とその誘導体からなり，レチノイドと総称される．ヒト血液中のビタミン A はレチノールが主な化合物であり，レチナールは網膜の視細胞において光受容を担うロ

表5.2 ビタミンの抽出・測定法（文献[35]を一部改変）

化合物	試料調製法	測定法
脂溶性ビタミン		
ビタミンA（レチノール）	けん化後，不けん化物を抽出分離，精製	ODS系カラムと水-メタノール混液による紫外部吸収検出-高速液体クロマトグラフ法
プロビタミンA（α-カロテン，β-カロテン，クリプトキサンチン）	エタノール抽出後，けん化，抽出	ODS系カラムとクロロホルム-メタノール溶液による可視部吸収検出-高速液体クロマトグラフ法
ビタミンD（カルシフェロール）	けん化後，不けん化物を抽出分離	逆相型カラムとアセトニトリル-メタノール混液による分取高速液体クロマトグラフ法の後，順相型カラムと2-プロパノール-n-ヘキサン混液による紫外部吸収検出-高速液体クロマトグラフ法
ビタミンE（トコフェロール）	けん化後，不けん化物を抽出分離	順相型カラムと酢酸-2-プロパノール-n-ヘキサン混液による蛍光検出-高速液体クロマトグラフ法
ビタミンK（K_1：フィロキノン，K_2：メナキノン）	ヘキサン抽出後，精製	還元カラム-ODS系カラムとエタノール-メタノール混液による蛍光検出-高速液体クロマトグラフ法
水溶性ビタミン		
ビタミンB_1（チアミン）	酸性水溶液で加熱抽出	ODS系カラムとメタノール-0.01 mol/lリン酸二水素ナトリウム-0.15mol/l過塩素酸ナトリウム混液による分離とポストカラムでのフェリシアン化カリウムとの反応による蛍光検出-高速液体クロマトグラフ法
ビタミンB_2（リボフラビン）	酸性水溶液で加熱抽出	ODS系カラムとメタノール-酢酸緩衝液による蛍光検出-高速液体クロマトグラフ法
ナイアシン	酸性水溶液で加圧加熱抽出	*Lactobacillus plantarum* ATCC8014による微生物学的定量法
ビタミンB_6（ピリドキシン）	酸性水溶液で加圧加熱抽出	*Saccharomyces cerevisiae* ATCC9080による微生物学的定量法
ビタミンB_{12}（コバラミン）	緩衝液およびシアン化カリウム溶液で加熱抽出	*Lactobacillus delbrueckii* subsp. *lactis* ATCC7830による微生物学的定量法
葉酸	緩衝液で加圧加熱抽出後，プロテアーゼ処理，コンジュガーゼ処理	*Lactobacillus rhamnosus* ATCC7469による微生物学的定量法
パントテン酸	緩衝液で加圧加熱抽出後，アルカリホスファターゼ，ハト肝臓アミダーゼ処理	*Lactobacillus plantarum* ATCC8014による微生物学的定量法
ビオチン	酸性水溶液で加圧加熱抽出	*Lactobacillus plantarum* ATCC8014による微生物学的定量法
ビタミンC	メタリン酸溶液で摩砕抽出，酸化型とした後，オサゾン生成	順相型カラムと酢酸-n-ヘキサン-酢酸エチル混液による可視部吸光検出-高速液体クロマトグラフ法

ドプシンを構成する分子である．レチノイン酸は，シグナル伝達分子として遺伝子発現，細胞分化において，広く重要な機能を果たしている．

試料からのビタミンAの抽出は，けん化後，不けん化物を抽出することにより行う．ビタミンAは光や酸化に対して著しく不安定であるため，抽出時には常温以下で遮光，酸化防止（窒素ガス気流中，抗酸化剤添加）など緩和な抽出条件を心がける．保存時も減圧下あるいは窒素ガス，アルゴンガスを充填した状態で，遮光容器中，冷暗所で保存する．

ビタミンAの分析には，薄層クロマトグラフィー，ガスクロマトグラフィー，HPLCが一般に用いられ，蛍光光度法，紫外部吸光法で検出・定量する．その中でもHPLCが最もよく用いられており，極性の低いレチノイド（レチノール，レチニールエステル，レチナールなど）の分離には順相の，極性の高いもの（レチノイン酸など）の分離には逆相のHPLCが適している．水や脂質を多く含む純度の低い試料の分析にも逆相HPLCを用いる．

α-カロテン，β-カロテン，β-クリプトキサンチンはプロビタミンAと呼ばれ，生体内でビタミンAに転換されレチノールと同様の活性を示す．食品や生体試料中に含まれるプロビタミンAの大部分はβ-カロテンである．試料のエタノール抽出物をけん化した後，可視部吸光計を検出器としたHPLCで定量する．

ii) ビタミン D（カルシフェロール） ビタミン D（カルシフェロール）は骨形成に重要なビタミンであり，側鎖構造の異なるビタミン D_2（エルゴカルシフェロール）と D_3（コレカルシフェロール）がある．動物性食品には D_3 が，植物性食品には D_2 が多く含まれている．内因性のビタミン D は D_3 であり，皮膚に存在する前駆体（プロビタミン D）が紫外線照射を受けて生成する．D_2 は主として外来性のものである．ともに肝臓や腎臓の水酸化酵素によって活性化型ビタミン D である 1,25-$(OH)_2$-D_2，1,25-$(OH)_2$-D_3，あるいは非活性化型である 24,25-$(OH)_2$-D_2，24,25-$(OH)_2$-D_3 に変換される．前者はラジオレセプター法（radioreceptor assay, RRA），後者は競合的タンパク質結合法（competitive protein binding assay, CPBA）で定量する．順相および逆相型カラムを用いた HPLC 法で紫外部吸光法にて検出する．

iii) ビタミン E（トコフェロール） 植物に含まれる天然の抗酸化剤であり，脂質の過酸化の阻止，生体膜の機能維持に働いている．天然にはメチル基の位置の異なる α-，β-，γ-，および δ- の4つのトコフェロールと4つのトコトリエノールがあり，通常遊離型で存在する．トコトリエノールはトコフェロールと比べてビタミン E 活性は低い．試料からの抽出は，けん化した後，不けん化物画分を回収する．分析・定量は順相カラムを用いた HPLC で行うのが一般的である．検出には蛍光光度計を用いる．後掲の 5.5.4 項の実験例を参照のこと．

iv) ビタミン K（K_1：フィロキノン，K_2：メナキノン類） 天然のビタミン K には，緑黄色野菜や植物油脂などに含まれるフィロキノン（ビタミン K_1）と，チーズや納豆に含まれ，細菌がつくり出すメナキノン類（ビタミン K_2）がある．K_2 は腸内細菌によっても合成される．K_1，K_2 の生理活性はほぼ同等であり，血液凝固や骨へのカルシウム定着に必要なビタミンである．試料からの抽出にはヘキサンを用い，蛍光光度計を検出器とした HPLC で精製・定量する．

b．水溶性ビタミン

水溶性ビタミンには，ビタミン B 群（B_1，B_2，ナイアシン，B_6，B_{12}，葉酸，パントテン酸，ビオチンの8種）とビタミン C がある．B 群はいずれも補酵素として働く．

i) ビタミン B_1（チアミン） 鈴木梅太郎が脚気を予防・治療する因子として米ぬかから抽出し，オリザニンと命名した物質である（コラム参照）．生体内でチアミン二リン酸に変換され，各種酵素の補酵素として働く．抽出には加熱した酸性水溶液を用い，精製には HPLC を用いるのが一般的である．また，検出・定量には，ビタミン B_1 を赤血塩や臭化シアンと反応させて青色蛍光を発するチオクロムに変化させ，その蛍光強度を測定する方法（チオク

コラム： 鈴木梅太郎のビタミンB_1の発見

鈴木梅太郎

わが国最大級のバイオ系学会の1つである日本農芸化学会を創立し，初代会長としてその発展の基礎をつくったのが鈴木梅太郎（1874〜1943）である．しかし，鈴木の最大の功績として知られているのは，やはりビタミン B_1 の発見だろう．今から一世紀前の 1911 年に，米ぬか中に脚気を予防する新規成分が存在することを示した世界最初の論文が，鈴木により東京化学会誌に掲載された．この時点では成分の本体は解明できておらず，論文中には「該有効成分を仮にアベリ酸（aberisaure）と命名し，化学的性質の判明したる後，さらにこれを改正せんと欲す．」という記述がある．その結晶が分離できたのは 15 年後のオランダ，構造が決定されたのは 25 年後の米国であり，また命名に関しても，この物質の発見を鈴木と競った C. Funk（ポーランド）の提唱した「Vitamin(e)」が採用されたことは残念であった．しかし，一世紀も前に欧米との熾烈な競争に臆することなく立ち向かい，ノーベル賞候補として推薦されるまでになった鈴木のような研究者が我々の先達の中にいたということをもう一度思い出したい．

実は鈴木の業績はビタミン B_1 の発見にとどまらない．「産業の発達は科学の進歩により達成される」という信念のもと，農林水畜産業・農産製造業の体系化，技術の発明・改良に奔走した鈴木の活力は人間離れしている．東京大学農学部の教官を務める傍ら，理化学研究所で行ったビタミン，薬品，酒の基礎・応用研究，さらには「国民糧食の安定及び改良」という標語のもとに進めた各種加工技術の発明，日本最初の育児用粉ミルクの開発なども，世界に誇る高品質な製品を生産する日本の食品産業創出の呼び水となった．

基礎研究と応用研究を融合させ，社会が直面している問題の解決に取り組むという農芸化学の理念は今も必要とされている．若者たちの中から第二，第三の鈴木が生まれることを期待したい． ［清水 誠］

ロム蛍光法）が用いられる．この方法ではビタミン B_1 リン酸エステル類もすべてその対応するチオクロムに変換される．HPLC による定量法としては，カラムで分離する前にチオクロムに変換するプレカラム法と，カラム分離後にチオクロム化するポストカラム法がある．

ii）**ビタミン B_2（リボフラビン）** リボフラビンは生体内でフラビンモノヌクレオチド（FMN）へ，さらにフラビンアデニンジヌクレオチド（FAD）へと変換され，両化合物はフラビン酵素と呼ばれる酸化還元酵素の補酵素として働く．リボフラビンの水溶液は黄色を呈する．抽出には加熱した酸性水溶液を用いる．総ビタミン B_2 量はリボフラビン，FMN，FAD の量を合わせたものである．いずれもアルカリ性光分解でルミフラビンを生じるため，これをクロロホルムで抽出しその蛍光を測定する方法（ルミフラビン蛍光法）が，感度，特異性の点で総ビタミン B_2 量の測定に適した方法である．それ以外に可視部吸収を測定する比色法，B_2 固有の蛍光を測定する蛍光法も用いられる．個々の誘導体の測定には可視部吸収，蛍光光度を検出系とした HPLC を用いる．

iii）**ナイアシン（ビタミン B_3）** ナイアシンはニコチン酸とニコチン酸アミドの総称であり，生体内では主としてニコチンアミドアデニンジヌクレオチド（NAD）あるいはニコチンアミドアデニンジヌクレオチドリン酸（NADP）として存在する．生体内で 300 種以上の酸化還元酵素が NAD，NADP を補酵素とする．生体中に最も多量に存在するビタミンであり，一部トリプトファンから生合成されている．試料からは酸性水溶液を用いて加圧加熱抽出する．栄養素としてのビタミン活性を有する化合物の総量としてナイアシン含量を測定するためには，ナイアシンの栄養要求性乳酸菌（*Lactobacillus plantarum* ATCC8014）の生育を指標として用いた微生物定量法（ナイアシン定量用基礎培地法）が適しており，汎用されている．

iv）**ビタミン B_6（ピリドキシン）** ビタミン B_6 化合物は，主にピリドキシン，ピリドキサール，ピリドキサミンとこれら化合物のリン酸エステルの 6 種である．アミノ酸および脂質の代謝，神経伝達物質の生成等に関与する．ビタミン B_6 は光，特に紫外線に対して不安定なため，抽出等の操作は暗所で，または遮光して行う必要がある．個々のビタミン B_6 化合物の分離・定量には HPLC が用いられるが，総ビタミン B_6 量の定量には *Saccharomyces cerevisiae* ATCC9080 を用いた微生物学的定量法が用いられる．リン酸エステル型は菌が利用できないため，あらかじめ酸処理などで加水分解して遊離型にする必要がある．

v）**ビタミン B_{12}（コバラミン）** ビタミン B_{12} は，生体内でシアノコバラミン，メチルコバラミン，ヒドロキソコバラミン，アデノシルコバラミンなどの形で存在する．シアノ型に変換した後，*L. delbrueckii* subsp. *lactis* ATCC7830 を用いた微生物学的定量法により定量する．

vi）**葉酸（ビタミン B_9）** 葉酸は核酸，アミノ酸の生合成，代謝に重要なビタミンである．プテロイルグルタミン酸とも呼ばれる物質で，生体内で還元によりジヒドロ葉酸，さらにテトラヒドロ葉酸に変換された後，補酵素として働く．また，γ-グルタミン酸が重合した誘導体も存在する．これらを葉酸の総量として定量するためには，コンジュガーゼ（γ-グルタミルカルボキシペプチダーゼ）で重合した γ-グルタミン酸を加水分解した後，*L. rhamnosus* ATCC7469 を用いた微生物学的定量法により定量する．

vii）**パントテン酸** パントテン酸は，アセチル化を行う酵素の補酵素であるコエンザイム A（CoA）の構成成分であり，糖，脂質の代謝にかかわる酵素反応に関与している．食品中では遊離型より CoA，ホスホパンテテイン（CoA 合成の代謝中間体）などの結合型として存在する．パントテン酸の総量を定量するには酵素（アルカリホスファターゼ，ハト肝臓アミダーゼ）を用いて，結合型を遊離型に変換してから，*L. plantarum* ATCC8014 を用いた微生物学的定量法に供する．乳および乳製品からのパントテン酸の定量には HPLC 法が用いられている．

viii）**ビオチン** ビオチンはカルボキシラーゼの補酵素として炭素固定，炭素転移の反応に関与している．ビオチンの定量も微生物学的定量法で行う．食品・生体試料中のビオチンは大部分がタンパク質と結合しているため，酸加水分解，あるいはパパインなどのプロテアーゼで処理し，遊離ビオチンにする必要がある．一般的には硫酸加水分解で前処理した試料を中和した後，*L. plantarum* ATCC8014 を用いた微生物学的定量法で測定する．ただしこの微生物学的定量法では，ビオチン活性のない誘導体は測定できないことに留意する必要がある．

ix）**ビタミン C（アスコルビン酸）** ビタミン C はコラーゲン合成に重要な化合物であり，不足すると正常なコラーゲン合成ができなくなり壊血病を引

き起こす．また，水溶性の抗酸化剤としても機能している．

総ビタミンC量の定量は，ヒドラジン法で行う．この方法では，還元型（アスコルビン酸）をインドフェノール溶液ですべて酸化型（デヒドロアスコルビン酸）に変換する．後者を加水分解して生じる2,3-ジケト-L-グロン酸に2,4-ジニトロフェニルヒドラジンを反応させ，精製するオサゾンをHPLCで分離し，比色定量する．ヒドラジン法は比較的感度・特異性が高く標準法として広く用いられている．ビタミンCとしての生物活性がない2,3-ジケト-L-グロン酸も定量値に含まれることに注意が必要である．

また，特異性はやや劣るものの操作が簡単な，α, α'-ジピリジル法も用いられる．この方法はビタミンCの還元力を利用した方法であり，血漿中のビタミンCの測定などの簡便法として用いられている．

5.4.2 色素成分

色素は食品に色をつけ食欲を起こさせるだけではなく，抗酸化活性など重要な機能性をもつものも多く，その抽出，単離，定性・定量分析は重要である．食品に含まれる主な色素成分を化学構造から分類すると以下のようなものがある．

a. 色素成分の種類

i) ポルフィリン系色素

クロロフィル 緑黄色野菜，未熟果実，海藻類に含まれる脂溶性の緑色色素で，テトラピロール環（ポルフィリン環あるいはクロリン環）の中心にMg^{2+}が配位した分子内錯塩である．

ヘム色素 筋肉タンパク質のミオグロビンや赤血球に存在するタンパク質のヘモグロビンが挙げられる．ポルフィリン環の中心にFe^{2+}が配位した分子内錯塩ヘムを含む赤色色素である．

ii) カロテノイド系色素 野菜や果物，海藻に多く含まれる黄，橙，赤色を呈する脂溶性色素．分子内に多数の共役トランス二重結合をもち，抗酸化作用が強い．炭化水素のみのカロテン類（β-カロテン，リコペンなど），OH基やC=O基などをもつキサントフィル類（ルテイン，アスタキサンチンなど）に大別できる．

iii) フラボノイド系色素 C_6（A環）$-C_3-C_6$（B環）を基本骨格とする一群の化合物群の総称．通常A環の5位，7位にヒドロキシ基が結合した形で存在する．さらにB環の3'位や4'位にヒドロキシ基が結合したものが多く，ポリフェノールと総称される化合物群に包含される．

フラボン，フラボノール 野菜，果物，穀類などに広く分布する淡黄色〜黄色を呈する色素で，配糖体として存在することが多い．

アントシアニン 黒米やアズキ，紫キャベツなどに含まれる赤や紫，青色を呈する水溶性色素で，天然ではシアニジン系配糖体が多い．

iv) 褐変色素 食品成分の反応により生成する褐色色素であり，(1) 植物性食品中，ポリフェノールオキシダーゼの作用による酵素的酸化によって生成するポリフェノール酸化物，(2) アミノ・カルボニル反応によって生成するメラノイジン，(3) 糖の加熱によって生成するカラメルなどがある．

b. 色素成分の抽出・分離・分析法

以上のように色素成分にはさまざまなものがあり，化学的性質の共通点は少ないため，個々の成分ごとに抽出方法，単離法，定性・定量分析法も異なる．以下にその代表的な操作と例を示す．色素成分やその他のさまざまな機能性食品成分の抽出・分析法に関しては成書[32]に詳しく述べられているので，参考にしてほしい．

i) 色素成分の抽出・分離[27,33,34]　色素成分の抽出は一般的に試料をできるだけ細かく粉砕，均質化し適切な溶媒を加えてかくはんすることにより行われる．溶媒としてはクロロフィルでは冷アセトン，カロテノイドではテトラヒドロフラン，アセトンなどの有機溶媒，フラボノールではアルコール水溶液，アントシアニンでは酸性溶液などが主に使われる．抽出後，遠心分離や濾過で残渣を取り除き，カラムクロマトグラフィーにより，色素成分を分離する．

茶葉のクロロフィル測定用試料調製
〔操　作〕
(1) 乾燥した茶葉を粉砕器で粉末化し，茶粉末試料（100 mg）を遠沈管にとる．
(2) 85 % 冷アセトン水溶液（蒸留水を使用）15 mlを加え，ミキサーでホモジナイズ後，遠心分離（10000 rpm×5分）し，上清を50 ml容メスフラスコに入れる．この操作を3回繰り返す．
(3) 85 % 冷アセトンでフィルアップし，メンブレンフィルター（親水性PTFEタイプ，0.45 μl）で濾過して抽出液を得る．

カラムクロマトグラフィーによる緑葉野菜の色素分離[27]
〔操　作〕
(1) 乳鉢でよくすりつぶしたホウレンソウ（約10 g）に石油ベンジン-ベンゼン溶液（9：1）25 ml，メタノール8 mlを加え再度すりつぶして色素を抽

出する．自然濾過後の濾液に水 20 ml を加え分液漏斗で抽出後静置し下層のメタノール層を除去（これを 3～4 回繰り返す），上層をビーカーに移し固体無水硫酸ナトリウムを加えて脱水したものを色素抽出液とする．

(2) カラムの下端に脱脂綿を詰め，酸化アルミニウム，炭酸カルシウム，乳糖を順に重層する．それぞれ 2 cm, 4 cm, 6 cm くらいの高さで重層する．

(3) カラムの上端を乱さないよう注意しながら石油ベンジンを注入し，アスピレーターでゆっくり吸引してカラムの 3 分の 2 程度の高さまで湿らす．

(4) 上層の石油ベンジンを取り除き，ホウレンソウの色素抽出液を注入してゆっくりと吸引することにより色素をカラムに吸着させる．

(5) 色素液が吸着されたら石油ベンジン-ベンゼン溶液（4:1）を流して展開させ，酸化アルミニウムの上端に赤いカロテンの色が現れたら，吸引を止める．

(6) このようにすると色素は酸化アルミニウムの上端のカロテン，乳糖の上からクロロフィル b，クロロフィル a，キサントフィルに分離する．

ii) 色素成分の分析　最近では主に HPLC を利用した分析が行われている．測定用試料と標準試料の保持時間と吸収スペクトルの比較などにより，同定や定量が可能である．ただし，分析条件は各色素に合ったものでなければならない．検出された各ピークを分離精製し，機器分析法（質量分析法，核磁気共鳴法）などを用いて構造解析をする場合もある．

カロテノイドの HPLC を用いた分析[33]　カロテノイドは可視光領域に非常に強い吸収スペクトルを示すため，数 pmol 程度の微量試料で HPLC による同定，定量が可能であるが，安定性と溶解性が低いため，試料調製や試料溶媒の選択には注意が必要である．

〔同定〕　ピークの同定はカロテノイド標準物質を試料に添加し，目的のピークと標準物質のピークが完全に重複することを確認すればよい．また，カラムや移動相の異なる 2 つ以上の条件で標品と同じ挙動を示すことを確かめるのもよい．ただ，構造の類似したカロテノイドはしばしば同一保持時間で溶出されるため，吸収スペクトルの比較も重要である．

〔構造決定〕　カロテノイドと考えられる未知ピークは既知のカロテノイドとの吸収スペクトルや保持時間の比較によってある程度構造を推定することができる．

〔定量〕　標準物質を用いた外部標準法での定量が一般的だが，溶媒の揮発や注入量による測定誤差を抑えるため内部標準法を用いることもある．溶液中のカロテノイドは不安定なため，標準物質溶液は調製後，抗酸化物質の存在下で低温保存し，純度と濃度を使用ごとに検定する必要がある．

5.5　実　験　例

5.5.1　植物試料からの糖の分離・同定

〔操作〕

(1) 皮をむいたバレイショ 50 g を 200 ml の 95% エタノール中におろしでおろしこみ，少量の $CaCO_3$ を加えて 1 時間水浴上で還流抽出する．

(2) 濾過または遠心で透明な抽出液を除き，残渣は 70 ml ずつの 80% エタノールでさらに 4 回抽出する．

(3) 残渣は風乾し，その一部を希 HCl で加水分解し，還元糖を定量してその値を 0.9 倍してデンプン量を求める．

(4) 抽出液を合し，エタノール濃度が 50% になるように水で希釈する．これを氷冷し，100 ml あたり強酸性陽イオン交換樹脂 Amberlite IR-120（H^+）と弱塩基性陰イオン交換樹脂 IR-4B（OH^-）各 5 ml（湿容積）を加え，ときどきかくはんしながら 20 分間放置する．

(5) 樹脂を濾去し，50% エタノールで糖の反応がなくなるまで洗う．

(6) 濾液を合し，ホウ酸ナトリウム溶液が最終 1 mM になるように加える．

(7) Khym & Zill の方法により Dowex-1 borate の樹脂を用いたカラムクロマトグラフィーで分離し，溶出液に対してフェノール-硫酸法で糖を定量する．ピーク画分は呈色反応，濾紙クロマトグラフィーなどによって同定する．

〔注〕　Amberlite IR-120 および IR-4B の市販品（Na 型および Cl 型）はあらかじめ次の処理をしておく必要がある．すなわち，それぞれの樹脂を水とともにカラムに流しこみ，前者には 4 M 塩酸，後者には 4 M 水酸化ナトリウムをカラム容積の 2～3 倍流した後，蒸留水を流して洗う．洗液が，前者では BCG pH 試験紙で，後者では MR pH 試験紙で蒸留水と同じ色調になれば水洗を終わる．後者は特に多量の水が必要である．樹脂は水中に貯える．

5.5.2　大豆少糖類のクロマトグラフィーによる分離・分析

動植物体からアミノ酸，ペプチド，単糖類，少糖

類などの低分子の親水性物質を抽出する場合は，メタノールまたはエタノールを用いることが多い．これは共存する酵素を失活させることと，タンパク質や多糖類が同時に抽出されないようにするためである．大豆のような種子の場合は水分含量が低いので50〜80％アルコールを用いるのが適当である．また，大豆は脂質含量が高いので，あらかじめ溶媒抽出して除く必要がある．したがって，まず大豆を脱脂して脱脂大豆粉を調製し，これを含水アルコールで抽出する．この抽出液中には少糖類の他に灰分やアミノ酸が含まれる．これらは解離性物質であるのでイオン交換樹脂で処理して除く．

〔試　薬〕

・酸性フタル酸アニリン試薬：　水飽和 n-ブタノール（分液漏斗中で n-ブタノールに水を加えて振とうし上層をとる）100 ml にアニリン0.93 g とフタル酸1.6 g を溶解してつくる．噴霧後105℃以上に5分間加熱する．

〔注〕　ヘキソースは茶褐色，ペントースは赤褐色に呈色するので両者を区別することができる．アルドースでもケトースでも同様に呈色する．少糖類の場合は，試薬が酸性であるので加熱中に加水分解をうけて単糖類と同じように呈色する．

・レゾルシン塩酸試薬：　0.2％レゾルシンエタノール溶液9容と，2 M 塩酸1容を使用時に混合する．濾紙に噴霧し，乾燥器（80℃）で加熱すると，ケトースあるいはケトースを含む少糖類は鮮紅色に呈色する．

〔注〕　この場合，加熱しすぎると濾紙全面が暗赤色となって失敗するので注意する．アルドースは呈色しない．発色の便法としては，ガスストーブ，電熱器，ブンゼンバーナーで焼いた金網上などで濾紙をゆっくりあぶり出すとかえって失敗が少ない．

・標準糖液：　D-フルクトース，D-グルコース，D-ガラクトース，D-キシロース，スクロースの各1％溶液，ラフィノースの2％溶液．

〔操　作〕

i）　サンプル調製

（1）脱脂大豆粉および大豆油の調製：　丸大豆を粉砕機で粉砕し，これを5倍量のヘキサン中に浸漬し，油を抽出する．少なくとも1時間浸漬後，濾過して抽出液と残渣を分ける．この操作をさらに2回繰り返す．抽出残渣を風乾して脱脂大豆粉が得られる．抽出液は合わせて減圧蒸留によりヘキサンを留去すれば大豆油が得られる．

（2）少糖類の抽出：　脱脂大豆粉1 g を100 ml 容三角フラスコにとり，80％エタノール30 ml を加え，還流冷却器（長いガラス管をゴム栓に通したものでよい）を付して30分間湯浴中で加熱還流する．不溶残渣を濾し分けて抽出液を得る．

（3）イオン交換樹脂による脱塩：　抽出液に Amberlite IR-120 を2〜3 ml（湿容積）加え，よくふりまぜる．10分間放置した後，イオン交換樹脂を傾斜法（デカンテーション）で除く．次に Amberlite IR-4B を加え，同様に処理する．得られた抽出液を40℃以下の湯浴中で減圧濃縮し，できるだけ少量（0.5 ml 以下）にし，試料溶液とする．

ii）　ペーパークロマトグラフィーによる同定

（1）東洋濾紙 No. 53（40×40 cm）を必要な幅に切り，試料溶液と標準糖液とを濾紙の下端から4〜5 cm，左右両端から3 cm 以上離してスポットする．スポット間の間隔は2 cm 程度とする．スポットはガラスのキャピラリーを用いて行い，乾燥してはスポットすることを繰り返す．

〔注〕　スポットの回数は試料濃度によるが，円形濾紙にスポットして呈色させて試すとよい．検出に用いる呈色試薬の数と同数のスポット済み濾紙が必要である．

（2）クロマトキャビネット（展開槽）中に展開溶媒（n-ブタノール，ピリジン，水の混合液，6：4：3, v/v）を1〜2 cm の深さになるように液槽に入れて濾紙をつりさげ，濾紙の下端を液槽中に浸すと展開が始まる．

〔注1〕　この際，展開を開始する前にしばらくキャビネット中に濾紙を保持し，溶媒蒸気と濾紙とを平衡化させることが望ましい．

〔注2〕　溶媒の上昇速度は温度によって影響されるが，通常一夜で濾紙の上端近くまで浸み上がる．ときには上端に達してしまうこともあるが，厳密な再現性を要求しない実験の場合はさしつかえない．

（3）引き上げた濾紙はピリジン臭が抜けるまでドラフト中で風乾し，酸性フタル酸アニリン試薬とレゾルシン塩酸試薬の2種類の呈色試薬をスプレーにより噴霧して発色させる．呈色したスポットの R_f 値を測定し，標準糖のそれと比較することにより仮の同定を行う．

〔解　説〕　大豆に含まれる単糖類はごく微量であるが，少糖類はかなり多く存在し，10％前後に達する．なかでもスクロースがもっとも多い．この他に上記の方法で検出される少糖類としては，ラフィノースとスタキオース，ときに五糖類のベルバスコースが認められる．図5.2に示したように，ラフィノースはスクロースのグルコース部分にガラクトースが α-1,6-結合した非還元性の三糖類であり，スタキオースはさらにもう1つガラクトースが同様に結合したもの，ベルバスコースは同様にして3個のガラクトースが結合した構造を有している．なお，これらの少糖類は豆類に広く分布しており，たとえ

Gal α1-6 Gal α1-6 Gal α1-6 Gal α1-6 Glc α1-β2Fru

```
                              スクロース
                      ラフィノース
              スタキオース
       ベルバスコース
アジュゴース
```

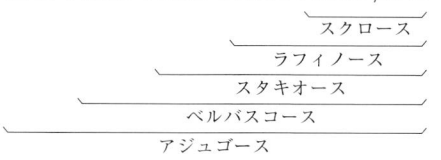

図5.2 大豆少糖類の構造

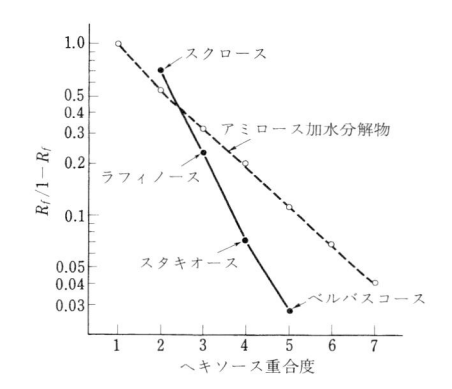

図5.3 少糖類の重合度と R_f 値の関係
展開溶媒：n-ブタノール-ピリジン-水，6:4:3（容量比）．

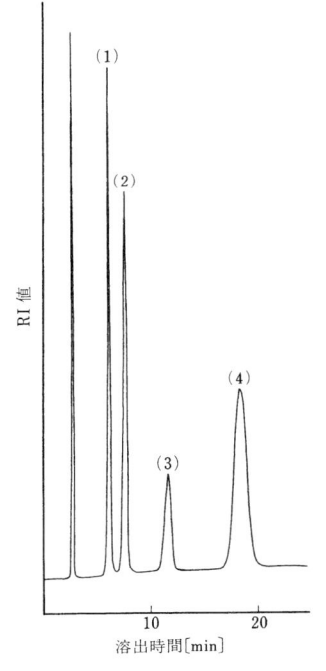

図5.4 糖類の HPLC 分析例のチャート
(1)グルコース，(2)スクロース，(3)ラフィノース，(4)スタキオース．

ば緑豆には六糖類のアジュゴースが認められている．すなわち，これらの少糖類は生合成的に近縁のものである．図5.3に少糖類の重合度と移動度との関係を示した．同系列の少糖類は直線関係を示すことがわかる．

iii) 高速液体クロマトグラフィー（HPLC）による同定　少糖類の分離にはゲル濾過法やイオン交換法も用いられるが，ここでは固定相に親水性基を用いた順相分配クロマトグラフィー法を用いて，少糖類の HPLC による分離，同定を試みる．

〔装置〕ポンプ1台，インジェクター，カラム，検出器（示差屈折計（RI検出器）），インテグレーターを連結し，アイソクラティック溶出（4.1.12.a項参照）で行う．

〔注1〕カラムと充填剤： アミノプロピル基を化学結合させたシリカゲル（NH_2-シリカ）を充填したカラム（4.6 mm×250 mm）を用いる．

〔注2〕糖類は，生体成分の検出に通常用いられる可視領域，紫外領域での吸収がほとんどないので，示差屈折計（RI検出器）を検出器として用いる．RI検出器は，できれば1時間以上前にスイッチを入れ安定化させておくのが望ましい．

〔操作〕あらかじめ十分に脱気したアセトニトリル-水（65:35 (v/v)）を移動相として用いる．カラム温度を室温，流速を 1.0 ml/min に設定してポンプをスタートさせる．インテグレーター上にチャートを書かせ，ベースラインが安定化するのを待つ．i)の(3)で得られた試料あるいは標準糖試料を 10 μl とり，インジェクターに注入する．分析例を図5.4に示す．試料の溶出位置は，移動相の組成を変化させることによって調節可能である．水の比率を増せば，溶出時間は短縮される．同定は，標準糖の溶出時間と比較することにより，また定量はピーク面積を測定することにより行う．

5.5.3 大豆油の脂肪酸の同定と組成決定

大豆油をけん化して遊離脂肪酸を得，これを酸触媒の存在下エタノールと反応させてエチルエステルとする．得られた高級脂肪酸エチルエステル混合物をガスクロマトグラフィーにより分析し脂肪酸組成の決定を行う．

i) 大豆油のけん化による混合脂肪酸の調製

(1) 大豆油 0.5 g を三角フラスコ（100 ml）にとり，2 M 水酸化カリウム-95％アルコール溶液 20 ml を加えた後，沸石を入れ還流冷却器をつけて湯浴中で3時間煮沸還流する．

(2) けん化反応後，十分冷却してから反応液をナス型フラスコに移し，湯浴温度40℃以下でエタノールをロータリーエバポレーターまたはガラスキャピラリーを用いた減圧蒸留装置を用いて留去する．

(3) 留去後，残留した石けんに多量の温水を加え

て溶解させ，その約1/3容の塩酸を加えて弱酸性として石けんを分解する．脂肪酸は透明な液状あるいは一部固形状となり上層に浮かぶ．

（4）ついでナス型フラスコを冷水中につけて液温を十分冷やしてから分液漏斗に移し，水層部とほぼ等容のエーテルを加えて振とうし，脂肪酸層を抽出する．

（5）エーテル抽出液は洗液が酸性を呈しなくなるまで十分水洗した後，無水硫酸ナトリウムを適当量加えて一夜放置する．

（6）脱水したエーテル抽出液は乾燥濾紙で濾過し，さらに容器，脱水剤として用いた無水硫酸ナトリウム，濾紙をエーテルで洗い，洗液を抽出液に合わせる．

（7）エーテルをロータリーエバポレーターなどで留去すると混合脂肪酸が得られる．

ii) 脂肪酸のエステル化

（1）i）で得られた混合脂肪酸を三角フラスコ（100 ml）に入れ，2〜3%の濃硫酸を含む無水エタノールを50 ml加え，沸石を入れた後還流冷却器をつけて湯浴中3時間煮沸還流する．

（2）冷却後，反応液をナス型フラスコに移し，減圧下，湯浴温度40℃以下でロータリーエバポレーターなどにより大部分のエタノールを留去する．

（3）残部を分液漏斗に移し，ほぼ等量の水とエーテルを加えて生成したエステルを抽出する．

（4）エーテル抽出液は十分水洗して残存している硫酸を除く．次に希炭酸カリウム溶液を加えて未反応の脂肪酸を石けんとし，水で十分洗浄する．

（5）水洗後，エーテル溶液に無水硫酸ナトリウムを加えて一夜放置して脱水し，エーテルを留去すると脂肪酸のエステルが得られる．

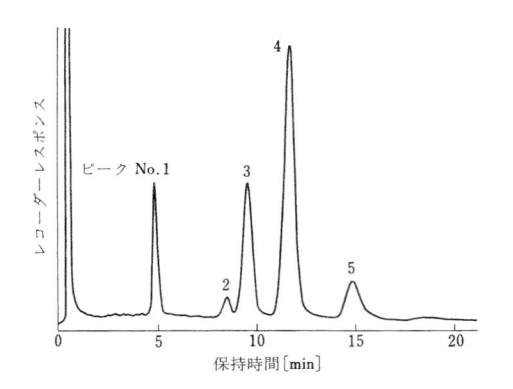

図 5.5 ガスクロマトグラフィーによる大豆油構成脂肪酸エチルエステル試料の分析例

iii) 脂肪酸エチルエステルのガスクロマトグラフィー

ii）で得られたエチルエステル試料は，少量のエーテルが残存している淡黄色の粘稠な液体であるが，ガスクロマトグラフィー分析に際しては，マイクロシリンジによる再現性ある試料採取が可能となるように，エーテルまたはエタノールを少量加えて，適当に希釈して使用する．標品と試料の分析チャートの保持時間をもとに，各ピークの同定を行い，各ピーク面積の比から大豆脂肪酸の組成を求める．ガスクロマトグラフィーによる大豆油構成脂肪酸エチルエステル試料の分析例を図5.5に示す．

5.5.4 油脂中のトコフェロールの分離と定量

植物体に広く存在するトコフェロール（ビタミンE）の分画には，シリカゲルを用いた吸着クロマトグラフィーが有効である．分離同定には，シリカゲルを用いた薄層クロマトグラフィー，逆相系の樹脂やシリカゲルを用いたHPLCが利用される．

i) 植物油脂からの不けん化物の分離

（1）植物油脂2gに60% KOH 2 ml，5%ピロガロール-エタノール10 mlを加え，沸騰水中でときどきふりながら10分間けん化し，室温に戻るくらいまで水冷する．

（2）水50 mlを用いてけん化フラスコ内容物を分液漏斗に移し，エーテル50 mlを加えて振とうする．数分放置すると2層に分かれる．

（3）下層の水層（けん化物）を別の分液漏斗に移し，50 mlのエーテルで再抽出した後，そのエーテル層を最初のエーテル層（不けん化物）と合わせる．

（4）これに，約50 mlの水を加えて振とうし，水層がフェノールフタレインに対して中性を示すまで洗浄を繰り返す．

（5）エーテル層を三角フラスコに移し，約10 gのNa_2SO_4を加えて脱水し，濾過する．

（6）エーテルを蒸発させ，残渣を1 mlのベンゼンに溶解する．

ii) トコフェロールのHPLCによる分離同定

〔装　置〕ポンプ1台，インジェクター，カラム，検出器，インテグレータを連結する．

〔注1〕カラムと充填剤：オクタデシル基を結合したシリカゲル（ODS）を充填したカラム（4.6 mm×250 mm）を用いる．

〔注2〕検出器としては，UV検出器を用いるが，示差屈折計（RI検出器）でもよい．

〔操　作〕n-ヘキサン-イソプロパノール（99：1 (v/v)）を移動相として用いる．カラム温度を室温，流速を1.0 ml/min，検出器の測定波長を290 nmに

コラム: うま味発見から機能性食品開発まで

　食品は，一次機能（栄養特性），二次機能（嗜好特性），三次機能（生理調節機能）を有している．三次機能の考え方は最も新しく，約20年前の1990年代に提唱された．この考え方を世界に先駆けて発信したのは，農学部農芸化学領域の研究者らが中心となって発足させた文部省科学研究費補助金・重点領域「機能性食品」研究班である．日本における食品研究は，明治維新後設立された大学の農学部農芸化学領域において精力的に行われ，このような新たな概念を提示するのに100年近くの年月を要したといえる．

　今からおよそ100年前，東京帝国大学農学部農芸化学科教授であった鈴木梅太郎博士は，当時の国民病であった脚気の原因は米ぬか成分のオリザニン不足によることを明らかにし，その後のビタミンという新たな栄養素概念の礎を築いた．食品の一次機能である，タンパク質，脂質，糖質等の生命活動に必要な栄養素を供給する働きの，ビタミンの部分を世界に先駆けて示したことになる．

　一方，同時期に東京帝国大学理学部化学科教授であった池田菊苗博士は，だし昆布の中よりうま味物質グルタミン酸を発見し，酸味，甘味，苦味，塩味と並ぶ第5の基本味として，うま味と名づけた．現在では，英語でも"umami"と表記される国際語となっている．その後，L-グルタミン酸ナトリウムは「味の素」という商品名をつけ製造販売され，現在の味の素式会社の発展に結びついている．池田博士の発見は，食品の二次機能の嗜好特性にうま味という新たな基本味を加えることにつながった．

　こうした偉大な化学者の教えを受け継いだ多くの農芸化学領域の研究者が，その後，食品に含まれる種々の成分の生理調節機能を明らかにし，その研究成果に基づき，現代では三次機能を活かしたさまざまな機能性食品が創製され，国民の健康維持に活用されている．世界をリードする食品研究が今日も日本で展開されている．

[佐藤隆一郎]

セットし，ボンプを始動させる．インテグレーター上のベースラインが安定したら，i)の(3)で調製した試料を 50 μl 注入する．標準トコフェロールについても同様に分析し，溶出時間から試料中の各トコフェロールの同定を行う．トコフェロールは $\alpha, \beta, \gamma, \delta$ の順に溶出する．また，ピーク面積から定量を行う．

iii) **トコフェロールの薄層クロマトグラフィーによる分離同定**　シリカゲルGの薄層板を用い，展開溶媒としてベンゼンを用いた薄層クロマトグラフィーでもトコフェロールを分離することができる．この場合，トコフェロールはEmmerie-Engel液（0.2% $FeCl_3 \cdot 6H_2O$-エタノール（w/v：使用時調製）と 0.5% α, α'-ジピリジル-エタノール（w/v）を使用直前に等容混合）を噴霧して発色させる．

[戸塚　護・小林彰子]

参考文献および URL

1) 福井作蔵：還元糖の定量法 第2版（生物化学実験法1），学会出版センター，1990
2) 松田和雄編：多糖の分離・精製法（生物化学実験法20），学会出版センター，1987
3) M. F. Chaplin, J. F. Kennedy 編（川嵜敏祐監訳，水野保子訳）：糖質分析の実験マニュアル（廣川 化学と生物実験ライン39），廣川書店，1995
4) 日本生化学会編：糖質I 糖タンパク質（上）（新生化学実験講座3），東京化学同人，1990
5) 新家　龍ら編：糖質の科学（食品成分シリーズ），朝倉書店，1996
6) 西沢一俊ら：生化学研究法I，朝倉書店，1974
7) E. Heftmann (ed.)：Chromatography, 3rd ed., Van Nostrand Reinhold Co., 1975
8) 日本生化学会編：糖質の科学（上）（生化学実験講座4），東京化学同人，1976
9) W. S. Hancock and J. T. Sparrow：HPLC analysis of Biological Compounds, Marced Dekker, Inc., 1984
10) 波多野博行，花井俊彦：新版 実験高速液体クロマトグラフィー，化学同人，1988
11) P. A. Sewell, B. A. Clarke 編（中村　洋監訳）：クロマトグラフィー分離法：基礎と演習（廣川 化学と生物実験ライン46），廣川書店，2001
12) 天野麻穂ら：生化学，**83**(1), 5-12, 2011
13) 日本生化学会編：複合糖質研究法（II）（続生化学実験講座4），東京化学同人，1986
14) 高橋禮子：糖蛋白質糖鎖研究法（生物化学実験法3），学会出版センター，1989
15) 木曽　眞編著：生理活性糖鎖研究法（生物化学実験法42），学会出版センター，1999
16) http://www.glycoanalysis.info/galaxy2/index.jsp
17) http://glycobase.nibrt.ie/tools.html
18) 永井克孝監修：未来を拓く糖鎖科学，金芳堂，2005
19) 日本生化学会編：脂質の化学（生化学実験講座3），東京化学同人，1974
20) 日本生化学会編：脂質I, 中性脂質とリポタンパク質（新生化学実験講座4），東京化学同人，1993
21) 日本生化学会編：脂質II, リン脂質（新生化学実験講座4），東京化学同人，1991
22) 日本生化学会編：脂質III, 糖脂質（新生化学実験講座4），東京化学同人，1990
23) 赤松　穣編：脂質の分析法（廣川 化学と生物実験ライン23），1992
24) 宮澤陽夫，藤野泰郎：脂質・酸化脂質分析法入門（生物

25) J. Folch et al.: *J. Biol. Chem.*, **226**, 497-509, 1957
26) E. G. Bligh and W. J. Dyer: *Can. J. Biochem. Physiol.*, **37**, 911-917, 1959
27) 橋本俊二郎ら:新版 食品化学実験, 講談社サイエンティフィク, 2001
28) 高橋幸資, 和田敬三編:新食品学実験法 改訂版, 朝倉書店, 1999
29) 藤田修三, 山田和彦編:食品学実験書 第2版, 医歯薬出版, 2002
30) 日本ビタミン学会編:ビタミン分析法(ビタミンハンドブック3), 化学同人, 1989
31) 厚生労働省監修:食品衛生検査指針 理化学編 2005, 日本食品衛生協会, 2005
32) 西川研次郎監修:食品機能性の科学, 産業技術サービスセンター, 2008
33) 高市真一:低温科学, **67**, 347-353, 2009
34) 田中亮一:低温科学, **67**, 315-325, 2009
35) 文部科学省科学技術・学術審議会資源調査分科会食品成分委員会編:日本食品標準成分表(五訂増補版), 国立印刷局, 2005

第6章

タンパク質・酵素実験法

動物，植物，微生物，それらを構成する組織，細胞，分泌物，さらにそれらに由来する食品などには，タンパク質がさまざまな形で存在している．たとえば，酵素，細胞伝達物質，構造形成物質などとして存在し，さまざまな機能を発揮している．また食品においては，物性，栄養，嗜好，生理調節機能などの機能を果たしている．

タンパク質は，他の物質と比べると不安定な物質であるため，タンパク質を含む材料で実験する場合は，特別の注意を払わねばならない．タンパク質は高分子物質であり，特定の複雑な高次構造を有している．しかし，熱やpHを変化させたり，溶液中の溶質の違いといった条件が違ったりすることで，容易にその構造が変化してしまう．また，それに伴って各種タンパク質がもつ機能が損なわれたり，不溶化したりなど，望ましくない変化が起こりうる．さらに注意すべきことは，タンパク質のもつ性質には多様性があり，個々の種類によって取扱い方が異なる点である．タンパク質の実験を行う上では，このような点を考えて取扱法に習熟すべきである．この中で，生体内で特定の化学反応を触媒する機能を有する酵素については，酵素活性を定量的に測定し，その性質を定量的に測定することが重要である．

タンパク質研究の古典的な流れは，生体材料より，分離，精製，純度検定，一次構造の決定，高次構造の決定，となるが，最近は，遺伝子の同定，組換え体発現，精製，といったケースが多い．

6.1 タンパク質

性質の多様性を利用して特定のタンパク質を分離・精製することが可能となる．また，研究の目的や実験の状況に合わせていくつかの方法により定量することができる．さらに，特定のタンパク質を同定する方法としては，アミノ酸配列や分子量に基づくものの他に，しばしばそのタンパク質に特異的に結合する抗体が利用される．

6.1.1 タンパク質の分離・精製法

通常の生体材料は，脂質，多糖，核酸などを含み，さらに目的とするもの以外のタンパク質も多数存在する．古典的なタンパク質分離では，まず大量の試料を一度に処理して，タンパク質を分離し，粗精製する．一連の分離操作は溶液状態で行われるので，材料が不溶物である場合は，破砕のような物理的方法や，各種溶液を用いた化学的方法による抽出操作が最初に行われる．その後で溶解性の違いに基づいた分離法，すなわち分別沈殿法や分子の大きさによる膜分離法によって分別することが多い．

濃縮されたタンパク質はより分離能力の高い方法，すなわちもつ性質の違いを利用して分離できるような方法で精製する．ほとんどの場合，この段階で，イオン交換クロマトグラフィー，ゲル濾過クロマトグラフィー，疎水性相互作用クロマトグラフィー，アフィニティークロマトグラフィー等の各種クロマトグラフィーによる精製を行い，試料タンパク質を得る．最近では特に，含量の非常に低いタンパク質の精製が必要になることが多く，またクロマトグラフィーの技術は大きく進歩したことから，分別沈殿を全く行わずにクロマトグラフィーを行い，さらに何段階ものクロマトグラフィーを組み合わせるといった方法がしばしば用いられている．

[八村敏志]

a. 塩　　析

タンパク質は低塩濃度では塩濃度の増加とともに溶解度が上昇するが，高塩濃度では逆に減少する．しかも，高塩濃度での溶解性は塩の種類による違いも大きく，またタンパク質の種類による違いも大きい．以上の性質を利用してタンパク質を分別する方法が塩析であり，硫酸塩やリン酸塩が一般的によく用いられる．大量の塩を加えるので，不純物を含まない塩を用いなければならない．塩は固体または飽和溶液として加えるが，いずれにしても局所的な高濃度領域の出現を避けるために，少量ずつかくはんしながら加えるのが基本である．また加え終わってから，30分以上かくはんを続ける．タンパク質溶液のかくはん操作は，慎重に行わなければならない．

強すぎるかくはん操作は厳禁である．タンパク質溶液は，非常に泡立ちやすい．この泡立ちは，以後の操作が困難になるばかりではなく，タンパク質の変性までも引き起こす可能性がある．

b. pH変化による分別沈殿

pH変化によってタンパク質の分別沈殿を行う場合，沈殿には2つの原因が考えられる．等電点沈殿と変性による沈殿である．タンパク質は両性電解質であるため，正と負の電荷数の差（実効電荷）が0となる等電点のpHにおいて溶解度が低くなる．等電点沈殿はこの性質を利用してタンパク質を分別する方法である．タンパク質の溶解度はその種類によって大きく異なり，等電点においても十分に沈殿しないものもある．

変性による沈殿は，強酸性下におくなどして，目的以外のタンパク質を変性させて沈殿させる方法である．この場合，目的とするタンパク質がそのpHにおいて安定でなければならない．

いずれの場合も局所的な強酸または強アルカリ領域が出現して不必要にタンパク質を変性させないように，かくはんしながらゆっくり酸またはアルカリを加えなければならない．

c. 有機溶媒による沈殿

タンパク質の有機溶媒による沈殿には，エタノール，メタノール，アセトンがよく用いられる．有機溶媒の溶媒和によってタンパク質表面に結合している水和水が奪われることにより，タンパク質の溶解度が減少する．

d. 膜 分 離

膜分離法は，一定サイズ以下の分子を通し，それ以上のサイズの分子を通さない膜の分子分画機能を利用するものであるが，分離対象である分子の大きさに対応して，精密濾過（microfiltration, MF），限外濾過（ultrafiltration, UF），逆浸透（reverse osmosis, RO）に分類される．膜分離法の分類の概要を図6.1に示す．

膜分離において，膜を透過する水の透過速度J_wは，式（6.1）のとおりである．

$$J_w = C_w D_w \frac{V_w(\Delta P - \Delta \pi)}{RT t_m} \quad (6.1)$$

ここで，C_w, D_w, V_w：それぞれ，水の膜内平均濃度，平均拡散係数，部分モル体積，R：気体定数，T：絶対温度，ΔP：膜前後の圧力差（膜間差圧），$\Delta \pi$：膜の前後での液の浸透圧差，t_m：膜厚である．

膜分離においては，膜を透過した液（透過液）中の目的成分濃度（C_p）は膜を透過しなかった液（保

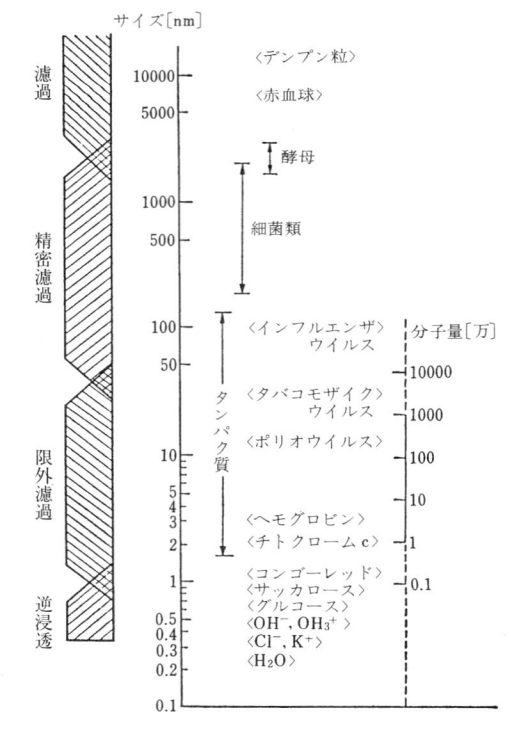

図6.1 精密濾過，限外濾過，逆浸透と分子サイズの関係

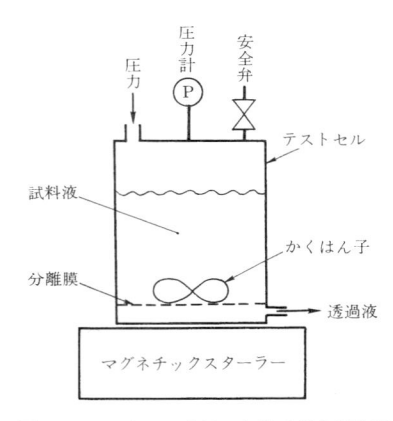

図6.2 テストセルを用いた膜分離実験装置

持液）中の濃度（C_b）より低下し，これより膜の見かけ阻止率Rは，

$$R = 1 - \frac{C_p}{C_b} \quad (6.2)$$

によって与えられる．

図6.2に示すようなテストセルを用いて，膜の見かけ阻止率を測定する場合を考える．この場合，分離すべき成分Aのテストセル内の濃度がC_{A0}，テストセル内溶液の初期体積がV_0であるとき，セルに圧力をかけ，膜を通じて液を透過させ，セル内溶液体

より高くなっていることがわかる．膜の真の阻止率 r はこの膜面濃度を用いることにより，

$$r = 1 - \frac{C_p}{C_m} \quad (6.5)$$

によって表される．C_m は膜透過流速 J_v と膜面近傍での物質移動係数 k （$= D_A/\delta_i$）により，

$$\frac{C_m - C_p}{C_b - C_p} = \exp\left(\frac{J_v}{k}\right) \quad (6.6)$$

と表される．ここで，D_A：溶質の拡散係数，δ_i：膜面近傍の境膜厚みである．

式 (6.2)，(6.5)，(6.6) より，膜の真の阻止率と見かけの阻止率との間には

$$r = \frac{R \exp\left(\dfrac{J_v}{k}\right)}{(1-R) + R \exp\left(\dfrac{J_v}{k}\right)} \quad (6.7)$$

という関係があることがわかる．これは，阻止率がゼロまたは100％のとき，あるいは透過流速がきわめて小さいか膜面近傍での物質移動係数がきわめて大きいとき，見かけの阻止率は真の阻止率と等しくなることを示している．

［井上 順］

e．イオン交換クロマトグラフィー

イオン交換を行う場合には，大きくバッチ法とカラム法がある．バッチ法は，タンパク質溶液とイオン交換体を混合した後，未吸着タンパク質を含む液相の除去と緩衝液の交換を逐次繰り返す方法である．交換平衡に達する時間が長くかかるため，バッチ法は分離や精製の目的には一般的でなく，主に目的タンパク質の濃縮に利用される．一方，カラム法はイオン交換体を充填したカラムにタンパク質溶液と緩衝液を連続的に流下する方法であり，分離や精製に適している．ここでは，タンパク質のカラム法によるイオン交換クロマトグラフィーについて説明する．

イオン交換クロマトグラフィーは，種々の解離基（4.1.5項参照）を結合したイオン交換体を用いて，タンパク質の分子表面の電荷状態の違いにより生じるイオン交換体からの解離性の差を利用して分離する方法である．イオン交換体は，解離基が高密度に導入された膨潤性のポリマーであり，緩衝液中の金属イオン（Na^+，K^+ 等）や塩化物イオン（Cl^-）等が対イオンとなって結合している．タンパク質はその正味の電荷が対イオンと同じ符号である場合に，イオン交換体上の対イオンと置換して結合する．

静電相互作用によりイオン交換体に吸着する分子は，緩衝液のpHや電解質濃度に応じた一定のイオ

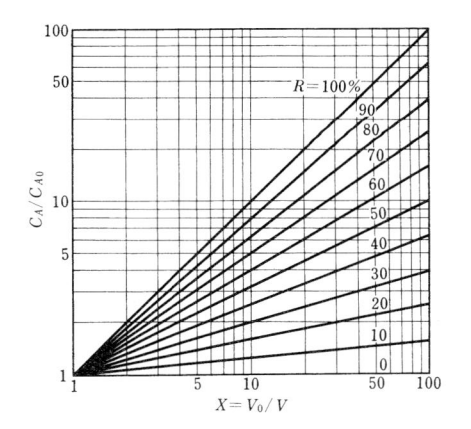

図6.3 膜分画される分子（A）とテストセル内濃度と濃縮倍率との関係

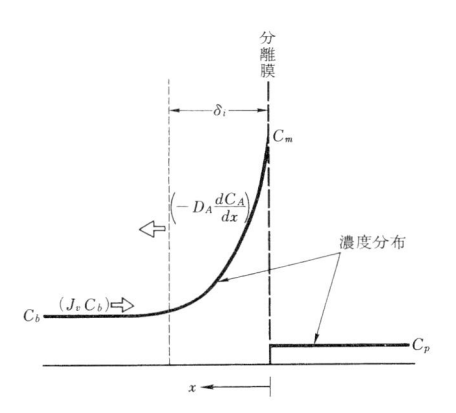

図6.4 膜濾過における濃度分極層の存在

積を V としたとき，成分 A のセル内濃度を C_A とすれば，これは理論的に

$$\frac{C_A}{C_{A0}} = X^R \quad (6.3)$$

となる．ここで，X は濃縮倍率で，次式 (6.4) によって定義される．

$$X = \frac{V_0}{V} \quad (6.4)$$

この関係式を用いて膜の見かけ阻止率を求めることができる．式 (6.3) の関係をグラフに表したものが図6.3である．

しかしながら，このように測定された見かけ阻止率 R は，膜の真の阻止率 r とは異なることがある．これは，溶液が膜に阻止されつつ膜を透過するときに膜面近傍において生ずる濃度分極現象のためである．いま，膜を流速 J_v で液が透過するとき，膜近傍における溶質成分の濃度分布を図6.4に示す．膜によって透過を阻止される成分の膜近傍上流側での濃度（C_m）は，膜から遠く離れたバルク濃度（C_b）

ン交換平衡の状態にある．この交換平衡によって，イオン交換体（固相）と緩衝液（液相）との間に分子の分配平衡が生じる．その分配係数 K_d は次の式（6.8）で示され，多くの物質が含まれている混合溶液中における，ある一成分の吸着のされやすさ，すなわち被吸着性を示す1つの目安とされる．

$$K_d = \frac{吸着量〔\%〕}{100-吸着量} \times \frac{液相の量〔ml〕}{樹脂量〔g〕} \quad (6.8)$$

イオン交換クロマトグラフィーでは，特定の pH で塩濃度の勾配をかけ，塩濃度の上昇に伴うタンパク質の分配係数の低下を利用して，イオン交換体に吸着したタンパク質を分離溶出させることが一般的である．ある電解質溶液下において，分子が溶出されるまでの溶液量と，使用した樹脂量および分配係数（K_d）の間には次の関係が成立する．

溶脱に使用した液量〔ml〕＝カラムの間隙水〔ml〕
　　　　　　　　　　　　＋K_d×使用した樹脂量〔g〕　(6.9)

緩衝液の pH も塩濃度と同様に混合溶液中の各分子の電荷状態に影響を与えて分配係数を変化させるが，低イオン強度では緩衝作用が低く，pH 勾配をかけてもイオン交換体やそれに吸着したタンパク質の緩衝能力によって，pH は思うように変化しない．目的のタンパク質がイオン交換体に強く吸着し，イオン強度が0.1以上で強い緩衝作用をもつ緩衝液を利用できる場合には，pH 勾配でタンパク質の高い分離が得られる．しかし，pH 変化によるタンパク質の変性や等電点沈殿に注意すべきである．

タンパク質は生理的 pH から離れるほど一般に安定性が低下するため，pH 5.5〜8.5のタンパク質の安定域で使用可能な緩衝液が選択される．また，この pH の範囲外では pH のわずかな変化がタンパク質の正味の電荷を大きく変化させ，吸着の挙動に大きく影響してしまう．緩衝液の実際の pH は，単離精製を目的とするタンパク質の等電点を指標として決定される．タンパク質は，等電点よりも高い pH で負に帯電し，低い pH で正に帯電する．たとえば，等電点が5.5の酸性タンパク質の場合には，有効な分配係数 K_d >0.9を達成するために，等電点から1.5程度離れた pH 7以上の緩衝液が使用される．このとき，正の電荷をもつイオン交換体（陰イオン交換体）が用いられる．さらに，目的タンパク質の効果的な分離には，夾雑タンパク質との電荷の差（分配係数の差）が最も大きくなるような pH を設定することが望ましい．もしもアミノ酸配列情報が利用可能であれば，図6.5のような予測電荷曲線は，より効果的な pH を設定するための目安となる．実際に

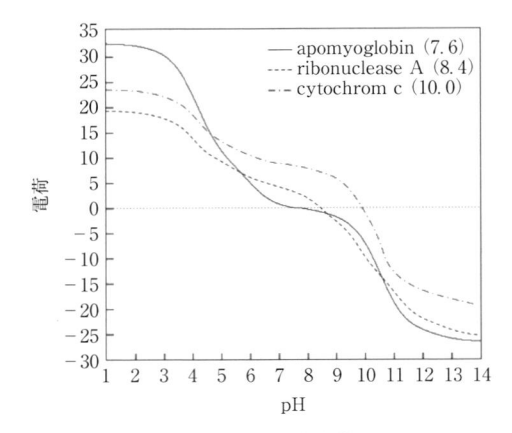

図 6.5　予測電荷曲線

各塩基性タンパク質のアミノ酸配列から予測される電荷曲線．括弧内の数値は等電点を示している．pH 7の緩衝液を用いることで，陽イオン交換体で最も高い分離能が得られると予測される．

は，夾雑タンパク質のアミノ酸配列を利用できることは稀であるため，ここでは pH により分離特性が変化するということを概念的に理解してもらいたい．

イオン交換クロマトグラフィーでは，分離しようとする分子の解離性と分子量を考慮して，イオン交換体の種類と架橋度の適当なものを使用しなければならない．一般的なイオン交換体の解離基は表6.1に示されている．また，タンパク質の分離には，交換容量が大きく良好な流速が得られる cellulofine（架橋セルロース），sephadex（架橋デキストラン），sepharose（架橋アガロース）等の担体がよく利用される．

〔宮川拓也〕

f．ゲル濾過クロマトグラフィー（gel filtration chromatography, GFC）

ゲル濾過クロマトグラフィーは分子の大きさの違いに基づく分離法である．カラムに詰めた固定相としてのゲルが細孔構造を有するため，試料分子の大きさにより，ゲルの細孔に入り込む度合いに違いが生じ，カラム内保持時間が異なる現象を利用して分離を行う方法である（図6.6）．

多孔質ゲル粒子を充填したカラムを用意し，これに少量の試料を供した後，一定流速で移動相を用いて溶出を行うと，図6.7に示すように，カラム出口においては，分子サイズの違いに応じた分離がなされる．ここで目的成分の溶出に必要な移動相体積（溶出液量）V_e〔ml〕は，

$$V_e = V_0 + K(V_t - V_0) \quad (6.10)$$

により与えられる．ここで，V_0〔ml〕：ゲル粒子間

表6.1 イオン交換基と解離定数

	名称	解離基	pK_a
陽イオン交換	カルボキシメチル (CM)	$-CH_2-COOH$	5
	ホスホ (P)	$-PO_3H_2$	2〜3 7〜8
	ホスホメチル (PPM)	$-CH_2-PO_3H_2$	2〜3 7〜8
	スルホプロピル (SP)	$-CH_2-CH_2-CH_2-SO_3H$	<2
	スルホエチル (SE)	$-CH_2-CH_2-SO_3H$	<2
	スルホメチル (SM)	$-CH_2-SO_3H$	<2
陰イオン交換	ジエチルアミノエチル (DEAE)	$-CH_2-CH_2-N{<}^{CH_2-CH_3}_{CH_2-CH_3}$	9
	トリメチルアミノエチル (Q)	$-CH_2-CH_2-\overset{\oplus}{N}{<}^{CH_3}_{CH_3}\overset{CH_3}{}\overset{\ominus}{X}$	9〜11
	トリエチルアミノエチル (TEAE)	$-CH_2-CH_2-\overset{\oplus}{N}{\equiv}^{CH_2-CH_3}_{CH_2-CH_3}\overset{CH_2-CH_3}{}\overset{\ominus}{X}$	9〜11
	グアニドエチル (GE)	$-CH_2-CH_2-NH-\overset{\oplus}{C}{<}^{NH}_{NH_2}\overset{\ominus}{X}$	>11
	パラアミノベンジル (PAB)	$-CH_2-\phenyl-NH_2$	4
	アミノエチル (AE)	$-CH_2-CH_2-NH_2$	8

(Seikagaku Kogyo Co. Ltd., Cellulose Ion Exchangers and References を一部改変)

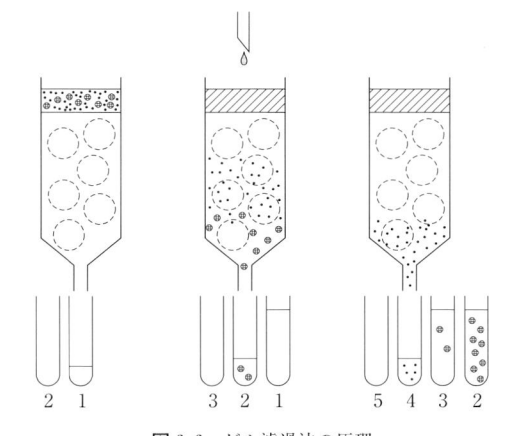

図 6.6 ゲル濾過法の原理

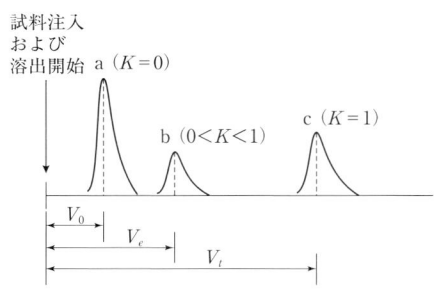

図 6.7 ゲル濾過における典型的溶出曲線

隙の全体積. V_t 〔ml〕:ゲル網目内空間(細孔)を含む全カラム内体積である. 式(6.10)において K は,分子のゲル網目空間への入りこみやすさの指標であり,分配クロマトグラフィーにおける分配係数に相当する. K の値は,

・ゲル網目大きさより十分大きな(図6.7a)分子に対しては: $K=0$

・ゲル網目大きさより十分小さい分子(図6.7c)に対しては: $K=1$

・中間の大きさの分子(図6.7b)に対しては:
$$0<K<1$$
となる.

いま,このカラムに目的物質の濃度 C_S〔mg/ml〕のサンプルを v_S〔ml〕供した場合の溶出曲線を考えるとき,これは,溶出液量 V〔ml〕の関数として与えられ,カラムが十分長い場合には,次の正規分布関数で近似できる場合が多い.

$$\frac{C}{C_S v_S} = \frac{1}{\sqrt{2\pi\sigma^2}} \exp\left\{-\frac{(V-V_e)^2}{2\sigma^2}\right\} \qquad (6.11)$$

ここで,分散 σ^2〔ml^2〕は,

$$\sigma^2 = \int_0^\infty \left(\frac{C}{C_S v_S}\right)(V-V_e)^2 dV \qquad (6.12)$$

によって与えられる．なお，この式における，C_S, v_SおよびV_eは実験的には次式によって決められる．

$$C_S v_S = \int_0^\infty C dV \tag{6.13}$$

$$V_e = \int_0^\infty \left(\frac{C}{C_S v_S}\right) V dV \tag{6.14}$$

分散σ^2を用いて，カラムの理論段数Nは，

$$N = \frac{V_e^2}{\sigma^2} \tag{6.15}$$

により計算することができる．理論段数は分離の鋭敏さを表す重要なパラメーターであり，Nが大きいほど分散σ^2が小さくなり，シャープな分離がなされる．

理論段数Nより，カラムの理論段相当高さ$HETP$ (height equivalent to a theoretical plate)〔cm〕を次式により求めることができる．

$$HETP = \frac{Z}{N} \tag{6.16}$$

ここでZ〔cm〕：カラム長さ（ゲル層高さ）である．

理論段数は，一般に，ゲル粒子の種類，大きさ，充填状態，移動相の流動状態に依存し，またカラム長さに比例する．したがって，カラムを長くすることは良好な分離に直結するが，その代わり，カラムコストが高く，また溶出液量・溶出時間が大きくなる．式 (6.11) に対応する，典型的な溶出曲線の形を図 6.8 に示す．この図において，ピークの裾の幅に相当するW〔ml〕は，

$$W = 4\sigma = \frac{4V_e}{\sqrt{N}} \tag{6.17}$$

である．いま，2 成分の分離をクロマト操作で行うとき，それら 2 成分のピークの裾幅をW_1〔ml〕，W_2〔ml〕，2 成分の溶出液量をV_{e1}〔ml〕，V_{e2}〔ml〕とすると，これら 2 成分の分離度R_Sは

$$R_S = \frac{V_{e2} - V_{e1}}{\dfrac{W_1 + W_2}{2}} \tag{6.18}$$

によって与えられる．また，分離度とカラム長との間には次式の関係がある．

$$R_S = \frac{\sqrt{Z}(K_2 - K_1)(1-\varepsilon)}{2\{\varepsilon + K_1(1-\varepsilon)\}\sqrt{HETP_1} + 2\{\varepsilon + K_2(1-\varepsilon)\}\sqrt{HETP_2}} \tag{6.19}$$

ここで，ε：カラム空隙率，K，$HETP$はカラム長に依存しない値である．

［永田宏次］

g．疎水性相互作用クロマトグラフィー
　（hydrophobic interaction chromatography, HIC）

ゲル担体に疎水性リガンドを導入し，生体高分子表面の疎水性の違いに基づいて分離・精製を行う手法である．逆相クロマトグラフィーと異なり，導入される疎水性リガンドの密度が低く，生体高分子の疎水領域との相互作用が弱いため，吸着した生体高分子を活性を維持したまま温和な条件で溶出できる．初めに，高塩濃度条件下で生体高分子の電荷が中和され，溶解度が低下し疎水性が増加することを利用し，サンプルを担体の疎水性リガンドに結合させる．その後，溶出液の塩濃度を低下させることにより生体高分子を溶出させる．異なる疎水性のリガンドを結合した担体があるので目的の分子の精製に最も適した担体を選択する．生体高分子の担体への吸着を高塩濃度の条件下で行うため，硫安沈殿やイオン交換クロマトグラフィー後の精製に適している．

［富田武郎］

h．アフィニティクロマトグラフィー（affinity chromatography）

アフィニティクロマトグラフィーは，目的とするタンパク質と特異的な親和性（アフィニティー，affinity）を示す物質を固定化した担体を用いて，細胞や組織の破砕液から目的タンパク質，またそのタンパク質と複合体を形成する他のタンパク質を分離する吸着クロマトグラフィーである．一般に，抗体と抗原，受容体とリガンド，酵素と基質のような生物特異的相互作用が利用され，高い分離能で精製できることが多い．たとえば，コンカナバリンAのようなレクチンタンパク質を固定化した担体は，レクチンの糖に対する親和性を利用して糖タンパク質を選択的に吸着することができる．また，生物特異的な作用ではないが，担体に固定化された金属イオンへの配位結合を利用する場合には，固定化金属アフィニティクロマトグラフィー（immobilized-metal affinity chromatography, IMAC）という．

大腸菌等で発現したリコンビナントのタンパク質には，遺伝子工学的な手法で種々のアフィニティタグを融合することができる．タンパク質の精製でよ

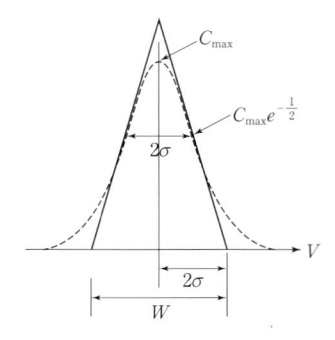

図 6.8 溶出曲線

く利用される融合タグを挙げる．His タグは，一般に6残基のヒスチジンからなるペプチドタグであり，Ni^{2+} や Co^{2+} 等の2価金属イオンにキレートする．His タグを用いた IMAC は，タンパク質のアフィニティクロマトグラフィーで最もよく利用される．Strep(II)タグは8残基のペプチドタグであり，ストレプトタクチンというタンパク質に対して特異的に結合する．他に，グルタチオンに親和性をもつグルタチオン S-トランスフェラーゼ（glutathione S-transferase, GST），マルトース結合タンパク質（maltose-binding protein, MBP），キチン結合タンパク質（chitin-binding protein, CBP）等のタンパク質が融合タグとして用いられる．これら融合タグに適したアフィニティ吸着体が各メーカーから市販されている．また，アフィニティ吸着体に保持された目的タンパク質は，融合タグもしくはアフィニティ吸着体上に固定化されたリガンド分子と親和性をもつ物質によって，容易に競合溶出できる．

目的タンパク質と親和性をもつ物質が入手可能であれば，それをリガンドとして担体表面に直接結合させたアフィニティ吸着体の作製が可能である．良好な吸着（分配係数 $K_d > 0.95$）を得るためには，リガンドと目的タンパク質の解離定数が 1×10^{-6} M より小さくなければならない．また，相互作用の特異性が高いほど目的タンパク質の精製効率は高くなる．リガンドの固定化に最もよく用いられる担体は，CNBr（シアン化臭素）活性化担体，NHS（N-ヒドロキシスクシミド）活性化担体である．その他，ビオチン標識した DNA やタンパク質をリガンドとして，ストレプトアビジンを固定化した担体に結合させる方法も利用される．　　　　　　　　　［宮川拓也］

6.1.2　タンパク質の定量・同定法

分離操作を行った後に得られたタンパク質が目的のものであるかどうか，また，どのくらいの量が含まれているかを調べなければならない．タンパク質の定量や同定には独特の方法が用いられている．定量法にはいくつかあるが，夾雑物質の影響を受けずにタンパク質のみを定量できる方法はない．どの方法にも一長一短があり，場合に応じた方法を選択する必要がある．すなわち，感度，妨害物質の種類と量，簡便さ，タンパク質の性質を考慮し，適した定量方法を選択しなくてはならない．

精製されたタンパク質は，SDS 電気泳動法によって分子量の測定および純度の検定を行うことができる．また，目的タンパク質の同定には，特異的抗体を用いたウエスタンブロッティング法，酵素免疫測定法が用いられる．タンパク質の正確な分子量は質量分析法によって求められる．エドマン分解を利用したプロテインシーケンサーにより N 末端からのアミノ酸配列が得られる．構成アミノ酸組成は，タンパク質を塩酸などでアミノ酸にまで加水分解し，個々のアミノ酸量をアミノ酸自動分析計などで測定して求めることができる．ケルダール法は，タンパク質を硫酸で加水分解して窒素をアンモニアに変換し，アンモニア量を滴定によって測定して粗タンパク質量を求める方法で，食品中のタンパク質含有量を測定する際に用いられることが多い．

ここでは，定量法としてケルダール法，Bradford 法，紫外吸光法，同定法として電気泳動法，ウエスタンブロット解析，酵素免疫測定法，アミノ酸組成分析，アミノ酸配列分析について述べる．

［朝倉富子］

a. 定　量　法

i) ケルダール法[1]　全窒素の定量には，試料を湿式分解し，有機態窒素をアンモニアに変えて定量するケルダール法がよく用いられている．ここでは，セミミクロケルダール分解・蒸留法について述べる．

原法は1883年に Kjeldahl によって発表された[2]．通常，熱濃硫酸による試料中の有機物の分解の過程と，分解によって生じたアンモニウム塩に強アルカリである NaOH を加えることで遊離した NH_3 を水蒸気蒸留で留出・ホウ酸でトラップする過程をセットで行う．最終的には規定酸液で滴定することにより NH_3 量を算出する．ただし，この方法で測定できるのはアンモニア態窒素のみで，硝酸態あるいは亜硝酸態窒素は測定できない．また，芳香族，複素環式化合物などのいわゆる「refractory な物質（難分解性物質）」の定量値は低い．

硫酸分解

〔操　作〕

（1）乾燥試料1〜2g を精秤してケルダール分解びんに入れ，分解促進剤（K_2SO_4 と $CuSO_4 \cdot 5H_2O$ を重量で9:1に混合した粉末）1.0〜1.5g を添加してから，濃硫酸20 ml を注加する．

〔注1〕　試料が器壁上部についたままで濃硫酸を添加すると，そのまま固着して炭化が始まり，それを加熱分解の途中で落とすことは困難となる．

〔注2〕　分解びんはよく洗い，完全に乾燥させておく必要がある．また，風乾試料と促進剤に直接濃硫酸を加えると分解びんの底で固着しやすいので，底を軽くタップして試料および促進剤を均一に混合した後，分解びんを軽くゆすりなが

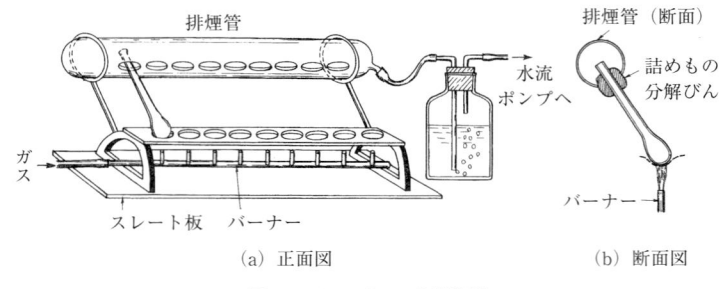

図 6.9 ケルダール分解装置

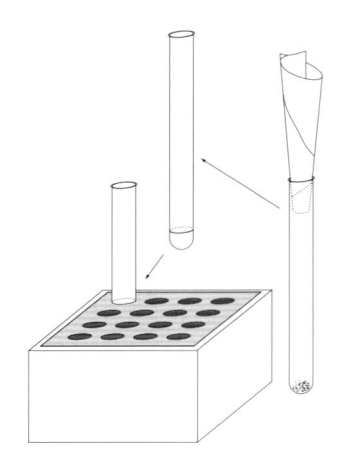

図 6.10 ドライブロックバスを用いたケルダール分解

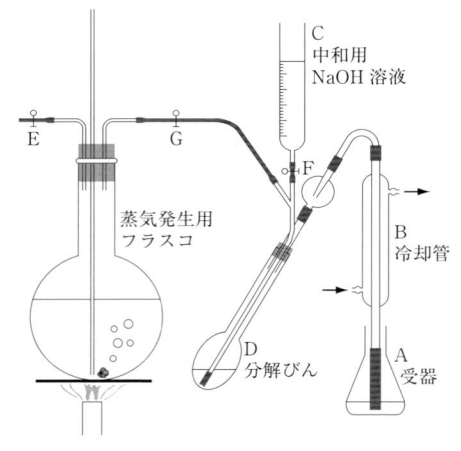

図 6.11 水蒸気蒸留装置

ら濃硫酸を注意して加え，ときどき分解びんを流水で冷却して発熱を防止することが必要である．

(2) 分解びんはフード中の分解台にのせ，最初は加熱を弱くし，発泡や水の蒸発がなくなるまでこの状態で加熱を続ける（図 6.9）．試料が完全に炭化し白煙を発生するようになったら，強い加熱に移る．

〔注〕 分解温度は 360〜410℃ が最適で，分解終了時間は主として加熱温度によって異なるが，良好な加熱状態では 3 時間程度を目安とする．低温では，硫酸の逸散による損失を招くので，分解液が少なくなったら適宜追加する．

分解の終点近くでは，銅イオンのため青緑色を呈し透明となるから，さらに約 1 時間加熱を続け（after boiling），分解を終了する．

(3) 放冷後流水で外部を冷却しながら，蒸留水を注意して加えて希釈し，冷却した後全量を 200 ml のメスフラスコに定容とする．

〔注〕 簡便法としてドライブロックバスを用いたケルダール分解（図 6.10）もしばしば行われる．ドライブロックバスを用いた方法の具体例は 9.6.1.b 項を参照のこと．

水蒸気蒸留
〔操　作〕

(1) 図 6.11 に示すような水蒸気蒸留装置を用いる．まず，2 l 丸底フラスコ中に蒸留水を煮沸する．

〔注〕 亜鉛粒数個と硫酸 2〜3 滴を加えておくことにより突沸を防ぐことができる．

(2) コック G を閉じ，コック E は開いたままコニカルビーカーに標準酸液（今回は 2% ホウ酸溶液を用いる）15 ml を入れ，混合指示薬（0.2% メチルレッド，0.2% メチレンブルーの各エタノール溶液の 2:1 混合液）2〜3 滴を加え，逆流冷却器 B の長い脚が標準酸液に浸るように設置する（A）．

(3) 新しいケルダール分解びん D に試料液 10〜20 ml の一定容量を入れて，導入管を挿入設置する．

〔注 1〕 導入管の先端は十分に D 液中に浸るようにするために 2〜3 cm のシリコンチューブを装着しておくとよい．ただし，チューブの先端が分解びんの器壁に密着しふさがれることがないよう注意すること．

〔注 2〕 導入管部分はガラス管が二重になっており，内側部（装置によっては外側）に C の目盛りつきシリンダーから 30% NaOH が流れるしくみになっている．

(4) コック F を開き，分解びんを軽くゆすりながら 30% NaOH 溶液を少量ずつ加えると，激しく反応しながら中和する．

〔注〕 通常暗褐色の酸化銅の析出により中和の完了がわかるが，条件によっては青色の水溶性銅錯イオンが生成して，中和を判定しにくいことがあるので，あらかじめ試料液中の硫酸と NaOH 濃度からだいたいの中和量を決めておくとよい

（NaOH 15 ml で十分アルカリ性となるはずである）．

（5） コック F が閉じていることを確認してから，コック G を開いた後にコック E を閉じ，蒸留を開始する．

〔注〕 特に蒸留中には逆流および突沸に注意し，ガスバーナーの火力を調節する．

（6） 留出液が標準酸液の約 2 倍量になったら A を下げ，冷却管先端から液面を離して少量の蒸留水で先端部を洗い，約 5 分間蒸留を続けた後終了する．

〔注1〕 蒸留終了後，コック E はただちに開かないと分解液が逆流してしまうから注意する．
〔注2〕 水蒸気蒸留と滴定の練習のために，あらかじめ標準硫酸アンモニウム溶液（およそ 300 mgN/l になるように精秤して調製する）10 ml を正確にケルダール分解びんにはかりとり，この溶液の水蒸気蒸留を上記の方法に従って行い，滴定することにより，このシステムが稼働していることを確認しておくとよい．

〔滴 定〕 2％ホウ酸溶液を水蒸気蒸留時の受容液に用いると，NH_3 はホウ酸アンモニウムとなり，メチルレッド–メチレンブルー混合指示薬の場合は緑色に変わる．これを 0.1 N HCl で滴定する．終点で溶液はうすい青色となるが，わかりにくいのでブランク溶液を用意し，これと比較する．

〔注〕 0.1 N HCl の標定は次のように行う．すなわち，約 0.1 N $KHCO_3$ 溶液（$KHCO_3$ 約 1 g を精秤し，100 ml のメスフラスコを用いて蒸留水で定容した溶液）を，100 ml 三角フラスコに正確に 10 ml とる．指示薬（0.2％ メチルオレンジのエタノール溶液）を数滴添加し，0.1 N HCl をビュレットから滴下して，溶液が黄色から赤色への変色点を滴定する．ファクター（力価）は以下の計算式で求められる．

$$0.1\text{ N HCl ファクター} = \frac{10}{0.1\text{ N HCl 適定量〔ml〕}} \times KHCO_3\text{〔g〕}$$
(6.20)

［中井雄治］

ii） 色素結合法（Bradford 法） ある種の色素はタンパク質と結合すると色が変化することが知られており，これを利用してタンパク質を定量する方法が考案されている．最も簡便な定量法の 1 つである．長所としては，(1)高感度であり，約 1 μg のタンパク質の定量が可能である，(2)反応時間が短く，操作が簡便である，(3)反応生成物の安定性も高い，(4)高濃度のキレート剤，還元剤の存在下でも測定できる，などが挙げられるが，特定のアミノ酸側鎖と反応するためにタンパク質間の吸光値に差が生じるなどの短所もある．また，界面活性剤の影響を受けるが，測定感度が高いため，希釈によって測定が可能になる場合もある．

Coomassie Brilliant Blue G-250（CBB G-250）はタンパク質の塩基性側鎖あるいは芳香環側鎖と結合して複合体を形成することによって，色が変化する．酸性溶液中では 465 nm に吸収極大を有し，赤褐色を呈するが，タンパク質と結合すると吸収極大が 595 nm にシフトして青色になる．このときの 595 nm の吸光度はタンパク質濃度に比例するので，これを利用してタンパク質を定量する．60〜300 μg/ml の濃度範囲で測定可能である．

〔試 薬〕

・Bradford 試薬： エタノール 50 ml に CBB G-250 を 100 mg 加え，スターラーでよくかくはんして溶解する．溶解後 85％ リン酸を 100 ml 加え，さらに蒸留水を加えて 1 l にする．ワットマン濾紙（No. 2）を用いて濾過する．ガラス容器に入れ室温で保存する．室温で数ヶ月間保存が可能である．

・BSA 溶液： 30〜150 μg/ml の BSA 溶液を準備する．

〔操 作〕 サンプル溶液，ブランク溶液，BSA 溶液各々 100 μl に 1 ml の Bradford 試薬を加える．よくかくはんし，5〜30 分の間に 595 nm の吸光度を測定する．

〔注〕 BSA は標準タンパク質としてよく用いられるが，Bradford 法では他のタンパク質に比べて吸光値が高く出るため，標準として用いた場合，他の測定方法で得られる値との差が大きくなる傾向がある．標準タンパク質に何を用いるかによって得られる値が変わることを認識しておくべきである．

iii） 紫外吸光法 タンパク質は 280 nm 付近に吸収の極大値をもっているが，これは，チロシン，トリプトファンの吸収によるものである（図 6.12）．そのため，吸光値はチロシン，トリプトファンの含有量に依存し，タンパク質固有の値を示す．280 nm における吸光係数 $E_{1\text{cm}}^{1\%}$ が既知のタンパク質は，280 nm の吸光値から濃度を正確に算出することができる．

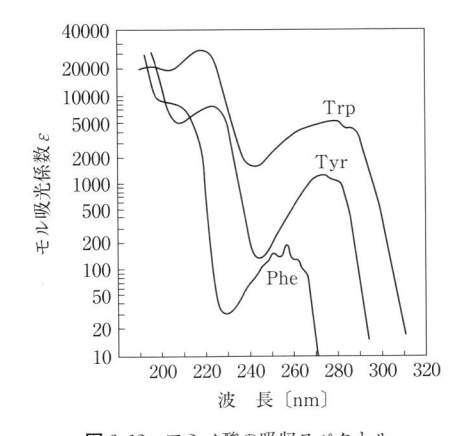

図 6.12 アミノ酸の吸収スペクトル
（寺田 弘編：タンパク質と核酸の分離精製，p.84，廣川書店，2001 より引用）

吸光係数が未知のタンパク質は，1 mg/ml のときの 280 nm の吸光値を 1.0 として概算する．概算値であり，チロシン，トリプトファンの含有量が極端に少ないタンパク質では，測定が不可能な場合もある．

生体成分のうち混入する可能性のある核酸類は 260 nm に吸収極大を有するものが多い．吸光係数が大きいために，核酸の混入が多くなると 280 nm の吸光値が大きくなる．A280/A260 を求め，核酸の混入を評価する．A280/A260 > 1.5 であれば，核酸の影響を考える必要はない．しかし，サンプルの濃度を正確に測定する必要がある場合には，他の測定方法も試す方がよい．

ペプチド結合に由来する 215 nm の吸収極大はアミノ酸組成に関係なく測定できるので，HPLC でペプチドを検出するときに一般的に用いられる．どんなアミノ酸組成であっても検出でき，しかも 280 nm の吸光値よりも数倍大きいために感度が高い．しかし，緩衝液に用いられる多くの低分子有機化合物が 210〜230 nm 付近に吸収をもつため，これらの物質の吸光値を考慮する必要がある．また，HPLC 溶出液のタンパク質検出には 280 nm を用いる場合が多い．本法は簡便でサンプルが回収できる点で優れている．しかし，感度が低く，芳香族アミノ酸をほとんど含まないタンパク質には適用できない．また，この波長域に吸収をもつ物質はすべて妨害物質となるなどの短所もある．　　　　［朝倉富子］

b. 同 定 法

i) SDS-PAGE（SDS-ポリアクリルアミドゲル電気泳動，SDS-polyacrylamide gel electrophoresis）タンパク質をはじめとして，帯電したコロイド粒子を一定の電場におくと粒子は移動する．この粒子の移動度の差を利用して，分離を行うのが電気泳動法であり，ポリアクリルアミドゲルを支持体として分離を行うのがポリアクリルアミドゲル電気泳動（PAGE）である．さらにタンパク質を陰イオン性の界面活性化剤であるドデシル硫酸ナトリウム（SDS）で処理し，SDS とタンパク質の複合体をつくり，これを試料として行う PAGE が，SDS-PAGE である．

SDS-PAGE を行うには，まずサンプルに SDS および DTT（還元剤）を加えて煮沸する．タンパク質は還元剤によりジスルフィド結合が切断され，さらに SDS が大過剰量（同重量以上）結合することにより高次構造が破壊されて変性する．タンパク質 1 分子に対して大過剰の SDS 分子が結合するため，

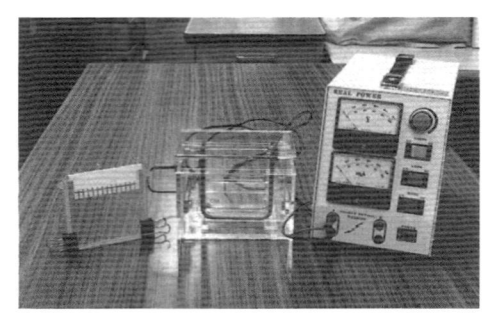

図 6.13 電気泳動装置
左にあるガラス板 2 枚にプラスチック製の枠をはめ，クリップで止めてから，ゲル溶液を流しこむ．そしてただちにコームを差しこむ．ゲルが固まったら，クリップ，枠およびコームをはずし，中央の泳動槽に固定する．電極液を泳動槽に入れ，試料をのせてから，右の電源を用いて泳動を行う．

タンパク質に固有の電荷は相殺され，全体がほぼ均一に負電荷を帯びた状態となる．これを PAGE に供すると分子量に依存した移動度が観察される．電気泳動自体は，還元条件での SDS-PAGE だけでなく，非還元条件下，あるいは SDS 非存在下でも行われ，純度検定，構造推定などのための有力な手法となっている．タンパク質のみならず核酸や多糖などの分析も電気泳動によって行われ，また分析だけでなく，泳動後のゲルから回収することも可能なので，分離法としても用いられる．

〔装　置〕SDS-PAGE 電気泳動槽，泳動板，泳動板用パッキン，コーム，クリップ，電源，タッパ

〔注〕泳動槽としてゲルが泳動緩衝液中に浸るような形式の装置（図 6.13）を用いると泳動中に熱が発生しにくく，電流を高めに設定することができる．ゲルの発熱は分解能の低下につながるので，電流を高くしすぎないように注意する必要がある．

〔試薬・サンプル〕
・30% アクリルアミド-bis（29:1）溶液
・分離ゲル緩衝液：　1.5 M Tris-HCl（pH 8.8）
・濃縮ゲル緩衝液：　0.5 M Tris-HCl（pH 6.8）
・10% SDS
・TEMED 溶液：　N,N,N',N'-テトラメチルエチレンジアミン
・25% 過硫酸アンモニウム溶液
・泳動用緩衝液：　0.025 M Tris，0.192 M グリシン，0.1% SDS
・試料溶剤：　200 mM Tris-HCl（pH 6.8），8% SDS，40% グリセロール，0.04% ブロモフェノールブルー，400 mM DTT
・脱色液：　酢酸-メタノール-水（1:3:6）
・染色液：　脱色液に CBB を 0.5 g/100 ml にな

るように溶解する．

・試料溶液： 0.3 ml の試料タンパク質溶液に試料溶剤を 0.1 ml 加えて煮沸水浴中で 2 分間加熱する．

〔操　作〕

(1) 分離ゲルの調製： 3.6 ml の蒸留水，7.5 ml の 30% アクリルアミド-bis (29:1) 溶液，3.75 ml の分離ゲル緩衝液，0.15 ml の 10% SDS，0.02 ml の TEMED 溶液を順に加えて軽く混合する．0.1 ml の 25% 過硫酸アンモニウム溶液を加えて十分に混合した後（激しくかくはんしない），ゲル板の下端から 5.5 cm のところまで流しこむ．さらに蒸留水を静かに重層し，30～60 分程度おいて分離ゲルを固める．

(2) 濃縮ゲルの調製： 4.3 ml の蒸留水，1.6 ml の 30% アクリルアミド-bis (29:1) 溶液，2 ml の濃縮ゲル緩衝液，0.08 ml の 10% SDS，0.013 ml の TEMED 溶液を順に加えて軽く混合する．分離ゲル上部に重層した蒸留水を捨てる．上記の濃縮ゲル溶液に 0.05 ml の 25% 過硫酸アンモニウム溶液を加えて十分に混合した後（激しくかくはんしない），ゲル板に流しこむ．コームを差しこみ，30～60 分程度おいて濃縮ゲルを固める．

(3) 泳動： 泳動プレートを泳動槽にはめこみ，泳動用緩衝液を注ぐ（プレート下の気泡は除く）．ウェルを泳動用緩衝液で洗浄後，試料溶液，分子量マーカーを 15 μl 程度添加する．泳動プレート 1 枚につき 30 mA 定電流で泳動する．

(4) 染色と脱色： 染色液にゲルを浸し，室温で 30 分放置する．水で軽く染色液を洗い落とした後，脱色液に浸し，タンパク質のバンドが確認されるまで振とうしながら脱色後，写真撮影により記録する．

〔注〕 ゲルの染色には CBB 染色や銀染色が一般的である．CBB 染色の感度は 5～100 ng 程度で，簡便で安価である．また定量性が比較的高い．銀染色は CBB 染色と比べて高感度（10～100 倍）であるが定量性は低い．

〔結果の整理：分子量の算出〕 タンパク質の移動距離を，分子量が既知のタンパク質（マーカータンパク質）の移動距離と比較することにより目的タンパク質の分子量を算出する．移動度 (R_f) を次式に従って求める．

$$R_f = \frac{タンパク質の移動距離 [cm]}{ブロモフェノールブルー（マーカー色素）の移動距離 [cm]} \quad (6.21)$$

マーカータンパク質について，横軸に R_f，縦軸に分子量の対数をとり，プロットした点をなめらかな線でつなぎ，検量線とする．試料タンパク質の R_f から，推定分子量を算出する．

〔注〕 アクリルアミドの濃度を変えることによって，より大きいまたは小さい分子量をもつタンパク質についても分析できるため，現在分子量推定法として非常によく用いられる方法である．ただし，分子量と移動度の対応は完全ではなく，得られるのはあくまで推定分子量である．

ii) ウエスタンブロット解析（western blotting）

電気泳動後，タンパク質を電気的にニトロセルロース膜あるいは，PVDF (polyvinilidene difluoride) 膜に移し（転写，ブロッティング），抗原抗体反応を用いて特定のタンパク質を検出する方法をウエスタンブロットと呼ぶ．したがってウエスタンブロットによる検出には目的タンパク質の抗体が必要である．

抗体には，ポリクローナル抗体とモノクローナル抗体がある．ポリクローナル抗体はさまざまに異なった抗体産生細胞が産生する抗体分子の集団である．ある抗原を動物に免疫すると，その抗原に対する抗体が産生される．一般に，抗原は複数の抗原決定基（抗体と特異的に結合する構造）をもつため，さまざまな種類の抗体（ポリクローナル抗体）が産生される．モノクローナル抗体は細胞融合法により抗体産生細胞とミエローマ細胞を融合させてハイブリドーマを樹立し，これをクローン化すると得ることができる．

検出法は直接法と間接法に分けられる．直接法は抗体を直接標識し，検出する方法である．一般的には検出感度の高い間接法がよく用いられる．間接法は特定のタンパク質の抗体（一次抗体）を抗原として認識する抗体（二次抗体）を標識し，検出する方法である．HRP (horseradish peroxidase) や AP（アルカリホスファターゼ，alkaline phosphatase）などの酵素による標識がよく用いられる．

抗体処理を行う際，抗体が膜に非特異的に結合しないよう，非特異的な結合部位をあらかじめ飽和させておく必要がある．この操作をブロッキングと呼び，スキムミルクや BSA がよく用いられる．

〔装置・器具〕 ブロッティング装置，電源，タッパ，濾紙 6 枚，PVDF 膜

〔試　薬〕

・ブロッティング緩衝液： 25 mM Tris，192 mM グリシン，20% メタノール

・洗浄液： 150 mM NaCl，50 mM Tris-HCl (pH 7.4)，0.1% Tween 20

・ブロッキング溶液： 洗浄液に BSA を 3% になるように溶解

・発色溶液： BCIP/NBT（5-ブロモ-4-クロロ

-3-インドリルホスファート/ニトロブルーテトラゾリウム，アルカリホスファターゼの基質）1 タブレットに対し蒸留水を 10 ml 加えて完全に溶解する．
・一次抗体溶液： マウス抗 β-ラクトグロブリン抗体（洗浄液を用いて抗体を適当量に希釈する）
・二次抗体溶液： 抗マウス IgG-AP 標識抗体（洗浄液を用いて抗体を適当量に希釈する）

〔操 作〕

(1) PVDF 膜への転写： PVDF 膜はメタノールに 20 秒浸した後，ブロッティング緩衝液に浸す．濾紙はブロッティング緩衝液に浸しておく．ゲルも軽くブロッティング緩衝液に浸す．その後，極板（-）に下から濾紙 3 枚，ゲル，PVDF 膜，濾紙 3 枚の順に，空気が入らないように注意しながら重ねた後，電極板（+）をのせ，2 mA/cm^2 定電流で 30 分程度転写する．

(2) 特異的抗体を用いた検出： 転写後，PVDF 膜をすばやくブロッキング溶液に浸し，室温で一晩静置する．ブロッキング溶液を捨て，洗浄液で軽く 2 回すすぎ，再び洗浄液に浸し，15 分間軽く振とうする．洗浄液を捨て，PVDF 膜を一次抗体溶液に浸し，室温で 1 時間処理する．一次抗体溶液を捨て，洗浄液で軽く 2 回すすぎ，再び洗浄液に浸し，15 分間軽く振とうする．洗浄液を捨て，PVDF 膜を二次抗体溶液に浸し，室温で 1 時間処理する．二次抗体溶液を捨て，洗浄液で軽く 2 回すすぎ，再び洗浄液に浸し，15 分間軽く振とうする．PVDF 膜を発色溶液に浸し，ゆっくりと振とうする．十分に発色した後に発色溶液を捨て，水道水で十分に洗浄する．蒸留水に 5 分程度浸した後，PVDF 膜を乾燥させ，写真撮影により記録する． ［井上 順］

iii）酵素免疫測定法（enzyme-linked immunosor-bent assay，ELISA） 抗原抗体反応は，非常に特異性が高い．酵素免疫測定法は，この反応に基づいて，抗原となる物質（この意味ではタンパク質には限定されない），あるいは抗体を検出または定量する方法である．抗原抗体反応の検出には酵素の活性を利用する．担体として，96 ウェルのプラスチックプレート，そして特定の物質を検出，定量したい場合，抗体としては，特異性が明確なモノクローナル抗体を用いることが多い．

特定の物質の定量法としては，「サンドウィッチ法」と呼ばれる方法が用いられる．概略は以下のとおりである（図 6.14）．まずウェルに標的物質（この場合タンパク質）に対する抗体を固相化しておく．次に，当該の抗原抗体反応に無関係な高濃度のタンパク質溶液を添加する．通常ブロッキングと呼ばれる工程を行い，非特異的な吸着を防ぐ．その後，サンプルを添加する．このとき，通常は標準曲線を作成するため，標準物質も同時に添加する．その後は，標的物質に対する第二の抗体を添加する．この抗体は酵素標識されているか，あるいはビオチンが結合

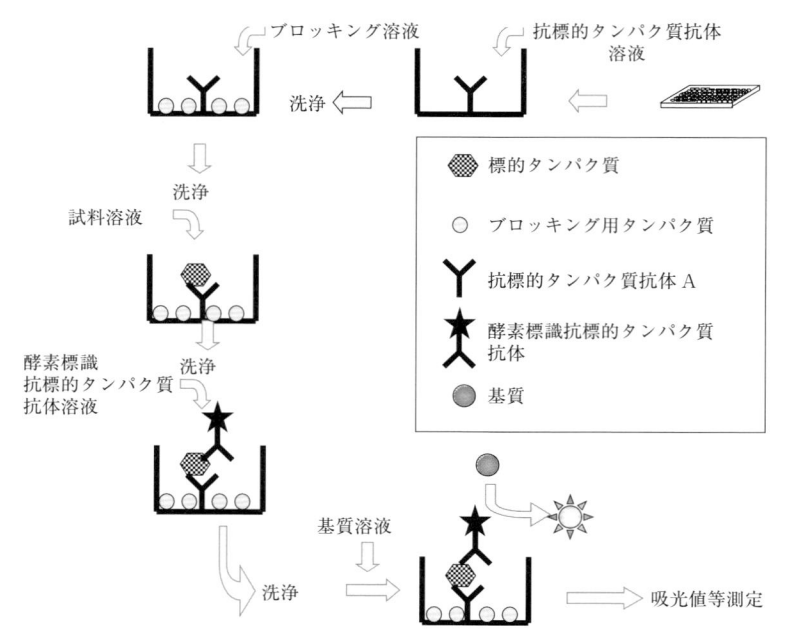

図 6.14 酵素免疫測定法（サンドウィッチ法）の原理

している．ビオチン化抗体を用いる場合は，その次のステップで，ビオチン特異的に結合する，アビジンの結合した酵素を添加する．ビオチン-アビジン系を使用することで，感度をあげることができる．最後に，反応生成物が呈色するよう，基質を加えて，マイクロプレートリーダー等で吸光値等を測定する．各行程間では，プレートのウェルを洗浄する．酵素と基質の組み合わせとしては，アルカリホスファターゼと p-ニトロフェニルリン酸，ペルオキシダーゼと TMB（tetramethylbenzidine）あるいは ABTS（2,2′-azino-bis-3-ethylbenzothiazoline-6-sulfonic acid）がよく用いられる．

また，モノクローナル抗体のスクリーニング等，ある物質（抗体にとっては抗原ということになる）に対する抗体を検出するために，抗原を固相化する方法もある．ブロッキングを行った後，抗体（あるいは抗体を含む可能性のあるサンプル）を添加し，さらに次のステップとしては，標識された抗抗体（たとえば特定の動物種の抗体に特異的に結合する抗体）を添加し，基質を添加して発色させる．また，標品の抗原を固相化しておき，抗体に試料抗原を共存させて固相化抗原への抗体の競合的阻害を調べる方法もある．

以下においては，抗原を固相化し，酵素としてアルカリホスファターゼを用いた場合の操作について述べる．なお，試料溶液，抗体については，牛乳より精製した β-ラクトグロブリンを抗原として固相化し，抗 β-ラクトグロブリン抗体を検出抗体として用いたものを例として示してある．

〔装　置〕 プレート洗浄装置（あるいはアスピレーター）[*1]，プレートリーダー

〔試薬・サンプル〕
・イムノプレート[*2]
・試料溶液（例：牛乳より精製した β-ラクトグロブリンをタンパク質濃度が 0.01 mg/ml 程度となるように PBS で希釈したもの）
・リン酸緩衝食塩水（PBS）: $Na_2HPO_4 \cdot 12H_2O$ 26.2 g，KH_2PO_4 5.0 g，NaCl 2.3 g を水に溶かして 1 l とする．
・洗浄液：　500 ml のリン酸緩衝食塩水に Tween20 を 0.2 ml 加える．
・ブロッキング溶液：　1% ウシ血清アルブミン（あるいは卵白アルブミン）/PBS 溶液[*3]
・一次抗体溶液（例：マウス抗 β-ラクトグロブリンモノクローナル抗体溶液）
・酵素標識二次抗体溶液（例：アルカリホスファターゼ結合ヤギ抗マウス免疫グロブリン抗血清溶液）
・基質緩衝液：　ジエタノールアミン 9.7 ml，$MgCl_2 \cdot 6H_2O$ 0.01 g を約 60 ml の蒸留水に溶かし，1 M HCl で pH を 9.8 に合わせた後，全量を 100 ml とする．
・基質溶液：　基質緩衝液に p-ニトロフェニルリン酸二ナトリウムを 1 mg/ml となるよう溶解したもの．使用直前に調製する．

〔操　作〕

（1）試料溶液をウェル（2 連以上）に 100 μl ずつ入れてから室温で 2 時間静置する（あるいは 4℃で一晩静置する[*4]）．試料がない（PBS を 100 μl ずつ添加する）コントロールのウェルも必要である．

（2）各溶液をアスピレーターなどを用いて除去する．次に洗浄液を 200 μl ずつ加えてまた除去する．この操作を 3 回繰り返す．

（3）ブロッキング溶液を 200 μl 加えて 2 時間静置する．

（4）（2）と同様に各ウェルを洗浄する．

（5）一次抗体をそれぞれのウェルに 100 μl 加えて室温で 1 時間静置する．

（6）（2）と同様に各ウェルを洗浄する．

（7）酵素標識二次抗体溶液を 100 μl 加えて室温で 1 時間静置する[*5]．

（8）（2）と同様に各ウェルを洗浄する．

（9）基質溶液を 100 μl 加え，静置し，発色後[*6]，プレートリーダーを用いて 405 nm の吸光値を測定する．あるいは，静置して色の変化を観察する．

〔注〕　洗浄操作が十分でないと，非特異的な反応により発色してしまう．液ができる限りウェル内に残らないようにする．プレートを裏返しにして，ペーパータオルを数枚重ねた

[*1] プレート洗浄装置がない場合，アスピレーターに装着するプレート洗浄用の器具も市販されている．また，アスピレーターのホースの先にマイクロピペット用のチップをつけたものでも可．

[*2] 再利用できないので，試薬扱いとした．Nunc 社などから市販されている．96 ウェルプレートを 8 ウェルずつ分割したものもある．

[*3] ウシ血清アルブミン溶液が用いられることが多い．本項では，β-ラクトグロブリンの検出を例としているため，ウシ由来タンパク質を含まない卵白アルブミン溶液も併記した．

[*4] （1），（3），（5）の室温静置の各ステップは 4℃で一晩静置に代えることができる．

[*5] 高感度の測定のためには，ビオチン化標識した抗体溶液を添加．洗浄後，アビジン-酵素複合体溶液（この場合，アビジン-アルカリホスファターゼ）を反応させる．

[*6] 5 M NaOH 水溶液を 20 μl 添加することにより反応を停止することができる．

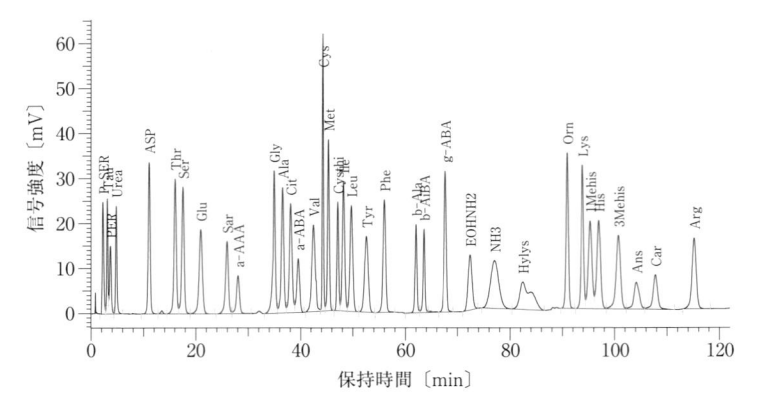

図 6.15 自動アミノ酸分析計によるアミノ酸標準サンプル分析例（570 nm）

上ではたくとよい．非特異的反応が十分抑制されていることを抗原の固相化されていないウェルが発色しないことで確認する．

[八村敏志]

iv) アミノ酸組成分析　主要なアミノ酸は高速液体クロマトグラフィー法（4.1.12項）によって分離し，また誘導体化することによって定量することが可能である．目的のタンパク質あるいはペプチドのアミノ酸組成を分析するためには，まず加水分解によって構成アミノ酸を遊離型にし，サンプルを濃縮した後にアミノ酸分析に供する必要がある．以下に，その手順を述べる．

加水分解　加水分解には酸またはアルカリによる化学的方法と酵素分解による酵素学的方法があるが，アミノ酸分析の際には一般的に塩酸による加水分解が最も広く用いられる．以下，具体的な操作を示す．

〔操　作〕

（1）2～5 mg 相当の目的タンパク質を加水分解管に入れる．さらに 6 N 塩酸を 1 ml 添加し，ドライアイス-アセトンの冷媒で下部を凍結し，真空ポンプで脱気する．気泡が完全になくなったら加水分解管の口を完全に閉じる．

〔注〕　この際，窒素ガスで空気を置換すればアミノ酸の分解（後述）が最小となりさらに正確である．

（2）ドライブロックバスを用いて，110℃，22時間，加水分解を行う．場合によって 6 ～ 96 時間，時間を変えて行う．

〔注〕　加水分解に際して，アミノ酸は壊さずにペプチド結合を完全に加水分解するのが理想であるが，実際には以下の注意点が必要である．トリプトファンは通常の酸加水分解条件では分解され，またアスパラギン・グルタミンは酸アミド結合がペプチド結合より先に切れてしまいそれぞれアスパラギン酸・グルタミン酸になる．セリンやトレオニンなどのアミノ酸も分解しやすいため，時間 0 に外挿して正しい値を求める．またメチオニンは一部酸化され，シスチンは一般に

シスチンとして検出される．一方，ロイシンやイソロイシンなど疎水性アミノ酸のペプチド結合は切れにくいので，長時間反応を行う．

（3）加水分解後，ロータリーエバポレーターにて 50℃以下で減圧・乾固し，さらに HPLC 用蒸留水を加えて懸濁後再び乾固するといった操作を数回繰り返して，塩酸を除去する．

（4）最終的に乾固物を 0.02 N 塩酸に溶解・回収し，これを 0.45 μm 以下のカラムガードフィルターに通した後，アミノ酸分析に供する．

アミノ酸分析[3]　調製したアミノ酸混合試料は，高速液体クロマトグラフィーを用いて分離し各アミノ酸濃度を測定する．主なアミノ酸の分析方法として，陽イオン交換クロマトグラフィーでアミノ酸を分離した後に誘導体化して検出するポストカラム誘導体化法と，先にアミノ酸を誘導体化した後に逆相液体クロマトグラフィーで分離するプレカラム誘導体化法がある．最も一般的なのはニンヒドリンを用いたポストカラム誘導体化法であり，全自動化されたアミノ酸分析計が広く使用されている．ニンヒドリン発色法により測定しているニンヒドリン反応では，一級アミンを有する α-アミノ酸は紫色に，また二級アミンを有するアミノ酸（イミノ酸，プロリンやヒドロキシプロリン）は黄色に発色し，それぞれ 570 nm および 440 nm の吸光値を測定することで定量する．アミノ酸濃度はピークで囲まれた面積から，標準液の面積をもとに算出する．図 6.15，6.16 に日立 L8500 型アミノ酸分析計を用いて，生体標準アミノ酸サンプルを分析した例を示す．図 6.15 は 570 nm の吸光値で一級アミンをもつアミノ酸類を，図 6.16 は 440 nm の吸光値で二級アミンをもつアミノ酸を測定した際のクロマトチャートである．

[薩　秀夫]

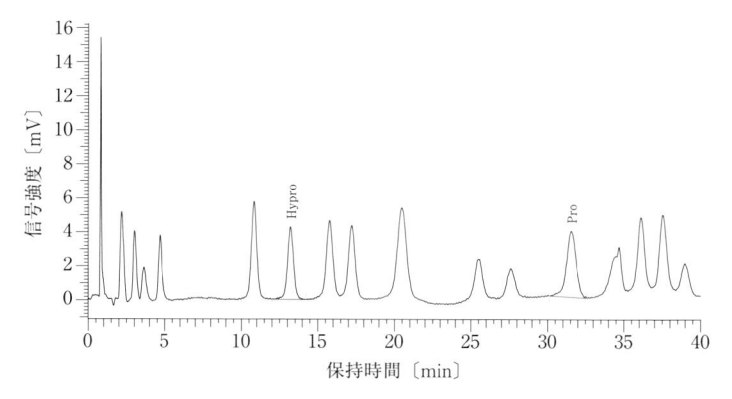

図 6.16 自動アミノ酸分析計によるアミノ酸標準サンプル分析例（440 nm）

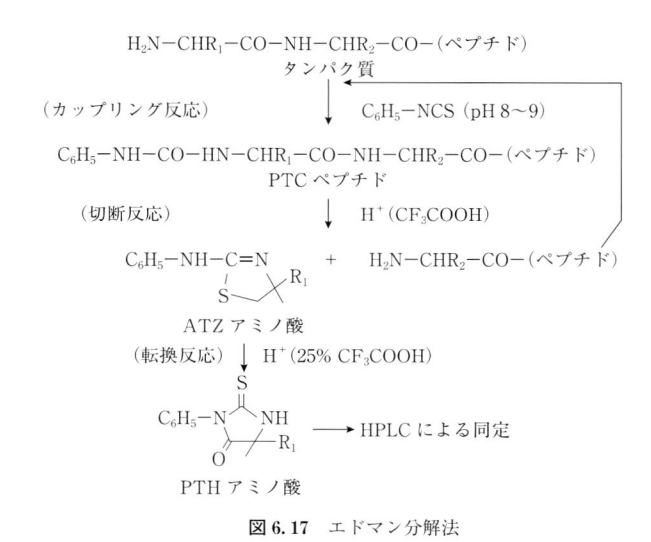

図 6.17 エドマン分解法

v）アミノ酸配列分析（アミノ酸配列の決定）

プロテインシーケンサー タンパク質・ペプチドのN末端からの逐次アミノ酸配列分析にはエドマン（P. Edman）によって開発されたエドマン分解法（図 6.17）が用いられている．反応の第一段階として，塩基性条件下でタンパク質・ペプチドのN末端アミノ酸の遊離アミノ基にフェニルイソチオシアネート（PITC）を反応させて付加物（フェニルチオヒダントイン誘導体）を得る（カップリング反応）．第二段階として，この付加物を酸で処理すると，N末端アミノ酸とN末端から2番目のアミノ酸の間のペプチド結合が切断され（切断反応），結果としてN末端アミノ酸のアニリノチアゾリノン誘導体（ATZアミノ酸）とN末端から2残基目以降のタンパク質が残る．前者は有機溶媒で抽出して後者と分離することができる．抽出した前者はさらに水を含む酸で処理して安定なフェニルチオヒダントイン（PTH）アミノ酸とし（転換反応），これを逆相HPLCで分離定量することによってN末端アミノ酸残基を同定することができる．残りのタンパク質について，全く同じ操作を繰り返すと，N末端から2番目以降のアミノ酸残基を順次同定することができる．

この優れたアミノ酸配列決定法は，カップリング反応と切断反応からなる繰り返しの化学反応であることから，完全自動化がなされた．当初は，小さなカップの中でエドマン分解反応を行っていた（液相式）が，これには数ナノモルの試料を必要とした．その後，試料を固定したグラスフィルター上での反応方式が開発され（気相式あるいはpulsed liquid式），きわめて微量（1～10 pmol）の試料で分析が可能となった．液体試料だけでなく，ゲル電気泳動

した後，疎水性膜にブロッティングした試料も直接プロテインシーケンサーで分析できるようになり，飛躍的に利用範囲が広がった．　　　[長澤寛道]

質量分析計を用いる方法（4.2.2.a項参照）　タンパク質やペプチドのアミノ酸配列は，分子量を測定するだけでは同定はできない．しかし，近年の質量分析計の高感度化，高精度化によりタンパク質の同定方法が変化してきた．確かに，分子量1万を超えるようなタンパク質の分子量を測定することは，質量分析計の分解能，感度を考慮すると，いくら高感度化されたとはいえ有効な手段ではない．一方，分子量が2000～3000のペプチドともなると，現在の質量分析計を用いれば，非常に高い感度と分解能による分析が期待できる．中でも，MALDI-TOF/MS（matrix-assisted laser desorption ionization-time of flight mass spectrometry）は（図6.18），ペプチド性の分子量測定に非常に適しており，数100 fMレベルでの測定が容易にできる．また，複数のペプチドが含まれている溶液の測定も可能であるため，トリプシンなどによる酵素消化後のペプチドフラグメントイオンのパターンを用いて分析することで，もとのタンパク質を同定する，PMF（peptide MS fingerprinting）法が頻繁に行われている（図6.19）．このフラグメントパターンを用い，データベースの検索エンジン（MASCOT（Matrix Science社）など）により，目的タンパク質を同定することができる．また，SDS-PAGEによりタンパク質を分離した後，目的タンパク質を含むゲル片を酵素消化する方法（in-gel digestion法）は，PMF法を適用できるため，目的タンパク質を単離するレベルまで精製する必要性がない．二次元電気泳動と，in-gel digestion法とを組み合わせれば，目的タンパク質のpI（等電点）と分子量の計算値も検索のパラメーターとして利用できるので，タンパク質の同定をより高い精度で行うことが可能となる．

この方法は，直接的にはアミノ酸配列を解析したことにならないが，現在質量分析計を用いたタンパク質同定法の有力な方法の1つとなっている．ただし，データベース内のゲノム情報を用いる検索方法であるため，目的タンパク質の起源となっている生物種のゲノム配列が解析されている必要がある．

一方，ESI-MS/MSなどを用いた，アミノ酸配列解析法もある．上記と同様，分子量2000以下のペプチドであれば，collision電圧によりエネルギーを得たペプチドからは，特徴的な開裂パターンが得られる．この開裂イオンを分析することにより，アミノ酸配列解析ができる．現在，ほとんどのMS/MSの分析機種では，自動的にアミノ酸配列を読むことができるが，この方法により確実に決定できるというわけではない．ただし，MASCOTなどによる，すでにゲノム情報をもとにコンピューターシミュレーションや実際の測定を行ったデータベースがある場合，それで検索すると，目的のタンパク質をPMFと同様の精度で同定することが可能である．

このように，質量分析計を用いたアミノ酸配列決定は，すでにゲノム情報が開示されている生物種，あるいはその近縁種を解析する場合に限り，高感度で有効な手法であるといえる．しかし，未知のタンパク質やゲノム解析が行われていない種由来のタンパク質あるいはペプチドの構造を決定する方法としては，現時点では課題が多い．新たなタンパク質やペプチドのアミノ酸配列を解析するためには，前項のプロテインシーケンサーによる配列解析がまだ欠かせない．　　　[永田晋治]

図6.18　飛行時間測定型質量分析計（TOF/MS）の装置写真

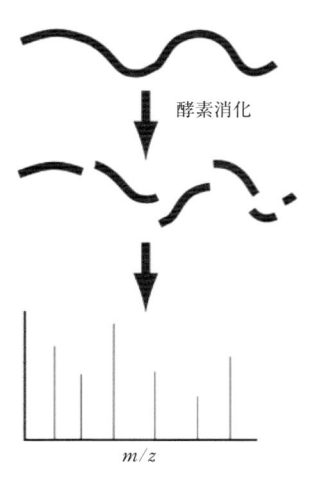

図6.19　peptide MS fingerprinting法の概略図

6.1.3 タンパク質の立体構造決定法
a. X線結晶構造解析法

タンパク質，核酸などの生体高分子の三次元構造を原子レベルの分解能で決定する手法として最も広く用いられているのがX線結晶構造解析である．まず，高純度に精製した試料を，ポリエチレングリコール，硫酸アンモニウムなどの沈殿剤の存在下で結晶化させる．一般的な手法である蒸気拡散法に関しては後述する．タンパク質の結晶構造解析の手法は近年急速に進歩しており，良質な精製サンプルおよび結晶をいかに得るかが構造決定にあたって最も重要である．得られた結晶に波長1Å前後のX線を照射し，回折像を測定する（図6.20）．X線源としては実験室に設置できるサイズのX線発生装置が以前から用いられてきたが，シンクロトロン放射光施設において強力かつ微細なX線ビームが得られるため，近年ではこちらが主に利用されている．回折像に写った反射点（回折斑点）の指数 (hkl) を決定し，それらの強度を積分して得た値から，構造因子と呼ばれる波動関数 $F(hkl)$ の振幅の項が計算できる．座標 (x, y, z) における電子密度 ρ を計算するには以下の式によりフーリエ変換を行う．

$$\rho(x, y, z) = \frac{1}{V} \Sigma\Sigma\Sigma |F(hkl)|$$
$$\times \exp[-2\pi i(hx + ky + lz) + i\alpha(hkl)] \quad (6.22)$$

ここで，V：結晶の単位格子の体積である．

$F(hkl)$ の位相の項である $\alpha(hkl)$ を決定するためにはいくつかの手法がある．分子置換法は，構造が類似したタンパク質分子の構造データを利用する方法である．重原子同形置換法と異常分散法は，新規の構造を決定する場合に用いられる．前者では，重原子を含む溶液中に結晶を浸漬するなどの方法を用いて置換体結晶を作成し，もとの結晶（ネイティブ結晶）と回折強度を比較する．後者は結晶中に異常分散と呼ばれる特徴的な回折を示す原子が含まれる場合に適用可能であり，異常分散の効果が最大になるように，吸収端と呼ばれるその原子特有の波長付近で回折データを収集する．現在ではタンパク質中のメチオニン残基をセレノメチオニンに置換する手法が広く用いられている．

得られた電子密度をもとに分子構造モデルを構築し（図6.21），原子座標などの精密化を行う．精密化の指標には，$|F(hkl)|$ の測定値と分子構造モデルからの計算値の残差に基づいた信頼度因子（R因子）が用いられ，この値が20%ぐらいになるまで精密化を行う必要がある．本手法について詳しくは成書を参照のこと[4-6]．

蒸気拡散法によるリゾチームの結晶化　タンパク質や核酸など生体高分子の結晶化を得るためには，高純度に精製した試料を用意し，ポリエチレングリコールや硫酸アンモニウムなどの沈殿剤の存在下，一定温度で数日間から数ヶ月静置し，結晶が生成するのを待つ．一般的な手法として蒸気拡散法（ハンギングドロップ法とシッティングドロップ法），透析法などが知られている．ここでは，最も一般的に行われているハンギングドロップ法について，リゾチームを例にとって具体的な操作方法を解説する．

図 6.20　タンパク質結晶のX線回折像

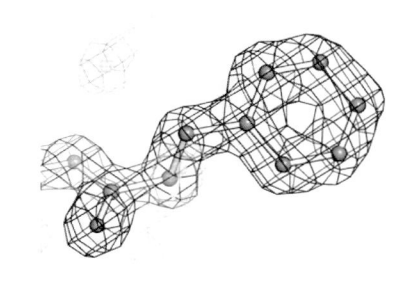

図 6.21　電子密度と分子構造モデル

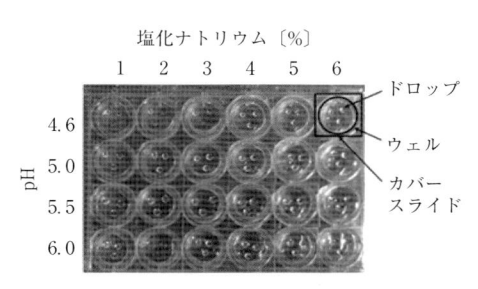

図 6.22　結晶化プレート

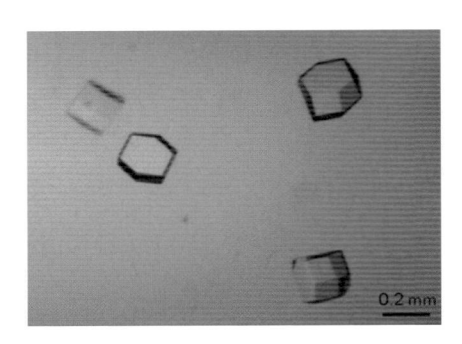

図 6.23　リゾチームの結晶

〔操　作〕
(1) 結晶化プレート（図 6.22）のウェルにリザーバー溶液を 500 μl 分注する．
(2) 結晶化プレートのウェルのリザーバー溶液の 1 μl をカバースライドへ移す．
(3) カバースライド上でリザーバー溶液と 1 μl の 50 mg/ml リゾチーム溶液をピペッティングした混合液（ドロップ）をつくる．
(4) カバースライドを裏返し，ウェルにかぶせて密閉する（図 6.22）．
(5) 沈殿剤（ここでは塩化ナトリウム）の濃度と溶液の pH を変化させた他のウェルについても同様に行う．
(6) プレートを 20℃ に設定した専用インキュベーターに入れ静置する．
(7) 翌日あるいは数日後に顕微鏡でドロップを観察すると，図 6.23 のような結晶の生成が確認できる．

各々のタンパク質の性質は多様であり，結晶化の方法や注意点も多岐にわたっている．詳細については，参考文献を参照してほしい[7-8]．　　　[伏信進矢]

b. NMR 溶液構造解析法（4.2.2.d 項参照）

NMR を用いてタンパク質の立体構造を決定する際には，水素原子核（プロトン，^{1}H）間の距離情報が主として利用される．NOE の強度は核間距離 r の 6 乗に反比例するため，NOE 強度を測定することで 5 Å までの核間距離を決定することができる．NOE は NOESY（NOE correlated spectroscopy）スペクトルにおける交差ピークとして取得することができ，ピークの積分値が NOE 強度となる．

NOE シグナルがタンパク質のどのプロトンに由来するかを正確に帰属することは，立体構造の精度を決定する重要なステップである．分子量が 7000 以下のタンパク質の場合には，スピン結合によるプロトン間の相関ピークを DQF-COSY（double quantum filtered-correlation spectroscopy）や TOCSY（totally correlated spectroscopy）により検出し，残基内のプロトンの相関ピークのパターン，すなわちスピン系からアミノ酸残基の種類を同定する．隣接するアミノ酸残基は空間的に近く，それらのプロトン間で NOESY の交差ピークが観測されることを利用し，タンパク質のアミノ酸配列に沿って各スピン系を帰属する．

高分子量のタンパク質の場合には，^{13}C と ^{15}N の安定同位体で標識したタンパク質を用いて，異種

コラム：　タンパク質の立体構造と機能解析

　生物のしくみを理解するためには，タンパク質をはじめとする生体分子の働きを知ることが重要である．生体内ではタンパク質，核酸，糖質，脂質などの生体高分子，ビタミンなどの有機化合物，カリウムやカルシウムといった金属イオンなどが調和を保ちながら水環境で 1 つのシステムをつくりあげており，あたかも遺伝子の情報に基づきタンパク質などの分子がそれぞれの役割を演じているかのようである．その中でタンパク質は最も重要な役割を担っており，タンパク質の理解なくして生体内の出来事は理解できない．タンパク質はアミノ酸が脱水縮合した鎖状の分子で，折りたたまれ立体構造を形成して初めて機能を発現する．したがって，その働きを理解するためには，立体構造を詳細に解明することが重要である．原子分解能の立体構造決定法としては，分子量を問わず高分解能で立体構造が決定できる X 線結晶構造解析法，溶液中での立体構造を明らかにし相互作用解析に用いられる核磁気共鳴（NMR）法，膜タンパク質の立体構造決定に優れた電子線結晶構造解析，X 線に比べて水素を観測しやすい中性子結晶構造解析，理論的に立体構造を予測するポテンシャルエネルギー計算がある．さらにこれらを補完する方法として，溶液中のタンパク質の構造を求める X 線小角散乱（SAXS），タンパク質 1 分子の電子顕微鏡像を多数重ねることにより信号雑音比を改善し立体構造を見る単粒子解析，構造から機能を予測する構造バイオインフォマティクスがある．また，X 線自由電子レーザー（XFEL）を用いると結晶をつくらなくても 1 分子による散乱を多数測定して立体構造を決定できる可能性がある．これらの方法は測定原理や観測対象などが異なっており，競合するのではなく相互に補完するので，理解したい機能や生命現象に応じて 1 つまたは複数の方法を組み合わせることにより目的が達成される．

[田之倉優]

核多次元 NMR スペクトルで帰属する．^{13}C と ^{15}N は NMR で観測可能な核種であり，タンパク質の主鎖骨格である C–C や C–N のスピン結合が利用できる．これにより，残基内と残基間の相関ピークを HNCACB 等の測定により同時に検出し，アミノ酸配列に沿って連鎖的に帰属することが可能である．タンパク質の分子量が増加すると，双極子-双極子相互作用しているプロトン間でのスピン-スピン緩和が速まるため，シグナルの線幅が広がり，感度と分解能が低下する．この緩和の問題を解決する方法として，タンパク質中の一部の ^{1}H の重水素化や TROSY（transverse relaxation optimized spectroscopy）法が使用される．

NMR による立体構造決定では，NOE の距離情報に加えて，二面角等の角度情報，スピンラベルや残余双極子相互作用（residual dipolar coupling, RDC）による長距離情報が利用される．こうした距離と角度の制限情報をもとに，ディスタンス・ジオメトリーとシミュレーテッド・アニーリングを組み合わせた手法で立体構造が計算される．構造決定の精度は，計算された立体構造の原子座標の再現性と定義され，平均二乗偏差（root mean square deviation, RMSD）により評価される．通常，二次構造要素の RMSD が 0.7 Å 以下であれば高精度の構造決定といえる．本節で述べた手法について詳しくは成書[5]を参照のこと． ［永田宏次・宮川拓也］

6.1.4 タンパク質立体構造の in silico 解析[*7]

タンパク質がその機能を果たす際には，ほとんどの場合タンパク質や核酸，糖，低分子化合物など他の分子との相互作用を伴う．このためタンパク質の機能発現には，その立体構造が本質的に重要である．近年における，立体構造決定技術（前項参照），あるいはコンピューターのソフトウェア，ハードウェア，ネットワークの急速な発展により，立体構造を含むさまざまなデータがウェブ上に無償のデータベースとして公開され（第 11 章参照），それらを手元のコンピューターによって手軽に利用することが可能となった．

ここでは，立体構造データベース Protein Data Bank（PDB, http://www.rcsb.org/）および PDB に種々の解析結果を付加した PDBSum（http://www.ebi.ac.uk/pdbsum/）に登録されている，リン酸エステル化合物を加水分解する酵素アルカリホスファターゼ（PDB ID：1ALK，1EW2 など）を例に，タンパク質の立体構造と機能の関係に触れる．各データベースへのアクセス方法などは第 11 章を参照のこと．1ALK は大腸菌由来，1EW2 はヒト由来であり，両者のアミノ酸一致度は 30% 弱である．また，どちらも基質結合部位に阻害剤であるリン酸分子が結合した状態で立体構造が決定されている．

なお，以下の分子グラフィックスは，図 6.25，6.29 では PDB のサイトで Jmol（http://jmol.sourceforge.net/）を，また図 6.28 では RasMol（http://www.openrasmol.org/）を用いた．他の分子グラフィックスソフトでも同様の表示ができると思われる．表示の手順の詳細についてはそれぞれのソフトウェアのマニュアル等を参照のこと．

a. タンパク質立体構造の構築原理

タンパク質は分子量，荷電，極性などの物理化学的特性がさまざまに異なるアミノ酸（残基）が決まった順序（一次配列）で重合し，自由エネルギー最小状態に対応する天然構造に折りたたまれたポリペプチド鎖である．水溶性タンパク質の場合は，周辺環境が水やイオンなので，親水性残基が外側に配置され，疎水性残基の側鎖は内側に集まって「疎水コア」を形成する．またタンパク質の内部は非常に詰まっており，その空間充填率は剛体球の最密充填 0.74 とほぼ同じ 0.7〜0.8 程度である（共有結合によって原子間距離が剛体球よりも近づくので，最密充填率を超える場合もある）．これらの条件をすべて満たすようなポリペプチド鎖の折りたたみ方はごく限られているため，タンパク質の立体構造は一次配列によって決まる（図 6.24）．なお，周辺環境が疎水性の膜タンパク質では，疎水性残基が外側に配置される．また天然状態において一定の立体構造をとら

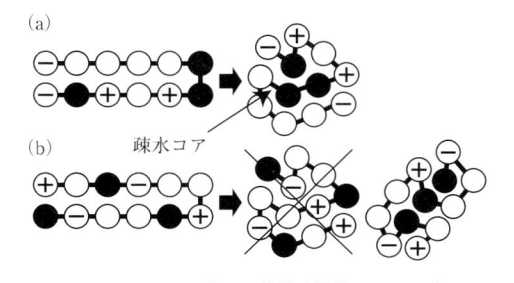

図 6.24 タンパク質の立体構造構築原理の概念図
(a) 水溶性タンパク質の場合，疎水性残基（黒丸）が内側に，親水性残基（白丸）が外側にくる．また正電荷（＋）をもつ残基は負電荷（−）をもつ残基の近くにくる．(b) (a)とアミノ酸組成が同じでも，一次配列が異なると(a)と同じ立体構造はとれなくなり，立体構造構築原理を満たす別の構造に折りたたまる．

[*7] 本項に出てくるウェブページの URL は 2012 年 12 月現在のものである．URL が変更されていた場合は，検索エンジンなどを用いて変更後の URL を検索してほしい．

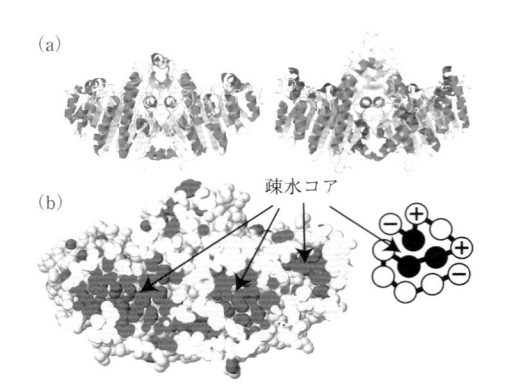

図 6.25 リボンモデル表示による 1ALK と 1EW2 の二次構造配置の比較
(a) ともに Biological Assembly の表示. 両者のアミノ酸配列一致度は 30% 以下であるが, αヘリックスやβストランドなどの二次構造の配置は似ている. しかし局所的には, 中央上部の「クラウンドメイン」などに違いがみられる. (b) 1ALK の断面を spacefill モデルで表示したもの. グレーは疎水性側鎖. 疎水コアが確認できる.

```
PPB_ECOLI  ...KPDYVTDSAASATAWSTGVKTYNGALGVDIH---------EKD...
PPB_SERMA  ...KPDYVTDSAASATAWATGVKTYNGALGVDVN---------GKD...
PPB1_HUMAN ...VDKHVPDSGATATAYLCGVKGNFQTIGLSAAARFNQCNTTRGNE...
PPB_GADMO  ...TNAQVADSAGTATAYLCGVKANEGTVGVSAAAVRSQANTTQGNE...
PPB_SCHPO  ...SSSLITDSAAGATAFSCANKTYNGAVGVLDN---------EKP...
              ↑↑    ↑↑↑
```

図 6.26 酵素アルカリホスファターゼの由来する生物種の異なる一次配列を並べたもの (一部のみ表示)
上から大腸菌, セラチア, ヒト, タラ, 分裂酵母. 矢印のついている位置では, 1種類のアミノ酸しか出現していない.

ず, 他の分子との相互作用によって初めて折りたたまれる天然変性タンパク質の存在も近年明らかとなり, in silico 解析を含めた多方面からの研究が進められている.

1ALK と 1EW2 のαヘリックスやβストランドなどの二次構造の配置をみると, 全体としては似ているが, 異なっている部分もあることがわかる (図 6.25(a)). また, 疎水性残基に色をつけて分子内部の断面をみると, 疎水コアの存在がわかる (図 6.25(b)).

b. 各アミノ酸の重要度の違い

進化類縁関係 (ホモロジー) のあるタンパク質の一次配列を並べると, 同じ位置に特定のアミノ酸のみが出現しているところと, さまざまな種類のアミノ酸が出現したり対応するアミノ酸が欠損したりしているところがあることがわかる (図 6.26).

一般に, タンパク質の立体構造構築あるいは機能発現に重要なアミノ酸は, 進化の過程でよく保存される. このため各位置においてどのアミノ酸がどのくらい出現しているか(各アミノ酸の保存度と呼ぶ)

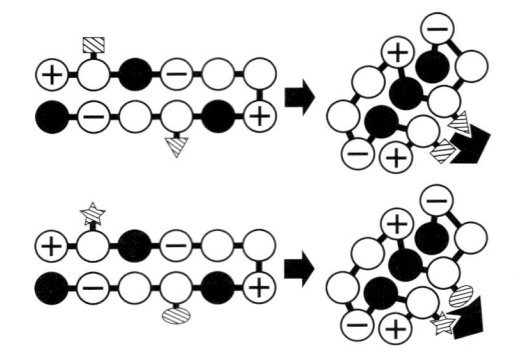

図 6.27 折りたたみによって一次配列上離れたアミノ酸が近づき結合部位を形成する.

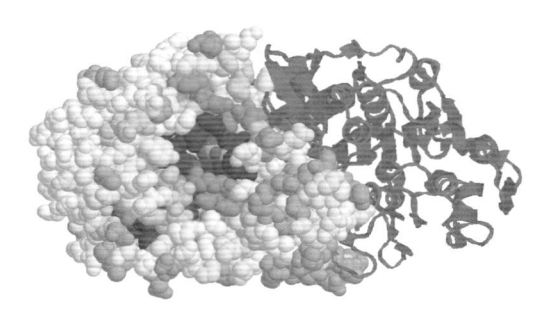

図 6.28 PDBSum のアミノ酸保存度 (A-chain のみ, B-chain はリボンモデル表示)
保存度が高い残基ほど色が濃くなっている. 基質結合部位と詰まった内部の残基の保存度が高く, 表面付近の残基は保存度が低いことがわかる.

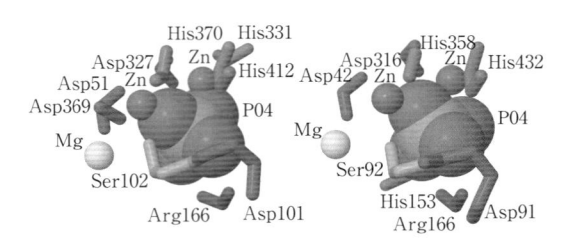

図 6.29 1ALK (左), 1EW2 (右) について, リン酸分子から 4.6 Å 以内にある残基
アミノ酸の種類と立体配置が互いによく似ていることがわかる.

を解析することによって, その位置のアミノ酸の重要度を見積もることができる.

さらに立体構造と照らし合わせると, 各アミノ酸のもつ役割が理解できる. タンパク質が折りたたまれると, 一次配列上離れたアミノ酸が立体構造上では近くなり, それらが協同して他分子との結合部位を形成し, 結合特異性や触媒反応機構などを決める (図 6.27). また疎水コアを形成して立体構造の保持に関わっている残基は, 内部が密に詰まっているために別のアミノ酸に変異しにくい.

PDBSum の Residue conservation ページでは，各アミノ酸の保存度が色表示されている．また保存度を立体構造上に色表示するためのデータが用意されており（図6.28），構造保持と基質結合・触媒など機能発現に重要なアミノ酸の保存度が高く，それ以外のタンパク質表面付近のアミノ酸の保存度が低いことを視覚的に確認することができる．

1ALK と 1EW2 についてリン酸付近を拡大して比較すると（図6.29），タンパク質全体のアミノ酸一致度は 30% 弱にとどまるが，基質結合部位を構成しているアミノ酸の種類と空間配置はよく一致していることがわかる．PDBSum の保存度と照らし合わせると，これらのアミノ酸が確かに高度に保存している．また，一次配列上離れた残基が集まってこの部位を形成していることがわかる．

［中村周吾］

6.2 酵 素

酵素には特定の構造と，それに基づく特定の機能（化学反応を触媒する活性＝酵素活性）がある．活性を調べると，存在量や性質を知ることができる．そのためには，酵素活性を正確に解析して記述する必要がある．

6.2.1 酵素反応速度論

酵素活性は反応速度で表す．反応速度の動力学（kinetics）的な解析によって求められるパラメーター，V_{max}, k_{cat}, K_m 等によって酵素活性を記述する．また，酵素活性を阻害・制御する因子が共存する場合に，阻害の様式を仮定して阻害定数 K_I を求める．これらの実験から，酵素の反応機構や，阻害剤の阻害機構を推測することが可能となる．

a. ミカエリス-メンテンの式

酵素の反応速度論の一般的な理論背景を示しておこう．基本概念をまず解説する．

ある化学反応の，反応物質を基質（S, substrate），生成物質を産物（P, product）と呼ぶ．基質と酵素（E, enzyme）とが混合した瞬間に酵素反応が始まる．時間（t）を追って基質濃度の減少または産物の増加を測定し，反応速度を求める．反応速度は時間の経過とともに減少し基質が産物と化学平衡に達した点で見かけ上 0 になる．ふつう，反応初期の速度（初速度）v をもって，酵素の反応速度とする．$v = -d[S]/dt$ と $v = d[P]/dt$ とは通常ほぼ等しい．ここで，[ ] は括弧内の物質の濃度

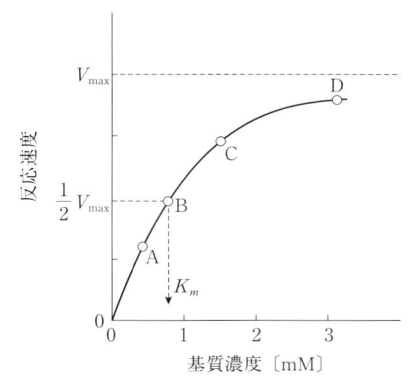

図6.30 酵素反応における基質濃度 [S] と反応初速度 v との関係の典型例 K_m, V_{max} については本文参照．

を表すことにする．[S] を変化させて v を測ると図6.30のようになる．これは，[S] が増えると v がある一定値 V_{max} に近づく，双曲線（hyperbola）である．このような [S] と v の関係は，1913年に Michaelis（ミカエリス）と Menten（メンテン）らによって理論的に説明された．

酵素は基質と結合して初めて作用する．酵素と基質との複合体を ES で表す．

$$E + S \underset{k_{-1}}{\overset{k_1}{\rightleftarrows}} ES \overset{k_2}{\longrightarrow} E + P \qquad (6.23)$$

式 (6.23) の第一段階で酵素と基質とは可逆的に会合して複合体 ES をつくる（この反応の速度定数 $=k_1$）．この複合体の一部はもとの成分 E と S とに解離する（この反応の速度定数 $=k_{-1}$）が，残りは反応を起こして，ふつう不可逆的に，E と P に解離する（この反応の速度定数 $=k_2$, k_{cat} と表すことがある）．反応初速度を v とすると，v と [S] とは次の式 (6.24) で関係づけられる．

$$v = \frac{V_{max}}{1 + \dfrac{K_m}{[S]}} \qquad (6.24)$$

これを，Michaelis-Menten（ミカエリス-メンテン）の式という．ここで，

$$K_m = \frac{k_{-1} + k_2}{k_1} \qquad (6.25)$$

をミカエリス定数と呼ぶ．次元は [濃度] である．V_{max} は最大反応速度であり，K_m と V_{max} とを酵素の動力学的パラメーター（kinetic parameter）等と呼ぶ．また，V_{max}/K_m は触媒の効率を表すパラメーターとして用いられることがある．

b. ミカエリス-メンテンの式の導出過程

ふつう観測する酵素反応は，酵素が基質に対して

きわめて低濃度の条件にあるので，定常状態として近似（steady state approximation）できる．すなわち，観測中は［ES］は一定と考えられ，生成速度 k_1［E］［S］と崩壊速度 $(k_{-1}+k_2)$［ES］とは等しい．

$$k_1[\text{E}][\text{S}] = (k_{-1}+k_2)[\text{ES}] \qquad (6.26)$$

酵素の全濃度を［E_t］とおけば，

$$[\text{E}_t] = [\text{E}] + [\text{ES}] \qquad (6.27)$$

式(6.26)，(6.27)から［E］を消去して，式(6.28)に代入すると，式(6.24)が求められる．

$$v = k_2[\text{ES}] = \frac{k_2[\text{E}_t]}{\dfrac{K_m}{[\text{S}]}+1} \qquad (6.28)$$

なお，

$$V_{\max} = k_2[\text{E}_t] \qquad (6.29)$$

である．

多くの場合，複合体ESがもとの成分EとSとに解離する速度は，EとPに解離する速度より，はるかに速い（$k_{-1} \gg k_2$）．したがって，$K_m = k_{-1}/k_1$ と近似できる．その意味は，複合体ESがもとの成分EとSとに解離する反応の解離定数 $K_d = [\text{E}][\text{S}]/[\text{ES}]$ に等しい．K_m が小さいほど酵素と基質との親和性は大きいことになる．基質濃度が K_m に等しいとき，反応速度は $V_{\max}$ の1/2である．基質が大過剰のとき $v = V_{\max}$ となる．ミカエリス-メンテンの式はLangmuir（ラングミア）の等温吸着式と概念的にも形の上でも似ており，いずれも触媒表面に有限個の基質結合部位を想定して解離会合により触媒・基質複合体が平衡論的に存在することが共通である．

酵素反応の中には，図6.30のような双曲線ではなく，S字型（sigmoidal）曲線になるものもある（酵素ではないが身近な例では，ヘモグロビンの酸素飽和曲線を想起してほしい）．これは，基質自体（あるいは基質以外の物質のこともある）が酵素と相互作用するために起こる協同的な現象で，アロステリック効果と呼ばれる．

図6.30のような双曲線から $V_{\max}$ や K_m を求めるためには，横軸 $1/[\text{S}]$ に対して縦軸に $1/v$ をプロットすればよい（図6.31）．これはLineweaver-Burkプロットまたは両逆数プロットと呼ばれる．

また式(6.28)は

$$v = V_{\max} - K_m \cdot \frac{v}{[\text{S}]} \qquad (6.30)$$

と書き換えられる．v を $v/[\text{S}]$ に対してプロットするEadie-Hofsteeプロットは，両逆数プロットより誤差が少ない点で優れている．

ミカエリス-メンテンの式は，$[\text{S}]_0 \gg [\text{E}]_0$，すなわち定常状態を仮定している．$[\text{S}]_0$ と $[\text{E}]_0$ とが近い値のときには，初期バースト（initial burst）などの特別な現象が観察されることがある．また，反応が定常状態に至る以前のごく初期に起こる迅速な変化を特別な装置で観測することが可能である．これらの実験から，より詳細な反応機構を議論できる可能性がある．

また，ここでは反応の「速度」として「初速度」だけを考慮している（後述）が，可逆反応では見かけ上反応が停止したようにみえる化学平衡到達以降にも正逆両方向に等速度で反応が進んでいるのであり，これを解析する方法もある．

6.2.2　酵素の阻害

基質以外の物質が酵素と結合し，酵素活性が低下することを，酵素反応の阻害（inhibition）といい，その物質を阻害剤（inhibitor）という．酵素と阻害剤の結合様式および機構から，阻害は次のように分けられる．

a.　不可逆的阻害

阻害剤が酵素の活性部位の特定のアミノ酸残基に共有結合で結合したり，あるいは活性部位以外

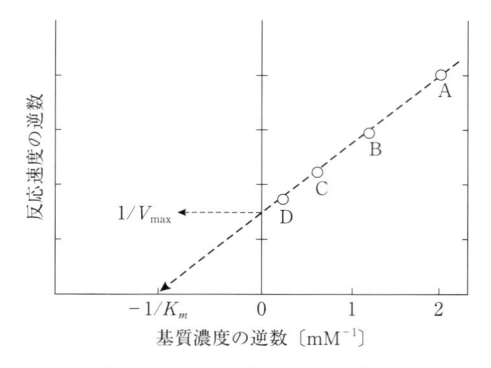

図6.31　酵素反応の $1/[\text{S}]$-$1/v$ の両対数プロット（Lineweaver-Burkプロット）
縦軸切片に $1/V_{\max}$，横軸切片に $-1/K_m$ が与えられる．

図6.32　DIPFによる活性中心セリンの不可逆的阻害

競合阻害　　　　　　　　非競合阻害　　　　　　　不競合阻害

$$E+S \underset{k_{-1}}{\overset{k_1}{\rightleftharpoons}} ES \overset{k_2}{\rightarrow} P+E$$
$$+$$
$$I$$
$$\Updownarrow K_I$$
$$EI+S \longrightarrow \text{no reaction}$$

$$E+S \underset{k_{-1}}{\overset{k_1}{\rightleftharpoons}} ES \overset{k_2}{\rightarrow} P+E$$
$$+ \qquad +$$
$$I \qquad I$$
$$\Updownarrow K_I \quad \Updownarrow K_I'$$
$$EI+S \quad ESI \longrightarrow \text{no reaction}$$

$$E+S \underset{k_{-1}}{\overset{k_1}{\rightleftharpoons}} ES \overset{k_2}{\rightarrow} P+E$$
$$+$$
$$I$$
$$\Updownarrow K_I'$$
$$ESI \longrightarrow \text{no reaction}$$

$$v=\frac{V_{\max}}{\left(1+\frac{[I]}{K_I}\right)\frac{K_m}{[S]}+1}$$

$$v=\frac{V_{\max}}{\left(1+\frac{[I]}{K_I}\right)\frac{K_m}{[S]}+1+\frac{[I]}{K_I'}}$$

$$v=\frac{V_{\max}}{\frac{K_m}{[S]}+1+\frac{[I]}{K_I'}}$$

図 6.33　競合阻害・非競合阻害・不競合阻害

の残基に共有結合して活性部位を邪魔して酵素反応を阻害する場合である．阻害剤の濃度に比例して活性な酵素の濃度は低下するので，反応速度は阻害剤の濃度に比例して低下する．セリンを触媒残基とするプロテアーゼ（キモトリプシンなど）に対するジイソプロピルフルオロリン酸（diisopropylphosphofluoride, DIPF）の阻害作用（図6.32）や，アセチルコリン・エステラーゼに対する神経性毒ガス（サリン）の阻害作用はその一例である．

b. 可逆的阻害

酵素と阻害剤が共有結合で結合するのではなく，その間の平衡状態が阻害に関与する．酵素と阻害剤の複合体の解離定数 K_I（阻害定数という）が酵素に対する阻害剤の親和力の目安となる．その値が小さいほど強い阻害剤である．可逆的阻害にはその阻害様式により，競合阻害（competitive inhibition），非競合阻害（noncompetitive inhibition），不競合阻害（uncompetitive inhibition）などがある（図6.33）．

6.2.3　酵素の活性測定における注意事項
a. 失活を起こさない保存法

酵素が活性を失うことを失活という．酵素は，特殊な例外を除いて失活しやすいものであり，取扱いには十分な注意が必要である．後に述べる極端なpHや高い温度の他にも種々の要因で失活が起こる．物理的な要因としては加熱の他，凍結融解，激しいかくはんによる表面変性，ガラスやプラスチックへの吸着，希釈による失活などが挙げられる．化学的な要因としてはpHの他，尿素，塩酸グアニジン，界面活性剤などの変性剤，重金属塩，有機溶媒，毒物（多くの毒物は酵素の強力な阻害剤か変性剤である）の存在などが挙げられる．

また，微生物の繁殖，夾雑するタンパク質分解酵素による分解を防ぐために，0.02％ア

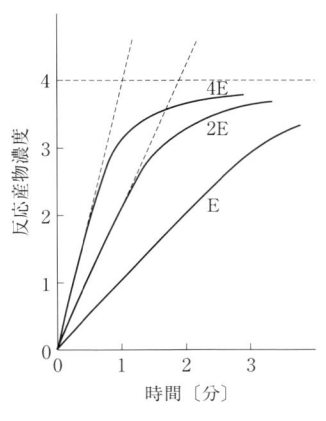

図 6.34　酵素反応の時間経過（基質濃度一定）

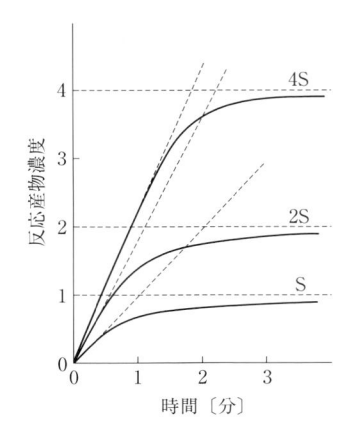

図 6.35　酵素反応の時間経過（酵素濃度一定）

ジ化ナトリウムや，金属キレート剤 EDTA（ethylenediaminetetraacetate），PMSF（phenylmethylsulfonylfluoride, ヒト毒性強い）を添加することがある．

酵素を長い期間低い濃度で保存する場合には，失活を避けるため十分な注意が必要である．多くの場合，冷凍庫（-20℃または-80℃）や冷蔵庫（4℃）に保存する．凍結により失活する場合にはグリセ

ロールを50%（v/v）加えて−20℃で保存する方法がある．

b. 初速度の測定と反応の経時変化

これまで「反応速度」と呼んでいたものは，正確にいえば「反応初速度」である．酵素反応を正確に測定するには，まず初速度を正確に求めることが必要であり，そのためには反応の経時変化を測定しなければならない．図6.34，図6.35は酵素反応の時間経過を示している．基質濃度一定で酵素濃度を変えたとき（図6.34），酵素反応は時間に対して直線的に進行するが，酵素濃度に依存して直線から外れてくる．その理由には反応の進行に伴い逆反応が無視できなくなること，基質の減少が無視できなくなること，測定法や測定装置の測定限界に達することなど，種々の理由がある．酵素濃度一定のときには（図6.35），基質濃度の低いところでは直線からのずれが速やかに起こり，かつ大きくなる．いずれにしろ，正確な反応初速度を求めるには，3点以上の測定値が直線に乗るように考慮し，測定値の直線部分から傾きを得る必要がある．

c. pHの影響

酵素反応はpHによって大きく変化し，通常pHに対して図6.36の実線のようにベル型の依存性を示す．最も活性の高いpHは，最適（または至適）pHと呼ばれる．酵素はタンパク質であるのであまり極端な酸性やアルカリ性では変性し活性を失ってしまう．普通の測定では酵素活性自体の変化と失活による酵素活性の変化とを同時に測定することになるので，酵素活性のpH依存性を調べるには酵素のpHに対する安定性も同時に調べなければならない．

d. 温度の影響

酵素反応は化学反応であるから，温度が高いほど反応速度は増大する．しかし，酵素はタンパク質であるから，温度が高くなると酵素自身が熱で失活する．したがって，酵素活性が最大になる温度（最適温度または至適温度）はこの2つの現象の兼ね合いの問題であり（図6.37），活性測定に要する時間によって影響される．測定に要する時間が短いほど熱失活の割合は少ないから，最適温度は高温側に移る．酵素反応の温度依存性は大きいので（図6.37），活性測定の際には温度を一定に保たねばならない．反応速度に及ぼす温度変化の影響は，アレニウス（Arrhenius）が経験的に求めた次の式（アレニウスの式）で書かれる．

$$k = Ae^{-\frac{E}{RT}} \qquad (6.31)$$

ここで，k：速度定数，T：絶対温度，E：活性化エネルギー，R：気体定数である．この式を積分し，積分定数をCとすると

$$\ln k = C - \frac{E}{R \cdot \frac{1}{T}} \qquad (6.32)$$

$\ln k$を$1/T$に対してプロットする（アレニウスプロット，図6.37の挿入図）と，直線の傾きは$-E/R$であるから，この反応の活性化エネルギーが求められる．高温側において直線からのずれがみられるが，これは反応条件下において可逆的または不可逆的な失活が起こっていることを示す．

［若木高善］

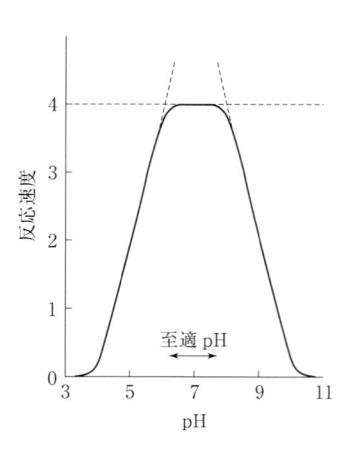

図6.36 pHと反応速度

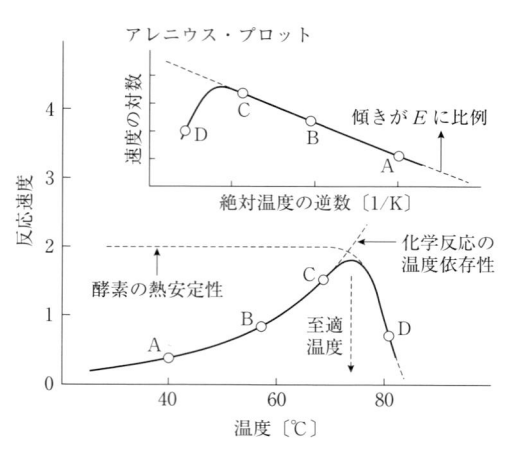

図6.37 温度と反応速度（挿入図はアレニウスプロットを示す）

6.3 実 験 例

6.3.1 ゲル濾過クロマトグラフィーによるタンパク質の分離

ゲル濾過クロマトグラフィーは，タンパク質をその分子サイズによって分離する方法の1つである．本実験では，ゲル濾過クロマトグラフィーにより，分子量の異なる複数の高分子試料を分離し，用いたゲル濾過カラムの分離特性を調べることを目的とする．

〔装置・器具〕

・ゲル濾過クロマトグラフィー実験装置（図6.38参照）

・ゲル濾過用カラム充填剤： ポリビニル系のSephacryl S-300（GE Healthcare 社製，タンパク質の分画分子量範囲：1万〜150万）[8]．

〔試 薬〕

・分離用緩衝液： 0.05 M Tris-HCl（pH 8.0）+ 0.2 M NaCl

・分離用試料： ブルーデキストラン（平均分子量200万の多糖，青色），アポフェリチン（分子量44万3000のタンパク質，無色），チトクロームc（分子量1万2300のタンパク質，赤色）を混合した試料[9]

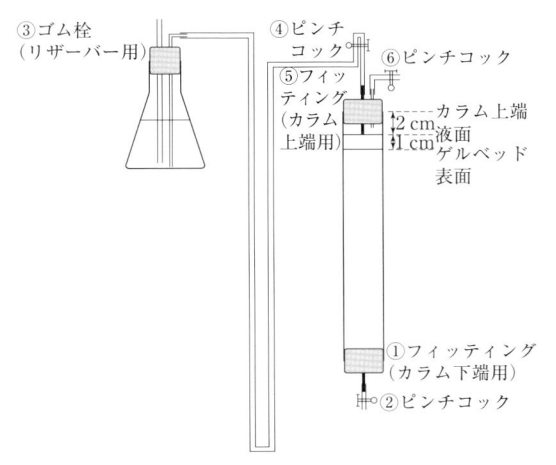

図6.38 実験装置

[8] ゲルビーズは20%（v/v）エタノールを含む緩衝液（0.05 M Tris-HCl（pH 8.0）+ 0.2 M NaCl）中に保存しておく．

[9] 混合試料0.5 mlを用意する．各成分の濃度は，ブルーデキストラン4 mg/ml，アポフェリチン2 mg/ml，チトクロームc 2 mg/mlである．

〔操 作〕

(1) カラム（内径2.6 cm，長さ20 cm）を鉛直になるようにしっかりと固定し，コック②を閉じ，緩衝液を約20 mlとってカラムに添加し，液漏れがないことを確認する．

(2) コック②を開き，カラム内の緩衝液のうち約10 mlを流下させた後，下端フィッティング部に残存する空気を駒込ピペットで吸引して除去し，再びコック②を閉じ，ゲルスラリーをかくはんして均一に分散させ，カラムの上端まで注ぐ．コック②を開き，カラム内の液を排出しつつ，ゲルを沈降させる．カラム内の液がある程度減少したら，カラム内の沈降しつつあるゲル上端部をガラス棒で懸濁した後，残ったゲルスラリーをカラム上端まで注ぐ．この操作を繰り返してゲルスラリーをすべてカラムに添加し，カラム内の液表面がカラム上端より2 cmの高さになった時点でコック②を閉じ，液の排出を止める．

(3) リザーバーに緩衝液500 mlを入れ，途中配管部の気泡を除去してから，リザーバーをカラム下端のシリコンチューブ開口部より40 cmの高さに設置する．コック④および②を開き，緩衝液の流下を開始する．この状態で40分以上緩衝液の流下を続けて，カラムを平衡化させる．

(4) リザーバーに緩衝液250 mlを加えた後，一定時間内に流下する緩衝液量を測定し，緩衝液の流下速度を計算する．流下速度が0.5〜1.0 ml/minとなるようにリザーバーの設置高さを調整する．

(5) フィッティング⑤をカラムよりとりはずし，ゲル層上部に存在する緩衝液の大部分をピペットでゆっくりと吸いとった後，コック②を開き，残った緩衝液を流下させる．ゲル層表面が露出したらコック②を閉じ流下を止める．

(6) ゲル層表面を乱さないように混合試料0.2 mlをゆっくりとカラムに添加する．添加が終了したらただちにコック②を開き，ゲル層上部の試料を流下させる．ゲル層表面が露出したらコック②を閉じて流下を止める．

(7) ゲル層上部に緩衝液をガラスカラム上端から2 cmの高さまで添加し，カラム上端にフィッティング⑤を装着し，コック④を開き，ついでコック②を開き，試料の溶出を開始する．この時点を時刻0として溶出時間を計測する．

(8) 溶質分子中で最も速く溶出するブルーデキストラン（青色で視認できる）がカラム下端に達するまでの間に，一定時間内（2分）に流下する緩衝液

量を数回測定する．この流量測定値を用いて溶出時間を溶出液体積に換算することができる．

（9）ブルーデキストランの青い帯の下端がカラム下端から約2 cm に達したら，カラム出口に試験管を設置して溶出試料の分画を開始する．この時，分画開始時刻を記録しておく．以後，2分ごとに試験管を代えて，時刻0からの緩衝液流下量が80 ml となるまで分画を続ける．

（10）各分画試料について 615 nm の吸光度よりブルーデキストランの定量を，Bradford 法によりタンパク質の定量を行う．

〔結果の整理〕

（1）各分画時刻の中央値を緩衝液流量測定値を用いて緩衝液流出体積に換算し，緩衝液溶出液量と各溶質の溶出濃度との関係（溶出曲線）をプロットする．測定した流量（流速）も明記すること．

（2）ブルーデキストランは，その分子量が十分大きいため，ゲルの細孔内に入ることができず，$K=0$ である．ブルーデキストランの平均溶出体積から V_0 を求める．

（3）カラムに添加された溶質の全量 $C_S v_S$ は，カラム内で溶質の不可逆的吸着が起こらない限り，溶出された溶質の全量に等しい．各分画試料の濃度と液量から全量 $C_S v_S$ を，式 (6.13) に基づいて次式により求める．

$$C_S v_S = \sum_{k=1}^{\infty} C_k \varDelta V \tag{6.33}$$

ここで，C_k：k 番目の分画の濃度，$\varDelta V$：分画体積である．

（4）各分画試料について平均溶出液量（$V_{e\,\mathrm{calc}}$）を式 (6.14) に基づいて次式より求める．

$$V_e = \sum_{k=1}^{\infty} \frac{C_k}{C_S v_S} V_k \varDelta V \tag{6.34}$$

ここで V_k：k 番目の分画までの溶出液量である．V_e と V_0 より式 (6.10) により K を計算する．ただし，V_t はカラム全体積でカラム長（ゲル層高さ）と内径より計算する．

（5）各分画試料について，式 (6.12) より次式を用いて分散 σ^2_{calc} を計算し，ピークの半値幅から求める分散 $\sigma^2_{\mathrm{graph}}$（図6.8参照）と比較する．ここで，$V_k$：各分画試料の緩衝液流出体積，$\varDelta V$：各分画試料の体積である．

$$\sigma^2_{\mathrm{calc}} = \sum_{k=1}^{\infty} \frac{C_k}{C_S v_S} (V_k - V_e)^2 \varDelta V \tag{6.35}$$

（6）σ^2 の値を用いて，理論段数 N および $HETP$ を求める．

（7）V_e ならびに σ^2 の値からアポフェリチンとチトクローム c の分離度 R_S を求める．

（8）2つの成分は分離度 $R_S = 1.5$ でほぼ完全に分離される．アポフェリチンとチトクローム c について $R_S = 1.5$ とするために必要なカラム長さを求める．

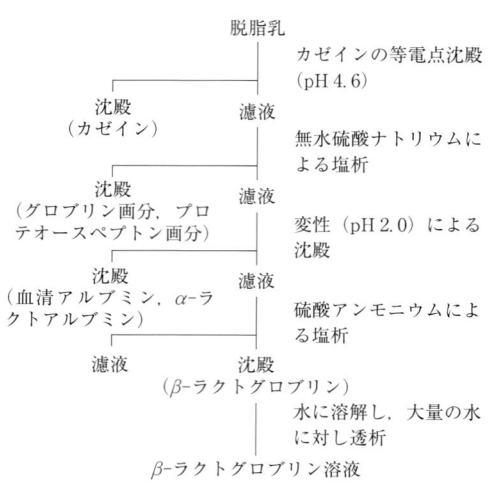

〔永田宏次〕

6.3.2　ウシ β-ラクトグロブリンの分離

ここでは，牛乳に含まれている β-ラクトグロブリンを分離する実験法を述べる．β-ラクトグロブリンは乳清の主要タンパク質であり，多くの構造論的解析がなされている．人乳には β-ラクトグロブリンが存在しないため，ヒトにとってのアレルゲンであるといわれており，免疫学的な解析も多数行われている．この方法では，目的以外の成分は沈殿として除去するため，途中で沈殿を再び溶解する操作がない．また最後に β-ラクトグロブリンを沈殿として得るのでその段階で濃縮も行える．さらに分別沈殿法としては，pH の変化と塩濃度の変化の2つの組み合わせによるため，非常に容易である．しかも精製度の高い β-ラクトグロブリンが収率よく得られる．

〔装置・器具〕　pH メーター，濾紙，漏斗，セルロースチューブ

〔操　作〕

（1）等電点沈殿：　分離の手順を図6.39に示す．ここでは脱脂乳から出発しているが，牛乳からの場合は未加熱（未滅菌）のものを遠心分離して脱脂乳を得る．脱脂乳 250 ml を 25〜30℃ に加温し，2 N 塩酸を加えて pH 4.6 とし，カゼインを沈殿させた

図 6.39　β-ラクトグロブリンの分離法

後，沈殿を濾別する．

（2）塩析： 濾液を40℃とし，100 mlにつき無水硫酸ナトリウム20 gを溶解後，沈殿を濾別する．

（3）変性による沈殿： 濃塩酸を用いて濾液をpH 2.0にした後，沈殿を濾別する．

（4）塩析： アンモニア水を用いて濾液を中和し，pHを7.0にする．100 mlにつき硫酸アンモニウム30 gを溶解後，沈殿を濾別する．

（5）透析： 濾紙上に沈殿（β-ラクトグロブリン）を集め，8 mlの水に懸濁してセルロースチューブに入れ，水に対して透析する．透析終了時の液量を記録する．透析後，溶液が濁っているときは濾過する．

〔注〕 この方法によって調製された溶液は濃度が高く，冷蔵庫に保存することにより，少なくとも一連の実験に用いる期間は安定である．

[井上　順]

6.3.3　好熱菌酵素の分離精製

好熱菌は，55℃以上で生育する微生物の総称であり，アーキアの多くと，バクテリアの一部が含まれる．好熱菌由来のタンパク質は，高温条件という一般に酵素が失活してしまう条件下のみならず，有機溶媒や変性剤などを含む溶液中においても安定であることが多いため，さまざまな応用分野で実用化されている．基礎研究においても，安定性が高い性質を利用して，多くのタンパク質の機能と構造が詳細に解析されている．ここでは，高度好熱菌 *Thermus thermophilus* 由来のリジン生合成酵素の1つを例として，大腸菌BL21（DE3）で発現させた組換え酵素の精製手順について解説する．

〔試薬・サンプル〕

・発現用プラスミドで形質転換した大腸菌BL21（DE3）株

・2×YT培地（1.6% Bacto Trypton, 1.0% Bacto Yeast Extract, 0.5% NaCl）

・100 mM イソプロピル β-D-チオガラクトピラノシド（IPTG）溶液

・硫酸アンモニウム（粉末）

・タンパク質溶解緩衝液（20 mM Tris-HCl, pH 8.0）

・疎水性相互作用クロマトグラフィー担体（Phenyl Sepharose）

・疎水性相互作用クロマトグラフィー用緩衝液A（20 mM Tris-HCl, pH 8.0），緩衝液B（20 mM Tris-HCl, pH 8.0, 1.5 M 硫酸アンモニウム）

・陰イオン交換クロマトグラフィー担体（SOURCE Q）

・陰イオン交換クロマトグラフィー用緩衝液A（20 mM Tris-HCl, pH 8.0），緩衝液B（20 mM Tris-HCl, pH 8.0, 1.0 M NaCl）

・ゲル濾過クロマトグラフィー担体（Superdex 200）

・ゲル濾過クロマトグラフィー用緩衝液（20 mM Tris-HCl, pH 8.0, 150 mM NaCl）

〔操　作〕

（1）大腸菌の集菌と粗抽出液の調製： 終濃度0.1 mMのIPTGにより組換え酵素の発現を誘導させた大腸菌の培養液1.6 lを遠心分離（4000×g，10分間，4℃）により集菌，洗浄する．32 mlのタンパク質溶解緩衝液に再懸濁後，超音波破砕し，ついで遠心分離（40000×g，15分間，4℃）により不溶性画分を沈殿させる．遠心後の上清約32 mlは，多くの大腸菌由来のタンパク質と目的タンパク質を含む．

（2）熱処理： この上清に対して80℃で20分間の熱処理を行い，ついで氷上で急冷し5分間程度静置の後，遠心分離（40000×g，15分間，4℃）を行う．熱変性した多くの大腸菌由来タンパク質は沈殿する一方で，目的タンパク質は可溶性のまま上清に残る．この時点で比較的高い純度となる．

（3）硫安沈殿： 次に，残った大腸菌由来タンパク質を除くため，70%飽和となるように15.1 gの硫酸アンモニウムを添加し，おだやかにかくはんすることでタンパク質を沈殿させる．遠心分離（40000×g，15分間，4℃）し，沈殿をペレット状にした後，タンパク質溶解緩衝液10 mlを加えて再溶解する．

（4）疎水性相互作用クロマトグラフィー： （3）の溶液をPhenyl Sepharoseを担体とした疎水性相互作用クロマトグラフィーに供し，1.5 M硫酸アンモニウムを含む緩衝液Bを60 ml流しタンパク質を担体に吸着させる．その後，60 mlの緩衝液を流す間に緩衝液Bの比率を徐々に下げ，硫酸アンモニウムを含まない緩衝液Aの比率を徐々に上げるようなグラジエント溶出により他のタンパク質と分離する．

（5）陰イオン交換クロマトグラフィー： （4）で回収した目的タンパク質を5 mlまで濃縮し，陰イオン交換クロマトグラフィーに供す．緩衝液Aを18 ml流し非吸着画分を溶出させた後，30 mlの緩衝液を流す間に1.0 M塩化ナトリウムを含む緩衝液Bの比率を徐々に上げるようなグラジエント溶

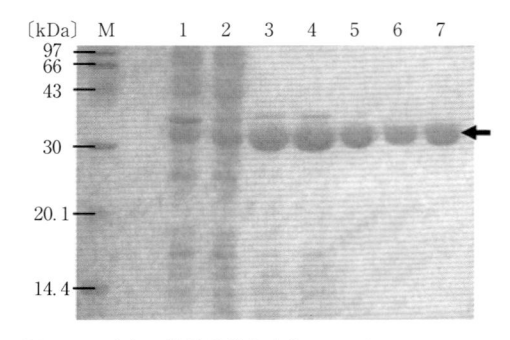

図 6.40 酵素の精製過程を示す SDS-ポリアクリルアミドゲル電気泳動
M：分子質量マーカー，1：細胞破砕後沈殿，2：細胞破砕後上清，3：熱処理後，4：硫安沈殿後，5：疎水性相互作用クロマトグラフィー後，6：陰イオン交換クロマトグラフィー後，7：ゲル濾過クロマトグラフィー後．

出により他のタンパク質と分離する．

(6) ゲル濾過クロマトグラフィー： (5)で回収した目的タンパク質を 5 ml まで濃縮し，ゲル濾過クロマトグラフィーに供す．2.5 ml/min の流速で緩衝液 (600 ml) を流すことでタンパク質を溶出させる．この段階で SDS-PAGE 上で単一バンドを示す程度まで精製できる（図 6.40）．

以上のようにして精製した高純度のタンパク質はさまざまな生化学実験や結晶化などに使用可能である．ただし，好熱菌由来の精製タンパク質であっても，緩衝液などの条件によっては，数日以上経過すると凝集してしまうなどの不具合を生じることがあるため，精製後速やかに用いるのが基本である．

［葛山智久・富田武郎］

6.3.4 酵素実験：アルカリホスファターゼの反応動力学定数（kinetic constant）の決定

アルカリホスファターゼは至適 pH を中性～アルカリ性にもち，ほとんどすべてのリン酸モノエステル結合を加水分解し，無機リン酸を生成する特異性の広い酵素である．高等動物から細菌まで，広く存在している．本酵素は分子量 9 万 4000，ホモ二量体あたり 2 個の活性中心があり，それぞれ 2 個の亜鉛と 1 個のマグネシウムを含む．

本実験においては，大腸菌アルカリホスファターゼを用いて，酵素活性の測定の基本を習得し，酵素の反応動力学定数の決定と阻害剤の酵素阻害様式の解明の基本を学ぶことを目的とする．

a. 基本操作

p-ニトロフェニルリン酸がアルカリホスファターゼにより加水分解されると，アルカリ性で可視部に強い吸収をもつ p-ニトロフェノールが生成する．一定時間反応後に反応液の一部を採取して水酸化ナトリウムとまぜて反応停止し，405 nm の吸光度を分光光度計で測定することによりこの生成物を定量し，その生成速度を求める．

〔試　薬〕
・溶液 (1)：　0.5 M 水酸化ナトリウム溶液
・溶液 (2)：　ホウ酸ナトリウム緩衝液（50 mM, pH 9.7）
・溶液 (3)：　0.1 M リン酸ナトリウムを含むホウ酸ナトリウム緩衝液（50 mM, pH 9.7）

〔注〕溶液 (2) はホウ酸ナトリウムを，溶液 (3) はホウ酸ナトリウムとリン酸ナトリウムをそれぞれはかりとり，所定量の 8～9 割程度の液量に溶解させ，溶液 (1) の水酸化ナトリウムで pH を 9.7 に調整した上で，最終的に液量を合わせる．

・酵素液：　大腸菌アルカリホスファターゼ（タンパク質濃度は 0.1 mg/ml）
・基質液：　100 mM p-ニトロフェニルリン酸ナトリウム
・酵素希釈液：　0.1% ウシ血清アルブミンを含む 10 mM tris (hydroxymethyl) aminomethane (Tris)-HCl 緩衝液（pH 8.0）

〔注 1〕基質液は酵素の混入を防ぐためにピペットを用いずデカンテーションでとり分ける．
〔注 2〕酵素液・基質液・酵素希釈液は冷蔵保存．

〔反応液の組成〕
・A 液：　3950 μl のホウ酸ナトリウム緩衝液（上記溶液 (2)）
・B 液：　d 項の阻害実験の場合，0.5 ml の適当な濃度のリン酸を含むホウ酸ナトリウム緩衝液（阻害実験以外の場合は A 液と同じでよい）
・C 液：　0.5 ml の適当な濃度の基質を含む基質液

〔注〕リン酸溶液はホウ酸ナトリウム緩衝液で，基質液は蒸留水で，酵素液は酵素希釈液でそれぞれ希釈して調製すること．希釈は簡単であるが，濃縮することは難しいため，必要以上の量を希釈しないこと．酵素液と基質液は高価なので特に注意する．酵素液の希釈のときは，ピペットでの注入/吸引を数回行い，十分混合すること．一般に，酵素を希釈するときは穏やかに行い，激しく泡立ててかくはんするようなことは避ける．

〔操　作〕
(1) A, B, C 液合わせて 4950 μl を試験管内にとり，37℃の浴槽中にしばらくおき十分に暖める．

〔注〕酵素反応の開始から停止まで，温度を正確に管理することはとても重要である．

(2) 適当に希釈した酵素液 0.05 ml を加えよくまぜて 37℃におく．

〔注〕ここでよくまぜないと反応が溶液内で均一に進まな

いので注意すること．パラフィルムなどで試験管の口をふさぎ転倒させると確実である．

(3) 一定時間おきにそのうちの 1 ml を採取し，あらかじめ別の試験管内に用意しておいた 2 ml の 0.5 M 水酸化ナトリウム溶液に加え，よくまぜて反応を止める．

〔注〕 反応時間を正確に管理する．

(4) 一連の反応が終了したら分光光度計で 405 nm の吸光度を測定し，これを時間に対してプロットし，直線部分から酵素反応初速度を求める．

〔注〕 吸光度が高すぎて測定できない場合は，水酸化ナトリウム溶液でうすめて測定する．

b. 酵素反応初速度の測定

〔操作〕 反応液の基質濃度を 10 mM（C 液中で 100 mM）に設定して a 項の基本操作を行うことにより反応初速度を求める．このときに注意する点を以下に述べる．

・酵素濃度は 10 倍希釈，また採取時間は 5 分おきぐらいをそれぞれ目安として吸光度を測定する．

・ここで反応初速度が得られないときは，各自工夫して酵素濃度，あるいはサンプリング間隔を調節し，初速度を測定しやすい条件を設定する．ただし，極端にサンプリング間隔を短く，あるいは長くしようとすると実験誤差が増えるので注意すること．

・初速度の得やすい範囲で，酵素濃度をいろいろ変えて反応速度を測定し，酵素量と反応速度の間の関係をみておくこと．

・このとき酵素を含まない，ただ酵素希釈液を加えて反応を開始したときの変化もみておくこと．

〔結果の整理〕

(1) 生成物の p-ニトロフェノールの吸光係数を 18500 M^{-1} cm^{-1} とし，1 分あたりに触媒された基質のモル濃度として反応速度を示す．

(2) 反応開始時に加えた酵素液の濃度を 1 ml あたりの酵素単位（ユニット U）として求める．

〔注〕 ただし，1 U は 1 分あたり 1 μmol の基質を触媒する酵素量である．

(3) 酵素液のタンパク質濃度から，酵素の比活性を求める．

〔注〕 比活性は酵素 1 mg あたりの酵素単位〔U〕で示すこと．

c. ミカエリス定数と最大反応速度の測定

いろいろな基質濃度で反応初速度を測定し，酵素の K_m，V_{max} 値の測定を行う．

本実験では時間の節約のため，次のような実験を行うことも可能である．K_m 値は約 1 mM と想定して，基質濃度は所与の範囲（0.1〜10 mM）で実験を行う．一例として，基質濃度を反応液中で 5，5/3，5/5，5/7，5/9 mM となるように設定し，それぞれの濃度で反応初速度を測定し，両逆数プロットから K_m，V_{max} を求める．この時に注意する点を以下に述べる．

・反応速度は基質濃度によって変化するので，そのつど適当に反応条件を設定しなおすことが必要である．この場合，酵素濃度，サンプリング時間間隔のどちらを変化させてもよいが，酵素濃度を変化させる場合は，酵素の希釈時の誤差が入りこむ可能性があるので注意すること．

・通常，こうした測定を行う場合は，初めに基質濃度の幅を広く大まかにとって測定し，おおよその K_m の見当をつける．それをもとに基質濃度範囲を設定しなおし，より正確な値に近づけていかなければならない．

・正確な値を得るためには，測定する基質濃度が K_m 値をはさんでいるように設定することが望ましい．必要に応じて，一度得られた K_m 値を参考にして基質濃度の設定をしなおし，より正確な値を求める．もちろん両逆数プロット以外の方法で求めてもかまわない．

〔結果の整理〕

(1) V_{max} から比活性，すなわち酵素タンパク質 1 mg あたりの酵素単位〔U〕を求める．

(2) 酵素の分子量を 9 万 4000 とし，分子活性（k_{cat}〔s^{-1}〕），および酵素の触媒能を評価するパラメーターである k_{cat}/K_m〔mM^{-1} s^{-1}〕を求める．

d. リン酸の酵素阻害様式

反応液中のリン酸濃度を変化させ，それぞれの濃度下で，c 項の実験と同様にして酵素反応初速度の基質濃度依存性を測定する．このときに注意する点を以下に述べる．

・反応液中でのリン酸濃度は，目安として 0, 0.5, 1, 2 mM（B 液中ではこの 10 倍の濃度）で行うとよい．

・阻害が強すぎたり，あるいは逆に弱すぎたりした場合は，適当にリン酸濃度を調節すること．

・リン酸濃度が高まるにつれて反応速度が低下するので，このことを念頭において反応速度の測定条件を設定することが必要である．

〔結果の整理〕

(1) 得られたデータを c 項と同様に両逆数プロットし，リン酸がいかなる阻害様式を示すか判定する（6.2.2 項参照）．

(2) また，その K_I 値を求める．その際，4種のリン酸濃度での見かけの K_m をそれぞれ算出し，阻害剤濃度に対してプロットして求める．競合阻害の場合，横軸に阻害剤（リン酸）濃度，縦軸に見かけの K_m をプロットすると直線となり，横軸の切片が $-K_I$ となる． [**伏信進矢**]

参 考 文 献

1) 日本生化学会編：タンパク質の化学 II（生化学実験講座 1），東京化学同人，1976．
2) J. Kjeldahl：*Z. Anal. Chem.*, **22**, 366-382, 1883.
3) E. E. Conn and P. K. Stumpf 著，田宮信雄，八木達彦訳：コーン・スタンプ生化学 第5版，東京化学同人，1988
4) 河野敬一，田之倉優：基礎から学ぶ構造生物学，共立出版，2008
5) J. ドレント著，竹中章郎ら訳：タンパク質のX線結晶解析法 第2版，シュプリンガー・ジャパン，2008
6) D. Blow 著，平山令明訳：ブロウ 生命系のためのX線解析入門，化学同人，2004
7) 平山令明：化学・薬学のためのX線解析入門，丸善，1998
8) 坂部知平監修，相原茂夫著：タンパク質の結晶化―回折構造生物学のために―，京都大学学術出版会，2005

第 7 章

応用微生物学実験法

　微生物は，自然界のあらゆる環境に棲息し，さまざまな役割を担っている．すなわち，地球上における炭素，窒素，硫黄等の循環は微生物に支えられており，たとえば窒素循環には，いわゆる窒素固定細菌，硝化細菌，脱窒細菌と呼ばれる多くの種類の微生物が関わっている．また，地球の歴史においても，酸素の発生に関わったのは酸素発生型光合成を行うシアノバクテリアである．このように，微生物は，地球とその上で生存する生物の進化ならびに存続に不可欠な存在である．

　自然界における微生物の存在は，細胞内の DNA を PCR や蛍光染色などで検出することで感度よく知ることができる．ただし，その大部分は，我々にはまだ培養することができないものであり，生きてはいるが培養できない（viable but nonculturable, VNC）状態の微生物と呼ばれる．応用微生物学実験では，培養できる微生物が実験材料となる．

7.1 応用微生物学実験法における特色と注意

　応用微生物学実験では，自然界から単離して純粋培養することができ，かつ増殖速度がある程度速い微生物が実験材料として利用されてきた．その代表が，大腸菌（*Escherichia coli*），枯草菌（*Bacillus subtilis*），出芽酵母（*Saccharomyces cerevisiae*），アカパンカビ（*Neurospora crassa*）等であり，生命のさまざまなしくみを生化学的，遺伝学的，分子生物学的に解明する際の重要な実験材料となってきた．ところが最近では，下水処理現場の活性汚泥中の微生物のように群集状態でしか培養できない微生物や，増殖速度の極端に遅い微生物を解析する手法も発展してきている．

　さて，応用微生物学実験において重要なことは，微生物を生き物として認識することである．生き物である以上，微生物にも生活環（ライフサイクル）が存在し，微生物が行うさまざまな活動もその生活環の特定の時期に行われることになる．したがって，実験を行うにあたっては，まず微生物の生育についての基礎知識を習得しておくべきである．

　以下に，一般的注意事項を述べる．基本は，実験材料である微生物を純粋培養できなくてはならないということに尽きる．

　（1）正しい手技を習得する．これにより，目的外の微生物（雑菌）の混入（コンタミネーション）を避けることができるとともに，取り扱っている微生物の周囲へのまき散らしを防ぐことができる．

　（2）雑菌のコンタミネーションの確率を上げないよう，実験室を清潔に保ち，また清潔な実験着を着用する．

　（3）微生物の誤飲を避けるため，実験室では飲食，喫煙をしない．

　（4）培養した微生物，ならびに微生物の生えた培地や培養に使用した器具等は，滅菌処理をしてから，廃棄や洗浄を行う．

　（5）自然界から微生物を分離する作業の場合，病原菌を釣り上げてしまう可能性がないとはいえない．このことを念頭に，上記の注意事項を徹底することが必要である．

7.2 基 本 的 操 作

7.2.1 滅菌操作

　微生物の多くは単細胞性の個体であり，肉眼では見ることができない．それゆえ，微生物を取り扱う一般的な手法は，微生物を純粋培養して肉眼で見える大きさの個体群集（コロニー）にまで育て，そのコロニーを取扱いの対象とすることである．

　ただし，培養の開始時点において雑菌がコンタミネーションしていたとしても，その雑菌の存在を肉眼的に確認することはできない．したがって，純粋培養の基本は，使用する培地や器具等すべてをあらかじめ完全に滅菌しておくことと，植菌作業中や培養中に外部から雑菌がコンタミネーションすることを完全に遮断することに尽きる．

　以下に示すすべての滅菌方法において，微生物細胞の死滅割合は殺菌処理時間に比例する．したがって，より強い滅菌状態が必要ならば，下記の記述より処理時間を長くする必要がある．

a. 無菌封入法

微生物を培養するための培地を入れたガラス容器（試験管，三角フラスコ，坂口フラスコ等）は，その口に栓（ふた）をした後に滅菌操作を行わなくてはならない．

好気性や通性嫌気性の微生物を培養する場合，容器の口をふさぐ栓（ふた）には通気性があることが必要となり，一般的には，シリコーン樹脂製の多孔性栓である「シリコセン」が用いられる．経済的理由から綿栓や紙栓が用いられもするが，これらは後述する火炎滅菌の際に燃えてしまう危険性があるため，使用を控える傾向にある．簡便なふたとしては，アルミキャップが用いられる．この場合，容器の外径より若干大きめのアルミキャップを用いることで，通気性を確保する．

シリコセン，紙栓は市販品なので，綿栓のつくり方を簡潔に記す．布団用木綿綿を容器の口に合わせた大きさの四角形にちぎり，中央部に芯としての綿片を置き，これを包みこむことで棒状の栓とする．実際に作製する際には，熟練者に教わってほしい．

培地を入れるガラス容器としては，まず，口の部分に欠けやひびがないものを準備する．栓を押しこむにあたっては，利き手と反対の手で容器の口元を握りしめるように保持し，利き手で栓を回しながら押しこんでいく．こうすれば，もし口が割れたとしても，両手が当たって止まるので利き手を怪我しないですむ．なお，シリコセンは，回して押しこんだだけだとしわが寄ってガラス壁との間に隙間ができる場合があるので，その場合は逆回しをしてしわをとり，栓をガラスに密着させる必要がある．

嫌気性微生物を培養する際には，密閉性を高めたブチルゴム製のダブル栓や，金属カバーで密閉するシリコンゴム栓等が用いられるが，詳細は省略する．

b. 火炎滅菌

ガスバーナーの炎で微生物を焼き殺す滅菌方法．

微生物の移植に用いる白金耳（7.2.2.b項参照）は，ガスバーナーの火炎で直接赤熱して滅菌する．また，栓をしたガラス容器の口の部分も，火炎で軽く焼いて滅菌する．シリコセンは，短時間ならば300℃でも燃えないので，火炎滅菌に適している．

上記を組み合わせた無菌操作については，7.2.2項で述べる．

c. 乾熱滅菌

物品を160〜180℃の乾燥した空気の中に60分ほどおくことで，微生物細胞内の水分を蒸発させて死滅させる滅菌方法．電熱式の乾熱滅菌器が市販されている．

栓をしたガラス容器，ガラス製のペトリ皿やピペットの滅菌に適している．

シリコセンは180℃に強い耐性があるので，乾熱滅菌作業に繰り返し使用することができる．

ペトリ皿は，5枚ほどをアルミホイルで包んだ状態で乾熱滅菌作業を行う．ピペットは，ステンレス製の乾熱缶に入れて乾熱滅菌作業を行う．こうすれば，乾熱滅菌器から取り出した後，使用するまで放置することができる．なお，乾熱滅菌をしたピペットの精度は悪くなるので，分析実験に用いるピペットとは区別しておかなくてはならない．

d. 高圧蒸気滅菌

物品を121℃の水蒸気中に20分ほどおくことで，微生物細胞内のタンパク質等を変性させて死滅させる滅菌方法．乾熱滅菌では殺すことのできない細菌の胞子をも殺すことができる．電熱式の高圧蒸気滅菌器（オートクレーブ）が市販されている．

栓をしたガラス容器中の培地の滅菌，ならびに乾熱滅菌の温度（160℃）には耐えられないプラスチック製品の滅菌に適している．また，培養した菌体の滅菌処理や，培養に使用した培地や器具の滅菌処理にも用いる．

オートクレーブは，121℃の水蒸気をつくり出すために大気圧差で1気圧の圧力をかける圧力鍋である．したがって，運転開始時には圧力チェンバー内に十分量の水が入っていることを確認してから始動しなくてはならない．運転中，チェンバーからの空気の排気と水蒸気の加圧開始は全自動で行われ，水蒸気温度が121℃に達した時点からタイマーが始動して滅菌作業が進行する．ただし，入れた物品でチェンバーの排気口をふさいでしまうと，排気が不完全となりチェンバー内圧力が異常上昇して運転停止に陥る．運転中はオートクレーブの温度計と圧力計を確認して，正常に運転されていることを把握する必要がある．

滅菌作業終了後は，通常，自然放熱により圧力チェンバー内の温度が下がるとともに圧力も下がっていく．チェンバー温度が97℃程度に下がったところでお知らせ機能が作動するオートクレーブもあるが，安全のためには，温度計が90℃以下，かつ圧力計が0気圧となってから，オートクレーブの蓋をあけるのがよい．圧力チェンバーに入れた培地（水分）の量が多すぎると，それらの放熱が遅れ，圧力計は0気圧を指すにもかかわらず培地の温度は100℃に下がっていない状態になることがある．こ

の状態でオートクレーブの蓋を開けると，培地が突沸して激しく噴き出してくる危険な事態になるので，温度計が90℃以下であることの確認は重要である．

また，三角フラスコに対して入れる培地の量が多すぎると，培地が突沸して噴き出す危険性が増す．培地の量は，三角フラスコの規程容量の半分以下に抑えなくてはならない．

培地が吹きこぼれた場合は，その都度圧力チェンバーの内部を掃除しなくてはならない．それ以外でも，定期的に圧力チェンバー内を掃除し，加熱用電熱器や各種センサー類の故障を防がなくてはならない．

滅菌処理後の物品は水蒸気でぬれてしまうので，激しくぬれては困るもの（シリコセン等）はアルミホイルで包んでおく必要がある．また，密閉型のふたのついたプラスチック容器（ねじ口式の遠心チューブ等）は，ふたを締めて滅菌処理すると容器が潰れてしまうので，ふたを緩めておく必要がある．あるいは，ふたと容器本体を別個にアルミホイルで包んで滅菌処理を行うのが望ましい．

e. 薬剤による滅菌

薬剤による滅菌は，第一には自分の手指の滅菌に用いられる．また，実験台や耐熱性のない物品など加熱滅菌できない実験器具の滅菌や，加熱滅菌後の物品の表面の再滅菌にも用いられる．

薬剤ごとに殺菌スペクトルは限定されており，すべての場合に万能な薬剤はない．また，有機物の混入で殺菌力が消失するので，頻繁に新しい溶液を調製しなくてはならない．

以下に，最もよく使用されるアルコール，陽イオン性界面活性剤，クロルヘキシジンの特徴を示す．これらは，臨床現場において病原微生物の殺菌に用いられることから，消毒薬とも呼ばれる．人体への副作用はないものの，実験者の体質によっては発疹等のアレルギーを呈することがあるので，注意が必要である．

（1）アルコール： アルコールと水の混合液は，微生物の細胞膜の脂質を溶解して細胞内へ浸透し，タンパク質や核酸を変性させることで殺菌力を発揮する．この効果は含水率により変わり，95％（v/v）エタノール溶液より80％（v/v）エタノール溶液の方が殺菌力が強いため，通常は後者が用いられる．また，炭素数が多いほど殺菌力が強くなるので，イソプロパノール（2-プロパノール）の50％（v/v）溶液がエタノール溶液の代わりに用いられる．ただし，これらは速やかに揮発するため，殺菌力の持続性はない．殺菌力の持続性が求められる場合には，70％（v/v）イソプロパノール溶液が用いられる．アルコール溶液は，細菌や糸状菌の胞子に対しては無効である．ガラス棒やガラス製スプレッダー（7.2.3.c項参照），ピンセット等をエタノール溶液に漬けておいて滅菌し，その後エタノールに引火させて燃やしてしまう方法は，殺菌剤が残らないという利点がある．引火性の点からは，火のそばでの使用には十分な注意が必要である．

（2）陽イオン性界面活性剤（逆性石けん）： 代表的な市販品は，オスバン（塩化ベンザルコニウムの10％（w/v）水溶液）である．手指の滅菌には，これを水で100〜200倍に希釈した液（0.05〜0.1％塩化ベンザルコニウム溶液）を用いる．微生物の細胞膜のリン脂質と相互作用することで細胞膜を破壊し，殺菌力を発揮する．この作用機作から，皮脂等の陰イオン性有機物が混入すると急激に殺菌力を失う．したがって，泡立ちのなくなった希釈液の使用は止め，新しい希釈液を調製しなければならない．細菌の胞子に対しては無効である．

（3）クロルヘキシジン： 代表的な市販品は，ヒビテン（クロルヘキシジングルコン酸塩の5％（w/v）水溶液）である．手指の滅菌には，これを水で10〜50倍に希釈した液（0.1〜0.5％クロルヘキシジングルコン酸塩溶液）を用いる．細菌の細胞膜や細胞質成分に作用して，殺菌力を発揮する．細菌の胞子に対しては無効であり，真菌に対しても効果が劣る．有機物の混入による殺菌力の低下は少ない．70％エタノールとの混合で強い殺菌効果を示す．

オスバンやヒビテンで手指を滅菌するには，まず手を流水でよく洗った後，希釈液をしみこませたガーゼで丁寧にふくことが重要である．特に指の股や指先の爪の間の滅菌は不完全になりがちなので，注意を要する．

一方，手指の滅菌には使用できないものの，微生物を培養した培地の滅菌処理や，物品の滅菌処理には，次亜塩素酸ナトリウム溶液が用いられることもある．専用の市販品もあるが，手近なものとしては市販の塩素系漂白剤（ブリーチ，ハイター等）が使用できる．培地に対しては，終濃度で0.1％次亜塩素酸ナトリウムとなるように漂白剤を加え，1時間ほど放置した後に廃棄する．微生物が付着した物品等も，0.1％次亜塩素酸ナトリウム溶液に漬け，1時間後に取り出して洗浄する．

f. ガス，紫外線による滅菌

エチレンオキシドによるガス滅菌は，プラスチック器具のような耐熱性のない物品の滅菌に使用される．殺菌力は強いが，人体への毒性と引火性という欠点があるので，特殊なガス滅菌装置を用いる必要がある．ホルムアルデヒドによる燻蒸は，広い実験室の滅菌処理に使用される．また，除菌フィルターなどの滅菌にも使用される．やはり，人体への毒性に注意する必要がある．

紫外線ランプの発する紫外線は，クリーンベンチや安全キャビネットの内部の滅菌処理に使用される．十分な殺菌効果を発揮させるには，30分以上の照射が必要である．クリーンベンチ内部に置いた物品でできる影の部分の殺菌は不完全となるので，この部分に対しては薬剤による滅菌を併用する必要がある．

g. 濾過除菌

熱に不安定な成分を含むためオートクレーブ処理ができない培地等からの除菌には，濾過除菌を行う．ニトロセルロース製の多孔質薄膜（メンブレンフィルター）を組みこんだ各種の滅菌済みの濾過除菌用器具が市販されており，ミリリットルからリットル単位の処理に対応している．一般細菌を除菌するには，口径 $0.22\,\mu m$ のメンブレンフィルターを組みこんだ器具が用いられる．

無菌室やクリーンベンチ，安全キャビネットなどの通気を濾過除菌するためには，HEPA (high-efficiency particulate air) フィルター等を備えた空気濾過装置が用いられる．

7.2.2 無菌操作および植菌法

植菌操作をはじめとする応用微生物実験の各種の操作中は，空中に浮遊する雑菌のコンタミネーションを避ける必要がある．これを，無菌操作と呼ぶ．実験の種類に応じて必要となる無菌の程度には違いがあり，下記の三段階の無菌操作がある．

（1）通常の実験室内で開放状態で注意深く行う無菌操作

（2）クリーンベンチ，安全キャビネットを用いる無菌操作

（3）無菌室の中で高度な注意を払って行う無菌操作

一般的には(2)の無菌操作を習得すればよいが，(1)の無菌操作ができるようになれば，(2)の無菌操作がより楽にできるようになる．

a. 無菌操作

i) 開放状態での無菌操作 通常の実験室でも，掃除が行き届いており，また胞子が飛散しやすいカビ類を同時に取り扱っていなければ，空中からの落下菌数はそれほど多くない．したがって，増殖速度の速い微生物の短期間の培養を目的とする実験は，開放状態での無菌操作を行うことが可能である．

まず，実験台表面をオスバン等の薬剤でふいて滅菌処理し，実験台からの雑菌の舞い上がりを防ぐ．次に，実験台上でガスバーナーを焚き，火炎がつくる上昇気流で雑菌が落下してくるのを防ぐ．微生物を移植するにあたっては，まず，7.2.1.b項に従って培地の入った容器の口の部分を火炎滅菌した後，容器の口を火炎のつくる上昇気流の中に置く．作業手順をイメージトレーニングすることで，容器の栓（ふた）をとりさっている時間を最短とするよう心がける．

平板培地（7.2.4.a項参照）に植菌する場合は，ペトリ皿を上下逆にして培地の入った実皿の方をもち平板培地表面を下側に向けた状態で操作することで，落下雑菌のコンタミネーションを避けることができる．

ii) クリーンベンチおよび安全キャビネット
クリーンベンチは外界からの雑菌侵入を防ぐことを目的とした装置で，安全キャビネットは実験材料である微生物の外界への流出を防ぐことを目的とした装置である．それぞれの特徴を以下に示す．

クリーンベンチはガラス扉のついた無菌チェンバーで，内部が空気濾過装置を通った無菌的空気で満たされる構造になっている．簡易型のクリーンベンチは，除菌した空気で内部を加圧してガラス扉部から吹き出させることで内部を無菌的に保つようになっている．高規格のクリーンベンチでは，ガラス扉部をエアカーテンで遮断するようになっており，実験者側に内部の空気が直接吹き出すことはない．いずれの装置でも，薬剤で滅菌した手である限り，手の出し入れ操作でチェンバー内部の無菌性が壊れることはない．

安全キャビネットの外観はクリーンベンチとそっくりであるが，微生物などを含んだエアロゾルをチェンバーの外に漏出させないことを主眼とした装置であり，チェンバー内の空気を HEPA フィルターで濾過除菌した後に排気する構造になっている．給気側の処理方法を基準にして，下記の三段階のクラスが設けられている．

クラス I： チェンバー内を単純に減圧にするだ

けで,吸気はガラス扉部からの吸引に任されている.
したがって,チェンバー内部の無菌性はない.
　クラスII:　ガラス扉部にHEPAフィルターで
濾過除菌した空気でつくるエアカーテンを設け,
チェンバー内部の無菌性を保つ.
　クラスIII:　クラスIIの安全キャビネットのガ
ラス扉部を隔壁に換え,グローブボックス状にした
もの.実験者と実験材料との接触を完全に防ぐ.
　一般には,無菌性と操作性が両立することから,
クラスIIの安全キャビネットが普及している.
　クリーンベンチも安全キャビネットも,排気フィ
ルターならびに給気フィルターが目詰まりしないよ
うに常に点検,掃除をすることが重要である.安全
キャビネットの排気フィルターは,ホルマリン燻蒸
にて定期的に滅菌処理する必要がある.
　クリーンベンチも安全キャビネットも,チェン
バー内でガスバーナーを使用できる構造になってい
る.また,チェンバー内部の滅菌のために,紫外線
ランプが点灯する構造になっている.これらに対し
ては安全面が重視されており,ガスバーナーの火炎
の熱によってチェンバー天井部に設置された排気
フィルターが焦げてしまわぬよう,通気状態でしか
ガスを燃焼させられないようになっている.また,
ガラス扉を開けると紫外線ランプが消灯する構造に
もなっている.しかし,装置の故障によりこれらの
安全装置が作動しないこともあるので,排気フィル
ターの破損や火災の発生,ならびに自分自身の紫外
線障害の発生を防ぐべく注意を怠ってはならない.

b. 植　菌　法

　i) 白金耳による植菌法　微生物を新しい培地に
接種する操作には,通常白金耳を用いる.白金耳は,
歴史的にはホルダーに白金線を固定して用いていた
が,白金線は剛性が低く曲がりやすいことと高価で
あることから,現在はニクロム線をホルダーに固定
して用いる.ニクロム線が太すぎると火炎滅菌後の
冷却に時間がかかるので,通常は直径0.5mm程度
のものが用いられる.ホルダーに固定した金属線の
先端は,用途に応じて図7.1のように三種類の形状
に加工する.それぞれ,白金線(直線のままとする),
白金耳(丸くループ状にする),白金鈎(鈎状に曲
げる)と呼ぶ.白金耳は,火炎滅菌して使用する.
　白金耳による植菌法にはさまざまな流儀がある
が,ここでは開放状態での斜面培地(7.2.4.a項参照)
から斜面培地への植菌操作を例に,手順を紹介する.
　(1) 種菌の生育した斜面培地と新しい斜面培地の
入った試験管の両方の口を火炎滅菌し,両方の栓を

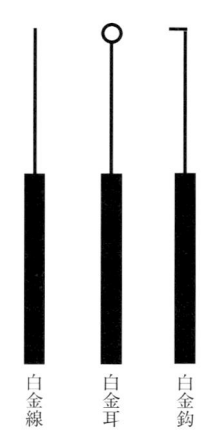

図7.1　白金耳の形

半分ほど引き出した後,利き手と反対の手で並べて
もち,両方の試験管の口を火炎のつくる上昇気流の
中に置く.
　(2) 利き手で白金耳をもち,ガスバーナーの火炎
に金属線部を鉛直方向で入れ,金属線全体が赤熱す
るまで加熱する.ホルダー部を強く加熱すると熱く
なりもてなくなるので,ホルダー部は試験管の中に
入る部分のみを軽く加熱するにとどめる.
　(3) 白金耳をもったままの利き手で両方の斜面培
地の栓の頭部をもって静かに抜きとる.次に,白金
耳を新しい斜面培地の培地表面に押しつけて,金属
線を完全に冷ます.その後,白金耳を種菌の生えた
斜面培地に入れ,ループを菌体に平行に押しつける
ことで,少量の菌体をかきとる.慣れないうちは,
白金耳を押しつけたまま引いてしまい大量の菌体を
とることになるので,とりすぎないよう気をつける.
　(4) 菌体の付着した白金耳を,新しい斜面培地の
表面に軽く触れ,直線あるいはジグザグの線を引き
ながら植菌する.植菌後に接種した菌体が見えるよ
うでは,接種しすぎである.
　(5) 植菌後は,ただちに白金耳を火炎滅菌する.
白金耳に付着した菌体は,火炎で強く焼くと細胞内
の水分が一気に蒸発し,その勢いでまだ焼け死んで
いない菌体を飛び散らせてしまうことになる.した
がって,金属線をまず火炎の中心部(還元炎)に入
れてゆっくりと加熱することで菌体を炭化させ,次
に火炎の外側(酸化炎)で赤熱するまで加熱する.
そして,火炎滅菌済みの白金耳を離す.試験管の口
を火炎滅菌してから,利き手にもっていた栓を試験
管に落ちない程度に差しこみ,その後軽く火炎滅菌
してから栓を完全に試験管に押しこむ.
　上記の手順の中で,利き手に白金耳と斜面培地の

栓の両方をもつのが不可能な場合は，(1)において「両方の栓を完全に抜きとって実験台の上に逆さに立てて置く」，(5)において「実験台に置いてあった栓を火炎滅菌した後試験管の口に押しこむ」という手順に変えればよい．

斜面培地，平板培地，液体培地の相互間の植菌作業もこれに準じてほしい．液体培地に植菌する際には，白金耳は新しい液体培地に浸けて冷ませばよい．

カビ類を植菌する際に，種菌の胞子が十分にとれない場合には，白金鉤を用いて種菌の菌糸をかきとり，この菌糸を新しい培地になでつけるように植菌すればよい．

ii) **ピペットなどを用いる植菌法**　液体培地で培養した菌を新しい液体培地に植菌する場合，植菌量が少量でよいのなら白金耳を用いて植菌すればよい．しかし，植菌すべき液量が多い場合や，ある一定量を植菌しなくてはならない場合には，ピペットを用いることとなる．通常，乾熱滅菌したガラスピペットや滅菌済みのディスポーザブルピペットに電動式ピペッターをつけて使用するか，ポリプロピレン製チップを用いるエアーディスプレイスメント方式メカニカルピペット（ギルソン社の「ピペットマン」など）を使用する．微量の場合は，精度が高いメカニカルピペットを用いるのが主流である．

無菌操作にあたっては，まずメカニカルピペット本体の表面をオスバン等の薬剤で滅菌する．装着するチップは，チップ立てに入れてオートクレーブにて滅菌した後，付着した水分を乾燥器等で蒸発させた乾燥したものを用いる．

〔注〕開放状態での無菌操作の場合，チップがガスバーナーの火炎に触れると燃え上がることになるので，それを避けるよう十分に注意すること．

7.2.3　純粋分離法

自然界において，各種の微生物は各自に特有の条件が整った場所に分布している．ただし，ある場所に単一の微生物のみが生存することはきわめてまれであり，通常は多種類の微生物が混在している．したがって，自然界から目的とする微生物を得て実験を進めていくための第一段階は，その微生物を混在する微生物群から単離して，それを純粋培養することになる．

自然界から目的の微生物をスクリーニングする際，最初に試みるのは，取扱いが簡便な好気性および通性嫌気性微生物を対象としたスクリーニングとなる．以下にその要点を記す．

a.　試料懸濁液の調製

自然界の微生物は，たとえば土や植物の葉などに，群集で密着している．したがって，最初に調製する試料懸濁液は，できるだけ均一で個々の微生物が分離した状態になっているのが望ましい．そのため，たとえば土壌懸濁液の調製の際には，容量 20 ml の試験管に入れた 5 ml の滅菌水に土壌 0.1 g を入れ，それをボルテックスミキサーで 1 分間以上の時間をかけて十分にかくはんする必要がある．

b.　順次希釈液の調製

試料懸濁液のままでは微生物数が多すぎて，平板培地に塗抹しても個々の微生物に分離することができない場合が多い．そこで，通常は順次希釈液を調製する．まず，5 ml の滅菌水を入れた 20 ml 容試験管を複数本用意しておく．

〔操　作〕

(1) 厳密な希釈度が必要ない場合：試料懸濁液に火炎滅菌した白金耳を浸してから一番目の試験管の滅菌水に浸してかくはんするという操作を 1〜3 回繰り返すことで，第一次希釈液をつくる．第一次希釈液をもとに同様の操作を行うことで第二次希釈液をつくり，さらに同様に第三次希釈液をつくる．

(2) 厳密な希釈度が必要な場合：メカニカルピペットを用いて試料懸濁液の 100 μl を抜きとり，これを一番目の試験管の滅菌水に加えてボルテックスミキサーでかくはんして，第一次希釈液をつくる．同様に，第一次希釈液をもとに第二次希釈液を，さらに第三次希釈液をつくる．

c.　平板塗抹培養法

順次希釈液を平板培地に塗抹して培養することで，相互に分離した状態でコロニーを形成させ，単一の微生物を得る．生じたコロニーが表面にたまった水分で流れることのないように，平板培地はクリーンベンチに入れ，ふたを開けた状態で 15 分ほど風を当てて表面を乾燥させておく．

〔操　作〕

(1) スプレッダーによる塗抹：b 項の(1)で調製した第一次，第二次，第三次希釈液から，100 μl をメカニカルピペットでとり別々の平板培地の中央部にたらす．各希釈液をたらす平板培地の枚数は，試験的には 1 枚でよいが，本格的な実験の場合は数十枚に及ぶ．ガラス棒で作製したスプレッダー（コンラージ棒とも呼ぶ．市販品もある．図7.2）の三角形の底辺部分を用いて，希釈液を平板培地に塗抹する．これを培養すると平板培地表面にコロニーが生じるが，他のコロニーから十分に離れたコロニー

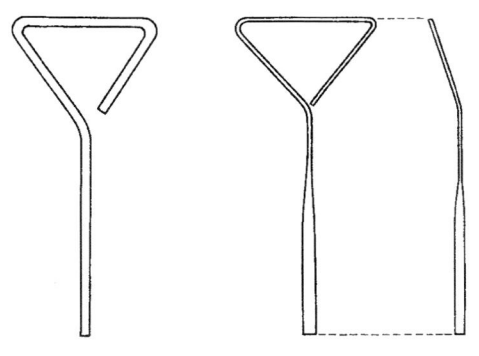

図7.2 スプレッダー

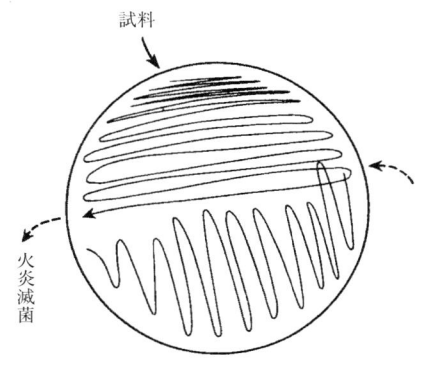

図7.3 平板塗抹培養法

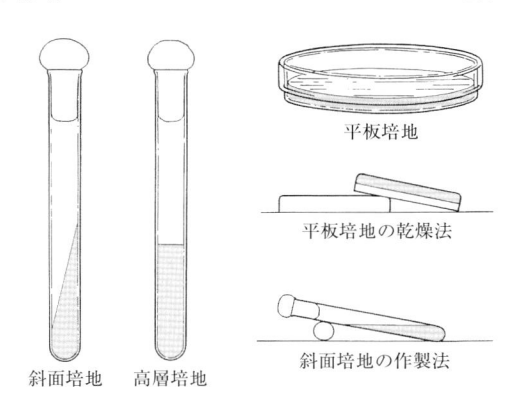

図7.4 固体培地の形状および作製法

は，単一の微生物が増殖して生じたコロニーと考えてよい．

〔注〕 スプレッダーの使い方： スプレッダーは，三角形の部分が完全に浸かるように消毒用アルコール溶液に浸けて滅菌しておく．使用時には，スプレッダーを取り出し，ガスバーナーの火炎に触れて引火させてアルコールを燃やし，平板培地の端の部分に触れて冷ます．その後，スプレッダーを平板培地表面全体にこすりつけるように動かして，希釈液を全面に均一に塗抹する．この際，平板をゆっくりと回転させながら塗抹操作を行うと，塗抹の均一性をより上げることができる．

(2) 白金耳による塗抹： 試料希釈液に火炎滅菌した白金耳を浸した後，その白金耳で図7.3のように平板培地の半面に平行線を引く．ここで白金耳を火炎滅菌し，先に引いた塗抹線の最後の2～3本にかかるように直角に線を引き出し，そのまま残りの半面に平行線を引いていく．最初の塗抹線では菌濃度が高いのでコロニーがつながって生じるものの，二番目の塗抹線の途中以降では，独立したコロニーを得ることができる．

7.2.4 培　地

微生物を培養する際の培地は，目的とする微生物の生活環に合わせた組成のものでなくては，その微生物を完全に生育させることはできない．したがって，各微生物に適合させた組成および物理的条件を有する多種多様な培地が考案されている．

培地調製は，応用微生物学実験における非常に重要な作業であるが，えてして無頓着になりがちである．培地成分の性質や調製操作に関する基本的事項を十分に学んでおく必要がある．

a. 培地の種類と形状

i) 液体培地と固体培地　培地は，水に成分を溶解したままの液体培地と，それに寒天（通常，終濃度で1.2～1.5%）を加えてゲル化（固化）させた固体培地とに区別される．固体培地は，目的に応じて，斜面培地，高層培地，平板培地に調製される（図7.4）．ファージ計数や抗生物質検定などで指示菌を平板培地上に重層する際には，0.7%程度の軟寒天培地が用いられる．

ii) 天然培地と合成培地（完全培地と最少培地）　培地は，その成分の由来から天然培地と合成培地に区別される．天然培地は，肉汁，麦芽汁などの天然物を主成分とするもので，微生物の生育にとって十分量の栄養素を含むことから完全培地とも呼ばれる．その化学的組成は必ずしも明確ではないが，培地用素材は高い品質管理のもとに製造されたものが市販されているので，代表的な完全培地は，使用する素材の品名と量を特定することで，培地の同等性が保たれているとみなされている．合成培地は，純粋な化学物質を混合して調製する培地で，組成を明確に規定することができる．微生物の生育にとって必要最低限の成分のみを有する合成培地は，最少培地と呼ばれる．

b. 培地素材

以下に，天然培地用の素材を概説する．いずれも吸湿性が強いので，密栓して保存する必要がある．

i) **ペプトン，トリプトン** 牛乳カゼイン，獣肉，大豆タンパク質などを，ペプシン，トリプシン，パパインなどで消化して乾燥させた粉末．主成分は，オリゴペプチドとアミノ酸．カゼインペプトンは，トリプトファンが比較的多いが含硫アミノ酸は少ない．獣肉ペプトンは，トリプトファンが少ないが含硫アミノ酸には富んでいる．いわゆるポリペプトン（polypeptone）は，カゼインペプトンと獣肉ペプトンの混合物．

ii) **カザミノ酸** 牛乳カゼインの塩酸加水分解物を乾燥させた粉末．中和に由来する食塩をかなり含む．トリプトファンは含まないが，それ以外のアミノ酸を適当な比率で含むので，半合成培地の窒素源として用いられる．

iii) **肉エキス** 獣肉を熱水抽出した浸出液を濃縮して水あめ状にしたもの．可溶性タンパク質，窒素化合物，ビタミン，無機塩類に富み，多くの微生物の培養に適している．

iv) **酵母エキス** 酵母を自己融解または水抽出した水溶性成分を乾燥した粉末．アミノ酸，ビタミン（特にB群）が豊富で，ペプトンなどで不足する栄養素を補足するために用いられる．

v) **麦芽エキス** 麦芽を熱水抽出した水溶性成分を乾燥した粉末．主成分は，マルトースなどの糖類．カビや酵母の培養に適している．

c. 寒　　天

寒天は紅藻類の細胞壁に含まれる粘質性多糖で，原料海藻を煮出した液を凍結，乾燥，粉末化して製品化される．製品により原料海藻が異なるので，ゲル強度，融解温度，凝固温度にかなりの差がある．日本ではオゴノリからとられた精製粉末が用いられ，ゲル強度がかなり高いので，1.2〜1.5％で用いる．

粉末は冷水には溶けず，熱水に溶かすにも100℃で15分程度の加熱を要する．いったん溶解すると，その溶液は50℃以下に冷却しないとゲル化しない．このゲルは，80℃以上に加熱しないと融解しない．これらの特徴は，培地調製の際の取扱いの安全性，ならびに好熱性細菌用培地にも利用できることなどの利点をもたらしている．

d. 培地調製法

培地成分を水に溶解する際には，水を入れた容器に，各成分を培地成分表に示される順番で1つずつ溶かしていく．培地のpHは，通常はオートクレーブでの滅菌処理前に，塩酸溶液あるいは水酸化ナトリウム溶液で合わせておく．一般に，細菌用の培地はpH 6.8〜7.5に，カビ，酵母用の培地はpH 5.6〜6.2にする．

〔注意〕低pHの寒天固体培地は，酸性でのオートクレーブ処理により寒天が分解しゲル化しなくなる場合がある．対処法としては，2倍濃度の寒天溶液および培地溶液を別個にオートクレーブ処理し，滅菌後に混合してゲル化させる．

高アルカリ性培地の場合，中性の培地をオートクレーブ処理した後に，pHを目的値に合わせる．オートクレーブ処理前に高pHにしてしまうと，加熱中に培地成分が激しく分解してしまい，目的の培地にならない．

合成培地を調製する際には，リン酸塩の取扱いに注意を要する．リン酸塩とマグネシウム塩，あるいはリン酸塩とカルシウム塩を成分として含む培地の場合，これらを混合してオートクレーブ処理すると，リン酸マグネシウムあるいはリン酸カルシウムの沈殿が生じてしまう．また，リン酸塩と寒天とを混合してオートクレーブ処理すると褐色の沈殿を生じる場合がある．これへの対処としては，高濃度のリン酸塩溶液ならびに寒天溶液を別個に調製してオートクレーブ処理して冷却し（寒天培地の場合は60℃程度に冷却），主成分を含む溶液にこれらの溶液を所定の濃度になるように混合して培地とする．

各種の糖類も，窒素化合物やリン酸塩と一緒に加熱すると分解または着色を起こす．場合によっては微生物の生育阻害をもたらすので，上記と同様に成分溶液を別個に滅菌処理し，後から無菌的に添加するべきである．

加熱により分解してしまうビタミン類などを含む培地の場合，濾過除菌したビタミン溶液を後から加える．

抗生物質なども，高濃度溶液を濾過除菌した後フリーザーで凍結保存しておき，使用時に滅菌した培地に所定の濃度になるように添加する．固体培地に添加する場合は，オートクレーブ処理後の培地を60℃程度に冷却してから添加する．

e. 各種培地組成

実験の目的に応じた多種類の培地が考案されており，それらを網羅するのは不可能である．ここには，頻用される培地のみの組成を示す．文献[1]に多くの培地組成が記載されているので，参考にしてほしい．

i) **細菌用培地**

(1) 肉汁培地（nutrient broth，細菌の培養に汎用される）

肉エキス	10 g
ペプトン	10 g
NaCl	5 g
蒸留水	1000 ml
pH	7.2

〔注〕 多くのメーカーから上記成分を混合した粉末肉汁培地が販売されている．ただし，メーカーにより組成に違いがある．

(2) LB培地（Luria-Bertani broth，大腸菌の培養に汎用される）

Bacto Tryptone	10 g
Bacto Yeast Extract	5 g
NaCl	10 g
蒸留水	1000 ml
pH	7.0

〔注〕 Bacto Tryptone と Bacto Yeast Extract は，BD（ベクトン・ディッキンソン）社の登録商標．

(3) M9培地（M9 medium，大腸菌用の合成培地）

① 10倍濃度 M9塩類溶液	
Na$_2$HPO$_4$	60 g
KH$_2$PO$_4$	30 g
NH$_4$Cl	10 g
NaCl	5 g
蒸留水	1000 ml
② 20% グルコース溶液	
③ 100 mM MgSO$_4$	
④ 10 mM CaCl$_2$	

〔注〕 上記を別個に滅菌し，滅菌水（860 ml）に，①100 ml，②20 ml，③10 ml，④10 ml を混合すると，M9最少培地（M9 minimal medium）となる．必要な場合には，アミノ酸や核酸塩基は終濃度 50 μg/ml で，ビタミンは終濃度 1 μg/ml で補う．また，M9最少培地にカザミノ酸を 2～5 g/l で加えた半合成培地（M9カザミノ酸培地）も用いられる．

ii) 放線菌用培地

(1) ベネット培地（放線菌用の汎用培地）

カゼインペプトン	2 g
酵母エキス	1 g
牛肉エキス	1 g
グルコース	10 g
蒸留水	1000 ml
pH	7.2

(2) 改変ベネット培地（*Streptomyces* 属放線菌用の抗生物質生産培地）

酵母エキス	1 g
鰹エキス	0.7 g
粉末肉エキス	0.38 g
NZアミン	2 g
蒸留水	1000 ml
pH	7.2

iii) カビ，酵母用培地

(1) 麦芽エキス培地（malt extract broth，汎用培地）

麦芽エキス	20 g
グルコース	20 g
ペプトン	1 g
蒸留水	1000 ml
pH	6.0

(2) YPD培地（酵母用の栄養増殖培地）

Bacto Peptone	20 g
グルコース	20 g
Bacto Yeast Extract	10 g
蒸留水	1000 ml
pH	6.0

〔注〕 Bacto Peptone は，BD社の登録商標．

(3) 酵母胞子形成培地（出芽酵母用胞子形成培地）

酢酸カリウム	10 g
Bacto Yeast Extract	1 g
グルコース	0.5 g
蒸留水	1000 ml
pH	6.0

(4) SD培地（酵母用の最少培地）

Difco Yeast Nitrogen Base W/O Amino Acids	6.7 g
グルコース	20 g
蒸留水	1000 ml
pH	6.0

〔注〕 Difco Yeast Nitrogen Base W/O Amino Acids は，BD社の登録商標．

［日髙真誠］

7.3 微生物の培養法

純粋分離された微生物の培養法はきわめてバラエティーに富んでいるが，目的別にみれば微生物の分類，同定のために行う培養と，微生物の細胞生理学的研究や菌体生産・生産物生産のために行う培養に大別できる．前者は一般に小規模で行われ，厳密に定式に従わなければならないが，後者は目的に応じて規模もさまざまであり，方法にも種々工夫がこらされている．

7.3.1 培養の条件
a. 温　度

培養は一般的に温度を一定にする．そのために恒温器，恒温水槽，恒温室などが用いられる．

i) 恒温器　一般の小規模培養を収容するために，内部に電熱ヒーターと温度調節器を備え外側を断熱材で覆った箱で，容量は 5～6 l のものから 500～600 l のものまである．恒温性はあまりよくなく，通常±1℃前後の温度変化がある．また内部の温度分布も一様でなく，扉の開閉の頻度が高いと温度が低下する．内部にファンをつけ，ヒーターの他に冷

却機を有するものが，外気より低温で培養を行うときには必要となる．シャーレなどを用いた静置培養によく用いられるが，振とう培養機を内部に設置したものも販売されている．

ⅱ）恒温水槽 温度調節器，ヒーター，および水のかくはん装置を有する恒温水槽は，恒温器より正確に一定温度が保たれ，小規模の培養を行うのに用いられる．水中の試験管架台が往復運動する恒温振とう機やL字管架台が傾斜運動するMonod式振とう機は，小規模の液体振とう培養を行うのに便利である．

ⅲ）恒温室 大容量の振とう培養機を設置したり，多数の静置培養や平板培養を収容したりするためには恒温室が便利である．部屋の壁に断熱材を入れ，ヒーターおよび大型の冷却機により温度調節した空気を循環させる．

b．酸素供給

一般の好気性または通性嫌気性菌の培養では，適当な通気を確保する方式に工夫が必要であり，目的に応じて固体培地で表面培養または穿刺培養，液体培地で静置，振とう培養，通気培養など各種の手段が用いられる．酸素供給速度は，菌体外酵素，抗生物質などの生産にも重要な影響を及ぼすので，シリコセン（綿栓）の種類，長さ，容器に対する培地量などにも十分気を配る必要がある．

一方，酸素の存在が生育を阻害する偏性嫌気性菌では酸素の排除に種々の手段を講ずる必要がある．嫌気性菌の中には二酸化炭素濃度が生育に重要な場合も多いので，気密性が保たれている培養用容器か袋に酸素吸収・二酸化炭素発生剤を入れ，その中を嫌気条件として培養が行われている．

c．接種菌の量および状態

培養開始時の接種量は，増殖が極大に達する時間を左右するので重要である．接種量が多ければ少量の雑菌が存在しても接種菌の増殖により圧倒されて事実上雑菌汚染を無視できるので，培養の量が多くなるにしたがって接種量を増すのがよい．小規模培養（試験管など）では白金耳によって直接植菌するが，それ以外では前培養を行ったものを乾熱ピペットなどで培地量の1～10％程度加える．

接種菌の状態も培養経過に重要な影響があり，対数増殖期の菌を接種すればほとんど誘導期なしに増殖が始まるが，定常期以後の菌を植えた場合はその古さに応じてはっきりした誘導期を示すようになる．接種菌の培養齢を一定に保つことは培養の再現性のために必要であり，前培養が対数増殖期の一定菌濃度に達したところで一定量を植菌する．

7.3.2 培養法の種類

a．固体培養

ⅰ）平板培養（plate culture） 滅菌したシャーレに寒天培地を流しこんで固めた培地に，菌液を塗り広げて培養を行う．平板培養は微生物の純粋分離法として広く用いられている．また，微生物の細胞数を計測するのにも応用されている．

ⅱ）斜面培養（slant culture） 斜面寒天培地の表面に白金耳を用いて，種菌の胞子または菌体を軽く一直線またはジグザグ状に線を引きながら接種した後に培養する．寒天表面に凝縮水が多いときはコロニーが流されるので形態観察のためには不適当であり，あらかじめ斜面培地の表面を乾燥させておく必要がある．

ⅲ）穿刺培養（stab culture） 通性嫌気性細菌の保存，観察，一般細菌および酵母の観察のために用いられるもので，高層寒天培地に白金線を用いて種菌を穿刺したのち培養する．

ⅳ）平板巨大コロニー培養 カビ，酵母などの形態観察のために用いられる培養法であり，平板寒天培地の中心部の一点に白金耳（鉤）で種菌を極少量つけてから培養し，巨大コロニーをつくらせる．植菌時には，カビの胞子などの落下を防ぐため，平板培地を裏返して下側からできるだけ静かに接種し，裏を上にして恒温器中で培養する．

b．液体培養

ⅰ）静置培養法（static culture） シリコセン（綿栓）をした中型試験管に5～10 ml の液体培地を入れたものに1白金耳植菌し恒温器内で培養する方法で，酵母，細菌の好気性などの生態を観察するために行われる．

〔注〕好気性菌の場合に静置培養すると，菌は培地表面に集まって菌膜をつくったり，カビの場合はさらに気菌糸，胞子などの分化が起こって厚い菌蓋をつくったりし，その中での菌の生理状態も同一ではなくなる．したがって，大量の菌体，生産物を取得したり生理学的研究を行ったりするには不適当なことが多いが，カビの生産物などで形態的分化と密接に関連するものなどを得ようとする場合には大量の静置表面培養が行われることがある．この場合，任意の大きさの三角フラスコ，平底フラスコなどでも十分であるが，好気性のものほど液層に対して表面積を大にせねばならず，そのためにフェルンバッハフラスコ（図7.5A，B，C），ルーフラスコ（図7.5D）などの培養容器が用いられる．各種のカビや酢酸菌による有機酸発酵を静置培養法で行う場合などで，菌蓋の状態を乱すことなしに培地の一部を採取するためには，特に図7.5Cのような装置をつけたフェルンバッハフラスコが用いられる．

ⅱ）振とう培養法（shaking culture） 好気性菌

を液体培地中に均一に培養する液体培養法（より正確には，液内培養法，submerged culture）の1つとして，培地の入った培養容器を振とうして酸素供給をよくする振とう培養法がとられる．この場合，振とうによりシリコセン（綿栓）が培地でぬれるのを防ぎ，かつ振とう効果（酸素溶存効果）を高めるために，容器の形について種々工夫がなされている．

小容量で多数の振とう培養を同時に行うためには，10 ml 程度の液体培地を入れた大型試験管多数を，わずかに底部を低く斜めに保持して横方向に高速で振とうする試験管振とう機が用いられ，その酸素供給は比較的良好である．

一方，同じく小容量の振とう培養のために，LまたはT字管（図7.5G, H, I）を恒温水槽中でゆする Monod 式振とう装置は，酸素供給速度はあまり高くはないが，L字管を直接比色計の測定部に差しこんで濁度による生育量の追跡ができる点が便利である．

往復振とう機（reciprocal shaker，通常110〜130 rpm）によって振とう培養を行うためには，培地でシリコセン（綿栓）がぬれるのを防ぐために肩のついた坂口フラスコ（図7.5E）が用いられる．

〔注1〕 通常，500 ml 容のフラスコに培地100 ml を入れて培養を行うが，液量を増減することによって酸素供給量を加減できる．

〔注2〕 カビ，放線菌などでは坂口フラスコの首の付け根部に菌が付着して通気を制限したりすることになりがちであるから，一定時間ごとに上下にふってこれを落とすようにする必要がある．

回転振とう機（rotary shaker，通常110〜300 rpm）を用いる場合は三角フラスコ，平底フラスコなどを用いることができるが，振とうを比較的高速で行う必要がある．特に液のかくはん効果をよくするような数個の突起をつけたへそ（バッフル）つき5l 容大型三角フラスコ（図7.5F）に1l 前後の液体培地を入れて回転振とう機で振とうする方法は，中程度の規模の液体培養法として有用である．

iii) **通気培養法** 液体培地中に直接濾過無菌空気を吹きこんで通気を行う方法で，小規模には空気吹出口に金魚飼育用の多孔性ガラス球のものなどを用い，綿濾管と小型コンプレッサーを組み合わせて自由な形の実験室内装置を組み立てることができる．このような装置では，酸素供給速度はあまり大きくすることはできないが，大腸菌などの培養には十分であり，植菌量を高くすれば装置の無菌性にあまり気を配らずに手軽に菌体を得られるので便利である．

c. **ジャーファーメンター（jar fermentor）を用いる培養法**

一般に，ジャーファーメンターと呼ばれるものは，全容量500 ml から 200 l 程度までのガラスまたはステンレス製の培養装置である．この装置には，通常の微生物の生育に必要な条件を満たすために，温調装置，通気かくはん装置が基本的に備えられている．小型の発酵槽はジャーファーメンター本体からとりはずしてオートクレーブ殺菌ができる場合が多いが，10 l 以上の大型発酵槽の場合には滅菌装置が組みこまれていることが多い．さらに必要に応じて，pH，槽内温度，酸化還元電位，溶存酸素濃度などの記録装置が付属されていることもある．また，槽内温度，pHは自動制御される場合も多く，培養経過に伴う発泡を抑えるための消泡装置を備える場合も多い．ジャーファーメンターの一例を図7.6に示す．

ジャーファーメンターは，試験管やフラスコなどでの実験結果を大規模な工業生産用タンク培養に応用する際に，フラスコ実験では得られない基礎データ，たとえば培養中のpH，溶存酸素濃度の影響などを得たい場合，比較的多量の菌体や代謝生産物を得ようとする場合，および連続培養を行おうとする場合などに用いられる．

特に500 ml から5l 程度の小型培養槽は，試験管，フラスコレベルの実験から30l 以上の規模のジャーファーメンターへ移行する前に，実験室内でジャーファーメンターを用いた培養のごく基礎的なデータを得るためによく用いられる．

〔注〕 ジャーファーメンターを使用する際の一般的な注意
(1) 実験の規模が他の実験と異なってやや大きいので，そ

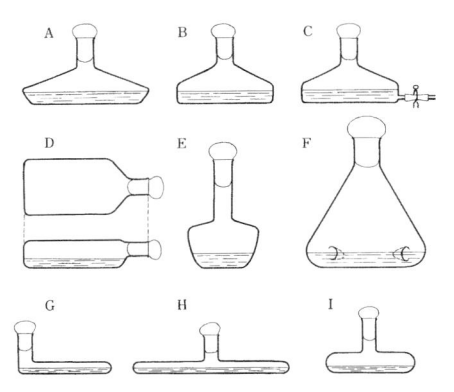

図7.5 各種の培養びん
A, B：フェルンバッハフラスコ，C：同試料採取口つきフラスコ，D：ルーフラスコ，E：坂口フラスコ，F：へそつき三角フラスコ，G, H：Monod 型LまたはT字管，I：中容量T字管．

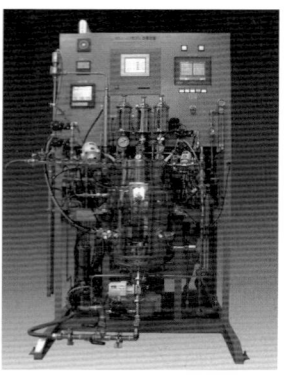

図 7.6　ジャーファーメンターの例
左は 5～10 l 程度の容量で培養槽部分をとりはずしてオートクレーブで殺菌が可能なものだが，右は 30 l 程度以上の容量でボイラーとつないで培養槽やラインを蒸気殺菌する．空気はコンプレッサーから滅菌フィルターを通して供給する．

の点を考慮して服装に注意する．特に，10 l 以上の大型発酵槽の殺菌に際しては，ボイラーで発生させた高温高圧の蒸気を用いた殺菌を行うことと，かくはん部分への巻きこみ事故を防止する必要があることから，作業服，長靴，手袋を身につけていることが望ましい．

(2) 発酵槽ならびに培地の殺菌の際に，蒸気を使用するため火傷をしやすい．この点に十分留意し，素手で蒸気ラインに触れたりしないようにすること．

(3) 殺菌操作や通気管理を行う際，発酵槽内に蒸気または無菌空気を吹きこむが，規定の圧より高くしないように十分注意すること．圧力をかけすぎると，圧力計の針がふりきれて故障するばかりでなく，場合によってはガラス製の槽やのぞき窓が割れて思わぬけがをすることがある．

(4) pH 電極，温度計など破損しやすい付属品がついているので，取扱いを慎重にすること．

(5) 発酵槽の周辺には多くのバルブがついているが，それらは開閉の際に壊れやすいので注意すること．一般に，水や気体用のバルブは 1 回転すればほぼ全開の状態となるし，力まかせに閉めなくても完全に閉じられるようになっている．

[野尻秀昭]

7.3.3　微生物の増殖測定法

培養中の微生物の増殖度を定量的に測定し，実験材料とする菌体懸濁液中の細胞濃度を正確に知ることは，各種の微生物学実験において重要である．一般に，培養液中の細胞数あるいは乾燥菌体重量などが指標とされる．また，微生物は多くの場合細胞集団として取り扱われるが，集団内の不均一性（生死，細胞の大小，細胞齢などの差）が重要な実験要素となる場合が多く，特に集団内の生菌数の測定はしばしば必要となる．以下には液体培養法における生菌数の測定法と濁度の測定法を記述する．この他顕微鏡による細胞数の直接測定法は 1.11.3.g 項を参照のこと．判定方法によってその意味する内容が異なることに注意しなくてはならない．

a. コロニー計数法による生菌数の測定

希釈した菌懸濁液を平板寒天培地上に塗布して培養し，生ずるコロニーの数から生菌数を求める生菌数測定法である．ただし，一般に特定の培地で生育できる微生物の種類は限られ，また生育できる微生物でもすべての生菌がコロニーを形成するとは限らない．このようにコロニーの数から生菌数の推定値を求める場合は，「生菌数」と呼ばずに「コロニー形成単位」（colony forming unit, cfu）と定義することがある．この方法では 1 個の細胞から出発して 1 個のコロニーを形成しうるものを生きているとみなすので，継続して細胞分裂を続けうる能力の有無が判定の基準となる．細胞の生死の定義は複雑で，菌に適した平板培地を使わないと結果が大幅に低くなることがある．

必ず 2 連以上の測定を行う．計数に伴う誤差は計数値 n の場合 $\pm\sqrt{n}$ となるが，平板あたりコロニー数が多すぎると（1000 個以上）計数が困難となるので，100～500 個程度が適当である．計数には平板の裏側からペンでしるしをつけながら行う．

b. 濁度による増殖の測定

各種の光度計を用いて菌懸濁液の濁度を測定する方法は，最も簡便な増殖測定法として，酵母，細菌など均一懸濁液を与える微生物に用いられる．一般に粒子懸濁液による光の散乱は，粒子の数，大きさの他に，形，測定機器内の試料および光電管の幾何学的配置などによっても大きく影響されるので，測定される濁度から菌体量を一義的に決定することは困難であり，微生物の種類，培地，用いる光度計の種類などの条件ごとに，菌数または菌体量と濁度との間の関係について標準曲線を作製する必要があ

対数増殖期の細胞では，大きさ，形などが比較的一定であり，全菌数と濁度の間によい相関が成立し，全菌数中の死菌数がごくわずかである場合が多いので，コロニー計数法による生菌数と濁度の間の標準曲線をあらかじめ作製しておけば，濁度から生菌数をほぼ定量的に知ることができる．また実験目的によっては，菌数，菌体量の絶対値を必要とせず，単に光度計の相対値の比較で十分な場合もある．濁度が高くなると，菌数，菌体量が増加しても光度計の読みはほとんど増加しなくなる飽和現象があるため，濁度が菌体量と比例関係のある領域まで試料を希釈して測定しなくてはならない．大部分の培地で菌の極大生育量は光度計の飽和値以上となるので，直読した値からそのまま増殖曲線を描くと誤った結論を得ることがある．光度計の飽和値は，光度計の種類によって異なる．

光度計には，透過光を測定する通常の比色計と，試料による散乱光を測定する比濁計の2種が用いられる．比色計では散乱による透過光量の減少を測定し，植菌していない培地を対照とする吸光度で比較する．測定に用いる光の波長としては，培地が赤褐色に着色している場合赤色光を用いるのがよく，通常 660 nm，600 nm，550 nm などの波長がよく用いられている．また，測光部に丸形試験管を挿入できる型の光度計は L 字形培養管を直接挿入して濁度を測定できるので便利である．一方，比濁計では試料を直接透過する光が入らないようにして直角方向に散乱される光を測定するもので，濁度増加とともに測定値は増加し，適当な標準濁度液に対する相対値で比較する．感度が高いので菌数の低い場合有利である．

7.3.4 菌体の分離

液体培養終了後，菌体と培地とを分離することは，細胞や培地中に放出された生産物を研究するために必須である．一般に菌体と培地の分離には，濾過や遠心分離が用いられる．

a. 濾過による菌体の分離

糸状のカビ，放線菌などの濾過にはガーゼ，濾布，濾紙などを用い，ブフナー漏斗などを利用して吸引濾過する．また，ガラス濾過器を用いて吸引濾過することもできる．

細菌や酵母の濾過には，ニトロセルロースなどのセルロース誘導体でつくられた多孔性のメンブレンフィルターや，ガラス繊維濾紙が用いられる．

〔注〕両者にはそれぞれ特徴があるので，目的に応じて使い分ける．一般にフィルターには，一定孔径の多数の孔のあいた薄膜状のメンブレン型フィルターと，ある程度の厚さがあり網状構造をもつデプス型フィルターとがある．前者は粒子の濾過限界直径がほぼ一定であり，それ以上の大きさの粒子はほぼ完全に捕捉されるが目詰まりをおこしやすく，後者は粒子の大きさに応じて捕捉効率が連続的に変化するが濾過可能容量が大きい．したがって，一定の大きさ以上の細胞を完全に除去するためにはメンブレンフィルターを用いるが，菌体量が多い場合には適当なデプス型フィルターをプレフィルターとして使用すると目詰まりをかなり防ぐことができる．アイソトープをとりこんだ細胞の少量濾過には，ガラス繊維濾紙（ワットマン GF/C または F など）も多用される．

b. 遠心による菌体の分離

カビ，酵母などの菌体の遠心分離には 3000〜4000×g のスイング型またはアングル型ローターを有する低速遠心機で十分である．細菌の場合 7000×g あるいはそれ以上の遠心力が必要なことが多いのでアングル型ローターを有する高速遠心機が必要になる．細菌の中には細胞の周囲に大量の莢膜物質を生産してきわめて浮遊しやすいものもあり，その場合には 10000×g 以上の遠心を長時間行っても完全に沈降しないことがある．小スケールの場合には，1.5 ml 容のプラスチック遠沈管を用いる高速微量遠心機が，たくさんのサンプルを処理できて便利である．一方，大量の培養液から菌体を遠心分離するためには各種の連続遠心機が用いられる．

〔福田良一〕

7.4 微生物の性質と形態

7.4.1 主要微生物の種類と分類

a. 細　　菌

i) 細菌の分類[*1]　微生物において，細菌は菌類や原生動物などと並んで大きなグループを形成している．かつて，細菌は原核生物と同義であり，五界説ではモネラ界に分類されていた．しかし，Woese

---

[*1] 生物の命名は，それぞれの命名規約によって国際的に管理されているが，細菌の場合は，国際原核生物分類命名委員会（International Committee on Systematics of Prokaryotes (ICSP)）による国際細菌命名規約（International Code of Nomenclature of Bacteria）に従う．また，これらの学名は Society for General Microbiology が刊行する International Journal of Systematic and Evolutionary Microbiology (IJSEM) に掲載されることで正式に発表される．他誌で先に掲載された場合は，別刷りを IJSEM に送ることで，その学名が正式なものとして Validation List of Bacterial Names に掲載される．得られた細菌分類学的知見を包括的に記載したものが Bergey's Manual of Systematic Bacteriology である．現在までに第四巻が刊行されており，さらに第五巻の刊行が予定されている．

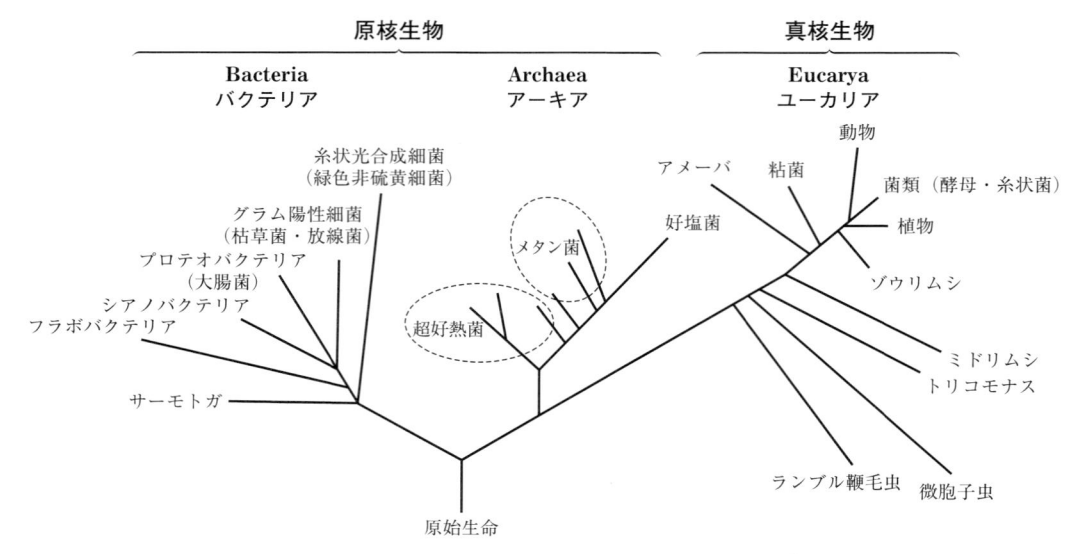

```
                         原核生物                          真核生物
              ┌─────────────────────────────┐   ┌─────────────────┐
                 Bacteria          Archaea          Eucarya
                 バクテリア        アーキア         ユーカリア
                                                          動物
                   糸状光合成細菌
                   (緑色非硫黄細菌)
                                   アメーバ   粘菌
                   グラム陽性細菌                       菌類 (酵母・糸状菌)
                   (枯草菌・放線菌)        好塩菌
                   プロテオバクテリア  ⌒ ⌒                植物
                   (大腸菌)        (メタン菌)
                 シアノバクテリア    ⌒ ⌒                 ゾウリムシ
               フラボバクテリア   ⌒超好熱菌⌒
                                  ⌒ ⌒                    ミドリムシ
                       サーモトガ                         トリコモナス

                                                   ランブル鞭毛虫  微胞子虫
                               原始生命
```

図 7.7 リボソーム RNA 遺伝子配列に基づく三ドメイン説[2]

らにより，リボソーム RNA の塩基配列に基づいた解析が行われた結果，原核生物の中に細菌とは系統的に異なる一群が見出され，archaebacteria と名づけられた．これに対して，archaebacteria に属さない原核生物を表す用語として eubacteria が用いられることになった．そして，この発見以後，生物界をあらためて「バクテリア（Bacteria）」「アーキア（Archaea）」「ユーカリア（Eucarya）」の 3 つのドメインに分けることが提唱された（図 7.7）．バクテリア，アーキアには，それぞれ「真正細菌」「古細菌（始原菌）」という日本語があてられることもある．なお，本項における細菌とは，バクテリアとアーキアの両方を含む．

細菌は無性生殖を行うので，生殖的隔離に基づく種の概念による分類は不可能である．そこで，細胞の形などの形態的特徴，糖の資化性や生育温度などの生理・生化学的性状，菌体脂肪酸や細胞壁アミノ酸組成などの化学分類学的性状を徹底的に調べ上げ，これに基づいて分類を行ってきた．グラム染色法は，細胞壁の構造の差異に基づいて細菌を分類する，重要な手法の 1 つである．また，分子生物学的手法が発達すると，DNA の塩基組成や DNA の相同性を指標とした種の定義も考案された．すなわち，DNA 中の G＋C 含量比，DNA-DNA ハイブリダイゼーション実験，16S リボソーム DNA の塩基配列相同性などの情報が，菌の同定に取り入れられた．こうした分子生物学的分類法は，近年のゲノム情報の蓄積や遺伝子配列解析の迅速化と相まって，分類体系の再編成を加速している．また，近年話題となっている難培養性微生物において，培養を介さずに遺伝子配列を解析するメタゲノムも発展してきている．こうした分子生物学的分類法については，多くの専門書が出版されているのでそちらを参照してほしい．

ii) 肉眼観察 細菌などの肉眼ではとらえられない生物の観察では，顕微鏡観察が重視される傾向にある．しかし，顕微鏡観察だけでは，たとえば対象菌の生育状況などは判断できない．そのため，まず細菌を培養し，その様子を経時的に肉眼で観察することも顕微鏡観察と同様，大変重要である．培養方法は大きく固体培養法と液体培養法とに分けられる．固体培養法には，培養液を固化させた寒天平板培地や斜面培地が用いられる．また，好気性菌から通性嫌気性菌まで幅広く観察したい場合，高層寒天培地を用いた穿刺培養も行われる（図 7.8）．個々の培養法に関する詳細は 7.3.1, 7.3.2 項を参照のこと．

iii) 顕微鏡観察 まず細胞の形，大きさ，集合状態などを観察する（図 7.9）．一般的には，普通固定染色した標本を観察するが，固定染色操作により菌体が収縮，変形などを起こす可能性がある．そのため，これに平行して無固定の標本を位相差顕微鏡にて観察するべきである．その際に，細菌の運動性も観察し，判定の材料とする．細胞の形態は，培養時間や培養条件などにより変化することが多いので，種々の条件で観察することが重要である．次に，グラム染色（7.4.2.c 項参照）を行い，グラム陽性，陰性を判定する．胞子染色により胞子が確認された

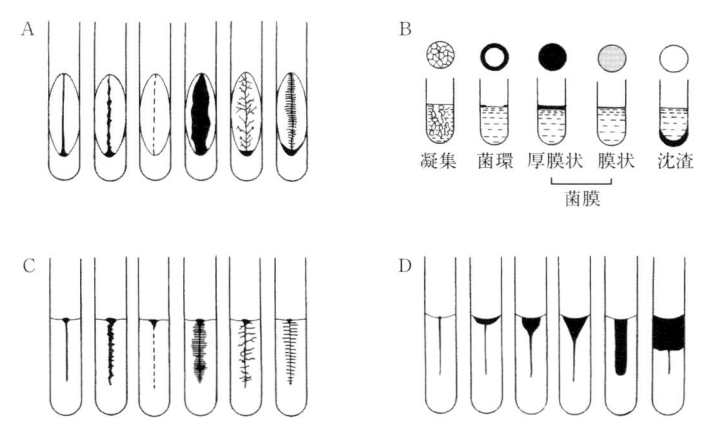

図 7.8 細菌の生育の状態
A：斜面培養の発育状態例，B：肉汁培地での性状，C：穿刺培養の発育状態例，D：ゼラチン穿刺培養の液化例．

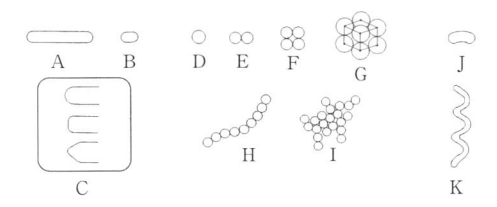

図 7.9 細菌の細胞形態
A：長桿菌，B：短桿菌，C：桿菌の菌端の状態，D：単球菌，E：二連球菌，F：四連球菌，G：八連球菌，H：連鎖状球菌，I：ブドウ状球菌，J：らせん菌（コンマ状），K：らせん菌（らせん状）．

場合，その大きさ，形，形成位置を観察する．

iv) 実験で用いられる主要な細菌について

Escherichia coli： Proteobacteria 門 Gammaproteobacteria 綱 Enterobacteriales 目 Enterobacteriaceae 科に属する．グラム陰性の通性嫌気性の桿菌（$1.0 \times 2.0 \sim 6.0\,\mu m$）で，周鞭毛により運動性をもつ腸内細菌であり，大腸菌の和名をもつ．ラクトース資化能をもつ点が他の腸内細菌に対して特徴的である．K-12 株は遺伝学的，生化学的研究が最も進んでおり，分子生物学の黎明期を支えてきた．遺伝子組換え実験において一般的な宿主菌として利用されており，遺伝子組換えやタンパク質の大量発現などに用いられる．

Bacillus subtilis： Firmicutes 門 Bacilli 綱 Bacillales 目 Bacillaceae 科に属する．好気性のグラム陽性桿菌（$0.7 \sim 0.8 \times 2.0 \sim 3.0\,\mu m$）で，運動性があり，内性胞子（$0.8 \times 1.5 \sim 1.8\,\mu m$）をつくる．古来より納豆づくりに利用されているように，病原性や腸内寄生性がなく，プロテアーゼや α-アミラーゼなどの酵素を菌体外によく分泌する．グラム陰性菌である大腸菌とともに広く研究対象として利用されている．胞子形成におけるシグナル伝達機構などについて詳細な研究がなされており，微生物の遺伝子発現制御を理解する上で重要である．

Bacillus megaterium： Firmicutes 門 Bacilli 綱 Bacillales 目 Bacillaceae 科に属する．グラム陽性の桿菌であり，内性胞子をつくる．細胞が $0.8 \sim 1.5 \times 2 \sim 5\,\mu m$ と大きいため，巨大菌と呼ばれることもある．多くは運動性を有し，胞子は卵形あるいは長楕円形で，細胞中央部に膨大を伴わずに形成される．好気性で，グルコースから酸を生ずるが，アセトインやガスを生成しない．

Pseudomonas putida： Proteobacteria 門 Gammaproteobacteria 綱 Pseudomonadales 目 Pseudomonadaceae 科に属する．グラム陰性菌であり，土壌中より分離される．難分解性有機物を資化する有用細菌として，早い段階から遺伝子組換え技術を用いた育種が行われてきた．物質資化能の大部分はプラスミドに依存しており，これらは分解性プラスミドと呼ばれる．分解性プラスミドの研究は，PCB などの環境汚染物質分解菌の研究へと発展した．

Corynebacterium glutamicum： Actinobacteria 門 Actinobacteria 綱 Actinomycetales 目 Corynebacteriaceae 科に属する．グルタミン酸生産菌として応用微生物学上重要な細菌である．グラム陽性の桿菌であり，運動性はない．また，胞子は形成しない．培養条件にもよるが，2つの細菌がV字型につながりコリネ型と呼ばれる．変異などにより代謝系を変化させる代謝制御発酵によってグルタ

コラム： アミノ酸・核酸発酵

　アミノ酸・核酸発酵は日本が世界に誇る農芸化学分野を代表する技術である．「うま味」を呈する物質であるグルタミン酸ナトリウムやイノシン酸，グアニル酸の発酵生産から始まり，現在では動物飼料・医薬品用などのさまざまなアミノ酸や核酸関連物質が微生物発酵法によって生産されている．
　微生物による発酵生産は，20世紀初頭の有機酸発酵や戦時中のペニシリンに代表される抗生物質生産等で世界的に達成されていたが，戦後日本において，昆布のうま味として知られていたグルタミン酸ナトリウムの微生物発酵生産法の開発に世界に先駆けて成功した．当初グルタミン酸は小麦や大豆タンパク質の加水分解で生産されていたが，1956年に協和発酵工業の鵜高重三がグルタミン酸を培地中に分泌する *Corynebacterium glutamicum* を発見したのをうけ，同社の木下祝郎らは同菌を用いて工業レベルでグルタミン酸を直接発酵することに成功した．これを機にアミノ酸発酵研究が進み，現在では多くのアミノ酸が発酵法でつくられている．
　グルタミン酸ナトリウムの発酵生産が盛んになるにつれ，イノシン酸（鰹節のうま味）やグアニル酸（椎茸のうま味）などの呈味性ヌクレオチドの発酵生産にも目が向けられた．当初は，微生物由来のRNAの分解法が用いられていたが，徐々に発酵法が取り入れられた．*Corynebacterium* の変異体によって直接的に発酵生産する方法に加えて，*Bacillus subtilis* などの変異体を用いて目的物の中間体を発酵により生産し，その後化学的・酵素的処理によって目的の核酸を生成する方法も確立されている．今や呈味性ヌクレオチドだけでなく，その他の核酸物質や補酵素などの関連物質の発酵生産も可能となっている．
　アミノ酸・核酸発酵は，産業的な点から大きな成功を収めただけでなく，微生物の物質代謝における調節機構の存在を示すなど，微生物の代謝生化学にも多くの発展をもたらした． 　　　　　　　　　　　　　　　［西山 真］

ミン酸以外のアミノ酸の生産にも利用されている．
　Staphylococcus epidermidis： Firmicutes 門 Bacilli 綱 Bacillales 目 Staphylococcaceae 科に属する．グラム陽性の球菌（0.8〜1.0 μm）であり，ブドウ状の不規則集合となる．コロニーは白色からレモン色で光沢があり平滑である．ヒトの皮膚に常在することから，表皮ブドウ球菌とも呼ばれる．
　Lactococcus lactis： Firmicutes 門 Bacilli 綱 Lactobacillales 目 Streptococcaceae 科に属する．グラム陽性の連鎖球菌であり，ホモ乳酸発酵を行う．1873年にListerにより，酸乳から最初に発見された．ヨーグルトやチーズなどの乳酸発酵食品の製造に用いられる．耐酸性を有しており，乳酸の生産により他の微生物が生育できない環境下でも生育できる．また，ナイシンと呼ばれる低分子の抗菌性ペプチドを生産する．
　Methanococcus jannaschii： Euryarchaeota 門 Methanococci 綱 Methanococcales 目 Methanocaldococcaceae 科に属する．海洋の深海底熱水孔周辺などに分布する球菌であり，アーキアに属する．至適生育温度は85℃と非常に高く超高熱菌と呼ばれる．水素またはギ酸を基質としてメタンを生成する．Methanococci 綱では最も研究が進んでおり，アーキアの中で初めてゲノム配列の解読が行われた．
　Sulfolobus tokodaii： Crenarchaeota 門 Thermoprotei 綱 Sulfolobales 目 Sulfolobaceae 科に属する．別府温泉より分離された，好気性，好酸性の高熱菌（0.5〜0.8 μm）であり，単独で硫化水素を分解する活性を有する．また，こうした性質を利用して，工場の排気ガス対策として産業的に活用されている．菌のキャラクタリゼーションが行われた東京工業大学にちなんで学名が命名された．
　　　　　　　　　　　　　　　　　　［小川哲弘］

b．放 線 菌

　放線菌（Actinomycetes）は元来，グラム陽性の真正細菌のうち細胞が菌糸状に増殖するという形態的特徴を示す一群を指していた．寒天培地上で菌糸が放射状に伸長して生育するため，「放菌」あるいは「放線菌」と呼ばれたが，「放線菌」という名前が定着した．16S rRNA 遺伝子の塩基配列による分子系統学に基づいて放線菌が定義されるようになった現在では，桿菌や球菌も（広義の）放線菌に含められている．典型的な，つまり狭義の放線菌の多くは空気中に菌糸を伸ばしその先端に胞子を形成するので，肉眼では糸状菌（カビ）のように見える．大部分は絶対好気性で，土壌中に生育するものが多い．またDNAのGC含量が高い（多くは70％前後）のが特徴である．放線菌は抗生物質をはじめとした多種多様な生理活性低分子化合物の生産能を有することから産業微生物としてきわめて重要である．放線菌が生産する生理活性物質は医薬品だけでなく，農薬，動物薬，酵素阻害剤など多岐にわたっており，放線菌は「クスリをつくる微生物」として人類に大きく貢献している．
　〔注〕（狭義の放線菌の）形態的特色と高い生理活性物質

図 7.10 種々の放線菌の胞子着生の様子（走査型電子顕微鏡写真）
上段は *Streptomyces* 属放線菌．下段は希少放線菌．"Digital Atlas of Actinomycetes"（http://www.nih.go.jp/saj/DigitalAtlas/）より転載．

生産能のため，現在でも放線菌は一般の細菌とは区別して取り扱われることが多く，本書においても細菌とは別に項目を設けた．*Corynebacterium*, *Mycobacterium*, *Nocardia*, *Rhodococcus* などのよく知られた細菌が広義の放線菌に含まれるが，本項目においては，菌糸状に生育し胞子を着生する，狭義の放線菌について述べる．

i) 放線菌の分類 放線菌は現在，アクチノバクテリア門（phylum Actinobacteria）に含まれる微生物として定義されるが，その大部分はアクチノミセス目（order Actinomycetales）に含まれる．アクチノミセス目は 13 亜目（suborder），43 科（family），約 200 属（genus），約 2200 種（species）により構成されている[*2]．細菌においてこれほどまでに系統的に多様化した分類群は他にはない．ただし，このうち約半数の属は，ほとんど菌糸状の形態をとらない球菌や桿菌であり，古典的な定義では放線菌には含まれない．

高度な形態分化能を有し胞子を形成する放線菌においては，多様な胞子の着生様式（図 7.10）が分類の指標となっていた時期もある．長い胞子連鎖を形成するグループ，胞子を 1 個ないし 2 個ずつ着生するグループ，胞子嚢を形成するグループといった分類である．化学分類や系統分類の導入によって，放線菌の分類における形態的特徴の評価は著しく低下したが，放線菌の形態の多様性は放線菌分類学者にとって今なお大きな関心事である．

非選択的な方法で放線菌を分離すると，通常，分離株の 90 % 程度は *Streptomyces* 属が占める．*Streptomyces* 属は土壌に多数生息し分離も容易であるため，生理活性物質の探索源として中心的な役割を果たしてきた．一方，「希少放線菌」と呼ばれる *Streptomyces* 属以外の狭義の放線菌も，種々の分離法の開発により，数多く分離されている．希少放線菌は *Streptomyces* 属放線菌では見つからなかった新規生理活性物質の探索源として注目されている．

ii) 放線菌の生活環 放線菌は土壌中では通常，胞子として存在しており，栄養条件等が整うと，発芽し菌糸状の生育を開始する．菌糸は先端生長により伸長するが，盛んに枝分かれすることで生長点が増え，いわゆる対数増殖が可能となる．栄養増殖する菌糸は基底菌糸（基生菌糸）と呼ばれ，栄養基質の表面を覆うように伸長するとともに，基質中にも侵入する．基底菌糸にはほとんど隔壁は形成されず，1 本の菌糸には多数の染色体 DNA が存在している．やがて，基底菌糸から空中に向かって伸長する気中菌糸（気菌糸）が形成され，気中菌糸がさらに分化して胞子がつくられる．胞子形成時には気中菌糸に隔壁が形成されることで染色体 DNA を 1 本ずつもつコンパートメントがつくられ，このコンパートメントが成熟して胞子となる．*Streptomyces* 属放線菌では胞子は数珠状につながって形成されるが，気中菌糸および胞子は疎水性のタンパク質で覆われて

[*2] 放線菌を含む細菌および古細菌の分類に関しては，List of Prokaryotic names with Standing in Nomenclature（LPSN, http://www.bacterio.cict.fr/）を参照するとよい．

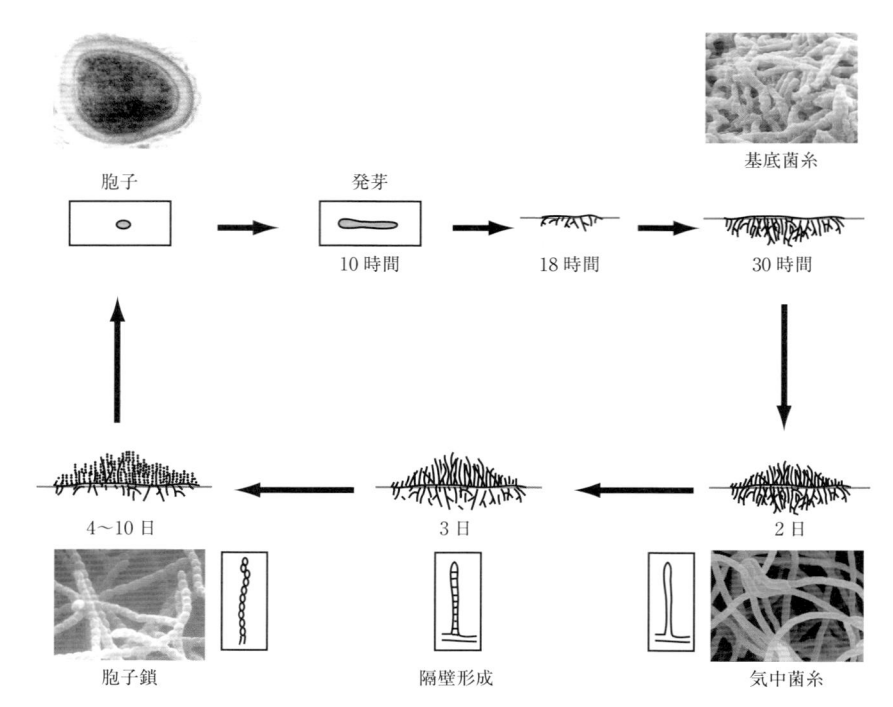

図 7.11 放線菌 *Streptomyces griseus* の生活環
寒天培地に生育するコロニーを横から見た模式図．コロニー断面図中の水平方向の直線は寒天表面を表している．枠で囲った胞子および発芽胞子は拡大図．

いる．胞子が空中に形成されるのは胞子の分散に有利であるからだという説が有力のようである．ストレプトマイシン生産菌である *Streptomyces griseus* の生活環を図7.11に示した．希少放線菌の中には，基底菌糸上に胞子囊を着生するものもいるが，その中にはべん毛をもった運動性胞子をつくるものもいる．運動性胞子は走化性を示し，好ましい環境を求めて遊泳した後，発芽して菌糸状の生育を開始する．このように放線菌は他の細菌と比べて非常に複雑な形態分化能を有しており，細菌の細胞分化に関する研究対象としても重要である．

iii） 放線菌と二次代謝 これまでに発見された微生物由来の生理活性物質の約3分の2が放線菌由来である．抗生物質の発見と実用化が人類にもたらした恩恵は計り知れないが，放線菌が生み出す「クスリ」は抗生物質にとどまることなく，抗がん剤や免疫抑制剤など，より高度な医療に使われているものも多い．放線菌はこのような生理活性物質を二次代謝，つまり自身の生育には直接必要のない代謝によって生産している．放線菌が他の細菌に比べて著しく高い二次代謝能を有している理由は，現在でもよくわかっていない．いくつかの *Streptomyces* 属放線菌の全ゲノム配列が決定されたことによって，1種の *Streptomyces* 属放線菌は20～30種もの二次代謝産物を生合成する能力をもっていることが明らかになった．また，通常の培養条件では，これらの二次代謝産物生合成遺伝子群の多くは発現していないこともわかってきた．これらの「眠っている」生合成遺伝子を活用することは，今後の放線菌利用のキーポイントの1つである．

iv） 放線菌の観察 放線菌の形態観察のポイントは，菌糸と胞子の形態，胞子囊などの特殊な形態の有無であり，寒天培地上で十分に生育させたコロニーをシャーレごと対物10～40倍の長焦点距離レンズ（対物レンズの先端から標本のピント面までの距離を長くとれるレンズ）で観察する．胞子形態の詳細な観察には走査型電子顕微鏡を用いる必要があるが，光学顕微鏡で観察できる範囲の形態的特徴から属レベルの同定を簡便に行うことが可能である．

コロニーの肉眼観察においては，良好に胞子形成を行う培地で菌体を培養することが必須である．

〔注〕 放線菌の分離同定に関する国際プロジェクト（International *Streptomyces* Project, ISP）では，放線菌分離同定用に種々の標準培地を定めている．

酵母エキス・麦芽エキス寒天（ISP培地2），オートミール寒天（ISP培地3），無機塩・デンプン寒

天（ISP培地4），グリセロール・アスパラギン寒天（ISP培地5）などがよく用いられる．ただし，希少放線菌では貧栄養な培地でないと胞子嚢などの特徴的形態を示さない株も多く，この場合は土壌エキスのみの寒天培地や腐植酸・ビタミン寒天培地などが用いられる．通常，これらの培地上に胞子を接種した後，25～28℃で培養し，7日，17日，および21日目に観察を行う．気中菌糸叢の色や性状，コロニー周辺の性状やコロニーの隆起の様子，基底菌糸の色，メラニンおよびその他の色素の生産性などを観察する．　　　　　　　　　　　　　［大西康夫］

c. 酵　　母

　酵母はカビやキノコと同様に真菌類に属するが，無性生殖過程で主に出芽または分裂により単細胞のまま増殖し，有性生殖過程で子実体を形成しない点で，一般にカビやキノコと区別される．酵母には産業上有用な生物種が含まれ，一部は基礎研究にも使われている．酵母の基本的な生物学に関しては，成書を参照してほしい[3,4]．

　i）酵母の分類　酵母の分類・同定に指標となる性質として，以下のようなものがある．

　（1）形態的特徴：　コロニーの形状・色，細胞の大きさ・形，分裂の形式（出芽あるいは分裂），出芽の方向性，偽菌糸・菌糸形態の有無，胞子の形と形成様式など．

　（2）有性生殖の有無とその特徴：　有性生殖の様式は分類上重要な指標である．一部の酵母には有性生殖が見つかっていないものがある．

　（3）生理学的・生化学的性質：　生理学的性質として，糖の発酵能，炭素・窒素源の資化能，ビタミン・生育因子の要求性，高濃度ブドウ糖あるいは高濃度食塩を含む培地での生育の可否，各温度での生育の有無，脂肪の分解能，シクロヘキシミド耐性，デンプン様の多糖類の生成の有無，尿素の加水分解能，酸の生産など．生化学的性質としては，細胞壁多糖類の構造，ユビキノンの側鎖の構造，脂質中の脂肪酸組成，DNAのGC含量，ジアゾニウムブルーB染色などを分類の指標とする．

　（4）DNAの塩基配列の類似性：　同一機能遺伝子間の配列の類似性の比較，DNA-DNAハイブリダイゼーションなどにより分類を行う．

　酵母の分類体系は新たな分類基準と種の発見によって変化している．酵母には無性世代（不完全世代，アナモルフ，anamorph）に加えて，有性世代（完全世代，テレオモルフ，teleomorph）をもつものがある．有性生殖を行う酵母（teleomorphic yeasts）

```
菌界 Fungi
　所属不明（亜界）　incertae sedis
　　微胞子虫門　Microsporidia
　　ネオカリマスティクス門　Neocallimastigomycota
　　ツボカビ門　Chytridiomycota
　　コウマクノウキン門　Blastocladiomycota
　　所属不明（門）　incertae sedis
　　　ケカビ亜門　Mucoromycotina
　　　ハエカビ亜門　Entomophthoromycotina
　　　トリモチカビ亜門　Zoopagomycotina
　　　キックセラ亜門　Kickxellomycotina
　　グロムス菌門　Glomeromycota
　ディカリア（二核菌）亜界　Dikarya
　　担子菌門　Basidiomycota
　　　プクシニア菌亜門　Pucciniomycotina
　　　クロボキン亜門　Ustilaginomycotina
　　　ハラタケ亜門　Agaricomycotina
　　子嚢菌門　Ascomycota
　　　タフリナ菌亜門　Taphrinomycotina
　　　サッカロミケス亜門　Saccharomycotina
　　　チャワンタケ亜門　Pezizomycotina
```

図7.12　菌類の分類体系

は子嚢菌系酵母（ascomycetous yeasts）と担子菌系酵母（basidiomycetous yeasts）に分類される．また有性生殖の見つかっていない酵母（anamorphic yeasts）もDNA配列や生化学的性質などに基づき上記2種に分類される．図7.12に菌類の分類体系を示す[5,6]．このうち，酵母は子嚢菌門Ascomycotaのタフリナ菌亜門Taphrinomycotinaおよびサッカロミケス亜門Saccharomycotina，担子菌門Basidiomycotaのプクシニア菌亜門Pucciniomycotina，クロボキン亜門Ustilaginomycotina，ハラタケ亜門Agaricomycotinaに含まれる．主な酵母の属では，*Kluyveromyces*属，*Komagataella*属，*Lipomyces*属，*Saccharomyces*属，*Yarrowia*属，*Zygosaccharomyces*属はサッカロミケス亜門に，*Schizosaccharomyces*属はタフリナ菌亜門に，また*Cryptococcus*属はハラタケ亜門に含まれる．酵母の分類と同定の詳細については成書を参照してほしい[5]．

　ii）主要な酵母

　Saccharomyces cerevisiae：　増殖は出芽による．栄養細胞は2倍体あるいは多倍数体であることが多く，球形，卵形，楕円形または伸長形（3～8×5～10 μm）．偽菌糸を形成する種もあるが，菌糸は形成しない．雌雄異体で接合を行うものもあるが，接合して1～4個の球形，卵形，または矩形状の子嚢胞子を形成する．コロニーはクリーム色のバター状で，平滑．糖類の発酵性を有する．一般に皮膜を形成しないが，長期培養では形成するものもある．硝酸塩を資化しない．パン種および酒類の発酵酵母の

主要なものである．一部の実験室菌株は真核細胞のモデル生物として基礎研究に使われている．本菌種の有性生殖の様式については後述（7.7.4項参照）．

Schizosaccharomyces pombe：　増殖は分裂による．細胞は円筒形，球形，楕円形をなす（3～5×5～24 μm）．子嚢は雌雄栄養細胞間の接合によって形成され，その中に2～4個の球形ないし楕円形の胞子が減数分裂の順序を反映して並ぶ．コロニーは茶色がかった鈍い光沢があり，条痕状．糖類の発酵性を有する．硝酸塩を資化しない．ポンベ酒の発酵菌である．一部の実験室菌株は細胞分裂の研究に使われている．

Yarrowia lipolytica：　細胞は二形性を示し，酵母型（球形，卵型）または偽菌糸型（円筒状），菌糸型で栄養増殖を行う．酵母型細胞の増殖は出芽による．細胞は3～5×3～15 μm，菌糸型の場合は幅3～5 μmで長さは数 mmにも及ぶ．接合して1～4個の胞子をもつ子嚢を形成する．コロニーは白色からクリーム色で，光沢がある平滑な形状から光沢がなく起伏のある形状までさまざまな形をとる．炭素源としてさまざまなポリアルコールや有機酸，パラフィン類を好む．一部の実験室株は疎水性炭素源の資化，ペルオキシソーム形性の研究に使われている．

Komagataella pastoris：　*Pichia pastoris* とも呼ばれる．増殖は出芽による．細胞は球形または卵型（2～4×2.2～5.8 μm）．コロニーは白色から光沢のないあるいはわずかに光沢のあるバター状で，辺縁部は鋸歯状または浅裂状．1～4個の胞子をもつ子嚢を形成する．メタノールを炭素源として資化する．一部の実験室株は異種タンパク質生産やペルオキシソームの研究に使われている．

これらの他に，*Zygosaccharomyces rouxii* は味噌，醬油など食塩を含む醸造食品の主発酵菌として知られる．有性生殖の見つかっていない *Candida* 属には *C. maltosa*, *C. tropicalis* などの n-パラフィン資化菌や *C. boidinii* などのメタノール資化菌，カンジダ症の原因菌である *C. albicans*，トルロプシス症の原因となる *C. glabrata* などが含まれる．

iii　子嚢菌酵母の観察

（1）培養の肉眼観察：　一般に酵母は麦芽エキス培地，あるいはYPD培地を用い，液体または寒天固体培地上で培養する．培養の状況は酵母の性質と培養条件を反映する．

液体培地の場合は，中型試験管に6～7 mlの培地を入れて新鮮な菌を1白金耳接種する．25℃で3～7日間静置して培養し，ガス発生，混濁，沈殿物，皮膜形成の状況を観察する．

固体培地の場合は，白金耳で一直線に引いて接種した斜面培養または平面巨大集落培養について，酵母の種類にもよるが通常は25℃または30℃で培養

コラム：　微生物がつくる生理活性物質—火落酸，ツニカマイシン，スタチン等の発見

田村學造

米から麹菌と酵母の働きでつくられる清酒は，低温殺菌法「火入れ」によって，長期貯蔵が可能であった．火入れは，パスツールによるワイン殺菌法発明に300年以上先行して伝わる，わが国の優れた微生物管理技術である．しかし，まれに清酒も腐敗し，これを「火落ち」といった．犯人は，エタノール耐性が高い細菌「火落菌」である．火落菌のなかには，アミノ酸やビタミンなどが豊富な細菌用培地に生育しないが，それに清酒を添加すると生育するという，不思議な性質をもつものがいることを，東京大学農学部の高橋偵造が明らかにしていた．

1950年代，田村學造は，特定のアミノ酸が生育に必要な乳酸菌の増殖を指標に，そのアミノ酸を定量する微生物検定法を開発していた．彼は，火落菌の奇妙な性質に注目し，清酒中にある，未知の必須増殖因子を同定しようと考えた．微生物検定法を頼りに，麹菌培養液からこの物質を精製単離し，「火落酸」と命名して1956年に発表した．メルク研究所のFolkersらが同年に報告したメバロン酸と性質が酷似していたため，試料を交換して調べた結果，同じ物質であった．その後の研究が海外で進展し，メバロン酸の名が定着した．

後の研究で，火落酸は，コレステロールなどさまざまな必須細胞成分となるイソプレノイドの，生合成中間体であることがわかった．イソプレノイドの一種ドリコールは，糖タンパク質をつくるのに必須である．高月昭・田村學造が発見した抗ウイルス活性物質ツニカマイシンは，ドリコールと糖の結合を特異的に阻害し，糖タンパク質合成機構の解明に重要な働きをしている．遠藤章らが，かびから取得した，火落酸合成酵素の阻害剤 ML236B は，やがて高コレステロール血症治療薬として開発された．現在も売上げ上位を独占する類縁薬は「スタチン」と総称され，多くの人々の健康維持に役立っている．スタチン開発に多くの農芸化学者が寄与したのはいうまでもないが，火落酸をめぐる農芸化学一連の縁も興味深い．　　　　　　　　　　　　　　　　　　　　　　　［依田幸司］

し，1日おきに，生育の程度，周辺の状況，隆起状態，および表面の形状・光沢・性状・色調を観察する．

(2) 顕微鏡観察

栄養細胞の形態と増殖法　上記液体培地または固体培地を用い25℃または30℃で1～2日間培養した細胞をとり，栄養細胞の形態，大きさを観察する．偽菌糸・菌糸，厚膜胞子（chlamydospore，*C. albicans* などにみられる）などの観察には特にそれらをつくりやすい培地を用いる．

子嚢胞子　胞子形成培地に白金耳を用いて新鮮な二倍体酵母菌体を多量に塗りつけるように植菌する．25℃または30℃で4～5日培養し鏡検する．子嚢および胞子の形，子嚢あたりの数，大きさをそのままあるいは胞子染色後に観察する．　［福田良一］

d. 糸状菌

i) 糸状菌の分類　糸状菌（filamentous fungus, *pl.*-gi）は，菌類（真菌類）から酵母を除いた細長い菌糸状の細胞をもつ生物のことをいう．これらについては，有性世代（完全世代，テレオモルフ）と無性世代（不完全世代，アナモルフ）における多様な形態的特徴に基づいて，分類が行われてきた．その後，細胞壁組成，ユビキノン系，アイソザイムの電気泳動パターン，DNA塩基組成などの比較による化学分類学的手法による解析がなされ，最近は遺伝子の塩基配列による分子系統分類が主流になっている．今後も，蓄積しつつあるゲノム情報の利用などによる新たな分類手法や基準が導入されることで，系統分類体系（図7.12参照）が見直される可能性がある．従来，有性世代が発見されていない糸状菌は，不完全菌門 Deuteromycota（不完全菌類，Deuteromycetes, Fungi Imperfecti）に分類され，応用上重要なものの多くはここに含まれていた[7]．しかし最近の分子系統分類によって，実質はそれらの糸状菌が子嚢菌門や担子菌門に属することが明確になったため，不完全菌門は消滅した．

応用的に重要である *Aspergillus* 属と *Penicillium* 属は，子嚢菌門 Ascomycota のチャワンタケ亜門 Pezizomycotina（従来の真正子嚢菌綱 Euascomycetes）に含まれる．*Aspergillus* と *Penicillium* という属名は，無性胞子形成の形態的特徴にちなんだ命名（アナモルフ属名）である．子嚢胞子をつくる有性世代が発見されると，これに対する属名（テレオモルフ属名）が与えられることになる．例として新たに有性世代が発見されたケースでは，*Aspergillus fumigatus* は *Neosartorya fumigata*，*Aspergillus flavus* は *Petromyces flavus* という有性世代に対する学名が与えられた[8,9]．しかし，実際の培養で有性世代のものを扱うことは少ないことから，無性世代に対する学名で呼ぶほうが実用上便利である．

応用上重要な *Rhizopus*（クモノスカビ）属，*Rhizomucor* 属，*Mucor*（ケカビ）属はケカビ亜門 Mucoromycotina に属する．これまで属していた接合菌門 Zygomycota は分子系統解析で多系統であることがわかり，消滅することになった．したがって，これらの糸状菌の分類上の門は所属不明とされている．

ii) 応用上重要な属の特徴

(1) *Aspergillus* 属[10,11]：　本属の糸状菌の多くは有性世代が発見されておらず，無性胞子である分生子を形成して増殖する無性世代を観察することになる．それらの分生子形成器官の形状・色などは分類・同定の重要な指標となる（図7.13）．

〔主な構造の特徴〕

菌糸（hypha, *pl.*-ae）：　多くの場合，色は無色透明であるが，黄褐色を呈色するものがあり，隔壁を有する．分生子柄の分岐部はやや厚膜化した柄足細胞（foot cell）となっている．

分生子柄（conidiophore）：　柄足細胞からほぼ垂直に分岐する．表面は平滑なものと粗面とがあり，やや着色している場合がある．

頂嚢（vesicle）：　分生子柄の先端が肥大化した構造．球形，半球形，梶棒形などそれぞれの種に固有の形をとる．

フィアライド（phialide）：　頂嚢の全面または上半面に着生する．その着生様式は，フィアライドのみのもの，頂嚢にメトレ（metula, *pl.*-ae）が着生してからフィアライドを形成するもの，両様式が共

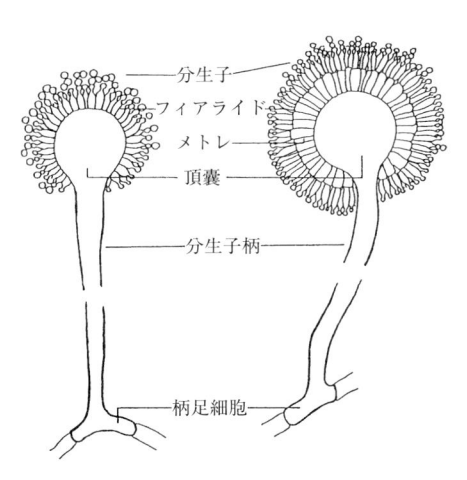

図7.13　*Aspergillus* 属の分生子と分生子頭の構造

存するものがあり，分類の基準として重要である．

　分生子（conidium, pl.-ia）： フィアライドから連鎖状に着生する無性胞子．特有の色を有し，形は球形，楕円形など．表面は平滑なものと粗面で多くの小突起を有するものとがあり，これらの性質は分類の基準として用いられる．

　分生子頭（conidial head）： 頂嚢，フィアライド，分生子を合わせた全体を分生子頭といい，その全体の構造は種に固有の形をとる．

　閉子嚢殻（cleistothecium, pl.-ia）： 有性世代で観察される構造．子嚢胞子（ascospore）を含む子嚢（ascus, pl.-ci）は，球形の開口部のない子嚢果（ascocarp）に入っている．これらの構造は種特有の形・色をもち，分類の指標となる．閉子嚢殻の周囲には菌糸が網目状に集まり，一部が肥大化して球形となった厚壁細胞（Hülle cell）が観察される場合があり，その形・大きさは同定の基準として用いられる．

　菌核（sclerotium, pl.-ia）： 気中菌糸が密に集まって塊となった耐久型の構造体．

〔主要な種〕

　Aspergillus oryzae： 麹菌，または黄麹菌と呼ばれる．わが国で日本酒，味噌，醤油などの醸造や酵素生産に利用されている．*A. flavus* とは近縁であるが，カビ毒アフラトキシンを生産しないという性質で異なる[12]．分生子頭は直径150～300 μm，淡黄緑色から褐色に変化し，フィアライドのみのものとフィアライドとメトレの両方が存在するものがある．分生子柄は長さ4～5 mmまで達し，表面は粗．分生子は楕円形か球形で直径4.5～8.0 μm，表面は滑面，または細かく粗．ほとんどの株は菌核を形成しないが，一部の株は形成することができる．

　Aspergillus sojae： 醤油の製造に用いられる．分生子柄は短く，分生子頭にはフィアライドのみ着生し，メトレはない．分生子は直径約6.0 μm，表面は顕著に粗．

　Aspergillus awamori： 黒麹菌．泡盛の醸造に用いられる．クエン酸生産菌 *A. niger* と近縁である．分生子頭は球形で直径200～300 μm，色は赤褐色．フィアライドとメトレの両方が存在する．分生子柄の表面は平滑．分生子は球形で直径3.5～5.0 μm，表面は平滑なものや粗面もある．

　Aspergillus nidulans： 有性世代に対する学名として *Emericella nidulans* が与えられている．アカパンカビ *Neurospora crassa* とともに，古典遺伝学解析で糸状菌のモデルとして研究されてきた．分

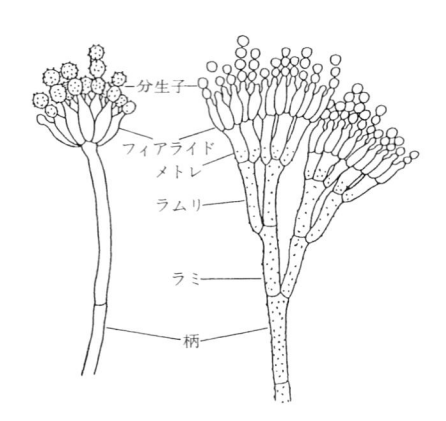

図7.14 *Penicillium* 属のペニシルスの構造

生子頭は短円柱形で60～70×30～35 μm，色は暗黄緑色で，フィアライドとメトレの両方が存在する．分生子柄は高さ60～130 μmで，表面は平滑．分生子は球形で3.0～3.5 μm，表面は粗．閉子嚢殻は暗い赤褐色で，厚壁細胞で囲まれる．子嚢は8個の子嚢胞子を含む．子嚢胞子は赤橙色，赤道部に2本のリング状隆起をもつレンズ形である．

　(2) *Penicillium* 属[11,13]： *Aspergillus* 属と近縁であるが，分生子柄の先端が肥大化しないで直接分岐してフィアライドを着生する点で区別される（図7.14）．

〔主な構造の特徴〕

　菌糸： 多くは無色透明で隔壁を有する．

　柄（stipe）： 菌糸から多くの場合垂直に分岐して生ずるが，*Aspergillus* 属にみられる柄足細胞は存在しない．表面は平滑または粗で，先端は肥大化しない．

　ペニシルス（penicillus, pl.-lli）： 柄の先端は分岐し，最先端のフィアライドから分生子を鎖状に着生するが，分生子の部分を除く分岐構造をペニシルスという．ペニシルスの分岐が1段の場合を monoverticillate，2段は biverticillate，3段は terverticillate，4段は quaterverticillate という．3段の場合，フィアライドを支える分岐を下からラミ（rami），メトレと区別する．ラミとメトレの間にラムリ（ramuli）を生ずるものもある．ペニシルスの各細胞の表面は粗から平滑まで，種によってさまざまである．

　分生子： 球形，卵形，円筒形などの種固有の形をもち，表面も平滑なものと粗なものがある．色は無色か緑色．

　閉子嚢殻： 完全世代をもち，閉子嚢殻を形成する種では，その形・大きさ・色・子嚢胞子の形状な

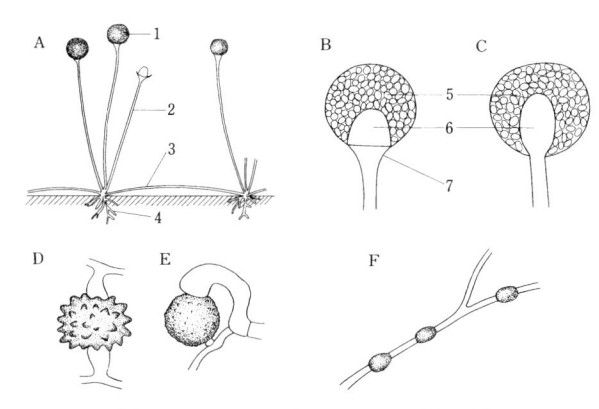

図 7.15 *Rhizopus* 属および *Mucor* 属の形態
A：*Rhizopus* 1. 胞子嚢, 2. 胞子嚢柄, 3. ほふく菌糸, 4. 仮根, B：*Rhizopus* の胞子嚢 5. 胞子嚢胞子, 6. 柱軸, 7. アポフィーゼ, C：*Mucor* の胞子嚢, D：接合胞子（雌雄異体）, E：接合胞子（雌雄同体）, F：厚膜胞子.

どは同定の重要な基準となる.
　菌核：　一部の種では菌核を形成する.

〔主要な種〕
Penicillium chrysogenum：　ペニシリンの生産菌．コロニーは黄緑色か淡青緑色で，表面に黄色の液滴を生ずる．ペニシルスは terverticillate か quaterverticillate であり，表面は平滑．分生子は球形か楕円形で $3.0 \sim 4.0 \times 2.8 \sim 3.8\,\mu m$，表面は平滑.

Penicillium roqueforti：　ブルーチーズの製造に利用．コロニーは青緑色で，透明な液滴を生ずる．ペニシルスは terverticillate または quaterverticillate である．柄には顕著なイボ状の突起があり，メトレの表面は粗．分生子は球形で直径 $4 \sim 6\,\mu m$，表面は平滑．菌核を形成する.

（3）*Rhizopus* 属, *Mucor* 属および *Rhizomucor* 属[11]：　ケカビ目（Mucorales）に属して形態は類似しており，腐生性である．接合胞子が観察されていないものもあり，これらの種は，多核で隔壁のない菌糸や胞子嚢の特徴によって類縁性が識別される（図 7.15）.

〔主な構造の特徴〕
　菌糸：　隔壁がない．*Rhizopus* 属, *Rhizomucor* 属では培地表面に延びるほふく菌糸（stolon）と，それが培地に接する部分に生ずる仮根（rhizoid）が認められるが，*Mucor* 属ではこれらが存在しない.

　胞子嚢柄（sporangiophore）：　*Rhizopus* 属, *Rhizomucor* 属では仮根の部分から形成し，大部分は分岐しないが，一部の種では分岐がみられる.

　胞子嚢（sporangium, *pl.*-ia）：　胞子嚢柄の先端は肥大化して柱軸（columella）となり，これを包んで胞子嚢を生ずる．*Rhizopus* 属では柱軸基部の胞子嚢柄と接続する部分がフラスコ状となってアポフィーゼ（apophysis, *pl.*-ses）を形成するが，*Mucor* 属, *Rhizomucor* 属ではこれを欠く．柱軸の形には球形，卵形，洋ナシ形，半球形などがある．胞子嚢の形はおおむね球形で，その大きさは同定の基準の 1 つとされる.

　胞子嚢胞子（sporangiospore）：　胞子嚢の内部に無性胞子である胞子嚢胞子を多数形成する．その形は球形，卵形，円筒形，角張っているものなど種によって異なり，大きさは同定の基準に用いられる．*Rhizopus* 属では胞子表面に溝のあるものが多いが，表面は多くは平滑である.

　接合胞子（zygospore）：　接合胞子を形成するものには雌雄同体（homothallic）と雌雄異体（heterothallic）がある．後者で接合胞子を観察するためには，寒天平板培地上の 2 点に +, 一両株をそれぞれ接種すると，両コロニーの境界線に暗色の接合胞子が形成される.

　厚膜胞子（chlamydospore）：　菌糸の途中が厚膜化して形成される球形・卵形の構造．*Rhizopus* 属において多くはほふく菌糸の途中に形成される．胞子嚢柄の途中にできるものもある.

　酵母細胞：　*Mucor* 属の糸状菌では，培養条件によって酵母状の増殖を行う二形性を示すものがある.

〔主要な種〕
Rhizopus oryzae：　中国，東南アジアなどの発酵食品の製造に関与する菌．コロニーの色は白色から灰褐色に変化し，高さは約 $10\,mm$．胞子嚢は球形で直径 $50 \sim 200\,\mu m$．柱軸は球形か卵形．胞子嚢胞子は球形か卵形で直径 $4 \sim 10\,\mu m$．厚膜胞子は球形だと直径 $10 \sim 35\,\mu m$，楕円形のものでは直径 $8 \sim 13 \times 16 \sim 24\,\mu m$.

Rhizopus oligosporus：　インドネシアの発酵食品テンペの製造に使われる菌．コロニーは淡灰褐色，高さは約 $1\,mm \sim$．胞子嚢は球形で直径 $100 \sim 180\,\mu m$．柱軸は球形でアポフィーゼをもつ．胞子嚢胞子は球形か楕円形，直径が $7 \sim 10\,\mu m$．厚膜胞子は球形で直径 $7 \sim 30\,\mu m$，楕円形のものでは $12 \sim 45 \times 7 \sim 35\,\mu m$.

Rhizopus stolonifer：　クモノスカビ．中国で発酵食品の製造，醸造に用いられている．果実，パンなどの表面にも生える．コロニーの色は白色から灰褐色に変化し，高さは $20\,mm$ を超える．胞子嚢は球形で直径 $150 \sim 360\,\mu m$．柱軸は球形か卵形．胞子

囊胞子は球形か卵形などで7～15×6～8 μm. 厚膜胞子はほふく菌糸にはみられないが，液体培養の菌糸にときどきみられる．雌雄異体で接合胞子を形成する．

Mucor circinelloides（*Mucor racemosus*）：　二形性であり，発酵性の糖で嫌気的に培養すると酵母状の形態を示す．コロニーの色は白色から灰褐色に変化し，高さは2～20 mm. 胞子嚢柄は分岐する．胞子嚢は直径約70 μm. 胞子嚢胞子は楕円形で5.5～8.5×4～7 μm. 厚膜胞子は胞子嚢柄，ときには柱軸にも形成される．雌雄異体で接合胞子を気中菌糸で形成する．

Rhizomucor pusillus：　チーズ製造に用いられる凝乳プロテアーゼ（ムコールレンニン）の生産菌．コロニーは灰色か灰褐色，高さは2～3 mm. 胞子嚢柄は分岐し，胞子嚢の下で隔壁を形成する．胞子嚢は球形で直径は40～60 μm. 胞子嚢胞子は主に球形で直径3～5 μm. 厚膜胞子は形成しない．生育最高温度が55～60℃以上の好熱性．

iii）　生理的性質　糸状菌の同定には形態観察が主であり，それぞれの属または種に特徴的な生理的性質が同定の基準となることがある．生理的性質としては，至適生育温度，好浸透圧性，硝酸塩資化性などがあり，糖から生成する有機酸の種類なども参考にされる場合がある．

iv）　糸状菌の観察

（1）培養の肉眼観察：　一般的に糸状菌の培養に用いられる培地は，麦芽エキス培地，オートミール培地，ポテト・グルコース培地，ツァペック・ドックス培地などがある[14]．また，*Rhizopus*属は硝酸塩を資化できないため，ツァペック・ドックス培地のような最少培地では良好な生育を観察することはできない．

上記の組成でつくった寒天培地の中心に糸状菌を植菌し，通常は30℃で1～2週間程度培養して巨大コロニーをつくらせ，その間の培養所見を記録する．培養温度，光の有無，培養日数などの条件による変化に注意し，その条件を正確に記録する．

糸状菌の有性世代・無性世代を観察するためには，それぞれの至適環境条件があるため，培地成分（炭素源，窒素源など），培養温度，光（青色光，赤色光など），通気条件（好気・嫌気条件）などの検討が必要な場合がある．

肉眼観察の主なポイント

コロニーの生育速度：　寒天培地上で経時的に巨大コロニーの半径を測定することによって求める生育速度は，同定の重要な基準として用いられる．

コロニーの色：　糸状菌のコロニーで気中に生育している部分は，色素生産によって多様な色を示すため，同定の基準として重要である．寒天培地の表面に接して生育する基底菌糸の色は，コロニーの裏面から観察する．色の表現には標準的な色見本[15]を参照するのが望ましい．

気中菌糸の高さおよびコロニー表面の性状：　コロニー表面の性状は，ビロード状（velvety），綿毛状（floccose），縄状（funiculose）などの表現が用いられる．

コロニー周辺：　コロニーが密で辺縁がはっきりしているか，あるいは疎で拡散性か，辺縁が出入りなく全線（entire）であるか不整形であるか，などの特徴を観察する．

（2）顕微鏡観察：　それぞれの種・属に特有の構造に着目しながら，菌糸や胞子形成器官の形態，大きさ，細胞表面の状態，色などを観察する．通常300～600倍程度の倍率で観察を行い，ミクロメーターを用いて各部の大きさを記録する．菌糸の隔壁や分生子表面の突起の有無を判別する場合には，油浸レンズを用いて1000倍以上の倍率が必要になる．

無性世代の分類・同定には，胞子形成の様式が基準として重要である．*Aspergillus*属や*Penicillium*属の分生子頭，およびケカビ目の胞子嚢は，セロファンテープに貼りつけスライドガラスにのせることで，それらの構造を顕微鏡で観察することができる．これらの標本を作製する際は，胞子形成器官をつぶさないよう注意深く行う．また，胞子形成過程を連続的に観察する場合は，スライド培養を行うとよい．この培養では，スライドガラス上に四角く切りとったうすい寒天培地をしき，菌を寒天の4辺に植菌する．その後，上からカバーガラスをかぶせ，その3辺をパラフィンで固定した状態で培養，観察する．

寒天平板培養のコロニーを実体顕微鏡で観察すると，ケカビ目の胞子嚢柄の分岐状態，ほふく菌糸，仮根，接合胞子などの構造を調べることができる．

　　　　　　　　　　　　　　　　　　　　　［丸山潤一］

e.　粘　　　菌

i）　粘菌の範囲と分類学上の位置　粘菌はslime moldsに対応する言葉であり分類名ではないが，主として細胞性粘菌と変形菌を指す言葉である．変形菌は細胞性粘菌に対して真正粘菌とも呼ばれる．いずれも森の下生えや朽ち木などに生息する土壌真核微生物で，細胞壁をもたないアメーバ状の栄養体細胞と子実体という動物的，植物的（または菌類的）

両側面を生活環の中に合わせもつ．栄養体が変形菌に似ているが子実体構造が細胞性粘菌や真正粘菌と異なる真核生物の原生粘菌（プロトステリウム菌綱），細胞性粘菌に似た生活環を示すグラム陰性の真正細菌である粘液細菌（ミクソコッカス）なども類似の生物として知られるが，本項では粘菌として細胞性粘菌と変形菌について述べる．

粘菌の分類学上のより細かい位置についてはまだ不確定だが，古くは菌類界，続いて原生動物界に分類され，五界（モネラ界，原生生物界，植物界，菌界，動物界）説では原生生物界に分類された．三ドメイン説で原生生物界は解体されたが，界以下で五界説に準拠した旧分類に従えば，粘菌はユーカリアドメイン，原生生物界，変形菌門に属し，さらに細胞性粘菌はタマホコリカビ綱，変形菌は変形菌綱に属することになる．一方，新分類では粘菌はアメーバ界，アメーバ動物門，コノーサ亜門，動菌下門に属し，以下同様に細胞性粘菌はタマホコリカビ綱，変形菌は変形菌綱に属する．

リボソーム小サブユニットの 18S rRNA の配列をもとに作成した系統樹（図 7.7）では，粘菌は動物，植物，菌類の三者が分岐する手前の比較的近いところで分岐している．同じく 18S rRNA を用いた別の解析から，細胞性粘菌と変形菌はそれぞれのアメーバ類に対する関係からみて互いに近い関係にあるようである．

ii）粘菌の分類

細胞性粘菌： 細胞性粘菌自体分類名ではない．旧分類ではタマホコリカビ綱の下にタマホコリカビ目とアクラシス目がある．栄養体が運動性のアメーバ細胞であることは変形菌と共通だが，細胞質分裂して単細胞で増殖するだけでなく，アメーバ細胞が集合して多細胞体（集合体）をつくることで始まる子実体形成の間も細胞構造を崩さない点で異なる．多細胞体中で細胞融合はほとんど起こらない．子実体の形状からか「…ホコリカビ」と命名されたが，同じ真核微生物の糸状菌や酵母といった真菌類とは，細胞壁がないという細胞構造の違いに加え，下記の各論で示すように生活環も大きく異なっている．また，子実体のサイズは数 mm 程度で一般的に変形菌より小さい．

変形菌： 変形菌綱の下にはハリホコリ目，コホコリ目，ケホコリ目，モジホコリ目，ムラサキホコリ目がある．胞子が発芽すると鞭毛をもつアメーバ細胞（n）が放出され，細菌を捕食して二分裂で増殖する．異なる性の細胞が出会うと接合して二倍体となり，細菌を捕食して生長するが，この変形体（2n）と呼ばれる栄養体は細胞性粘菌と異なり分裂せずに巨大多核化する．変形体は細い管が網目状に広がった構造をとり，管の内部では激しい原形質流動が往復運動を行う．通常 10 cm 程度だがまれに 1 m 以上にもなることがある．数 mm の部分に分かれ，それぞれが近接した 1 つの子実体になる．子実体は高さが数 cm になるものもある．子実体の形状が上記分類の指標となる．

iii）主要な粘菌

Dictyostelium discoideum： タマホコリカビ目，タマホコリカビ科，和名キイロタマホコリカビ．生活環を図 7.16 に示す．無性生殖の生活環では（＋）または（－）の細胞が半数体（n）のままサイクルが進行する．増殖期の細胞は細菌を貪食作用により補食して栄養とし，増殖する．餌を食べつくすと飢餓に応答して自ら放出するアクラシンと呼ばれる物質への走化性運動を利用して集合する．アクラシンは一般的に種により異なるが，*D. discoideum* の場合 cAMP である．集合体のサイズはおよそ 10 万細胞であり，最初に半球状のマウンドと呼ばれる構造をとる．集合体 1 つから 1 つの球状の胞子塊をもつ子実体が 1 つできる．マウンド中ですでに予定柄細胞，予定胞子細胞への分化が開始され，進行する．マウンドは，中央にできたチップと呼ばれる乳頭状構造を先頭に移動を始め，走光性，走熱性をもつナメクジ状の移動体（slug）となって動きまわる．移動体中では前方に予定柄細胞，後方に予定胞子細胞が配置される．移動体はやがて動きを止め，チップから細胞塊がたち上がって柄をつくり，柄にそって胞子塊がもち上がって子実体が完成する．22℃では飢餓から約 1 日程度で子実体形成が完了する．子実体の高さは 2～3 mm で胞子塊は次第に黄色を帯び る．胞子からは水などの条件がそろうとアメーバ細胞が発芽し，次のサイクルへと進む．

有性生殖の生活環では，（＋）と（－）のヘテロタリック株がある条件で一緒になると細胞融合と核融合が起こり，できた接合子は周囲のアメーバを補食．巨大化し三重膜に包まれたマクロシストとなって休眠状態に入る．休眠が終わると内部で分裂したアメーバが放出され，次のサイクルに入る．無性生殖の生活環が半数体（n）のまま繰り返されるため，変異株を利用した解析が可能である．ゲノムの全 DNA 配列は決定済みで，薬剤耐性選択マーカー，プラスミドシャトルベクター，電気穿孔法による形質転換法，タギング法，相同組換えによる標的遺伝

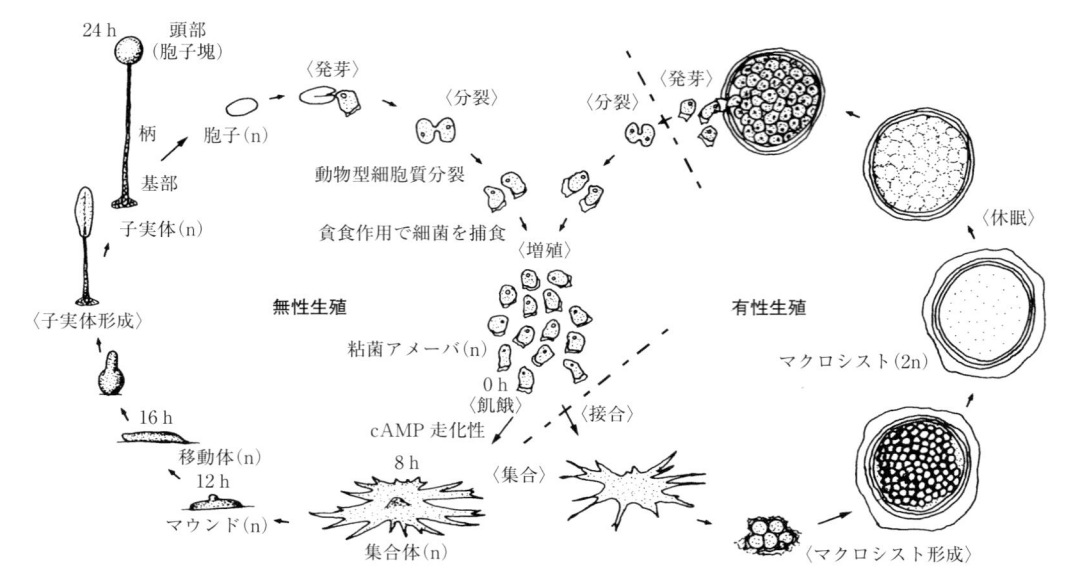

図7.16　細胞性粘菌 *Dictyostelium discoideum* の生活環（文献[16]をもとに改変）

子破壊法も完備しており，細胞生物学，発生生物学分野で細胞運動，細胞分化，形態形成の分子機構解析のモデル生物として用いられ，成果を挙げている．

Physarum polycephalum：モジホコリ目，モジホコリ科，和名モジホコリ．乾燥したオートミール粒を与えるのみの培養法が確立しており，原形質流動研究のモデル生物として用いられている．原形質流動を利用して迷路の入口出口間の最短経路を求めることができ，その原理が複雑なパズルや最短経路探索計算アルゴリズム構築に応用されるなど数理科学研究にも貢献している．

iv）細胞性粘菌 *D. discoideum* の培養の肉眼および顕微鏡観察　本項では，細胞性粘菌 *D. discoideum* の無性生殖生活環に絞って粘菌の培養の観察方法を述べる．培養はいずれの条件でも22℃で行う．

（1）**二員培養**：土壌中と同様に細菌を捕食させて増殖させる培養法．餌としては通常 *E. coli* B/r または *Klebsiella aerogenes* が用いられる．細菌を寒天平板上でローン状に培養し，その上に粘菌のアメーバ細胞を植菌すると，粘菌が細菌を食べて透明なハロができ，増殖に伴って拡大する．無性生殖生活環の全段階を肉眼および顕微鏡で観察することができる．詳細な培養法，観察法については7.7.7項を参照のこと．細菌をリン酸緩衝液で洗浄および懸濁した液体培地で二員懸濁培養することもできるが，この場合，粘菌の発生過程のうち多細胞体形成初期の凝集塊の形成までしか進行しない．

（2）**無菌培養**：自然界から分離した *D. discoideum* は，一般に酵母のYPD培地のように餌である細菌の入っていない栄養無菌液体培地で培養することはできないが，栄養無菌液体培地で増殖可能な変異株である無菌培養株 axenic strains が分離され，ペプトン，酵母エキス，グルコース，リン酸カリウム，リン酸ナトリウムよりなる無菌培地とともに用いられる．よく用いられる無菌株にAX2およびAX4があるが，これらは二員培養も可能なので，現在では貪食作用などの解析も含めあらゆる研究分野で広く使われている．

［足立博之］

7.4.2　微生物の検鏡標本の作製方法

a. 器具と一般的注意

〔器　具〕　スライドガラス，カバーガラス

〔注1〕単にガラス板状のスライドガラスを使用すると，サンプル塗抹後に，どちらの面に塗抹したのかがわからなくなることが多々ある．これを避けるには，片面の一端をすりガラス状（フロスト）にしたり特殊カラーインクを焼きつけたりして文字が書けるようになっているスライドガラスが市販されているので，これを使用するとよい．

〔注2〕スライドガラスは，両面を中性洗剤（市販の洗剤を20分の1程度に希釈したもの）をしみこませたキムワイプでぬぐうように洗浄し，ごみと油分（指紋等）を完全に除去する．その後流水と蒸留水でよく水洗し，95％エタノールに浸して保存しておく．

〔注3〕カバーガラスも清浄なものを使用する必要があるが，厚さが 0.17±0.02 mm という規格なので，非常に割れやすく，洗浄するのは事実上不可能である．したがって，販売時の容器からピンセットでつまみ出して，そのまま使用する．なお，実際の検鏡においては，カバーガラスに付着した極微小のごみは，被写界深度からはずれるので，さほど大きな妨

げにはならない．

〔注　意〕（基本操作）　スライドガラスはピンセットでつまみ出し，付着するエタノールを容器の口でよくきった後，ガスバーナーの火炎を引火させて燃焼させることでエタノールを完全に除去する．
〔注〕　燃焼後は清浄な場所で室温まで冷却した後に使用する．これ以後は，スライドガラスの両面に指等が触れないよう注意する．なお，上記の操作は火炎滅菌ではない．スライドガラスは，火炎の中にちょっとでも長くおくと割れてしまうので，単に引火させるだけに留めなくてはならない．

b. 無染色標本作製操作

i) 無固定標本作製操作

（1）スライドガラスの中央部に蒸留水を一滴のせ，この中に菌体を白金耳で少量加えてわずかにまぜる．

（2）カバーガラスの一辺をこの水滴の端に触るように斜めに立て，ゆっくりと気泡が入らないようにかぶせる．

〔注〕　水が速やかに蒸発していくので，標本作製後数分以内に観察しなくてはならない．

〔解　説〕　酵母やカビの菌体のように比較的大きく運動性のない細胞の観察に適している．この場合は，普通顕微鏡での観察でも，詳細な観察を行うことができる．

細菌の運動性を観察する場合にも，無固定標本を使用する．この場合，スライドガラス上の水滴に浸けた白金耳を動かさずにしばらく待つようにすると，運動性の強い細胞が主として水滴中に泳ぎ出てくるので，より明瞭な観察をすることができる．ただし，蒸発に伴う水の流れが生じることが多々あるので，これによる細胞の流れと細胞の運動性を混同してはならない．位相差顕微鏡で観察するのが望ましい．

ii) 固定標本作製操作　水で作製した無固定標本は，水の蒸発が観察にとって不都合である．そこで，カビの菌糸のように観察すべきポイントが多数あり長時間の観察が必要となる場合には，水：グリセリン：エタノール（3：2：1）の混合液を用いた固定法が用いられる．

（1）スライドガラスの中央部に上記混合液を一滴のせ，白金鈎でかきとったカビの菌糸をこの中に入れ，必要ならば白金鈎や解剖針等で菌糸をそっとほぐす．

（2）ここにカバーガラスをかける．

〔注〕　このままでも比較的長時間の観察ができる．より長時間の観察が必要な場合には，カバーガラスからはみ出た余分な混合液をキムワイプで吸いとった後，カバーガラスとスライドガラスとの隙間をマニキュア液で完全に封じてしまう．

c. 染色標本作製操作

染色は細菌細胞の観察に多用されてきた．第一義的には，細胞全体を染色することで細胞形態の観察を容易にすることが目的であるが，それにもまして，細胞内外の構造物を特異的な染色方法により見えるようにするという意義がある．この第二の目的のために開発されたのが，鞭毛染色や胞子染色などである．また，グラム染色は，細胞の微細構造を直接見る染色方法ではないものの，細胞表層構造の違いを知るための染色方法であり，細菌を分類するための重要な指標となってきた．

現在では，位相差顕微鏡，電子顕微鏡などの発達に伴い，細菌細胞の微細構造を染色に頼らずに直接的に観察できるようになっている．また，蛍光染色法と共焦点顕微鏡の組み合わせによる観察も，古典的な染色標本の普通顕微鏡での観察をはるかに凌ぐデータを与えてくれる．とはいえ，古典的な染色標本の観察方法を学ぶことは，これら最先端の観察方法を習得する上でも大切なことである．本項では，グラム染色と胞子染色について概説する．

i) グラム染色　この染色法では，細菌はそのペプチドグリカンを含む細胞表層構造の違いに由来してグラム陽性とグラム陰性の2通りに染色される．それゆえ，グラム染色性は細菌の分類上の重要な指標である．ただしすべての細菌が明確にグラム陽性とグラム陰性に区別されるのではなく，条件により染色性が変化するグラム不定性のものもいる．さらに，グラム陽性菌でも古い菌体ではグラム陰性を示す．したがって，グラム染色性の判定には新しい（前日に植菌し一晩培養した）菌体を用いる必要がある．

同一のスライドガラス上に自分が判定したい菌体をはさむように *Staphylococcus epidermidis*（グラム陽性）と *Escherichia coli*（グラム陰性）の菌体を塗抹し，同時に染色することによって比較判定する．

〔染色液〕

・クリスタルバイオレット液：　下記A液とB液を混合して調製する．

○A液：　クリスタルバイオレット（2 g）をエタノール（20 ml）に溶かす．

○B液：　シュウ酸アンモニウム（0.8 g）を蒸留水（80 ml）に溶かす．

・ルゴール液：　ヨウ化カリウム KI（2 g）を5 ml の蒸留水に溶かし，これにヨウ素 I_2（1 g）を加えてよく混和する．完全に溶解したところで，蒸留水を加えて 300 ml にする．

・0.25%サフラニン液：　サフラニン（0.5 g）を

99.5％エタノール（20 ml）に溶かす．これを蒸留水で10倍に希釈して0.25％サフラニン溶液とする．
〔注〕 溶けにくいので，スターラーで1時間ほどかくはんするなどの工夫が必要．溶け残ったものは，濾過して除くことも必要．

〔染色方法〕

(1) スライドガラス上に蒸留水を小さめに一滴のせ，ここに菌体を懸濁する．
〔注〕 検鏡時に細胞が二層以上に重なるようでは菌体の量が多すぎる．懸濁量は少量に留める．目視では，水がわずかに曇る程度にする．

(2) 水が完全になくなるまで風乾する．塗抹面を上にしてガスバーナーの火炎をゆっくり3回通過させて，細胞を固定する（火炎固定）．
〔注〕 細胞が焦げるほど加熱してはならない．

(3) 菌体塗抹部分にクリスタルバイオレット液を数滴（塗抹部分が覆われる程度に）たらして1分間染色し，その後ただちに流水で塗抹面の裏側から水洗する．水洗後は，よく水をきる．

(4) 菌体塗抹部分にルゴール液をたらして15秒間染色し，ただちに水洗して水をきる．手順は(3)に準ずる．

(5) スライドガラス全体を95％エタノールに浸し，ゆっくりふり動かして脱色する．
〔注〕 この時間が長すぎるとグラム陽性細菌も脱色されるので，並べて塗抹した E. coli（グラム陰性）が無色になったら，ただちに水洗し水をきる．脱色時間の目安は30〜60秒である．E. coli（グラム陰性）の脱色にこれ以上の時間がかかるようなら，懸濁した菌体量が多すぎることを意味する．

(6) 菌体塗抹部分にサフラニン液をたらして30秒間染色し（対比染色），ただちに水洗する．手順は(3)に準ずる．

(7) スライドガラスの余分な水をふきとり，菌体塗抹部分が完全に乾くまで風乾する．

(8) その後，カバーガラスはかけずに検鏡する．

〔解　説〕 上記の方法で，グラム陽性細菌は青色〜青紫色（色素-I_2複合体の色）に，グラム陰性細菌は赤色（サフラニンの色）に染まる．その違いは，両細菌の細胞表層の違いに起因する．グラム陽性細菌はペプチドグリカンで構成される分厚い細胞壁をもつのに対し，グラム陰性細菌のペプチドグリカン層はきわめてうすい．グラム染色では細胞内に色素-I_2複合体が生じるが，エタノール脱色の際，グラム陰性細菌はペプチドグリカン層がうすいので細胞内の複合体が容易に漏出するのに対し，グラム陽性細菌は細胞壁が複合体の漏出を妨げると考えられている．また，内生胞子を形成している細胞の場合，胞子は染色されないので透明に見える．

〔注〕 検鏡では，100倍の油浸用対物レンズまで倍率をあげて観察すべきである．単に，染色の色の違いを見るのではなく，細胞が一層で並ぶ視野を観察し，細胞の大きさ，形状，配列など，多面的に観察しなくてはならない．

ii) 胞子染色（マラカイトグリーン）

〔染色液〕

・マラカイトグリーン液： マラカイトグリーン（5 g）を蒸留水（100 ml）に溶かす．

・0.5％サフラニン液： サフラニン（0.5 g）を99.5％エタノール（20 ml）に溶かす．これを蒸留水で5倍に希釈して0.5％サフラニン溶液とする．
〔注〕 溶けにくいので，スターラーで1時間ほどかくはんするなどの工夫が必要．溶け残ったものは，濾過して除くことも必要．

〔染色方法〕

(1) スライドガラスに菌体を塗抹し，火炎固定する．手順は，グラム染色の記述を参照する．

(2) スライドガラス全体を80℃に保温したマラカイトグリーン液に浸し，3〜5分間染色する．

(3) 流水で塗抹面の裏側から30秒間水洗する．水洗後は，よく水をきる．

(4) 菌体塗抹部分にサフラニン液をたらして10秒間染色し（対比染色），ただちに水洗する．

(5) スライドガラスの余分な水をふきとり，菌体塗抹部分が完全に乾くまで風乾する．

(6) その後，カバーガラスはかけずに検鏡する．

〔解　説〕 上記の方法で，胞子は緑色（マラカイトグリーンの色）に，細胞質は赤色（サフラニンの色）に染まる．出芽酵母の場合，子嚢には細胞質がほとんどないので，緑色の胞子のみが見えることになる．胞子を形成していない栄養細胞が赤色に染まって見える．内生胞子を形成する細菌の場合は，100倍の油浸用対物レンズまで倍率をあげて観察し，胞子の有無だけではなく，母細胞の形態と，内生胞子が母細胞内のどの部位に形成されるのかまでを観察すべきである．

〔日髙真誠〕

7.5 核　　　酸

7.5.1 核　　　酸

核酸には大きく分けて，デオキシリボ核酸（DNA）とリボ核酸（RNA）があり，主に遺伝情報の担い手として重要な役割を果たす．ここでは，生命科学研究に欠かせない遺伝子工学的手法の基礎となる核酸取扱法を学ぶ．

a. DNAの調製

DNAは一般的に二本鎖で存在するが，環状のも

のと線状のものがある．動物細胞，酵母細胞のものは線状と考えられ，細菌のものは環状のものが多い．ウイルスのものはまちまちであり，中には一本鎖のものも存在する．細胞性のDNAは概して長く，10^8塩基対にも及ぶ．これに対しウイルス性のDNAあるいはプラスミドDNAは数千から数万塩基対と短い．これに伴って，DNAの精製法も変わる．長いDNAはその形態からお互いにからみあって，粘度の高い水溶液となる．これを激しくかくはんするとDNAは切れて短くなってしまう．したがって，一般的に細胞性のDNAを扱うときはボルテックスなどを使用せずにゆるやかにまぜる．短いDNAはこの限りでない．

　DNAの調製は基本的に多糖の精製法に近い．これはDNAがデオキシリボースという糖のポリマーであることを考えれば当然かもしれない．その操作は以下に示す基本の積み重ねである．まず細胞を破壊する．この際DNAの分解を防ぐため，緩衝液中にEDTA (ethylene diamine tetra acetate) を加えておく（EDTAはMgをキレートするため，Mg要求性であるDNA分解酵素の働きを抑える）．次にタンパク質分解酵素を作用させ，DNA結合タンパク質の消化を行う（この操作はDNAの収率上昇のためであり，少量のDNAやプラスミドDNA調製の際には省略可）．等量のフェノールを加え混合し，遠心する．変性したタンパク質が水層とフェノール層の中間層に析出するので，水層を回収する．クロロホルム抽出を行い，わずかに水に溶けこんだフェノールを除いた後，終濃度 0.1～0.3 M の塩とともに2倍量のエタノール（または等量のイソパノール）を加え，DNA, RNAを沈殿させる．RNA分解酵素による処理，ガラス棒でかきまぜる，などの方法（後述）によりRNAを除去する．

b. **RNAの調製**

　RNAには，mRNA（メッセンジャーRNA），rRNA（リボソームRNA），tRNA（トランスファーRNA）といったDNAからタンパク質へ遺伝情報の仲介役としての役割を果たすものの他，遺伝子発現制御に関わるsiRNA, miRNAなどの小分子RNAがある．

　RNAの調製はDNAのそれと比較すると難しい．それはRNAがRNaseによる分解をうけやすいこと，RNaseが出発材料である細胞や組織中，人間の皮膚，汗，唾液など至るところに存在し，非常に安定で失活しにくいことによる．そこで，まず実験環境をRNaseフリーにすることから始める．

実験場所はなるべく人の出入りの少ない場所を選び，操作は手袋を着用して行う（手を守るためでなく，手からRNAを守るために）など留意する必要がある．器具はなるべくディスポーザブルのものを用い，ガラス器具は乾熱滅菌を行う．試薬は他の実験用のものと区別して使用する．可能なものについては 0.1% ピロ炭酸ジエチル (DEPC, diethylpyrocarbonate) で処理する．DEPCはRNaseのヒスチジン残基と共有結合することによりRNaseを失活させる働きがあるが，発がん性物質であるため，手袋を着用し，ドラフト内で作業するなど，取扱いには十分注意を要する．試薬には直接加え，37℃に数時間保温したのちオートクレーブし，DEPCを分解させる．このとき，DEPCと反応してしまう試薬もあるから注意する．

　RNA調製を始めるにあたっては，出発材料由来のRNaseを不活化しておく必要がある．そこで，操作の第一段階は出発材料をRNase変性剤を含む試薬で溶解するところから始まる．細胞，組織からのRNA抽出にはさまざまな方法があるが，ここでは簡便で広く用いられている AGPC (acid guanidinium phenol chloroform) 法を紹介する．強力なタンパク質変性剤であるグアニジン酸チオシアネートの存在下，RNase活性を失活させた状態で組織，細胞を破壊し，酸性条件下でフェノール抽出を行う．DNAは酸性条件下では極性を失うのでフェノール層に存在するが，RNAはリボースの2位の炭素にDNAにはない水酸基をもつため水層に存在し，効率よくRNAを分離精製することが可能となる．現在複数のメーカーから販売されているRNA抽出試薬も，この原理に基づいて調製されている．また，大腸菌rRNAの調製法についての具体例は 7.7.8.b 項に示す．

c. **電気泳動**

　DNA断片，RNA断片をそのサイズによって分離する方法で，DNA断片の場合，分離したい断片のサイズによりアガロースゲルを用いる（数百 bp 以上のDNA断片を分離する）場合とポリアクリルアミドゲルを用いる（1 kbp 以下のDNA断片を分離する）場合がある．電気泳動後にゲルを臭化エチジウム（エチジウムブロミド）[*3]で染色してから紫外

[*3] エチジウムブロミドは発がん性をもつので取扱いに注意する．プラスチック手袋の使用が望ましく，接触した場合は早めに石けんと大量の水で洗う．エチジウムブロミドを含む溶液，ゲル等の処理法は通常各研究機関において規定されているのでそれに従って処理する．

線を当てると，塩基対の隙間に挿入された臭化エチジウムの発する赤色の蛍光によってゲル中のDNAを検出することができる．最近ではエチジウムブロミドと比較して変異原性の低いDNA染色試薬も市販されている．染色後のゲルについて片対数グラフの横軸に移動度，縦軸に分子量あるいはDNA鎖長（bp）をプロットすると，ある範囲内で直線性が得られるので，大きさが既知のDNA断片の移動度を標準として試料中のDNA断片の大きさを推定することができる．電気泳動により分画したDNA断片はゲル中より回収することが可能である．DNA電気泳動の実験の詳細については7.7.2.b項を参照のこと．

d. 核酸の定量

DNAやRNAの定量に最も広く用いられているのは，分光光度計を用いた紫外吸収法である．この方法は簡便であるが，DNAとRNAを区別することができないため，サンプルに両者が混在する可能性がある場合には，あらかじめ電気泳動などでその純度を確認する必要がある．一方，この問題点を解消するには，2本鎖DNA（dsDNA），RNA，それぞれに特異的に結合する蛍光色素，PicoGreen，RiboGreen を用いて蛍光強度を測定する方法もある．ただし，蛍光光度計が必要なこと，試薬が高価であることが欠点である．

i）紫外吸収法 DNA，RNAはアデノシン，チミジン，ウリジン，シチジン，グアノシンなどのポリマーである．それぞれは，図7.17に示すような紫外吸収スペクトルを描くため，全体としてDNA，RNAは260 nm付近に紫外吸収の極大をもつ．その吸光度A260はDNAでは50 $\mu g/ml$，RNAでは40 $\mu g/ml$で1.0となる．したがって，DNA，RNAを適当な濃度に水で希釈し，260 nmにおける吸光度を測定すればよい．DNA，RNAの吸収スペクトルでは280 nmで260 nmの約半分，300 nmではほとんど0になる．また，タンパク質の吸収の極大は280 nm付近にある．したがって，吸収スペクトルをとったとき，極大を260 nm付近にもち280 nmに極大がなければ，DNAはタンパク質からよく分離されたことになる．また，吸収スペクトルをと

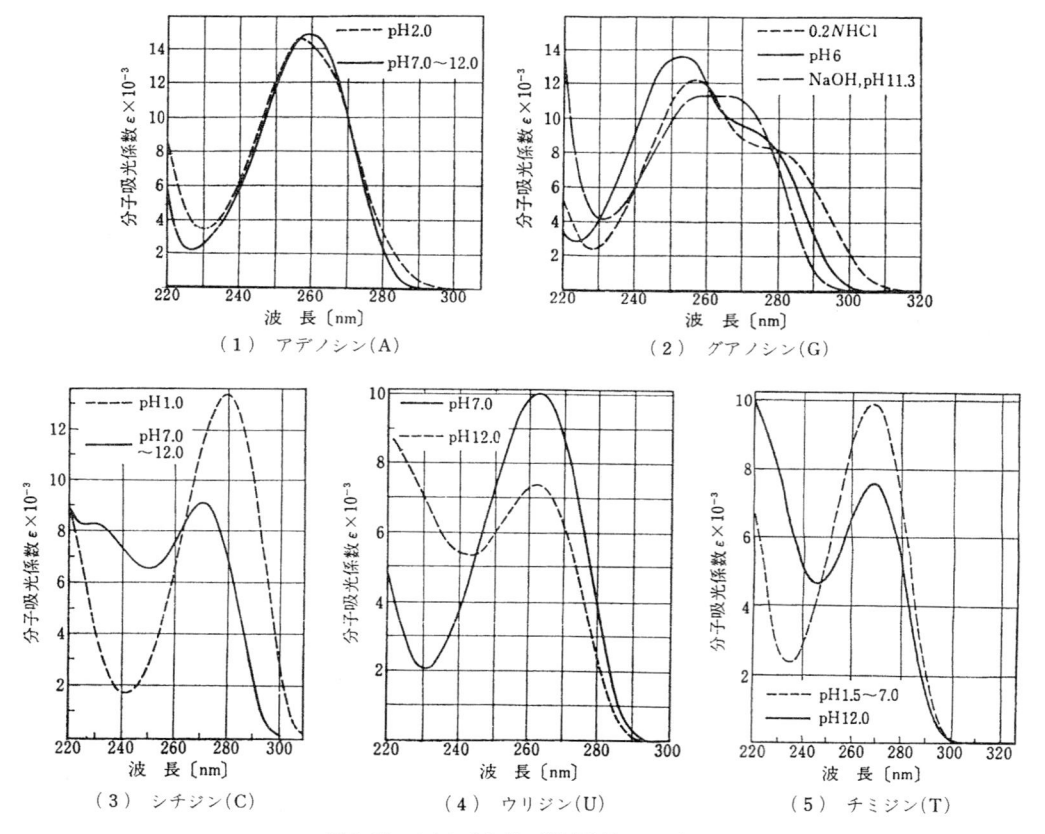

（1）アデノシン(A)

（2）グアノシン(G)

（3）シチジン(C)

（4）ウリジン(U)

（5）チミジン(T)

図7.17 ヌクレオシドの紫外吸収スペクトル

ることができない場合は，260 nm, 280 nm の吸収を測定し，その比率を計算すれば，ラフに DNA の精製度を検定することができる．A260/A280 比は，純度の高い DNA 溶液で 1.8〜1.9，純度の高い RNA 溶液で 1.9〜2.0 である．A230 に吸収を示す場合は，フェノールまたは尿素の混在が疑われ，A325 に吸収がみられる場合は，微粒子の混入，あるいはキュベットの汚れが疑われる．

ii) 蛍光強度による定量 濃度既知の DNA 溶液を用いて，25 pg/ml〜1 μg/ml まで 10 段階の希釈系列をつくる．各濃度の溶液を等量の PicoGreen（Molecular Probes, Inc. の登録商標）と混合し，室温，遮光条件下で，2〜5 分間おく．蛍光光度計で蛍光強度を測定し，標準曲線を得る．濃度未知のサンプルを PicoGreen と混合し，同様に測定し，標準曲線から濃度を求める．この方法は DNA に特異的に結合する蛍光色素，Hoechst33258 を用いた同様の方法と比較して，400 倍以上の感度を示す．

［伊原さよ子］

7.5.2 核酸の構成成分

核酸は，リボースまたはデオキシリボースの糖，リン酸，そして塩基からなる．ここでは，核酸を分解することによって生じる物質の分析法を示す．

a. 分析試料の調製

i) 核酸塩基 核酸（DNA および RNA）を加水分解して塩基を遊離させるのには，一般に過塩素酸（$HClO_4$）が用いられる．また，必要に応じてギ酸も用いられる．

過塩素酸による核酸の加水分解 小型ガラス共栓

表 7.1 核酸誘導体の分光分析定数[17]

pH	$\varepsilon_{260} \times 10^{-3}$			$\varepsilon_{250}/\varepsilon_{260}$			$\varepsilon_{280}/\varepsilon_{260}$			$\varepsilon_{290}/\varepsilon_{260}$		
	2	7	12	2	7	12	2	7	12	2	7	12
（オロチン酸）[a]	3.45			0.57	0.57	0.8	1.9	1.68	1.60	1.65	1.35	1.55
（尿　酸）[a]				1.0	1.7	1.5	2.7	2.7	2.4	2.6	3.8	3.9
アデノシン	14.2	15.0	15.0	0.85	0.80	0.80	0.22	0.15	0.15	0.03	0.002	0.002
アデニル酸												
アデニン	12.7	13.3	10.2	0.76	0.76	0.57	0.375	0.125	0.60	0.035	0.005	0.025
ヒポキシサンチン	7.7[b]	8.1	11.0	1.40[b]	1.32	0.78[b]	0.07[b]	0.092	0.14[b]	0.005	0.010	0.015
pH 10.5		11.0			0.84			0.124				
イノシン	7.4	7.4	12.1	1.68	1.68	1.05	0.24	0.25	0.18	0.025	0.025	0.008
グアニン	8.1	7.3	6.6	1.37	1.42	0.93[b]	0.84	1.04	1.15[b]	0.50	0.54	0.59
グアニン酸												
グアノシン	11.8	11.8	11.8	1.02[b]	1.15	0.89	0.68	0.68	0.60	0.40	0.28	0.12
キサンチン	8.15	7.5[b]	4.4[b]	0.58	0.68[b]	1.20[b]	0.50[b]	0.75[b]	1.95	0.08	0.20[b]	1.40[b]
pH 10		5.2			1.29			1.71			0.92	
キサントシン	8.7	7.9	7.9	0.75	1.29[b]	1.30	0.28	1.10[b]	1.13	0.03	0.58[b]	0.61
pH 8		7.65			1.30			1.13			0.61	
チミン	7.4	7.4	3.7	0.67	0.67	0.65	0.53	0.53	1.31	0.09	0.09	1.41
チミジル酸				0.64	0.65	0.74	0.72	0.73	0.67	0.23	0.24	0.17
チミジン	8.4	8.4	6.7	0.65	0.65	0.75	0.72	0.72	0.67	0.235	0.235	0.16
ウリジン				0.74	0.74	0.83	0.35	0.35	0.29			
ウリジル酸 2'	9.9	9.9	7.3	0.80	0.78	0.85	0.28	0.30	0.25	0.03	0.03	0.02
3'				0.76	0.73	0.83	0.32	0.35	0.25			
5'				0.74	0.73	0.82	0.38	0.40	0.33			
ウラシル	8.2	8.2	4.1[b]	0.84	0.84	0.71	0.175	0.175	1.40	0.01	0.01	1.27
シトシン	6.2	5.7	4.95[b]	0.48	0.75	0.76[b]	1.53	0.58	0.80[b]	0.78	0.08	0.32[b]
5-メチルシトシン	3.6	4.45		0.41	0.81		2.66	1.20		2.42	0.55	
シチジン	6.2	7.4	7.4	0.45	0.86	0.86	2.10	0.93	0.95[b]	1.55	0.29	0.31[b]
シチジル酸 2'	6.8	7.6	7.6	0.48	0.90	0.90	1.80	0.85	0.85	1.22	0.26	0.26
3'	6.5			0.45	0.86	0.86	2.00	0.93	0.93	1.43	0.30	0.30
5'	6.2	7.4	7.4	0.46	0.84	0.84	2.10	0.99	0.99	1.55	0.33	0.33
デオキシシチジル酸	(6.2)[b]	(7.4)[b]	(7.4)[b]	0.46	0.82	0.82	2.12	0.99	0.99	1.55	0.30	0.30
5-メチルデオキシシチジル酸	(3.2)[b]	(6.0)[b]	(6.0)[b]	0.36	0.96	0.96	3.15	1.52	1.52	3.4	1.02	1.02

a) 値はすべて暫定的なものである．
b) pH により値は速やかに変化する．正確に pH を調節しないと信頼できない．括弧内の値はおおよその値または相対的な値である．

試験管に核酸を秤量し，70％過塩素酸（核酸5 mgあたり0.1 ml）を加えよく混合する．ときどきかくはんしながら100℃で60分間加熱し，冷却後水で0.5 mlに希釈する．混合物をガラス棒でよくかきまぜ，遠心する．上清をクロマトグラフ法で分析する．

  ii) ヌクレオシド　DNAまたはRNAにヌクレアーゼP1などを作用させて得られる3′-あるいは5′-ヌクレオチドにホスファターゼ（大腸菌アルカリホスファターゼ，仔ウシ小腸由来アルカリホスファターゼなど）を作用させて脱リン酸化して調製する．

  iii) ヌクレオチド　DNAはDNase Ⅰ（膵臓DNase）とホスホジエステラーゼⅠ（蛇毒ジエステラーゼ）の作用により5′-ヌクレオチドになる．RNAはアルカリ分解によるか，RNaseあるいはホスホジエステラーゼⅠにより分解する．

b. 分　　離

核酸塩基，ヌクレオシド，ヌクレオチドは濾紙クロマトグラフィー，イオン交換セルロースを用いた各種薄層クロマトグラフィー，イオン交換や逆相のカラムクロマトグラフィーおよび揮発性誘導体のガスクロマトグラフィーなどの方法で分離できる[17-19]．

c. 定量および同定

核酸塩基およびその誘導体は，プリン核およびピリミジン核による紫外部の吸収スペクトルを示す．濾紙および薄層クロマトグラフィーによって分離した各成分は紫外線を照射することにより検出しうるし，イオン交換カラムクロマトグラフィーで分別された溶出液中のヌクレオチドは紫外吸収を測定して分画，定量できる．各成分はそれぞれ特有の吸収スペクトルを示し，またそのスペクトルは酸性，中性，アルカリ性で変化するから，酸性，中性，アルカリ性で吸収スペクトルを測定することにより塩基成分を同定し，かつ定量することができる．ヌクレオシドの紫外吸収スペクトルを図7.17に，核酸誘導体の分光分析定数を表7.1に示した．　　　［舘川宏之］

7.6　組換えDNA実験法

組換えDNA実験技術とは，生物のDNAを単離し種々の過程を経て他の生物に導入する技術をさす．1970年代の前半にアメリカで開発されその後世界に広がったが，その技術の利用の安全性を確保するため1975年に初めて利用に関する国際会議がアメリカで開催された（アシロマ会議）．この会議において，組換えDNA実験技術により作製された組換え生物に対する生物学的封じ込め，物理学的封じ込めの概念が示された．日本でもこれに合わせて1979年に「組換えDNA実験指針」が制定され，組換えDNA実験技術に対する安全性の知見が蓄積されるに伴いそれをふまえた改正がなされてきた．一方，組換えDNA実験技術の進歩とともに大規模な工業利用，組換え農作物の開発等が行われるようになり，遺伝子組換え生物の実験室等の閉鎖系のみでの利用から開放系での利用が検討されるようになった．そこで開放系への遺伝子組換え生物の放出に伴うリスクの評価と，それら生物を野外に放出した場合に他の生物に与える影響への評価の観点から国際的に議論が重ねられた．その結果，遺伝子組換え生物の安全な取扱いに関して2000年に「生物の多様性に関する条約のバイオセーフティーに関するカルタヘナ議定書」（以下，カルタヘナ議定書）が採択された．これに合わせてわが国でも検討が重ねられ，カルタヘナ議定書の円滑な実施を目的として2003年に「遺伝子組換え生物等の使用等の規制による生物の多様性の確保に関する法律」（以下，カルタヘナ法）が成立，公布された．2004年には「組換えDNA実験指針」が廃止され，カルタヘナ議定書が発効されてカルタヘナ法が施行された．カルタヘナ法[*4]に関する詳細については多くの参考書が出版されている．

7.6.1　カルタヘナ法による組換えDNA実験

以上述べてきたような経緯で現在では組換えDNA実験はカルタヘナ法を遵守して行うことが義務づけられている．そこで以下にカルタヘナ法の概要を述べる．

カルタヘナ法では遺伝子組換え生物等（living modified organism, LMO）の定義として，「細胞外において核酸を加工する技術（遺伝子組換え技術）又は異なる分類学上の科に属する生物の細胞融合技術（科間細胞融合技術）の利用により得られた核酸又はその複製物を有する生物」と述べられており，その使用形態により第一種使用等（拡散防止をしないで行う使用等）と第二種使用等（拡散防止をしつつ行う使用等）に分けられる．第二種使用等は実験，

[*4] カルタヘナ法に関連する最新の情報については，日本版バイオセーフティークリアリングハウス（J-BCH）のホームページ（http://www.bch.biodic.go.jp/）から得られるので参照してほしい．

保管，運搬に分類されるが，ここでは第二種使用等の実験についてのみ述べる．

遺伝子組換え生物の第二種使用を行う場合，環境中への拡散を防止するための措置をすることが義務づけられており，取り扱う生物種，遺伝子組換えに用いる核酸の種類，その核酸を抽出した生物種によって事前に主務大臣（大学での実験の場合は文部科学大臣）の許可が必要なもの（大臣確認実験）と各研究機関の内規により定める手続きを行えばよいもの（機関実験）に分かれる．用いる遺伝子組換え生物が微生物，動物，植物かにより，微生物使用実験，動物使用実験，植物等使用実験に分かれる．動物使用実験はさらに動物作成実験（遺伝子組換え動物を使用した実験で動物接種実験以外のもの）と動物接種実験（動物に保有されている組換え生物を使用する実験），植物等使用実験はさらに植物作成実験（遺伝子組換え植物を使用した実験で植物接種実験以外のもの），きのこ作成実験（組換えきのこを使用した実験），植物接種実験（植物に保有されている遺伝子組換え生物を使用する実験）に分かれる．さらにこれ以外に大量培養実験（20 l 以上の遺伝子組換え微生物の培養を伴う実験），細胞融合実験（上記細胞融合技術の利用による得られた生物を扱う実験）がある．実験に際しては宿主（組換え核酸を導入する生物），核酸供与体の安全性によりクラス1～4に分類される．クラス1に分類されるものは微生物，きのこ類および寄生虫の中で，ヒトを含む哺乳類や鳥類に属する動物に対する病原性がないものであり，文部科学大臣によって定められている．またヒトを含む動物（寄生虫を除く），植物はすべてクラス1に分類される．一方，用いる宿主ベクター系についてはB1, B2, それ以外のクラスに分類され，宿主として用いる生物，核酸供与体，用いる宿主ベクター系の組み合わせにより機関実験では拡散防止措置のレベルが決定される．微生物使用実験においてはP1～P3のレベルが設定されており，この順で拡散防止措置がより厳しくなる．現行の多くの組換えDNA実験はP1あるいはP2レベルのものであり，以下でもそのレベルの実験を想定して記述してある．P1実験は整備された通常の微生物学実験室と同程度の設備を前提としている．P2実験はP1実験を基本にさらに多少の実施上の配慮が必要となるが，詳細はカルタヘナ法の「研究開発等に係る遺伝子組換え生物等の第二種使用等に当たって執るべき拡散防止措置等を定める省令」(http://www.bch.biodic.go.jp/hourei1.html) を参照のこと．

7.6.2 ベクター

ベクターとはカルタヘナ法では「導入された宿主内で組換え核酸の全部又は一部を複製させるもの」と定義されており，プラスミド，ファージ，ウイルスなどのベクターがあるが，ここではプラスミドベクターとファージベクターについてのみ述べる．

a. プラスミドベクター

プラスミドベクターは，導入宿主内でのDNAの自立複製可能な領域，宿主内に導入された際にその判別に必要なマーカー遺伝子，クローニング用の制限酵素認識部位からなる．多くのプラスミドベクターは制限酵素の認識部位を集中的に集めたマルチクローニングサイト（MCS）をもつ．pUCプラスミド（図7.18）などでは，β-ガラクトシダーゼ遺伝子（*lacZ*）の特殊な性質を利用し，外来DNA断片の挿入で酵素活性が失われたことをコロニーの色で区別できるよう工夫してある．

一般的に大腸菌への遺伝子のクローニングに使用されるベクターは，クローニングした遺伝子の発現，遺伝子産物のタグとの融合タンパク質としての生産，融合タンパク質の精製等の目的に合わせて利用しやすく設計されたものがさまざまな企業から購入できる．

b. ファージベクター

λファージをもとに作製されたベクターは，感染と増殖に必要な領域以外をクローニング領域に割り当てているので溶原性は失われている．二十数kbp

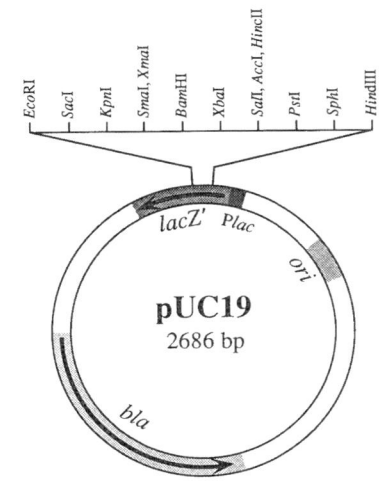

図 7.18 pUC 19 模式図
図上部は，MCSの制限酵素名を示す．*lacZ'*：β-ガラクトシダーゼ遺伝子のα-フラグメント，P*lac*：*lac* promoter, *ori*：複製起点，*bla*：β-ラクタマーゼ遺伝子．

までの DNA を組みこむことができ遺伝子ライブラリーづくりに適する．ファージ DNA と外来 DNA をつないだ後，ファージの殻とともに試験管内でファージ粒子を形成させ，高い効率で大腸菌に感染させて組換え DNA 分子を導入する（in vitro パッケージング）．また感染後，宿主細胞内でプラスミドに変換できるファージミドも開発されている．

M13, f1 などの一本鎖 DNA をもつ繊維状ファージは F 繊毛を通じて大腸菌に感染し，細胞内で増殖したファージ粒子は培地中に放出される．これらファージ DNA は大腸菌内では二本鎖として存在するが，ファージ粒子内では一本鎖 DNA の形となる．この一本鎖 DNA 化するために必要な領域をプラスミド DNA に挿入することによって，二本鎖 DNA からヘルパーファージの存在下，簡便に一本鎖 DNA が調製できる方法が開発されている．

T7, M13 などのファージを用いてあるタンパク質をファージ粒子表面に発現させ，他のタンパク質，低分子化合物との相互作用を検討するファージディスプレイ法も開発されている．

7.6.3 核酸関連酵素

遺伝子組換え実験の汎用化に伴い関連するさまざまな反応においてそれぞれキットが市販されている．そのため反応に用いられている個々の酵素の性能，性質にはあまり注意が払われない傾向がある．しかしそれらの性質をよく理解し，性能をいつでも検査できる状態にあることが重要である．

実験に際しては，核酸が接触する器具類は乾熱あるいはオートクレーブ処理し，溶液類も可能なものはオートクレーブやフィルター除菌を行ったものを用いる．

a． 制限酵素

二本鎖 DNA の特定の塩基配列を認識し，その両鎖のホスホジエステル結合を 5′ 位にリン酸を残す形で加水分解する．実用化されている制限酵素（II 型制限酵素）には 4 から 8 塩基対の配列を認識するものが知られており，認識塩基配列はパリンドローム（回文）構造をとるものが多い．切断様式は酵素に特異的であり，一方の鎖が突出した付着末端（cohesive end または staggered end）を形成するものと，両方の鎖の端がそろった平滑末端（blunt end または flush end）を形成するものがある．反応液はいずれも Mg^{2+} イオンを含み，切断の至適 pH も通常は中性〜微アルカリ性とほぼ共通しているが，至適の塩濃度と塩の種類は各酵素によって異なる．また反応至適温度は大部分の酵素で 37℃ であるが，好熱菌由来の酵素には 50〜70℃ を至適とするものがある．

b． アルカリホスファターゼ

DNA および RNA の末端のリン酸基をはずす活性をもつ．バクテリア由来のもの（bacterial alkaline phosphatase, BAP）と仔ウシ小腸由来のもの（calf intestinal alkaline phosphatase, CIAP）がよく使われる．これらの酵素は，遺伝子のクローニングの際に使用するベクターが DNA 断片の挿入なしに自己再連結するのを防ぐためなどに用いられる．

c． ポリヌクレオチドキナーゼ

ATP の γ 位のリン酸基を DNA あるいは RNA の 5′ 末端に転移させる活性をもつ．一般に T4 DNA ポリヌクレオチドキナーゼが用いられる．PCR 反応を増幅 DNA 断片の末端が平滑末端になるタイプの酵素を用いて行った場合の増幅断片の 5′ 末端のリン酸化，^{32}P-ATP を用いた DNA 断片の 5′ 末端標識等に使用される．

d． DNA ポリメラーゼ

プライマーとなるオリゴヌクレオチドの存在下で，一本鎖 DNA あるいは二本鎖 DNA の一方の鎖を鋳型として，それに相補的な DNA 鎖を 5′→3′ 方向に合成する．大腸菌の DNA ポリメラーゼ I，その 5′→3′ エキソヌクレアーゼ活性ドメインをプロテアーゼ限定分解で除いた DNA ポリメラーゼ I 断片（Klenow 断片）は cDNA 合成の第 2 鎖合成の際に，また Klenow 断片と T4 DNA ポリメラーゼは 3′→5′ エキソヌクレアーゼ活性と 5′→3′ ポリメラーゼ活性を利用して，DNA の付着末端を平滑化させるのに用いられる．耐熱性 DNA ポリメラーゼは，PCR 反応（7.6.4.b 項参照）に用いられる．

e． DNA リガーゼ

DNA 鎖の 5′ 末端のリン酸基と 3′ 末端の −OH 基をホスホジエステル結合で連結する酵素で，T4 DNA リガーゼと大腸菌の DNA リガーゼがクローニングの際のベクターと挿入断片の連結に用いられるが，現在ではキットとして使用されることが多い．

f． 逆転写酵素

プライマーの存在下，RNA を鋳型にして相補的な DNA 鎖を 5′→3′ 方向へ伸長させる．mRNA からの相補的な DNA（cDNA）の作製，mRNA の 5′ 末端（転写開始点）の決定（primer extension 法），RT-PCR（7.6.4.b 項参照），DNA microarray の際の cDNA プローブの調製等に用いられる．

［堀内裕之］

7.6.4 組換え DNA 実験法に用いられるその他の技法

a. 各種のハイブリダイゼーション法

サザンハイブリダイゼーション法では，アガロースゲル電気泳動で分離した DNA 断片をゲル中でアルカリ変性させ，ニトロセルロースやナイロンのフィルターに転写，固定化する．一方，目的とする DNA と結合しうる相同な DNA 断片あるいは RNA や合成 DNA を，放射性同位元素（第 10 章参照）などで標識し（これらをプローブと呼ぶ），フィルターに固定化された DNA とハイブリッド形成させ，オートラジオグラフィ（10.3 節参照）などで結合した位置を検出する．ハイブリッド形成時あるいはそれをすすぐときの温度や塩濃度などを調節することによって，検出に必要な相同性の厳密さ・曖昧さのレベルを変えられる．

同様に，RNA を電気泳動により分離し，フィルターに転写・固定してプローブとの結合性で検出する方法をノーザンハイブリダイゼーション法と呼ぶ．これはクローン化した遺伝子の，もとの細胞中での mRNA のサイズの同定や発現量について検討する場合に用いられる．

プローブの標識方法は，検出に必要な感度や鋳型 DNA の性質（長さ，GC 含有率）を考慮して選択する．PCR 法（b 項参照）は，鋳型 DNA が極少量（ng 以下）しか用意できない場合でも標識できる一方，鋳型 DNA の GC 含量率が高い場合には適さない．ランダムプライム法は，作業が短時間で，標識率が高い．

近年では，非放射性の標識であるジゴキシゲニン（digoxigenin, DIG）を用いた方法，アルカリホスファターゼや西洋ワサビのペルオキシダーゼを用いた方法が確立し，キット化したものが入手できることから広く利用されるようになっている．放射性同位体標識と比較して，専用の施設が必要ない．また，半減期を考慮する必要がなく長期保存が可能である．一方，放射性同位体の取扱いができる環境であれば，放射性同位体標識法は，非常に感度が高く操作も短時間かつ簡便である． ［田野井慶太朗］

b. PCR (polymerase chain reaction)

PCR は，試験管内（*in vitro*）で特定の DNA 断片を増幅するための方法である．二本鎖 DNA は，水溶液中で高温になると一本鎖 DNA に解離し（DNA の変性），さらに，溶液の温度が低下してくると，相補的な DNA が結合して再び二本鎖状態に戻る（アニーリング）という性質がある．解離した

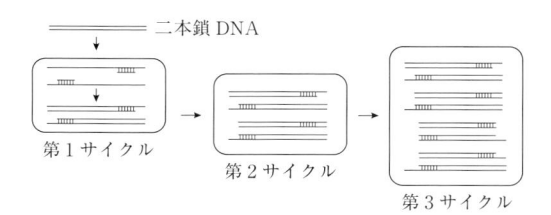

図 7.19 PCR の原理
第 1 サイクルでは，一本鎖に解離した DNA に相補的な配列をもつプライマーが結合した状態（上）と DNA 合成反応後の状態（下）が示されている．第 2，第 3 サイクルとサイクルを重ねると，特定の DNA 領域が指数関数的に増幅されていく．

一本鎖 DNA が二本鎖状態に戻るときに，増幅する領域の末端の塩基配列と相同な配列をもつ合成オリゴヌクレオチドを DNA 合成のプライマーとして混在させて鋳型（テンプレート）となる DNA にアニーリングさせることで，DNA ポリメラーゼによる特定の領域の合成が可能である．鋳型 DNA，プライマー，DNA ポリメラーゼおよび DNA ポリメラーゼの基質である dNTP を含む溶液を用いて，変性・アニーリング・DNA 合成のサイクルを繰り返すことにより，特定の DNA 断片を指数関数的に増幅させることができる．この反応を PCR と呼ぶ（図 7.19）．DNA 変性時の高温処理下でも失活しにくい耐熱性 DNA ポリメラーゼを用いることで，PCR を連続的に進めることができる．ごく微量の DNA サンプルから，特定の DNA 断片を，簡便かつ迅速に増幅できることから，PCR はさまざまな解析に活用されている．間接的ながら特定の転写産物の量を迅速かつ簡便に測定する方法（reverse transcription PCR, RT-PCR）にも応用されており，この場合，RNA を鋳型とし逆転写酵素を用いて相補的 DNA (cDNA) を合成した後，cDNA を鋳型とした PCR によって特定の転写産物の増幅を行う．鋳型となる解析対象遺伝子の転写産物のコピー数が多いほど，PCR による増幅産物も増加するので，増幅産物量から転写産物のおおよそのレベルを評価することが可能である．さらに，二本鎖 DNA に特異的に結合する蛍光色素を PCR 反応液中に加えて行う，あるいは蛍光プローブによって標識したプライマーを用いて PCR を行うリアルタイム RT-PCR では，増幅産物の量を定量的かつ経時的に測定するので転写産物の量を定量的に求めることができる．一般に増幅される DNA 断片が小さいほど増幅効率がよく，また，アニーリング効率はプライマー配列によって異なるため，異なる鋳型 DNA に由来する増幅産物の量を比較するためには実験の設計に注

意する必要がある．また，PCRは非常に高感度な実験であるので，行う際にはDNAのコンタミネーションにも注意を要する．実験例は8.5.1項を参照のこと．

[柳澤修一・刑部祐里子]

c．シーケンス解析

DNAの塩基配列には遺伝情報がコードされており，シーケンス解析は遺伝情報の解読に必要不可欠である．古くは，塩基の特異的化学修飾を利用したマクサム-ギルバート法が用いられたが，その後DNAポリメラーゼを用いるダイデオキシ法（サンガー法）[20]が主流となった．現在では，ダイデオキシ法をベースに，蛍光色素や耐熱性DNAポリメラーゼ，キャピラリー技術等を利用した反応キットとDNAシーケンサーが一般に用いられている．さらに近年では，可逆化ターミネーター法やパイロシーケンスの原理に基づいた，塩基解析能力のきわめて高い次世代シーケンサーが実用化され，全ゲノム解析に用いられている．

ここでは，ダイデオキシ法について簡単に説明する[21,22]．まず，配列を読むDNA断片を，組換えDNAの手法によってプラスミドにクローン化する．挿入したDNA断片の近傍の配列に相当する20塩基ほどの長さの合成DNAをプライマーとして用い，DNAポリメラーゼによる伸長反応を行う．このとき，反応系に基質であるdATP, dGTP, dCTP, dTTP（デオキシヌクレオシド三リン酸，dNTP）に加えて，ddATP, ddGTP, ddCTP, ddTTP（ダイデオキシヌクレオシド三リン酸，ddNTP）のうち1つを一定量まぜたサンプルをそれぞれ用意する．dNTPの代わりにアナログであるddNTPが鎖にとりこまれると鎖の伸長が停止するので，加えたddNTPに相当する塩基を末端にもついろいろな鎖長のDNA鎖を得ることができる．得られた反応産物を，電気泳動的に分離し，検出して配列を決定する．検出には，以前はRI標識とオートラジオグラフィーの系が用いられたが，現在では蛍光標識と蛍光シーケンサーを用いるのが一般的である．また，耐熱性DNAポリメラーゼを用いたサイクルシーケンス法が主流である．電気泳動についてもポリアクリルアミドゲルを用いた分離が行われたが，現在はキャピラリー電気泳動が用いられている．実際の実験方法については，DNAシーケンサーと使用する反応キットの説明書に詳細に記載されているので，それに従ってほしい．

[舘川宏之]

7.6.5 変異体取得法

変異体の分離は微生物を含めた多様な生物において有用株（品種）の育種といった応用目的に重要な役割を果たしてきたが，それ以上にさまざまな生命活動に関与する遺伝子の存在とその働きを明らかにするための出発点であった．すなわち，それぞれの生物に応じた工夫をこらしながら，変異の示す表現型をマーカーにして遺伝子のマッピングと同定がなされ，その一方で変異体の性質を調べることにより逆に生理的なしくみが明らかにされてきた．しかし組換えDNA技術の登場以来，変異体取得の意味

コラム： ゲノムシーケンスがもたらす微生物研究の新展開

グラム陰性細菌 *Haemophilus influenzae* Rd株の全ゲノム配列が公表されたのは1995年であるが，その後，数多くの微生物で全ゲノム配列が決定されてきた．NCBIによると，2011年9月現在，1700以上の菌株の全ゲノム解読が終了している．ゲノムシーケンスは微生物研究に大変革をもたらした．いわゆる「オーム解析」が可能となり，微生物が示す生命現象をより包括的に解析できるようになった．全遺伝子の転写を解析するトランスクリプトーム解析，生体内のタンパク質を網羅的に解析するプロテオーム解析などがその代表例である．大腸菌，枯草菌，パン酵母などのモデル微生物では全遺伝子の破壊株ライブラリーが作製され，研究ツールとして活用されている．ゲノム情報をきっかけに，微生物の新しい代謝系（一次代謝および二次代謝）が明らかにされたことも重要である．病原菌の病原性や共生菌の共生機構など，個々の微生物の特色に関わる遺伝子についても，ゲノムシーケンスから新しい情報が数多く得られている．環境中の微生物群集のゲノムをまとめて決定するメタゲノムや，わずか数個の細胞から取得したDNAからゲノム配列を決定するシングルセルゲノムは，培養できない微生物の機能解明の切り札として注目を集めている．微生物を利用した有用物質生産に関する研究においては，種々の微生物ゲノムから有用酵素遺伝子を見つけだすことが重要なアプローチになっている．産業微生物のゲノム情報は優良菌株の分子育種に活用されている．ゲノムシーケンスによって新しい方向に大きく動き出した微生物研究には，ライフイノベーション，グリーンイノベーションの大きな可能性が秘められており，大きな期待が寄せられている．「微生物に頼んで裏切られたことはない．」とは農芸化学の偉大な先人の言葉であるが，いつの時代においても微生物は我々の期待に応えてくれるであろう．

[大西康夫]

がより直接的になった．遺伝子やタンパク質において構造と機能（変異と表現型）を直結させて考えることができるようになり，変異体を見つけてくるのではなく，変異体をデザインして作製できるようになった．

本節では古典的な in vivo の変異体取得法と，遺伝子クローニングを前提とした in vitro の変異体作製法を概説する．真核生物で染色体が二倍体を基本とするものは，変異の多くが劣性で表現型に現れないため解析が複雑になるが，ここでは変異と表現型の対応が単純な大腸菌などの原核微生物を中心に概説する．変異体の分離の成否はいかに明解な選択法を設定できるかどうかにかかっており，通常目的とする変異体を得るためには原理の異なる複数の選択法を組み合わせる場合が多い．

a. in vivo の突然変異体取得法[23]

i) 自然突然変異と変異処理 自然突然変異は主としてDNA複製の際に誤って正しくない塩基をとりこんで起こる．変異の頻度は対象遺伝子によって異なるが，おおむね 10^{-6} から 10^{-10} であり，薬剤耐性変異やアミノ酸要求性の復帰変異などのように変異体がポジティブ選択できる場合はよいが，一般には変異を何らかの方法で濃縮するか，変異剤で変異頻度を上げるなどの工夫をしないと分離が難しい．

効果的な変異剤としてよく使われるものは，N-methyl-N'-nitro-N-nitrosoguanidine（MNNG）や ethyl methanesulfonate（EMS）のようなアルキル化剤で，両者とも主にグアニンに作用してGC→ATトランジションを起こす．処理が強すぎると余計な変異が増えるので，生存率と変異率を調べて最適条件を選ぶのが望ましいが，生存率の目安はたとえば30〜70％程度である．緩衝液中で変異処理を行い，いったん培養して変異を分離・定着させた後選択条件にさらす．上記薬剤はいずれも強力な発がん性物質なので，取扱いには十分な注意が必要である．

紫外線照射は上記の薬剤よりも生存率に対する変異率が低く，生存率がたとえば0.1〜10％となるように照射条件を設定する．GC→ATトランジションが多いが他の置換やフレームシフトも起こす．紫外線の効果はピリミジンダイマーの形成にあるが，具体的な変異過程は未詳である．ピリミジンダイマーは光回復酵素と可視光によってモノマーへと修復され，またこれとは別に除去修復も受けるが，いずれの修復過程もエラーが少ないので変異には結びつかない．したがって照射後しばらくは可視光を遮断する．

ii) レプリカ アミノ酸要求性変異株の取得などのように，選択条件で生育できなくなった変異株を得るようなネガティブ選択を行う場合に使われる方法である．オートクレーブ滅菌したビロード布をスタンプ面にして，図7.20に示す方法により，マスター平板上のコロニーのレプリカを選択平板上にスタンプする．そしてこのレプリカ平板に生えてこない変異株の候補をマスター平板の方から拾う．レプリカ法は，アミラーゼ，ヌクレアーゼ，プロテアーゼなどの生産性変異を分離したり，それらの遺伝子をクローニングするときのように，平板上の菌を溶菌させてコロニーの酵素活性を直接検定するような場合にも有効である．

iii) ペニシリンスクリーニング 選択条件で増殖できない変異株を濃縮する方法である．大腸菌の栄養要求性変異株分離の場合，液体制限培地で要求栄養分が飢餓状態になるまで生やし，ペニシリン（100 μg/ml アンピシリン）を加えて培養を続ける．求める変異株の増殖は停止したままだが，増殖できる野生株はペニシリンによって溶菌し，結果的に集団の中で変異株が濃縮される．酵母でも同様にポ

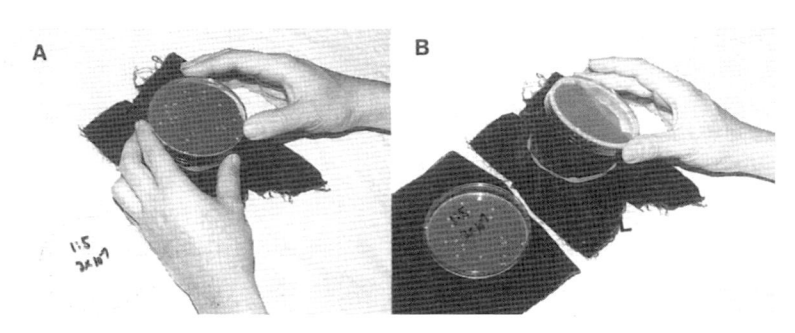

図7.20 レプリカ台とレプリカ手順
ビロード布は毛羽立った面を上にしてレプリカ台に固定する．マスター平板をビロード布に押しつけた後（A），選択平板を同様に押しつける（B）．A, Bとも平板に位置決めの印をつけておく．

リエン系抗生物質であるナイスタチン（10 μg/ml）を用いた濃縮が可能である．

iv）温度感受性変異株の利用　複製，転写，翻訳装置を構成する遺伝子や，細胞周期調節に関与する遺伝子のように，微生物の生育に必須の遺伝子に関しては機能が恒常的に失われた変異株は取得できない．そのような遺伝子の変異は条件致死変異を利用するが，その代表が温度感受性（ts, temperature-sensitive）変異あるいは低温感受性（cs, cold-sensitive）変異である．温度感受性変異の場合は，変異誘起操作後，生育至適温度より低い温度でプレート培養する．コロニー形成後レプリカをとって，野生型では生育できる程度の高温でインキュベートし，コロニーを形成しない株を選択する．これらの変異は，変異タンパク質が非許容温度条件下で失活するか分解する場合に起こるが，単純に発現レベルが下がった変異でも温度感受性の表現型を示すことがある．

v）トランスポゾンの利用　トランスポゾンを染色体の非特定な位置に挿入し，遺伝子を破壊すると同時に挿入点に目印をつける方法である．細菌ばかりでなく，酵母やショウジョウバエ，あるいは植物でもそれぞれの生物種のトランスポゾンが利用できる．細菌の場合は薬剤耐性遺伝子を内部にもつものが使われ，目的の菌株中で複製できないプラスミドやファージにトランスポゾンをのせたものを導入し，そこからゲノムに転移することによって獲得した薬剤耐性を指標に変異株を選択する．挿入点および近傍の遺伝子はトランスポゾンをマーカーにして容易にクローニングできる．

vi）糸状菌，酵母の変異株の取得　糸状菌や酵母の場合，なるべく核数の少ないものに対して変異処理を行う．すなわち，酵母の場合は一倍体，糸状菌の場合は胞子（分生子）に対して行う．特に糸状菌の場合は，胞子の状態でも核が1つとは限らないので，変異株の分離には注意を要する．

b．試験管内変異体取得法[24]

ここで述べる手法は，クローニングしたDNA断片に対して変異を起こさせる方法で，大きく分けてランダムに変異を起こさせる方法と，部位特異的に変異を導入する方法があり，以下に代表的な方法を紹介する．

i）ランダムな変異の導入　亜硫酸や亜硝酸，ヒドロキシルアミンなどは，ランダムな変異誘起剤として以前から生菌に対して使用されていたが，クローニングしたDNA断片に直接作用させればより計画的に変異体を取得することができる．DNAは二本鎖の状態よりも一本鎖の方が効率よく変異が起こるので，目的のDNA断片を一本鎖DNA状態に変換可能なベクターにクローニングしてから処理するとよい．

一方，PCRを用いる方法では，Taq DNAポリメラーゼが3′→5′エキソヌクレアーゼ活性による校正機能をもたず，伸長反応の際にmisincorporationを起こす頻度が高いことを利用する．特にエラーを起こしやすい反応条件で増幅を行うとランダムな変異を導入することができる．

ii）部位特異的変異導入法　PCRを用いる方法と，一本鎖DNAを用いる方法が知られている．どちらの場合も最終的に変異を入れたDNA配列のみが取得できるような工夫がなされている．前者では，まず変異を導入したプライマーと，それとは反対向きに設計したプライマーを用いてinverse PCRを行ってプラスミド全長を増幅する（図7.21）．その際DNAポリメラーゼとして，平滑末端のDNA断片を生成するα型酵素などを用いる．α型酵素は*Thermococcus*属や*Pyrococcus*属などの超好熱アーキアに由来するDNAポリメラーゼで，3′→5′エキソヌクレアーゼ活性（校正活性）を有するため増幅中のエラーが少ない．次にPCR反応液を，メチル化された$G^{m6}ATC$配列を認識して切断する制限酵素*Dpn*Ⅰで処理する．一般的な大腸菌株から調製したプラスミドはDamメチラーゼによってメチル化されており*Dpn*Ⅰによって切断されるが，PCR産

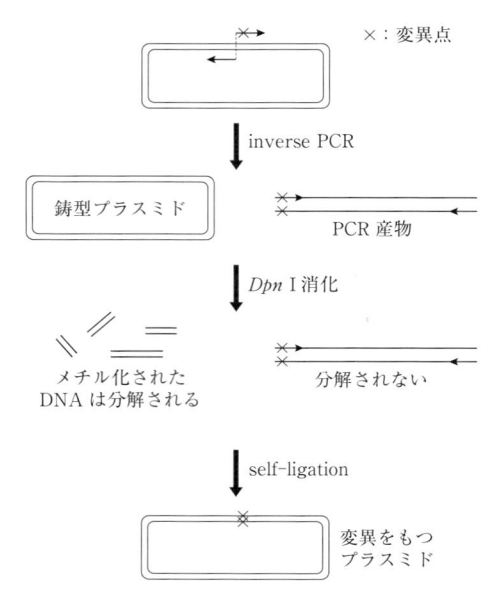

図7.21　inverse PCRを用いた部位特異的変異の導入

物は切断されない．最後に，直鎖状プラスミドであるPCR産物をself-ligationすることにより環状化し，大腸菌に導入する．これ以外にもさまざまな原理に基づく方法がキット化され市販されている．

一本鎖DNAを用いる方法では，Kunkelによる方法が有名である．変異を導入したいDNA断片を一本鎖化が可能なベクターにクローニングし，大腸菌CJ236株に導入する．この株はdUTPaseとUracil-DNA glycosylaseの欠損（$dut^-\ ung^-$）のため，チミンの一部がデオキシウラシルに置き換わったDNAを合成する．次にこの株から一本鎖の鋳型DNAを調製し，それと相補的で，かつ目的の変異を含むように合成したプライマーをアニーリングさせ，DNAポリメラーゼとDNAリガーゼを用いて閉環状二本鎖DNAとする．これをung^+の大腸菌に形質転換すると，もとの鋳型DNAは分解され，変異が導入されたDNA鎖のみを取得することができる．

7.7　個 別 実 験 法

7.7.1　大腸菌における β-ガラクトシダーゼの誘導合成

微生物は細胞外環境の変化に応じてさまざまな適応現象を示す．誘導酵素の合成もその1つであり，誘導基質が与えられるとその代謝に関する特定の酵素が新たに合成され，新しい環境に速やかに適応する．このような適応の1つの機構として，酵素遺伝子の転写を抑制しているリプレッサーに誘導基質が結合し，これを不活性化することで転写が開始される例が多く知られている．たとえばラクトースの代謝の場合，これを細胞外から細胞内へととりこむための輸送タンパク質であるラクトースパーミアーゼや，とりこんだラクトースをグルコースとガラクトースとに分解し利用できる形に変換するβ-ガラクトシダーゼなどが必要である．これらのタンパク質をコードする遺伝子は大腸菌染色体上で同一のオペロン上（lac オペロン）に存在し，その発現はラクトースリプレッサー（LacI）により抑制されている．培地にラクトースが添加されるとLacIが不活性化し，lac オペロンの転写が開始される．しかし，ラクトース存在下でもより容易に代謝されるグルコースが存在する場合にはlac オペロンの発現は抑制される．これは，最も容易に利用できる炭素源がある間は他の炭素源を資化するための酵素を合成しないでおくという一種の適応現象であり，カタボライトリプレッション（catabolite repression，異化代謝産物抑制）と呼ばれる．

本実験では，大腸菌のβ-ガラクトシダーゼの誘導合成を例に生物の適応現象を観察する．また，培養中の微生物の増殖速度を定量的に測定することと，実験材料としている菌体懸濁液中の細胞濃度を正確に知ることは，各種微生物学実験においてきわめて重要である．本実験のもう1つの目的は菌体濁度の測定により微生物の生育を定量的にとらえる手法を学ぶことにある．

〔器具・材料・試薬〕

・菌株： *Escherichia coli* K-12由来 W3110 Sm^r 株

・培地：普通ブイヨン'栄研'（1.8％）

・0.2 M ラクトース溶液

・0.2 M グルコース溶液

・Z buffer： 1lあたり，Na$_2$HPO$_4$・12H$_2$O（21.5 g），NaH$_2$PO$_4$・2H$_2$O（6.2 g），KCl（0.75 g），MgSO$_4$・7H$_2$O（0.246 g），ジチオスレイトール（終濃度2.5 mM），pH 7.0

・0.1％ SDS 水溶液

・ONPG（*o*-nitrophenyl-β-D-galactopyranoside）溶液： β-ガラクトシダーゼの基質（図7.22）．4 mg/mlの濃度で上記Z bufferに溶解する．

・1 M Na$_2$CO$_3$ 水溶液

・クロロホルム

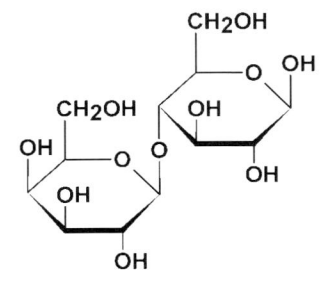

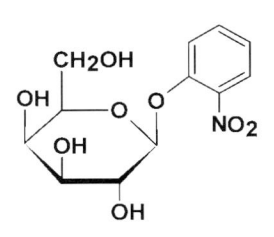

図7.22 ラクトース（左）とONPG（右）の構造

〔操　作〕

(1) 普通ブイヨンに E. coli W3110 Sm^r 株を1白金耳植菌し，30℃で一晩振とう培養する（前培養）．

(2) 翌日，4本のL字管に前培養液をマイクロピペットを用いて2%ずつ植菌する．

(3) 37℃で振とう培養を行う（本培養）．30分おきに，簡易比色計にて菌体濁度 OD_{660} を測定する．値を片対数グラフにプロットする．

(4) サンプリング用の小試験管18本に Z buffer (1 ml)，0.1% SDS (0.01 ml)，クロロホルム (0.02 ml) を入れ，アイスボックス中氷上に立てておく．

(5) 濁度が0.25になったら，各L字管に次の糖を添加し，振とう培養を継続する．
　系1：　無添加
　系2：　0.3 ml ラクトース
　系3：　0.3 ml ラクトース＋0.1 ml グルコース
　系4：　0.1 ml グルコース

(6) 糖を加えてから0, 30, 60, 90分後に，菌体濁度 OD_{660} を測定するとともに，マイクロピペットを用いて培養液1 ml を上記試験管中にサンプリングする．サンプルはいったん10秒間ボルテックスミキサーでかくはんした後，すべてのサンプリングが終わるまで氷上に置く．培養液の代わりに培地のみを加えたブランクを1つ用意する．サンプリング終了後，それぞれのβ-ガラクトシダーゼ活性を下記に従って測定する．

(7) 上記サンプル液およびブランク0.5 ml を1.5 ml マイクロ遠心チューブに移す．

(8) ONPG 溶液（基質）を0.1 ml 添加し，ボルテックスミキサーを用いて素早くまぜ，28℃で5分間反応させる．

(9) Na_2CO_3 液（酵素反応停止液）を0.25 ml 添加し，よくまぜ，酵素反応を止める．

(10) 卓上遠心機で15000 rpm で3分間遠心する．遠心後，沈殿をとらないよう注意深く上清500 μl を採取し，分光光度計にて420 nm における吸光度 (A_{420}) を測定する．
〔注〕　なお，サンプリングした菌体液や酵素活性測定後の廃液には微量のクロロホルムが含まれているので取扱いに注意する．

〔結果の整理〕

(1) 微生物の生育をグラフ化する．片対数グラフを用いる．横軸には本培養開始以後の時間を，縦軸には菌体濁度をとる．また，グラフ中の傾きの最も大きい領域から，細胞の倍加時間を計算する．

(2) 酵素活性の測定結果をグラフ化し，β-ガラクトシダーゼの誘導合成に及ぼす培地炭素源の影響を考察する．その際，A_{420} を OD_{660} で割ることで菌体あたりの活性を算出する．　　　　[有岡　学]

7.7.2　大腸菌におけるプラスミド取扱い法

大腸菌を用いた遺伝子組換え技術は，今日の遺伝子工学分野において必要不可欠である．ここでは，その基礎となるプラスミドDNAを用いた大腸菌の形質転換（塩化カルシウム法），形質転換体からのプラスミドDNAの調製（アルカリ溶菌法），ならびに調製したプラスミドDNAを制限酵素により消化し，アガロース電気泳動により解析する手法を学習する．

〔材　料〕

・宿主：　Escherichia coli K-12 由来 JM109 株 (recA1 supE44 endA1 hsdR17 gyrA96 relA1 thi Δ(lac-proAB) F' [traD36 proAB$^+$ lacI^q lacZ ΔM15])

・プラスミド：　pUC19（0.02 μg/μl となるように TE 緩衝液に溶解，図7.18参照）

〔培　地〕

・シリコセンつきL字試験管内で調製した10 ml のLB培地4本（ただし，1本には用事最終 50 μg/ml のアンピシリンを無菌的に添加）

・LB寒天平板（1.5%寒天）培地2枚

・50 μg/ml アンピシリン含有LB寒天平板培地2枚

〔試　薬〕

・50 mM $CaCl_2$ 溶液*5

・TE緩衝液（10 mM Tris-HCl (pH 7.6)，1 mM EDTA）*5

・Solution I（50 mM グルコース，25 mM Tris-HCl (pH 7.5)，10 mM EDTA）

・Solution II（0.2 M 水酸化ナトリウム，1% SDS）

・Solution III（3 M 酢酸カリウム (pH 4.8)）

・フェノール-クロロホルム（1:1）溶液

・100% および 70% エタノール

・TAE 緩衝液（40 mM Tris-acetate (pH 8.3)，1 mM EDTA）

・10倍濃度 PstI 緩衝液（500 mM Tris-HCl (pH 7.5)，100 mM $MgCl_2$，10 mM DTT，1 M NaCl）

・制限酵素 PstI（15 U/μl）

・RNase A（10 mg/ml）

---

*5　これらの溶液はオートクレーブをかけておく．

・10×ローディング緩衝液（1% SDS, 50%グリセロール，0.05%ブロモフェノールブルー）
・DNA分子量マーカー（λファージDNAのStyI消化産物であり，濃度は$0.04\,\mu g/\mu l$とする）
・アガロースゲル染色液（TAE緩衝液に対して臭化エチジウムを終濃度で$0.5\,\mu g/ml$となるように溶解させる）
・0.8%アガロースゲル

〔注〕臭化エチジウムは変異原性がある．また，Solution IIおよびフェノール-クロロホルム（1:1）溶液は，ともに劇物を含むので，取扱い時には保護めがねと手袋の着用が必須である．取扱いの注意については7.5.1.c項を参照すること．

a. 大腸菌のコンピテントセル（competent cell）の調製と形質転換

〔操　作〕以下の操作をすべて無菌的に行う．

(1) $E.\ coli$ JM109株をL字管のLB培地1本に1白金耳植菌し，30℃で一晩振とう培養する（前培養）．

(2) 前培養液をL字管のLB培地1本に$100\,\mu l$（1%）植菌し，濁度OD_{660}が0.2になるまで約1.5～2時間，37℃で振とう培養する（本培養）．なお，植菌しないL字管のLB培地1本を本培養の濁度測定の対照と回復培養の両方に用いる．

(3) 培養液をL字管ごと氷中に5分つけ冷却した後（以下細胞は氷温に保つ），滅菌氷冷した$50\,ml$容滅菌遠心管に移し，7000 rpm, 5分，4℃で遠心し，上清を捨てる．

(4) 氷冷した50 mM $CaCl_2$を$5\,ml$入れ，菌体を穏やかに懸濁して氷上で20分静置した後，上記の条件で遠心して上清を捨てる．このとき沈殿はパッキングが緩くはがれやすいので失わないよう十分に注意する．

(5) 氷冷した50 mM $CaCl_2$を$1\,ml$入れて，菌体を穏やかに懸濁する．完成したコンピテントセルは氷上に置き，なるべく早く形質転換に用いる．

(6) 氷冷した滅菌$1.5\,ml$容マイクロ遠心チューブ2本に穏やかに懸濁しなおしたコンピテントセルを$0.1\,ml$ずつ分注する．

(7) それぞれにTE緩衝液またはpUC19溶液を$5\,\mu l$ずつ加えて穏やかに懸濁した後，氷上で30分間静置する．

(8) 42℃の湯浴に2分間つけて熱ショック処理し，ただちに氷中に移して冷却した後，LB培地$895\,\mu l$を穏やかに加えて穏やかに転倒混合する．37℃で1時間静置培養する．

(9) 穏やかに転倒混合した後，表面を乾燥させたアンピシリン含有および非含有のLB寒天平板培地にそれぞれ$100\,\mu l$ずつたらし，コンラージ棒で乾くまで塗り広げる．できた4枚の平板培地は37℃で終夜静置培養し，大腸菌の生え方（ローン状，コロニー状の別とコロニー状の場合はコロニー数）を観察し，必要に応じて縁をテープでシールして4℃で保存する．

〔実験結果のまとめ〕

(1) $E.\ coli$ JM109株，プラスミドpUC19のアンピシリン耐性遺伝子の有無を遺伝子型などの情報がないものとして考察する．

(2) 形質転換効率（プラスミドDNA $1\,\mu g$あたりの形質転換体数）および形質転換頻度（何細胞あたり形質転換体が1つ得られたか）を計算し，計算方法も示す．

〔注〕なお，形質転換頻度は培養液のOD_{660}が0.2のときに生菌密度が10^8細胞$/ml$として計算する．

b. プラスミドDNAの調製

アルカリ溶菌法により大腸菌からプラスミドDNAを調製する．

〔操　作〕

(1) L字試験管に入った$10\,ml$ LB培地に，アンピシリンを終濃度で$50\,\mu g/ml$になるように加える．a項の実験で得られた形質転換体のうち，他のコロニーから十分に分離しているコロニーを選択し，アンピシリン含有LB培地に植菌し，37℃で一晩振とう培養する．

〔注〕植菌に際しては，大きめのコロニーを選ぶように心がける．

(2) 大腸菌終夜培養液$1.5\,ml$を，$1.5\,ml$マイクロ遠心チューブに移す．卓上遠心機で15000 rpmの回転数で30秒間遠心した後，すみやかに培地上清を取り除く．集菌した菌体を$0.1\,ml$のSolution Iに懸濁する．

(3) $0.2\,ml$のSolution IIを加えて混合した後，5分間静置する．混合の際には，激しくまぜ合わせることはしない．また，静置後，粘性が出て溶液が透明になったことを確認する．

(4) $0.15\,ml$のSolution IIIを加え，混合する．液が白濁し，粘性がなくなったことを確認した後，卓上遠心機で15000 rpmの回転数で5分間遠心する．

(5) 上清を新しいマイクロ遠心チューブに移した後，$0.4\,ml$のフェノール-クロロホルム（1:1）溶液を加え，ボルテックスを用いてよくかくはんする．かくはんは30秒以上行うことが望ましい．

(6) 卓上遠心機で 15000 rpm の回転数で 5 分間遠心し，上清を新しいマイクロ遠心チューブに移す．これに 1 ml の 100％エタノールを加え，よくまぜた後，氷上に 5 分間静置する．

(7) 卓上遠心機で 15000 rpm の回転数で 5 分間遠心した後，マイクロピペットを用いて上清を残さず除去する．この際，沈殿物（プラスミド DNA および RNA）を吸いとらないように注意すること．70％エタノールでリンスした後，エタノールを除く．風乾によりプラスミド DNA を乾燥させた後，0.1 ml の TE 緩衝液に溶解する．1 mg/ml になるように RNase A を加え，10 分間 37℃ で保温し，RNA を分解する．

(8) 上記で調製したプラスミド DNA 溶液を，10 μl ずつ 2 本のマイクロ遠心チューブに移す．それぞれのマイクロ遠心チューブに対し，制限酵素で消化するものには 34 μl の脱イオン水，5 μl の 10 倍濃度 PstI 緩衝液，1 μl の PstI を加える．消化しないものには 35 μl の脱イオン水および 5 μl の 10 倍濃度 PstI 緩衝液を加える．その後，37℃ で 1 時間反応させる．

(9) 反応後の DNA 溶液 50 μl のうち，20 μl をマイクロ遠心チューブに移し，2 μl のローディング溶液を加える．

(10) 0.8％アガロースゲルを作製する．TAE 緩衝液 100 ml あたり 0.8 g になるように電気泳動用アガロースゲルをはかりとる．電子レンジなどを用いて加熱し，アガロースを完全に溶解する（突沸に注意する）．60℃ 程度にまで冷ました後，水平に置いたゲル作製台に流しこむ．コームを差しこみ，ゲルが十分に固まるまで放置する．

(11) コームを抜いたゲルを TAE 緩衝液の入った泳動槽にセットする．サンプル（総量 22 μl）をアガロースゲルのウェルに注入し，電気泳動を開始する．2 種類の DNA 溶液に加え，DNA 分子量マーカー（DNA のサイズを見積もる際の参考とする）を 5 μl 泳動する．100 V の電圧で電気泳動を行い，ブロモフェノールブルーがゲルの 7 割程度まで泳動された段階で泳動を終える．

(12) 泳動後のゲルをアガロースゲル染色液に 30 分程度浸した後，ゲル撮影装置を用いて DNA の泳動パターンを撮影する．ゲルの操作は，すべて手袋を装着して行うこと．

〔実験結果のまとめ〕 pUC19 を PstI で消化することで生じたバンドの塩基対数を見積もる．上記泳動条件では，1～10 kbp までの直鎖状 DNA の移動度が，その DNA の塩基対数の対数と直線関係にあることを利用する．すなわち，DNA 分子量マーカーの各バンドのウェルからの移動距離を測定し，片対数グラフの横軸に移動距離〔cm〕，縦軸に塩基対数〔bp〕をプロットする．そして，このグラフを用いて，解析したい直鎖状 DNA の移動度から塩基対数を算出する．なお，ここで用いた DNA 分子量マーカーの各バンドの塩基対数は，高分子から 19.33, 7.74, 6.22, 4.26, 3.47, 2.69, 1.88, 1.49, 0.93, 0.42, 0.07〔kbp〕である．

7.7.3　大腸菌以外の系での形質転換法

ここでは，大腸菌以外での形質転換系として，酵母と麹菌の形質転換法について概説する．

a. 酵　　母

ここでは，酵母における形質転換法として，一般的に用いられる酢酸リチウム法について述べる．また，これを改良して高効率化した，Gietz らによる方法も広く用いられている．

〔試　薬〕

・溶液 A（10 mM Tris-HCl（pH 7.6），0.1 mM EDTA）

・溶液 B（10 mM Tris-HCl（pH 7.6），0.1 mM EDTA，0.1 M 酢酸リチウム）

・溶液 C（10 mM Tris-HCl（pH 7.6），0.1 mM EDTA，0.1 M 酢酸リチウム，15％（w/v）グリセロール）

・溶液 D（50％（w/v）ポリエチレングリコール 4000）

〔操　作〕

(1) 10 ml の YPD もしくは選択培地で菌を終夜培養し，前培養液とする．

(2) 前培養液 0.2 ml を 10 mM の YPD 液体培地に植菌する．

(3) 30℃ で 4～5 時間程度振とう培養することで対数増殖期にある菌体培養液を得る．

(4) 2000 rpm で 5 分間遠心し，上清を捨てる．

(5) 菌体を 4～5 ml の溶液 A に懸濁する．

(6) 2000 rpm で 5 分間遠心し，上清を捨てる．

(7) 菌体を 2 ml の溶液 B に懸濁する．

(8) 30℃ で 1 時間振とう培養する．

(9) 2000 rpm で 5 分間遠心し，上清を捨てる．

(10) 菌体を 0.6～1.2 ml の溶液 C に懸濁し，0.3 ml ずつ分注する．

(11) 0.3 ml の菌体懸濁液に対し，1～10 μl の DNA を加える．添加する DNA 溶液の体積は 30 μl

までに留める．
(12) 0.7 ml の溶液 D を加え，マイクロピペット等を用いてよく懸濁する．
(13) 30℃で1時間静置する．
(14) 12000 rpm で 10 秒間遠心した後，菌体を適当量の水に懸濁する．
(15) 0.1 ml の菌体懸濁液を選択培地に塗布する．

〔足立博之・小川哲弘〕

b. 麹 菌

麹菌の形質転換はプロトプラスト-PEG 法で行う．麹菌の菌糸に細胞壁溶解酵素を作用させプロトプラストを調製する．プロトプラストは，浸透圧調整剤（ソルビトール，NaCl を使用する場合もある）存在下で破裂しないようにやさしく扱う．ポリエチレングリコール（polyethyleneglycol, PEG）の作用により，プロトプラストに DNA をとりこませる．

形質転換の DNA にはプラスミドや直鎖状の DNA 断片が用いられるが，染色体に組みこむ方法で行われる．また，自立複製配列 AMA1 配列を含むプラスミドを用いると，細胞内にプラスミドの状態のままで保持することができる．

選択マーカーには，硝酸塩や硫酸塩の資化能を与える遺伝子，アミノ酸や核酸の栄養要求性を相補する遺伝子，薬剤耐性遺伝子などが用いられる．選択培地はツァペック・ドックス培地[14] などの最少培地が基本であり，必要に応じて薬剤を添加する．

〔培地・試薬〕

・DPY 培地： 2% デキストリン，1% ポリペプトン，0.5% 酵母エキス，0.5% KH_2PO_4, 0.05% $MgSO_4 \cdot 7H_2O$

・上層培地： 0.8% 寒天，1.2 M ソルビトール入り選択培地

・下層培地： 1.5% 寒天，1.2 M ソルビトール入り選択培地

・TF Solution 1： 1% Yatalase（タカラバイオ社製），0.6 M $(NH_4)_2SO_4$, 50 mM マレイン酸（pH 5.5）

・TF Solution 2： 1.2 M ソルビトール，50 mM $CaCl_2 \cdot 2H_2O$, 35 mM NaCl, 10 mM Tris-HCl (pH 7.5)

・TF Solution 3： 60% PEG 4000, 50 mM $CaCl_2 \cdot 2H_2O$, 10 mM Tris-HCl (pH 7.5)

〔操 作〕 以下の操作をすべて無菌的に行う．

(1) 麹菌の形質転換に用いる株の菌体を，100 ml DPY 培地に植菌する．18〜24 時間，30℃，120〜150 rpm で振とう培養する（前培養）．

(2) ミラクロス（Calbiochem 社製）を用いて培養液中の菌体を濾過して集め，菌体が白くなるまで滅菌水で洗浄する．

(3) ミラクロスに残った菌体を，TF Solution 1（使用直前に調製）が 10 ml 入った L 字管へ移す．

(4) ウォーターバスで 3 時間，30℃，50 ストローク/分で振とうする．

(5) ミラクロスでプロトプラストを濾過する．

(6) 濾液に等量（10 ml）の TF Solution 2 を加え，静かに混和する．

(7) 8 分間，4℃，2000 rpm で遠心する．プロトプラストへの衝撃を少なくするため，すべての遠心はブレーキオフの設定にして行う．

(8) デカンテーションにより上清を捨て，沈殿に 5 ml の TF Solution 2 を加えて，滅菌済みスポイトで穏やかに懸濁する．

(9) 8 分間，4℃，2000 rpm で遠心する．沈殿を 5 ml の TF Solution 2 に懸濁する．

(10) 8 分間，4℃，2000 rpm で遠心する．上清を捨て，TF Solution 2 を約 $1.0 \sim 5.0 \times 10^7$ プロトプラスト/ml となるように加える．滅菌済みスポイトで穏やかに懸濁する．

(11) 1000 μl 用のマイクロピペットを用いて，新しい 15 ml 遠心チューブに 200 μl のプロトプラスト懸濁液を入れる．

(12) プロトプラスト懸濁液に 1〜5 μg の形質転換用 DNA を含む溶液を 10 μl 加え，滅菌済みスポイトで静かに混和する．

(13) 30 分間氷中に静置する．

(14) プロトプラスト懸濁液に 250, 250, 850 μl と 3 回に分けて TF Solution 3 を加える．添加するごとに，滅菌済みスポイトで静かに混和する．

(15) 20 分間室温で静置する．

(16) 5 ml の TF Solution 2 を加えて，静かに混和する．

(17) 8 分間，4℃，2000 rpm で遠心し，上清を捨てる．沈殿を 500 μl の TF Solution 2 に懸濁する．

(18) あらかじめ電子レンジで溶かして 45℃で保温しておいた上層培地 4〜5 ml にプロトプラスト懸濁液を加える．すばやく混和し，下層培地に重層する．

(19) 重層した上層培地を乾燥させ，サージカルテープでシャーレを巻いて 30℃で培養する．3〜7 日間程度培養する．

(20) 取得した形質転換体は，ソルビトールを含まない選択培地で 1〜3 回植え継ぎを行い，形質を安定させる．

〔丸山潤一〕

7.7.4　酵母の性的接合実験

出芽酵母 Saccharomyces cerevisiae には一倍体と二倍体があるが，どちらも栄養増殖を行い，形態的にはほとんど見分けがつかない．一倍体細胞にはa型とα型の二種類の接合型（mating type）が存在し，それぞれ単独で出芽増殖する．a型とα型の細胞が出会うと，増殖を一時停止して接合過程に入りa/α型の二倍体細胞を形成する．二倍体細胞も同様に出芽増殖を行うが，窒素飢餓などの生育に適さない条件におかれると増殖を停止して胞子形成過程に入り，減数分裂して細胞内にa型とα型の一倍体の胞子を2個ずつ合計4個形成する．このa型，α型の胞子は栄養培地に移すと発芽して再び一倍体細胞を形成し，出芽増殖を再開する．生育に適した条件下では倍加時間が1時間半程度である酵母は，こうしたライフサイクルの過程を短期間に観察することが可能である．

多くの野生の出芽酵母では一倍体細胞が不安定であり，a型細胞だけを培養していても一部が接合型変換を起こしてα型となり，他のa型細胞と接合して二倍体細胞を形成してしまう．α型細胞の場合も同様である．このように1つの細胞だけを培養していても有性生殖して二倍体となる株をホモタリック株と呼ぶ．本実験では接合型変換を起こさないため一倍体細胞が安定となっている菌株（ヘテロタリック株）を用いて，性的凝集と接合・栄養要求性変異の相補を観察し，真核微生物のライフサイクルおよび遺伝子型と表現型の関係について理解を深めることを目的とする．

〔材料・器具〕

・菌株：　S. cerevisiae X2180 株由来の一倍体の栄養要求性変異株を用いる．

酵母の遺伝子型はアルファベット三文字と数字の組み合わせで表記し，対立遺伝子は優性型を大文字，劣性型を小文字で表す．接合型a，αはそれぞれ MATa, MATα と表記し，二倍体株は MATa/α と記載する．leu1, arg6 はそれぞれロイシン合成系遺伝子，アルギニン合成系遺伝子の1つが変異していることを示し，この菌株は生育にそれぞれロイシン，アルギニンを必要とする（表7.2）．

表7.2　使用する菌株の遺伝型と表現型

菌株名	遺伝子型（genotype）	表現型（phenotype）
(1) A5-8-1A	MATa, leu1	ロイシン要求性
(2) A5-8-1C	MATα, leu1	ロイシン要求性
(3) W779-2B	MATα, arg6	アルギニン要求性

ただし Ya, Yb, Yc（順不同）として供与される．

・小試験管10本：　アルミキャップをかぶせて乾熱滅菌する（1本は予備）．

・滅菌済みマイクロピペット用のチップ（大，小）1箱：　オートクレーブ滅菌する．

・Malt extract 培地：　30 ml の Malt extract 液体培地を作製し，三角フラスコに入れてオートクレーブする．

・SD 平板培地（酵母用の最少培地，7.2.4.e 項参照）：　寒天を2%（100 ml に対して2 g）になるように加えた平板培地を1枚作製する．ただし作製にあたっては2本の三角フラスコを準備し，片方には Yeast Nitrogen Base W/O Amino Acids のみを溶かし，もう片方にグルコースを溶かした後寒天を入れる．これらをオートクレーブ滅菌後，クリーンベンチの中で無菌的にまぜ合わせることでSD 培地とし，これをシャーレに流しこんでプレートとする．

〔操　作〕

(1) 乾熱小試験管3本に，Malt extract 液体培地を5 ml ずつ無菌的に分注し，Ya, Yb, Yc の3株をそれぞれ植菌して，30℃の恒温槽内で一夜静置培養する．

(2) 翌日，培養液の一部（菌体が一部沈殿しているので，軽くふって上の部分をとる）を無菌的に乾熱小試験管内で1 ml ずつ混合したものと，Ya, Yb, Yc を単独に2 ml ずつ分注した計6本の小試験管にそれぞれ滅菌した培地を新たに1 ml 加え，30℃（湯浴）で1時間ごとに様子をみながら接合するまでインキュベートする．

(3) Ya, Yb, Yc 単独の場合と Ya＋Yb, Yb＋Yc, Yc＋Ya の混合した場合の細胞の沈降性（性的凝集）の観察，および無菌的にサンプリングした試料の普通顕微鏡での無固定標本の観察（スケッチ）を行う．接合しているところが見られたら，位相差顕微鏡で写真撮影を行う．

(4) 最後に，6種類の培養液を選択培地に白金耳で塗布し30℃で培養する．このとき培養液をとりすぎると，培養液中に含まれるアミノ酸によって生育できないはずの菌株が生育してくるので注意する．

(5) 菌株を塗布した2〜4日後，選択培地上に生育してきたコロニーの観察を行いスケッチする．

〔実験結果のまとめ〕　得られた結果から Ya, Yb, Yc の遺伝子型を推定し考察する．性的凝集と接合体の形成の有無により接合型の異同がわかり，栄養要求性変異の相補の有無により栄養要求マーカーの異同がわかる．

［堀内裕之］

7.7.5 アミラーゼを生産する微生物の単離

自然界ではほとんどの場合に多種類の微生物が共存しており，このような環境から目的とする微生物を単離し純粋培養を行うことができれば，研究が容易になる．ここでは，純粋分離の操作により各種の微生物が混合した状態からアミラーゼを生産する微生物を単離・検出することを目的とする．純粋分離に関しては 7.2.3 項を，一般的な土壌微生物の計数法については 7.7.6 項を参照のこと．

〔培地・試薬・器具〕

・デンプン培地 3 枚： Yeast extract (0.5%)，ペプトン (0.5%)，K_2HPO_4 (0.1%)，$MgSO_4 \cdot 7H_2O$ (0.02%)，NaCl (1.0%)，馬鈴薯デンプン (1.0%) を脱イオン水に溶かし，1.5%粉末寒天を加えてオートクレーブ滅菌し，平板培地を作製する．

・ルゴール液（グラム染色に用いるルゴール液とは組成が異なる）： ヨウ化カリウム 2 g を少量の蒸留水に溶かし，ヨウ素 0.1 g を加えてよく溶かした後，蒸留水を加え 300 ml にする．

・スプレッダー (7.2.3.c 項参照)

〔操　作〕

(1) 適当な場所から土などのサンプル 0.1 g を採取し，7.2.3.a 項に従い，脱イオン水 (5 ml) 中に試料懸濁液を作製する．試料懸濁液 100 μl を新たな試験管中の 5 ml の脱イオン水に懸濁して第一次希釈液を，さらに第一次希釈液から同様に第二次希釈液を作製する．試料懸濁液および各希釈液を 100 μl ずつデンプン平板培地にスプレッダーで塗布し，30℃で一晩培養する．

(2) プレートに生育したコロニーの周辺の培地をじっくり観察し，培地中のデンプン高分子を分解しハローを形成しているものを見つけだす．ハローをつくっているコロニーの形態，またそのハローの状態を肉眼で観察し，所見を記録する．

(3) さらにプレートにルゴール液を 5 ml 程度入れ，プレートをゆすって全面に広げる．デンプンが残っているところは青紫色に染まるが，デンプンが分解されているところは透明に抜けたままなので，アミラーゼを生産するコロニーの周辺のハローを明瞭に観察することができる．

〔実験結果のまとめ〕 サンプリングを行った場所によってどのような違いがあるかを考察する．

〔福田良一〕

7.7.6 土壌微生物の計数

土壌には多様な微生物が生息している．ここでは，その土壌微生物の計数と分離の方法を述べる．

土壌微生物の計数法は大きく 2 つに区分される．その 1 つは土壌分散液を寒天等でゲル化した平板培地に接種して培養し，出現するコロニーの数を計る方法（希釈平板法），あるいは土壌分散液を液体培地中で培養し，微生物の生育・活動状況を調べる方法（希釈頻度法）である．もう 1 つは，土壌中の微生物を顕微鏡で直接観察し計数する方法（直接検鏡法）である．ここでは基本的な方法として希釈平板法と，直接検鏡法の一種である Jones-Mollison 法について述べる．

a. 希釈平板法

i) 分散・希釈

(1) 湿潤土 (<2 mm) 10〜50 g を 500 ml 容の坂口フラスコにとり，希釈用の滅菌水 490〜450 ml を加え（全容を約 500 ml とし），往復振とう機で 10 分間振とうする（一次希釈）．

(2) この懸濁液を数秒間手で激しくふり，すばやく滅菌ピペットで 10 ml とり，殺菌した希釈用の液 90 ml が入れてある 300 ml 容フラスコに入れ，殺菌したゴム栓をし，25 回手で振とうする（二次希釈）．

(3) この操作を遂次繰り返し，細菌の計数の場合は一般に 10^{-5} および 10^{-6} 台の希釈液を，真菌の計数の場合は 10^{-3} および 10^{-4} 台の希釈液をそれぞれ調製するが，適切な希釈率は土壌によって異なる．

〔注〕 希釈用の滅菌水の代わりに，滅菌したリンゲル液，0.1%ピロリン酸液，Tris 緩衝液なども用いられる．また一次希釈液作製時の分散方法として，振とう機の他に，手による振とう，超音波分散，ブレンダーなどが利用できる．土壌の種類と実験の目的に応じた適切な方法を，予備実験によって選択するとよい．

ii) 平板の作製と培養

(1) 土壌希釈液 1 ml をとり，滅菌した駒込ピペット等を用いて滅菌シャーレ 1 枚に移す．

(2) あらかじめ調製し，オートクレーブ滅菌後にゲル化しないよう 42±1℃に保っておいた寒天培地 10 ml を流しこみ，シャーレを水平に保ったまま，前後，左右および右回り左回り，それぞれ 5 回振とうし，希釈液と培養液をよく混合する．

(3) 静置・放冷して培地をゲル化させた後，上下を反転して定温器に入れ，25〜27℃で 7 日ないし 14 日間（細菌），あるいは 3 日ないし 5 日間（真菌）保温静置する．なお，出現するコロニー数にばらつきがあるため，同一希釈液につきシャーレ 5 枚を用意する．

〔注〕 寒天培養液の種類はきわめて多いが，以下のものが

常用されている.
〔細菌用培地〕
(1) アルブミン寒天培地: 卵白アルブミン 0.25 g, グルコース 1.0 g, KH_2PO_4 0.5 g, $MgSO_4$ 0.2 g, $Fe_2(SO_4)_3$ 痕跡, 寒天 15 g, 蒸留水 1 l, pH 6.8〜7.0.
アルブミンはあらかじめ 5〜10 ml の水に入れ, フェノールフタレインを指示薬として, 0.1 N NaOH 溶液を液が微紅色になるまで加えて溶解する. この際マグネチックスターラーを使用すると便利である. その他の物質は別に混合, 溶解, 濾過した後に, 両液を一緒にする.
(2) 土壌浸出液寒天培地: 土壌浸出液 1 l, K_2HPO_4 0.2 g, 寒天 15 g, pH 6.8.
土壌浸出液は採取直後の新鮮で肥えた土壌 500 g を水 1.5 l と混合して, 121℃, 30 分間のオートクレーブ中で浸出したものを用いる. $CaSO_4$ ないしは $CaCO_3$ 0.5 g を添加してから濾過する. 濾液が濁っているときは, 清澄になるまで濾過を繰り返すか遠心分離を行う.
〔真菌用培地〕 ローズベンガル寒天培地 (Martin と Johnson の培地): KH_2PO_4 1.0 g, $MgSO_4$・$7H_2O$ 0.5 g, ペプトン 5.0 g, グルコース 10.0 g, ローズベンガル 33 mg, 寒天 15 g, 蒸留水 1 l.
培地をオートクレーブ殺菌, 42〜45℃ に冷却したときに, ストレプトマイシン溶液をその濃度が 30 μg/ml になるように無菌的に加える. このストレプトマイシン溶液は, あらかじめ滅菌済みのミリポアフィルターで濾過滅菌しておく.

iii) **コロニー計数** 1 つのシャーレに形成されたコロニーの数がおよそ 200 以下 (細菌), あるいは 20 前後 (糸状菌) である希釈度のシャーレを選び, コロニーの計数を行う. すなわち, 計数の重複がないようにシャーレの裏面から各コロニーに相当する部位にペンで印をつけ, 総数を集計する.
〔注〕この際, 大きく広がる細菌 (spreader) および巨大な真菌コロニー (他のコロニーを覆ってしまうほど大きいもの), 異常に多数な微少コロニー (pin-point colony), はなはだしく不均一に分布しているコロニーなどが認められるシャーレは計数から除外する.
乾土 1 g あたりの菌数 N は, 以下の式で表される.

$$N = \frac{a \times u \times 100}{100 - x} \quad (7.1)$$

ここで, a は 5 枚のペトリ皿のコロニーの平均値, u は湿潤土あたりの希釈倍数, x は土壌水分量 % である.

b. **直接検鏡法 (Jones-Mollison 法)**

i) **分散・希釈**
(1) 1.5% 寒天液を高温にて完全に溶解した後, 0.45 μm のミリポアフィルターを通して, 寒天に元来含まれていた微生物の残骸等を除き (熱いので取扱いに注意), その 40 ml を 50 ml 容三角フラスコに入れ, 55℃ にまで冷却し維持しておく.
(2) 乾土 5 g 相当量の湿潤土を 100 ml 容の容器にとり, 除菌水 50 ml を加え, 1 分間手で振とうした後に, 超音波破砕機を用いて, 50 kW, 10 kc にて 3 分間, 音波分散する (ブレンダーで粉砕してもよい).
(3) この土壌懸濁液 10 ml をとり, 寒天液の入った 50 ml 容三角フラスコに移し, 密栓後, 充分に振とう混和して, 土壌-寒天液を調製する.

ii) **土壌-寒天フィルムの作製**
(1) Thoma の血球計算盤 (1.11.3. g 項参照) にカバーグラスをかぶせ, その両端を軽くおさえながら, 駒込ピペットを用いて室温まで放冷した土壌-寒天液を隙間 (厚さ 0.1 mm) に流しこみ, 静置, 放冷, ゲル化する.
(2) 蒸留水を満たしたシャーレに計数器を入れ, カバーグラスをとりさる.
(3) 露出した寒天フィルムを滅菌したメスではがしとり, ピンセットで水中に並置しておいたスライドグラス上に移し, スライドグラスごとすくいあげ, 清浄な箱に入れ風乾する.

iii) **染色・計数**
(1) 風乾した寒天フィルムはローズベンガル染色液 (0.05% $CaCl_2$ を含む 5% フェノール水溶液 100 ml 中にローズベンガル色素粉末 1 g を溶かしたもの) に浸し, 1 時間約 30℃ に放置する.
(2) 流水で軽く水洗後, 90% エタノール, 95% エタノールの順に各 20〜30 秒間浸漬し, 脱色, 脱水を行う. 同一試料につき 4 枚の標本スライドを作製する.
(3) 染色したスライドを 1500 倍で検鏡し, 50 μm × 50 μm の大きさの視野を 1 枚のスライドにつき 20 ヶ所ランダムに選び, 各視野内に見られる微生物を計数する. この際形態に基づいて微生物をいくつかに区分し, それぞれ別々に計数することが望ましい. 乾土 1 g あたりの菌数は, 1 視野 (2500 μm^2) あたりの菌数の平均値 × 2×10^8 によって求められる.
〔大塚重人・磯部一夫〕

7.7.7 細胞性粘菌の生活環の観察

ここでは, 細胞性粘菌 *Dictyostelium discoideum* の二員培養 (7.4.1. e 項参照) について培養と観察の方法を学ぶ. 二員培養の粘菌細胞は, ハロの縁では増殖中のアメーバ細胞として, ハロの内部では餌がないため飢餓状態となって多細胞体として存在している. さらにハロ内部の細胞は, 飢餓継続時間がハロの中心に近づくほど長いので, 無性生殖生活環における発生段階の順序と同じく, ハロの中心に向かってマウンド, 移動体 (移動して別の場所にも存在し, 段階が短く数は少ない), 子実体の順に並ぶ. 本実験では, 餌に *Escherichia coli* B/r を用いて二

員培養を行い，ハロを肉眼で観察するとともに，子実体，マウンド，移動体，増殖期アメーバ細胞，胞子を実体顕微鏡観察と普通顕微鏡で観察する．

〔器具・材料〕

・細胞性粘菌株： *D. discoideum* AX2 株の本実験で作製するのと同じ二員培養のハロ

・細菌株： 大腸菌 *E. coli* B/r 株の LB 培地 30℃一夜培養液

・DM プレート： 1 l あたり Bacto peptone（BD）10 g，グルコース 2 g，$Na_2HPO_4 \cdot 12H_2O$ 0.96 g，KH_2PO_4 1.45 g，寒天末 13 g．ただし，リン酸緩衝液とそれ以外を別々に調製，オートクレーブ滅菌し，後で混合して固化させる．

〔二員培養〕 培養はすべてプレートの縁をテープでシールして 22℃で静置培養．

(1) *E. coli* B/r 株の一夜培養液を乾燥させた DM プレートに 0.7 ml 滴下して傾け，ピペットも使ってぬれていない部分がないよう全体に広げる．残った液はピペットで吸いとる．ふたを開けたまま放置してスプレッダーを用いずに表面を乾燥させる．一夜静置培養．

(2) DM プレートの大腸菌ローン上に，よく冷やした白金耳でハロの縁の盛り上がった部分を 3 mm くらいとって植える（植菌）．同じ操作を繰り返してプレートあたり 1〜4 ヶ所植え，3 日以上静置培養する．

(3) 培養 3 日でハロは直径 1 cm 以上になり，子実体が多数できているのが肉眼で確認できる．培養 3〜7 日目に以下の観察を行う．

〔生活環各段階の観察〕

i) 肉眼観察　ハロ内の子実体の有無と色，およその数を観察し，ハロの直径を計測する．

ii) 実体顕微鏡観察　総合倍率 90 倍までの高倍率で観察する場合，子実体基部，マウンド，移動体，ハロの縁のようなプレート表面の構造は偏斜照明，子実体の柄，頭部のような上方の構造は透過照明を用いるとコントラストがつきやすい．これらを同時に総合倍率約 20 倍以下で観察する場合は，透過照明を用いるとよい．各構造のおよその大きさを計測する．なお，マウンドと移動体は，標本作製が困難なため，実体顕微鏡のみの観察となる．

iii) 普通顕微鏡観察

(1) 子実体全体の標本作製と観察： 子実体は崩れやすく，目的通りの標本を得るためには数回の試行が必要なことが多いので根気よく行う．セロハンテープを 2 cm くらいに切る．テープを寒天面に垂直に立て表面すれすれに動かして子実体を貼りつける．球状の頭部が潰れずにテープに貼りつき，そこから柄がテープの縁に向かって伸びた様子が肉眼で見えたら，子実体を潰さぬよう子実体部分を浮かせてテープをスライドガラスに貼りつける．10 倍の対物レンズで頭部，柄，基部に注目しながら観察する．

(2) 胞子の標本作製と観察： 前項同様に子実体をセロハンテープでとり（前項で子実体が壊れた場合流用可能），そのテープをカバーガラス代わりに水をたらしたスライドガラスの上にのせて標本とする．水でマウントする操作で頭部が潰れ，出てきた胞子を 40 倍の対物レンズで観察する．

(3) 増殖期アメーバ細胞の標本作製と観察： スライドガラス上にイオン交換水を多めに 1 滴（直径 1 cm くらい）たらし，植菌時と同じ方法でハロ外周から大腸菌ごととった細胞を懸濁しカバーガラスをかける（おさえずにのせるだけ）．40 または 100 倍の対物レンズで顕微鏡観察する．小さい多数の細胞は大腸菌で，大きい少数の細胞がアメーバ細胞である．標本作製時に潰れてしまったアメーバ細胞（ゴースト）や大きさの近い寒天片も見えるのでアメーバ細胞と間違えないように注意する．細胞内に見られる大腸菌と同じ大きさと形の食胞（ファゴソーム）がアメーバ細胞の 1 つの目印となる．

〔足立博之〕

7.7.8　大腸菌からの核酸の調製

a. 大腸菌からの細胞性 DNA の調製

〔試　薬〕

・溶液 1： 0.1 M NaCl 溶液，10 mM Tris-HCl（pH 8.0），1 mM EDTA

・溶液 2： 50 mM ブドウ糖，25 mM Tris-HCl（pH 8.0），10 mM EDTA

・10 mg/ml 卵白リゾチーム

・10% SDS（ドデシル硫酸ナトリウム）溶液

・1 mg/ml のプロテイナーゼ K

・フェノール-クロロホルム溶液（1:1）

・5 M NaCl 溶液

・エタノール

・TE 緩衝液： 10 mM Tris-HCl（pH 8.0），1 mM EDTA

〔操　作〕

(1) 50 ml の大腸菌培養液を 6000×g，10 分遠心して上清をデカンテーションで捨てる．

(2) 沈殿に 10 ml の氷冷した溶液 1 を加えて懸濁

し，再び遠心して（6000×g，10分）集菌する．

（3）デカンテーションで上清を捨て，9 ml の溶液2を加えてよくまぜる．

（4）1 ml の溶液2に溶解した卵白リゾチーム（10 mg/ml）を加え，室温に5分間放置する．

（5）10% SDS 溶液を 0.5 ml 加えてよくまぜる．菌体が溶けて液が透明になるのを観察する．このとき，長い DNA が溶け出してくるので，溶液が粘稠になる．

（6）1 mg/ml のプロテイナーゼ K を 1 ml 加え，よくまぜる．55℃で1時間（または37℃一晩）保温する．

（7）等量のフェノール-クロロホルムを加え，穏やかに混合する．液全体が白濁する．

（8）6000×g，5分遠心する．DNA を含む水層（上層）を駒込ピペットで別の遠心管に移す．

〔注〕このとき，なるべく中間層のタンパク質をとらないように注意する．

（9）再び等量のフェノール-クロロホルムを加え，上の操作を繰り返す．

（10）次に等量のクロロホルムを加え，上と同様に水層をとり，50 ml のチューブに移す．

（11）5 M NaCl 溶液を 0.2 ml 加え，まぜる．

（12）液量の2倍量のエタノールを静かに重層する．

（13）ガラス棒で水層とエタノールを素早くかきまぜると DNA がガラス棒にまきつく．

〔注〕DNA は長く，早く沈殿するが RNA は短く，比較的沈殿するのに時間がかかる．この方法は，その性質の差を利用している．したがって，ガラス棒でかくはんする操作をゆっくり行うと RNA が混入することになる．

（14）ガラス棒にまきついた DNA を 70% エタノールですすぎ，1 ml の TE 緩衝液に溶かす．

b．大腸菌リボソーム RNA の調製

〔試　薬〕

・溶液1：　10 mM Tris-HCl-10 mM MgCl$_2$（pH 7.4）

・溶液2：　10 mM Tris-HCl-10 mM MgCl$_2$-6 mM メルカプトエタノール-1 M NH$_4$Cl（pH 7.4）

・溶液3：　10 mM Tris-HCl-10 mM EDTA（pH 7.0）

・摩砕用アルミナ：　半井化学 GB-800 または和光純薬 W-80

・DNase：　Worthington 社製，RNase フリー，2 mg/ml

・5% SDS 溶液

・ベントナイト：　遠心を繰り返し 1000×g（15分間）上清，10000×g（15分間）沈殿画分を集め，2%になるよう水に懸濁したもの

・フェノール液：　開封直後または蒸留直後のフェノールに 10 mM Tris-HCl-10 mM EDTA（pH 7.0）を飽和させたもの

・冷エタノール

・5～20%ショ糖濃度勾配試薬（ショ糖・10 mM Tris-HCl-0.1 M NaCl-10 mM EDTA（pH 7.0））

〔操　作〕

（1）対数増殖期の大腸菌を溶液1で1回洗浄し，沈殿を氷冷した乳鉢に移す．

（2）湿菌体量の2.5倍量の摩砕用アルミナを加え，氷冷しつつ粉塊状のものが粘り気のあるペースト状になりビチビチ音をたてるまで約15分間強く摩砕する．

（3）菌体量の1.5～2倍量の氷冷した溶液1を加え，懸濁しつつ遠心管に移し，30000×g，20分間冷却遠心して粘稠な上清を得る．

（4）DNase を 5 μg/ml になるように加え，5分間かくはん後 30000×g，30分，4℃で遠心し，沈殿を除く．

（5）4℃で 105000×g，3時間，あるいは 160000×g，2時間遠心してリボソームを沈殿させる．

（6）溶液2を少しずつ加えながら懸濁し，30000×g，10分遠心して着色沈殿を除く．上清に再び 160000×g あるいは 150000×g の遠心を行い洗浄リボソームを得る．

（7）溶液3を少しずつ加えて懸濁し，260 nm での吸光度が 200 程度になるようにする．

（8）1/10容の 5%SDS 溶液および 1/20 容のベントナイトを加え，その全量と同容のフェノール液を加え5分程度激しく振とうする．

（9）ガラス製遠心管に移して 10000×g，10分間遠心し，上層（水層）を静かにピペットでとり，等容のフェノール液を加えて同様の操作を数回繰り返して完全に除タンパクを行う．

（10）最終の水層に2倍容の冷エタノールを加え，-20℃に数時間放置後，沈殿を低温で遠心して集め，希望の緩衝液に溶かして透析する．このサンプルには 30S サブユニット由来の 16S rRNA，50S サブユニット由来の 23S rRNA および 5S rRNA が含まれる．

（11）これからそれぞれの RNA を単離する場合は，超遠心機の水平ローターを用い，遠心管に 5～20%のショ糖密度勾配をつくり，その上に(10)で得たサンプル（上記溶液量の5%以下）を重層し，4℃

で80000×g, 15～20時間遠心し, 遠心管の底に注射針を差して滴下させ20～30に分画する. 260 nmの吸収を測定することによりそれぞれのRNAを含むピーク画分を集め, エタノール沈殿, 透析を行う.

〔注〕 70Sリボソームサンプルのマグネシウムイオン濃度を0.5～1.0 mMに下げて30Sおよび50Sサブユニットに解離させ, 超遠心によりそれぞれのサブユニットを大量に単離し, それから(8), (9)と同様, フェノール法を行うことでそれぞれのrRNAを大量に単離精製することもできる.

〔伊原さよ子〕

7.7.9 放線菌の抗生物質生産とバイオアッセイ

バイオアッセイ (bioassay) とは, 生物材料を用いて生物学的な応答を分析するための方法のことである. 単語はバイオ (生物) とアッセイ (分析, 評価) を組み合わせてつくられた. 日本語では生物検定や生物学的 (毒性) 試験と訳される. 化合物の生体に対する影響を調べる (例：毒性試験) だけでなく, 既知化学物質の濃度を定量することにも利用される (例：乳酸菌のビタミン要求性株を用いたビタミンの定量).

放線菌 Streptomyces griseus は結核の特効薬として世界中で使用されてきた抗生物質ストレプトマイシン (streptomycin) の生産菌である. ストレプトマイシン感受性菌の生育阻害を指標としたバイオアッセイを行い, S. griseus のコロニーが寒天プレート上でストレプトマイシンを生産していることを視覚的にとらえることが本実験の目的である.

〔器具・材料〕

・菌株： S. griseus NBRC 13350 (2008年にゲノム配列が公表された株であり, ストレプトマイシン生産の制御機構等が研究されている). 抗生物質生産の対照株として Bacillus megaterium および Escherichia coli を用いる. また, 指示菌として B. subtilis を用いる.

・培地
○改変ベネット寒天培地 (抗生物質生産用培地)：Yeast extract (0.1%), カツオエキス (0.07%), 粉末肉エキス (0.038%), NZアミン (0.2%) を溶かし, pHを7.0～7.2に調整する. これに寒天 (2%) を加えてオートクレーブ滅菌し, 平板培地を作製する.

○軟寒天入り nutrient broth 培地： 乾燥ブイヨン (3.0%) を溶かし, pHを6.8～7.2に調整する. これに Bacto agar noble を加え (終濃度0.5%), 湯煎で溶かす. 均一に溶けたら中試験管に4 ml ずつ分注し, シリコ栓をしてオートクレーブ滅菌する.

〔培養・観察〕

(1) クリーンベンチ内で改変ベネット寒天培地に S. griseus および B. megaterium, E. coli を白金耳で植菌する. 各菌株は1枚のプレート上の3ヶ所に, プレートの端および他の菌株から十分離して, 直径5～10 mmの点状に植菌する. プレートは30℃でインキュベートする.

(2) 培養4～5日が経過した時点で, 以下の手順により指示菌を重層する. 軟寒天入り nutrient broth 培地を湯煎で完全に溶かし (沸騰した湯煎中で少なくとも10分間は放置する), その後55℃に保温する. 指示菌 (B. subtilis) の胞子懸濁液100 μl を軟寒天入り nutrient broth 培地に加え, よくかくはんして, 放線菌などを生育させたベネット寒天培地にすばやく重層する. シャーレにふたをして, 軟寒天入り nutrient broth 培地が固まるまで (5分ぐらい) 放置する. 指示菌を重層したプレートは30℃でインキュベートする.

(3) 指示菌重層の翌日, プレート上での指示菌の生育状況について観察する.

〔実験結果のまとめ〕 プレート上で培養した菌株が抗菌物質を生産していれば, コロニー周辺に指示菌 B. subtilis の生育阻害ゾーンが形成される. 各菌株周辺の生育阻害ゾーンの様子を観察し, それぞれの抗菌物質生産について考察する. 〔大西康夫〕

7.7.10 ジャーファーメンターにおける酸素移動
a. 酸素移動の理論[25]

ジャーファーメンターを用いて行われる培養は, ほとんどすべて酸素が必要とされる好気培養である. このような培養では, 微生物は培養液中の溶存酸素を利用して活動する. すなわち, 微生物は糖などの基質の酸化のために培養液に溶けこんでいる酸素を利用するため, 培養液中にはこれに見合うだけの酸素が絶えず供給されている必要がある.

さて, 培養系における酸素の移動を考える場合, 二重境膜説に基づき考察すると実際の実験結果とよく合致する. 二重境膜説では, 気相と液相のそれぞれに境膜の存在を仮定している. 酸素は気相から気境膜を通り, さらに気境膜と液境膜の界面を通過する. その後, 液境膜を通過して液相に溶けこんでいく, と考えられている. なお, 酸素移動について気体状酸素が液中の微生物に利用される際の律速因子は, 一般に気相から液相への移動, すなわち, 気泡周辺の気境膜および液境膜中の拡散移動と考えられている. ただし, 綿栓などを用いた振とう培養では, その抵

抗によって酸素供給が制限される場合があるので注意を要する．ジャーファーメンターを用いる好気培養系で酸素移動を考える場合には，気-液間の移動速度を考えれば大体の見当をつけることができる．

酸素移動速度 dW/dt 〔mol/ml・min〕は次式で示される．

$$\frac{dW}{dt}=K_d(P_G-P_L) \qquad (7.2)$$

P_G, P_L はそれぞれ気相酸素分圧，溶存酸素分圧である．K_d は酸素吸収速度係数〔mol/ml・min・atm〕と呼ばれる．また，酸素についてのヘンリー定数を H〔atm・ml/mol〕，単位液量あたりの気液接触面積を a〔cm^2/ml〕，総括物質移動係数を K_L〔cm/min〕とすると，$K_d = H \times K_L a$ となる．

$K_L a$ はまとめて酸素移動容量係数〔min^{-1} または h^{-1}〕と呼ばれている．酸素供給に関する発酵槽の特性などを比較するには K_d または $K_L a$ がよく用いられる．

K_d または $K_L a$ の測定法は種々考察されており，非培養系では亜硫酸酸化法や Gassing-out 法，培養系では溶存酸素の変化から求める方法などがある．ここでは亜硫酸酸化法をとりあげ説明する．

亜硫酸ナトリウムは濃度 0.03 N 以上の範囲では，Cu^{2+} の存在下で次式に基づき溶存酸素と瞬時に反応する．

$$2Na_2SO_3 + O_2 \rightarrow 2Na_2SO_4$$

したがって亜硫酸ナトリウム法による測定中は，溶存酸素は存在しないことになる．酸素移動の律速反応は気-液間の移動であり，さらにこの酸素移動速度は亜硫酸ナトリウムの消費速度に比例すると考えることができる．さて，亜硫酸ナトリウムの濃度変化を dC とすると，溶存酸素の濃度変化 dW は $dW = -dC/2$，また溶存酸素分圧は 0，すなわち $P_L = 0$ であるから，式(7.2)より，

$$-\frac{dC}{dt}=2K_dP_G \qquad (7.3)$$

である．これを t_1 から t_2 まで積分して整理すると，

$$K_d=\frac{C_1-C_2}{2P_G(t_2-t_1)} \qquad (7.4)$$

となる．ただし，C_1 と C_2 はそれぞれ t_1，t_2 時の亜硫酸ナトリウム濃度であり，P_G は通常のスパージャー形式の発酵槽では出口の酸素分圧をとるのがよいとされている．

b. 実験方法

〔試薬〕
・0.05 N $Na_2S_2O_3$ 溶液（標準 $K_2Cr_2O_7$ で標定する）
・0.1 N I_2 溶液
・1 M $CuSO_4 \cdot 5H_2O$ 溶液
・0.8～1.0 N Na_2SO_3 溶液
・1％デンプン溶液

〔操作〕
(1) 約 1 N Na_2SO_3 溶液を規定量だけ発酵槽に入れ，その 1 l あたりに触媒として 1 M $CuSO_4 \cdot 5H_2O$ 溶液を 1 ml の割合で加える．
(2) 液温を実験条件に調節した後，所要の通気かくはん条件で全体が定常状態になるのを待ってサンプリングを開始する．
(3) 適当な時間間隔（10～20 分）ごとにサンプリングを行って，残存する SO_3^{2-} 量を iodometry により次の手順で定量する．

〔定量〕
(1) サンプリング前にあらかじめ 100 ml 容三角フラスコに 0.1 N I_2 溶液を 10 ml と蒸留水 20 ml を入れておく．
(2) 次にサンプリングし，その 1 ml を I_2 溶液の入っている三角フラスコ中にピペットの先端が液中に浸るようにして加える．
(3) よくかくはんした後，0.05 N $Na_2S_2O_3$ 溶液で，デンプン溶液を指示薬として滴定する．

〔結果の整理〕 サンプル中の残存 SO_3^{2-} 濃度 C〔mol/ml〕は，

$$C=\frac{V_1(0.1)(f_1)-V_2(0.05)(f_2)}{2V_3(1000)} \qquad (7.5)$$

から求まる[*6]．ただし，V_1：添加した I_2 溶液量（ここでは 10 ml），f_1：I_2 溶液の factor，V_2：$Na_2S_2O_3$ の滴定値，f_2：$Na_2S_2O_3$ 溶液の factor，V_3：サンプル量（ここでは 1 ml）である．

このようにして得られた C の値を時間に対してプロットし，それが直線になることを確かめた後，式(7.4)から K_d を求めればよい．

7.7.11 ジャーファーメンターを用いるグルタミン酸発酵実験[*7]

グルタミン酸発酵は微生物を利用して代謝生産物を多量に生産するきわだった例の1つである．培養実験としては，フラスコ培養によっても少量のグル

[*6] ここでの反応は以下のとおりである．
　　$Na_2SO_3 + I_2 + H_2O \rightarrow Na_2SO_4 + HI$　および
　　$2Na_2S_2O_3 + I_2 \rightarrow Na_2S_4O_6 + 2NaI$

[*7] この場合の発酵とは生産と同義であり，たとえば乳酸菌による乳酸発酵や酵母によるアルコール発酵のような，基質レベルのリン酸化によりエネルギー生産を行う代謝という意味での発酵とは別物である．

表 7.3 グルタミン酸発酵に及ぼす物理化学的要因

物理化学的要因	生産物		
	不足状態	適量	過剰状態
酸素供給	乳酸・コハク酸	グルタミン酸	α-ケトグルタル酸
アンモニア	α-ケトグルタル酸	グルタミン酸	グルタミン
ビオチン	グルタミン酸		乳酸・コハク酸
pH	グルタミン酸（中性・微アルカリ性）		N-アセチルグルタミン（酸性）

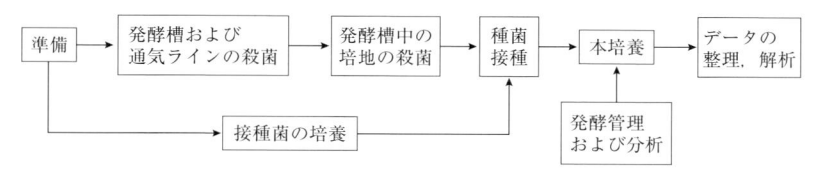

図 7.23 ジャーファーメンター実験の概念図

タミン酸は生産させることができるが，グルタミン酸生産は外的要因によって容易に影響をうけるため（表7.3），安定した生産結果を得るにはジャーファーメンターを用いる方がよい．ジャーファーメンターの使用により生産が安定する理由は，培養中のpHを一定に保てること，グルタミン酸の生成に必要なアンモニアを常時供給できること，通気かくはん条件を好ましい状態に保てることなどによる．

まずジャーファーメンターでの培養実験を模式的に表すと図7.23のようになる．

本実験の目的は以下の4点である．
(1) ジャーファーメンター操作法の習得
(2) 発酵経過の経時的追跡
(3) 滅菌・酸素供給などを通じた生物化学工学的体験
(4) 各種検定法の習得

a. 準 備

基本的に必要とされるものは，培地および分析用薬品類，培地調製および分析用のピペット，フラスコなどガラス器具類，分析機器などであるが，培養に使用するジャーファーメンターもあらかじめよく洗浄，滅菌してすぐ使用できるように用意しておく．

b. 発酵槽および通気ラインの殺菌（前殺菌）

発酵槽が5 l 程度以下の場合は，オートクレーブを用いて培地殺菌と同時に行えるので，本操作は特に必要ではないが，10 l 以上の大型発酵槽の場合には蒸気ラインを通じて殺菌が行われるため，通常は培地殺菌と別に行うことが多い．前殺菌は培地を入れた状態では殺菌されにくい発酵槽内のポケット状の部分や通気ライン，エアフィルターの殺菌を行うことを主な目的とする．また，ジャーファーメンターと付属する機器類が正常に運転されるか否かのチェックを行うという目的もある．

前殺菌の際に特に注意すべき点は，ジャーファーメンターのすべての部分に蒸気を行きわたらせるようにすることである．

〔殺菌手順〕

(1) まずエアフィルター，エアラインに蒸気を通し，次に発酵槽本体に直接蒸気を吹きこむ．装置内部の空気を完全に蒸気と置換して，規定の温度，圧力を規定の時間保って殺菌する．通常用いられる規定温度，圧力，時間はそれぞれ120℃，1 kg/cm^2，10〜30分である．規定の温度に保っている間は接種口，サンプリング口，アルカリタンク，消泡剤タンクなどのバルブを常に少し開いたままにしておき，蒸気を少量通しておく．

(2) 規定の時間が過ぎたら，殺菌の終了したエアフィルターを通して蒸気の代わりに無菌空気をエアラインに通すとともに，発酵槽，エアラインなどにたまった凝縮水（drain）を排出して前殺菌の操作は完了する．

c. 培地の殺菌

〔操 作〕

(1) 前殺菌の終了した発酵槽に，pH電極をセットする．その後，別の容器で調製しておいた培地を入れる．グルタミン酸発酵に用いる培地は表7.4に示すとおりである．

〔注〕前殺菌時の蒸気吹きこみにより，鉄さびなどで発酵槽が汚れている場合には水洗すること．

(2) 発酵槽および付属装置が完全にセットされたら加熱（間接加熱）を開始する．ジャケット内圧が1.0〜1.3 kg/cm^{2}になるように注意しつつ蒸気を

表 7.4　グルタミン酸発酵用培地

	前培養用	本培養用
グルコース	50 g/l	100 g/l
尿素	3	—
KH_2PO_4	1	1
$MgSO_4 \cdot 7H_2O$	0.4	0.4
$MnSO_4 \cdot 4H_2O$	0.01	0.01
$FeSO_4 \cdot 7H_2O$	0.01	0.01
ビタミン B_1	100 μg/l	120 μg/l
ビオチン	5	4
アミノ酸液	10 ml/l	7.5 ml/l
消泡剤	0.05	0.01
使用水	脱イオン水	水道水
pH（NaOHで調整）	5.4	6.8

通じ，発酵槽の排気口は開いておく．培地の温度が100℃を超え，排気口から蒸気が出始めたら排気口を閉じ，規定の温度，圧力になるのを待つ．培地の殺菌条件は115℃，15分である．

〔注〕 加熱方式には蒸気吹きこみによる直接加熱と，ジャケットに蒸気を通して行う間接加熱があるが，本実験では凝縮蒸気による培地量の増加を避けるために主として後者の方式を採用する．

（3）発酵槽の温度が115℃に達したら，前殺菌の場合と同様に接種口，アルカリタンク，消泡剤タンクのバルブを少し開き，充分に殺菌する．

（4）規定時間の殺菌が終了したらジャケットへの蒸気を止め，発酵槽内圧が下がってきたら無菌空気を送り始める．同時にジャケットに冷却水を通して培地の冷却を行う．

〔注〕 絶対に発酵槽内の圧力を大気圧より低くしないように圧力計をよく監視する．大気圧より低くなったまま放置するとジャーファーメンター内への空気の流れが引き起こされる可能性があり，雑菌汚染の可能性が高くなるからである．

（5）培地温度が45℃前後に下がったらジャケットの温度調節を自動調節に切りかえて，使用菌株の最適生育温度34℃に設定する．そのままの状態で種菌の接種を待つ．

d. 前培養菌の準備と接種

〔材　料〕 *Brevibacterium flavum*：グルタミン酸発酵菌の代表的菌株の１つ

〔注1〕 必ず本培養の開始時間に合わせて準備しておくこと．

〔注2〕 グルタミン酸生産菌によるグルタミン酸生産の特徴は以下のように明らかにされてきている．本菌をビオチン制限培地で生育させると細胞膜生合成が制限され，その影響がグルタミン酸排出に関わるメカノセンシティブチャンネルを常時 on の状態とする．そのため，グルタミン酸が菌体外に排出される，というものである[26]．

〔操　作〕

（1）500 ml容振とうフラスコに表7.4に示す前培養用培地を100 mlずつ分注し，115℃，15分間オートクレーブする．

（2）これに種菌を生育させた斜面培養から1白金耳ずつ植菌して，30℃で24時間振とう培養（前培養）する．

（3）前培養液をジャーファーメンター内の培地に対して2％程度の割合で接種する．

〔注〕 接種の際には，雑菌汚染の危険性が高くなるので充分な配慮が必要である．まず接種口の周りに綿を詰めアルコールを浸し，点火した後発酵槽への通気を止めて内圧をゼロとし，接種口のふたを開いて炎の中で前培養菌液を注ぎこむ．

e. 本培養の発酵管理

培養開始後は，常に発酵槽および付属の諸計器を監視し，異常があるときはただちに対応策を講じる．通常注意しなければならない箇所は，発酵槽の内圧，温度，pH，通気量，かくはんの回転数，酸またはアルカリ液残存量，消泡剤残存量などである．

（1）培養時間は22時間．

（2）温度設定は34℃．多くの場合，発酵槽内に挿入されたセンサーの指示温度に基づき調節されている．センサー温度（培養液温度）が設定値よりも高い場合には，ジャケットに循環している温水にさらに水道水を注入することにより温水温度を下げ，間接的に培養液温度を低下させる．この場合，循環温水の一部はオーバーフローにより系外に排出されることになる．逆に，センサー温度（培養液温度）が設定値よりも低い場合には，循環している温水をヒーターで加温することにより温水温度を上げ，間接的に培養液温度を上昇させる．

（3）pH設定を7.8とする．pHコントローラーが付属しているジャーファーメンターでは，培養中のpHは自動的に調節される．

（4）通気量の設定は1VVM（volume of air/volume of medium/min）とする．付属のロタメーターの読みにより，適宜バルブを開閉して調節する．ロタメーターの読みは浮き玉の中心部またはバーの上端で行い，正確を期するためにはその計器の指示圧力で読まねばならない．

（5）発酵槽の内圧は0.2 kg/cm^2に保つようにする．

f. サンプリングと分析

随時サンプリングを行い菌体濃度，基質残存濃度，生産物濃度などの測定を行う．

i）**培養液のサンプリングについて**　雑菌汚染の原因となりやすい操作であるから，特に慎重に行うようにする．外気と接触した培養液を発酵槽内に逆流させることなどのないようにする．また，サンプ

リング用の管内の滞留液は槽内の培養液とは異なるので，その液はいったん無菌空気のラインを用いて槽内へおし戻すか，サンプリング液の初めの部分を捨ててからサンプリングを行うようにする.

［注］ サンプリングを行った培養液中では，グルタミン酸発酵菌が活動を続けているので，ただちに種々の測定を行うのが原則で，サンプルをそのまま放置することは避けるべきである．ただし，項目によっては凍結保存後，まとめて分析できるものもある.

ii) 分 析

(1) 菌の生育度の測定： 濁度測定（使用波長：550 nm）により行う.

(2) 基質の残存濃度測定： 適宜行う．基質であるグルコースを市販の酵素法（ATPおよびNADP$^+$の存在下，試液に対しヘキソキナーゼおよびグルコース-6-リン酸デヒドロゲナーゼを反応させ，NADPHの生成量を分光光学的に定量する）により定量する.

(3) 培養中に行われるサンプル中の生産物の定性試験： 生成するアミノ酸，有機酸の定性分析を薄層クロマトグラフィーにより行う.

［注］ 通常，ペーパークロマトグラフィーや薄層クロマトグラフィーなどによることが多い.

(4) 目的とする発酵生産物の定量： 生産物に最も適した方法で行われるが，本実験での生産物であるL-グルタミン酸の場合は，酵素法かバイオアッセイ法を用いる．なお，近年では酵素法が主流となっている.

酵素法 酵素法では，最終的に生成される青色色素を比色定量する[*8]．すなわち，L-グルタミン酸をL-グルタミン酸オキシダーゼで酸化することにより，過酸化水素を定量的に生成させる．この過酸化水素を，4-AA（4-アミノアンチピリン）とDAOS（N-ethyl-N-(2-hydroxy-3-sulfopropyl)-3,5-dimethoxyaniline, sodium salt）を基質とするペルオキシダーゼ反応で青色色素に導き，これを600 nmで比色定量する.

バイオアッセイ法 L-グルタミン酸を必須栄養素とする乳酸菌などの菌株を使用し，L-グルタミン酸の培地への添加量に対するその菌株の生育を測定し定量するものである.

g. データの整理と解析

ジャーファーメンターを用いて行う実験の目的は前述のようにさまざまであるが，いずれの場合でも培養中の記録を整理しておくことは重要である．菌体あるいは生産物の取得のみを目的とする場合でも，得られた培養物を用いたその後の実験で培養時のデータが必要になったり，参考となることが多いからである．培養方法や培養条件の検討を目的とした場合には，データの整理，解析が培養そのものと並んで重要であることはいうまでもない.

データの整理や解析は，目的に応じて行えばよいが，本実験においては発酵経過の経時的追跡を行って物質収支を把握すること，培養条件（主として酸素供給条件）の違いが発酵に及ぼす影響を調べることが主眼となっているので，それに沿って実験結果を整理し，解析すればよい．そのためには，横軸に時間，縦軸に菌体濃度，基質濃度，生産物濃度をとった経時変化を図7.24のように作成する他，酸素供給条件をパラメーターとして，横軸に基質濃度，縦軸に菌体濃度や生産物濃度をとった図を描けば，培養条件の差の影響を明確に把握することができる.

［石井正治・新井博之］

[*8] ここでの反応は以下のとおりである.
L-グルタミン酸 + H_2O + O_2
→ α-ケトグルタル酸 + NH_3 + H_2O_2
（上記反応は，L-グルタミン酸オキシダーゼによる）
H_2O_2 + DAOS + 4-AA → 青色色素（600 nm）
（上記反応は，ペルオキシダーゼによる）
本酵素法キットはヤマサL-グルタミン酸測定キットとして市販されている.

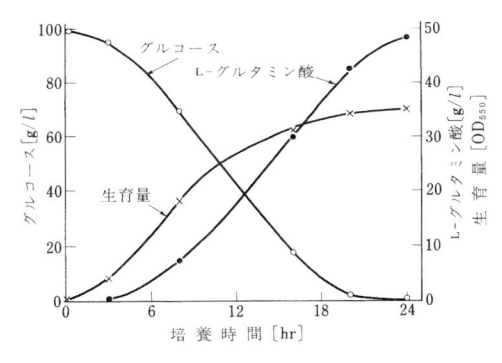

図7.24 グルコースからのグルタミン酸発酵の一例

参 考 文 献

1) 日本生化学会編：微生物実験法（新生化学実験講座 17），東京化学同人，1992
2) 正木春彦：遺伝，**65**(3), 16-20, 2011
3) 柳島直彦ら編：酵母の解剖，講談社，1980
4) 大隅良典，下田 親編：酵母のすべて，シュプリンガー・ジャパン，2007
5) C. P. Kurtzman et al. (eds.)：The Yeasts—a Taxonomic Study, 5th Ed., Elsevier, 2011
6) D. S. Hibbett et al.：Mycol. Res., **111**, 509-547, 2007
7) 杉山純多編：菌類・細菌・ウイルスの多様性と系統，裳

華房，2005
8) C. M. O'Gorman *et al.*：*Nature*, **457**, 471-474, 2009
9) B. W. Horn *et al.*：*Mycologia*, **101**, 423-429, 2009
10) K. B. Raper and D. I. Fennell：The genus *Aspergillus*, Williams and Winkins, Baltimore, 1965
11) R. A. Samson and E. S. van Reenen-Hoeskstra：Introduction to Food-Borne Fungi, Third edition, Centraalbureau voor Schimmelcultures, 1988
12) H. Murakami：*J. Gen. Appl. Microbiol.*, **17**, 281-309, 1971
13) C. Ramirez：Manual and Atlas of the Penicillia, Elsevier Biomedical Press, 1982
14) 日本生化学会編：微生物実験法（新生化学実験講座17），p. 444-445，東京化学同人，1992
15) R. W. Rayner：A Mycological Colour Chart, Commonwealth Mycological Institute, Kew, 1970
16) 前田靖男編著：モデル生物：細胞性粘菌, p. 1-14, アイピーシー, 2000
17) W. E. Cohn：*Methods Enzymol.*, **3**, 724-743, 1957
18) 阿南功一ら編：基礎生化学実験法3 物理化学的測定（I）, p. 119-122, 丸善, 1975
19) 日本生化学会編：核酸I 分離と精製（新生化学実験講座2），p. 129-146，東京化学同人，1991

20) F. Sanger *et al.*：*Proc. Natl. Acad. Sci. U.S.A.*, **74**, 5463-5467, 1977
21) 日本生化学会編：核酸II 構造と性質（新生化学実験講座2），p. 77-87，東京化学同人，1991
22) 中山広樹，西方敬人：バイオ実験イラストレイテッド ②遺伝子解析の基礎, p. 89-90, 秀潤社, 1995
23) 実験の詳細は以下を参照.
   微生物研究法懇談会編：微生物学実験法, p. 288-306, 講談社, 1975
   P. L. Foster：*Methods Enzymol.*, **204**, 114-124, 1991
   C. W. Lawrence：*Methods Enzymol.*, **350**, 189-199, 2002
   協和発酵東京研究所編：微生物実験マニュアル, 講談社, 1986
   J. H. Miller：A Short Course in Bacterial Genetics, Cold Spring Harbor Laboratory Press, 1992
   日本生化学会編：微生物実験法（新生化学実験講座17），p. 347-358, 1992
24) J. Sambrook and D. Russell：Molecular Cloning：A Laboratory Manual, 3rd ed., Chapter 13, 2001
25) 清水　昌，堀之内末治編：応用微生物学 第2版, p. 434-435, 文永堂, 2006
26) J. Nakamura *et al.*：*Appl. Environ. Microbiol.*, **73**(14), 4491-4498, 2007

第8章

植物実験法

　地球上には多様な植物が生育しており，それぞれ，さまざまな特徴をもっている．しかしながら，数十万種存在するとみられる植物種を個々に調べることは不可能である．そこで，近年の植物研究では，多くの植物種で共通している現象については，特定の植物種を用いて深く解析して，その知見をもとに他の植物種の場合を類推するというアプローチがとられている．研究用植物として幅広く使用されている植物種はモデル植物と呼ばれ，シロイヌナズナが最も代表的なものである．シロイヌナズナは世界中に分布，自生するアブラナ科の一年草であり，世代時間が短く，形質転換が容易であり，さらに，ゲノムサイズが小さいという特徴によって広く研究に用いられるようになった．しかしながら，双子葉植物であるため，単子葉植物のイネ科植物に属するトウモロコシ，小麦，イネといった重要作物に，シロイヌナズナで得られた知見を必ずしも単純に適用できるわけではない．このため，比較的形質転換の容易なイネが単子葉植物のモデル植物として使用されるようになってきている．ここでは，シロイヌナズナあるいはイネを実験材料として用いた実験方法を中心に説明する．

8.1 植物栽培法

　植物の実験は，植物を栽培することから始まる．植物の栽培を常に田畑で行っていたのでは労力が大変である上，植物の生育が田畑の土壌の性質や栽培時の気温や降雨などの天候に影響されてしまうため正確な評価が困難となる．そこで，温度，湿度，照度などを制御した温室内でポットと称する一定の大きさの容器を用いた土耕栽培や合成培養液を用いた水耕栽培による実験，あるいはシャーレの中の合成寒天培地上での無菌栽培による実験が行われる．解析目的と解析対象である植物種に合わせて，栽培方法を選択する．

8.1.1 砂耕と土耕
a. 容　　　器
　ポット試験は土壌，砂あるいは水を適当な大きさの容器に充填し，ここに植物を植えて育てる試験である．これに用いられる容器は多くの場合，ワグネルポットといわれる有底の円筒容器である．円筒容器には，円筒の断面積が1アールの1/2000の大ポットと1/5000の小ポットの2種類がある．容器の材質は古くは磁製であったが，最近は樹脂製のポットが多い．樹脂製のものは光が内側に通らないことが必要である．畑用のポットには下部に直径2～3 cmの排水孔があり，排水孔のあるポットには鋸歯状の連通管が付属している場合がある．これがない場合には透水性のウレタンで排水孔を封じる．

b. 器　　　具
　必要となる器具は，ふるい，天秤，じょうろ，ものさし，播種板（ポットへの播種を均斉にするため播種する位置を決められるもの），移植ごて，スコップなどである．ふるいは，ポットに充填する土壌をふるうのに用いるもので，直径50 cm，目の大きさ1 cm^{2}程度のものがよい．天秤としては，土壌をはかる秤量10 kg（小ポット用）か50 kg程度（大ポット用）の大型の天秤と，肥料や収穫物をはかるための秤量100 gほどの上皿天秤，および特殊な微量成分をはかる精密天秤（感量1～10 mgのもの）が必要である．

c. 栽　培　法
　ポットに土壌あるいは砂を充填し，培養液を満たす（培養液とその使用方法については8.1.2.c項で詳述する）．培養液を満たしたポットに，幼植物（苗）を2株程度ずつ，根をいためないように移植する．イネの場合は，植えつけの深さは土壌の上面より2～3 cm程度とする．栽培中に減少する水分あるいは培養液をときおり補い，植物を育成する．水分および培養液の補給を行う時期は植物の種類や栽培条件によって異なる．イネを栽培する場合には，水分は2日間に一度程度，培養液は1ヶ月に一度程度，使用する土壌の種類に応じて与える．

(a) イネの例 (b) 大豆の例

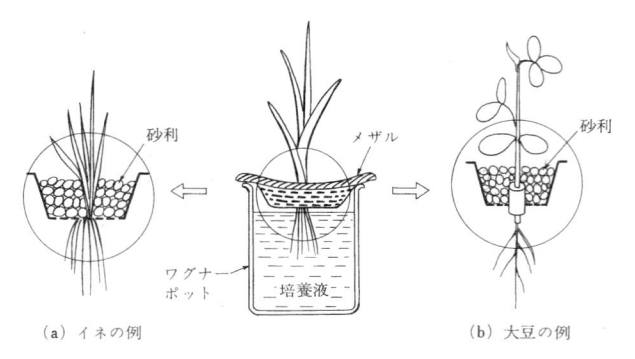

図 8.1　水耕容器と植物の保持方法

8.1.2　水　耕　法
a.　容　　器

図 8.1 のように 1/5000 アールまたは 1/2000 アールのワグナーポットにポリエチレン製の水切りざるをのせて植物を支持する．水稲や麦のようなひげ根の単子葉植物は，幼植物（苗）をざるの上にのせて，礫を植物の周りに置き，植物体が倒れないようにする（図 8.1(a)）．根はざるの目の間からのびて培養液中に入っていく．一方，大豆のような分岐根性の双子葉植物の場合は，ざるの底に 1～3 箇所，直径 20 mm ほどの孔をコルクボーラーであけ，ここに植物の茎を通し，茎のまわりにウレタンシートをまいて孔に固定する（図 8.1(b)）．ワグナーポットの代わりに広口びんや三角フラスコを用い，ウレタンシートを用いて容器の口に植物を固定してもよい．びんやフラスコを使用する場合はアルミホイルを巻いて光を遮断する．

b.　通　　気

水稲以外の植物では根に酸素を供給する必要があるので，容器内の液中にポリエチレン管を通じて空気を送り自動タイマーをセットし，1 日に数回，1～2 時間ずつバブリングして通気を行う．バブリングは管の先端に金魚の飼育に使う素焼きの球をつけて通気するか，管の先端にガラス管を接続して通気するとよい．多数のポットに通気するときは T 字形を用いてポリエチレン管を分岐させてもよい．

c.　培　養　液

i) **組　成**　培養液には，N, P, K, Ca, Mg, S, Fe, Mn, B, Cu, Zn, Ni, Mo, Cl が水溶性イオンとして必要量含有されていなければならない．Mo, Cl, Cu, Zn, Ni のような微量要素は水道水またはほこりから植物に供給されることが多いので，意図的に加えないことが多い．これまでにさまざまな水耕培養液が考案されている．その一例を表 8.1 に示す．

水耕液の組成は ppm 単位を用いることが多いが，mM も用いられる．表 8.1 には培養液 1 l に溶解する塩類の量を mg または mmol で示してある．表の塩類には市販の塩類と結晶水の量の異なる場合もあるので，使用する塩類の結晶水に注意して表のものと比較し換算する．

ii) **原液の調製**　培養液は，表 8.1 の 1000 倍（ホーグランド液については 100 倍）の濃度のストック液（1000 倍または 100 倍原液）を調製しておく．すなわち，表 8.1 の各塩の添加量の 100 または 1000 倍量を水 1 l に溶解すればよいが，これらの塩を一緒に溶かすと硫酸カルシウム，リン酸カルシウム，リン酸鉄などの沈殿が生ずる．そこで原液ではリン酸塩を鉄やカルシウムと一緒にならないように別々に作製する．たとえば，春日井氏液水稲用培養液を作製する場合は，$(NH_4)_2SO_4$ 188.7 g，Na_2HPO_4 40 g，$MgCl_2$ 14.2 g，KCl 47.5 g を 1 l に溶解し，別の 1 l に $CaCl_2$ 7.9 g，$MnCl_2$ 0.75 g を溶解するように調製し，着色びんに入れて暗所で保存する．鉄については水酸化鉄またはリン酸鉄の沈殿が生じやすいので，最近は $FeCl_3$ の形で添加するより，クエン酸鉄または EDTA 鉄を用いることが多い．イネの水耕栽培のときのように，大量に培養液に使用する場合には，一級試薬の塩類で調製してよいが，Cu や Zn など微量要素の研究では特級試薬を用いる．

iii) **pH**　培養液の調製で大切なことの 1 つは培養液の pH である．水稲では 5.0～5.5，麦類，豆類および蔬菜類では 6.0 前後に調製する．しかし，植物は培養液中のカチオンとアニオンとを不均等に吸収するので，培養液の pH は，時間とともに変動する．特に，K^+ や NH_4^+ が多く吸収されると酸性化しやすく，NO_3^- が多く吸収されると塩基性になる．したがって培養液の pH は，調製後，毎日 1 回は

表 8.1 核種培養液の組成（液 1 l 中各塩類の量）

(1) Hoagland and Arnon's solution							
KNO_3	5 mmol			$MgSO_4$	2 mmol		
KH_2PO_4	1 mmol	(N	210 mg,	K_2O	282 mg,	MgO	88 mg)
$Ca(NO_3)_2$	5 mmol	P_2O_5	71 mg,	CaO	280 mg		
使用に際しては 2～5 倍に希釈する．							

(2) 春日井氏液 A（水稲用）				春日井氏液 B（畑作物用）			
$(NH_4)_2SO_4$	189 mg	(N	40 mg)	NH_4NO_3	57.5 mg	(N	40 mg)
Na_2HPO_4	40 mg	P_2O_5	20 mg	KCl	43.0 mg	(NH_4-N	10)
$CaCl_2$	8 mg	K_2O	30 mg	$MgSO_4$	120.0 mg	(NO_3-N	30)
$MgCl_2$	14 mg	CaO	4 mg	KH_2PO_4	38.3 mg	P_2O_5	20 mg
KCl	48 mg	MgO	6 mg	$Ca(NO_3)_2$	117.0 mg	K_2O	40 mg
6% $FeCl_3$	0.6 ml			6% $FeCl_3$	2.5 ml	CaO	40 mg
$MnCl_2$	0.75 mg			$MnCl_2$	0.4 mg	MgO	40 mg

(3) 木村氏液 A				木村氏液 B			
$(NH_4)_2SO_4$	24.1 mg	(N	17.9 mg)	$(NH_4)_2SO_4$	48.2 mg	(N	23.0 mg)
K_2SO_4	63.6 mg	(NH_4-N	5.1)	K_2SO_4	15.9 mg	(NH_4-N	10.2)
		(NO_3-N	12.8)			(NO_3-N	12.8)
$MgSO_4$	43.9 mg	P_2O_5	13.0 mg	$MgSO_4$	65.9 mg	P_2O_5	13.0 mg
KNO_3	55.4 mg	K_2O	68.8 mg	KNO_3	18.5 mg	K_2O	25.7 mg
KH_2PO_4	24.8 mg	CaO	10.2 mg	$Ca(NO_3)_2$	59.9 mg	CaO	20.5 mg
$Ca(NO_3)_2$	29.9 mg	MgO	14.7 mg	KH_2PO_4	24.8 mg	MgO	22.1 mg
Fe-citrate	Fe_2O_3 として 2～5 mg			Fe-citrate	Fe_2O_3 として 2～5 mg		

pH を調製しなおす必要がある．調製は 1 N NaOH か 1 N HCl を用いる．pH の測定は携帯用 pH メーターか pH 指示薬によって行う．

  iv) 培養液の更新 培養液中の養分は植物に吸収されて減少するので，ときおり培養液を更新する．培養液の更新回数は容器の大きさ，植物の大きさ，培養液の濃度によって変わるが，たとえば，1/5000 アールの容器で表 8.1 の春日井氏液を用いてイネの水耕栽培を行う場合は，生育初期には週 1 回程度，生育盛期には週 2～3 回，また生育末期には週 1 回程度，培養液の交換を行う．水耕液の pH は毎日 pH 5.5 に調整する．

  v) 使用する水 培養液の調製に使う水は，実験の目的に応じて脱イオン水，蒸留水，水道水を用いる．Mo, Cl, Cu, Zn のような微量要素の欠乏の研究では蒸留水や脱イオン水を，また B の欠乏の研究では脱イオン水を，Fe, Mn, Ca, Mg, K の欠乏では蒸留水（ステンレス蒸留器かガラスの蒸留器）か脱イオン水を必要とし，N, P の欠乏では水道水でもよいことが多い．Fe, Mo, Cl, Cu, Zn 等の欠乏症実験では空中のほこりや試薬からの汚染にも留意する．微量要素欠乏実験の場合の容器には，不透明のプラスチック容器が適している．水道水を使用する場合は，80 l のポリペール缶などに 2 日前からあらかじめ汲みおいた水を用いる．これは根の生長の強い阻害剤である水道水の塩素ガスを抜くためと，過剰の鉄を不溶態化して沈殿させるためである．

8.1.3 寒天培地上での無菌栽培
a. 寒天培地

  シロイヌナズナを用いた実験では，寒天培地上で無菌栽培を行うことが多い．植物組織培養のための培地として Gamborg's B5 培地や LS 培地などさまざまな合成培地が開発されてきたが，それらの 1 つであるムラシゲ・スクーグ（MS）培地がシロイヌナズナの無菌栽培に広く用いられている．MS 培地は完全合成培地であり，微量栄養元素も含め，すべての必須元素を含んでいる．市販の MS 培地用混合塩類（表 8.2）を純水で溶解して用いるのが簡便であるが，必要な無機塩を個別に所定量を溶かして用いてもよい．

表 8.2 MS 培地の無機塩の組成

無機塩	終濃度	培地 1 l あたりの重量
KNO_3	20 mM	1900 mg
NH_4NO_3	20 mM	1650 mg
$CaCl_2 \cdot 2H_2O$	3 mM	440 mg
$MgSO_4 \cdot 7H_2O$	1.5 mM	370 mg
KH_2PO_4	1.2 mM	170 mg
H_3BO_4	100 μM	6.2 mg
$MnSO_4 \cdot 5H_2O$	100 μM	24.1 mg
$ZnSO_4 \cdot 7H_2O$	30 μM	8.6 mg
KI	3.3 μM	0.83 mg
$Na_2MoO_4 \cdot 2H_2O$	1 μM	0.25 mg
$CuSO_4 \cdot 5H_2O$	0.1 μM	0.025 mg
$CoCl_2 \cdot 6H_2O$	0.1 μM	0.025 mg
Na_2-EDTA	100 μM	37.3 mg
$FeSO_4 \cdot 7H_2O$	100 μM	27.8 mg

表 8.3　1000 倍濃度のビタミン類溶液の組成

ミオイノシトール	100 mg/ml
ニコチン酸	0.5 mg/ml
塩酸ピリドキシン	0.5 mg/ml
塩酸チアミン	0.1 mg/ml

本来の MS 培地では，この他にグリシンも加えるが，シロイヌナズナの栽培に用いる場合は加えない．

〔操　作〕

(1) MS 培地 1 l あたり 0.5 g の MES (2-(N-morpholino)ethanesulfonic acid) を加え KOH を用いて pH を 5.7 に合わせ，さらに，終濃度 2% のショ糖および，終濃度 0.8% の寒天末を加えてオートクレーブを行う．

〔注1〕 MES を加えるのは，栽培中に培地の pH が変化するのを防ぐためである．
〔注2〕 ビタミン類を加える場合は，1000 倍濃度のストック溶液（表 8.3）を事前に準備して，オートクレーブ後，溶液の温度が下がってきてから加え混合する．

(2) 寒天培地が固まる前に深型シャーレ（直径 90 mm，深さ 20 mm）に約 40 ml 注ぎこみ，無菌寒天培地を作製する．

〔注〕 MS 培地は，元来，タバコのカルスの培養に適した合成培地として開発されたものであり，無機塩濃度，特にアンモニア態窒素の濃度が高い．そのため，シロイヌナズナの栽培では，濃度が半分の MS 培地（1/2 MS 培地）を使用することのほうが多い．この場合は，ショ糖の濃度は 1% とする．また，より厳密に行う場合は，無機塩の溶液と寒天を加えたショ糖溶液を個別にオートクレーブにかけ，オートクレーブ後に混合するようにする．

b. 播　種

シロイヌナズナの種子を 0.1% Triton X-100 を含む 5% 次亜塩素酸溶液に 10〜15 分間程度，浸して殺菌を行う．滅菌水で 4 回以上すすいだ後に，1 粒ずつ寒天培地上に播種する．滅菌後の種子を 0.1% アガロース溶液に懸濁すると種子が沈みにくく播種を行いやすい．播種後のプレートはサージカルテープで止めた後，低温処理（4℃で 2〜5 日間）を行い，植物栽培用チャンバー（23℃）に移す．光強度や明暗周期は，実験の目的に合わせて調整する．

8.2　遺伝子組換え植物の作出法と解析法

8.2.1　アグロバクテリウムを用いた形質転換植物の作出

a. 遺伝子導入方法の原理

土壌細菌アグロバクテリウム（*Agrobacterium tumefaciens*）は双子葉植物と一部の単子葉植物および裸子植物に感染し，こぶ状の腫瘍（クラウンゴール）を形成する．これは，アグロバクテリウムが保有する Ti プラスミドの一部の領域（T-DNA, transfer DNA と呼ばれる）に存在する植物ホルモン合成酵素遺伝子が，植物ゲノム中に導入されて細胞内で発現し，過剰に生産された植物ホルモンにより細胞分裂に異常が生じるためである．この T-DNA が植物の染色体に組み込まれる現象（図 8.2）を利用した植物の形質転換方法が確立しており，さまざまな植物種の形質転換に用いられている．

Ti プラスミドは約 200 キロ塩基対の大きなプラスミドであり，Ti プラスミド中に T-DNA の転移に必須な遺伝子群が存在する *vir*（virulence）領域や T-DNA 領域が存在している．T-DNA 領域の両端部に存在するボーダー配列（レフトボーダー（LB），ライトボーダー（RB）と呼ばれる 25 bp の

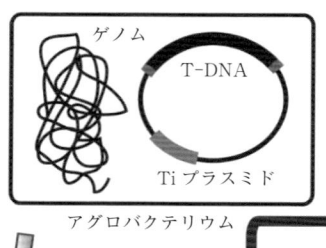

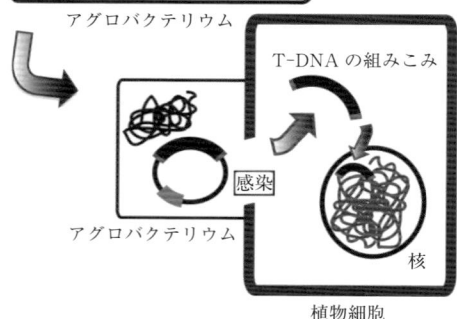

図 8.2　アグロバクテリウムの植物への感染による T-DNA の移行の模式図

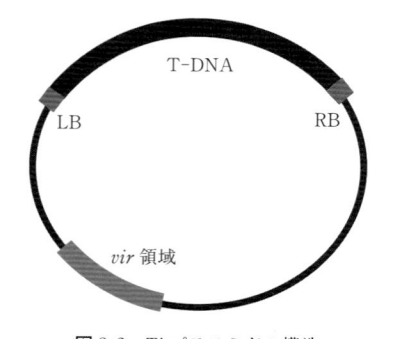

図 8.3　Ti プラスミドの構造
T-DNA 領域が植物ゲノムに導入される．LB：レフトボーダー，RB：ライトボーダー，*vir*（virulence）領域：T-DNA の植物ゲノムへの転移の必須遺伝子群の領域．

反復配列）が認識されて T-DNA は切り出されるが，このボーダー配列の内部配列は T-DNA の移行に影響を及ぼさない（図 8.3）．このことから，T-DNA 上の病原性遺伝子を除去し，代わりに植物へ導入したい遺伝子を T-DNA のボーダー配列の間に挿入した Ti プラスミドをもつアグロバクテリウムを植物に感染させることにより，植物の形質転換を行うことができる．

b. 形質転換植物の作出実験の概要

形質転換植物の作出実験については，実験手順の概要のみにとどめる．Ti プラスミドは非常に大きなプラスミドであり，取扱いが面倒なことから，Ti プラスミドの T-DNA 領域と vir 領域が別々のレプリコン上に存在する遺伝子導入システム，すなわち，2 つのプラスミドを使用するバイナリーベクター系が開発されている．この系では，T-DNA ボーダー配列が挿入された大腸菌とアグロバクテリウムの 2 種の細菌にて複製が可能なプラスミド（バイナリーベクター）の T-DNA 配列中に植物に導入する遺伝子を挿入することにより，植物形質転換用プラスミドを構築する．その後，このプラスミドを，vir 領域をもつが T-DNA 領域をもたない Ti プラスミドを保持するアグロバクテリウムに導入することにより，植物感染に用いるアグロバクテリウムを用意する．

i) 形質転換用プラスミドの作製 バイナリーベクターは大腸菌内で複製されることから，植物形質転換用プラスミドの構築は一般的な組換え DNA 実験手法（7.6 節参照）によって行う．一般に，バイナリーベクターは，形質転換アグロバクテリウムを選抜するための抗生物質耐性遺伝子に加えて，T-DNA 内部に形質転換植物を選抜するための遺伝子（選抜マーカー遺伝子）をもっている．導入遺伝子を過剰発現する形質転換植物の作製用プラスミドは，T-DNA 内部の選抜マーカー遺伝子の近傍に植物細胞中で強力に機能するプロモーターと転写終結のための配列（ターミネーター）の間に導入遺伝子を挿入した転写ユニットを構築することにより作製する．

ii) アグロバクテリウムの形質転換 構築した植物形質転換用のバイナリーベクターは，次に，vir 領域をもつが T-DNA 領域をもたない Ti プラスミドを保持するアグロバクテリウム（C58，LBA4404，EHA101，EHA105 株など）に導入する．バイナリーベクターのアグロバクテリウムへの導入方法は，三者接合法，凍結融解法，エレクトロポレー

ション法などがある．三者接合法は，バイナリーベクターを有する大腸菌，接合伝達機能をもつヘルパープラスミドを有する大腸菌，およびアグロバクテリウムを混合培養し，抗生物質存在下で培養して形質転換アグロバクテリウムを得る方法である．エレクトロポレーション法は大腸菌におけるエレクトロポレーション法と同様に，高電圧パルスによりバイナリーベクターを直接，アグロバクテリウム細胞内に導入する方法であり，現在よく用いられる方法である．

〔操 作〕

（1）エレクトロポレーション用アグロバクテリウムコンピテントセル作製方法： 対数増殖期のアグロバクテリウムを 1.5 l の YM 培地（0.4 g yeast extract，10 g マンニトール，0.1 g NaCl，0.1 g $MgSO_4$，0.5 g $K_2HPO_4 \cdot 3H_2O$/1 l dH_2O, pH 7.0）に移植し，30℃，300 rpm で細胞密度が $5\sim10\times10^7$ cells/ml（$OD_{550}=1.0$ 程度）になるまで一晩培養する．培養液を 4℃，3000×g で 10 分間遠心分離して集菌する．以降の操作中，細胞ペレットは氷上に保持する．氷冷した滅菌済み 10% グリセロールを 10 ml 加え，ボルテックスでペレットを再懸濁し，さらに氷冷 10% グリセロールを加え全量で 500 ml とする．4℃，3000×g で 10 分間遠心分離して集菌する．再度以上の操作を繰り返し，集菌後，氷冷 10% グリセロール 0.5 ml に再懸濁（細胞溶液は全量でおよそ 1.5 ml，5×10^{10} cells/ml）する．ただちに使用しない場合は凍結保存する．

（2）エレクトロポレーション： 電極間隔 0.1 cm のエレクトロポレーション用キュベットを氷上に用意する．1 ml の YM 培地を 1.5 ml チューブに用意し室温におく．50 μl のアグロバクテリウムコンピテントセルと 2 μl の DNA の混合液を氷上のエレクトロポレーション用キュベットに移し，エレクトロポレーション装置（Gene Pulser Xcell Bio-Rad 社等）を用いて高電圧パルスをかける．高電圧パルス条件は，タイムコンスタントは 5 msec，電圧は 2.4 kV 程度とする．パルスをかけた細胞はすばやく 1 ml の YM 培地に移し，30℃，250 rpm で 1 時間振とう培養した後，選択マーカーに応じた抗生物質を含む YM 寒天培地へ播種する．30℃，48 時間培養し形質転換アグロバクテリウムを得る．

iii) 植物の形質転換 バイナリーベクターを導入したアグロバクテリウムを植物に感染させて形質転換植物を作製する．感染方法は以下に示すように植物種によって異なる．シロイヌナズナの場合は，

鉢植えのものを用いて，開花直前の花をアグロバクテリウムの懸濁液に浸漬した後，余分な菌体液を除去し，数週間鉢植えのまま育成する．

〔操作〕バイナリーベクターが導入されたアグロバクテリウムを$OD_{550}=0.8～1.2$程度まで一晩培養する．集菌し，200 mlの懸濁用培地（200 mlの1/2 MS培地，10％ショ糖，0.5 g/l MES-KOH（pH 5.7）の混合溶液に使用直前に1 mg/mlベンジルアミノプリンを2 μl, Silwet-L77を40 μl添加したもの）に懸濁する．形質転換を行う作業台にラップなどを敷き，また作業中は70％エタノールスプレーなどを使用し，アグロバクテリウムによって作業台や周囲を汚染させないように注意する．花茎が伸長した形質転換用のシロイヌナズナをポットごと逆さまにし，アグロバクテリウム懸濁液に浸す．2回程度浸漬を繰り返した後，花茎をラップなどで覆い，そのまま1日通常の生育条件にて培養する．さらにラップをはずして培養し，花序の発達後種子を収穫する．この種子はT1世代の種子と呼ばれ，次世代はT2世代となる．

イネの形質転換方法では，イネ種子の胚盤細胞より脱分化したカルスをアグロバクテリウムと共存培養後に，菌体の増殖を抑えるための抗生物質（クラフォラン，バンコマイシンなど）とバイナリーベクターに導入された選抜マーカーの抗生物質を用いて形質転換カルスを選抜する．さらに，適切な植物ホルモンを含む培地で培養を行い，植物個体を再生し，形質転換イネを得る．イネの場合，再生個体をT0世代と呼び，次世代がT1世代となる．シロイヌナズナの場合とは，形質転換後の世代の数え方が違っていることに注意する．

〔注〕カルスとは，オーキシンやサイトカイニンといった植物ホルモンを含む培地上で植物組織を培養し，脱分化させることによって生じる未分化状態の細胞の塊である．ホルモンのバランスを変えて培養することでカルスを再分化させ，植物体を再生することが可能である．

8.2.2 形質転換植物の解析法
a. シロイヌナズナ形質転換体の選抜

シロイヌナズナ形質転換の選抜マーカー遺伝子には，カナマイシン耐性遺伝子やハイグロマイシン耐性遺伝子などが用いられている．選抜マーカー遺伝子に合わせた薬剤を所定量含む選択培地に，T1世代の種子として回収した種子を播種する．通常，播種後1週間程度で選択マーカー遺伝子の働きにより薬剤耐性を示しているか否かが判断できるので，薬剤耐性の株を形質転換植物として選抜する．薬剤耐性植物を土に植えかえてT1世代として生育させ，次世代（T2世代）の種子を回収する．遺伝的に安定した株として解析を行うためには，少なくとも1遺伝子座でT-DNAの挿入が起きている株である必要がある．選択マーカーの耐性やPCR法などにより導入遺伝子の遺伝学的な分離比を計測する．1遺伝子座の挿入の場合，T2世代では，導入遺伝子をもつ個体：導入遺伝子をもたない個体の比は3：1である．導入遺伝子をもつ個体をさらに継代してT3世代の種子を回収する．T3世代では，すべての個体が導入遺伝子をもっている株を確立する．

b. 導入遺伝子の発現解析

形質転換植物体内で導入遺伝子がどの程度発現しているかは，導入遺伝子に由来する分子を特異的に検出することによって解析する．一般的には，転写産物の発現量をノーザンブロット法かRT-PCR法によって調べることによって評価するが，導入遺伝子の転写産物量が高くなっていても，対応するタンパク質の蓄積量の上昇が起こらないケースもある．タンパク質レベルでの蓄積量は，ウエスタンブロット法によって調べる．

c. 遺伝子組換え植物の表現型の解析方法

導入した遺伝子の働きによって，どのような変化が引き起こされたかは，通常，遺伝子レベルやタンパク質レベルでの解析や表現型解析などにより調べて評価する．ここでは，表現型を調べることによる導入遺伝子の機能の解析例を紹介する．

i) 〔解析例1〕**栄養環境適応性の試験** 植物は必須植物栄養が不足すると欠乏症を示し，また場合によっては多量に存在する無機塩類による過剰症を示す．たとえば，大豆の場合，鉄欠乏による新葉の葉脈間クロロシス，ホウ素過剰による葉縁ネクロシス，銅過剰による葉がちぎれる現象が起こる．形質転換による，栄養が欠乏したあるいは過剰な環境への適応能力の変化は，標準となる植物培養液から特定の栄養元素の濃度のみを変化させた改変培養液を用いた生育調査によって調べることができる．たとえば，根から培地（土壌）へホウ素を排出するホウ素輸送体BOR4を過剰発現しているシロイヌナズナの適応能力の変化は，ホウ素濃度を通常のMS培地の100 μMから6 mMに増加させた培地において生育させることにより評価することができる（図8.4）．この条件下においてBOR4形質転換シロイヌナズナと野生型株のシロイヌナズナの生育を比較すると，野生型株は生育阻害が生じるが，BOR4形質転換シロイヌナズナは正常に生育する．経時的に

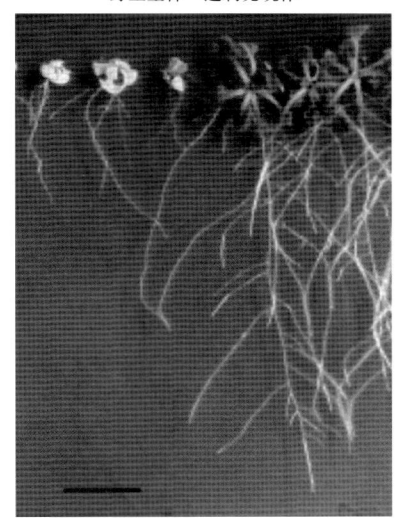

図 8.4 ホウ素過剰条件で生育させた非形質転換シロイヌナズナ（左）と BOR4 過剰発現体（右）bar は 1 cm. 写真は三輪京子氏撮影.

生育の様子を観察し，さらに，根の成長速度や植物個体あたりの湿重量や乾物量を測定して，適応能力の変化を評価する．

ii) ［解析例 2］アブシジン酸（ABA）感受性試験　ABA は種子休眠や水分ストレス応答に働く重要な植物ホルモンであり，植物の種子休眠や蒸散作用を制御する気孔の閉鎖を引き起こし，また，水分ストレス時に細胞機能を維持するために働く遺伝子群の転写を活性化する．ABA に対する感受性は，ABA による発芽抑制を指標に調べることができる．まず，オートクレーブ後，シロイヌナズナの発芽用培地が固化する直前に ABA の終濃度が 0.5〜5.0 μM になるように加えて，ABA 濃度が異なる栽培プレートを作製する．この ABA 含有培地のプレートに形質転換シロイヌナズナと野生型株の種子を無菌的に播種後，プレートを 1 日〜1 週間程度遮光低温処理し，種子休眠を打破する．休眠打破後に光下で植物を育成し，発芽個体数を計測し，全播種数に対する比率を計算する．シロイヌナズナの発芽は，種子から根が種皮を破り出現するときとして実体顕微鏡やルーペなどを用いて観察するが，ABA は種子発芽，子葉の緑化および生長のどちらも抑制的に働くため，子葉の完全展開時を発芽の指標として計測してもよい．ABA 受容体遺伝子 RCAR1/PYL9 を過剰発現しているシロイヌナズナは，ABA 感受性が高まり，ABA 存在下において野生型株よりも種子発芽が遅延する（図 8.5）．

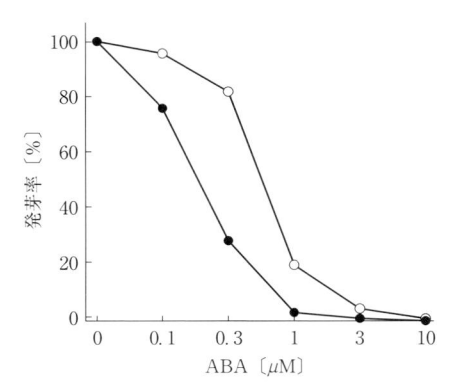

図 8.5 ABA 存在下における非形質転換シロイヌナズナ（白丸）と RCAR1/PYL9 過剰発現体（黒丸）の発芽率[1]

8.3　分子生物学的手法を用いた植物解析実験

植物の形質転換体の作製以外にも，分子生物学的手法を用いた実験が近年の植物研究では多用されている．その一例として，PCR を用いたイネの品種検定が挙げられる．同一の植物種であっても染色体 DNA の塩基配列は完全に一致しているわけではなく，品種間や個体間で一部の配列が異なっている．イネ品種間で染色体 DNA の配列が異なっている領域が知られていることから，その領域の DNA 配列と相補的なプライマーを用いた PCR によりイネ品種検定を行うことができる．PCR を用いたイネの品種検定の具体的な実験例は 8.5.1 項で紹介する．

8.4　プロトプラストの単離と核の観察

植物のさまざまな組織をマセロザイムなどの細胞単離酵素とセルラーゼなどの細胞壁消化酵素で処理すると，おのおのの細胞はばらばらになり，等張液中では球状のプロトプラストになる．このプロトプラストは，植物組織より得られる厳密な意味での単細胞であるため，根や孔辺細胞などの特異的な組織からプロトプラストを単離することで，植物個体や組織器官を用いた実験に比べて，正確に細胞レベルでの実験を行うことができる．また，プロトプラストは植物細胞に特有の細胞壁が取り除かれているために，お互いに細胞融合することができ，また，核酸などの高分子をとりこむことができるので，体細胞雑種や形質転換植物の作出において重要な役割を果たす．イネを含む数々の植物種において，1 個のプロトプラストより完全な植物個体を得る技術が確

立されているので，遺伝子導入を行ったプロトプラストからの再生個体を得て導入遺伝子の機能解析を行うこともなされている．また，プロトプラストにレポーター遺伝子を導入して一過的に発現させ，レポーター活性を検出することにより，植物遺伝子のプロモーター領域や転写因子の解析を行う実験手法も広く用いられている．

ここでは，シロイヌナズナの葉肉細胞由来のプロトプラスト単離方法と，生理的に活性であり分裂能のあるプロトプラストがどれくらい単離できたかを調べるためのプロトプラストの核染色方法と蛍光顕微鏡による観察方法について述べる．

8.4.1 プロトプラストの単離と観察
a. プロトプラストの遊離
〔操　作〕

(1) 5週間生育させたシロイヌナズナから活きのよい葉を選び出す．ガラスシャーレの裏側にパラフィルムを張りつけ，この上で，カミソリ刃を用いて葉を1mm幅の短冊上に切断する．約1.5gの裁断された葉を15mlの酵素液（表8.4）の入った100ml容三角フラスコに入れ，アルミホイルでふたをする．

(2) 三角フラスコをデシケーターに入れて，減圧下に10分間置く．この処理は葉の内部の空気を脱気して酵素液を葉にしみこませるための操作である．この後，22℃の恒温槽に置いて酵素反応を進行させ，プロトプラストを遊離させる．20分ごとに，少量の酵素液をとり，顕微鏡観察を行い，遊離の程度，形状などを記録する．

b. プロトプラストの精製
〔操　作〕

(1) プロトプラストが十分に遊離してきたら（酵素反応時間は1～3時間くらいを目安にする），酵素溶液を目開き60μmのナイロンメッシュで濾過し，植物残渣を除く．濾液は，30ml容の丸底遠心管にうけ，洗液で2本の遠心管の重心を調節した後，100×gで2分間遠心を行う．温度は室温でよい．

(2) 駒込ピペットを用い，プロトプラストの沈殿に触れないように上澄みをていねいに除く．プロトプラストの沈殿に遠心管の洗液5mlを加える．プロトプラストは非常に壊れやすいので，丁寧に取り扱う必要があり，洗液は壁面を伝わらせながら注意深く加える．ふたをした後，遠心管を横に寝かせて，ゆっくりと懸濁する．100×gで2分間の遠心後，沈殿に4mlの保存液を加え，同様に懸濁する．少量をとり，顕微鏡観察を行う．細胞の直径，数（個/ml），等張性などを観察する．

8.4.2 細胞内DNAの観察

細胞内の核酸を染色するための試薬は複数あるが，ここでは染色剤としてDAPI（4′,6-diamidino-2-phenylindole，図8.6）を用いた実験を紹介する．危険な試薬であるため必ず使い捨て手袋を用いてドラフト内で扱う．DAPIは蛍光顕微鏡法により，植物細胞内に含まれるDNAをきわめて鮮明に，かつ短時間に観察することができる．植物の葉肉細胞から遊離したプロトプラストを染色すると，大きく輝く細胞核が観察され，その他に細胞質中に多数の輝くスポットを観察することができる．これらのうちの大部分は，赤い蛍光（葉緑素の自己蛍光による）を発するオルガネラ，すなわち葉緑体の中に含まれる葉緑体核である．その他の数少ないスポットはミトコンドリア核である．

a. プロトプラストの固定

プロトプラスト懸濁液約4mlを遠心し上清を捨てる．グルタルアルデヒドが1%になるように加えたTAN緩衝液（17%ショ糖，20mM Tris-HCl（pH7.6），0.5M EDTA，1.2mMスペルミジン，7mM 2-メルカプトエタノール，0.4mM

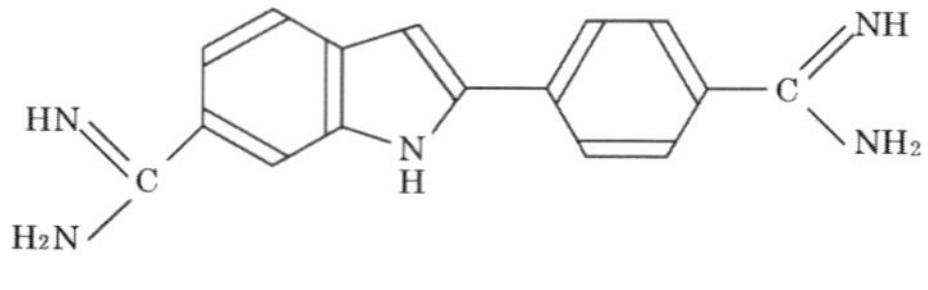

表8.4　酵素液，洗液，保存液の組成

酵素液	
セルラーゼオノズカ R-10	1.5%（w/v）
マセロザイム R-10	0.4%（w/v）
マンニトール	0.4 M
$CaCl_2$	10 mM
KCl	20 mM
MES-KOH（pH 5.7）	20 mM
BSA	0.1%
洗液	
NaCl	154 mM
$CaCl_2$	125 mM
KCl	5 mM
MES-KOH（pH 5.7）	2 mM
保存液	
マンニトール	0.5 M
KCl	20 mM
MES-KOH（pH 5.7）	4 mM

図8.6　DAPIの構造式

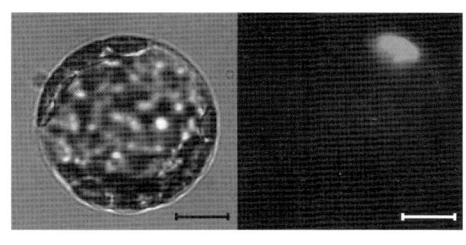

図 8.7 シロイヌナズナの葉肉細胞のプロトプラスト（左）とその DAPI 染色像（右）
bar は 10 μm.

phenylmethylsulfonyl fluoride（PMSF））1 ml で沈殿を懸濁し，プロトプラストの細胞構造が壊れないように固定する．30分後，遠心して上清を除き，固定されたプロトプラストを1 mlのTAN緩衝液に懸濁する．

b. DAPI による染色および蛍光顕微鏡観察

押しつぶし法による染色を行う．細胞構造が固定されたプロトプラストを含む懸濁液 10 μl をスライドグラスの上にのせる．等量の DAPI 染色液（DAPIを 1 μg/ml になるように TAN 緩衝液に溶かしたもの）を滴下する．気泡が入らないように注意しながらカバーグラスをかぶせ，ペーパータオルではさんだ後，カバーグラスの上から軽く試料を押しつぶす．10 分以上室温で放置し，染色する．365 nm の UV 励起光を使用して蛍光顕微鏡の観察を行う（図8.7）．長時間 UV にさらされると退色してしまうので注意する．

8.5 実 験 例

8.5.1 PCRを用いたイネの品種検定

〔試　薬〕
・DNA 抽出溶液： 200 mM Tris-HCl（pH 7.5），250 mM NaCl, 25 mM EDTA, 0.5% SDS
・イソプロピルアルコール
・滅菌水
・PCR 緩衝液（市販の DNA ポリメラーゼに付属してきたものでよい）
・2 mM dNTP 混合液（dATP, dCTP, dGTP, dTTP のそれぞれが 2 mM の濃度である）
・TaKaRa Ex Taq（タカラバイオ（株））

〔注〕 近年は，KOD FX（東洋紡（株））等の純度の低い DNA からの増幅が可能な PCR 酵素が各社から発売され，改良も進んでいる．使用する酵素は購入時点の情報をもとに検討するとよい．

・ローディング緩衝液：10 mM Tris-HCl（pH 7.5），50 mM EDTA, 30% グリセロール，0.06% ブロモフェノールブルー，0.12% オレンジ G

〔PCR プライマー〕 5′-GAACAATTACTCCCTCGGTTCTATA-3′ という配列をもつプライマーと 5′-GCATGAGCGGCATGACAGAA-3′ という配列をもつプライマーを用いて PCR を行った場合は，朝紫と日本晴という 2 つの品種の染色体 DNA のいずれを鋳型としても，約 1050 塩基対の DNA 断片が増幅される．一方で，5′-GCATCCATCCTGGCCTAGCGCTGTATA-3′ という配列をもつプライマーと 5′-GCAGGTCGAAAACACACAGAACGATAC-3′ という配列をもつプライマーを用いて PCR を行った場合は，日本晴の染色体 DNA を鋳型とした場合にのみ約 400 塩基対の DNA 断片が検出される．これは，このプライマー配列と相補的な配列が朝紫の染色体 DNA 上には存在しないためである．同様に，5′-GGCACTTGGAGGACTCGAAC-3′ という配列をもつプライマーと 5′-GGTAGAACCAGCTCTACCTT-3′ という配列をもつプライマーを用いた PCR の場合も，日本晴の染色体 DNA を鋳型とした場合にのみ約 250 塩基対の DNA 断片が検出される．これらの 6 種類の PCR プライマーを使用する．

〔操　作〕

i) 鋳型 DNA の調製

（1）PCR は非常に高感度な実験であるので，鋳型 DNA として用いるイネ染色体 DNA の調製は簡便な方法で調製したもので十分である．朝紫と日本晴という 2 つのイネ品種の葉をはさみで葉脈に対し垂直方向に 5 mm 幅で切り，それぞれ 3 片程度を 1.5 ml のマイクロチューブに入れ，DNA 抽出用試料とする．

（2）P1000 マイクロピペット用チップの先で葉を 30 回ほど突っついて組織を破砕し，これに 400 μl の DNA 抽出溶液を加える．

（3）ボルテックスミキサーで 3 秒間程度，激しくかくはんした後に室温で約 15 分間放置する．

（4）マイクロチューブ用遠心機で 15000×g で 10 分間，室温で遠心し，上清を回収して，新しい 1.5 μl の新しいマイクロチューブに移す．このとき，細胞から溶出してきたクロロフィルにより上清は緑色となっている．

（5）この上清に 400 μl のイソプロピルアルコールを加えて DNA を沈殿させ，沈殿を 100 μl の滅菌水に溶解させて，鋳型 DNA 溶液とする．

ii) PCR とアガロースゲル電気泳動

（1）PCR 反応チューブに，6 種類の PCR プラ

イマーを各々 2.5 pmol, 10 倍濃度の PCR 緩衝液 1 μl, 2 mM dNTP 混合液 0.8 μl, DNA ポリメラーゼとして TaKaRa Ex Taq 0.005 ユニット, 鋳型 DNA 溶液 1 μl を加え, 滅菌水で全量を 10 μl に合わせ PCR 反応混液を調製する.

(2) DNA 変性を 95℃で 30 秒, アニーリングを 62℃で 30 秒, 伸長反応（DNA 合成）を 72℃で 1 分間としたサイクルを 35 回反復して PCR を行う.

(3) 反応終了後の PCR チューブに 6 倍濃度のローディング緩衝液を 1 μl 加え, 混合し, 1.5% アガロースゲルを用いたアガロースゲル電気泳動により分析を行う.

(4) 得られたバンドパターンから品種検定を行う.

［柳澤修一・刑部祐里子・城所　聡］

参　考　文　献

1) Y. Ma *et al.*: *Science*, **324**, 1064-1068, 2009.
2) S.-D. Yoo *et al.*: *Nat. Protoc.*, **2**, 1565-1572, 2007.

第9章

動物および動物細胞実験法

　動物実験は，動物個体に対して一定の処置や刺激，あるいは遺伝的な改変を加えて，その動物の変化や反応を観察し，結果を解析することを基本としている．したがって，実験開始以前から飼育環境をコントロールし，観察の段階で動物に対して実験処置以外の要因が影響しないように留意することが肝要である．さらに，異なる処置や刺激を施した複数の動物から得られたデータについては統計処理を行い，その上で結果を討論することは必須である．最近になり，動物細胞培養技術をもって動物実験と置き換える努力が盛んに行われている．動物細胞培養は，多数の動物を必要とせず，多検体の同時処理，処理薬剤の節約，系の単純化などが可能な点が長所として挙げられる．しかし，この方法では個々の細胞の反応が明らかとなっても，異なる種類の細胞が有機的に組織化された動物全体の応答や代謝を解析することはできない．したがって，まるごとの動物，すなわち生命体としての動物個体を使用する実験が不要になる時代がくるとは考えられない．両者の利点を十分考慮することで，初めて効果的な実験計画の立案が可能となる．そこで本章では，まず「動物実験法」および「動物細胞実験法」の基本について述べ，具体的な実験例を紹介する．

9.1　動物実験を行うにあたっての心構え

　生物個体を対象とする動物実験を行う限り，倫理的批判を克服できる科学的かつ人道的な実験を計画することが絶対的に必要である．動物愛護法と，環境省告示（実験動物の飼育及び保管並びに苦痛の軽減に関する基準）に基づき，各研究機関ごとに定められた動物実験に関する規則をしっかり理解しておくことが前提となる．また，動物実験を行う前に十分に実験計画を練り，規則に従った手続きを経た後に実際の実験を行う[*1]．

　近年，農芸化学分野において，新しい食品素材や新薬の開発などを目的に，動物を取り扱ったり，ヒトを含めた動物の栄養や代謝の研究を行う機会が格段に増えてきている．動物実験において，どのような動物（種，系統，交配・飼育条件）を用いるかを事前に十分に吟味検討して決定することは当然である．一部の代謝がヒトとは大きく異なる動物種での結果を不用意にヒトに当てはめてしまうことや，より適切な遺伝子改変動物が利用できるのに利用しないといった根本的な誤りを犯す者はもとより動物実験を行う資格はない．一方，動物実験において飼料は購入するもので自分では調製できないという誤解，当該の実験では血液はどの部位からどの方法で採取すべきかといった考慮がなされていない場合，あるいは試験物質の投与方法の誤り，といった動物試験に関する無知からくる不適切な実験が行われる例もある．また，動物の代謝状態を知る上で，出納試験は必須であるが，実際にやってみないと実感がわからないのも現実である．そこで，次節以降では，動物に触れることから始めて，これらの「動物の取扱い法」の基本を習得することを目的としている．

［加藤久典］

9.2　飼料の調製と分析

9.2.1　飼料の調製

　動物実験期間中は常に均一な飼料を与えることが重要である．動物実験の飼料として，混合飼料，固形飼料，精製飼料などがあるが，栄養試験の場合には，栄養素組成の明らかな飼料を動物に与える必要から，実験者が適当な割合に配合した精製飼料を用いる．ここでは，それぞれの成分について簡単に説明する．

a. タンパク質

　動物の成長において重要なプロセスであるタンパク質代謝は，摂取した食餌タンパク質に応答して制御されていることが広く知られている．タンパク質量が必要量を満たし，かつすべての必須アミノ酸量が要求量に達しているような食餌を摂取してい

[*1] 東京大学では，東京大学動物実験実施規則および東京大学動物実験実施マニュアルが定められている．動物実験を行う者は事前に動物実験講習を受講し，動物実験の計画書を動物実験委員会へ提出して承認を得ておくことが義務づけられている．

表9.1 ラットのアミノ酸必要量・無機塩類必要量・ビタミン必要量[9]

栄養素	単位	食餌中の含量[a] 成長, 妊娠または授乳	維持	栄養素	単位	食餌中の含量[a] 成長, 妊娠または授乳	維持
タンパク質	%	12.00	4.20	無機物質			
(理想タンパク質として)				カリウム	%	0.36	
				ナトリウム	%	0.05	
脂肪[b]	%	5.00	5.00	硫黄	%	0.03	
摂取熱量	kcal/kg	3800.00	3800.00	クロム	mg/kg	0.30	
L-アミノ酸				銅	mg/kg	5.00	
アルギニン	%	0.60	−	フッ化物	mg/kg	1.00	
アスパラギン	%	0.40	−	ヨウ素	mg/kg	0.15	
グルタミン酸	%	4.00	−	鉄	mg/kg	35.00	
ヒスチジン	%	0.30	0.08	マンガン	mg/kg	50.00	
イソロイシン	%	0.50	0.31	セレン	mg/kg	0.10	
ロイシン	%	0.75	0.18	亜鉛	mg/kg	12.00	
リジン	%	0.70	0.11	ビタミン			
メチオニン	%	0.60[c]	0.23	A[f]	IU/kg	4000.00	
フェニルアラニン-チロシン	%	0.80[d]	0.18	D[f]	IU/kg	1000.00	
				E[f]	IU/kg	30.00	
プロリン	%	0.40	−	K_1	μg/kg	50.00	
トレオニン	%	0.50	0.18	コリン	mg/kg	1000.00	
トリプトファン	%	0.15	0.05	葉酸	mg/kg	1.00	
バリン	%	0.60	0.23	ナイアシン	mg/kg	20.00	
非必須アミノ酸[e]	%	0.59	0.48	パントテン酸(カルシウム)	mg/kg	8.00	
無機物質							
カルシウム	%	0.50		リボフラビン	mg/kg	3.00	
塩化物	%	0.05		チアミン	mg/kg	4.00	
マグネシウム	%	0.04		ビタミン B_6	mg/kg	6.00	
リン	%	0.40		ビタミン B_{12}	μg/kg	50.00	

[a] この含量は乾物あたりに換算してある.
[b] 0.8% リノレン酸は必要である.
[c] 1/3 から 1/2 は L-シスチンでなくてはならない.
[d] 1/3 から 1/2 は L-チロシンでなくてはならない.
[e] グリシン,L-アラニンと L-セリンの混合物である.
[f] ビタミン A:1 IU(国際単位)=0.300 μg,レチノール:0.344 μg,レチノール酢酸塩:0.550 μg,レチノールパルミチン酸塩.
ビタミン D:1 IU(国際単位)=0.025 μg,エルゴカルシフェロール.
ビタミン E:1 IU(国際単位)=1 mg,D,L-α-トコフェロール酢酸塩.

る「よい」タンパク質栄養状態の動物では,タンパク質同化が促進され,その結果,体タンパク質,言い換えれば体窒素の蓄積が起こり,成長期の動物は成長する.これに対して,タンパク質量が必要量に満たない,あるいはどれか1つでも必須アミノ酸が要求量を満たしていないような食餌を摂取している「悪い」タンパク質栄養状態の動物では,体タンパク質同化が抑制され,その結果,成長中の動物では成長の遅滞が,成長期を過ぎた動物では体窒素の損失を招くことになる.タンパク質の必要量は動物の種類や状態(成長,維持,妊娠など)などで異なるが,上記で述べたように食餌中のタンパク質の「量」と「質」には特に留意する必要がある.

飼料中のタンパク質給源としては乳タンパク質の1つであるカゼインが一般的に用いられている.その他,全卵タンパク質,精製肉タンパク質,単離大豆タンパク質なども用いられている.栄養試験を行う際には,使用するタンパク質中のアミノ酸組成を調べて,必要に応じてアミノ酸を補足する.また,アミノ酸混合食も用いられているが,この場合使用する動物のアミノ酸必要量を満たすように各アミノ酸を配合する必要がある.表9.1にラットのアミノ酸必要量を示す.

b. 炭水化物

従来,タンパク質や脂質以外の必要カロリーの補充あるいは他成分との組成比の調整などに利用されてきたが,近年になり正常に血糖値などを保つために炭水化物の添加が必須であることが明らかになってきている.デンプン,デキストリン,ショ糖,ブドウ糖などが用いられる.

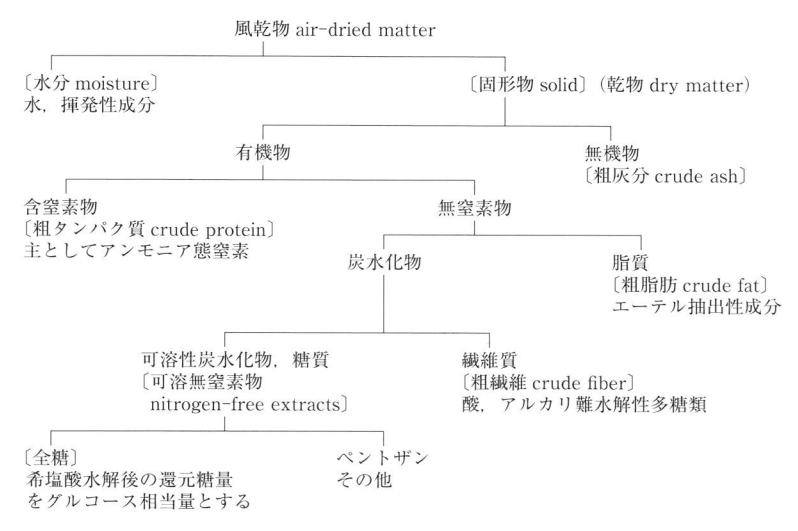

```
                    風乾物 air-dried matter
           ┌─────────────────┴─────────────────┐
      〔水分 moisture〕                  〔固形物 solid〕（乾物 dry matter）
      水，揮発性成分          ┌─────────────────┴─────────────────┐
                            有機物                              無機物
                  ┌──────────┴──────────┐                   〔粗灰分 crude ash〕
              含窒素物                無窒素物
         〔粗タンパク質 crude protein〕  ┌─────┴─────┐
         主としてアンモニア態窒素    炭水化物        脂質
                              ┌─────┴─────┐    〔粗脂肪 crude fat〕
                       可溶性炭水化物，糖質  繊維質  エーテル抽出性成分
                       〔可溶無窒素物      〔粗繊維 crude fiber〕
                        nitrogen-free extracts〕 酸，アルカリ難水解性多糖類
                     ┌─────┴─────┐
                  〔全糖〕       ペントザン
                  希塩酸水解後の還元糖量  その他
                  をグルコース相当量とする
```

図 9.1 一般分析法

c. 脂　　質

一般に，動物にとってリノール酸，リノレン酸などの必須脂肪酸の摂取が必要であるが，さらに，脂質は脂溶性ビタミンの溶剤としても利用される．脂質給源としては，オリーブ油，大豆油，綿実油などの植物油，あるいは魚油，バター脂，獣脂などの動物油も用いられる．

d. 無機塩類

無機塩混合物を調製するには，各成分別に粉砕しよく混合した後，吸湿性のものもあるのでデシケーター中に保存する．表 9.1 にラットの無機塩類必要量を示した．最近は，無機塩混合物としての製品も市販されており容易に購入できる．

e. ビタミン

動物栄養実験用として，ビタミン混合物が最近市販されているので，容易に購入できる．表 9.1 にラットのビタミン必要量を示す．

f. 繊　　維

動物の便通をよくするために添加する．セルロースなどが用いられる．

9.2.2 飼料の分析

a. 試料の採取

試料はその飼料全体を代表するものでなければならない．また，飼料は加工・貯蔵によって性状が異なってくることが多い．したがって，均一なサンプリングと迅速な測定が必要となる．一般に大量の飼料からサンプリングする場合，なるべく多くの部位から少量ずつ採取し，平板上で夾雑物を除き，よく混合して一ヶ所に集め，それを 4 等分して対角線上の 2 分画を捨て，残りをよく混合してさらに 4 等分する操作を繰り返す（四分法，quatering）．最後に 500〜1000 g を残し，乾燥が不十分な場合には通風乾燥器を用いて 60℃付近で乾燥し，粉砕する．試料は 1 mm 孔径のふるい（JIS 1000 m/m，Tyler 16 メッシュ，USA No. 18 に相当）を 90% 通過するようにする．残った部分もできるだけ細かくして全部合一混合した後，1 日室温に放置後，ポリエチレン袋などに密封保存する．この試料が，風乾物（air-dried matter）である．

b. 試料成分の分析

飼料の分析は，その成分量を知ることによって栄養価やエネルギー値を推定することを目的とする「一般分析法（proximal analysis）」と，微量成分などの特殊な栄養・生理効果をもつ物質の含量を測定することを目的とする「特殊分析法」とに大別される．多くの分析法は，「A. O. A. C.（Association of Official Analytical Chemists）法」を参考としている．一般分析法では，試料の風乾物から，図 9.1 に示すように，水分量，粗タンパク質量，粗脂肪量，粗繊維量，粗灰分量，可溶無窒素物量などを測定する．

［小林彰子］

9.3　実験動物の取扱いと投与試験法および生体試料の調製

9.3.1　実験動物の飼育

動物は，遺伝的系統やその生育環境によって，

実験動物（laboratory animals），家畜（domestic animals），野生動物（animals obtained from nature）の3群に分類することができる．中でも，実験動物は遺伝的な制御がある程度行われており，マウス，ラット，ハムスター，モルモット，ウサギ，イヌ，マーモセット，マカクザル，アフリカツメガエル，ウズラ，メダカなどが含まれる．今回，実験実施例としてとりあげている栄養試験に使用される動物として，齧歯類（マウスやラット）が最も一般的である．動物の衛生管理の観点から特定病原微生物をもたない動物を特に SPF（specific pathogen free）動物と呼び，通常の飼育を行っているコンベンショナル動物と区別する．以下，ラットを例にとり，その一般的特徴および飼育方法について述べる．

a. ラットの一般的特徴

ラットは齧歯目，ネズミ科，クマネズミ属，ドブネズミ種の哺乳動物であり，普通に用いられているのは，そのうちの変異種シロネズミである．ラットは取扱いに都合のよい大きさで，容易にまた安価に飼育できるばかりでなく，雑食性で種々の栄養素に対する要求がヒトと似ており，また成長が早く繁殖力が旺盛であるので，栄養試験には好適な動物である．現在日本で使用されているラットの系統としては，Wistar系，Fisher系，Sprague-Dawley系などがあるが，これらは一定の集団内のみで繁殖され，保存されている動物群（closed colony）である．これらの系統は，近交系（inbred strain）ほどに遺伝子的均一性は保証されないが，栄養試験では今のところ支障はなく，また上記のどの系を用いても問題はないとされている．通常は，市販の動物を購入して使うが，自家繁殖を行うこともできる．

ラットの成体重は，系統あるいは飼育条件などによって異なるが，雄で300〜800 g，雌で200〜400 gである．図9.2は，適量の餌を通常の方法で給与したラットの標準的成長曲線である．これは，多数のデータに基づいて作成された理論的曲線であるので，系統によって若干異なる．ラットは生後10日で眼が開き，餌を食べ始めるが，離乳は約3週間後である．繁殖可能時期は雌雄とも60日齢ぐらいからであるが，実際には80日齢以上のものを繁殖に用いている．性周期は4〜5日で，年間を通じて繁殖が可能である．雄1頭と雌2〜3頭を約1週間同居させる．妊娠期間は22〜24日で，産仔数は6〜14頭である．妊娠した雌は出産予定日の数日前から1頭ずつにして，床敷を十分に入れたケージに収容し，出産後数日は遮光する．ラットの寿命は普通約3年である．

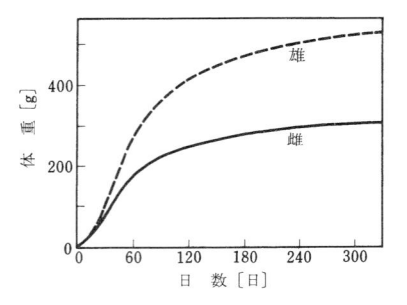

図9.2 ラットの標準的成長曲線

b. ラットの飼育環境

飼育管理の方法はどのような目的に動物を使うかによって異なる．たとえば，細菌などの感染，種々の環境要因，遺伝子的均一性などにどの程度気を配るかは実験の目的によって異なる．以下に，飼育管理法について述べる．

動物飼育室は，種々の環境要因，疾病などについて調節が十分に行えるように設計されていなければならない．温度18〜28℃，湿度20〜80%に保つのが望ましい．照明は，床上85 cmで200 luxが好ましく，昼夜の明暗のリズムをもたせなければならない．騒音についても40〜50ホン以下にすべきであり，臭気についても配慮が必要である．臭気の対象は，主にアンモニアであり，許容濃度は20 ppmである．この他にも，気圧，気流の速度，空気の清浄度，病原菌の侵入などに気を配る必要があるが，どの程度環境条件を厳密に調節すべきであるかは実験の目的によって異なる．

c. ラットの飼育器具

i) ケージ　使用目的によって，大きさ，材質，形，設備などを検討する必要があるが，ケージの理想的条件は動物に対して影響が少なく，滅菌，消毒，洗浄，運搬などが容易で，糞や尿の取り出しが簡単にできることである．ラットの一般飼育用ケージは市販品を用いればよい．これらはステンレス製金網でできており，糞や尿は網目を通して下の受け皿に落ちるようになっている（図9.3(a)）．ケージ内の収容頭数は，4週齢前後のもので100 cm²/頭，10週齢前後のもので150 cm²/頭，200〜300 gのもので200 cm²/頭，350 g以上では250 cm²/頭，哺育中で1000 cm²/頭を基準にするとよい．

栄養試験では，糞と尿を別々に採取する必要がある場合が多いが，その目的のためには，図9.3(b)に示したような代謝ケージが用いられる．この代謝ケージでは，漏斗を伝わって落ちてきた尿はフラス

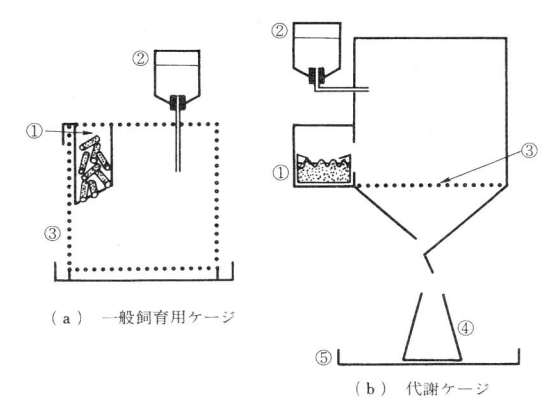

図 9.3 代謝ケージ・給餌器
(a) 一般飼育用ケージ
(b) 代謝ケージ
①給餌器, ②給水器, ③5mm 程度の目のステンレス金網, ④採尿器, ⑤採糞器.

コに滴下し, 糞はフラスコの外側に落下する. ただし, 飼料がこぼれた場合, 糞あるいは尿中に混入しないように注意を要する.

ii) 給餌器および給水器 給餌器としては, 動物が飼料を摂取しやすく, しかも餌がこぼれた糞や尿などで汚れたりしないようなものが望ましい. 大きな固型飼料を給与する場合, 図9.3(a)①のような給餌器を用いるが, 練り飼料や細かい固型飼料あるいは粉末飼料の場合は, 図9.3(b)①のようなお椀型や箱型の容器に入れて, これに摂食板を入れケージ内に置く. この場合, ラットの体が入らないように容器の口を小さくしておくことが望ましい. 給水器は, 図9.3②のようなものを用いる.

d. ラットの飼育作業

i) 給餌および給水 毎日一定量の餌を与える場合はいうまでもないが, 自由摂取の場合も給餌器を1日1回は点検し, 餌が少なくなっていれば補充し, 汚れていれば新しいものと交換する. 給餌は1日1回夕方行うのがよい. 餌の必要量は雌雄で異なるが, 1日あたりのだいたいの総エネルギー要求量は, 体重 50 g で 35 kcal, 100 g で 60 kcal, 200 g 以上で 80 kcal 程度である. 粗タンパク質のおおよその要求量は, 体重 50 g で 1.5 g, 100 g で 3 g, 200 g 以上で 4 g, 成熟後で 1～1.5 g 程度である. 成熟ラットの一般飼育の場合には, 市販の固型飼料を 15～20 g 与えればよい. 市販の飼料としては, 一般飼育用のほか繁殖用, 離乳期用などがある. 水も同様に1日1回は点検するのが望ましく, 常に清潔で新鮮な水(滅菌水が望ましい)を与えるように注意する.

ii) 清掃 普通飼育の場合, 糞, 尿や床敷は1～2日に一度は処理し, 常に清潔にしておく必要がある. ケージも1～2週に一度は洗浄, 消毒するのが望ましい. 塩化ベンザルコニウム液(オスバン)などの界面活性消毒剤を加えた水中に浸しておいてから, 水で洗浄, 乾燥する.

iii) 取扱い法 優しく取り扱うのが肝要である. 体重の測定などのために捕まえる際には, 背部より親指と他の4指を動物の左右の脇の下に回してもちあげる. このとき, 親指と中指を前足の前方においで, 人差指と中指で一方の前足をはさむようにするともちやすい. 1～2週齢のものでは, 頸部から背部の皮膚を軽くつまんでもちあげる. [久恒辰博]

9.3.2 投与試験法

a. 栄養試験法

栄養試験は動物体を通して栄養素の反応や必要量を調べる方法である. 栄養試験は成長試験法, 出納試験法ならびに体の一部の反応を指標とする方法に大別されるが, 実験の目的に応じてそれらの方法が組み合わせて用いられる. 化学実験と比べて影響する因子が多いので, その結果の解析にあたって, 統計学的考慮が重要となるが, 実験に先立ち十分に検討する必要がある.

試験には, 成長中の動物を用いる場合と成熟動物を用いる場合がある. いずれの場合にも, まず実験の目的に応じた動物の種類, 年齢などを選択する. ついで試験する区数, 1区の個体数および個別飼育か集団飼育かの別を決定する. 以下ラットを例として説明する.

実験にあたっては, 飼料その他環境の変化に慣れさせるため本実験の前に1週間ぐらいの予備飼育が必要である. 同一動物を用い連続して各種の実験を行う場合は, 特に前の条件が影響を及ぼさなくなるまで予備飼育を続ける必要があるため, 1週間前後が適当である. 実験中は動物の取扱い(給餌, 試料採取の時間など)はすべて一定とし, 影響する因子をできるだけ少なくするよう配慮する.

実験飼料および添加物の給与法は目的に応じて種々の方法が工夫されている. 以下に種々の食餌給与法について述べる.

i) 自由摂取法 (ad libitum feeding) 動物に自由に飼料を食べさせる方法である. 予備試験中に摂取量を調べ, 残量が多すぎないように調節する. ラットの場合, 夜間(夕刻から深夜)摂取する習性がある.

ii) 並行摂取法 (paired feeding) 試験飼料群と対照群の摂食量が異なることがあり, その場合に

摂食量の少ない方の群（あるいは最も少ない群）の摂取量と等しい量を他の群に与える方法である．少ない群の量の1日の摂食量を翌日他の群に与えるという方法などがある．

iii) **強制摂取法**（forced feeding）　動物の嗜好に合わない飼料を与える場合や，厳密に正確な量を与えたり，自由摂取以上に与える場合に，食道カテーテルなどを用いて胃内に直接注入する方法がある．これが確実ではあるが，飼料が流動性をもつものでないといけないこと，多数の動物に行うときは手間がかかり，生理的・心理的影響があることなどを考慮する必要がある．ラット用やマウスの場合には，先端がまるく加工されたゾンデが市販されている．先端部1.5 cmをわずかに湾曲させたものを1～5 mlの注射筒につける．ラットは左手で軽くつかみ，ゾンデ先端を静かに口に挿入する．このとき頭頸部を十分にのばし，胸部をやや前に突き出すようにする．ゾンデの先が咽頭部に達したとき，前方にしゃくるように体軸と平行にして進めるとスムースに胃底部の抵抗を感じる．注射筒を静かに押して内容物を入れる．もし強い抵抗を少しでも感じたら挿入を中止してやりなおす．市販ゾンデは口径が小さいので，粒状の物質は詰まりやすい．この場合はネラトンチューブ（径2 mmくらいのもの）を切って使用するとよい．

iv) **時間給与法**（spaced feeding, meal feeding）　飼料給与を所定時間のみとし，それ以外は摂取できないようにする方法である．この方法は，飼料の給与と同時に供試品（たとえばアイソトープ）を与えるような試験，あるいは食後の変化を経時的に観察する場合などに利用される．予備飼育期間をおいて，制限時間内に必要量を食べつくすように訓練が必要である．最初4～6時間くらいの間給与し，徐々に時間を短縮していき，1週間くらいで30分以内に摂取させるなどの方法がある．

v) **注射法**　栄養試験で主に使用される注射法は，静脈（尾静脈，股静脈）内および腹腔内注射である．少量のものを滅菌した生理食塩水等に溶かし，静かに保定したラットの注射部位をアルコール綿で消毒してゆっくりと注入する．

b. 薬物試験法

薬物が生体に対してどのような薬理作用をもつかを生体を用いて観察するのが薬物試験である．薬物の作用は通常単一ではない．どの薬物もいくつかのレセプターをもっている．しかし，ある薬物が特定のレセプターに親和性が強く，比較的特異な作用を示すこともある．その場合でも用量を増すと他のレセプターへの作用も現れる．それゆえ，薬理作用の観察にあたり薬物用量は留意を要する問題である．薬物を溶かすのに用いる溶媒などによって非特異的作用の現れる可能性がある．また薬理作用を観察し，記録するにあたり，使用する装置，器具の操作に習熟し，正確な結果を得るように注意する．

薬理実験に使用される実験動物の種類は多い．実験動物の選択は，それぞれの実験目的に応じてなされなければならないが，目的が研究でなく検査，検定の場合には，用いる動物がある程度規定されている場合がある．使用する実験動物は，個体として正常なものであり，微生物環境が適切に管理されたものでなければならない．特定病原微生物をもたないSPF動物や，無菌動物に特定の微生物のみを定着させた実験動物（ノトバイオート，gnotobiote）がよく用いられる．実験動物の選択を目的に合うように注意しても，なお得られた結果に対する推計学的検討を無視してはならない．

薬液投与量が少ない場合には，通常，生理食塩水，リンゲル液，タイロード液などに溶かして用いる．非水溶性薬物の場合には，オリーブ油，ゴマ油やプロピレングリコールなどに溶かして用いる．また，乳化剤カルボキシルメチルセルロースも用いられる．以下に，具体的にその方法について述べる．

i) **経口投与法**　まず，給与水に薬剤を混合して投与する方法が考えられるが，摂水により薬物が摂取されるため，投与時刻や投与量が行動に依存する欠点がある．また，経口針（マウス用径1×長さ60 mm，ラット用1.2×80 mm）で胃内に注入する方法もある．注入量はマウス1 ml，ラット5 mlまで可能である．ウサギでは木製の「有孔くつわ」をくわえさせ，その孔を通して胃ゾンデを胃内へ入れる．

ii) **腹腔内投与法**　動物を左手でしっかり保持し，腹筋の緊張を適度に保たせて注射針を腹壁に直角に挿入する．皮膚と腹筋に針先が貫通すると抵抗がなくなる．この時点で，注射筒を少し引いて，血液が注射器に逆流しないことを確かめる．ラットには，5 mlまで（体のサイズ等による）の溶液が注入できる．

iii) **皮下投与法**　通常，背中の頸部から腰部に至る皮下に注射する．背中を左手の親指と人差指でつまみ，注射針を両手指の中間に刺して，先端を両指ではさみ，薬物を注入する．ラットでは，2 mlまでの溶液が投与できる．

iv) **筋肉投与法** ラットの場合，左手の親指と人差指で後足の筋肉をつまみ，その中間に注射針を挿入し，両指で針先がその中間にあることを確認し，薬物を注入する．ラットでは，この方法で約 0.5 ml までの溶液を注入することができる．

v) **静脈内投与法** マウス，ラットでは，重い広口ガラスびんを動物にかぶせ，尾を外に出す．尾をあらかじめ暖めるか，アルコールで清拭しキシレンを塗布し，血管が十分に怒張するのを待ち，浅い角度から注射針を挿入する．注射筒を引いて血液が逆流することを確認してから，薬物を注入する．注射針は 1/4 mm，注射量は 0.2 ml（マウス），2 ml（ラット）以下とする．成熟ラットでは，下腿の内側を走る表在性の静脈に注射するとよい．注射量は 1.0 ml までとする．ウサギではアルコール清拭後，耳翼内縁の静脈へ中枢に向けて 1/2 mm 注射針をさす．5.0 ml まで可能である．キシレンを塗布した場合，炎症を予防するためには実験終了後，エタノールでふきとる必要がある．

9.3.3 麻 酔 法

麻酔は，実験に際して障害となる動物の自発性，反射性の体動を防ぎ，実験操作をしやすくするため，そして動物の苦痛を軽減させるために行われる．動物の麻酔は，局所麻酔と全身麻酔に大別される．

a. 局所麻酔

末梢神経線維を麻痺させ処置する部位を無痛にするもので，0.02% 塩酸コカイン液を滴下する表面麻酔，2% 塩酸プロカインを注入する浸潤麻酔，0.5～1% 塩酸プロカインを神経幹周囲に注射する伝達麻酔などがある．

b. 全身麻酔

麻酔薬の注射や吸入により中枢神経系を麻痺させる方法で，全身麻酔薬として，エーテル，ソムノペンチル（ペントバルビタールナトリウム），局所麻酔薬としては塩酸プロカイン液が用いられる．エーテルの吸入麻酔は，密閉したガラス容器に脱脂綿を入れ，その上に金網を敷く．脱脂綿にエーテルを浸してから動物を入れ密閉する．一定時間麻酔を続けるには，エーテルを浸した脱脂綿を入れたガラスびんを横にし，動物の鼻を入り口に近づける．一方，ソムノペンチル（ラットでは 3～5 mg/100 g 体重）を腹腔内に注射して麻酔させると長時間覚めないので扱いやすい．

9.3.4 生体試料の調製

a. 体重の測定および糞尿の採取法

まず，体重，臓器重量，飼料および糞などの重量を測定するには，その有効数字の範囲を考慮して計量器を選ぶ．

採尿，採糞には図 9.3 に示したような代謝ケージを用いる．採尿器の中に腐敗を防ぐためにトルエンなどを加えておく．アンモニアの逸散を防ぐには，酸性に保つように硫酸などを加える．糞は普通の代謝箱では排泄後採取するまで放置されるので，この間の変化が問題になるような実験では目的に応じた工夫が必要である．ネズミは食糞する習性がある．これを防ぐために feces cup などが工夫されている．

b. 採 血 法

採血前にはあらかじめ麻酔をしておくと，操作が行いやすい．採血部位は採血量によって異なる．

i) **少量の血液採取** マウス，ラットで 2～3 滴の血液を採取するには，尾静脈を怒張させ，よく切れるはさみで尾の先端を切断し，湧出する血液を採取する．ウサギでは耳静脈を怒張させ，1/2 mm 針を血管末梢側に向けて挿入し血液を吸引する．採血量 3～5 ml である．

ii) **中量の血液採取** マウス，ラットでは眼穿刺法により眼静脈叢より一部採取する．マウスでは 0.1 ml，ラットでは 0.5 ml の採血が可能である．ウサギでは心臓穿刺法により，10 ml 程度の採血が可能である．

iii) **多量の血液採取** マウス，ラットでは，心臓あるいは頚静脈から全採血を行う．クロロホルムにより深麻酔をかけ，麻酔死直前に胸腔を開き 1/1～1/2 mm 針により心臓右心室に穿刺して，血液を吸引する．マウス 0.6～1.2 ml，ラット 10～15 ml である．ウサギでは，頚動脈から全採血を行う．

iv) **その他の採血法** 実験の目的により，下大静脈や腹大動脈，肝門脈などから採取する場合，あるいは血管にカテーテルを留置して経時的に採血する場合などもある．

c. 各臓器の採取

臓器採取のため屠殺する場合，断首による方法，頭部と腰部を両手でもって強く引き脱臼させる方法，あるいは頚動脈を切断または心臓を突いて放血させる方法があるが，実験の目的によって適当な方法を選択する．その後，必要に応じて各臓器を採取する．安定した結果を得るため，臓器の採取は正確かつ手早く行う必要がある．

［加藤久典］

9.4 各種動物試験法と生体成分の分析

9.4.1 成長試験法[1-5]

成長の度合いから栄養価を評価する方法．主に体重増加法が用いられるが，飼料効率および飼料要求率，タンパク質効率比，正味タンパク質効率，体重回復法と併用することが多い．

a. 体重増加法

飼料中の栄養素の含有量や質による成長度合いを体重増加量によって評価する方法．

b. 飼料効率（feed efficiency）および飼料要求率（feed conversion ratio）

飼料効率は，以下の式より求められる．

$$飼料効率〔\%〕=\frac{体重増加量〔g〕}{飼料摂取量〔g〕}\times 100 \quad (9.1)$$

逆に単位体重の増加に必要な摂取飼料量の割合を百分率で示したものが飼料要求率である．

c. タンパク質効率比（protein efficiency ratio, PER）

動物に試験タンパク質を含む飼料（タンパク質飼料）を一定期間摂取させ，その間に摂取したタンパク質1gあたり体重が何g増加したのかを調べる方法で，以下の式により求められる．

$$タンパク質効率比=\frac{体重増加量〔g〕}{タンパク質摂取量〔g〕} \quad (9.2)$$

この値は飼料中のタンパク質の量や質によって異なる．タンパク質の質が同じである場合，タンパク質量が少ないときは低く，含有量の増加とともに高まって最大値に達し，それ以上タンパク質を増加させても再び低下する．またタンパク質量が同じである場合，タンパク質が良質なほど少ない量で最大値に達する．

d. 正味タンパク質効率（net protein ratio, NPR）

体重あるいは体タンパク質量の増加が全くみられない，タンパク質効率比が0のタンパク質飼料を摂取した場合でも，全くタンパク質を含まない飼料（無タンパク質飼料）を摂取したものに比較すれば，体重あるいは体タンパク質量の増加が認められることになる．そこで，単純な体重増加量あるいは体タンパク質増加量を基準としないで，タンパク質飼料を摂取した動物と無タンパク質飼料を摂取した動物との体重差を基準とするのがこの方法である．すなわち，タンパク質飼料と無タンパク質飼料を一定期間投与した2群の体重差を，その間にタンパク質飼料を投与した群の全摂取タンパク質量で除する．

$$正味タンパク質効率\\=\frac{タンパク質飼料摂取群の体重〔g〕-無タンパク質飼料摂取群の体重〔g〕}{摂取全タンパク質量〔g〕} \quad (9.3)$$

e. 体重回復法

タンパク質の成長効果を調べるのではなく，動物の体重回復に対する効果を調べる方法もある．すなわち，無タンパク質飼料を投与し，体重がある程度失われたときに試験タンパク質を飼料中に添加し，一定期間投与する．その間に回復する体重を評価する．タンパク質が良質であるほど回復する体重量は多い．

9.4.2 出納試験法[1-5]

動物の栄養素の摂取と排泄（出）あるいは体内蓄積（保留）から栄養価を評価する方法．消化試験，代謝試験，呼吸試験，屠殺試験がある．

a. 消化試験法

飼料中の栄養素は完全に消化・吸収されるわけではなく，一部は消化されずに糞中に排出される．各栄養素がどの程度消化・吸収されたのかを示す指標が消化率である．すなわち，摂取した飼料から消化吸収されずに糞中に排泄されたものを差し引き，これを摂取した栄養素の量で除したものである．飼料やその成分である粗タンパク質，粗脂肪，粗繊維および可溶無窒素物について求めるのが普通であるが，場合によっては純タンパク質やエネルギーの消化率が求められる．各栄養素の可消化成分は，飼料中成分量にその消化率を乗じて得られる．ここでは，タンパク質の消化率を例に述べる．

$$見かけの消化率〔\%〕=\frac{I-F}{I}\times 100 \quad (9.4)$$

ただし，I：摂取飼料中窒素量〔g/d〕，F：糞中窒素量〔g/d〕とする．

糞中に排泄される栄養素には，飼料に由来する成分の他に，腸粘膜や消化液，腸内細菌やその生成物などが含まれており，真の消化率を求めるには，糞中栄養素量の全体から飼料に由来しない，いわゆる内因性の排泄量を差し引かなければいけない．内因性のうち，特に問題にされるのが窒素化合物で，代謝性糞中窒素（metabolic fecal nitrogen）と呼ばれている．したがって，タンパク質の真の消化率は次の式で算出できる．

$$真の消化率〔\%〕=\frac{I-(F-F_k)}{I}\times 100 \quad (9.5)$$

ただし，F_k：代謝性糞中窒素量〔g/d〕とする．

F_k は無タンパク質飼料摂取群の窒素排泄量であるが，成長期の動物を用いた場合，無タンパク質飼料摂取群とタンパク質飼料摂取群の体重に大きな差が生じ，そのための誤差が大きくなる．一方，無タンパク質飼料摂取群の窒素排泄量は，体重にほぼ比例することが知られているので，体重で補正する．すなわち，

$F_k =$ 無タンパク質飼料摂取群の糞中窒素量〔g/d〕
$\times \dfrac{\text{タンパク質飼料摂取群の体重〔g〕}}{\text{無タンパク質飼料摂取群の体重〔g〕}}$ (9.6)

とする．

単一飼料の消化率を測定するには，前記の代謝ケージにラットを入れ，成分を分析した飼料を一定量毎日投与する．食べ残しがある場合は，投与量からこの量を差し引く．予備実験の後，本試験の期間は1日を単位として採糞する．毎日の摂取量と排泄糞量は測定しておく．また，予備試験開始時，本試験の開始時および終了時には動物の体重を測定しておくとよい．乾燥した糞は飼料と同様に分析し，上式によってそれぞれの成分につき消化率を算出する．

飼料を単独で投与しにくい場合は，あらかじめ基本飼料の消化率を明らかにしておき，その後基本飼料に試験の飼料を添加して再び消化試験を行い，次式によって，消化率を算出する．

試験飼料の消化率〔%〕$= \dfrac{S-(F_{S+B}-F_B)}{S} \times 100$ (9.7)

ただし，S：摂取添加飼料中成分量〔g〕，F_{S+B}：糞中添加飼料由来成分量〔g〕，F_B：糞中基本飼料由来成分量〔g〕とする．

実際の消化率の測定には，ここに示したような全糞採取法の他に標識法という簡便法もある．標識法は，あらかじめ飼料にポリエチレングリコールなどの合成高分子化合物などをマーカーとして添加しておき，試験期間中に排泄される糞を採取し，成分量とマーカー量を測定して次式から消化率を求める．

消化率〔%〕$= \left(1 - \dfrac{\text{飼料中のマーカー〔%〕}}{\text{飼料中の成分〔%〕}} \times \dfrac{\text{糞中の成分〔%〕}}{\text{糞中のマーカー〔%〕}}\right) \times 100$ (9.8)

b. 代謝試験法

代謝試験は，消化試験から呼吸試験まで，さらに細胞の中間代謝まで含めた試験であるが，ここでは飼料中の栄養素（エネルギーを含む）が消化管壁から吸収された量を糞や尿から排泄される量を用いて測定する方法を取り扱う．成長試験法では，栄養価を評価する基準が体重増加量であったが，代謝試験法では，体内にどれだけ栄養素を保持するかによって評価を行う点が特徴である．本項では，特に窒素出納と生物価（biological value）について述べる．

窒素出納は窒素の摂取量から糞と尿からの窒素排泄量の合計を差し引いた値として求められる．一方，生物価はタンパク質の栄養価を体内に吸収した窒素量に対する体タンパク質などとして，体内に蓄積された窒素量の比率で表したものである．

タンパク質の生物価
$= \dfrac{\text{体内に蓄積された窒素量}}{\text{吸収された窒素量}} \times 100$
$= \dfrac{I-(F-F_k)-(U-U_k)}{I-(F-F_k)} \times 100$ (9.9)

ただし，U：尿中窒素量〔g/d〕，U_k：内因性尿中窒素量〔g/d〕とする．

消化率と同じように，体重にほぼ比例することが知られているので，補正が必要である．すなわち，

$U_k =$ 無タンパク質飼料摂取群の尿中窒素量〔g/d〕
$\times \dfrac{\text{タンパク質飼料摂取群の体重〔g〕}}{\text{無タンパク質飼料摂取群の体重〔g〕}}$ (9.10)

とする．

まず，無タンパク質飼料を投与して糞と尿中の窒素量を毎日測定し，その量がほぼ一定になるまで飼育を続ける．その後，タンパク質飼料を投与し，前記同様に糞と尿中の窒素量を測定する．摂取窒素量と排泄窒素量の間で平衡関係を示す期間（通常4日以後）の値を用いる．

この方法には，無タンパク質飼料摂取期間の内因性窒素の値がタンパク質飼料摂取期間の内因性窒素の値と等しいという仮定が含まれている．また，タンパク質含有量が多いと低値が得られる場合が多いこと，消化率が考慮されないなどの特徴がある．そこで，この値にそのタンパク質の飼料中の含有量および真の消化率を乗じた値を正味タンパク質利用率（net protein utilization, NPU）としている．ただし，この方法ではタンパク質摂取量がかなり低い状態で測定する必要がある（通常飼料中10%程度）．

正味タンパク質利用率
$=$ 生物価 $\times$ 真の消化率
$= \dfrac{I-(F-F_k)-(U-U_k)}{I} \times 100$ (9.11)

c. 呼吸試験法

呼吸試験は，代謝試験に呼気ガス分析が加わったものである．動物熱が，異化された化合物の燃焼熱と尿中の化合物の燃焼熱との差であることから，酸

素消費量，二酸化炭素生成量，尿中窒素排泄量，脂肪，炭水化物，タンパク質の熱当量や酸素の熱量価から熱産生量を算出することができる．この熱産生量だけではなく，酸素と二酸化炭素の量，呼吸商などの値を求め，体内における代謝産物の解析などに使用されている．動物から放散される熱量を断熱した動物室の内層にある熱交換装置の温度変化から算出する直接法と，酸素消費量，二酸化炭素生成量，メタン生成量および尿中窒素排泄量を呼吸試験ならびに代謝試験装置で測定し，熱産生量を算出する間接法がある．エネルギー出納の定量的な把握には不可欠であるが，呼吸試験装置の製作には多くの経費がかかるだけでなく，労力と時間を要することなどから，呼吸試験法を用いたエネルギー代謝研究はあまり実施されていない．

d． 屠殺試験法

屠殺試験は，供試動物を屠殺してその体成分を分析するものである．試験開始時と試験終了時に屠殺し，試験期間中に体内に蓄積された成分量を測定する方法を比較屠殺法という．比較屠殺法では，消化試験，代謝試験あるいは呼吸試験を行わなくても，体成分の蓄積量を直接求めることができる．

［石島智子］

9.4.3　各種生体成分の分析[6,7]

実験動物の処理や刺激後の生理状態を知るために，通常，血液，体液あるいは各臓器の生体成分の分析を行う．実験の目的に応じて，血中では総タンパク質濃度，アルブミン濃度，尿素窒素量，クレアチニン濃度，グルコース濃度，コレステロール濃度，さらに各種ホルモン濃度などを，臓器では，全DNA量やRNA量，それぞれのタンパク質の量，種々の酵素活性などを測定する．現在，いろいろな薬品会社で生体成分の分析のための多くのキットが製造されており，目的に応じてこれらが簡単に利用できるが，酵素活性測定法（6.2節参照）や酵素免疫測定法（ELISA法，6.1.2.b項参照）などそれぞれのキットの原理については理解しておく必要がある．また，各臓器における種々の遺伝子の発現状態を追跡する目的で，種々の臓器から total RNA や poly (A)$^+$RNA を調製・精製するキットも市販されている．最近では一度にほぼすべての遺伝子の発現情報を得ることができる，DNAマイクロアレイや高速シーケンサーを用いたトランスクリプトーム解析も重要な技術として利用されるようになり，栄養学の分野ではニュートリゲノミクスとして新しい学問領域が形成されている．

［中井雄治］

9.5　動物細胞実験法

細胞培養とは，動物の組織を形づくっている細胞を試験管内（in vitro）で培養し，種々の実験に利用するための技術である．用いる細胞のうち，寿命をもつ細胞を不死化させ in vitro で半永久的に増殖できるようにしたものを培養細胞株と呼び，さまざまな実験系において生体のモデル系として使用されるようになっている．

現在ではヒト，マウス，ハムスター等の多種の動物に由来する数千種類にも及ぶ動物細胞株が樹立されている．このうち，細胞バンクに登録されている樹立細胞株については取り寄せることが可能である．このような細胞バンクとして，国内では理化学研究所バイオリソースセンターおよびヒューマンサイエンス研究資源バンク，海外では米国の American Type Culture Collection（日本での総代理店は住商ファーマインターナショナル株式会社が行っている）が広く知られている．

9.5.1　動物細胞の培養
a． 無 菌 操 作

動物細胞株は一般に，37℃，湿度100%，5% CO_2 に設定したインキュベーター（CO_2 インキュベーターと呼ぶ）で培養する．この環境は，空気中に浮遊する細菌やカビの増殖にも好都合であり，しばしば汚染が起こりうる．したがって細胞培養で重要なことは，できる限り無菌的な条件に保ち，注意深く実験を行うように心がけることである．7.2.2.a項に記したように，外界からの雑菌侵入を防ぐことを目的に，クリーンベンチを細胞培養に使用するのが一般的である．シャーレのふたを開けて行う作業をクリーンベンチの内部でのみ行うことで，汚染を最小限にすることが可能となる．

作業を開始する前に，クリーンベンチ内の作業面を70%エタノールで湿らせたペーパータオルでよくふいた後，遠沈管などクリーンベンチ内で使用するものを中に入れ，15～20分間紫外線を照射し殺菌しておく．作業前に手をよく洗った後，クリーンベンチ内に手を入れるときは，必ず70%エタノールで手を消毒する．クリーンベンチ内に外から遠沈管等を入れる際にも，必ず70%エタノールでよくふいてから入れる．

無菌操作中は，細心の注意を払い，無菌状態を保

表 9.2 ダルベッコ改変イーグル培地の組成

無機塩	[mg/l]	アミノ酸	[mg/l]
塩化カルシウム	200.00	L-セリン	42.00
硝酸第二鉄・9H$_2$O	0.10	L-スレオニン	95.00
硫酸マグネシウム（無水）	97.67	L-トリプトファン	16.00
塩化カリウム	400.00	L-チロシン・2Na・2H$_2$O	103.79
炭酸水素ナトリウム	3700.00	L-バリン	94.00
塩化ナトリウム	6400.00	ビタミン	
リン酸一ナトリウム（無水）	109.00	塩化コリン	4.00
アミノ酸		葉酸	4.00
L-アルギニン・HCl	84.00	myo-イノシトール	7.20
L-シスチン・2HCl	62.60	ナイアシンアミド	4.00
L-グルタミン	584.00	D-パントテン酸カルシウム	4.00
グリシン	30.00	ピリドキシン・HCl	4.00
L-ヒスチジン・HCl・H$_2$O	42.00	リボフラビン	0.40
L-イソロイシン	105.00	チアミン・HCl	4.00
L-ロイシン	105.00	その他	
L-リジン・HCl	146.00	D-グルコース	1000.00
L-メチオニン	30.00	フェノールレッド	15.90
L-フェニルアラニン	66.00	ピルビン酸ナトリウム	110.00

つよう努力する．溶液の入ったびんのふたやチューブのキャップを開け閉めしようとする際には，バーナーで口を軽く火であぶる．溶液の入った容器の口を開けたままにしない．液体がベンチ内にこぼれたときには，ペーパータオルですぐにふきとる．手や腕がふたの開いたびんやシャーレの上を通過しないように気をつける．このような努力は，実験を成功させるために，ぜひ実行すべきである．

b. 培地の調製

動物細胞培養には，アミノ酸，ビタミン，糖，塩類などを含む栄養価の高い培地を用いる．古くから生体成分の分析をもとにして，さまざまな合成培地が考案されてきた．現在では汎用培地について，液体もしくは粉末状態で市販されている．多くの培養細胞株の培養に用いられているダルベッコ改変イーグル培地（Dulbecco's modified Eagle's medium, DMEM）の組成は表 9.2 のとおりである．

また動物細胞の培養には，血清の添加が通常行われる．血清は種々の動物に由来するものが市販されているが，ウシ胎児血清（fetal bovine serum, FBS）が最もよく使用される．培地に添加する血清は非働化（56℃の湯浴中で 30 分間加熱処理を行う）してから使用する．非働化とは，血清中に存在する補体を不活性化する処理で，抗体-補体反応によって起こる培養細胞の破壊を防ぐ効果があるとされる．

塩溶液は中性（pH 7.2〜7.4）で培地と等浸透圧にした溶液で，細胞の洗浄や希釈，試薬の溶媒として用いる．リン酸緩衝液（phosphate-buffered saline, PBS，表 9.3）が最もよく用いられている．Ca^{2+}，Mg^{2+} を含まないものを PBS$^-$ と呼び，これを用いることが多い．（PBS$^-$ のことを単に PBS と表記することもある．）

表 9.3 PBS の組成

	[g/l]
NaCl	8.0
KCl	0.2
Na$_2$HPO$_4$・12H$_2$O	2.9
KH$_2$PO$_4$	0.2

c. 細胞の保存と解凍

実験に使用しない動物細胞の継代を続けると，細菌やカビによる汚染や，細胞の性質が変化してしまう危険性がある．培養細胞を長期間保存するには，凍結して液体窒素中で保存する．増殖中の細胞から細胞懸濁液を調製した後に，細胞を凍結保存用培地（凍結保護剤となるジメチルスルホキシドを加えた培地）に懸濁し，凍結保存用のクライオチューブに分注して −80℃ の超低温冷凍庫で凍結させる．凍結後は，液体窒素タンクにて保存を行う．液体窒素中の凍結細胞は，10 年以上の長期保存が可能である．

再培養のために解凍を行う場合には，凍結したクライオチューブを 37℃ の湯浴に浸し，できるだけすばやく解凍した後に，保存液を増殖用培地で置換し，CO_2 インキュベーターで培養を開始する．

d. 細胞数の計測

培養細胞を用いた実験では，増殖曲線の記録や次項に述べる細胞継代において，細胞数の計測が頻繁に行われる．最も一般的な細胞数計測法は 1.11.3.g

項に記載したように，血球計算盤を用いる方法である．目的の細胞について細胞懸濁液を作製し，一定の体積中に存在する細胞数を顕微鏡下で計数することで，細胞の濃度を算出することができる．この方法の利点として，正確に計数できる，用いる細胞の量が少量ですむ，トリパンブルーなどの色素を用いることで生細胞のみを計数することができる，等が挙げられる．

シャーレ上の接着細胞をそのままの状態で計数する必要がある場合，あまり正確ではないが簡単な方法として，倒立型位相差顕微鏡の接眼レンズに方眼ミクロメータを入れ，視野に見える正方形の中の細胞数を計数する方法がある．ミクロメータを用いるには，まず対物ミクロメータを用いて接眼ミクロメータを校正し，区画中の細胞数から全体の細胞数を計数する．あるいはさらに簡便な方法として，視野に入っている細胞数を全部数える方法もある．倍率100倍の視野ではその直径が約2 mm，200倍では約1 mmとなるので，視野全体の面積を計算することにより，シャーレ内の細胞数を算出することが可能である．

e. 継代培養法

培養細胞はシャーレ上で増殖してゆくが，培養を続けていくとやがてシャーレ一面が細胞に覆われる状態になる．これをコンフルエントの状態と呼ぶ．通常，シャーレの面積の70～90%が細胞で覆われた段階（70～90%コンフルエントと呼ぶ）で，適当に希釈し新しいシャーレに植え継ぐ操作を行う．これを細胞の継代（cell passage）と呼ぶ．接着細胞の場合は，まずEDTAやトリプシンなどで処理して細胞を再度分散し，細胞数の計測を行った後，適当な濃度にうすめて新しいシャーレに植え継ぐ．

〔操　作〕

（1）細胞が培養されたシャーレをCO_2インキュベーターから取り出し，クリーンベンチ内に入れる．

（2）培養用ピペットを用いて培地を取り除き，新しい培養用ピペットを用いて，適量のPBSをシャーレの側壁に沿って静かに入れ，細胞表面を洗浄する．

（3）PBSを取り除いた後，培養用ピペットを用いてトリプシン液をシャーレの側壁に沿って静かに入れ，ふたをして室温もしくは37℃にて静置する．

（4）細胞がはがれた後に，適量の培地を用いて細胞を懸濁した後，懸濁液を遠沈管に回収し，200～300×gで約2分間遠心する．

（5）遠心後，上清を培養用ピペットで取り除く．得られた細胞に適量の培地を加えて細胞を懸濁し，

懸濁液の一部を，培地を入れた新しいシャーレに加える．

（6）なるべく均一に分散させた後，CO_2インキュベーターにシャーレを戻す．

細胞継代の頻度（何日に1回継代を行う必要があるか）や希釈率は，細胞株ごとに大きく異なる．適切な細胞継代を行うことが，細胞培養を用いた実験を成功させるためには必須である．

9.5.2 動物細胞の観察
a. 顕微鏡の操作

光学顕微鏡はその型式により正立顕微鏡，倒立顕微鏡の2つに分類される．倒立顕微鏡は光源が上にあり，対物レンズや光学系がステージ下側に位置している．試料や目的によってさまざまな観察方法を選択するが，その1つに位相差観察がある．無色透明な物体を，光の位相差を利用することにより明暗のコントラストで観察できるようにした観察方法であり，これを行うことができるのが位相差顕微鏡である．図9.4にヒト子宮頸がん由来の細胞株（HeLa細胞）の位相差顕微鏡での観察像を示した．

培養細胞を用いた実験において，培地を取り除くことなくシャーレ内の培養細胞を観察するため，倒立型位相差顕微鏡を利用する．位相差顕微鏡の原理については1.11.3.b項の記載を参照のこと．位相差顕微鏡を用いて直接光と回折光に異なる光学的処理を施すことにより，無色透明な培養細胞の形態をはっきりと可視化することができるだけでなく，細胞内部の構造も明暗のコントラストで観察することが可能となる．

b. 細胞の染色

核をはじめとするさまざまな細胞構造体を染色する色素を用いることにより，さらに鮮明に細胞を観察することが可能となる．細胞またはその構造体を

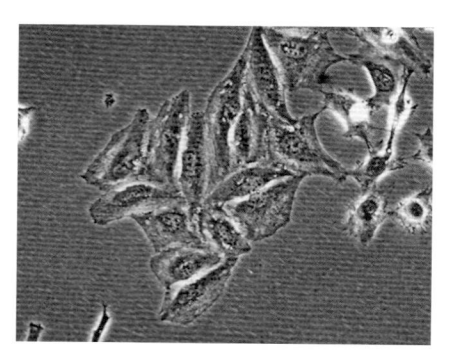

図9.4　HeLa細胞の位相差観察像

染色する色素は数多く存在し，用途に応じて適切なものを使用する．

着色染色の代表的なものに，ヘマトキシリン-エオジン染色がある．これは細胞核を青に，細胞質を桃〜赤色に染める染色法であり，組織標本の染色にも用いられる．染色を行うには，あらかじめ細胞をガラスまたはシャーレに固定する必要がある．この方法にもさまざまなものがあるが，培養細胞においては培地を洗浄後，短時間のメタノール処理を行うことで，固定を行うことができる．固定後の細胞を各種染色液で処理し，洗浄後，顕微鏡による観察を行う．

9.5.3 動物細胞を用いたプロモーター活性試験法

培養細胞はそれ自身が生命活動を営んでおり，生体のモデル系として実験に使用される．また培地に直接接しており，培地中に添加した物質や薬剤に速やかにさらされることから，決まった濃度の薬剤処理を行うような実験には非常に適している．

レポーターアッセイは，細胞外からの刺激に応じて生ずる細胞内現象の変化を，検出可能なシグナルに変換し，検知するための実験方法である．細胞内現象の変化に応答して遺伝子の転写活性を調節する配列（プロモーター/エンハンサー，その他の転写因子結合配列など）をレポーター遺伝子に接続したベクターをあらかじめ導入した細胞を用いることで，薬剤投与などの刺激に応じてレポーター遺伝子が転写・翻訳される．レポーター遺伝子としては，翻訳されたタンパク質に酵素活性を有するものを用いることが一般的であり，アルカリホスファターゼ，β-ガラクトシダーゼ，ルシフェラーゼ等が使用される．

培地中に添加した物質に応答してルシフェラーゼが発現する細胞を用いた場合，刺激後の細胞を溶解して酵素液を調製することにより，酵素活性を容易に測定することができる．ルシフェラーゼは，①酵素液調製操作がシンプルである，②測定時のバックグラウンドが低く，高感度な測定ができる，③ルシフェラーゼが翻訳後修飾を伴わずに活性をもつため，より直接的に転写活性を定量化することが可能である，といった特徴をもつことから，レポーター遺伝子として最も利用されている酵素である．またルシフェリンとATPを基質として発光反応を行う酵素であり，基質存在下における発光強度をルミノメーターを用いて測定することで，酵素活性を測定することが可能である．　　　　　　　　　［三坂　巧］

9.6 実　験　例[2,8]

本実験例では，食餌タンパク質の「質」および「量」とラットの成長，窒素出納との関係の解析を行う．すなわち，タンパク質の「量」の異なる食餌，あるいはタンパク質の「質」すなわち栄養価の異なる食餌を用意し，これらを成長期のラットに給餌した後，ラットの成長，窒素出納，生体成分の変化，あるいは内分泌指標の変化などを追跡し，どのようにタンパク質の「量」あるいは「質」の異なる食餌が動物の成長を制御しているかについて解析する．

9.6.1 飼料の調製および分析

a． 種々のタンパク質を含む飼料の調製[2]

調製する4種の飼料の混合の割合を表9.4に示す．

・タンパク質の「量」の異なる食餌

○PF食： 無タンパク質食（タンパク質を全く含まない食餌）

○12C食： 12％カゼイン食（カゼインを12％含む食餌）

・タンパク質の「質」の異なる食餌

○12C食

○12G食： 12％グルテン食（グルテンを12％含む食餌，リジンとスレオニンが制限アミノ酸となっている）

○12GLT食： 12G食にリジンとスレオニンを必要量に達するように添加したもの

・調製量： 成長期のラットを実験に用いる場合には，1頭あたり1日20 g程度の摂食量を目安として，調製量を決める．

・調製方法： まずビタミン混合物をはかりとり，

表9.4　種々のタンパク質およびアミノ酸を含む食餌の組成〔％〕

	PF食	12C食	12G食	12GLT食
カゼイン	–	14.0	–	–
グルテン	–	–	15.0	15.0
メチオニン	–	0.2	–	–
リジン・HCl	–	–	–	0.6
トレオニン	–	–	–	0.36
コーンスターチ	79.8	65.6	64.8	63.8
大豆油	5.0	5.0	5.0	5.0
ミネラル類	4.0	4.0	4.0	4.0
ビタミン類	1.0	1.0	1.0	1.0
セルロース	10.0	10.0	10.0	10.0
塩化コリン	0.2	0.2	0.2	0.2

PF食：無タンパク質食，12C食：0.2％メチオニンを添加した12％カゼイン食，12G食：12％グルテン食，12GLT食：0.6％リジンおよび0.36％トレオニンを添加した12％グルテン食．

表9.5 粗タンパク質算出用窒素係数

食品名	換算係数
小麦（玄穀），大麦，ライ麦，えん麦（オートミール）	5.83
小麦（粉），うどん，マカロニ，スパゲッティ，中華麺類	5.70
小麦胚芽	5.80
米	5.95
落花生	5.46
アーモンド	5.18
ごま，ひまわり，その他のナッツ類	5.30
大豆，大豆製品	5.71
醤油類，味噌類	5.71
枝豆，大豆もやし	5.71
ゼラチン	5.55
乳，チーズを含む乳製品，その他	6.38

〔注〕 上記以外の食品は6.25の係数を用いた．
（文部科学省科学技術・学術審議会資源調査分科会報告（平成22年11月）「日本食品標準成分表準拠 アミノ酸成分表2010」より）

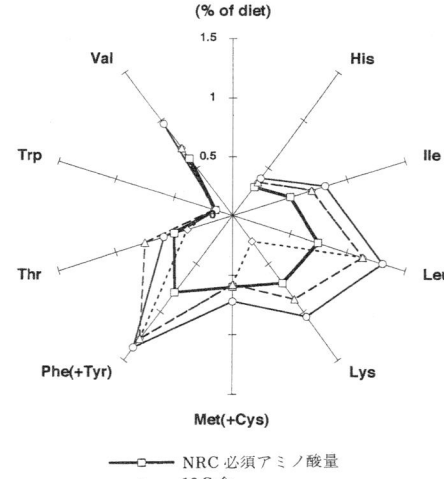

図9.5 必須アミノ酸パターン[9-11]

凡例：
- NRC 必須アミノ酸量
- 12G食
- 12GLT食
- 12C食

それと少量のデンプン（コーンスターチ）をよく混合する．その後，無機塩類混合物，アミノ酸，セルロースを順に加え，添加するたびによく混合する．これにタンパク質を添加し，均一になるまでまぜ続ける．均一になったことを確認した後，混合物を乳鉢に移し，大豆油を添加し乳棒でよく混合する．十分混合されたら，最後に残りのデンプンを添加し，さらに混合する．全体が均一になり，ダマがなくなれば完成である．完成した飼料の一部を，分析用試料としてサンプリングする．

〔注1〕 図9.5には，今回調製する12%グルテン食，12%カゼイン食の必須アミノ酸パターンを示す．

〔注2〕 なお，用意できるラットの群数に余裕がある場合には，PF食，12G食，12GLT食，12C食の4種類の飼料に加え，6%カゼイン食（6C食），24%カゼイン食（24C食），24%グルテン食（24G食）を試してみるのもよい．その場合は添加するタンパク質量を，それぞれ対応する12C食のカゼインおよびメチオニン量，12G食のグルテン量を基準として計算し，タンパク質の増減分はコーンスターチの量で調整して全量をそろえる．

b. 分析

i) 飼料中の粗タンパク質量の測定[12] ケルダール法（6.1.2.a項参照）によって全窒素量から粗タンパク質量を算出する．その概要を以下に述べる．試料に濃硫酸を加え，分解促進剤とともに加熱煮沸すると，窒素はNH_3となり，硫酸と化合してNH_4HSO_4あるいは$(NH_4)_2SO_4$に転換する．これを一定容とした後蒸留装置を付し，過剰のアルカリを加えて水蒸気蒸留すると，NH_3は留出されホウ酸中に吸収されるので，これを規定酸液で滴定することによりNH_3量を算出することができる．平均的なタンパク質中の全窒素含量は16%であるから，6.25（100/16.0）を窒素係数として，この値を乗じた値を粗タンパク質（crude protein）とする．

〔注〕 食品・飼料によっては窒素係数として6.25ではなく，特定の窒素係数を用いることがある．2012年における最新の日本食品標準成分表は，五訂増補版[13]であり，ここではFood and Agricultural Organization of the United Nations (FAO) が2003年の報告書[14]によって推奨した方法である．タンパク質量をアミノ酸組成から求める方法でタンパク質量が算定されている．ここで使用された窒素係数を表9.5に示した．この値を用いることにより，食品中に含まれるアミノ酸以外の窒素の影響を受ける従来の換算係数に比べ，より正確にタンパク質量を算定できる．

〔操 作〕[*2]

(1) ケルダール分解用試験管を用意し，洗浄後乾熱器で完全に乾燥する．

(2) 試料約0.2gを精秤し，薬包紙等を用いて壁に付着しないように注意しながら試験管に入れる．

(3) これに分解促進剤を約0.2g添加し，濃硫酸を加える前によく混合した後，濃硫酸を約2ml添加する[*3]．

(4) この試験管をフード中に設置したドライブロックバスにセットし，150℃前後で前分解し水分などを蒸発させる．

(5) 約350℃まで温度を徐々に上昇させ，6.1.2.a項と同様にafter boilingを行って分解を終了させる．

(6) 放冷後，試験管内の試料は最終容量が約20mlになるように，蒸留水で洗いこみながらケル

[*2] 本法は，通常のケルダール分解びんを用いた分析に比べて実験スケールを1/10として，ドライブロックバスを用いた簡便法である．

[*3] この際余分な水などを添加してはならない．

ダール分解びんへすべて移し,水蒸気蒸留に供する.

ii) 飼料アミノ酸組成の測定[15]　主なアミノ酸はイオン交換樹脂を用いるクロマトグラフィーによって分離定量することができ,全自動化された分析機器が市販されている.飼料中のタンパク質およびペプチドのアミノ酸組成分析を行う場合には,まず酸加水分解によって構成アミノ酸を遊離型にし,このサンプルを濃縮し,イオン交換クロマトグラフィーの出発緩衝液に溶解し,アミノ酸自動分析(6.1.2.b項参照)に供する.

9.6.2　ラットの飼育および生体試料の採取[1, 2, 16]
a. ラットの飼育条件の設定

i) 飼育条件の設定　動物飼育室は,温度22±1℃,湿度60%,照明は午前8時に点灯し午後8時に消灯するようにプログラムする.ここで,図9.3(b)のような代謝ケージを用意する.ラット(Wistar系雄,体重約150g)を必要数よりやや多い頭数を用意し,1ケージに1頭ずつ入れる.

予備飼育として12%カゼイン食(表9.4,1頭あたり約20g/日)を7日間自由摂食で与える.水も自由摂取させる.毎日,定刻に体重および食餌摂取量を測定する.

〔注1〕　実験の目的によっては,ラットの摂食行動をできるだけそろえるために,1日のうちの特定の時間帯のみ飼料を与える制限給餌(restricted-feedingあるいはmeal-feeding)を行うこともある.

〔注2〕　予備飼育の後以下に述べるような処置を行うので,特に実験に先だって,毎日動物を人の手に慣らしておくことが肝要である.人慣れさせることにより,処置の際にラットが興奮しなくなり,処置が行いやすいだけでなく,安定した実験結果を得ることが期待できる.ラットをつかむ場合には,手のひらをラットの背中にあてて,親指と人差指を軽く両前足の脇の下に入れ,前足を動かないようにつかんでもちあげる.尻尾をもってぶら下げるのはラットにとって大きなストレスとなるため,禁物である.

ii) 種々のタンパク質を含む食餌の給与　食餌タンパク質の「量」および「質」の異なる種々の食餌を用意し,これを与えた際のラットのタンパク質栄養状態を検討する.

ラットを予備飼育8日目に1群5〜10頭ずつ,4群に分ける.その際,各群の平均体重ができるだけそろうように群分けを行う.先に9.6.1.a項で調製した異なるタンパク質を含む4種類の実験食に切り替え(表9.4),やはり7日間自由摂食で与え,同時に水を自由摂取させる.実験食を給与している期間,先と同様に,毎日体重および食餌摂取量を測定する.さらに,最終3日間は,以下に述べるような方法で糞および尿を採取する.

最終日は,定時に体重および食餌摂取量を測定し,後に述べる方法で解剖を行う.　　　　　〔中井雄治〕

b. 生体試料の採取

i) 糞の採取法および処理法

(1) 飼育期間中毎日代謝ケージ内の糞をビーカーに集める(収集した糞には5%酢酸を噴霧する).

(2) 糞は毛や飼料片を取り除き,通風乾燥器(60〜70℃)にて一晩以上かけて十分に乾燥させる.

(3) 乾燥後風乾重量を測定し,すり鉢等を用いて粉砕し試料とする.

〔注〕　飼育期間中は毎日代謝ケージの漏斗部分を洗いペーパータオルでふく.

ii) 尿の採取法および処理法

(1) 5%硫酸5mlを入れた容器(たとえば100mlの三角フラスコ)を代謝ケージに設置して尿を採取する.

(2) 毎日200mlのフラスコにこれを移し替え,3日間分全量を集める.

(3) 採取した尿量を測定した後,一定量に調整して分析用試料とする.

(4) 成長試験では,3日間の全尿量が50ml以下の場合もあるので,50mlあるいは100mlのメスフラスコを用いて蒸留水でフィルアップする.

iii) 採血および臓器の採取

麻酔　ソムノペンチル(5mg/100g体重)をラットの腹腔内に投与し,麻酔をかけた後に採血および臓器の採取を行う.

開腹手術および心臓採血　必要であればラットの四足および門歯を凧糸等で解剖台に固定する.開腹は70%エタノールを含んだ脱脂綿で消毒を行った後行う.

(1) まず,腹部の上皮をピンセットでもちあげ,はさみを用いて腹膜真皮からはがす.

(2) 次に,ピンセットで腹部真皮をもちあげ,はさみを用いて腹部の中央部を正中線に沿ってまっすぐ切開する.この際,切開は胸骨の下まで行うが,横隔膜を傷つけないようにする.

(3) ついで腹壁の上部および下部の左右をはさみで横に向かって切開する.切開の際,血管を切断しないようにする.

(4) 採血は目的に応じてその方法が異なるが,ここでは心臓からの採血法を用いる.開腹したラットの胸室を横隔膜および肋骨を切断して開き,胸腔の中央に拍動している心臓を確認する.

(5) 心臓に直接針を刺して,溶血しないようにゆっくり血液を採取する.採血にあたり,血液凝固

を避けるために注射器にはヘパリンを塗布しておく（1%ヘパリンを5 mlの注射器に少量吸いとり，シリンジを数回上下させ注射器内をコーティングする）．

［注1］　胸室を開いた時点でラットはすぐに死亡するので，採血はすばやく行う．
［注2］　心臓からの採血では少なくとも2～3 mlの血液の回収が可能である．

(6) 採血後の血液からは，2300×g，10分間の遠心にて血球の除去を行った後，スルホサリチル酸による除タンパク質処理を行って上澄み液を回収し，血漿サンプルを調製する．

(7) 血漿サンプルは，分析に供するまで−20℃にて保存する．

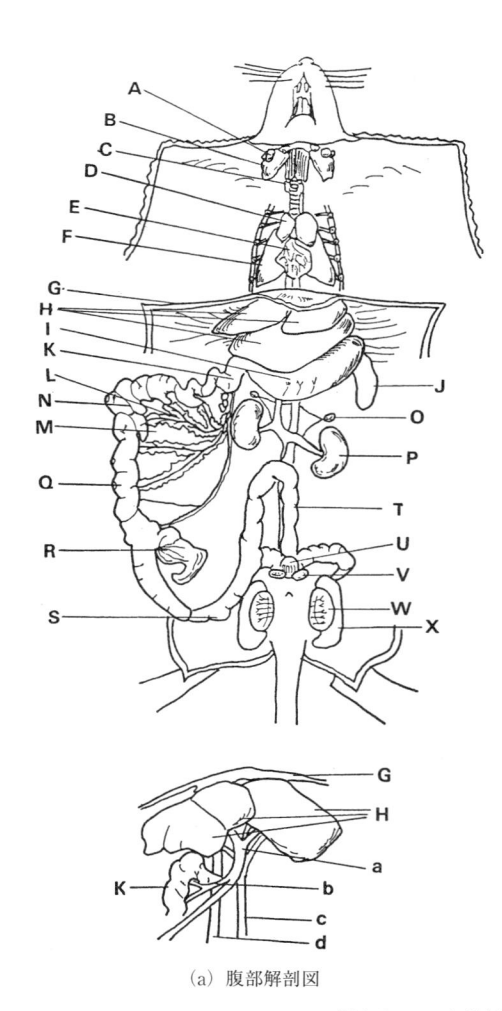

臓器の採取と観察（図9.6）

(1) 肝臓の摘出：　横隔膜の直下腹腔上部中央に暗赤色の肝臓が存在する．ラットの場合，左葉，右葉，中葉，尾状葉の4葉から構成されている．肝臓は横隔膜にある靭帯で固定されているため，肝臓の摘出にはこの靭帯を切除する．腹部の解剖図は図9.6(a)を参照のこと．

(2) 消化管の摘出：　肝臓の下に胃があり，十二指腸，空腸，回腸，大腸へとつながっている．これらの消化管は，付着する血管や脂肪組織などを取り除き摘出する．

(3) 膵臓の観察：　膵臓は，十二指腸と空腸部の腸間膜の上にすじ状に存在している．

(4) 脾臓の摘出：　胃および腸の横には，暗褐色の脾臓がある．これは肝臓の一部と間違いやすいが，肝臓より固いため容易に判別できる．

(5) 腎臓の摘出：　腸管を左によけると，腹部大動脈および下大静脈と腎動静脈でつながった左右1対の腎臓が認められ，腎臓上側の副腎を確認する．副腎の摘出後，つながっている血管を切断して腎臓を摘出し，脂肪組織を除去する．

(6) 睾丸（精巣）の摘出：　腹腔の底部には，睾丸，副睾丸，副睾丸脂肪組織が存在する．睾丸は陰嚢を切開しなくても，陰嚢を下から押し上げるか，精索を引き上げると容易に確認する事ができ，周囲の脂肪組織を切断し摘出する．

(7) 臓器重量の測定：　解剖後，消化管（胃から

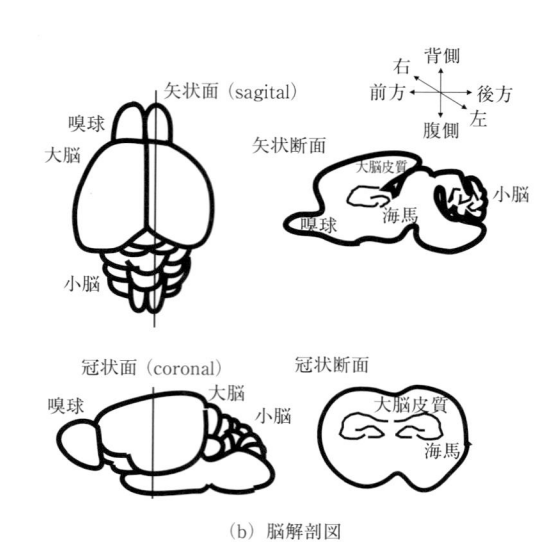

図9.6　ラット解剖図（原図：高橋伸一郎博士）
A：リンパ節，B：顎下腺，C：甲状腺，D：胸腺，E：心臓，F：肺，G：横隔膜，H：肝臓，I：胃，J：脾臓，K：十二指腸，L：膵臓，M：腸間膜，N：空腸，O：副腎，P：腎臓，Q：回腸，R：盲腸，S：大腸，T：直腸，U：膀胱，V：前立腺，W：精巣，X：精巣上体，a：門脈，b：下行十二指腸静脈，c：腹部大動脈，d：下行大静脈．

小腸，盲腸を経て大腸まで），肝臓全葉，脾臓，腎臓1対，精巣1対の重量を測定する．乾燥により重量変化が生じるため測定は迅速に行う．

(8) 脳の観察： 断首後はさみを用いて頭蓋骨をはがし，脳幹-延髄部および視神経を切除して取り出す．観察部位に応じ切断面を考慮し，大脳皮質，海馬等の内部構造を観察する（図9.6(b)）．

9.6.3 採取した生体試料の分析

a. 飼料効率，タンパク質効率比および正味タンパク質効率の測定

成長試験では，6～7週齢のラット（Wistar系雄，体重約150g）を1群あたり5～10頭用意し，12%カゼイン食で7日間予備飼育した後，調製した実験食（表9.4）に切り換え，7日間飼育する．

実験食給餌期間中，毎日体重および食餌摂取量を測定し，この測定値を用いて飼料効率，タンパク質効率比および正味タンパク質効率（NPR）を算出する．

b. 消化率，生物価および正味タンパク質利用率の測定

実験食を与えた期間に採取した3日分の糞・尿を用い，糞・尿中の窒素量をケルダール法にて測定する．またこの測定値を用いて，見かけの消化率，真の消化率，生物価，正味タンパク質利用率を算出する．

i) 糞中窒素量の測定 ドライブロックバスを用いた簡便ケルダール法（9.6.1.b項参照）により，糞中窒素量を測定する．糞の乾燥物を粉砕して試料とし，ケルダール分解用試験管に約0.2gを精秤し，分解促進剤，濃硫酸を添加して硫酸分解を行う．窒素量測定にはこの分解産物を用い，飼料サンプルと同様の手順をとって窒素量測定を行う．

ii) 尿中窒素量の測定 尿中窒素は，ケルダール分解びんを用い測定する．一定量（100 ml）にフィルアップした尿試料の1/10量（10 ml）をケルダール分解びんに入れ，分解促進剤約2g，濃硫酸20 mlを加える．濃硫酸添加により発熱するので，作業は冷却しながらゆっくりと行う．添加後分解台にセットし，弱火で硫酸分解を開始する．水が蒸発するまでは突沸を避けるため特に火力には注意を払う（分解中の注意点は9.6.1項を参照する）．

加水分解した試料は十分に冷やし，このうちの10 mlを三角フラスコに移し，全量が100 mlになるように蒸留水を慎重に加え，水蒸気蒸留を行う．

c. 血漿アミノ酸の測定

タンパク質の摂取により血漿中の遊離アミノ酸濃度は増加するが，当然ながら摂取タンパク質の種類により各アミノ酸濃度には差が生じる．そこで摂取直後および消化吸収後のそれぞれの血中アミノ酸濃度を定量すると，摂取タンパク質によって生じる血中アミノ酸への影響を検討する事が可能になる．この場合アミノ酸によって影響が異なるので，実験目的を十分に考慮する事が必要である．また採血時および採血部位によっても異なった結果が生じることを念頭におく必要がある．

各飼料で不足している必須アミノ酸は何か，予測される必須アミノ酸が実際の血中アミノ酸にどのように反映されてくるのかについて，各飼料のアミノ酸分析の結果をふまえ考察する．

〔操 作〕

(1) 遠心により血球を除いた上清0.4 mlを新しい1.5 mlチューブに入れ，15%スルホサリチル酸0.2 mlを加えよく混合した後，氷中で5分間静置する．

(2) 静置後，4℃，5800×g，5分間遠心し，上清0.3 mlを分取後，これに0.75 N水酸化リチウム0.1 mlを加えよく混合する．

(3) フィルター濾過後，アミノ酸分析装置にサンプルとして供し，遊離アミノ酸の測定を行う．

〔小島拓哉〕

9.6.4 実験データの統計処理 （1.10節参照）

上記の実験において，下記の点を中心にしたデータ整理および統計処理を行う．

(1) 各食餌タンパク質の消化率（見かけの消化率，真の消化率）の比較

(2) 各食餌タンパク質のアミノ酸組成と摂取後の血中アミノ酸濃度の相関

(3) 各食餌タンパク質の栄養価（タンパク質効率比，正味タンパク質効率，生物価，正味タンパク質利用率）の比較

(4) 食餌栄養条件が食餌摂取量，体重，各種臓器の重量，および血中アミノ酸濃度に与える影響

上記結果をふまえた，タンパク質代謝全体に与える影響を考察する．

〔加藤久典〕

コラム： オミクス解析技術－農芸化学の強い味方

　ゲノム解析は各生物のDNAの配列をすべて明らかにすることを可能としたが，その他のさまざまな生体分子を網羅的に測定することも盛んに行われるようになった．たとえば，トランスクリプトミクス，プロテオミクス，メタボロミクスは，それぞれ遺伝子転写産物（主にmRNA），タンパク質，代謝物を網羅的に解析する技術である．こうしたオミクス解析が発展した背景として，複雑な生命現象の全体像を理解するためには，1つの分子の挙動を解析することにとどまらず，各種分子の全体の変化を追跡することが重要であるという理解がある．もちろん高精度の分析機器の進歩や，膨大なデータを適切に処理するバイオインフォマティクスの発展も不可欠であった．上記以外にも，さまざまなオミクス解析の試みがなされており，オミクス技術の世界は大きく広がっている．対象は分子レベルに限らず，よりマクロな現象も含まれる．少し例を挙げれば，クロマチン構造の変化のうちDNA塩基配列変化以外による修飾（たとえばDNAのメチル化やヒストンタンパク質へのアセチル基等の付加など）を対象とするエピジェノミクス，複合糖質についてのグリコミクス，タンパク質の相互作用やリン酸化を対象とすればインタラクトミクスやリン酸化プロテオミクス，ヒト集団の場合はポピュロミクスという具合である．なお，食品や栄養の分野でのオミクス解析全般については，ニュートリゲノミクスという用語が広く用いられている．

　オミクス解析は，生命現象の全体像を明らかにすることに大きく貢献しうるが，微生物，植物や動物の組織，あるいは培養細胞を用いて単にオミクス解析を行っても「全貌」の解明にははるかに遠いことも認識しておくべきであろう．各オミクスの時間軸に沿った変化，細胞内の微細構造や多細胞生物の部位別のオミクス，物質の移動や相互の関係を考慮したオミクス，そして各オミクスの組み合わせ（統合オミクス）等も含め，研究者の挑戦の場は広がるばかりである．

［加藤久典］

参　考　文　献

1) 細谷憲政ら編：小動物を用いる栄養実験，第一出版，1980
2) 石橋　晃ら：新編動物栄養試験法，養賢堂，2001
3) 内藤　博：栄養生化学，裳華房，1979
4) 内藤　博，野口　忠：栄養化学，養賢堂，1987
5) 内藤　博ら：新栄養化学，朝倉書店，1987
6) 井上　正，松本一彦編：図説動物実験の手技手法，共立出版，1981
7) 泉　美治ら編：生物試料調製法（生物化学実験の手引き1），化学同人，1986
8) 泉　美治ら編：動物・組織実験法（生物化学実験の手引き4），化学同人，1986
9) National Research Council: Nutrient Requirements of Laboratory Animals, National Academy of Sciences, Washington D.C., 1978
10) M. L. Scott *et al.*: Nutrition of the Chicken, M. L. Scott and Associates, Ithaca, NY, U.S.A., 1969
11) 赤堀四郎，水島三一郎編：蛋白質化学2，共立出版，1954
12) 日本生化学会編：タンパク質の化学II（生化学実験講座1），東京化学同人，1976
13) 文部科学省科学技術・学術審議会資源調査分科会食品成分委員会編：日本食品標準成分表（五訂増補版），国立印刷局，2005
14) Food and Agricultural Organization of the United Nations: Food energy—methods of analysis conversion factors, Report of a technical workshop, Rome, 3-6, December 2002, FAO Food and Nutrition paper 77, 2003
15) 日本生化学会編：タンパク質の化学　上（続生化学実験講座2），東京化学同人，1987
16) 鈴木　潔編：初心者のための動物実験手技1－マウス・ラット－，講談社，1981

第10章
ラジオアイソトープ実験法

ラジオアイソトープは実験科学の諸分野で広く利用され,科学の進歩に役立ってきている.ここでは,ラジオアイソトープを実験で用いる際の注意点,測定の原理や方法,実験例などについて解説する.なお,ラジオアイソトープの取扱いには教育訓練や健康診断が必要なので,実験を行う際は,所属する機関の責任者(放射線取扱主任者)と相談すること.

10.1 ラジオアイソトープ実験における注意

10.1.1 ラジオアイソトープ(radioisotope)とは

ラジオアイソトープは,国内においてはRIと省略されるが,これは"和製英語"である.国際的には,単にisotopeと表現されることが多い.正確には,isotope(同位体)は放射線を発する放射性同位体と非放射性の安定同位体(stable isotope)を含む.本章では,ラジオアイソトープをRIと記述する.

同位体とは,陽子数が同じ原子核をもつ元素,すなわち同じ原子番号の元素で,原子核における中性子数が異なるものを指す.たとえば,水素では「^{1}H,^{2}H,^{3}H は同位体」であり,^{2}H は安定同位体,^{3}H は放射性同位体である.これらの同位体を区別するために,核種という用語を用いる(図10.1).核種とは,陽子と中性子の数により規定される原子核のことである.^{2}H は安定核種(陽子数は1,中性子数は1),^{3}H は放射性核種(陽子数は1,中性子数は2)である.放射性核種は,種ごとに固有の崩壊時間を有し,その量が半分になる時間を半減期と呼ぶ.また,崩壊し放射線を放出することにより別の核種となる.生命科学分野で用いられる放射性核種は,測定を容易に行うため,一度の崩壊で安定核種になるものが多い.

放射能には,(1)原子核が自発的に放射性壊変してα線,β線,γ線などの放射線を放出する性質,(2)原子核の単位時間あたりの壊変数(壊変率),すなわち(1)の放射能の強さ,という2つの意味がある.放射能の単位はBq(ベクレル)であり,1秒間あたりの放射性核種の壊変率を表す.Bqはdps(decomposition per second)と書かれることもある.1回の崩壊で1種類の放射線のみを放出する単純な崩壊形式をもつ核種はまれであり,1 Bqとは,1秒間に1種類の放射線が放出されるわけではない点に注意を払うことが必要である.

放射線とは,放射性核種が崩壊時に放出する高いエネルギー(数 keV〜数 MeV)の電磁波および粒子線を指す.α線とβ線は粒子線であり,αはヘリウムの原子核(陽子2個+中性子2個=質量数4)の粒子,βは電子である.一方,γ線は電磁波である.同じ電磁波であるX線との違いは,その発生機構にあり,エネルギー面での区別はない.γ線は原子核の崩壊に伴って放出され,主に原子核のエネルギー準位に由来するが,X線は電子軌道準位等,原子核以外の要因で放出される.β線は,放出される核種によりその最大エネルギーは固有であるが,1つ1つのβ線のエネルギーは一定ではない.β線検出時のスペクトルは連続スペクトルとなる一方,γ線は核種により固有のエネルギーであることから,線スペクトルが得られる(図10.2).

RI計測の特徴は,その検出感度の高さにある.RIより放出される放射線のうち,電磁波であるγ線は物質を透過しやすいことから,厚みのある形状でも測定に誤差が生じにくい.一方,β線は粒子(電子)線であるため物質と相互作用しやすいことから,自己吸収が無視できず,特にエネルギーの低いβ線の測定時には試料の形状に注意する必要がある.RIから放出される放射線の性質を十分に把握した上で実験計画を立てる必要がある.

放射線の人体影響を表す単位として,Sv(シーベルト)が用いられる.シーベルトは,吸収線量であるGy(グレイ)に放射線荷重係数を乗ずること

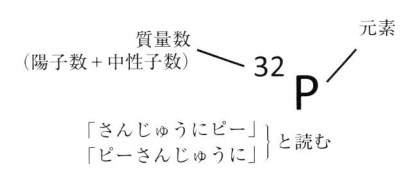

図10.1 核種の表記方法と読み方
(質量数(陽子数+中性子数)) 32P (元素)
「さんじゅうにピー」「ピーさんじゅうに」と読む

246　　　第 10 章　ラジオアイソトープ実験法

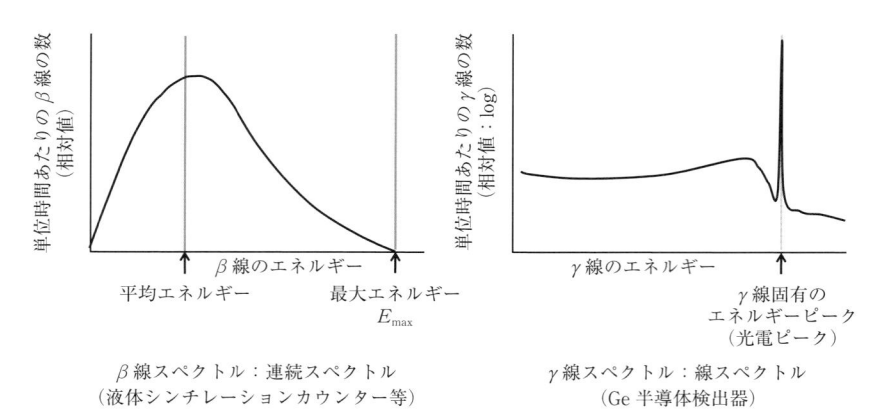

図 10.2　β 線と γ 線のエネルギースペクトルの違い

で表される．β 線や γ 線の場合，放射線荷重係数は 1 であるので，1 Sv = 1 Gy である．なお，1 Gy は 1 J/kg である．すなわち，1 kg の物体に 1 J のエネルギーが吸収されたとき，吸収線量は 1 Gy となる．放射線影響を考える際，局所的（等価線量）か全身（実効線量）かを分けて考える必要がある．等価線量は各組織・臓器の被ばく線量であり，実効線量は各組織・臓器の放射線感受性を考慮して算出される放射線量で，被ばく管理に使用される単位である．実験の際，実効線量を評価するためには，個人線量計を装着し放射線量を測定する必要がある．指先などきわめて局所的な被ばくが予想される場合には，指輪タイプの線量計もあるので，状況に応じて利用する．

10.1.2　アイソトープ施設における注意点

RI 利用においては，法令から各事業所のルールに至るまで数多くの注意事項が存在する．これらのポイントをおさえ，実験室内外を不用意に汚染したり，不必要に被ばくしたりすることのないようにしなければならない．以下に，簡単にルールを紹介する．

（1）RI 実験は定められた場所（管理区域）において行う．

（2）RI 使用施設には選任された放射線取扱主任者がおり，また放射線障害予防上必要な使用規程などが定められている．実験者は，実験を計画する段階で使用が許可されている核種の種類や量などについて放射線取扱主任者等の管理者と相談し，安全な状態で実験ができるように計画を立てるとともに，使用規程を熟知するようにする．また，施設内の諸設備の正しい使用法を知っておかなければならない．

（3）初心者はあらかじめ管理者や指導者による教育訓練を受けた上で実験を行う．実験に際しても指導者の立合いを必要とし，決して 1 人で実験をしないようにする．

（4）RI 実験においては，RI を周辺に散逸して生ずる汚染事故，RI を誤って経口的，経気道的および経皮的に体内にとりこんでしまう事故（内部被ばく），ならびに放射線を不必要に被ばくする事故（外部被ばく）の発生を防ぐことが必要である．このため，各施設にはそれぞれの事情に応じて詳細な使用細則が定められている．以下は多くの施設で定めている使用上の注意事項である．

a.　RI 実験室入室時
・所定の実験衣に着替え，履物も履き替える．
・ノート，筆記具などのもちこみは最小限にする．
・ガラスバッジなど線量計をつける．

b.　RI 実験室内での注意
・室内ではタバコや飲食物など一切のものを口にしない．
・RI を取り扱う作業に際しては原則としてゴム手袋をはめて行う．ゴム手袋の表面は常に RI で汚染しているものと考え，着脱は慎重に行う．手袋のまま顔をぬぐったり，周辺の器具器材に不用意に触れないようにする．
・RI を気体もしくは微粉状で取り扱う操作は必ずドラフト内で行い，吸いこんだりすることのないようにする．
・RI 液の飛沫などで周辺の汚染が確認された場合は，各施設ごとのルールの中で除染を行う．その後，汚染箇所に濾紙やビニールを貼る等の汚染が広がらない策を講じた上で，管理者に連絡し，その指示に従う．
・汚染を生じた恐れのあるときは実験中ではただちにサーベイメーターで調査し，汚染の有無，範囲

表10.1 よく用いられる核種一覧

核種	崩壊形式	半減期	最大エネルギー(平均エネルギー)	遮蔽方法	定量方法
^{3}H	β	12.32年	18.6 keV (5.69 keV)	必要なし	液体シンチレーションカウンター
^{14}C	β	5700年	156 keV (49.47 keV)	必要なし	液体シンチレーションカウンター
^{32}P	β	14.263日	1.71 keV (694.9 keV)	アクリル板 (1 cm)	液体シンチレーションカウンター (チェレンコフ光測定可能)
^{33}P	β	25.35日	249 keV (76.43 keV)	アクリル板 (1 cm)	液体シンチレーションカウンター
^{35}S	β	87.51日	167 keV (48.63 keV)	必要なし	液体シンチレーションカウンター
^{45}Ca	β	162.61日	257 keV (76.86 keV)	アクリル板 (1 cm)	液体シンチレーションカウンター
^{125}I	EC	59.4日	γ線：35.5 keV X線：27.5 keV	鉛・鉛ガラス	NaIシンチレーションカウンター

(Data Source：International Network of Nuclear Structure and Decay Data Evaluators (http://www-nds.iaea.org/nsdd.html))

を確認する（10.5節参照）．実験終了後は使用器具，実験台，床などを管理者の指示に従って調査する（場合によってはスメアテスト[*1]を行う）．

・汚染した器具などは乾燥しないうちにただちに水に浸し，速やかに洗浄する．重クロム酸混液や他の洗浄液に保存放置することは避ける．

・使用器具，試料，RI液などは実験終了時において各自整理・処理し，放置してはならない．実験上長時間そのままにしておくときは，器具に氏名，核種，数量を明記し，他人が誤用しないようにする．

・複雑な実験操作は必ず事前に同じ操作をRIなしで予行練習を行う（cold run）．

c. RI実験後の廃棄物の処理

・固体廃棄物は必ず可燃物（紙類），難燃物（プラスチック類），不燃物（塩ビ製品，ガラス，金属など）等に区分し，実験室内の所定の容器に収納する．

・液体廃棄物は無機，有機に分類して所定の容器に収納する．沈殿物のないようにする．

d. 測定試料の移動

・測定試料を施設内の実験室から同じく施設内の測定室や天秤室にもち運ぶ際は，飛散したり，漏洩したりすることのないように試料をコーティングするなどの処置をとる．

・測定試料の容器の外側を汚染させてしまうと，運搬や測定に際し，汚染を広げることになるので十分に注意する．

[*1] 濾紙等で検査対象をふきとり，放射線計測装置で汚染の有無を判断すること．

10.1.3 生命科学分野でよく利用されるアイソトープの種類

表10.1に，生命科学分野で実験に用いられることの多い核種について示した．遮蔽については，エネルギーの低いβ線の場合には必要ない．また，エネルギーの高いβ線の場合には1 cm程度の厚さのアクリル板を用いて遮蔽する．一方，γ線放出核種を使用する場合には，鉛や鉛ガラスなど，原子番号の大きな物質で遮蔽する必要がある．定量方法は，ほとんどの核種は10.2.2.c項で述べる液体シンチレーションカウンターで可能であるが，シンチレーターなしで測定可能なチェレンコフ光測定を適用できる核種や，10.2.2.b項のNaI（Tl）ウェル型シンチレーションカウンターなど，固体・液体問わず測定できる装置もあるので，線質に応じて十分考慮する．

10.2 RIの定量や汚染検査のための検出方法・検出器

放射性同位体の定量および検出は，そこから放出される放射線の種類（β線，γ線など）やエネルギーを考慮して，最適な検出方法を選択する必要がある．ここでは，検出の原理や機器の使用方法，および検出時に注意すべきことについて記載する．

10.2.1 ガイガーミュラー（Geiger-Müller, GM）管

ガイガーミュラー管は，1928年にガイガーとミュ

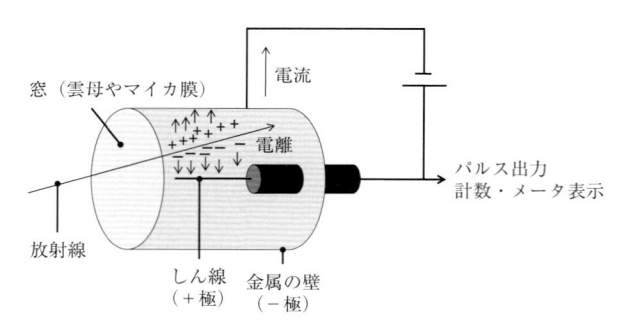

図10.3 GM管による測定の原理（ATOMICA：http://www.rist.or.jp/atomica より）

ラーによって開発された放射線を検知する装置である．雲母の薄膜でできた窓を通って管内に入ってきた放射線は管内の希ガスを電離し，管にかけられた高圧電界内で放電して1回の入射放射線に対して1個のパルスを生ずる（図10.3）．ガイガーカウンター（GM計数管）はこのパルスを計数する装置である．GM管はある程度以上の電圧をかけないと作動しないが，その機種の規定電圧以上の高圧をかけると寿命が短くなり故障の原因にもなるので注意を要する．GM計数管で汚染検査用に作製されたものが，GMサーベイメーターである．窓がついていて広口であるGMサーベイメーターは通常のRI施設に備えられていることが多く，β線への感度が高い．しかし，β線を放出する核種でも ^3H などのエネルギーがきわめて低い核種の検出は困難である．β線放出核種の実験中に，手や器具に核種の付着（汚染という）がないか確認するために手元に1台用意しておきたい．

〔注〕不感時間，回復時間：非常に強い放射線をGM管で計数すると瞬時に全く計数しなくなることがあるので注意が必要である．GM管が一度放電すると，中心電極を包むように陽イオンの空間電荷の鞘が形成され，中心付近の電場が弱くなり，続いてきた放射線による放電が起こらない時間が存在する．この時間は陽イオンの空間電化が陰極の方へ移動して放電を起こしうる最小の電場の強さになるまで続く．この時間を不感時間という．陽イオンの空間電荷が中心線から充分遠ざかり，中心線付近の伝場が回復し出力パルスが最初の放電パルスと同じ大きさになるまでに要する時間を回復時間という．

10.2.2 シンチレーション（scintillation）を利用した検出器

ある種の物質は放射線と相互作用して蛍光を発する．この物質をシンチレーター，この現象をシンチレーションという．シンチレーターの種類としては，プラスチックや単結晶，有機液体状のものなどさまざま存在する．シンチレーション現象を測定する方法について以下に挙げる．

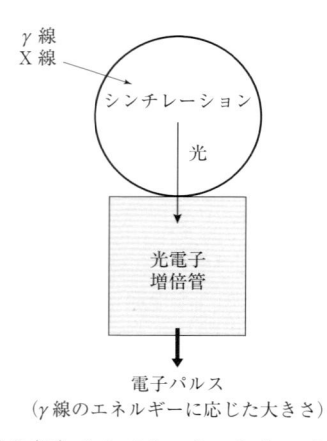

図10.4 NaI（Tl）シンチレーションサーベイメーター
（ATOMICA：http://www.rist.or.jp/atomica より）

a. NaI（Tl）シンチレーションサーベイメーター

タリウムを含むヨウ化ナトリウム（NaI）をシンチレーターとして採用したサーベイメーターを，NaI（Tl）シンチレーションサーベイメーターと呼ぶ（図10.4）．γ線やX線のエネルギーに応じた測定ができることから，エネルギー校正を行うことにより人体影響の指標であるシーベルト（Sv）の値を示すことができる．γ線やX線の測定に適していることから，環境放射線，空間線量率の測定，X線発生装置の漏洩検査等に用いられる．

b. NaI（Tl）ウェル型シンチレーションカウンター

i）原理　γ線・X線を検出・定量する測定器である．放射線を受けてシンチレーションを起こすNaIの結晶は井戸型（ウェル）に成形されており，その窪みにサンプルを配置することで，サンプル中の放射線を可能な限り多く検出する工夫がなされている．検出効率の高い測定装置である．なお，NaIは潮解性があるため周囲を金属で覆う必要があること等の理由から，β線の検出には不向きである．

エネルギー分別をすることができるため，検出する放射線のエネルギーを設定する（windowの設定

という）ことで，特定の核種を定量することが可能である．

ii) 特徴と使い方 サンプル中の放射能を相対的に調べるのに適している．データは，cpm（count par minute，1分間あたりのカウント数）や total count（ある測定時間内の総カウント数）で得られる．液体シンチレーションカウンターのようにシンチレーターや水を入れる必要がない．オートサンプラーが付随している場合は，多くのサンプルを測定するのに便利である（図10.5）．検出部位は井戸型であることから，チューブに入れるサンプルの量が一定でないと，計数効率が変化するので相対的な評価ができなくなる．よって，評価したいサンプル間の容積をそろえる必要があるが，それ以外に前処理の必要がないといった利点がある．

c. 液体シンチレーションカウンター（liquid scintillation counter）

放射線が直接溶媒を励起するため，幾何効率がきわめて高く，吸収も少ないため低エネルギー放射線の計測に適しており，また，生化学的試料から計測用試料を調製するのが比較的容易であるなどの長所をもつ．

i) 原理と装置 ^{3}H，^{14}C，あるいは ^{35}S など β 線放出核種の測定に適した装置で，概略を図10.6に示す．試料はシンチレーター溶液に溶解もしくは懸濁してバイアルに入れられる．シンチレーター溶液は有機溶媒に1種類あるいは2種類の蛍光性物質を溶解したものである．核種から出た放射線はただちに溶媒を通過し，溶媒分子は電離または励起される．電離で生じたイオン対も再結合して励起分子を生ずる．溶媒の蛍光スペクトル領域と重なりをもつ吸収スペクトルを有する溶質が存在するため，励起溶媒分子は無放射的に励起エネルギーを転移し溶質分子を励起する．励起溶質分子が基底状態に戻るとき，エネルギーは蛍光として放出される．2種の溶質を用いた場合は溶質分子間でエネルギーが転移し，結果として生ずる蛍光の波長領域は長波長へ移動する．こうすることにより，より高感度に検出できる波長へ移動させることができる．

シンチレーター溶液中に生じた光（蛍光）はバイアルに接して置かれた2個の光電子増倍管の受光面に入射する．バイアル中で発生した光はこれら増倍管で同時に計測されるため，同時計数回路によって発光によるパルスと雑音とを区別し，パルスサム回路で出力を足し合わせ大きな出力を得る．

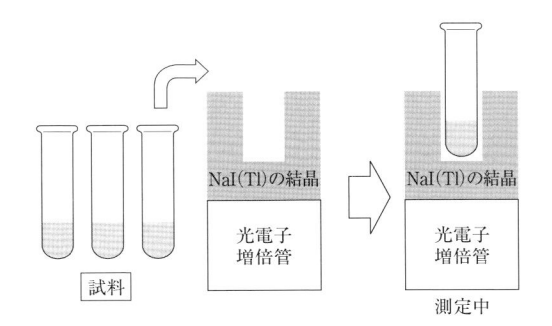

図 10.5 NaI (Tl) ウェル型シンチレーションカウンターの概略

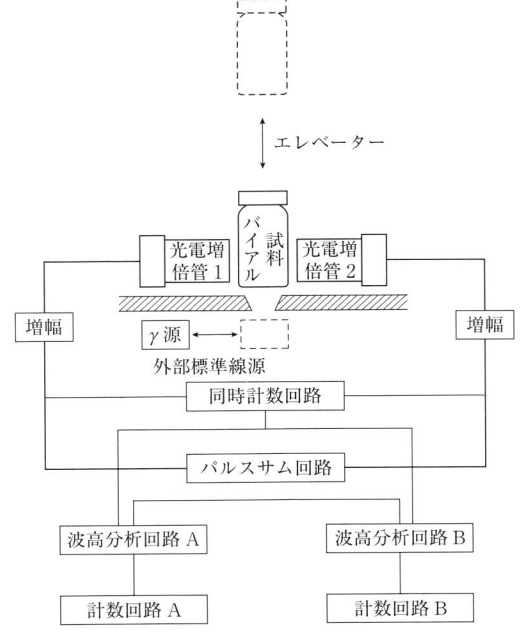

図 10.6 液体シンチレーションカウンターの構造の概略

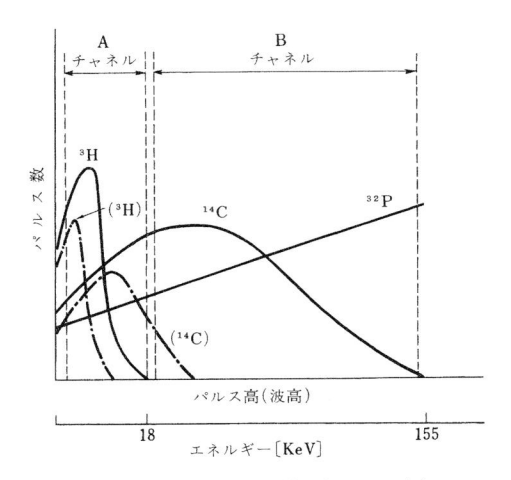

図 10.7 核種による β 線エネルギー分布

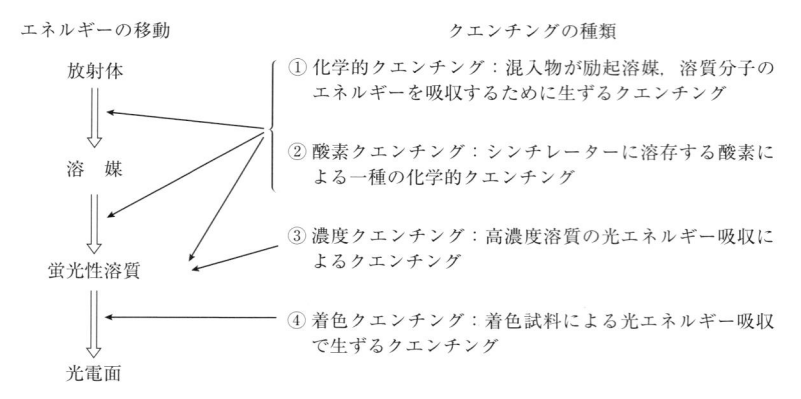

```
エネルギーの移動                クエンチングの種類

   放射体          ①化学的クエンチング：混入物が励起溶媒，溶質分子の
     ↓              エネルギーを吸収するために生ずるクエンチング
   溶 媒          ②酸素クエンチング：シンチレーターに溶存する酸素に
     ↓              よる一種の化学的クエンチング
  蛍光性溶質       ③濃度クエンチング：高濃度溶質の光エネルギー吸収に
     ↓              よるクエンチング
   光電面         ④着色クエンチング：着色試料による光エネルギー吸収
                    で生ずるクエンチング
```

図 10.8 クエンチングの種類

放射線のエネルギーと蛍光の強度が比例するため，得られた出力パルスの大きさ（波高）は放射線のエネルギーに比例し，β 線のエネルギー分布は各核種によって異なるのでパルス波高分布を模式的に描くと図 10.7 のようになる．図に示した A, B のようにパルスの波高を区別したチャネルをつくり，それぞれのチャネルに入るパルスの計測をすることにより，同一試料中の異なる核種の量を同時計測することができる（ただし ^{14}C と ^{35}S のようにエネルギーが近い核種同士は区別できない）．

ii) **クエンチング**（quenching, 消化） この測定法は放射線エネルギーをいったん光に変換し，その光を計測するため，光に転換することを妨げる要因が存在すると計数効率が減少する．この現象をクエンチングと呼び，図 10.8 に挙げる諸要因に大別できる．クエンチングを惹起する物質をクエンチャーと呼ぶ．クエンチングが起こると光が弱められるため，図 10.7 中に示した（図中鎖線（^3H, ^{14}C））ように波高分布が低エネルギー側へ変化する．よって液体シンチレーションカウンターを利用した計数を行う場合には，サンプル間のクエンチングが同一となるよう工夫が必要である．特に二重標識の場合，チャネル設定と計数値の補正に配慮が必要である．

iii) **計数効率と外部標準法による補正** 計数効率は，（cpm/dpm）で表される（cpm：count per minute, dpm：decomposition per minute）．計数効率はクエンチングの程度により大きく異なるので，試料の状態となるべく等しい状態で計数効率を求める．内部標準法の場合は，試料に放射能既知の核種を加えて求める．また，多くの液体シンチレーションカウンターは γ 線源による外部標準（通常 ^{137}Cs）を有し，コンプトン電子によるシンチレーターの発光から計数効率を自動的に算出し計数を補正する機構を有している．試料中の放射能をすべて絶対定量することは困難であるため，同じ条件（液量・共存物質の濃度等）で調製した試料については，通常は cpm という相対値で放射能の強さを比較する．

iv) **シンチレーター溶液の選定** 有機溶媒，水に可溶な試料はそれぞれ親脂性あるいは親水性シンチレーター溶液に加える．不溶，難溶性試料は助剤により可溶化，乳濁化するか，懸濁して測定する．

〔注〕濾紙，グラスフィルター，メンブレンフィルター上に化合物，細胞などを吸着または沈殿を集めたものは洗浄，乾燥後シンチレーター溶液にそのまま加えても測定できる．ただし自己吸収[*2]，フィルターの種類，バイアル中での位置などによる計数効率の低下に注意する．着色試料は脱色処理によりクエンチングを低下させることが望ましい．現在では，測定試料の目的に応じたシンチレーター入りカクテルが市販されているので，最適なシンチレーターを選ぶとよい．

v) **バイアル** 低カリガラスが用いられる．ポリエチレンバイアルはガラス製よりバックグラウンドが低い一方，吸着が起こりやすい．また，有機溶媒で変形しやすく，器壁を通して溶媒が揮発するので，容器中にシンチレーター溶液を保存できず，使い捨てバイアルとして使用する．標準的なものは 20 ml の容量であるが，7 ml 用のミニバイアルも使用される．

vi) **多試料測定方法** エネルギーの強い放射線を発する核種の測定を長時間人の手で行うと無用の被ばくをする恐れがある．さらに，大量のサンプルを測定する必要がある場合に，定期的にサンプル交換をするのは容易ではない．液体シンチレーションカウンターには，自動的にサンプルを交換する機能が付されている．さらに，液体シンチレーションカ

[*2] 核種から放射される β 線が非発光な媒体（細胞，濾紙，沈殿物等）で囲まれ，探知されないときに起こる．低エネルギーの β 線を放射する ^3H の場合は影響が大きい．

コラム： ラジオアイソトープの利用で明らかになった植物中の水循環

　近年の農芸化学研究の進歩をふりかえると，ラジオアイソトープ（RI）の利用が大きな役割を果たしてきたことがわかる．RIは，当初マクロなトレーサー実験に使用されてきたが，その後の測定器の発展に支えられ，ミクロな実験へと用途が広がっていった．特に液体シンチレーションカウンターの発展は，生物を構成する水素や炭素を標識して調べることを可能とし，研究を生産現場から生物の生理学分野へと拡大させた．また，近年の急激な遺伝子工学の発展が，RIによって極微量の遺伝子が標識できたからであることは周知の通りである．

　これらの展開の中で，最近植物中での大きな水循環がRIを利用することにより示されたことを紹介したい．水の標識にはHかOの標識が必要であるが，^{3}Hは放射線のエネルギーが非常に低く放射線を植物体の外から測定することはできない．そこで半減期がわずか2分である^{15}Oで標識した水を大豆の根に与え，植物の外側から吸収された水の移動量を正確に求めたのである．根の上の1 cmの茎中，吸収された水量は増加の一途をたどり，15分ほどで茎全体の体積に迫る，40〜50 μlにまで増加した．1 cmの茎中の導管の体積がわずか2 μlであることから，このことは，単なる水を通すパイプと思われていた導管から常に多量の水が周囲の組織にあふれだしていることを示していた．そしてあふれでた水はまた導管に戻り上部に運ばれていくこともわかった．つまり，動かない植物の中で，常に水の循環がダイナミックに行われていたことが示されたのである．この結果のシミュレーションを行ったところ，20分ほどですでに存在していた水の半分が新しく吸収された水と置き換わっていることも明らかになった．

　このように生物活動を生きたまま調べるための手法としてRIは強力なツールであり，マクロからミクロまでのイメージングも可能である．RIイメージングは蛍光イメージングではできない，明るい場所での可視化や画像の定量性を可能とする．そしてイメージングプレートを用いるこれまでの静的な可視化に加え，最近では動的なリアルタイムイメージング手法も進展してきていることもつけ加えておきたい． ［中西友子］

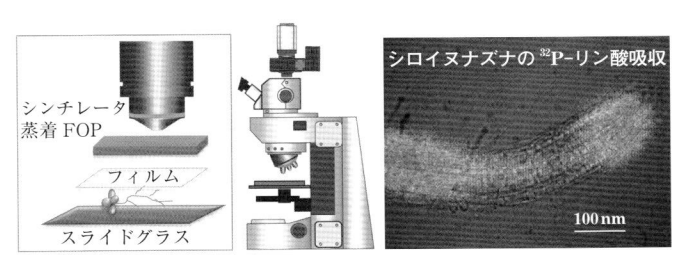

リアルタイム・ラジオアイソトープ・イメージングシステム（ミクロ用）

ウンターのハイスループット版として，96/24/384穴マイクロプレート対応シンチレーションカウンター（マイクロベータ）が多検体には便利である．サンプルサイズが小さいので，シンチレーターも少量にできることから，廃棄物を減らすことができる．マイクロプレートへ培養した細胞を入れる場合には，セルハーベスターを用いると容易である．

d. チェレンコフ光測定法

　^{32}Pのようにβ線エネルギーの高い核種については蛍光性物質が入ったシンチレーターを使用せず，チェレンコフ光を利用した放射能測定も有効である．測定は液体シンチレーションカウンターにおいて，チェレンコフ光の測定モードを選択して行う．

　高速荷電粒子が透明な溶質中を通過するとき，その速度（v）は真空中の光速度（c）より大きくなることはないが，媒体中では必ずしもそうなるとは限らない．屈折率nの媒体中では，光速度はc/nとなるので，これよりも大きい速度をもつ荷電粒子では，進行方向に対しθの傾きをもつ方向にチェレンコフ光という電磁波が放出される．

$$\cos\theta = \frac{1}{n}\beta \quad (10.1)$$

チェレンコフ光が生ずる条件は$n\beta > 1$である．このときのnは溶質の屈折率，βはv/c（真空中の光の速度に対する荷電粒子の速度の比）である．一般に，^{32}P，^{42}K，^{89}Sr，^{90}Y，^{204}Ti等のβ線核種が上記の条件を満たすためチェレンコフ光の測定が可能である．媒体としては水，エタノール，ガラス，プラスチックなど透明度が高く，屈折率の大きいものが理想的である．水の屈折率は1.33であり，β線エネルギーが0.26 MeV以上でチェレンコフ光が発生する．

　β線放出核種の計数に，この方法を利用すると次のような利点がある．

　(1) 液体シンチレーターによる測定よりは低いも

のの，比較的高い検出効率が期待できる．
(2) 無色の溶液では，試料調製は全く必要としない．
(3) 高濃度の酸，アルカリ，塩の使用も計数に差し支えない．
(4) 液体シンチレーターを使用しないので廃液処理が容易である．

10.2.3　Ge 半導体検出器
a.　原　　理
核種より放出されるγ線の光電ピークはそれぞれ固有のエネルギーを有するため，エネルギーを分別してγ線を測定することで，核種を特定することができる（図 10.2）．Ge 半導体検出器のエネルギー分解能は，他の放射線検出器（たとえば NaI（Tl）ウェル型シンチレーションカウンター）に比較して非常に高いため，核種の同定および定量に用いられる．トレーサーとして核種を添加する実験は，核種は1種類のみであることが多く，Ge 半導体検出器で測定する必要はないが，多数の核種を混合してトレーサー実験を行う場合や，環境中の放射性物質を測定する場合などには，Ge 半導体検出器がよく利用される．

b.　特徴と使用上の注意
使用する前日までには，液体窒素で検出部位を冷却しておく必要がある．また，装置に高電圧をかける際に，急激に高電圧をかけるのは高電子増倍管の劣化を招くので，時間をかけて電圧を高くする必要がある．低レベル放射線を測定する Ge 半導体検出器は，専用の鉛遮蔽で覆われているが，その内側を汚染しないように注意することが重要である．特に，天然のカリウムは随所に存在するので，手袋をするなど細心の注意を払う．検出器の計数効率は，測定物が置かれる場所と検出器との距離や試料の大きさに大きく依存するため，比較する試料間では同じ条件にそろえる必要がある．一般的にサンプルチェンジャーは付されていない．サンプルチェンジャーが付されていたとしても，扱える容器に制限がある場合が多い．

10.3　オートラジオグラフィ

放射性物質の分布を視覚的に観察する方法として，オートラジオグラフィ（autoradiography）がある．検出方法として，以下に2つの手法を紹介する．

10.3.1　X 線フィルム法
a.　原　　理
放射線による感光の原理は光の場合と同じである．感光面のハロゲン化銀が放射線により還元され銀（現像核という）になる．現像において精製した現像核を中心に周囲のハロゲン化銀を還元し，定着で還元されなかったハロゲン化銀を洗浄により除去することで，銀が残り画像化される．放射線に対して感度を高めたものを原子核乳剤と呼ぶ．乳剤膜の厚さがうすいほど解像力はよいが，その分検出効率は落ちる．β線のエネルギーが低いものほど解像度はよい．また，X 線を出す核種ならびにγ線を放出する核種では内部転換電子が多いものほど適している．

b.　直線性と感度
β粒子またはγ線はフィルム上のハロゲン化銀の結晶を活性化させる．一般的に，活性化されたハロゲン化銀は不安定であり，その安定性は放射線の吸収量に依存する．しかし，現像の効率の問題により，放射能量と現像したフィルムの黒化度は完全に直線性を示さない．特に，この現象は低レベルの放射活性を測定する場合には顕著に現れる．低レベル放射能測定におけるこの問題を解決するためには，2つの方法が有効である．1つがフィルムをサンプルで感光する前に，短時間，光でプレフラッシュする方法である．これによって，フィルムの放射能に対する直線性が増すため，オートラジオグラフィの感度と定量性をあげることができる．もう1つの方法が，フィルムへの感光を $-70℃$ で行う方法である．これは，放射線により活性化されたハロゲン化銀が定常状態に戻るのを遅らせることにより，低レベルの放射活性に対する感度および直線性を向上させる方法である．これらを駆使したとしても，広い範囲で直線性を求めるのは困難であり，黒化度から RI 濃度を定量するときには細心の注意が必要である．

10.3.2　輝尽性発光を利用した放射線検出方法：イメージングプレート（imaging plate, IP）法
a.　原　　理
$BaFBr:Eu^{2+}$ の「輝尽性蛍光発光（photo-stimulated luminescence, PSL）現象」を利用した技術である．X 線フィルムと比較して，ラジオグラフィの取得が格段に簡便である上，定量性，ダイナミックレンジともに優れている．イメージングプレートは，蛍光体をプレート状に塗布したもので，

放射線の2次元情報を記録できる．輝尽発光体に放射線が照射されると，そのエネルギーで励起されて準安定状態になる．この過程が放射線の受光の記録となり，読み出す過程として，He-Neレーザーを照射すると，準安定状態から励起され390 nmの輝尽発光が発生する．レーザーでスキャンすることで，放射線の分布情報を数値化し（PSL値）画像化する．励起された蛍光体は，蛍光灯の光によって基底状態へと戻すことができる．すなわち，イメージングプレートは再利用が可能である．

b. 直線性とダイナミックレンジ

イメージングプレートは非常に感度が高く，X線フィルムと比べて少なくとも10倍は高感度である．また，検出できる範囲も大変広く，10^5 程度直線性が保たれる．また，レーザーでスキャンした情報はデジタル化されるので，定量解析に適している．X線フィルムのように，暗室で扱う必要がないことや，廃液が発生しないなどの利点がある．

10.4 実 験 例

10.4.1 大豆の ^{32}P の分布の可視化（ラジオグラフィ実験）

^{32}P でラベルした正リン酸入り水耕液に大豆の根部を浸し，一定時間経過後，植物体内での ^{32}P の分布の状態をオートラジオグラフィで調べる．

〔試料・試薬・器具〕
- 植物体：　播種後約2週間の大豆
- 水耕液：　1/2木村氏液B（表8.1参照）
- ^{32}P 液
- X線フィルムで検出する場合：　蒸留水1 mlあたり約100 MBqの ^{32}P をキャリヤーフリーで含む液を少量（50 µl 程度）
- IPで検出する場合：　蒸留水1 mlあたり約5 MBqの ^{32}P をキャリヤーフリーで含む液を少量（50 µl 程度）
- 四つ切りX線フィルム
- イメージングプレート（20 cm×25 cm）
- 厚紙台紙（20 cm×25 cm）
- スパーテル，ピンセット，セロテープ，サージカルテープ，ラップ，アルミホイル，ペーパータオルなど

〔操　作〕

(1) 水耕液40 mlを100 mlのコニカルビーカーに入れ ^{32}P 液を50 µl 添加し，よくかくはんする．

(2) 大豆の葉の適当な部位をアルミホイルで遮光する．

(3) 大豆の根の部分をそれぞれの水耕液に浸漬する（0 time）．

(4) 最新葉の放射能を20分ごとに経時的にサーベイメーターで計測記録し作図する．約1000カウントに達したら，植物体を水耕液から引き上げ，500 mlの水道水（500 mlビーカー）で1分ずつ2回洗浄する．

(5) 茎の基部で切断し，茎葉部と根部を別々にして植物体を下5枚，上3枚ぐらいのペーパータオルではさんで水分をとる．茎葉部根部とも上のペーパータオルは適宜取り替える．その後，植物体が動かないように要所を5 mm幅のサージカルテープで台紙に貼りつける．

(6) 厚紙台紙に貼りつけたら，その台紙全体をラップできっちりとカバーする．

〔検　出〕

i) X線フィルムによる検出

(1) 台紙ごとアルミ製のカセットに入れ暗室でX線フィルムを装てんし，所定の時間感光する．

(2) 暗室でカセットを開け，フィルムを現像する．

(3) 現像（10分）→中和（5分）→定着（10分）→水洗（2時間以上）→乾燥庫内でのフィルム乾燥（30分以上）．ただし，室温で乾燥する場合数時間以上必要である．自動現像機がある場合には，装置の設定に従う．

ii) イメージングプレート（IP）による検出

(1) IPの蛍光灯での消去処理を直前に行う．

(2) IPと植物を貼りつけた台紙をIP専用カセテに入れる．作業は蛍光灯下で実施してよい．

(3) 読みとり時は，BAS（bio-imaging analyzer system）やFLA（fluoro image analyzer）で行う．IPを装置に挿入するまでは，部屋の蛍光灯は消灯する．暗室下で行う必要はない．

10.4.2 イネの ^{32}P 吸収速度の算出（トレーサー吸収実験）

イネが正リン酸を根から吸収し葉へ輸送する速度を求める． ^{32}P を定量するには液体シンチレーションカウンターが適しているものの，クエンチングを減らすためにサンプルを酸分解等して脱色する分，手順が煩雑である．ここでは，^{32}P の β 線のエネルギーが強いことや幼イネの葉がうすいことを利用し，オートラジオグラフィを定量に用いる方法を紹介する．

〔試料・試薬・器具〕　植物体：　播種後約2週間

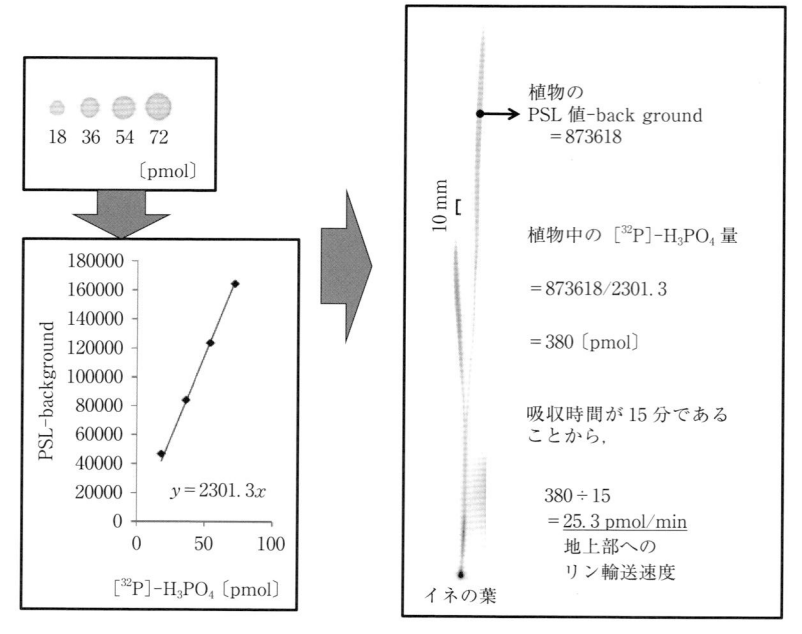

図 10.9 IP を利用したトレーサー実験の例

のイネ．他は前項と同様である．

〔操 作〕

(1) 約 5 MBq/ml の ^{32}P 溶液を 40 ml の水耕液に添加する．水耕液中のリン酸濃度は，ここでは 9 μM（通常水耕液の 1/10）と設定する．

(2) 検量線作成：^{32}P が添加された水耕液を 2, 4, 6, 8 μl（それぞれ，18, 36, 54, 72 pmol の正リン酸に対応する）ずつ濾紙に滴下し乾燥させる．

(3) 播種後 2 週間のイネを 9 μM リン酸の水耕液で洗浄した後，^{32}P が添加された水耕液に根を浸し，15 分間*³，植物育成器内（明条件，30℃）に静置する．

(4) 地上部を切断し，蒸留水で軽く洗浄する．

(5) 台紙に葉をテープで固定した後，検量線用の線源を配置し，イメージングプレートとともにカセットの中に封入し，4℃で 1 日間静置する．

(6) イメージングプレート読みとり装置（FLA-5000 等）でデジタル画像化する．

(7) 検量線用線源の PSL 値をもとに，イネの葉*⁴ の PSL 値からリン酸量を算出する（図 10.9）．

---

*³ 吸収速度を求める場合，少なくともその吸収時間では直線的に吸収量が増加することを確認しておく必要がある．
*⁴ デジタル画像データから，葉身，葉鞘，葉の先端，基部側など個別にリン酸濃度を求めることができる．このように，試験者の興味で設定される領域を，ROI（region of interest）と呼称する．

10.5　サーベイメーターによる汚染検査の方法

β 線を出す核種の実験時は GM サーベイメーターを準備する．γ 線の場合は NaI（Tl）シンチレーションサーベイメーターでも可能である．

〔操 作〕

(1) 検出部をラップや袋で覆う．

〔注〕こうすることにより，サーベイメーターそのものを汚染させることがなくなる．

(2) 電源を入れた後，バッテリーが十分であるかチェックする．

〔注〕一般に，高電圧が十分かかっているかをインジケータで確認できるタイプが多い．

(3) 汚染検査の目的には，時定数（応答時間）を短く（たとえば 3 s）にセットする．

(4) 確実に汚染されていない場所で，バックグラウンドを測定する．

〔注〕RI 管理区域内では，周囲に核種がない状況では通常，50〜100 cpm（GM），0.05〜0.2 μSv/h（NaI）である．

(5) 検査したい物品や汚染が疑われる場所に検出部をできるだけ近づける．このとき，検出部に注意を払い線量の変動は音から判断する．

(6) 正確に測定したい場所では，時定数を比較的長くし，検出部を設定した時定数の 3 倍程度の時間静止させた後，数値を読みとる．

〔注〕法令では放射線施設内の床面をはじめとする物体表

面の汚染密度に対して表面汚染密度限度が定められている.
- α 線放出核種: 1 Bq/cm^2
- その他の核種（β, γ 放出核種）: 40 Bq/cm^2

また，放射性施設（管理区域）から物品をもちだす際の表面密度は上記の 1/10 以下である.

［田野井慶太朗］

参 考 文 献

［参考書：生命科学で RI を使用する場合］
1) 岡田誠治：RI の逆襲 アイソトープを活用した簡単・安全バイオ実験（細胞工学別冊 実験プロトコールシリーズ），秀潤社，2007

第11章
生命科学データベースの概要

近年,生命科学関連の分野では,各種生物の塩基配列や生体分子の立体構造などに代表されるように,基礎的データを得る実験的手法が急速に発展した.また情報工学の世界では,コンピュータの計算能力,記憶容量の飛躍的な向上に加え,世界を結ぶネットワークの拡大・高速化が目覚ましい.その結果,世界中の研究者により,生命科学に関する莫大な量のデータが蓄積され,また,我々がその中から求める情報を引き出して利用することができる環境が整うこととなった.今や,そのようにして構築されたデータベースの利用は,生命科学分野の研究を進める際に必要不可欠なことの1つとなっている.

そこで本章では,それらの主なデータベースについて,その概要と,それらを使った典型的な検索方法を,「c-Cbl」と呼ばれるタンパク質を例に説明していく[*1].c-Cblは,がん原遺伝子(proto-oncogene)の産物であり,タンパク質の分解に関与している.また,ヒト由来のc-Cblについては,立体構造も解明されている.

11.1 キーワード検索

データベースは,基本的には,レコード,もしくはエントリなどと呼ばれる単位のデータ(例:Aさんの名簿データ)が集まって構成されており,各レコードは,フィールドと呼ばれる要素(例:氏名,住所,電話番号)によって構成される(図11.1).

キーワード検索では,取り出したいデータに関連するキーワード(クエリとも呼ぶ)を入力すると,テキスト形式で記述されているフィールド中にクエリが含まれるものが検索され,ヒットしたレコードが出力される.生命科学データベースでは,データのタイトルやそのデータに付随する情報(例:塩基配列の由来する生物種名)などがフィールドとして入っており,たとえば,ある遺伝子についての情報を得たい場合は,その遺伝子の名前をクエリとしてキーワード検索することにより,関連するデータベース上の情報を取り出すことができる.ほとんどのデータベースには,キーワード検索ができるウェブページが開設されているため,ここでは,そのインタフェースを用いて検索を行ってみる.

11.1.1 塩基配列データベース

塩基配列の情報を格納している主なデータベースには,NCBI(National Center for Biotechnology Information)が管理しているGenBank[1]や,EBI(European Bioinformatics Institute)が管理しているENA(European Nucleotide Archive)[2],国立遺伝学研究所のDDBJ研究センターが管理しているDDBJ[3]がある.これら3つのデータベースは国際塩基配列データベース(International Nucleotide Sequence Database, INSD)を構成しており,相互に定期的に新規登録データを交換して更新がなされている.これらのデータベースのフィールドには,塩基配列の情報の他に,遺伝子の機能,関連文献などの情報も含まれている.

塩基配列に関連する情報を格納しているデータベースには,他に,遺伝子地図のデータベース(例:NCBIのGene[4])や一塩基多型(SNP)のデータベース(例:dbSNP[5])などがある.

ここではGenBankでヒト由来のc-Cbl遺伝子に関する情報を検索する例を示す.GenBankのデータベースは,NCBIのウェブサイトから利用することができる.

〔手 順〕

(1) ブラウザを起動し,NCBIのトップページ(https://www.ncbi.nlm.nih.gov/)にアクセスする.

(2) ページの上の方にあるリストボックスで,NCBIのもつ種々のデータベースから検索したいものを選択することができる.ここでは「Nucleotide」を選択する.

(3) その横にあるテキストボックスに検索したいキーワードを入力して「Search」ボタンを押すと

[*1] 本章に出てくるウェブページのURL,ならびにスクリーンショットは2011年9月現在のものである.URLやページの外観,表示されるデータは今後変わる可能性がある.URLが変更されていた場合は,検索エンジンなどを用いて変更後のURLを検索してほしい.

氏名	住所	電話番号	...
東大太郎	東京都文京区…	03-XXXX-XXXX	
東大花子	東京都目黒区…	03-YYYY-YYYY	
⋮			

← レコード

フィールド

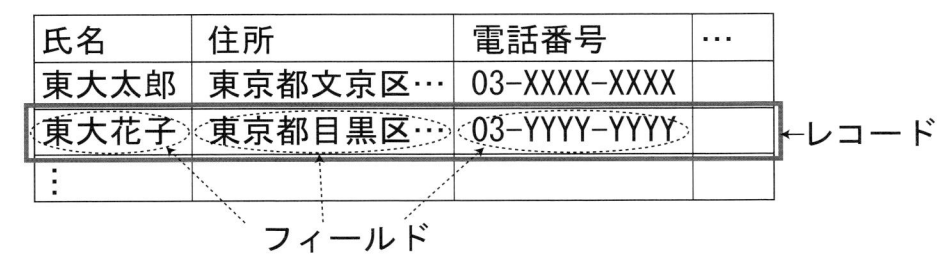

図 11.1 基本的なデータベースの構成例

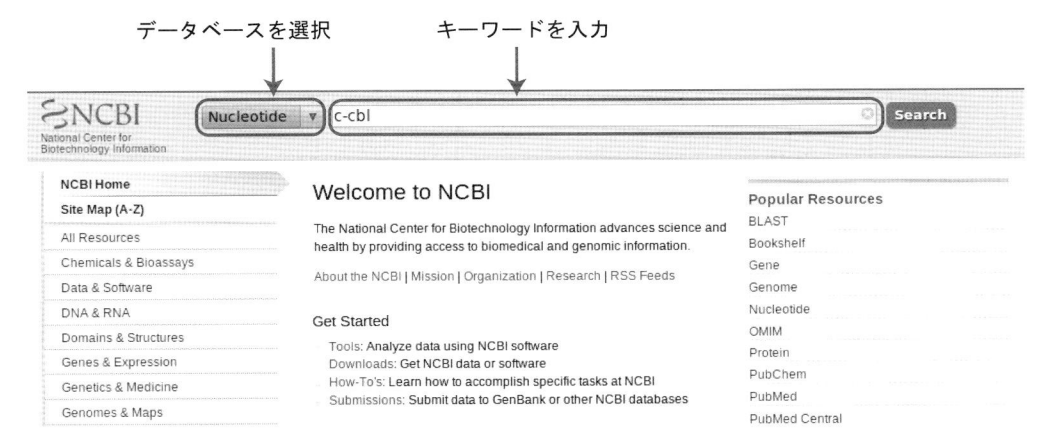

図 11.2 GenBank でのキーワード検索

検索が実行される．ここでは，ヒト由来の c-Cbl 遺伝子について調べたいため，まず「c-cbl」とテキストボックスに入力して「Search」ボタンを押す（図 11.2）．なお，大文字，小文字は区別されない．

(4) キーワード「c-cbl」がデータ中に含まれるレコードのリストが表示される．

(5) 大量のレコードがヒットして表示されているであろうから，検索条件を追加して絞りこみを行う．テキストボックスに「c-cbl [titl] AND "homo sapiens" [orgn] NOT bio-material」と入力し，「Search」ボタンを押す．

これにより，「DEFINITION」フィールドに，「c-cbl」を含み，かつ「homo sapiens」を「SOURCE」または「ORGANISM」フィールドに含み，かつ，どのフィールドにも「bio-material」を含まないエントリが検索できる．

〔注1〕 キーワードの後に「[フィールド名の指示語]」を入れると，そのフィールドに，キーワードが入っているという条件となる．
〔注2〕 「word1 AND word2」は word1 が含まれ，かつ word2 が含まれるという条件を表す．
〔注3〕 「NOT word1」は word1 を含まないという条件を表す．
〔注4〕 条件の指定方法の詳細は，NCBI の検索システム Entrez の Help ページの中に記述されている（https://www.ncbi.nlm.nih.gov/books/NBK3837/#EntrezHelp.Entrez_Searching_Options）ので，参考にするとよい．

(6) 検索結果のリスト中にある，「Human mRNA for c-cbl proto-oncogene」（Accession：X57110.1）を探して，タイトルをクリックする．すると，そのレコードの内容が表示される（図 11.3）．

レコードは複数のフィールドから構成されており，たとえば，「DEFINITION」はその配列の簡単な説明，「ACCESSION」はレコードにつけられた識別番号，「SOURCE」の中の「ORGANISM」は由来する生物種の正式な学名，「REFERENCE」はその配列に関する文献，「FEATURES」の中の「CDS」はタンパク質をコードしている領域の情報，そして「ORIGIN」が塩基配列である．その他のフィールドの説明は，GenBank のエントリの例（https://www.ncbi.nlm.nih.gov/Sitemap/samplerecord.html）にあるフィールド名をクリックすると見ることができる．

なお，検索結果のページにはいろいろなリンクが含まれており，そこから関連する情報を参照することができる．

Human mRNA for c-cbl proto-oncogene

GenBank: X57110.1
FASTA Graphics

Go to: [✓]

```
LOCUS       X57110                  3090 bp    mRNA    linear   PRI 12-DEC-1992
DEFINITION  Human mRNA for c-cbl proto-oncogene.
ACCESSION   X57110
VERSION     X57110.1  GI:29730
KEYWORDS    cbl oncogene; nuclear protein; oncogene cellular.
SOURCE      Homo sapiens (human)
  ORGANISM  Homo sapiens
            Eukaryota; Metazoa; Chordata; Craniata; Vertebrata; Euteleostomi;
            Mammalia; Eutheria; Euarchontoglires; Primates; Haplorrhini;
            Catarrhini; Hominidae; Homo.
REFERENCE   1
  AUTHORS   Blake,T.J., Shapiro,M., Morse,H.C. III and Langdon,W.Y.
  TITLE     The sequences of the human and mouse c-cbl proto-oncogenes show
            v-cbl was generated by a large truncation encompassing a
            proline-rich domain and a leucine zipper-like motif
  JOURNAL   Oncogene 6 (4), 653-657 (1991)
   PUBMED   2030914
REFERENCE   2  (bases 1 to 3090)
  AUTHORS   Blake,T.J. and Langdon,W.Y.
```

（省略）

```
ORIGIN
        1 gaattccggg cccggatagc cggcggcggc ggcggcggcg gcggcggcgg cggccgggag
       61 aggccctcc ttcacgccct gcttctctcc ctcgctcgca gtcgagccga gccggcggac
      121 ccgcctgggc tccgaccctg cccaggccat ggccggcaac gtgaagaaga gctctgggc
      181 cggggcggc acgggctccg ggggctcggg ttcgggtggc ctgattggc tcatgaagga
      241 cgccttccag ccgcaccacc accaccacca ccacctcagc ccccacccgc cggggacggt
```

（省略）

図 11.3　GenBank で検索された「Human mRNA for c-cbl proto-oncogene」のレコード

11.1.2　アミノ酸配列データベース

　タンパク質のアミノ酸配列を格納したデータベースの代表的なものとしては，UniProt consortium によって管理されている UniProtKB[6] が挙げられる．UniProtKB は，UniProtKB/TrEMBL と UniProtKB/Swiss-Prot から構成されている．UniProtKB/TrEMBL は，EMBL-Bank に登録された塩基配列と，そのタンパク質コード領域の情報から自動生成されるアミノ酸配列の情報が登録されたデータベースである．UniProtKB/Swiss-Prot は，それに人手を用いて，タンパク質の機能，ドメイン構造などの高水準のアノテーションを付加したものである．

〔手　順〕

（1）UniProt のトップページ（http://www.uniprot.org/）にアクセスする．

（2）画面上部の「Search in」の下のリストボックスから「UniProtKB」を選択する．

（3）テキストボックスに「c-cbl AND "homo sapiens"」と入力する．「Search」ボタンを押すと検索が開始される．

〔注〕　検索条件の指定方法は GenBank のものと似ている．詳細は UniProt の Text Search に関するヘルプページ（http://www.uniprot.org/help/text-search）を参照．

（4）検索結果が表示されたら，「Entry」が「P22681」，「Entry name」が「CBL_HUMAN」のレコードを探してクリックする．すると，このタンパク質に関するさまざまな情報が表示される（図 11.4）．各フィールド名をクリックすると，そのフィールドに関する解説が表示されるので参考にすること．

（5）画面の下の方の「Sequences」フィールドに，このタンパク質のアミノ酸配列が残基番号とともに表示されている．このアミノ酸配列は，前項で GenBank に対して検索して得られた結果「X57110」のデータ中にある塩基配列の翻訳（CDS フィールドの translation）と等しいはずなので，確認してみるとよい．

（6）アミノ酸配列をデータとして利用したいときは，「Sequences」フィールドの中にある「FASTA」をクリックする（図 11.5）．

図 11. 4　UniProtKB/Swiss-Prot の検索結果

図 11. 5　アミノ酸配列の FASTA 形式での表示

〔注〕このように，
＞コメント（配列名など）
配列文字列
…

のような形式を FASTA 形式という．FASTA 形式は，後で述べるホモロジー検索などのデータベースへの問い合わせや，各種ツールへ配列を入力する際に利用されることが多い．

（7）「Cross-references」のところには，後に説明する立体構造データベースである PDB やタンパク質の機能部位データベースである PROSITE へのリンクがあるので，興味があればざっと目を通してみるとよいであろう．

11.1.3 機能部位データベース

タンパク質は進化の過程でアミノ酸配列に変異をうけていくが，重要な機能に関わる部分の配列は，保存，もしくは性質の近い残基への置換のみを受容して代々受け継がれていくことが多い．そのように高度に保存されている短い配列パターンのことを機能モチーフと呼ぶ．また，それよりもう少し長めで，大方その領域だけで独立して安定的に折りたたまって三次元構造を形成できるようなものをドメインと呼ぶ．このようなタンパク質の機能部位を集めた主なデータベースを以下に挙げる．

PROSITE[7]は，SIB（Swiss Institute of Bioinformatics）によって管理されている，タンパク質の機能部位の配列などを登録したデータベースである．PROSITE は，主に文献で公開された配列パターンやタンパク質ファミリーの特徴的な機能などの情報をもとに構築されたものである．また，他のデータベースへのリンクも豊富である．

InterPro[8] は EBI が公開しているタンパク質機能部位の統合データベースであり，PROSITE，PRINTS[9]，ProDom[10]，Pfam[11] などのモチーフ・ドメインデータベースを統合し，タンパク質の機能部位に関する検索を網羅的にできるようにしたものである．

先ほど前項で検索した，UniProtKB/Swiss-Prot の Cross-references から，c-Cbl に含まれるモチーフ「ZF_RING」の PROSITE におけるアクセッション番号の1つが PS00518 であることがわかったので，これを用いて PROSITE にアクセスしてみる．

〔手 順〕

（1）PROSITE のページ（http://prosite.expasy.org/）にアクセスする．

（2）「Search」にあるテキストボックスに「PS00518」を入力して「Search」ボタンを押すと検索結果のページが表示される（図 11.6）．

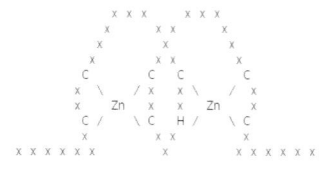

図 11.6 PROSITE の zinc finger ring のレコード

「Description」に，zinc finger ring モチーフに関する解説が書かれている．その中の「Technical section」の「ZF_RING_1,PS00518」のところにある，「Consensus pattern」が zinc finger ring モチーフの配列パターンを示している．

Consensus pattern： C-x-H-x-[LIVMFY]-C-x(2)-C-[LIVMYA]

ここには，アミノ酸の配列パターンが正規表現の形式で表現されている．正規表現とは，ある規則に従った文字列の集合の表現方法の1つで，たとえば上の例では，Cの次に任意のアミノ酸，次にH，次に任意のアミノ酸…，といった規則に従っている配列の集合を表している．x(2) は2つの任意のアミノ酸，[LIVMFY] は，[ ] 内のアミノ酸のどれか1つがくることを表している．詳細は，PROSITE の User Manual の「The PA Line」に説明がある（http://prosite.expasy.org/prosuser.html#conv_pa）．

これを見ると，進化の過程で3つの Cys（C）と1つの His（H）が保存されていることがわかる．そこから，これらの残基が Zn 原子との結合に深く関わっているであろうことがみてとれる．

11.1.4 立体構造データベース

生体分子の立体構造は，他の分子との相互作用により発揮される機能のメカニズムを原子レベルで詳細に理解する際に，ほぼ不可欠の情報といってもよいであろう．また，酵素の人工的な改変，薬剤の設計などの工学的な面でも，非常に重要なデータの1つである．

立体構造情報を集積した代表的なデータベースには，Protein Data Bank（PDB）[12] がある．PDB は，Worldwide Protein Data Bank（wwPDB）によって管理されている立体構造データベースである．wwPDB は，RCSB PDB（アメリカ）と PDBe（ヨーロッパ），PDBj（日本），BMRB（アメリカ）で構成されている．PDB には，X線結晶解析，NMR などで得られたタンパク質の三次元座標データに加え，アミノ酸配列と二次構造の情報，文献情報，熱揺らぎに関する情報，解像度などが記載されている．また，タンパク質だけでなく，DNA，RNA などの核酸や糖鎖，複数の分子が結合してできた複合体の立体構造なども登録されている．

〔手　順〕

(1) RCSB の PDB のページ（http://www.rcsb.org/）にアクセスする．

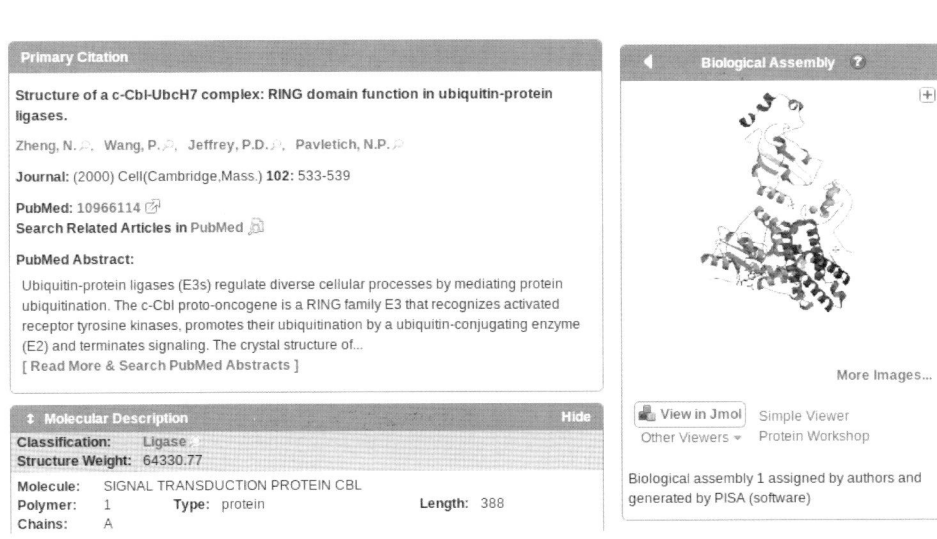

図 11.7　PDB の 1FBV のレコード

(2) UniProtKB/Swiss-Prot の検索結果から，c-Cbl の PDB ID の 1 つが「1FBV」であることがわかったので，これを検索する．「Search」の右にあるテキストボックスに「1FBV」と入力して，虫眼鏡のアイコンで表されている「Search」ボタンを押す．

(3) すると，「1FBV」に関するページが表示される（図 11.7）．上部のタブをクリックしたり，リンクをたどったりすることにより，各種情報を見ることができる．

(4) 検索結果のページの右の方にある立体構造の画像の下あたりの「View in 3D」の右にグラフィック表示用のリンクがいくつかある．JSmol では，Java を使った立体構造表示ツールを利用して立体構造を可視化することができる（ただし，Java applet をブラウザ内で実行できる環境が必要）．マウスで分子をドラッグすると，回転などの操作を行える．また右クリックすると，操作メニューが開き，表示方法の変更などを行うことができる．

〔注〕 画面下にヘルプがあるので，参考にしながらいろいろ表示を変えてみるとよい．

前項で，PROSITE の検索結果から，zinc finger ring モチーフでは Zn 原子の結合部に，Cys および His 残基が存在することがわかった．視点や原子の表示方法を変えたりして，この部分を見て確認してみるとよい（参考：図 11.8）．ちなみに，1FBV では，c-Cbl は UbcH7 と呼ばれる別のタンパク質と複合体を形成した状態で構造が登録されている．図 11.8 では，c-Cbl タンパク質を中央に拡大して表示してある．

11.1.5 立体構造の二次データベース

立体構造情報そのものを収集した一次データベースの情報をもとに，それに解析を加えたり，付加的な情報を加えたりして構築された二次データベースも多種公開されている．

たとえば，EBI によって公開されている PDBSum[13] は，PDB の立体構造情報に，アミノ酸配列や残基保存度，モチーフ，さらにはタンパク質間またはタンパク質-リガンド間の相互作用の情報などを付加して，容易にタンパク質を多角的に見られるようにしたデータベースである．

他にも，主鎖の折りたたみのパターンを用いてタンパク質の立体構造を分類したデータベースに，SCOP2[14] や CATH[15] がある．SCOP2 は，英国の MRC Laboratory of Molecular Biology の Alexei G.

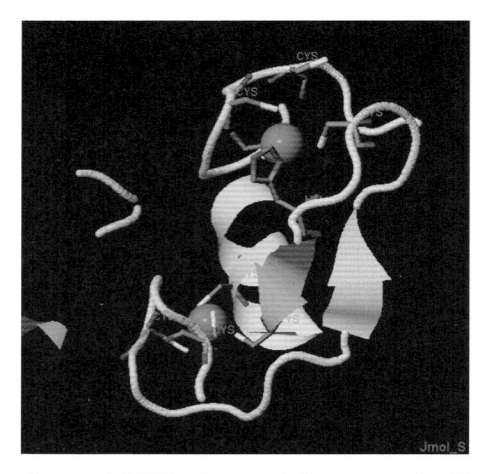

図 11.8 立体構造表示ツールを使って 1FBV を可視化し，Zn 原子の結合部付近をみた様子

Murzin らによって公開されている，タンパク質の構造的，進化的な関係を記述したデータベースである．基本的には視覚的に構造を見て手動で分類を行っており，計算機によるツールは補助的に使われる程度である．クラス，フォールド，スーパーファミリー，ファミリーといった階層で分類されている．CATH は，University College London が公開しているタンパク質構造分類データベースである．タンパク質のドメインを，クラス，アーキテクチャ，トポロジー，ホモロガススーパーファミリーといったレベルで分類している．分類は，配列の類似性と構造の類似性などの計算を用いて半自動的に行われている．ここでは例として，PDBSum を用いて，PDB ID「1FBV」のタンパク質のアミノ酸の保存度をみてみよう．

〔手　順〕

(1) PDBSum のトップページ（http://www.ebi.ac.uk/pdbsum/）にアクセスする．

(2) トップページの「PDB Code」のテキストボックスに「1FBV」と入力し「Find」ボタンを押す．

(3) 「1FBV」に関するページが表示される．上のタブをクリックすると各種の情報にアクセスできる．ここでは「Protein」タブをクリックする．

(4) アミノ酸配列と二次構造情報が表示される．次に，左の欄にある「Residue conservation」をクリックする．すると各アミノ酸の保存度が色表示される（図 11.9）．なお，このページには，6.1.4 項で説明されている，分子グラフィックスソフト「RasMol」を用いて，タンパク質の構造上に保存度を色表示することのできるスクリプトなども用意さ

図 11.9　PDBSum によるアミノ酸の保存度情報の表示

11.1.6　文献データベース

特に医学，生物学系の文献の情報を調べる際によく使われるデータベースに，PubMed[16] がある．PubMed は，NLM（United States National Library of Medicine）によって編纂されている MEDLINE というデータベースの内容に加え，より最新の論文の情報を含む文献データベースで，GenBank と同じく NCBI のページからアクセスできる．キーワード検索の方法は基本的に GenBank と同じであり，フィールドの指定も可能である．

以下に検索の例を示す．

〔手　順〕

(1) NCBI のトップページ（https://www.ncbi.nlm.nih.gov/）にアクセスする．

(2) 上部にあるリストボックスで，データベースに「PubMed」を指定する．

(3) キーワードを入力するテキストボックスに，例として「"sakaki y"［auth］AND "human genome"［titl］」と入力し，「Search」ボタンを押す．「［auth］」は著者フィールド，「［titl］」はタイトルフィールドに検索を限るための条件指定である．

(4) 検索結果が表示され，その中に，「A physical map of human genome」というタイトルの，2001 年に Nature 誌に発表されたヒトゲノムのドラフト解読の歴史的論文が見つかるはずである．そのタイトルをクリックすると，該当論文のアブストラクトを読むことができる．

11.2 ホモロジー検索

ここまでは，データベースのエントリに含まれるキーワードを用いて検索を行ってきたが，次に配列を用いて検索を行う．ホモロジー検索について説明する．

11.2.1 概　　要

ある2つの塩基配列，もしくはアミノ酸配列が共通の祖先に由来しているとき，それらには「相同性（ホモロジー，homology）がある」という．相同配列は似た機能や立体構造をもっていることが多いため，既知の配列データベースから相同配列を検索することは，未知の配列が得られたときに行う基本的な作業の1つである．原理的に配列の情報だけでは2つの配列間に相同性があるかどうかを知ることはできないが，相同性がある配列どうしは，一般的にその類似性（シミラリティー，similarity）が高いため，相同性の有無は，その配列間の類似性が有意に高いか否かで推定される．よって，大規模配列データベースから配列の類似度を用いて相同性のある配列を見つける手法は，進化・系統の解析，タンパク質の機能・立体構造に関する解析に非常に有効な方法として利用されている．

基本的には，2つの配列の類似度の計算は，両配列の各シンボル（文字）を対応づけて並べ（これをアラインメントと呼ぶ），その並べられた配列間のずれの度合いをはかることによって行われる．配列のアラインメントは，進化の過程で起こる，シンボルの置換，挿入，欠失の事象を反映するため，各配列の任意の位置に，挿入・欠失の発生を表すシンボル「-」を入れることを許し，対応づけされたシンボルのペアに割り当てられたスコア（通常，シンボルどうしの違いが大きいほど小さな値が割り当てられる）とシンボル「-」の挿入に割り当てられる負のスコアの総和が，最大になるように行われる．配列のアラインメントの計算方法は複数提案されており，動的計画法を用いる方法[17]，FASTA[18]，BLAST[19] などの方法がある．近年，BLASTを改良して，より遠い類縁関係を検出できるようにしたPSI-BLAST[20] が，構造予測，機能予測の分野でよく用いられるようになってきている．

11.2.2 BLASTによるホモロジー検索

ホモロジー検索では，塩基配列あるいはアミノ酸配列をクエリ（問い合わせ）として入力し，配列データベース中から，それとよく似た相同性のありそうな配列を検索する．ホモロジー検索は，NCBI，EBIなどのサイトでも利用できるが，ここでは，京都大学化学研究所バイオインフォマティクスセンターのGenomeNet[21] を利用する．

〔手　順〕

（1）GenomeNetのBLASTのページ（http://www.genome.jp/tools/blast/）にアクセスする．

（2）次に，クエリ配列を入力する．c-CblのFASTA形式のアミノ酸配列をコピー＆ペースト（11.1.2項の手順を参照）して，BLAST検索のページ中の「Enter query sequence」の「Sequence data」に入力する．

（3）次に，「Select program and database」のところで，検索に用いるプログラムと検索対象のデータベースを選ぶ．BLAST検索は塩基配列，アミノ酸配列の両方に対して行うことができる．ここでは，アミノ酸配列を入力として，類似のアミノ酸配列を検索しようとしているため，検索プログラムは，「BLASTP」を選ぶ．データベースは，アミノ酸配列の場合は上の囲みの中から，塩基配列の場合は下の囲みの中から選ぶ．ここでは「Swiss-Prot」を選んでおく．

（4）その下の「Scoring matrix」では，アミノ酸の残基ペアのスコア表を指定できる．ここでは，デフォルトの「BLOSUM62」を指定する．「Filter」は，意味の少ない特定塩基の繰り返しなどをマスクする場合に用いるが，ここは「None」と指定する．他は，いずれもデフォルトのままでよい．

（5）「Output options」は，検索結果のヒットした類似配列の情報と，クエリとヒットとのアラインメントを表示する最大数の指定である．デフォルトは「500」「250」になっているが，ここでは表示を見やすくするために「50」「25」を指定する．

（6）ページの上方にある「Compute」ボタンを押して，BLASTPによるホモロジー検索を実行し，結果が出るまでしばらく待つ．すると，図11.10に示すような検索結果が表示される．

「bits」は類似性のスコアを示す．「E-val」は，「クエリ配列と現在のデータベース全体を比較した際に，偶然このbitスコア以上のスコアになる部分配列ペアの数の期待値」である．つまりE-valが小さいほど，その一致は偶然には起こりえないことを示す．したがって，bitスコアが大きく，E-valが小さい場合には，その配列とクエリ配列間にホモロ

11.2 ホモロジー検索

BLASTP Search Result

Database: swissprot

Protein sequence database entries related to sp|P22681|CBL_HUMAN - 30 hits

```
       Entry                                                          bits   E-val
------------------------------------------------------------------  ------  -----
[Top 10 ▼]  [Clear]  [CLUSTALW ▼]  [Exec]

☑ sp:CBL_HUMAN  [P22681] RecName: Full=E3 ubiquitin-protein ligase ...  1872   0.0
☑ sp:CBL_MOUSE  [P22682] RecName: Full=E3 ubiquitin-protein ligase ...  1593   0.0
☑ sp:CBLB_XENTR [Q6DFR2] RecName: Full=E3 ubiquitin-protein ligase...    754   0.0
☑ sp:CBLBA_XENLA [Q6GQL0] RecName: Full=E3 ubiquitin-protein ligas...    752   0.0
☑ sp:CBLBB_XENLA [Q6NRE7] RecName: Full=E3 ubiquitin-protein ligas...    746   0.0
☑ sp:CBLB_MOUSE [Q3TTA7] RecName: Full=E3 ubiquitin-protein ligase...    745   0.0
☑ sp:CBLB_RAT   [Q8K4S7] RecName: Full=E3 ubiquitin-protein ligase C... 744   0.0
☑ sp:CBLB_HUMAN [Q13191] RecName: Full=E3 ubiquitin-protein ligase...    735   0.0
☑ sp:CBL_MLVCN  [P23092] RecName: Full=Transforming protein cbl;         660   0.0
☑ sp:CBLC_MOUSE [Q80XL1] RecName: Full=Signal transduction protein...    426   e-118
☐ sp:CBLC_HUMAN [Q9ULV8] RecName: Full=Signal transduction protein...    424   e-117
☐ sp:RNF5_CAEEL [Q09463] RecName: Full=RING finger protein 5;             49   3e-04
☐ sp:PEX10_MACFA [Q8HXW8] RecName: Full=Peroxisome biogenesis fact...     48   4e-04
☐ sp:PEX10_HUMAN [O60683] RecName: Full=Peroxisome biogenesis fact...     47   5e-04
☐ sp:RN185_DANRE [Q6PC78] RecName: Full=RING finger protein 185;          47   7e-04
☐ sp:SM3L3_ARATH [Q9FIY7] RecName: Full=Putative SWI/SNF-related m...     47   7e-04
```

⋮（省略）

図 11.10　BLASTP による c-Cbl のアミノ酸配列の検索結果

```
>sp:CBL_MOUSE [P22682] RecName: Full=E3 ubiquitin-protein ligase CBL; EC=6.3.2.-;  ↑ Top
          AltName: Full=Casitas B-lineage lymphoma proto-oncogene;
          AltName: Full=Proto-oncogene c-Cbl; AltName: Full=Signal
          transduction protein CBL;
          Length = 913

 Score = 1593 bits (4125), Expect = 0.0,   Method: Compositional matrix adjust.
 Identities = 844/916 (92%), Positives = 864/916 (94%), Gaps = 13/916 (1%)

Query: 1    MAGNVKKSSGAGGGSGSGGSGSGGLIGLMKDAFQPHHHHHHLSPHPPGTVDKKMVEKCW  60
            MAGNVKKSS   GG GSGGSG+GGLIGLMKDAFQ  HHHHHLSPHPP TVDKKMVEKCW
Sbjct: 1    MAGNVKKSS-GAGGGSGGSGAGGLIGLMKDAFQ-PHHHHHLSPHPPCTVDKKMVEKCW  58

Query: 61   KLMDKVVRLCQNPKLALKNSPPYILDLLPDTYQHLRTILSRYEGKMETLGENEYFRVFME 120
            KLMDKVVRLCQNPKLALKNSPPYILDLLPDTYQHLRT+LSRYEGKMETLGENEYFRVFME
Sbjct: 59   KLMDKVVRLCQNPKLALKNSPPYILDLLPDTYQHLRTVLSRYEGKMETLGENEYFRVFME 118
```

⋮（省略）

```
Query: 833  SERKAGSCQQGSGPAAS-AATA-SPQLSSEIENLMSQGYSYQDIQKALVIAQNNIEMAKN 890
            SERKA S QQG G  A+  ATA SPQLSSEIE LMSQGYSYQDIQKALVIA NNIEMAKN
Sbjct: 838  SERKASSYQQGGGATANPVATAPSPQLSSEIERLMSQGYSYQDIQKALVIAHNNIEMAKN 897

Query: 891  ILREFVSISSPAHVAT 906
            ILREFVSISSPAHVAT
Sbjct: 898  ILREFVSISSPAHVAT 913
```

図 11.11　sp:CBL_MOUSE のアラインメントの詳細情報

ジーがある可能性は高いといえる．なお，E-val の表示で，たとえば「3e-04」は「3×10 の-4 乗」を表し，0.0 は，0 に非常に近い小さな値を表す．

(7) 高い類似性を示したマウスの c-Cbl（エントリ名「sp:CBL_MOUSE」）について，bits の数値をクリックして，クエリ配列とヒットした配列のアライメント情報を見てみる（図 11.11）．遺伝子名などの下に，スコアやアミノ酸の一致度などが表示される．その下に，クエリ配列（Query）とヒットしたデータベースの配列（Sbjct）とのアラインメントが表示される．アミノ酸一致度は 92% であり，クエリ配列の 1〜906 番目のアミノ酸とデータベース配列の 1〜913 番目のアミノ酸が対応づけられた（アラインされた）ことがわかる．確かに，アミノ酸配列は，数ヶ所を除いてほとんど一致している．

また，GenomeNet の BLAST 検索では，上位ヒットの複数の配列をまとめてアラインして（マルチプルアラインメントと呼ぶ）それらを表示したり，そのマルチプルアラインメントの結果を用いて進化系統樹を描くこともできるので，興味があれば実行してみるとよい．

[角越和也]

参考文献および URL

1) GenBank : https://www.ncbi.nlm.nih.gov/genbank/
2) ENA : http://www.ebi.ac.uk/ena/
3) DDBJ : http://www.ddbj.nig.ac.jp/
4) Gene : https://www.ncbi.nlm.nih.gov/gene/
5) dbSNP : https://www.ncbi.nlm.nih.gov/projects/SNP/
6) UniProtKB : http://www.uniprot.org/
7) PROSITE : http://prosite.expasy.org/
8) InterPro : http://www.ebi.ac.uk/interpro/
9) PRINTS : http://bioinf.man.ac.uk/dbbrowser/PRINTS/
10) ProDom : http://prodom.prabi.fr/
11) Pfam : http://pfam.xfam.org/
12) PDB : http://www.rcsb.org/
13) PDBSum : http://www.ebi.ac.uk/pdbsum/
14) SCOP2 : http://scop2.mrc-lmb.cam.ac.uk/
15) CATH : http://www.cathdb.info/
16) PubMed : https://www.ncbi.nlm.nih.gov/pubmed/
17) S. B. Needleman and C. D. Wunsch : *J. Mol. Biol.*, **48**(3), 443-453, 1970
18) W. R. Pearson and D. J. Lipman : *Proc. Natl. Acad. Sci. USA*, **85**(8), 2444-2448, 1988
19) S. F. Altschul *et al.* : *J. Mol. Biol.*, **215**(3), 403-410 (1990)
20) S. F. Altschul *et al.* : *Nucleic Acids Res.*, **25**(17), 3389-3402, 1997
21) GenomeNet : http://www.genome.jp/

付表1 t 分布表（パーセント点）

$$t(\nu, \alpha): \int_t^\infty \frac{1}{\sqrt{\nu}B\left(\frac{1}{2}, \frac{\nu}{2}\right)\left(1+\frac{t^2}{\nu}\right)^{\frac{\nu+1}{2}}} dt = \alpha$$

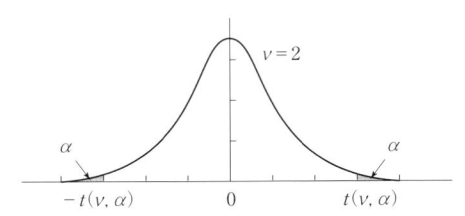

ν \ α (2α)	.250 (.500)	.200 (.400)	.150 (.300)	.100 (.200)	.050 (.100)	.025 (.050)	.010 (.020)	.005 (.010)	.0005 (.0010)
1	1.000	1.376	1.963	3.078	6.314	12.706	31.821	63.657	636.619
2	.816	1.061	1.386	1.886	2.920	4.303	6.965	9.925	31.599
3	.765	.978	1.250	1.638	2.353	3.182	4.541	5.841	12.924
4	.741	.941	1.190	1.533	2.132	2.776	3.747	4.604	8.610
5	.727	.920	1.156	1.476	2.015	2.571	3.365	4.032	6.869
6	.718	.906	1.134	1.440	1.943	2.447	3.143	3.707	5.959
7	.711	.896	1.119	1.415	1.895	2.365	2.998	3.499	5.408
8	.706	.889	1.108	1.397	1.860	2.306	2.896	3.355	5.041
9	.703	.883	1.100	1.383	1.833	2.262	2.821	3.250	4.781
10	.700	.879	1.093	1.372	1.812	2.228	2.764	3.169	4.587
11	.697	.876	1.088	1.363	1.796	2.201	2.718	3.106	4.437
12	.695	.873	1.083	1.356	1.782	2.179	2.681	3.055	4.318
13	.694	.870	1.079	1.350	1.771	2.160	2.650	3.012	4.221
14	.692	.868	1.076	1.345	1.761	2.145	2.624	2.977	4.140
15	.691	.866	1.074	1.341	1.753	2.131	2.602	2.947	4.073
16	.690	.865	1.071	1.337	1.746	2.120	2.583	2.921	4.015
17	.689	.863	1.069	1.333	1.740	2.110	2.567	2.898	3.965
18	.688	.862	1.067	1.330	1.734	2.101	2.552	2.878	3.922
19	.688	.861	1.066	1.328	1.729	2.093	2.539	2.861	3.883
20	.687	.860	1.064	1.325	1.725	2.086	2.528	2.845	3.850
21	.686	.859	1.063	1.323	1.721	2.080	2.518	2.831	3.819
22	.686	.858	1.061	1.321	1.717	2.074	2.508	2.819	3.792
23	.685	.858	1.060	1.319	1.714	2.069	2.500	2.807	3.768
24	.685	.857	1.059	1.318	1.711	2.064	2.492	2.797	3.745
25	.684	.856	1.058	1.316	1.708	2.060	2.485	2.787	3.725
26	.684	.856	1.058	1.315	1.706	2.056	2.479	2.779	3.707
27	.684	.855	1.057	1.314	1.703	2.052	2.473	2.771	3.690
28	.683	.855	1.056	1.313	1.701	2.048	2.467	2.763	3.674
29	.683	.854	1.055	1.311	1.699	2.045	2.462	2.756	3.659
30	.683	.854	1.055	1.310	1.697	2.042	2.457	2.750	3.646
31	.682	.853	1.054	1.309	1.696	2.040	2.453	2.744	3.633
32	.682	.853	1.054	1.309	1.694	2.037	2.449	2.738	3.622
33	.682	.853	1.053	1.308	1.692	2.035	2.445	2.733	3.611
34	.682	.852	1.052	1.307	1.691	2.032	2.441	2.728	3.601
35	.682	.852	1.052	1.306	1.690	2.030	2.438	2.724	3.591
36	.681	.852	1.052	1.306	1.688	2.028	2.434	2.719	3.582
37	.681	.851	1.051	1.305	1.687	2.026	2.431	2.715	3.574
38	.681	.851	1.051	1.304	1.686	2.024	2.429	2.712	3.566
39	.681	.851	1.050	1.304	1.685	2.023	2.426	2.708	3.558
40	.681	.851	1.050	1.303	1.684	2.021	2.423	2.704	3.551
41	.681	.850	1.050	1.303	1.683	2.020	2.421	2.701	3.544
42	.680	.850	1.049	1.302	1.682	2.018	2.418	2.698	3.538
43	.680	.850	1.049	1.302	1.681	2.017	2.416	2.695	3.532
44	.680	.850	1.049	1.301	1.680	2.015	2.414	2.692	3.526
45	.680	.850	1.049	1.301	1.679	2.014	2.412	2.690	3.520
46	.680	.850	1.048	1.300	1.679	2.013	2.410	2.687	3.515
47	.680	.849	1.048	1.300	1.678	2.012	2.408	2.685	3.510
48	.680	.849	1.048	1.299	1.677	2.011	2.407	2.682	3.505
49	.680	.849	1.048	1.299	1.677	2.010	2.405	2.680	3.500
50	.679	.849	1.047	1.299	1.676	2.009	2.403	2.678	3.496
60	.679	.848	1.045	1.296	1.671	2.000	2.390	2.660	3.460
80	.678	.846	1.043	1.292	1.664	1.990	2.374	2.639	3.416
120	.677	.845	1.041	1.289	1.658	1.980	2.358	2.617	3.373
240	.676	.843	1.039	1.285	1.651	1.970	2.342	2.596	3.332
∞	.674	.842	1.036	1.282	1.645	1.960	2.326	2.576	3.291

付表 2-1　q 表（危険率 5%，$\alpha = 0.05$）

v \ m	2	3	4	5	6	8	10	15	20	30
1	17.9693	26.9755	32.8187	37.0815	40.4076	45.3973	49.0710	55.3607	59.5576	65.1490
2	6.0849	8.3308	9.7980	10.8811	11.7343	13.0273	13.9885	15.6503	16.7688	18.2690
3	4.5007	5.9096	6.8245	7.5017	8.0371	8.8525	9.4620	10.5222	11.2400	12.2073
4	3.9265	5.0402	5.7571	6.2870	6.7064	7.3465	7.8263	8.6640	9.2334	10.0034
5	3.6354	4.6017	5.2183	5.6731	6.0329	6.5823	6.9947	7.7163	8.2080	8.8747
6	3.4605	4.3392	4.8956	5.3049	5.6284	6.1222	6.4931	7.1428	7.5864	8.1889
7	3.3441	4.1649	4.6813	5.0601	5.3591	5.8153	6.1579	6.7586	7.1691	7.7275
8	3.2612	4.0410	4.5288	4.8858	5.1672	5.5962	5.9183	6.4831	6.8694	7.3953
9	3.1992	3.9485	4.4149	4.7554	5.0235	5.4319	5.7384	6.2758	6.6435	7.1444
10	3.1511	3.8768	4.3266	4.6543	4.9120	5.3042	5.5984	6.1141	6.4670	6.9480
12	3.0813	3.7729	4.1987	4.5077	4.7502	5.1187	5.3946	5.8780	6.2089	6.6600
14	3.0332	3.7014	4.1105	4.4066	4.6385	4.9903	5.2534	5.7139	6.0290	6.4586
16	2.9980	3.6491	4.0461	4.3327	4.5568	4.8962	5.1498	5.5932	5.8963	6.3097
18	2.9712	3.6093	3.9970	4.2763	4.4944	4.8243	5.0705	5.5006	5.7944	6.1950
20	2.9500	3.5779	3.9583	4.2319	4.4452	4.7676	5.0079	5.4273	5.7136	6.1039
24	2.9188	3.5317	3.9013	4.1663	4.3727	4.6838	4.9152	5.3186	5.5936	5.9682
30	2.8882	3.4864	3.8454	4.1021	4.3015	4.6014	4.8241	5.2114	5.4750	5.8335
40	2.8582	3.4421	3.7907	4.0391	4.2316	4.5205	4.7345	5.1056	5.3575	5.6996
60	2.8288	3.3987	3.7371	3.9774	4.1632	4.4411	4.6463	5.0011	5.2412	5.5663
120	2.8000	3.3561	3.6846	3.9169	4.0960	4.3630	4.5595	4.8979	5.1259	5.4336
∞	2.7718	3.3145	3.6332	3.8577	4.0301	4.2863	4.4741	4.7959	5.0117	5.3013

注 1）：左の自由度 v，上の水準数（群の数）m から，$q(m, v ; 0.05)$ が得られる．例：水準数が 5，各群の標本数が 3 とすると，$m = 5$，$v = 5(3-1) = 10$ であるから，$q(5, 10 ; 0.05) = 4.6543$．

注 2）：補間法：v に関しては本文の式（1.15）のようにする．

例 1：$m = 5$，$v_x = 50$ とすると，$v_1 = 40$，$v_2 = 60$．よって，$q(5, 50 ; 0.05) = \{(1/50 - 1/60)/(1/40 - 1/60)\} \times 4.0391 + \{(1/40 - 1/50)/(1/40 - 1/60)\} \times 3.9774 = 4.0021$．

m に関しても，v の場合と同様に行う．

例 2：$m_x = 12$，$v = 24$ とすると，$m_1 = 10$，$m_2 = 15$．よって，$q(12, 24 ; 0.05) = \{(1/12 - 1/15)/(1/10 - 1/15)\} \times 4.9152 + \{(1/10 - 1/12)/(1/10 - 1/15)\} \times 5.3186 = 5.1169$．

付表 2-2　q 表（危険率 1%，$\alpha = 0.01$）

v \ m	2	3	4	5	6	8	10	15	20	30
1	90.0242	135.0407	164.2577	185.5753	202.2097	227.1663	245.5416	277.0034	297.9972	325.9682
2	14.0358	19.0189	22.2937	24.7172	26.6290	29.5301	31.6894	35.4261	37.9435	41.3221
3	8.2603	10.6185	12.1695	13.3243	14.2407	15.6410	16.6908	18.5219	19.7648	21.4429
4	6.5112	8.1198	9.1729	9.9583	10.5832	11.5418	12.2637	13.5298	14.3939	15.5662
5	5.7023	6.9757	7.8042	8.4215	8.9131	9.6687	10.2393	11.2436	11.9318	12.8688
6	5.2431	6.3305	7.0333	7.5560	7.9723	8.6125	9.0966	9.9508	10.5378	11.3393
7	4.9490	5.9193	6.5424	7.0050	7.3730	7.9390	8.3674	9.1242	9.6454	10.3586
8	4.7452	5.6354	6.2038	6.6248	6.9594	7.4738	7.8632	8.5517	9.0265	9.6773
9	4.5960	5.4280	5.9567	6.3473	6.6574	7.1339	7.4945	8.1323	8.5756	9.1767
10	4.4820	5.2702	5.7686	6.1361	6.4275	6.8749	7.2133	7.8121	8.2256	8.7936
12	4.3198	5.0459	5.5016	5.8363	6.1011	6.5069	6.8136	7.3558	7.7305	8.2456
14	4.2099	4.8945	5.3215	5.6340	5.8808	6.2583	6.5432	7.0466	7.3943	7.8726
16	4.1306	4.7855	5.1919	5.4885	5.7223	6.0793	6.3483	6.8233	7.1512	7.6023
18	4.0707	4.7034	5.0942	5.3788	5.6028	5.9443	6.2013	6.6546	6.9673	7.3973
20	4.0239	4.6392	5.0180	5.2933	5.5095	5.8389	6.0865	6.5226	6.8232	7.2366
24	3.9555	4.5456	4.9068	5.1684	5.3735	5.6850	5.9187	6.3296	6.6123	7.0008
30	3.8891	4.4549	4.7992	5.0476	5.2418	5.5361	5.7563	6.1423	6.4074	6.7710
40	3.8247	4.3672	4.6951	4.9308	5.1145	5.3920	5.5989	5.9606	6.2083	6.5471
60	3.7622	4.2822	4.5944	4.8178	4.9913	5.2525	5.4466	5.7845	6.0149	6.3290
120	3.7016	4.1999	4.4970	4.7085	4.8722	5.1176	5.2992	5.6138	5.8272	6.1168
∞	3.6428	4.1203	4.4028	4.6028	4.7570	4.9872	5.1566	5.4485	5.6452	5.9106

注：使い方は付表 2-1 に同じである．

（吉田　実：畜産を中心とする実験計画法，養賢堂，1978 より抜粋）

付　　表

付表 3-1　SI 基本単位

基本量		SI 基本単位	
名前	記号	名前	記号
長さ	l, x, r など	メートル	m
質量	m	キログラム	kg
時間	t	セカンド	s
電流	I, i	アンペア	A
熱力学的温度	T	ケルビン	K
物質量	n	モル	mol
光度	I_v	カンデラ	cd

注：The International System of Units (SI) 8th edition (BIPM, 2006)に準拠.

付表 3-2　SI 接頭語

乗数	名前	記号	乗数	名前	記号
10^1	デカ	da	10^{-1}	デシ	d
10^2	ヘクト	h	10^{-2}	センチ	c
10^3	キロ	k	10^{-3}	ミリ	m
10^6	メガ	M	10^{-6}	マイクロ	μ
10^9	ギガ	G	10^{-9}	ナノ	n
10^{12}	テラ	T	10^{-12}	ピコ	p
10^{15}	ペタ	P	10^{-15}	フェムト	f
10^{18}	エクサ	E	10^{-18}	アト	a
10^{21}	ゼタ	Z	10^{-21}	ゼプト	z
10^{24}	ヨタ	Y	10^{-24}	ヨクト	y

注：The International System of Units (SI) 8th edition (BIPM, 2006)に準拠.

付表 3-3　固有の名前と記号をもつ SI 組立単位

組立量	名前	記号	他の単位による表現	SI 単位による表現
平面角	ラジアン	rad	1	m/m
立体角	ステラジアン	sr	1	m^2/m^2
周波数	ヘルツ	Hz		s^{-1}
力	ニュートン	N		$m\ kg\ s^{-2}$
圧力・応力	パスカル	Pa	N/m^2	$m^{-1}\ kg\ s^{-2}$
エネルギー・仕事・熱量	ジュール	J	N m	$m^2\ kg\ s^{-2}$
仕事率・放射束	ワット	W	J/s	$m^2\ kg\ s^{-3}$
電荷・電気量	クーロン	C		s A
電位差（電圧）・起電力	ボルト	V	W/A	$m^2\ kg\ s^{-3}\ A^{-1}$
静電容量	ファラド	F	C/V	$m^{-2}\ kg^{-1}\ s^4\ A^2$
電気抵抗	オーム	Ω	V/A	$m^2\ kg\ s^{-3}\ A^{-2}$
コンダクタンス	ジーメンス	S	A/V	$m^{-2}\ kg^{-1}\ s^3\ A^2$
磁束	ウェーバ	Wb	V s	$m^2\ kg\ s^{-2}\ A^{-1}$
磁束密度	テスラ	T	Wb/m^2	$kg\ s^{-2}\ A^{-1}$
インダクタンス	ヘンリー	H	Wb/A	$m^2\ kg\ s^{-2}\ A^{-2}$
セルシウス温度	セルシウス度	℃		K
光束	ルーメン	lm	cd sr	cd
照度	ルクス	lx	lm/m^2	$m^{-2}\ cd$
放射能	ベクレル	Bq		s^{-1}
吸収線量	グレイ	Gy	J/kg	$m^2\ s^{-2}$
線量当量	シーベルト	Sv	J/kg	$m^2\ s^{-2}$
酵素活性	カタール	kat		$s^{-1}\ mol$

注：The International System of Units (SI) 8th edition (BIPM, 2006)に準拠.

付表4　分析用濾紙の折り方（アドバンテック東洋（株）カタログより転載）

■四つ折り
　沈殿物の回収などを目的とするときに使用します．
(1) 円形の濾紙を図①のように中心線に沿って，二つ折りにします．
(2) 図②のように，直角よりやや傾けて四つ折りにします．
(3) 漏斗にのせる前に，図③のように濾紙の端を少しちぎっておきます．こうすると，漏斗と濾紙の密着がさらによくなります．
(4) 大きいほうを円錐形に開いて，漏斗にのせます．なお，漏斗は，濾紙より数 mm 程度，深いものを使用します．濾過のはじめに原液で徐々に湿らせ，漏斗に密着させます．その後，ガラス棒などを伝わらせながら試料を注ぎます．

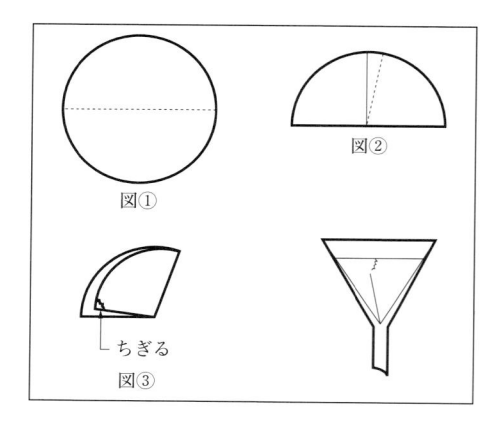

■ひだ折り
　試料の量が多く，かつ濾液のみを必要とする場合，濾過速度を速くするときに使用します．
　なお，何度も濾紙を折りこむと，中心部が裂けやすくなる場合があるため，折り目をつけるときに中心部を強く押さえつけず，縁のほうから中心に向かって形を決めるようにし，中心部がややふっくらと丸味をもつ程度に仕上げてください．
　また，濾紙を2枚以上重ねて折りますと中心部が破れるおそれがありますので，1枚ずつ折ってください．
(1) 濾紙を図④の中心線（a～b）で二つ折りにし，さらに（c～o）で四つ折りにして，折り目をつけます（写真1）．
　このとき，中心部は，強く折らないでください．
(2) 二つ折りに戻して，a, bをそれぞれcに合わせて折り目（d, e）をつけます（写真2）．このとき，中心部は，強く折らないでください．
(3) 同様にaをdに，dをcに，bをeに，eをcにそれぞれ合わせて折り目（f, g, h, i）をつけます（写真3）．このとき，中心部は，強く折らないでください．
(4) 二つ折りに戻して，折り面を上にし，左右から各々の山折りの間に谷折りを折りたたみながら重ねていきます（写真4, 5）．
(5) 折り終わったら，漏斗の上にのせます（写真6）．

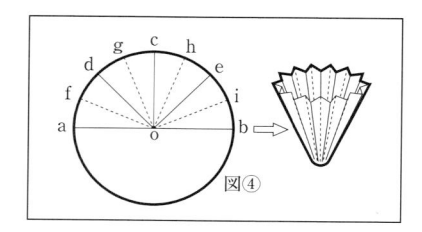

図①

図②

ちぎる
図③

図④

写真1 　　写真2 　　写真3

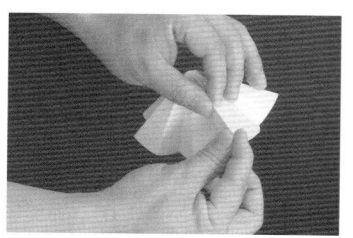

写真4 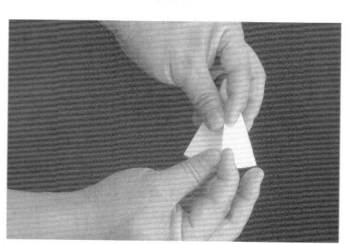　　写真5 　　写真6

付表5 おもな有機溶剤等の性状

名　称	沸　点 〔℃〕	比　重 d^{20}	水に対する溶解度 〔g/100 ml〕	引　火 危険度	毒　性 吸収	毒　性 皮膚	乾燥剤[*] (乾燥法)
アセトニトリル[***]	80	0.78	∞	大	中	大	2, 4, 7
アセトン	56	0.79	∞	大	大	大	2, 3, 7
イソプロパノール	82	0.78	∞	大	中	なし	5, 7
エタノール	78	0.80	∞	大	中	小	5, 7
エチルエーテル	35	0.71	7.5	特大	小	中	2, 1, 8
塩化メチレン[**]	40	1.33	2	なし	大	中	2, 8
クロロホルム[**]	61	1.49	1.0	なし	大	なし	2, 4, 8
酢酸[***]	118	1.05	∞	中	中	大	4, 10
酢酸エチル	77	0.90	8.6	大	中	中	3, 4, 7
ジオキサン[**]	101	1.03	∞	大	中	中	2, 1, 8
四塩化炭素[**]	77	1.59	0.08	なし	大	小	2, 4, 8, 9
シクロヘキサノン	155	0.95	5	大	大	中	2, 3
石油エーテル	35〜60	0.64	不溶	特大	中	小	1
テトラヒドロフラン	66	0.89	∞	大	大	中	6, 1
トルエン	111	0.86	0.047	大	中	小	1, 2, 8, 9
二硫化炭素	45	1.27	0.2	特大	大	大	2, 4
ヘキサン	68	0.66	不溶	大	小	なし	1
ベンゼン[****]	80	0.88	0.08	大	中	中	2, 1, 8
無水酢酸[***]	140	1.08	13.1	中	中	大	2
メタノール	65	0.79	∞	大	中	中	2, 5, 7
リグロイン[****]	60〜90	0.67	不溶	大	中	小	1

[*] 1. Na (Na-Pb 合金：ドライナップ，ドライソーダ)，2. CaCl$_2$，3. K$_2$CO$_3$，4. P$_2$O$_5$，5. CaO，6. KOH，7. モレキュラーシーブ 3A，8. 同 4A，9. 蒸留，10. 再結晶.
[**] 特別有機溶剤.
[***] 名称等を通知すべき危険物及び有害物.
[****] 特定化学物質 第2類物質.
(化学同人編集部編：続 実験を安全に行うために—基本操作・基本測定編 第4版，化学同人，2017 より作成)

付表6　プラスチックの耐薬性（可塑剤を含まないもの）

薬品名	シリコンゴム (Si)	ポリ塩化ビニル・軟質 (PVC)	ポリ塩化ビニル・硬質 (PVC)	ポリスチレン (PS)	ポリエチレン (PE)	ポリプロピレン (PP)	アクリル (MA)	テフロン (PTFE)	メチルペンテン (PMP TPX)
硫酸 (30%)	—	○	◎	○	◎	◎	○	◎	◎
硫酸 (98%)	×	×	△	×	△	△	×	◎	◎
塩酸 (38%)	×	△	◎	—	◎	◎	×	◎	◎
硝酸 (30%)	—	△	◎	×	◎	◎	×	◎	◎
硝酸 (61.3%)	○	×	○	×	△	△	—	◎	△
リン酸 (50%)	◎	△	◎	○	◎	◎	○	◎	◎
リン酸 (75%)	—	×	△	—	○	○	—	◎	◎
クロム酸 (10%)	△	△	◎	△	△	△	×	◎	△
クロム酸 (25%)	△	×	○	△	×	×	×	◎	△
ギ酸 (25%)	○	△	○	○	◎	◎	—	◎	○
ギ酸 (90%)	○	×	△	×	○	○	×	◎	△
酢酸 (100%)	○	×	×	×	△	△	—	◎	△
無水酢酸	△	×	△	△	△	○	—	◎	—
アンモニア水 (28%)	◎	△	△	△	◎	◎	○	◎	◎
水酸化ナトリウム (30%)	×	△	◎	△	◎	◎	×	◎	△
水酸化カリウム	◎	△	◎	△	◎	◎	×	◎	◎
石けん液	◎	○	◎	○	◎	◎	△	◎	◎
塩水	◎	○	◎	○	◎	◎	○	◎	○
過酸化水素 (5%)	◎	△	◎	○	◎	◎	○	◎	○
過酸化水素 (30%)	◎	△	◎	—	○	○	△	◎	△
n-ヘキサン	○	×	◎	×	△	△	△	◎	×
ベンジン	×	×	◎	×	×	△	△	◎	△
ケロシン	×	×	○	×	×	△	×	◎	×
植物油	△	△	◎	○	◎	○	△	◎	○
テレビン油	△	△	○	×	△	△	×	◎	—
メタノール	◎	○	◎	○	◎	◎	×	◎	○
エタノール	○	△	○	△	◎	○	×	◎	○
2-プロパノール	○	△	○	△	◎	○	—	◎	○
エチレングリコール	○	○	◎	△	◎	◎	—	◎	◎
グリセリン	×	△	◎	○	◎	◎	—	◎	○
ジエチルエーテル	△	×	×	×	△	△	×	◎	×
ジオキサン	○	△	×	×	×	×	—	—	—
アセトン	△	△	×	×	△	△	×	◎	△
酢酸エチル	△	×	×	×	△	△	×	◎	△
酢酸ブチル	×	×	×	×	×	×	×	—	×
クロロホルム	△	×	×	×	×	×	×	◎	×
四塩化炭素	×	×	×	×	×	×	×	◎	×
1,2-ジクロロエタン	△	×	×	×	△	△	×	◎	△
トリクロロエチレン	×	×	×	×	×	×	×	—	×
ジメチルホルムアミド	◎	△	×	×	△	△	×	◎	○
二硫化炭素	△	×	×	×	×	×	×	◎	△
ベンゼン	△	×	×	×	△	△	×	◎	×
トルエン	×	×	×	×	△	△	×	◎	×
キシレン	×	×	×	×	×	×	×	◎	△
フェノール	◎	○	◎	—	○	○	△	◎	△
クレゾール	○	◎	◎	×	○	○	△	◎	—
アニリン	○	△	×	×	△	○	×	◎	○
ニトロベンゼン	×	×	×	×	△	△	×	◎	×
クロロベンゼン	△	×	×	×	×	×	×	◎	×
ピリジン	△	×	×	—	△	△	×	◎	—

注1）：◎全く、あるいはほとんど影響なし、○ほとんど影響なし、△多少影響あり、×影響あり、—データなし。
注2）：素材と試験法によって結果が変わるので、おおよその傾向を示したものである。
(pla.com 耐薬ゼミ（http://www.sanplatec.co.jp/chemical.asp）より作成)

付表 7-1　危険な物質と有害な物質の区分と関係法令

分類		特徴	関係法令
危険な物質	危険物	発火，引火，起爆しやすく，火災，爆発を起こすおそれがある液体や固体．	消防法，火薬類取締法，労働安全衛生法施行令
	高圧ガス	加圧，液化などして取り扱われ，急激な体積膨張のおそれのある気体．火災，爆発，または中毒，酸欠を起こすおそれがあるもの．	高圧ガス保安法，労働安全衛生法施行令
有害な物質	有害物質	強い毒性があり，急性中毒を示すものから，弱い毒性ながら，長期にわたり摂取し続けると，健康障害を起こすおそれがあるものまで，広く人の健康に有害なもの．	毒物および劇物取締法，労働安全衛生法関係諸規則（有機則，特化則，鉛則，四エチル鉛則，石綿則，粉じん則）
	環境汚染物質	環境に排出すると，人の健康や生態系に著しい影響を与えるおそれがあるもの．	公害環境関係諸法令

（化学同人編集部編：第8版 実験を安全に行うために，化学同人，2017 より作成）

付表 7-2　消防法による危険物分類の概略

第1類　酸化性固体
加熱・衝撃で分解し酸素を出して燃焼を促進する．
品名：塩素酸塩類，過塩素酸塩類，無機過酸化物，亜塩素酸塩類，臭素酸塩類，硝酸塩類，ヨウ素酸塩類，過マンガン酸塩類，重クロム酸塩類，他

第2類　可燃性固体
比較的低温で着火し，速やかに燃焼拡大する．
品名：硫化リン，赤リン，硫黄，鉄粉，金属粉，マグネシウム，引火性固体（固形アルコール等），他

第3類　自然発火性物質及び禁水性物質
常温で，または水と反応して発火，もしくは可燃性ガスを発生する．
品名：カリウム，ナトリウム，アルキルアルミニウム，アルキルリチウム，黄リン，アルカリ金属/アルカリ土類金属，有機金属化合物，金属の水素化物，金属のリン化物，CaまたはAlの炭化物，他

第4類　引火性液体
可燃性の蒸気を発生し，火源により発火する．
品名：特殊引火物（エーテル，アセトアルデヒド等），第一石油類（ガソリン，酢酸エチル，ベンゼン，アセトン等），アルコール類（メタノール〜プロパノール等），第二石油類（灯油，軽油，酢酸等）第三石油類（重油等），第四石油類（機械油等），動植物油類

第5類　自己反応性物質
加熱・衝撃等により分解，発火しやすい．
品名：有機過酸化物，硝酸エステル類，ニトロ化合物，ニトロソ化合物，アゾ化合物，ジアゾ化合物，ヒドラジンの誘導体，他

第6類　酸化性液体
加熱等で分解し，酸素を出して燃焼を促進する．
品名：過塩素酸，過酸化水素，硝酸，他

注1）：各品名ごとに危険度は異なる．同等の危険度をもつ量を品名ごとに kg あるいは *l* 単位で示した基準として指定数量が定められている．本表では省略するが，指定数量の数字が小さいほどその品名の危険度は高い．

注2）：ある物品がどのような危険物であるか不明の場合，最終的には，定められた試験を行ってその物品が一定以上の性状を示すかどうかで判定する．

付表 7-3　SDS 記載内容

1. 化学品及び会社情報	9. 物理的及び化学的性質
2. 危険有害性の要約*	10. 安定性及び反応性
3. 組成及び成分情報	11. 有害性情報
4. 応急措置	12. 環境影響情報
5. 火災時の措置	13. 廃棄上の注意
6. 漏出時の措置	14. 輸送上の注意
7. 取扱い及び保管上の注意	15. 適用法令
8. ばく露防止及び保護措置	16. その他の情報

*：付表 7-4 を参照のこと．
注：JIS Z 7253「GHSに基づく化学品の危険有害性情報の伝達方法—ラベル，作業場内の表示及び安全データシート（SDS）」に基づく．
GHS：Globally Harmonized System of Classification and Labelling of Chemicals

付表7-4 危険有害性を表す絵表示

(a) 物理化学的危険性

絵表示	💥	🔥	⭕🔥	🛢
概要	・火薬類 ・自己反応性化学品 ・有機過酸化物	・可燃性・引火性ガス ・可燃性・引火性エアゾール ・引火性液体 ・可燃性固体 ・自己反応性化学品 ・自然発火性液体 ・自然発火性固体 ・自己発熱性化学品 ・水反応可燃性化学品 ・有機過酸化物	・支燃性・酸化性ガス ・酸化性液体 ・酸化性固体	・高圧ガス

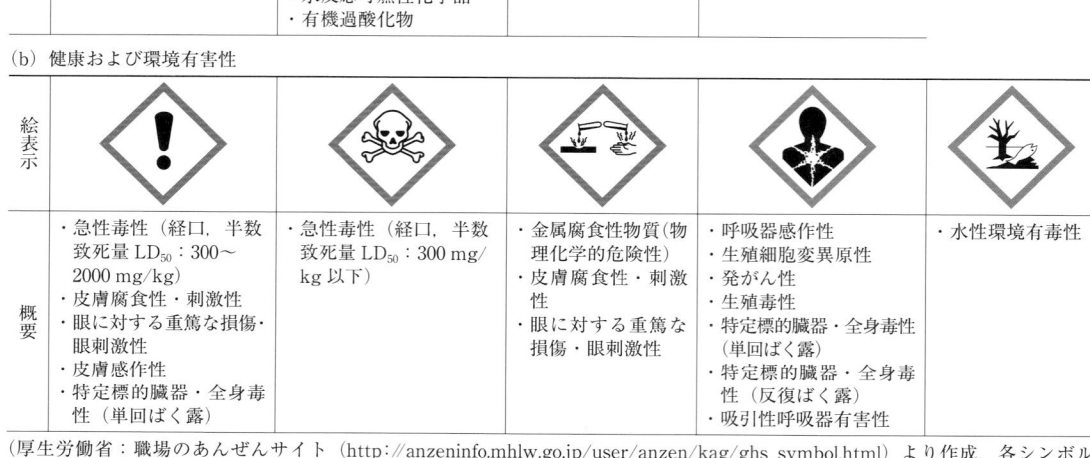

(b) 健康および環境有害性

絵表示	!	☠	🧪	👤	🌲🐟
概要	・急性毒性（経口、半数致死量 LD_{50}：300～2000 mg/kg） ・皮膚腐食性・刺激性 ・眼に対する重篤な損傷・眼刺激性 ・皮膚感作性 ・特定標的臓器・全身毒性（単回ばく露）	・急性毒性（経口、半数致死量 LD_{50}：300 mg/kg 以下）	・金属腐食性物質(物理化学的危険性) ・皮膚腐食性・刺激性 ・眼に対する重篤な損傷・眼刺激性	・呼吸器感作性 ・生殖細胞変異原性 ・発がん性 ・生殖毒性 ・特定標的臓器・全身毒性（単回ばく露） ・特定標的臓器・全身毒性（反復ばく露） ・吸引性呼吸器有害性	・水性環境有毒性

（厚生労働省：職場のあんぜんサイト（http://anzeninfo.mhlw.go.jp/user/anzen/kag/ghs_symbol.html）より作成．各シンボルは UNECE の GHS pictograms（http://www.unece.org/trans/danger/publi/ghs/pictograms.html）より）．

付表7-5 大学で実験を行う際に関連する化学物質等の法令別管理指針（東京大学）

汚染防止・安全性確保のために管理・使用上の注意が必要な化学物質等に関する法令	各法令に基づいて必要な管理等 （東京大学で保管・使用する化学薬品・高圧ガスは東京大学薬品管理システム（UTCRIS）で管理している）
・毒物及び劇物取締法 ・労働安全衛生法（有機溶剤中毒予防規則〔有機則〕・特定化学物質等障害予防規則〔特化則〕） ・消防法 ・特定化学物質の環境への排出量の把握等及び管理の改善の促進に関する法律（化学物質排出把握管理促進法〔PRTR[*1]制度〕・〔(M) SDS 制度〕） ・都民の健康と安全を確保する環境に関する条例〔東京都環境確保条例〕 ・高圧ガス保安法 ・覚せい剤取締法 ・麻薬及び向精神薬取締法 ・薬事法 ・農薬取締法 ・放射性同位元素等による放射線障害の防止に関する法律 ・遺伝子組換え生物等の規制による生物の多様性の確保に関する法律〔カルタヘナ法〕 ・動物の愛護及び管理に関する法律	・毒物及び劇物取締法 　堅固な保管庫（施錠・耐震対策・転倒落下防止措置、医薬用外毒物・医薬用外劇物表示）を使用し他の化学物質とは分けて保管[*2]．使用ごとの在庫・使用量管理． ・労働安全衛生法（有機則・特化則） 　使用には局所排気装置等の曝露防止措置を講ずる．使用室にはラベル表示（第一種有機溶剤・第二種有機溶剤・第三種有機溶剤等）．作業環境測定の実施．使用ごとの在庫・使用量管理． ・消防法 　危険物はできるだけ危険物施設に入れて管理．在庫量の把握（保持量を抑える）．転倒防止．混触等を避ける措置．使用ごとの在庫・使用量管理． ・化学物質排出把握管理促進法（PRTR 制度）及び東京都環境確保条例 　該当物質の在庫量・購入量、使用量・放出量・廃棄量を把握．使用ごとの在庫・使用量管理． ・高圧ガス保安法 　在庫量（ボンベ単位）の把握等．二点固定措置．

[*1]: Pollutant Release and Transfer Register
[*2]: 東京大学では、医薬用外毒物・医薬用外劇物は別の保管庫に分けて管理．

付表8 ギリシャ文字

アルファ（alpha）	A α		ニュー（nu）	N ν	
ベータ（beta）	B β		グザイ（xi）	$\Xi\ \xi$	
ガンマ（gamma）	$\Gamma\ \gamma$		オミクロン（omicron）	O o	
デルタ（delta）	$\Delta\ \delta, \partial$		パイ（pi）	$\Pi\ \pi$	
イプシロン（epsilon）	E ε, ϵ		ロー（rho）	P ρ	
ゼータ（zeta）	Z ζ		シグマ（sigma）	$\Sigma\ \sigma$	
イータ（eta）	H η		タウ（tau）	T τ	
シータ（theta）	$\Theta\ \vartheta, \theta$		ウプシロン（upsilon）	$\Upsilon\ \upsilon$	
イオタ（iota）	I ι		ファイ（phi）	$\Phi\ \varphi, \phi$	
カッパ（kappa）	K κ		カイ（chi）	X χ	
ラムダ（lambda）	$\Lambda\ \lambda$		プサイ（psi）	$\Psi\ \psi$	
ミュー（mu）	M μ		オメガ（omega）	$\Omega\ \omega$	

（化学同人編集部編：続 実験を安全に行うために―基本操作・基本測定編 第4版，化学同人，2017 より作成）

付表9 各種緩衝液
（京都大学農学部農芸化学教室編：新改版 農芸化学実験書（増補）第2巻，産業図書，1965 より作成）

(a) Clark-Lubs 氏緩衝液

(1) フタル酸水素カリウム-HCl

1/5 M HCl〔ml〕	46.60	39.60	33.00	26.50	20.40	14.80	9.95	6.00	2.65
1/5 M フタル酸水素カリウム〔ml〕	50	50	50	50	50	50	50	50	50
pH（20℃）	2.2	2.4	2.6	2.8	3.0	3.2	3.4	3.6	3.8

注1）：フタル酸水素カリウムは，溶液1*l*中に40.844gの$C_6H_4(COOH)(COOK)$を含有する．
注2）：調製後，蒸留水を加えて全量を200m*l*とする．

(2) フタル酸水素カリウム-NaOH

1/5 M NaOH〔ml〕	0.40	3.65	7.35	12.00	17.50	23.65	29.75	35.25	39.70	43.10	45.40	47.00
1/5 M フタル酸水素カリウム〔ml〕	50	50	50	50	50	50	50	50	50	50	50	50
pH（20℃）	4.0	4.2	4.4	4.6	4.8	5.0	5.2	5.4	5.6	5.8	6.0	6.2

注1）：フタル酸水素カリウムは，(1)と同様である．
注2）：調製後，蒸留水を加えて全量を200m*l*とする．

(3) KH_2PO_4-NaOH

1/5 M NaOH〔ml〕	3.66	5.64	8.55	12.60	17.74	23.60	29.54	34.90	39.34	42.74	45.17	46.85
1/5 M KH_2PO_4〔ml〕	50	50	50	50	50	50	50	50	50	50	50	50
pH（20℃）	5.8	6.0	6.2	6.4	6.6	6.8	7.0	7.2	7.4	7.6	7.8	8.0

注：調製後，蒸留水を加えて全量を200m*l*とする．

(b) Sörensen 氏緩衝液

(1) クエン酸ナトリウム-HCl

1/10 M クエン酸ナトリウム〔ml〕	0.0	1.0	2.0	3.0	3.33	4.0	4.5	4.75	5.0	5.5	6.0	7.0	8.0	9.0	9.5	10.0
1/10 M HCl〔ml〕	10.0	9.0	8.0	7.0	6.67	6.0	5.5	5.25	5.0	4.5	4.0	3.0	2.0	1.0	0.5	0.0
pH	1.04	1.17	1.42	1.93	2.27	2.97	3.36	3.53	3.69	3.95	4.16	4.45	4.65	4.83	4.89	4.96

注：クエン酸ナトリウムは，クエン酸の結晶$C_3H_4(OH)(COOH)_3 \cdot H_2O$ 21.008gを200m*l*の1N NaOHに溶かし，蒸留水で1*l*にうすめて調製する．

(2) クエン酸ナトリウム-NaOH

1/10 M クエン酸ナトリウム〔ml〕	10.0	9.5	9.0	8.0	7.0	6.0	5.5	5.25
1/10 M NaOH〔ml〕	0.0	0.5	1.0	2.0	3.0	4.0	4.5	4.75
pH（20℃）	4.96	5.02	5.11	5.31	5.57	5.98	6.34	6.69

注：クエン酸ナトリウムの調製は(1)と同様に行う．

(3) リン酸塩

1/15 M Na_2HPO_4〔ml〕	0.25	0.5	1.0	2.0	3.0	4.0	5.0	6.0	7.0	8.0	9.0	9.5
1/15 M KH_2PO_4〔ml〕	9.75	9.5	9.0	8.0	7.0	6.0	5.0	4.0	3.0	2.0	1.0	0.5
pH	5.29	5.59	5.91	6.24	6.47	6.64	6.81	6.98	7.17	7.38	7.73	8.04

付表9 （つづき）

(4) $Na_2B_4O_7$-HCl

1/20 M $Na_2B_4O_7$ [ml]	5.25	5.5	5.75	6.0	6.5	7.0	7.5	8.0	8.5	9.0	9.5	10.0
1/10 M HCl [ml]	4.75	4.5	4.25	4.0	3.5	3.0	2.5	2.0	1.5	1.0	0.5	0.0
pH (20℃)	7.61	7.93	8.13	8.27	8.49	8.67	8.79	8.89	8.99	9.07	9.15	9.23

注：$Na_2B_4O_7$ の調製には，ホウ砂 $Na_2B_4O_7 \cdot 10H_2O$ 19.108 g を1 l の蒸留水に溶かす．もしくは，ホウ酸 H_3BO_3 12.404 g (1/5 M) を 100 ml の 1 N NaOH に溶かし，蒸留水で 1 l にうすめる．

(5) $Na_2B_4O_7$-NaOH

1/20 M $Na_2B_4O_7$ [ml]	10.0	9.0	8.0	7.0	6.0	5.0	4.0
1/10 M HCl [ml]	0.0	1.0	2.0	3.0	4.0	5.0	6.0
pH (22℃)	9.21	9.33	9.46	9.63	9.91	10.99	12.25
pH (37℃)	9.11	9.20	9.32	9.47	9.71	10.68	11.77

注：$Na_2B_4O_7$ の調製は，(4)と同様にして行う．

(c) Kolthoff 氏緩衝液

(1) クエン酸カリウム-HCl

1/10 M HCl [ml]	49.7	43.4	36.8	30.2	23.6	17.2	10.7	4.2
1/10 M クエン酸カリウム [ml]	50	50	50	50	50	50	50	50
pH (18℃)	2.2	2.4	2.6	2.8	3.0	3.2	3.4	3.6

注1）：クエン酸カリウムの調製には，クエン酸一カリウム $C_3H_4(OH)(COOH)_2(COOK) \cdot H_2O$ 24.8 g，もしくは無水クエン酸 $C_6H_7O_7K$ 23.0 g を蒸留水に溶かし，1 l とする．
注2）：緩衝液の調製後，蒸留水を加えて全量を 100 ml とする．

(2) クエン酸カリウム-NaOH

1/10 M NaOH [ml]	2.0	9.0	16.3	23.7	31.5	39.2	46.7	54.2	61.0	68.0	74.4	81.2
1/10 M クエン酸カリウム [ml]	50	50	50	50	50	50	50	50	50	50	50	50
pH (18℃)	3.8	4.0	4.2	4.4	4.6	4.8	5.0	5.2	5.4	5.6	5.8	6.0

注1）：クエン酸カリウムの調製は，(1)と同様にして行う．
注2）：緩衝液の調製後，100 ml に満たないものは蒸留水を加えて全量を 100 ml とする．

(3) クエン酸カリウム-クエン酸

1/10 M クエン酸 [ml]	9.11	8.15	7.15	5.96	4.64	3.16	1.80	0.43
1/10 M クエン酸カリウム [ml]	0.89	1.85	2.85	4.04	5.36	6.84	8.20	9.57
pH (18℃)	2.2	2.4	2.6	2.8	3.0	3.2	3.4	3.6

注1）：クエン酸の調製には，結晶の $C_3H_4(OH)(COOH)_3 \cdot H_2O$ 21.0 g を蒸留水に溶かし，1 l とする．
注2）：クエン酸カリウムの調製は，(1)と同様にして行う．

(4) Na_2HPO_4-NaOH

1/10 M NaOH [ml]	8.26	12.00	17.34	24.50	33.3	43.2
1/10 M Na_2HPO_4 [ml]	50	50	50	50	50	50
pH (18℃)	11.0	11.2	11.4	11.6	11.8	12.0

注：調製後，蒸留水を加えて全量を 100 ml とする．

(d) Walpole 氏酢酸塩緩衝液

(1) 酢酸ナトリウム-HCl

1 M HCl [ml]	100	90	80	70	65	60	55	53.5	52.5	51.0	50.0	49.75
1 M 酢酸ナトリウム [ml]	50	50	50	50	50	50	50	50	50	50	50	50
pH	0.65	0.75	0.91	1.09	1.24	1.42	1.71	1.85	1.99	2.32	2.64	2.72

1 M HCl [ml]	48.5	47.5	46.25	45.0	42.5	40.0	35.0	30.0	25.0	20.0	15.0	10.0
1 M 酢酸ナトリウム [ml]	50	50	50	50	50	50	50	50	50	50	50	50
pH	3.09	3.29	3.49	3.61	3.79	3.95	4.19	4.39	4.58	4.76	4.95	5.20

注：調製後，蒸留水を加えて全量を 250 ml とする．

付表9 (つづき)

(2) 酢酸ナトリウム-酢酸

1/5 M 酢酸〔ml〕	18.5	17.6	16.4	14.7	12.6	10.2	8.0	5.9	4.2	2.9	1.9
1/5 M 酢酸ナトリウム〔ml〕	1.5	2.4	3.6	5.3	7.4	9.8	12.0	14.1	15.8	17.1	18.1
pH (18℃)	3.6	3.8	4.0	4.2	4.4	4.6	4.8	5.0	5.2	5.4	5.6

(e) Michaelis 氏ベロナール緩衝液

1/10 M ベロナールナトリウム〔ml〕	5.22	5.36	5.54	5.81	6.15	6.62	7.16	7.69	8.23	8.71	9.08	9.36	9.52	9.74	9.85
1/10 M HCl〔ml〕	4.78	4.64	4.46	4.19	3.85	3.38	2.84	2.31	1.77	1.29	0.92	0.64	0.48	0.26	0.15
pH (25℃)	6.80	7.00	7.20	7.40	7.60	7.80	8.00	8.20	8.40	8.60	8.80	9.00	9.20	9.40	9.60

注:ベロナールナトリウムは,5,5-ジエチルバルビツール酸ナトリウム,バルビタールナトリウムとも呼ばれる. $C_8H_{11}N_2O_3Na$(分子量 206.17) 10.30 g を, CO_2 を抜いた蒸留水に溶かし,500 ml に調製する.

(f) その他の緩衝液

(1) NH_4OH-NH_4Cl

1/10 M NH_4Cl〔ml〕	32.0	16.0	8.0	4.0	2.0	1.0	1.0	1.0	1.0	1.0	1.0
1/10 M NH_4OH〔ml〕	1.0	1.0	1.0	1.0	1.0	1.0	2.0	4.0	8.0	16.0	32.0
pH	8.0	8.3	8.58	8.89	9.19	9.5	9.8	10.1	10.4	10.7	11.0

(2) Na_2CO_3-$NaHCO_3$

1/5 M Na_2CO_3〔ml〕	4	7.5	9.5	13.0	16.0	19.5	22.0	25.0	27.5	30.0	33.0	35.5	38.5	40.5	42.5	45.0
1/5 M $NaHCO_3$〔ml〕	46.0	42.5	40.5	37.0	34.0	30.5	28.0	25.0	22.5	20.0	17.0	14.5	11.5	9.5	7.5	5.0
pH	9.2	9.3	9.4	9.5	9.6	9.7	9.8	9.9	10.0	10.1	10.2	10.3	10.4	10.5	10.6	10.7

注:調製後,蒸留水を加えて全量を 200 ml とする.

(3) Tris-HCl 緩衝液

1/5 M Tris〔ml〕	25.0	25.0	25.0	25.0	25.0	25.0	25.0	25.0	25.0	25.0	25.0	25.0	25.0	25.0	25.0	25.0
1/10 M HCl〔ml〕	45.0	42.5	40.0	37.5	35.0	32.5	30.0	27.5	25.0	22.5	20.0	17.5	15.0	12.5	10.0	7.5	5.0
pH (23℃)	7.20	7.36	7.54	7.66	7.77	7.87	7.96	8.05	8.14	8.23	8.32	8.40	8.50	8.62	8.74	8.92	9.10
pH (37℃)	7.05	7.22	7.40	7.52	7.63	7.73	7.82	7.90	8.00	8.10	8.18	8.27	8.37	8.48	8.60	8.78	8.95

注1):Tris はトリス(ヒドロキシメチル)アミノメタンの通称. $C_4H_{11}NO_3$ 2.43 g を蒸留水に溶かし,100 ml に調製する.
注2):緩衝液の調製後,蒸留水を加えて全量を 100 ml とする.

(4) リン酸塩

1/5 M NaH_2PO_4〔ml〕	93.5	92.0	90.0	87.7	85.0	81.5	77.5	73.5	68.5	62.5	56.5	51.0
1/5 M Na_2HPO_4〔ml〕	6.5	8.0	10.0	12.3	15.0	18.5	22.5	26.5	31.5	37.5	43.5	49.0
pH	5.7	5.8	5.9	6.0	6.1	6.2	6.3	6.4	6.5	6.6	6.7	6.8

1/5 M NaH_2PO_4〔ml〕	45.0	39.0	33.0	28.0	23.0	19.0	16.0	13.0	10.5	8.5	7.0	5.3
1/5 M Na_2HPO_4〔ml〕	55.0	61.0	67.0	72.0	77.0	81.0	84.0	87.0	89.5	91.5	93.0	94.7
pH	6.9	7.0	7.1	7.2	7.3	7.4	7.5	7.6	7.7	7.8	7.9	8.0

注:調製後,蒸留水を加えて全量を 200 ml とする.

索　引

あ　行

アイソクラティック溶出　72
アーキア　176
アクチノバクテリア門　179
アクチノミセス目　179
アクラシン　187
アグロバクテリウム　220
アジュゴース　129
亜硝酸態窒素　139
アスコルビン酸　125
アナモルフ　181, 183
アニリド誘導体　97
アフィニティクロマトグラフィー　138
アフィニティタグ　138
アブシジン酸　101, 223
アミノ酸　146
　　──の保存度　152
アミノ酸自動分析　241
アミノ酸配列分析　147
アミノ酸必要量　228
アミノ酸分析　146
アミノ酸分析計　146
2-アミノベンズアミド化　119
アミラーゼ　207
アミン　92
　　──の誘導体　97
亜硫酸酸化法　212
アルカリホスファターゼ　151, 160, 196
アルコール　92, 165
　　──の誘導体　95
アルミキャップ　164
アルミナ　63
アレニウスの式　156
アレニウスプロット　156
アンスロン硫酸法　118
安全キャビネット　166
安定同位体　245
アントシアニン　126
アンモニア態窒素　139
アンモニウム態窒素　45

イオン交換クロマトグラフィー　135
イオン交換体　135
イオンサイクロトロン共鳴型　76
易還元性マンガン　44
異常分散法　149
位相差顕微鏡　25, 238

一次配列　151
イネ　217
イネ馬鹿苗病菌　101
イメージングプレート　253
イメージングプレート法　252
陰イオン交換クロマトグラフィー　159
インドフェノールブルー吸光光度法
　　45

ウエスタンブロット　143
ウエスタンブロット法　222
ウェルチの検定　19
ウォークリー・ブラック法　44
ウシ胎児血清　237
運動性胞子　180

栄養試験法　231
3′→5′エキソヌクレアーゼ活性　200
液体クロマトグラフィー　71
液体シンチレーションカウンター　249
液体培養　172
液内培養法　173
エステル化反応　113
エタノール　106
エチルマロン酸ジエチル　108
エチレンジアミン四酢酸　31
エドマン分解法　147
エラーバー　15
エリオクロムブラックT　31
エレクトロスプレー法　76
エレクトロポレーション法　221
遠心分離　175
塩析　133, 159
塩素系漂白剤　165
エンドキャップ処理　73
円偏光二色性　87

オキシム誘導体　95
オキシン　33
オーキシン　101
オクタデシルシリカ　73
オスバン　165
汚染　247
オートクレーブ　164
オートラジオグラフィ　197, 252
オリゴ糖　116
オルガネラ　224
温度感受性変異株　200

か　行

ガイガーカウンター　248
ガイガーミュラー管　247
回帰直線　16
開口数　23
開腹手術　241
解離定数　64
ガウス分布　12
火炎滅菌　164, 167
化学イオン化法　76
化学シフト　81
化学物質安全データシート　2
核オーバーハウザー効果　85
核酸　190
核酸誘導体　194
核磁気共鳴スペクトル　75
核磁気共鳴法　80
核種　245
学生教育研究災害傷害保険　2
隔壁　183
確率密度分布　11
カザミノ酸　170
過酸化物価　122
過酸酸化　110
可視・紫外吸収スペクトル　79
加水酸度　49
加水分解　146
春日井氏液　219
ガスクロマトグラフィー　56, 69, 118,
　　121
カゼイン　228
片側検定　18
カタボライトリプレッション　201
かたより　21
家畜　230
活性酸化物　43
活性炭　63
合併分散　17
褐変色素　126
カバーガラス　188
過マンガン酸滴定　31
可溶無窒素物量　299
β-ガラクトシダーゼ　201
カラムクロマトグラフィー　57, 71, 121
カラム法　135
カルシフェロール　124
カルス　222

カルタヘナ議定書　194
カルタヘナ法　194
カルボニル　92
カルボニル化合物の誘導体　95
カルボン酸　92
　　──の誘導体　97
カロテノイド　127
カロテノイド系色素　126
β-カロテン　123
簡易滴定法　44
還元炎　4
還元層　55
乾式灰化法　34
完全世代　181, 183
完全培地　169
乾燥剤　105
寒天　170
乾熱滅菌　164
管理区域　246
緩和　80

キイロタマホコリカビ　187
機械的鏡筒長　23
危険物　2
危険率　18
希釈平板法　207
希少放線菌　179
輝尽性蛍光発光　252
輝尽性発光　252
気中菌糸　179
基底菌糸　179
規定度　9
擬分子イオン　75
帰無仮説　17
木村氏液　219
逆浸透　134
逆性石けん　165
逆相　73
逆転写酵素　196
吸引濾過　105
求核置換　113
吸光光度法　21
給餌　231
給水　231
吸着クロマトグラフィー　64
競合阻害　155
凝縮　65
共焦点レーザースキャン顕微鏡　27
強制摂取法　232
強熱損失　44
共変動　15
共鳴周波数　80
共役酸　64
局所麻酔　233
極大吸収　79
虚像　23
寄与率　16
近交系　230

菌糸　183
筋肉投与法　233

グアニジン酸チオシアネート　191
クエリ　256
クエンチング　250
組換えDNA実験指針　194
クモノスカビ　185
グライコブロッティング法　119
グラディエント溶出　72
グラファイト炉　34
グラム染色　189
クリスタルバイオレット液　189
β-クリプトキサンチン　123
クリーンベンチ　166, 236
グルコースオキシダーゼ　118
グルタミン酸発酵　212
グレイ　245
グルコースデヒドロゲナーゼ　118
クロマトグラフィー　57
クロム酸酸化　110
クロルヘキシジン　165
クロロフィル　126

蛍光　79
蛍光検出器　74
蛍光顕微鏡　26
経口投与法　232
形質転換　203
形質転換効率　203
形質転換頻度　203
計数効率　250
系統誤差　15
血球計算盤　27, 208, 238
血漿アミノ酸　243
結像レンズ　23
決定係数　16
ケーラー照明　23
ケルダール法　139, 240
ゲル濾過クロマトグラフィー　136, 157, 159
けん化　129
限外濾過　134
けん化値　122
原子吸光分析法　34, 36
原生粘菌　187
検定公差　9

高圧蒸気滅菌　164
恒温器　171
光学顕微鏡　22
光学的鏡筒長　23
光学分割　58
交換酸度　49
交換性陽イオン　48
孔隙率　52
麹菌　184, 205
高磁場　81

合成培地　169
抗生物質　170, 178, 211
酵素　153
構造解析　90
高速液体クロマトグラフィー　72, 119, 121
高速原子衝撃法　76
酵素法　215
酵素免疫測定法　144, 236
好熱菌　159
高分解能マススペクトル　77
酵母　181, 204
酵母エキス　170
向流分配　60
呼吸試験法　235
誤差自由度　19
誤差分散　19
固体抽出　58
固体培養　172
コットン効果　87
固定化金属アフィニティクロマトグラフィー　138
コバラミン　125
コロナ荷電化粒子検出器　121
コロニー　163
コロニー計数法　174
コロニー形成単位　174
コンタミネーション　163
コンデンサーレンズ　23
コンピテントセル　203
コンベンショナル動物　230

さ　行

細菌　175
　　──の運動性　189
採血　233
再結晶　88, 92
細砂の測定　51
最小2乗法　16
最少培地　169
最大容水量　52
サイトカイニン　101
採土器　42
採尿　233, 241
最頻値　13
採糞　233, 241
細胞性粘菌　186, 208
細胞の継代　238
坂口フラスコ　173
酢酸リチウム法　204
錯滴定　31
砂耕　217
サザンハイブリダイゼーション法　197
作動距離　23, 27
サフラニン液　189
サーベイメータ　254
酸塩基滴定　30

索引

酸価　122
酸化炎　4
酸化還元滴定　30
酸化還元電位　48
酸化還元電位測定　54
酸化層　55
酸化鉄　43
産業微生物　178
三者接合法　221
酸素移動　211
酸素移動容量係数　212
酸素吸収速度係数　212
酸素吸収能　53
酸素供給　172
サンドウィッチ法　144
サンプリング　214

ジアシルグリセロリン脂質　121
ジエチルエーテル　106
ジエチルジチオカルバミン酸　32
紫外吸光法　141
紫外吸収スペクトル　192
紫外線吸収検出器　74
紫外線ランプ　166
時間給与法　232
磁気回転比　80
色素　126
シクロヘキサノール　111
シクロヘキサノン　110
シクロヘキサン-trans-1,2-ジオール　110
シクロヘキセン　111
シーケンス解析　198
示差屈折率検出器　74
脂質　119, 229
四重極型　76
糸状菌　183
失活　155
実験動物　230
実効線量　246
湿式灰化法　35
湿潤土　43
実像　23
実体顕微鏡　27
質量スペクトル　75
質量分析　122
質量分析計　75
質量分析法　75
2,4-ジニトロクロロベンゼン　112
2,4-ジニトロフェニルヒドラジン　113
2,4-ジニトロフェニルヒドラゾン誘導体　95
3,5-ジニトロベンゾエート誘導体　95
子嚢菌門　183
子嚢胞子　183
磁場セクター型　76
四分法　229
シーベルト　245

ジベレリン　74, 101, 226
脂肪　119
脂肪酸　129
　──のエステル化　130
脂肪族置換反応　113
ジメチルスルホキシド　107
ジメチルフェニルカルビノール　108
指紋領域　79
ジャケット　213
ジャーファーメンター　173, 211, 213
遮へい　82
斜面培地　169
斜面培養　172
臭化エチジウム　191
重原子同形置換法　149
収差　24
シュウ酸ジエチル　113
重水素化溶媒　81
自由摂取法　231
自由度　17
自由誘導減衰　80
収率　106
重量分析　29
順次希釈液　168
純粋分離　207
順相　73
昇華　65
消化試験法　234
昇華法　67
蒸気圧　65
硝酸-過塩素酸分解法　43
硝酸態窒素　46, 139
脂溶性ビタミン　122
焦点深度　23
少糖類　128
衝突誘起解離法　76
蒸発　65
蒸発光散乱検出器　74
正味タンパク質効率　234, 243
正味タンパク質利用率　235, 243
静脈内投与法　233
蒸留　45
植菌法　167
植物生長調節物質　100
植物ホルモン　74, 100
初速度　156
初留　65
シラノール基　73
シリカゲル　62
シリカゲルカラムクロマトグラフィー　100
シリコセン　164
試料　229
飼料　227
飼料効率　234, 243
飼料要求率　234
シルト・粘土の定量　51
シロイヌナズナ　217

真菌類　181, 183
真正粘菌　186
心臓採血　241
シンチレーション　248
シンチレーター　248
真度　20
振とう培養法　172
真の消化率　234, 243
信頼区間　14
信頼水準　14
信頼性　21
信頼度　14

水耕法　218
水準数　19
水蒸気蒸留　67, 140, 240
水素炎検出器　71
水素化アルミニウムリチウム還元　111
水素化ホウ素ナトリウム還元　111
出納試験法　234
水溶性タンパク質　151
水溶性ビタミン　124
スクリーニング　168
スクロース　128
スタキオース　128
スチューデント化された範囲　19
スチューデントの t 検定　18
ステロイド　121
β ストランド　152
ストレプトマイシン　211
スピン系　150
スピン結合　150
スピン結合定数　83
スピン-スピン結合　83
スフィンゴミエリン　121
スプレッダー　168
スライドガラス　188

正確さ　20
精確さ　20
生活環　163
正規表現　261
正規分布　12
制限給餌　241
制限酵素　196
静置培養法　172
成長試験法　234
精度　20
生物価　235, 243
生物検定系　100
生物検定法　100
生物特異的相互作用　138
精密濾過　134
生理活性物質　100
赤外スペクトル分析　122
赤外線吸収スペクトル　77
接眼ミクロメーター　28
接眼レンズ　22

接合型 206
接合胞子 185
絶対誤差 15
セミカルバゾン 96
セライト 102
繊維 229
全孔隙率 52
旋光度 87
旋光分散曲線 87
穿刺培養 172
全身麻酔 233
全炭素含量 44
全窒素 45

相関係数 15
臓器採取 233, 242
相対誤差 15
相同組換え 187
相同性 264
阻害 154
阻害剤 154
阻害定数 155
粗灰分量 299
測定誤差 14
粗砂の分離・測定 51
粗脂肪量 299
疎水コア 151
疎水性相互作用クロマトグラフィー 138, 159
粗繊維量 299
粗タンパク質量 229
ソフトイオン化法 76
ソモギ-ネルソン法 117
ゾンデ 232

た 行

第一鉄 50
第1種の過誤 18
大気圧化学イオン化法 76
ダイクロイックミラー 26
代謝ケージ 230
代謝試験法 235
大豆油 128
大腸菌 177
ダイデオキシ法 198
第2種の過誤 18
対物ミクロメーター 28
対物レンズ 22
ダークコントラスト 25
濁度 174
多重比較法 19
脱脂大豆粉 128
脱水 111
脱炭酸 112
多糖類 116
短銀坊主 103
炭酸ガス発生量 53

担子菌門 183
単純脂質 119
単純多糖 119
単蒸留 65
炭水化物 228
タンデム質量分析装置 76
単糖類 116
タンパク質 122, 133, 227
タンパク質効率比 234, 243

チアミン 124
チェレンコフ光 251
チェレンコフ光測定法 251
チオバルビツール酸価 122
窒素含量 45
窒素係数 240
窒素出納 235, 239
中央値 13
中空陰極ランプ 34
注射法 232
中心極限定理 13
頂囊 183
直接検鏡法 207

通気培養法 173

低磁場 82
低分解能分析 77
デオキシリボ核酸 190
デカップリング 82
デカン-1,10-ジオール 111
テューキー・クレーマーの方法 20
テューキーのHSD検定 20
テューキーの多重比較法 19
テレオモルフ 181, 183
電解脱離法 76
電気穿孔法 187
電子イオン化法 76
電子顕微鏡 26
電子てんびん 8
電子捕捉検出器 71
天然培地 169
天然物有機化学 57
デンプン 116, 127

糖アルコール 116
同位体 77
等価線量 246
統計の検定 17
糖質 116
同焦点 23
透析 159
動的計画法 264
等電点 136
等電点沈殿 134, 158
動物群 230
動物実験 227
投与試験法 231

倒立顕微鏡 238
特性吸収帯 79
土耕 217
トコトリエノール 124
トコフェロール 124, 130
屠殺試験法 236
土壌コア 42
土壌浸出装置 47
土壌のEh 49, 55
土壌のpH 48, 55
土壌微生物 53
土壌粒子の沈降速度 51
土色帳 55
度数 11
土性区分 52
ドメイン 260
トランスポゾン 200
トリアシルグリセロール 119
トリプトン 170
トリメチルシリル化 118
トリメチルシリル誘導体 121
p-トルエンスルホンアミド誘導体 97

な 行

ナイアシン 125
ナトリウムプレス 106

二員培養 188, 208
二価鉄 55
肉エキス 170
二次元NMR 86
二次代謝 180
二重境膜説 211
二糖類 116
ニトロ化 112
2標本t検定 17
ニュートリゲノミクス 236
尿中窒素量 243

ヌクレオシド 194
ヌクレオチド 194

熱伝導度型検出器 71
粘液細菌 187
粘菌 186

濃縮ゲル 143
濃度勾配溶出 72
ノーザンハイブリダイゼーション法 197
ノーザンブロット法 222
ノトバイオート 232

は 行

バイオアッセイ 211, 215
倍加時間 202

培地 169
バイナリーベクター 221
培養液 218
廃溶媒 106
培養法 171
麦芽エキス 170
パーク-ジョンソン法 117
薄層クロマトグラフィー 68, 99, 118, 121
バクテリア 176
波数 78
白金鈎 167
白金耳 167
白金線 167
白金電極 49
発酵管理 214
バッチ法 135
ハロゲン化 113
パントテン酸 125
反応装置 104
反応動力学定数 160

ピアソン相関係数 15
ビオチン 125
皮下投与法 232
非競合阻害 155
飛行時間型 76
比色計 175
比色定量法 117
ヒストグラム 11
比旋光度 87
比濁計 175
ビタミン 122, 170, 229
ビタミン A 122
ビタミン B_1 124
ビタミン B_2 125
ビタミン B_3 125
ビタミン B_6 125
ビタミン B_9 125
ビタミン B_{12} 125
ビタミン C 125
ビタミン D 124
ビタミン E 124, 130
ビタミン K 124
必須アミノ酸 240
必須脂肪酸 229
必須植物栄養 222
ヒビテン 165
微分干渉顕微鏡 25
ピペット 8
ビュレット 9
標準誤差 14
標準物質 7
標準偏差 12
標本 13
標本標準偏差 12
標本分散 12
ピリジルアミノ化 119

ピリドキシン 125
ピロ炭酸ジエチル 191
品種検定 225
ピンホール 27

ファクター 9
ファージ 195
ファージディスプレイ法 196
ファージベクター 195
ファミリー 19
部位特異的変異導入法 200
フィールド 256
フィロキノン 124
風乾細土 42, 43
風乾物 229
o-フェナントロリン 37
フェニルウレタン誘導体 95
フェニルチオ尿素誘導体 97
フェノール硫酸法 117
不完全世代 181, 183
不競合阻害 155
複合脂質 119
複合多糖 119
複合糖質 119
腹腔内投与法 232
腐植 46
腐植浸出割合 47
沸石 65
沸騰 65
不偏分散 12
ブライトコントラスト 25
フラグメントイオンピーク 75
プラスミド 195
プラスミド DNA 203
プラスミドベクター 195
フラボノイド系色素 126
フラボノール 126
フラボン 126
フレーム分析法 36
フレーム法 34
フレームレス法 34
プロテインシーケンサー 147
プロトプラスト 223
プロビタミン A 123
p-ブロモアセトフェノン 107
ブロモ化 112
p-ブロモフェナシルエステル誘導体 97
p-ブロモフェナシルブロミド 113
ブロモベンゼン 112
分解能 23
分光光度計 21
分散 12, 137
分子イオン 75
分子置換法 149
分生子 183
糞中窒素量 243
分配クロマトグラフィー 62

分配係数 59, 136, 137
分配の法則 59
分別蒸留 66
分離ゲル 143
分離度 138
分離比 222

平均 12
並行摂取法 231
平板巨大コロニー培養 172
平板培地 169
平板培養 172
平面偏光 86
ベクター 195
ベクレル 245
ヘテロタリック株 206
ペニシリン 185
ペニシリンスクリーニング 199
ペニシルス 184
ペーパークロマトグラフィー 67, 118, 128
ヘパリン 242
ペプチド 148
ペプトン 170
ヘマトキシリン-エオジン染色 239
ヘム色素 126
α ヘリックス 152
ベルバスコース 128
変異剤 199
変異体取得法 198
変形菌 186
ベンズアミド誘導体 97
変性による沈殿 134, 159
ベンゼン 106
変動 15

胞子 179
胞子染色 190
胞子嚢 179
胞子嚢胞子 185
放射性同位体 245
放線菌 178
飽和 80
飽和銀塩化銀電極 49
母集団 13
母標準偏差 12
母分散 12
母平均 17
ホモタリック株 206
ホモロジー 264
ポリアクリルアミドゲル電気泳動 142
ポリクローナル抗体 143
ポリヌクレオチドキナーゼ 196
ポリフェノール 126
ポルフィリン系色素 126

ま 行

マウス　230
前殺菌　213
膜分離　134
麻酔　233, 241
末端吸収　79
マノメーター　66
マラカイトグリーン液　190
マルチクローニングサイト　195
マロンエステル合成　108

ミカエリス定数　153
ミカエリス-メンテンの式　153
見かけの消化率　234, 243
ミクロメーター　28
水の自己解離定数　64

無機塩類　229
無菌操作　166, 236
無菌培養　188
無菌封入法　164
無限遠補正光学系　23
無限母集団　13
無効拡大　23
ムコールレンニン　186
無水条件　104
無性生殖　181
無性世代　181, 183
ムラシゲ・スクーグ培地　219

メカニカルピペット　168
目皿漏斗　93
メスフラスコ　8
メタンガス　55
メチルスルフィニルカルバニオン　109
メチルトリフェニルホスホニウムブロミド　109
メチレンシクロヘキサン　109
メディアン　13
メナキノン　124
メラノイジン　126
メンブレンフィルター　166

モジホコリ　188

モチーフ　260
モード　13
モノアイソトピック質量　77
モノクローナル抗体　143
モリブデンブルー吸光光度法　39
モル吸光係数　79

や 行

薬物試験法　232
野生動物　230

有意差　17
有意水準　18
有機合成実験　104
有機物含量　45
有効数字　21
有性生殖　181
有性世代　181, 183
融点　88
融点測定　92
誘導結合プラズマ　33
誘導結合プラズマ質量分析法　33
誘導結合プラズマ発光分析法　33
誘導脂質　119
誘導体化　92
遊離酸化物　43
遊離鉄　43
ユーカリア　176
油脂　119

陽イオン交換容量　47
陽イオン性界面活性剤　165
溶解度　58
葉酸　125
溶出液量　136
容積重　52
ヨウ素価　122
溶媒抽出　58
溶媒分画　91
容量分析　30
葉緑体　224

ら 行

ライフサイクル　163

n-酪酸　112
$β$-ラクトグロブリン　158
ラクトース　201
ラクトースリプレッサー　201
ラジオアイソトープ　245
ラセミ体　58
ラット　230, 241
ラフィノース　128
ラミナジョイント　103

リボ核酸　190
リボソーム RNA　210
リボフラビン　125
硫安沈殿　159
粒径分析　50
硫酸バリウム重量法　39
流動パラフィン　78
両側検定　18
理論段数　138
理論段相当高さ　138
リン酸緩衝液　237
リン酸吸収係数　50
リン酸吸収量　50
リン酸吸収力　50
リン脂質　120

ルゴール液　189, 207
ルシフェラーゼ　239

レクチン　117
レコード　256
レーザー脱離イオン化法　76
レチノイド　122
レチノール　122
レプリカ　199
レポーターアッセイ　239

濾過　175
濾過除菌　166
濾紙　10
ロータリーエバポレーター　99, 106

わ 行

綿栓　164

欧文索引

A

AAS 33
ABA 223
AGPC 191
A.O.A.C.法 229
APCI 76
Aspergillus awamori 184
Aspergillus nidulans 184
Aspergillus oryzae 184
Aspergillus sojae 184
α線 245

B

Bacillus megaterium 177
Bacillus subtilis 177
bin 11
BLAST 264
Bligh-Dyer法 120
Bradford法 141
Brønstedの定義 64
β線 245

C

CATH 262
CD 87
CI 76
CID 76
CO_2インキュベーター 236
Coomassie Brilliant Blue G-250 141
Corynebacterium glutamicum 177
COSYスペクトル 86
γ線 245

D

DAPI 224
DDBJ 256
DDTC 32
Dean-Starkの水分離器 114
DEPC 191
Dictyostelium discoideum 187, 208
DMEM 237
DNA 190
DNAポリメラーゼ 196, 197
DNAリガーゼ 196

δ値 81

E

EDTA 31, 191
EDTA-NN法 36
Eh 49
EI 76
ELISA 144, 236
EMBL-Bank 256
Escherichia coli 177
ESI 76
ESI-TOF/MS 100

F

FAB 76
FASTA 264
FASTA形式 260
FBS 237
FD 76
FID 80
Folch法 120
Friedel-Crafts反応 107
FT-NMR 80

G

GC 69
GDH法 118
GenBank 256
GenomeNet 264
Ge半導体検出器 252
GFC 136
Gibberella fujikuroi 101
GM管 247
GM計数管 248
GMサーベイメーター 254
GOD法 118
Grignard試薬 108
Grignard反応 108

H

HEPAフィルター 166
HETP 138
HIC 138
HMBCスペクトル 86
Hoagland and Arnon's solution 219

HPLC 72, 100

I

ICP-MS 33
ICP-OES/AES 33
in-gel digestion 148
in silico解析 151
InterPro 260
inverse PCR 200
IP 253
IR 77

J

Jmol 151, 262
Jonesのクロム酸試薬 110
J値 83

K

k_{cat} 153, 161
K_d 212
K_I 155
K_La 212
K_m 153, 161
Komagataella pastoris 182

L

LacI 201
Lactococcus lactis 178
*lac*オペロン 201
Lambert-Beerの法則 21, 79
LC 71
LC/MS 76
Lineweaver-Burkプロット 154
LMO 194

M

MALDI-TOF/MS 148
MALDI法 76
MASCOT 148
MCS 195
MEDLINE 263
Methanococcus jannaschii 178
MS 75, 99
MSDS 2

MS/MS　76
MS 培地　219
Mucor circinelloides　186

N

NaI(Tl)ウェル型シンチレーションカウンター　248
NaI(Tl)シンチレーションサーベイメーター　248, 254
NMR　80, 99, 150
NMR スペクトル　80, 100
NOE　85, 150
NPR　234, 243
NPU　235

O

ODS　73
ONPG　201
ORD　87

P

PAGE　142
PBS　237
PC　67
PCR　197
PDB　151, 261
PDBSum　151, 262
Penicillium chrysogenum　185
Penicillium roqueforti　185
PER　234
pH　48, 156, 218
Physarum polycephalum　188

pH メータ　22
PicoGreen　192
ppm　81
PROSITE　260
Protein Data Bank　151, 261
Pseudomonas putida　177
PSI-BLAST　264
PSL　252
PubMed　263
PVDF 膜　143

R

RasMol　151, 262
R_f 値　67
Rhizomucor pusillus　186
Rhizopus stolonifer　185
RI　245
RNA　190
RT-PCR　197, 222

S

Saccharomyces cerevisiae　181
Schizosaccharomyces pombe　182
SCOP　262
SDS-PAGE　142
SPF 動物　230
Staphylococcus epidermidis　178
Streptomyces griseus　211
Streptomyces 属　179
Sulfolobus tokodaii　178

T

TBA 価　122
T-DNA　220
TE 緩衝液　209
Ti プラスミド　220
TLC　68, 99
t 統計量　17
t 分布　17

U

UniProtKB　258
UV-Vis　79

V

vir 領域　220
V_{max}　153, 161
VNC　163

W

Wittig 反応　109

X

X 線　245
X 線結晶構造解析　149
X 線フィルム　252

Y

Yarrowia lipolytica　182

編集委員略歴

北本勝ひこ
1950年　神奈川県に生まれる
1972年　東京大学農学部
　　　　農芸化学科卒業
現　在　東京大学名誉教授
　　　　日本薬科大学教授
　　　　農学博士

妹尾啓史
1959年　香川県に生まれる
1986年　東京大学大学院農学系
　　　　研究科修士課程修了
現　在　東京大学大学院農学
　　　　生命科学研究科教授
　　　　農学博士

丸山潤一
1973年　長野県に生まれる
2001年　東京大学大学院農学
　　　　生命科学研究科博士
　　　　後期課程修了
現　在　東京大学大学院農学
　　　　生命科学研究科助教
　　　　農学博士

黒岩真弓
2004年　信州大学大学院工学系
　　　　研究科博士後期課程修了
現　在　東京大学大学院農学
　　　　生命科学研究科附属技術
　　　　基盤センター技術専門職員
　　　　博士（工学）

21世紀のバイオサイエンス
実験農芸化学

定価はカバーに表示

2013年3月30日　初版第1刷
2022年9月25日　　　第5刷

編　者　東京大学大学院
　　　　農学生命科学研究科
　　　　応用生命化学専攻・
　　　　応用生命工学専攻
発行者　朝　倉　誠　造
発行所　株式会社　朝倉書店
　　　　東京都新宿区新小川町6-29
　　　　郵便番号　162-8707
　　　　電話　03(3260)0141
　　　　FAX　03(3260)0180
　　　　https://www.asakura.co.jp

〈検印省略〉

© 2013〈無断複写・転載を禁ず〉

印刷・製本　東国文化

ISBN 978-4-254-43115-5　C 3061　　Printed in Korea

JCOPY　〈(社)出版者著作権管理機構　委託出版物〉
本書の無断複写は著作権法上での例外を除き禁じられています．複写される場合は，そのつど事前に，(社)出版者著作権管理機構（電話 03-5244-5088, FAX 03-5244-5089, e-mail: info@jcopy.or.jp）の許諾を得てください．

広島大 堀越孝雄・前京大 二井一禎編著

土壌微生物生態学

43085-1 C3061　　A5判 240頁 本体4800円

土壌中で繰り広げられる微小な生物達の営みは、生態系すべてを支える土台である。興味深い彼らの生態を、基礎から先端までわかりやすく解説。〔内容〕土壌中の生物／土壌という環境／植物と微生物の共生／土壌生態系／研究法／用語解説

前京大 久馬一剛編

最新 土壌学

43061-5 C3061　　A5判 232頁 本体4200円

土壌学の基礎知識を網羅した初学者のための信頼できる教科書。〔内容〕土壌、陸上生態系、生物圏／土壌の生成と分類／土壌の材料／土壌の有機物／生物性／化学性／物理性／森林土壌／畑土壌／水田土壌／植物の生育と土壌／環境問題と土壌

京大 宮川 恒・名城大 田村廣人・東大 浅見忠男編著

新版 農薬の科学

43123-0 C3061　　A5判 224頁 本体3600円

農薬を正しく理解し、使用できる知識を学ぶ教科書の改訂版。従来の記述に加え、新しい薬剤・技術や、最近の情勢についても拡充した。〔内容〕農薬とは(歴史・効用・登録・安全性)／殺虫剤／殺菌剤／除草剤／代謝分解／製剤と施用法／他

石川県大 熊谷英彦・前京大 加藤暢夫・摂南大 村田幸作・京大 阪井康能編著

遺伝子から見た 応用微生物学

43097-4 C3061　　B5判 232頁 本体4300円

遺伝子・セントラルドグマを通して微生物の応用を理解できるように構成し、わかりやすく編集した教科書。2色刷り。〔内容〕遺伝子の構造と働き／微生物の細胞構造／微生物の分離と増殖／酵素・タンパク質／微生物の生存環境と役割／他

日本乳業技術協会 細野明義編

畜産食品微生物学

43066-0 C3061　　A5判 192頁 本体3600円

微生物を用いた新しい技術の導入は、乳・肉・卵など畜産食品においても著しい。また有害微生物についても一層の対応が求められている。本書はこれら学問の進展を盛り込み、食品学を学ぶ学生・技術者を対象として平易に書かれた入門書

米山忠克・長谷川功・関本 均・牧野 周・間藤 徹・河合成直・森田明雄著

新 植物栄養・肥料学

43108-7 C3061　　A5判 224頁 本体3600円

植物栄養学・肥料学の最新テキスト。実学たれとの思想にのっとり、現場での応用や環境とのかかわりを意識できる記述をこころがけた。〔内容〕物質循環と植物栄養／光合成と呼吸／必須元素／共生系／栄養分の体内動態／ストレスへの応答／他

植物栄養・肥料の事典編集委員会編

植物栄養・肥料の事典

43077-6 C3561　　A5判 720頁 本体23000円

植物生理・生化学、土壌学、植物生態学、環境科学、分子生物学など幅広い分野を視野に入れ、進展いちじるしい植物栄養学および肥料学について第一線の研究者約130名により詳しくかつ平易に書かれたハンドブック。大学・試験場・研究機関などの専門研究者だけでなく周辺領域の人々や現場の技術者にも役立つ好個の待望書。〔内容〕植物の形態／根圏／元素の生理機能／吸収と移動／代謝／共生／ストレス生理／肥料／施肥／栄養診断／農産物の品質／環境／分子生物学

日本動物細胞工学会編

動物細胞工学ハンドブック（普及版）

43107-0 C3061　　B5判 368頁 本体12000円

進展著しい動物細胞工学に関する約150の事項の最先端の知見と技術を紹介。〔内容〕動物細胞工学の基礎／機能性細胞培養法／細胞のライフサイクルと動物細胞工学／動物細胞機能の制御／機能性細胞を用いた評価法／培養工学／生理活性物質と動物細胞工学／動物細胞と糖鎖工学／人工臓器／遺伝子操作動物の創出と利用／遺伝子治療と細胞治療／免疫学と動物細胞工学／抗体工学と動物細胞工学／畜産学への応用／水産学への応用／宇宙空間と細胞工学／生産物とプロセスの法的規制

前東大 鈴木昭憲・前東大 荒井綜一編

農芸化学の事典

43080-6 C3561　　B5判 904頁 本体38000円

農芸化学の全体像を俯瞰し、将来の展望を含め、単に従来の農芸化学の集積ではなく、新しい考え方を十分取り入れ新しい切り口でまとめた。研究小史を各章の冒頭につけ、各項目の農芸化学における位置付けを初学者にもわかりやすく解説。〔内容〕生命科学／有機化学(生物活性物質の化学、生物有機化学における新しい展開)／食品科学／微生物科学／バイオテクノロジー(植物,動物バイオテクノロジー)／環境科学(微生物機能と環境科学、土壌肥料・農地生態系における環境科学)

上記価格（税別）は2022年8月現在

廃棄物の種類と分別ルール（東京大学農学部の場合）

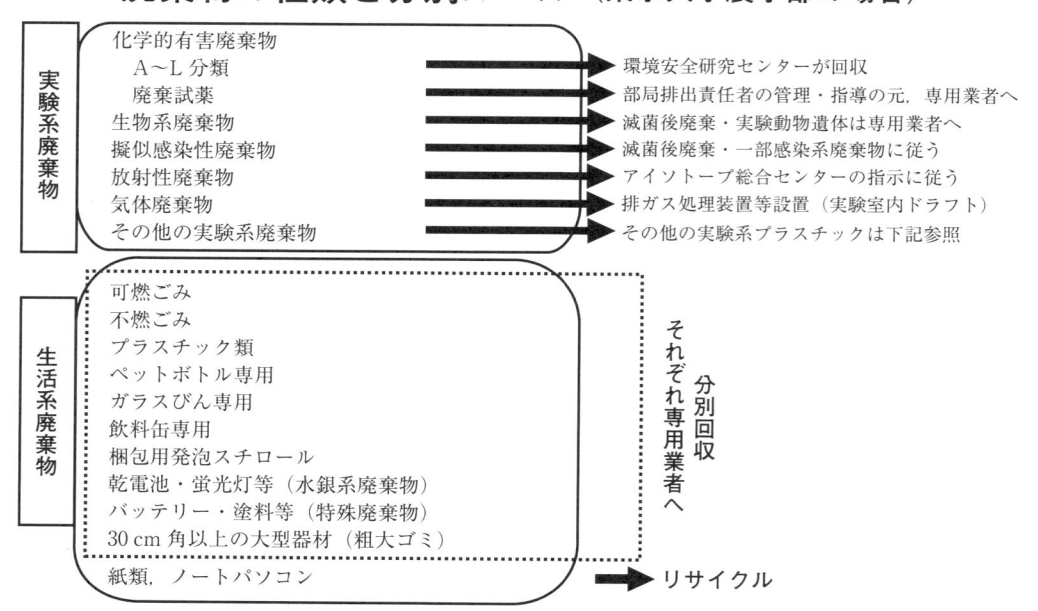

実験系廃棄物
- 化学的有害廃棄物
  - A～L分類 → 環境安全研究センターが回収
  - 廃棄試薬 → 部局排出責任者の管理・指導の元，専用業者へ
- 生物系廃棄物 → 滅菌後廃棄・実験動物遺体は専用業者へ
- 擬似感染性廃棄物 → 滅菌後廃棄・一部感染系廃棄物に従う
- 放射性廃棄物 → アイソトープ総合センターの指示に従う
- 気体廃棄物 → 排ガス処理装置等設置（実験室内ドラフト）
- その他の実験系廃棄物 → その他の実験系プラスチックは下記参照

生活系廃棄物（それぞれ分別回収 専用業者へ）
- 可燃ごみ
- 不燃ごみ
- プラスチック類
- ペットボトル専用
- ガラスびん専用
- 飲料缶専用
- 梱包用発泡スチロール
- 乾電池・蛍光灯等（水銀系廃棄物）
- バッテリー・塗料等（特殊廃棄物）
- 30 cm角以上の大型器材（粗大ゴミ）
- 紙類，ノートパソコン → リサイクル

東京大学における 実験系プラスチック廃棄物排出方法早見表

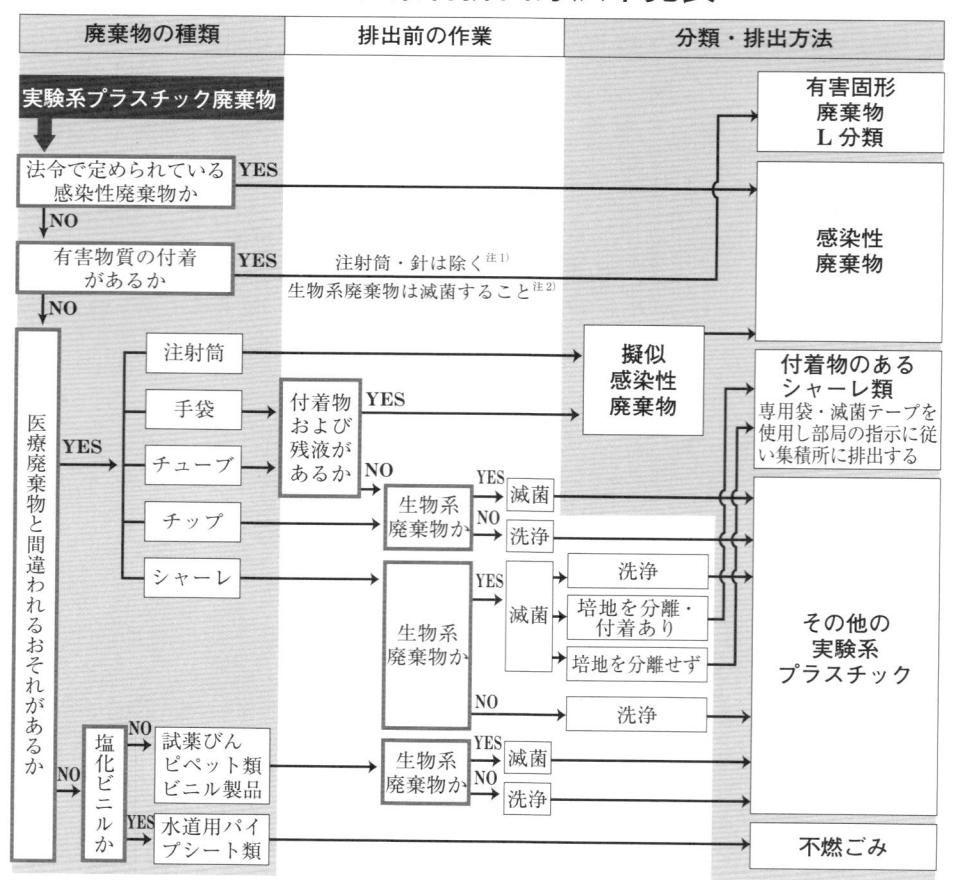

廃棄物の種類	排出前の作業	分類・排出方法
実験系プラスチック廃棄物		
法令で定められている感染性廃棄物か → YES		有害固形廃棄物 L分類
↓ NO		感染性廃棄物
有害物質の付着があるか → YES	注射筒・針は除く（注1）／生物系廃棄物は滅菌すること（注2）	
↓ NO 医療廃棄物と間違われるおそれがあるか → YES	注射筒／手袋／チューブ／チップ／シャーレ ― 付着物および残液があるか YES →	擬似感染性廃棄物
	NO → 生物系廃棄物か YES→滅菌 / NO→洗浄	付着物のあるシャーレ類（専用袋・滅菌テープを使用し部局の指示に従い集積所に排出する）
	シャーレ → 生物系廃棄物か YES→滅菌（洗浄／培地を分離・付着あり／培地を分離せず）／ NO→洗浄	その他の実験系プラスチック
↓ NO 塩化ビニルか NO →	試薬びん／ピペット類／ビニル製品 → 生物系廃棄物か YES→滅菌／NO→洗浄	その他の実験系プラスチック
YES →	水道用パイプ／シート類	不燃ごみ

注1）：これは実験系プラスチック廃棄物の排出方法早見表であるため，プラスチック以外の注射針・メス等は別のルールに従うこと．
注2）：「生物系廃棄物」とは生物を含む廃棄物である．
（両図とも東京大学環境安全本部環境管理部編：環境安全指針2015（平成27）年 第Ⅱ部「廃棄物の取扱い編」より）